Pollution Reduction Effect and Policy Analysis of Industrial Structure Adjustment in China
—— Based on CGE Model

CGE

我国产业结构调整的
污染减排效应及策略研究

——基于CGE模型

田银华　向国成　曾世宏　等 / 著

中国财经出版传媒集团
经济科学出版社
Economic Science Press

图书在版编目（CIP）数据

我国产业结构调整的污染减排效应及策略研究：
基于 CGE 模型／田银华等著 . —北京：经济科学
出版社，2017.9
　ISBN 978 - 7 - 5141 - 8446 - 4

　Ⅰ.①我⋯　Ⅱ.①田⋯　Ⅲ.①污染物 - 总排污量
控制 - 研究 - 中国　Ⅳ.①X506

中国版本图书馆 CIP 数据核字（2017）第 229840 号

责任编辑：齐伟娜　金　梅
责任校对：靳玉环
技术编辑：李　鹏

我国产业结构调整的污染减排效应及策略研究
——基于 CGE 模型
田银华　向国成　曾世宏　等著
经济科学出版社出版、发行　新华书店经销
社址：北京市海淀区阜成路甲 28 号　邮编：100142
总编部电话：010 - 88191217　发行部电话：010 - 88191540
网址：www. esp. com. cn
电子邮件：esp@ esp. com. cn
天猫网店：经济科学出版社旗舰店
网址：http://jjkxcbs. tmall. com
北京季蜂印刷有限公司印装
787×1092　16 开　27.75 印张　550000 字
2017 年 10 月第 1 版　2017 年 10 月第 1 次印刷
ISBN 978 - 7 - 5141 - 8446 - 4　定价：72.00 元
（图书出现印装问题，本社负责调换。电话：010 - 88191502）
（版权所有　翻印必究　举报电话：010 - 88191586
电子邮箱：dbts@ esp. com. cn）

序言

　　改革开放以来，我国经济保持了较快增长，创造了"中国奇迹"，经济总量已跃居世界第二位。然而，这些成就的取得很大程度上是以资源大量消耗和环境严重污染为代价换来的。习近平总书记提出，"我们既要绿水青山，也要金山银山。宁要绿水青山，不要金山银山，而且绿水青山就是金山银山"。因此，研究如何通过产业结构调整实现污染减排对实现绿色发展具有重要意义。田银华教授及其研究团队经过六年的倾力合作，撰写出《我国产业结构调整的污染减排效应及策略研究——基于 CGE 模型》一书，这是一本非常有价值、有见地的学术专著，是在其承担的国家社会科学基金重大项目研究报告的基础上修改完成的，该报告已经顺利通过了评审委员会的评审，获得了行内专家的高度肯定，足见其内容之丰富、观点之深邃。作为朋友，我谨以此序言向田银华教授及其研究团队表示祝贺，并向广大读者推荐此书。

　　全书共分为十一章，基于 CGE 模型运用了大量公开发表的统计资料和调研资料，对我国产业结构调整污染减排潜力、效应进行了详尽测度和分析，并有针对性地提出了相应的对策建议。该书的主要内容包括：（1）界定了产业结构调整与污染减排潜力的内涵，分析了我国产业结构演进过程和污染物排放演进趋势，重点测算了我国产业结构调整的污染减排潜力；（2）甄别了产业结构调整中要素结构变化与污染排放之间的经验关系，运用拓展的 CGE 模型测算了行业要素结构调整变化与主要污染排放物的关联性，借助程序软件对产业结构调整中要素结构变化对污染排放影响进行了政策模拟与参数敏感性分析；（3）分析了我国产品结构调整的阶段性特征，产品结构调整促进污染减排的机理，出口贸易产品结构变化的污染减排效应，重点探讨了钢铁行业产品结构调整的污染减排效应；（4）分析了供给侧结构性改革视角下我国行业结构优化调整路径，构建了嵌入行业结构演化与污染排放行为的 CGE 模型，在此基础上对行业结构调整的污染减排效应进行了情景模拟；（5）比较了国外产业结构调整的支持政策体系，分析了我国污染减排政策实施现状及存在的问题，构建 CGE 模型对污染减排的政策效果进行了情景模拟；（6）分析了我国产业结构调整的污染减排法律、制度、技术与人才支撑体系。

　　该书作为研究污染减排领域的专门著作，其中不乏许多特色和创新之处，具有重要的学术价值和应用价值。其学术价值主要体现为：（1）拓展了CGE模型的应用。可计算一般均衡模型（Computable General Equilibrium Model，CGE）以一般均衡理论为基础，模型中明确定义了经济主体的生产函数和需求函数，能够反映宏观经济中各个部门和各个市场之间的相互依赖和相互作用的关系，是当前用于进行政策评价的主要工具之一。该书在CGE模型的基础上进行了创新，借用Nordhaus（2010）的RICE-2010模型，将其修改为容纳了44个细分行业的动态演变的一般均衡模型。（2）深入阐释了产业结构调整的内涵，将其分解为要素结构调整、行业结构调整和产品结构调整，并分别对其产生的节能减排效应进行测算。（3）进一步阐释了通过产业结构调整来实现污染减排的理论机制，并对其之间的经验关系进行了甄别，丰富了这方面的研究。其应用价值主要体现为：（1）为政府出台相关政策提供决策参考。该书详细测算了污染减排潜力，并提出了通过产业结构调整来实现污染减排的具体路径和评价方法，这些都有利于为政府制定污染减排目标和出台相关污染减排政策提供参考。（2）有利于推动我国产业结构升级，走绿色发展道路。该书的研究成果对产业结构的调整方向和技术路线均做了较为详细的研究，并取得了较为丰硕的研究成果，这对转变我国经济发展方式，实现经济发展和环境保护双赢，具有重要的意义。（3）服务地方经济社会发展。该书在六个子课题之后还设立了专题对"长株潭"两型社会示范区产业结构调整污染减排效应进行了深入研究，并提出了具体政策建议，这对"长株潭"两型社会示范区建设起到了智库咨询的作用，同时，也为类似地区提供了借鉴参考。

　　通观全书，我感叹田银华教授及其研究团队对这部专著倾注的心血之巨，也从中受到不少有益启发，希望在这一研究领域我们能够进一步交流、探讨与合作。尽管书中的某些方法和结论还有待进一步完善和检验，但全书充分体现了课题组严谨的治学态度和对经济学锲而不舍的钻研精神，是一部研究污染减排领域的高品质的学术著作，值得相关研究领域的专家和学者一读。

2017年8月31日
于复旦大学经济学院

CONTENTS 目录

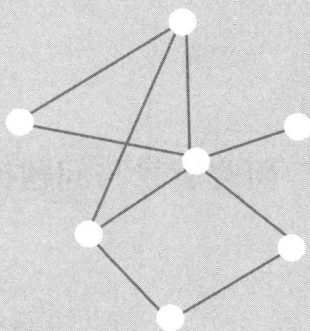

第一章

绪　论

　　本章着重探讨四个基本问题，即本书研究的背景，明确本书的研究目标与研究特色，设计本书的研究思路、方法与主要内容，以及总结本书研究的主要理论观点和成果的创新之处。

第一节 研究背景与问题提出

一、研究背景

改革开放以来，我国经济保持持续较快发展，经济总量已跃居世界第二位，2015 年人均国内生产总值增至 49351 元（折合 7924 美元）。然而，应清醒地看到：中国经济的快速增长是以资源、资本等物质要素的大量投入和消耗为前提的。世界经济发展都面临不断强化的资源环境约束，而对于人口众多、人均资源少的中国来说形势就更为严峻。进入 21 世纪，随着我国人口总量的继续增长以及工业化、城市化的快速推进，我国经济发展与资源、环境间的矛盾将更加突出。主要表现为：（1）在 21 世纪的前三十年，我国人口总量仍将继续增长，人均主要资源占有量将进一步下降，但随着我国人均收入从低水平向中等水平迈进，各类资源的人均消费量将迅速扩张（蔡平，2004），各种污染物的排放总量会进一步增加；（2）我国的工业化起步晚，在工业化进程中片面追求以 GDP 为导向的经济增长，长期沿用高物耗、高能耗、高污染的粗放型经济发展模式（江艳，2009），特别是近年来迅猛发展的重、化工业对生态环境造成的破坏极大；（3）我国目前正处于加速城市化阶段，每年城市新增人口超过 1000 万，城市的快速扩张将消耗大量资源（贺胜兵，2009）。由于以上原因，能源和环境成为制约我国当前和未来经济发展的两大"瓶颈"，以高投入、高消耗、高污染为特征的发展方式不可持续，转变发展方式刻不容缓（田银华，向国成，彭文斌，2013）。"十三五"规划明确提出：未来五年"能源资源开发利用效率大幅提高，能源和水资源消耗、建设用地、碳排放总量得到有效控制，主要污染物排放总量大幅减少"。因此，如何实现这样的污染物减排目标就成为摆在我们面前的亟待回答和解决的重大问题。

二、问题的提出

根据"十三五"规划坚持把经济结构战略性调整作为加快转变经济发展方式主攻方向、大力推进供给侧结构性改革的精神，基本判断是实现污染物减排目标的主攻方向是经济结构的战略性调整。而产业结构调整是经济结构战略性调整的主导型重要组成部分，因此，产业结构调整也是实现污染物减排目标的主导型出路与重要途径（田银华，向国成，彭文斌，2013）。产业结构调整又可以分为要素结构调整、产品结构调整和行业结构调整。这就必须在理论和实践上论证：（1）我国产业结构调整的污染减排潜力有多大？（2）通过要素结构调整能够带来多大的污染减排效应？（3）通过产品结构调整能够带来多大的污染减排效应？（4）通过行业结构调整能够带来多大的污染减排效应？（5）如何构建我国产业结构调整的污染减排政策体系？（6）如何完善我国产业结构调整的污染减排支撑体系？等等，这些问题亟待通过研究做出科学回答并提出切实可行的方案。可计算一般均衡模型（Computable General Equilibrium Model，CGE）以一般均衡理论为基础，明确定义了经济主体的生产函数和需求函数，能够反映宏观经济中各个部门和各个市场之间的相互依赖和相互作用的关系，是当前用于进行政策评价的主要工具之一。因此，我们设计了"基于 CGE 模型的我国产业结构调整污染减排效应和政策研究"对上述问题做系统的分析。

第二节　研究目标与研究特色

一、研究目标

本项研究力求做到背景准确、内容完整、政策设计科学以及方法合理，具体体现在以下三个方面。

（1）理论创新。在广泛深入实地调查的基础上，运用科学方法力求全面、准确把握我国产业结构和污染物排放现状，利用 CGE 模型模拟分析要素结构、产品结构和行业结构调整的污染减排效应，为设计产业结构调整和污染减排的各项政策措施奠定坚实理论基础，为实现经济社会的又好又快增长和国民经济可持续发展提供有力的理论支持。

（2）政策设计。力求分析因素的全面性、政策措施的整体性和应对措施的有效性，为推动结构调整，实现经济、社会、资源和环境的可持续发展提供有针对性和可操作性的政策措施体系。

（3）研究方法。力求研究方法的科学性和适应性，在研究中针对不同内容，综合比较各种研究手段，并积极探索新的研究方法。

二、研究特色

在第二章"产业结构调整的污染减排潜力研究"中，特色一是科学阐释三次产业结构调整度、要素结构调整度、行业结构调整度、产品结构调整度和污染减排潜力的概念，合理界定其内涵和外延；特色二是以产业结构调整的污染减排效应系数高的发达国家为参照，从三次产业结构调整、行业结构调整、要素结构调整和产品结构调整等四个层面测算我国产业结构调整的污染减排潜力。

在第三章"基于 CGE 模型的要素结构调整污染减排效应研究"中，特色一是，从产业结构的调整看政策措施对污染减排的影响，在文献中鲜有人涉及；特色二是，进一步从投入要素的角度细分数据为本章研究提供了新的观察角度；特色三是，使用可计算一般均衡方法展开研究，便于判断政策实施的效果，为决策提供参考。

在第四章"产品结构调整的污染减排效应研究"中，特色一是研究视角的创新。现有文献大多从行业层面、从投入产出的角度探讨产业结构调整的污染减排效应，这种处理相对简单易行，但不够细致深入。而从产品角度观察结构调整，能够更加贴合微观经济的现实。特色二是研究方法的创新。现有文献主要采用计量经济学、统计学的方法，基于局部均衡的视野研究产业结构调整的污染减排问题。本章采用 CGE 模型，基于全局均衡的视野分析产品结构调整的污染减排效应。

在第五章"基于 CGE 模型的行业结构调整污染减排效应研究"中，特色一是研究方法与数据资料的创新。与现有文献多采用理论演绎、案例分析和基于局部均衡的计量模型分析不同，本章以基于全局动态均衡的 CGE 模型的主体情景模拟与政策敏感分析为主。在研究数据方面，考虑了影响产业结构调整与行业变动的主要影响变量及其发展趋势，将"十二五"产业政策与环境规制政策作为量化指标体系，采用宏观投入产出（基于 2007 年的投入产出表数据，并推演2010 年的经济结构）、行业技术水平、要素投入与污染排放等最新数据。特色二是研究成果体系和具体形式的创新。本章通过行业调整情景的模拟和政策组合选择的冲击测试，获取不同情景下相对优化的政策组合，并且 CGE 模型能提供对政策组合参数的敏感性分析，用以确定主要政策的参数区间。因此，研究的成果体系是基于不同情景层面的权变式（"如果发生则采用"）促进政策与支撑体系的组合选择，并且通过参数区间的量化分析使研究成果具体形式更为客观准确，政策参考性更为清晰可行。

在第六章"我国产业结构调整的污染减排政策体系研究"中，特色一是针对我国产业结构调整的污染减排效应，构建了污染减排的环境规制政策体系、清洁发展机制政策体系、财税金融政策体系与土地服务政策体系；特色二是针对不同的污染减排政策体系，设定不同政策体系的动态 CGE 模型，模拟仿真不同政策体系的污染减排效果。

在第七章"我国产业结构调整的污染减排支撑体系研究"中，特色一体现于研究视角，本章突破了已有支撑体系的局限，整合性地把法律体系、制度体系、技术体系、人才体系等置于一个研究框架下，围绕综合支撑体系研究；特色二体现于研究内容，本章修正了已有研究的"只见树木、不见森林"的缺陷，围绕保障有效转型，全面系统地研究产业结构绿色转型的一系列支撑体系；特色三在于本章的支撑体系设计是基于我国产业结构调整促进污染减排的支撑体系实际情况和国外先进经验基础上提出的，遵循"研究问题国际化、解决问题本土化"研究思路，使得设计的支撑体系具有科学性与可操作性（杨济菱，2013）。

第三节　研究思路、方法和主要内容

一、研究思路

本书旨在全面准确把握国际国内产业发展态势和基本规律，在此基础上，系统研究我国产业结构调整的污染减排效应，并提出相应的政策建议。首先，基于全球化背景下气候变化和产业发展的趋势，采集我国产业结构和污染物排放的现实数据和事实依据，全面、深入掌握和测算产业结构调整污染物减排的潜力；其次，基于可计算一般均衡（CGE）建模，对要素结构调整、产品结构调整和行业结构调整的不同情景做模拟分析，探讨各情形下的污染物排放水平，为政策设计提供坚实的数据支持；最后，在 CGE 政策模拟分析的基础上，设计我国产业结构调整污染物减排的政策体系和支撑体系。具体研究框架如图 1－1 所示。

二、研究方法

本书采用的研究方法主要包括：（1）调查研究和案例分析；（2）通径分析、聚类分析、因子分析和主成分分析等多元统计分析方法及比较研究；（3）单要素加权模型、时间序列预测模型、矢量模型、生态足迹法、灰色预测、地理信息系统分析、联立方程模型以及面板数据技术等多种现代计量方法；（4）应用 CGE（Computable General Equilibrium）模型对政策措施的实施效果进行测量与分析。本项研究主要关注四个方面：一是力求在定量分析上准确反映事物的客观真实情况；二是在定性分析上实事求是地把握中国经济问题的特殊性；三是注重规范研究和实证研究相结合；四是运用多学科的交叉渗透，寻求研究方法的创新。

下文将重点阐释本书的主要模型——可计算一般均衡（CGE）模型理论与方法。

可计算一般均衡（Computable General Equilibrium，CGE）模型以新古典经济

```
┌──────────┐      ┌──────────────┐      ┌──────────┐
│ 文献查阅 │ ───▶ │ 理论准备与资料收集 │ ◀─── │ 专家访谈 │
│ 理论梳理 │      └──────────────┘      │ 实地调研 │
└──────────┘             │             └──────────┘
                         ▼
```

┌───┐
│   分为四个专题   │
│   │
│ ┌──────────┐ ┌──────────┐ ┌──────────┐ ┌──────────┐   │
│ │我国产业结构调整│ │基于CGE模型的要素│ │基于CGE模型的产│ │基于CGE模型的行业│ │
│ │污染减排潜力研究│ │结构调整污染减排│ │品结构调整污染减│ │结构调整污染减排│ │
│ │   │ │效应研究   │ │排效应研究 │ │效应研究   │   │
│ └──────────┘ └──────────┘ └──────────┘ └──────────┘   │
│ ┌──┬──┬──┐   ┌──┬──┬──┬──┐ ┌──┬──┬──┐   ┌──┬──┬──┬──┐   │
│ │减│污│污│   │基│经│污│政│ │产│影│政│   │潜│减│环│政│   │
│ │排│染│染│   │础│验│染│策│ │品│响│策│   │变│排│境│策│   │
│ │潜│排│减│   │数│关│排│模│ │结│因│模│   │情│目│CGE│模│   │
│ │力│放│排│   │据│系│放│拟│ │构│素│拟│   │景│标│模│拟│   │
│ │内│趋│潜│   │收│的│CGE│与│ │现│分│与│   │研│与│型│与│   │
│ │涵│势│力│   │集│甄│建│敏│ │状│析│敏│   │究│发│研│敏│   │
│ │界│分│测│   │整│别│模│感│ │分│ │感│   │ │展│究│感│   │
│ │定│析│算│   │理│ │ │性│ │析│ │性│   │ │约│ │性│   │
│ │ │ │ │   │ │ │ │分│ │ │ │分│   │ │束│ │分│   │
│ │ │ │ │   │ │ │ │析│ │ │ │析│   │ │ │ │析│   │
│ └──┴──┴──┘   └──┴──┴──┴──┘ └──┴──┴──┘   └──┴──┴──┴──┘   │
│ ‥‥ 理论与实证研究 ‥‥‥‥‥‥‥‥‥‥   理论与实证研究 ‥‥‥   │
└───┘

┌───┐
│   分为两个专题   │
│   │
│   ┌──────────┐   ┌──────────┐   │
│   │我国产业结构调整│   │我国产业结构调整│   │
│   │的污染减排政策体│   │的污染减排支撑体│   │
│   │系研究   │   │系研究   │   │
│   └──────────┘   └──────────┘   │
│   ┌──┬──┬──┬──┐   ┌──┬──┬──┬──┐   │
│   │环│清│财│土│   │法│制│技│人│   │
│   │境│洁│税│地│   │律│度│术│才│   │
│   │规│发│金│服│   │支│支│支│支│   │
│   │制│展│融│务│   │撑│撑│撑│撑│   │
│   │政│政│政│政│   │体│体│体│体│   │
│   │策│策│策│策│   │系│系│系│系│   │
│   │体│体│体│体│   │ │ │ │ │   │
│   │系│系│系│系│   │ │ │ │ │   │
│   └──┴──┴──┴──┘   └──┴──┴──┴──┘   │
│ ‥‥ 政策设计 ‥‥‥‥‥‥‥‥‥‥‥‥‥‥‥‥ 政策设计 ‥‥‥   │
└───┘

```
 发现问题并修改 ───   ◇专家会议◇   ─── 发现问题并修改
                    ◇交流讨论◇
                        │
       ┌──────────┐     ▼      ┌──────────┐
       │阶段性研究成果│ ─▶ │总研究成果│ ◀─ │阶段性研究成果│
       │专题政策建议│   │研究总报告与总体政策方案│ │发表学术论文│
       └──────────┘   └──────────┘  └──────────┘
```

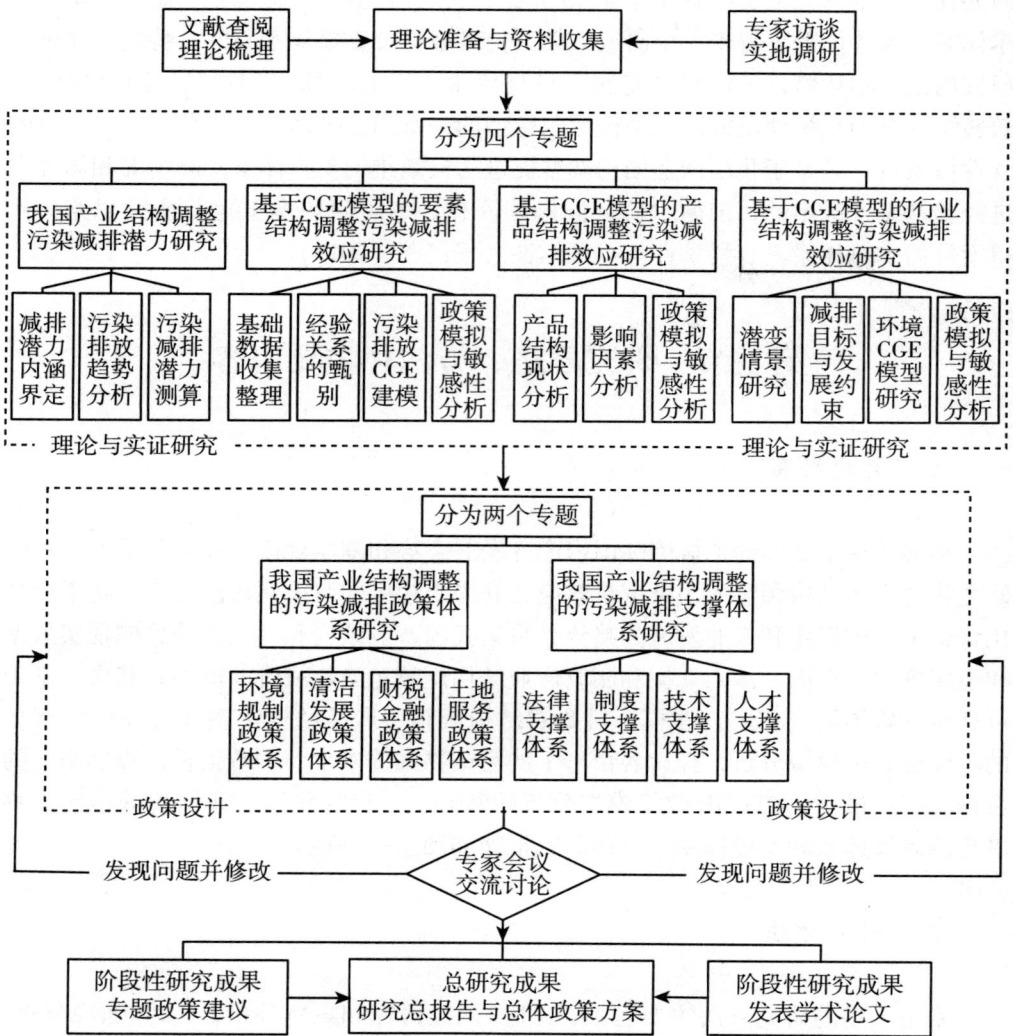

图1-1 研究思路

学中瓦尔拉斯一般均衡理论为基础,采用大型非线性方程组求解技术与国民经济统计(投入产出表)及其他宏观数据,实现对实际经济系统各行为主体最优化行为、资源约束与市场出清条件的数量化刻画,以此构造一个融合经济行为主体间相互作用机制、经济系统外生冲击复杂影响效应的全局均衡模型,在此基础上,实现对经济主体行为变化与公共政策实施影响效应的全局模拟与量化评估。瓦尔拉斯完全竞争市场经济下的一般均衡理论,将经济系统看作一个市场主导的整体系统,给出刻画系统内各行为主体(厂商、居民与政府等)最优化行为的一般函数形式,以价格机制为唯一核心的供需调节机制,实现经济系统市场均衡与总量均衡,进而体现其中各要素之间复杂的相互作用和相互依存关系，以及在一定条件下因供求关系变动所导致的价格变动而使供求关系趋向均衡的经济变量的运动过程[1]。瓦尔拉斯的一般均衡理论后经帕累托、希克斯、谢尔曼、萨缪尔森、阿罗、德布鲁以及麦肯齐等经济学家的改进和发展之后，形成现代一般均衡理论（赵金萍，2008）。在此基础上，1960 年，雷弗·约翰森（Leif Johansen, 1960）在其开创性著作 A Multisectoral Study of Economic Growth 中首次实现了一个完整的、具体化的可计算一般均衡模型（根据其含义，也被简称为 MSG 模型），这一包含 22 个产业部门的挪威经济 CGE 模型，明显区别于里昂惕夫（Leontief, 1936）基于单一厂商主体与线性行为关系的投入产出模型，该模型引入了政府、居民与厂商等多个经济主体，基于价格调整机制的多主体非线性最优化行为与相互影响，最终实现全部市场的供给与需求平衡。约翰森模型能够提供比局部均衡分析或投入产出模型更为深刻与全局的经济分析，因此，也被称应用一般均衡（Applied General Equilibrium, AGE）模型。斯卡夫（Scarf, 1973）进一步发展了约翰森（Johansen）模型的大规模扩展求解算法思想，使其计算机程序辅助求解成为可能，对应的专用建模或大型非线性方程组算法求解软件开始涌现。阿明顿（Armington, 1969）则提出了解决进出口贸易商品异质性的阿明顿方法；CGE 模型参数校准思想与方法得到了逐步完善[2]，需要特殊处理的诸如替代弹性等数据及相关数据统计库也在学界协作中不断完善[3]。随着可计算一般均衡模型理论思想的日趋成熟与建模工具平台的不断完善与升级，CGE 模型逐渐成为经济政策制定者及相关学者确定政策最优选择及评估政策实施效应的重要理论工具。

　　尽管 CGE 模型均以一般均衡理论为框架核心，但是由于研究对象及问题定位的不同，实践运用中往往因经济结构参数与行为函数形式需要而有不同的设定，各 CGE 模型之间普遍存在相互沟通与比较验证等问题。因此，随着各类 CGE 模型相互竞争与彼此不断融合，现阶段实践型 CGE 模型主要基于下面几个主要的框架：（1）约翰森（Johansen）的 MSG 模型框架。挪威统计局与相关学者对 MSG 模型做了进一步继承与拓展，特别是霍尔姆（Holmøy）和斯托姆（Strøm）基于 MSG 模型[4]对于化石能源国际市场、能源政策及其对经济可持续发展影响效应的扩展，对于能源与环境领域政策问题研究有很大借鉴价值。（2）莫纳什（MONASH）模型框架。源自澳大利亚莫纳什大学与澳大利亚政府 1970 年启动的 IMPACT 项目，参

① Varian, Hal, 1992, Microeconomics Analysis, W. W. Norton.
② Dixon, P. B., Harrower, J. D., Vincent, D. P., 1978, "Validation of the SNAPSHOT model", Preliminary Working Paper SP–12, IMPACT Project, Melbourne.
③ Hertel, T. W. (Ed.), 1997, *Global Trade Analysis: Modeling and Applications*, Cambridge University Press, Cambridge. Available at: http://www.gtap.org.
④ Holmøy, E., The development and use of CGE models in Norway, *Journal of Policy Modeling*, forthcoming.

考了 MSG 模型，经历了早期的奥拉尼（ORANI）模型框架[1]，最终发展成自有特色的莫纳什（MONASH）模型[2]。该模型最大的特点是其特有的便利的求解算法（保证始终存在相对均衡解）与相应配套的操作简捷的 GAMPACK 软件[3]，使得在该模型基础上直接应用非常容易，因此，莫纳什模型框架获得了学术界广泛应用。当然，莫纳什模型框架也存在模型过于封闭、很难做出大的拓展等弊端。（3）MAMS 模型框架。21 世纪初，世界银行针对千年发展计划（the Millennium Development Goals，MDGs）所开发的一般均衡模型（Maquette for MDG Simulations，MAMS）[4]，最早用于对发展中国家经济政策的模拟与研究，先后成功用于对埃塞俄比亚财税政策[5]和俄罗斯[6]加入世贸经济影响效应评估等问题的研究。同时，伴随 MAMS 模型的不断研发，学者们也开发了一个计算机建模衍生工具：通用代数算法求解软件 GAMS[7]，该软件采用了语法非常灵活的模型定义脚本语言，方便建立向量化方程组；另一方面，通过开放式 API 接口又引入了各类算法求解器，从而实现对大型非线性方程组的快速求解。GAMS 软件与 GAMPACK 软件是当前 CGE 模型开发的主要工具软件。（4）标准 CGE 模型框架。通过洛夫格伦（Lofgren，2001）等人对 MAMS 模型的进一步简化与提炼，形成了一个更具有一般意义的标准 CGE 模型框架[8]，该框架包含 CGE 模型的所有组成元素，SAM 数据结构与各国投入产出表实现很好的对接，模型体系相对于前面几类框架更具有开放性。因此，标准 CGE 模型框架成为部分学者在现有模型无法提供支持时，自主开发针对特定问题的首选 CGE 模型基础框架。在 CGE 模型框架的基础上，需要参照特定的研究对象和问题进行不同程度的模型扩展。根据所刻画经济主体的空间维度范围，CGE 模型扩展又可以分为单国（区域）模型、多区域模型与世界模型；根据其时间维度关联，可以分为单期模型、多期静态模型与多期动态模型；根据其所研究的特定政策类别

① Dixon, P. B., Parmenter, B. R., Sutton, J., Vincent, D. P., 1982. ORANI: A Multisectoral Model of the Australian Economy, *Contributions to Economic Analysis* 142. North-Holland, Amsterdam.

② Peter B. Dixon and Maureen T. Rimmer. Dynamic, General Equilibrium Modelling for Forecasting and Policy: a Practical Guide and Documentation of MONASH, North-Holland, 2002.

③ Codsi, G., Pearson, K. R., 1988, GEMPACK: General-purpose Software for Applied General Equilibrium and other Economic Modellers. Comput. Sci. Econ.

④ Lofgren, H., 2011, MAMS: A Guide for Users, World Bank, Washington, DC.

⑤ Lofgren, H., Diaz-Bonilla, C., 2008, Foreign aid, taxes, and government productivity: alternative scenarios for Ethiopia's Millennium Development Goal strategy. In: Go, D. S., Page, J. (Eds), Africa at a Turning Point? Growth, Aid, and External Shocks. World Bank, Washington, DC, pp. 267e300.

⑥ David Tarr, Russian Accession to the WTO: An Assessment [J]. *Eurasian Geography & Economics*, 2013, 48 (3): 306–319.

⑦ Brooke, A., Meeraus, A., Kendrick, D., 1992, GAMS: A User's Guide. Release 2.25. The Scientific Press, San Francisco, CA.

⑧ Lofgren, H., Harris, R. L., Robinson, etc., 2001. A standard computable general equilibrium (CGE) model in GAMS. Microcomputers in Policy Research 5. IFPRI, Washington, DC.

和引入的新的行为主体或者市场，又可以分为金融市场 CGE 模型、劳动力市场 CGE 模型、能源 CGE 模型及环境 CGE 模型，其中最为典型的有诺德豪斯（Nordhaus，1996）的 DICE/RICE 系列模型[1]和麻省理工学院（MIT）的 EPPA[2] 模型，等等。

作为最大的发展中国家，快速发展的中国经济在持续变革的成长历程中不断面临具有中国特色的特定情景与政策设计难题，而这些往往缺乏历史经验积累与理论借鉴。因此，能够量化情景模拟与综合评估政策效应的 CGE 模型技术在 20 世纪末被引入中国后，逐渐得到了广泛的应用[3]。这些模型既有国内学者与国外机构合作所开发的主流框架（MAMS 和 MONASH 等）的中国定制版本[4][5]，也有一些基于特定要求和国外主流框架基础所开发的自主模型，例如，拥有自主算法求解模块的中国 CGE 模型[6]、各类模拟特定研究问题的 CGE 模型。具体到可以研究中国经济政策对环境资源影响的环境 CGE 模型，比较具有代表意义的有魏巍贤（2009）、高颖和李善同（2008）等学者的相关工作。总体来看，国内学者在 CGE 模型理论与具体应用等方面都取得了一定的进步，但是限于 CGE 模型在模型框架上的封闭性与中国特定问题的复杂性，各类 CGE 模型无法通用，研究特殊情景下特定问题的 CGE 模型必须采用自主开发模型，有针对性地调整模型组成结构，引入所有产生重要影响的行为主体，融合多种数据源估计相关参数，构建相应的社会核算矩阵表，实现对政策路径的有效模拟与政策效应的精准评估。

三、主要内容

根据本书的研究思路，第二章至第七章围绕全书主要内容进行研究，第八章至第十一章对部分重要相关问题进行专题探讨。下面，我们将重点介绍第二章至第七章的主要内容。

第二章：产业结构调整的污染减排潜力研究。主要包括：（1）对产业结构调整度与污染减排潜力的内涵界定。在搜集、阅读和消化现有文献的基础上，科学阐释三次产业结构调整度、要素结构调整度、行业结构调整度、产品结构调整度和污

---

① Nordhaus, W. D. , Yang, Z. , 1996, A regional dynamic general-equilibrium model of alternative climate-change strategies. Am. Econ. Rev. 86 , 741e765.

② EPPA, 2011, Economics, Emissions, and Policy Cost e The EPPA Model available at. http：//global-change. mit. edu/igsm/eppa. html.

③ 李雪松：《一个中国经济多部门动态的 CGE 模型》，载《数量经济技术经济研究》2000 年第 12 期。

④ 樊明太、郑玉歆、马纲：《中国 CGE 模型：基本结构及有关应用问题》，载《数量经济技术经济研究》1998 年第 12 期。

⑤ 翟凡、李善同、冯珊：《中期经济增长和结构变化——递推动态一般均衡分析》，载《系统工程理论与实践》1999 年第 2 期。

⑥ 薛俊波、王铮、吴兵：《中国经济的 CGE 模型及其模拟分析》，收录于中国高等科学技术中心：《"资源环境与区域发展中的计算问题"研讨会论文集》，2006 年。

染减排潜力的概念与内涵，系统分析影响产业结构调整度与污染减排潜力的主要因素。（2）我国产业结构演进过程及特征分析。从三次产业的产值结构和就业结构两方面分析我国产业结构演进的总体趋势，应用聚类分析方法划分产业结构的演进过程阶段，并分析各阶段的特征。（3）我国污染物排放演进的趋势分析。根据历年《中国统计年鉴》、《中国环境统计年鉴》、《中国年度统计公报》和《环境质量公报》中我国工业废水排放量、工业废气排放量、固体废弃物产生量、COD 排放量和 SO_2 排放量等统计数据，分别计算改革开放以来我国各污染物排放强度，分析改革开放以来各污染物排放总量、污染排放物强度与结构演进趋势。（4）我国产业结构调整的污染减排潜力测算。首先，构建产业结构调整度——各污染物排放总量、强度与结构演进关联模型。其次，选择环境治理很好的德国、美国和日本三个发达国家作为比较对象国，搜集整理相关数据，从三次产业结构调整、行业结构调整、要素结构调整和产品结构调整四个层面，应用该模型分别计算三个国家产业结构调整的污染减排效应。最后，以产业结构调整的污染减排效应系数最高的国家作为参照国，基于我国历年来的产业结构调整与污染物排放演进数据，分别从三次产业结构调整、行业结构调整、要素结构调整和产品结构调整等四个层面测算未来我国产业结构调整的污染减排潜力（田银华、向国成、彭文斌，2013）。

第三章：基于 CGE 模型的要素结构调整污染减排效应研究。主要包括：（1）产业结构调整中要素结构变化与污染排放的基础数据的收集与整理。一方面，重点收集或估算产业结构中产出、劳动力、资本存量的数据；另一方面，收集各产业的污染排放数据，且至少区分出固体排放物、液体排放物和气体排放物。（2）产业结构调整中要素结构变化与污染排放之间经验关系的甄别。重点阐释要素结构调整、产业结构调整与污染减排之间的互动机理，并通过构建计量模型进行相关性分析。（3）产业结构调整中要素结构变化与污染排放的 CGE 建模。在微观 SAM 表的基础上，构建一个包含要素结构、产业结构和污染排放在内的 CGE 模型。在投入要素方面容纳各种政策手段，以便进行政策模拟分析。以 SAM 表中的数据信息为主，辅以各种宏观经济数据，对模型中的多个参数进行标定。（4）产业结构调整中要素结构变化与污染排放的政策模拟与敏感性分析。用 GAMS 软件对 CGE 模型进行编程和调试。通过内外生变量的设置以及冲击的变化，来实现历史模拟、分解模拟、预测模拟和政策模拟。通过改动相关参数的取值，来观察政策模拟结果的稳健性（田银华、向国成、彭文斌，2013）。

第四章：基于 CGE 模型的产品结构调整污染减排效应研究。主要包括：（1）我国产品结构的发展历程与现状分析。在搜集、阅读、消化现有文献的基础上，归纳新中国成立以来，特别是改革开放以来我国产品结构演进的阶段性特征，并归纳我国产品结构现状及污染物排放特点。（2）产品结构调整的影响因素分析。在理论分析的基础上，对主要产业部门的企业分别展开实地调查，获取第一手数据，与理论分析的结果进行比对并作出修正；确立产品结构调整的主要影响因素，设定产品结构调整模拟的基础参数。（3）产品结构调整污染减排效应的模拟分析。结合实地调研、理论思考和专家咨询，明确各主要指标的相互关系，建立可计算的一般均衡模型（CGE），完成程序编写和调试；并通过 CGE 模型计算，定量分析基准情形下产品结构调整的特点。（4）产品结构调整的敏感性分析及效应研究。以动态 CGE 模型为基础，分析产品结构调整对污染物排放的影响；对基准情景与受产品结构调整冲击后的情景进行比较分析；深入分析产品结构调整不同情景下对企业、所在行业及所在地区污染物排放和经济社会发展可能造成的影响；结合 CGE 模拟分析的结果，分析比较各主要情形下的政策含义（田银华、向国成、彭文斌，2013）。

第五章：基于 CGE 模型的行业结构调整污染减排效应研究。主要包括：（1）行业发展与结构调整的潜变情景研究。通过建立宏观计量模型对"十二五"期间产业发展与结构调整的主要影响因素进行预测。在政策分析和影响因素预测的基础上，提炼产业结构调整中的行业潜在变动的典型情景。（2）行业发展的污染减排目标限定与发展约束研究。依据"十二五"规划中污染减排的总体目标以及环保总局污染减排的总量控制体系指南，结合产业经济学与环境经济学相关理论以及行业的产业链关联结构，分解出"十二五"期间不同行业需达到的污染减排的目标（污染的总体排放水平、主要污染物的排放控制），以及行业发展中所面临的控制性约束（能源消耗率、清洁生产技术水平）等。（3）嵌入行业结构演化与污染排放行为的 CGE 模型构建。构建产业—环境 CGE 模型中的主要技术环节是环境账户的设定。环境账户是产业—环境 CGE 模型区别于一般 CGE 模型的关键特征。课题根据污染减排总量控制体系与环境 CGE 模型相关理论，研究 CGE 模型中环境账户的组成设定和政府与消费者对污染排放的影响，并理清环境账户在行业间的分解逻辑及加总算法。在此基础上，依据开放经济下的 CGE 均衡条件与闭合机制设置，引入内生增长理论模型（考虑劳动力、产业集聚和技术进步等系统内生因素），完成连接产业经济系统与社会环境系统的产业—环境 CGE 模型的构建。（4）行业结构调整对污染减排影响效应的情景模拟与政策冲击分析。应用产业—环境 CGE 模型，根据环境统计数据和 2007 年编制投入产出表数据以及其他统计数据对 CGE 模型结构系数进行标定，基于产业结构调整中的行业变动路径选择情景，进行行业结构调整对污染减排的影响效应的情景动态模拟分析。重点是对行业结构调整对污染减排的影响效应（规模效应、结构效应、衍生效应）的研究和对污染减排规划目标与情景模拟的偏差（原因、后果、措施）的分析。进一步地，研究污染减排效应的行业促进政策与支撑体系选择。研究行业结构调整对污染减排效应的影响模式，比较分析行业污染减排规划目标与模拟结果之间的偏差及其产生原因，提出行业层面污染减排效应的促进政策建议，并通过产业—环境 CGE 模型对相关政策执行空间进行冲击测试，确定促进污染减排效应的量化、科学的政策组合与支撑体系建设

（田银华、向国成、彭文斌，2013）。

第六章：我国产业结构调整的污染减排政策体系研究。主要包括：（1）我国产业结构调整的污染减排环境规制政策体系。重点研究环境规制政策中技术标准、绩效标准、信息披露、资源协议的内涵、效率、适用范围与应用效果；总结世界主要发达国家和地区环境规制政策的经验，探寻适合、有效的环境规制政策。针对我国现行的环境规制体系，从环境规制的模式、职能等方面构建我国污染减排的环境规制政策体系。（2）我国产业结构调整的污染减排清洁发展政策体系。重点研究清洁发展机制的目标、运行原理、行政许可条件和环境技术标准。阐述污染减排与清洁发展机制的关系，对发达国家与发展中国家的清洁发展机制进行比较分析和经验借鉴。针对我国清洁发展机制项目的边界、额外性和基准线问题，从项目流程、运行规则等方面构建不同产业的污染减排清洁发展政策体系。（3）我国产业结构调整的污染减排财税金融政策体系。重点研究财政补贴、排污收费、环境产品政府采购制度和绿色信贷等不同形式的财税金融政策。借鉴欧美发达国家的财税金融政策，得到一些有利于我国污染减排的财税金融政策设计启示。（4）我国产业结构调整的污染减排土地服务政策体系。我们将重点研究土地服务政策体系中的土地流转政策、土地开发政策、土地适度规模经营政策以及土地开发权交易政策等（田银华、向国成、彭文斌，2013）。

第七章：我国产业结构调整的污染减排支撑体系研究。主要包括：（1）推动产业结构调整、促进污染减排的法律支撑体系。研究我国污染减排法律体系的现状与问题，分析我国污染减排法律体系的适用标准与执法力度；研究国外保障新型工业化和产业结构绿色转型有效性的立法和执法经验，如最低能效标准、可再生能源优先法、生态税法、节能能源法案等惩罚和奖励相结合的法律法规；以推动产业结构绿色转型为目的，构建加快产业结构调整、促进污染减排的法律体系，包括资源减排立法、能源减排立法和税费减排立法等。（2）推动产业结构调整、促进污染减排的制度支撑体系。研究我国污染减排制度体系的现状与问题，如管理机构、监督机构、执行机构、非营利机构等，分析我国污染减排制度体系"政府失灵"和"市场失灵"的症结；研究国外促进污染减排的成功制度体系，如美国、欧盟、日本等相对完善的减排监督和实施的政府与非政府机构；以有效地颁布政策、实施政策和监督为目的，构建完善的政府与非政府部门监管相结合的制度体系，包括严格环境准入制度、加强重点行业环境管理制度、严格执行环境影响评价制度以及完善污染源在线监控制度等，切实解决"违法成本低、守法成本高"的制度问题。（3）推动产业结构调整促进污染减排的技术支撑体系。研究我国污染减排技术发展的现状与问题，包括低碳技术研发和引进、新能源和再生能源技术开发、污染物无害处理以及碳吸收技术等，分析我国污染减排技术"瓶颈"的制度、环境和人才因素；研究国外促进污染减排的技术支撑体系，如欧盟的政府投入能源技术研发与交易、日本政府主攻五大低碳技术创新领域、美国的税赋奖励低碳技术开发和使用等科技创新体系；以支持低碳工业发展为目的，构建低碳技术、节能技术和减排技术三位一体的技术支撑体系，包括知识研究、技术创新、知识和技术传播、资金保障、技术监督和监测等支撑体系。（4）推动产业结构调整、促进污染减排的人才支撑体系。研究我国污染减排人才发展的现状与问题，包括低碳技术研发人才、可再生能源人才资源开发、行业专门人才等方面，分析我国污染减排人才匮乏的制度和环境因素；研究国外低碳产业结构发展的人才支撑体系，如美国的高校专业支撑、丹麦的价格杠杆调节机制、日本的政府支持和碳金融制度等；以推动低碳技术发展为目的，构建包括大学教育、政府部门和市场机制三位一体的人才支撑体系，大力储备低碳产业"智力库"和发展低碳服务业，建立专业化人才研究基地（田银华、向国成、彭文斌，2013）。

第四节　重要理论观点与成果创新之处

一、重要理论观点

经过课题组将近五年时间的反复深入和系统研究，得出了一系列重要的理论观点，主要体现在以下几个方面：

第一，产业结构调整是实现污染物减排目标的主导型出路与重要途径[①]。实现污染物减排目标的主攻方向在经济结构的战略性调整，而产业结构调整是经济结构战略性调整的主导型重要组成部分，因此，加大产业结构调整力度，淘汰高耗能、高污染的产业和项目是降低环境代价、促进污染减排的主要途径。

第二，产业结构调整的内涵包括要素结构调整、行业结构调整和产品结构调整，污染减排政策的着力点也体现为对这三大结构的战略性调整。产业结构调整必然伴随着要素资源的流动，而要素资源的流动又会引起不同行业兴衰，最终反映到企业生产的不同产品配比上，因此，要素结构、行业结构和产品结构构成了产业结构调整的三大环节。通过制定针对这三大环节的污染减排政策，引导要素自由合理流动、优化行业发展方向、鼓励企业进行绿色生产，最终实现污染减排目标。

第三，技术创新是产业结构调整的主要推动力，也是实现污染减排的重要支撑。在经济增长保持稳定性增长与劳动要素供给趋紧的大环境下，为实现节能减排、居民收入增长和社会福利提高等多重目标，结构减排与技术减排举措应协同推

---

① 田银华、向国成、彭文斌：《基于 CGE 模型的产业结构调整污染减排效应和政策研究论纲》，载《湖南科技大学学报》（社会科学版）2013 年第 3 期。

进。从产业结构调整的节能减排绩效看，在产业技术升级处于外部导入的初级阶段，应选择产能导向型结构调整路径，在技术内生性增长的高级阶段，应选择以节能减排为导向的调整路径。而为了实现经济发展、收入增长、环境保护与资源节约的长效机制，在技术水平发展到一定阶段，应逐渐实现对产业结构的均衡型优化调整①。

第四，2005～2013年中国三大粮食作物化肥施用碳减排潜力：（1）全国玉米化肥施用碳减排潜力约574万吨标准煤，集中在黑龙江、辽宁、吉林、山东、内蒙古、陕西、云南、贵州和广西；（2）全国小麦化肥施用碳减排潜力约475万吨标准煤，集中在河北、江苏、山东和河南；（3）全国水稻化肥施用碳减排潜力约206万吨标准煤，集中在湖南、广东、广西、江苏和江西。建议对当前测土配方施肥技术推广机制进行创新，集中资源，以三大粮食作物化肥施用碳减排潜力大的区域作为测土配方施肥技术推广的重点，由政府制定并执行科学的政策制度，鼓励化肥生产企业主动与重点区域三种粮食作物农民专业合作社对接，减少中间环节，最终通过市场化运作持续提高测土配方施肥技术推广的效应（邓明君、邓俊杰、刘佳宇，2016）。

第五，从2005年至2095年，我国需实现完全碳减排，相应的碳税水平从每吨碳排放68.7元（2010年价）提高到接近2000元。这个力度在世界大国中并不是最激进的，位处俄罗斯和美国之后，与欧盟、拉美为同一档次，但强于日本和印度。在此碳减排进程下，我国碳排放量由升转降的时间拐点出现在2055年左右。在2015～2020年以开征碳税等方式来推行碳排放是有成本的概念，将一举多得——既有助于促使国民减少化石能源消耗，也可缓解中国在联合国气候变化会议上所面临的压力（李宾，2014）。

第六，农村剩余劳动力向城市转移是影响工业企业污染排放行为的重要因素。通过建立描述农村劳动力转移工业污染影响效应的省域空间面板杜宾模型，研究发现：农村劳动力转移会因其生产率偏低而增加输入城市工业污染排放的总体水平，而农村劳动力转移的区域集中又可以形成对工业污染减排的全局空间改进效应，并且该效应与农村劳动生产率偏低没有显著关系。从减排机制来看，工程减排绩效并不明显，产业结构优化调整具有显著的区域直接减排和空间改进减排等双重效应。因此，必须加大对农村劳动力转出与转入区域的人力资本投资力度，进一步推动劳动力转移与产业结构调整的空间集聚协同，以结构减排为主导，改进工程减排与技术减排机制，建立合理的全面减排机制与政策支撑体系（胡石其、赵伟、潘爱民，2014）。

---

① 赵伟、田银华、彭文斌：《基于CGE模型的产业结构调整路径选择与节能减排效应关系研究》，载《社会科学》2014年第4期。

　　第七，产业结构升级意味着资源配置效率的提升，本身有利于污染减排，但由于要素结构变动不合理阻滞了产业结构升级，从而对污染减排的正向效应被抵消，甚至给污染减排带来了巨大压力。因此，要进一步深化要素市场改革，提高资源配置效率，推进要素市场的供给侧改革，大力推进高污染行业的生产要素重组和退出，促进制造业产业内部要素结构优化升级，进一步集聚高技术服务生产要素，进一步提高现代服务业的 GDP 比重。

　　第八，电力生产、交通运输、黑色金属冶炼、石油加工是设计碳减排政策时需优先关注的四个行业。其中的三个行业（电力、交通、石油加工）与能源结构的调整相关，只有黑色金属冶炼是产业政策可以介入的领域（李宾、周俊、田银华，2014）。

　　第九，在中国现行体制下，污染减排倒逼机制是产业结构调整的重要驱动因素。我们以环境经济投入产出模型为主要分析工具，测算了 2008～2012 年污染减排倒逼中国产业结构调整的效应。研究表明，虽然污染减排给传统的国民经济发展指标带来一定的负面影响，但是对产业结构调整产生了积极的作用：第二产业所占比重下降，第三产业所占比重上升，在第二产业内部，重污染产业比重持续下降，产业结构得到优化；样本区间内产业部门的二氧化硫和工业废水排污系数趋于下降，污染减排促使经济增长质量得以明显改善。当前，中国环保倒逼机制有效发挥作用仍然存在障碍，应进一步强化环境问责、企业减排、环保执法及公众参与的倒逼机制，协同推进技术减排、结构减排和管理减排，加快产业转型升级（贺胜兵、谭倩、周华蓉，2015）。

　　第十，清洁技术是促进经济增长和解决环境问题的重要途径，是新一轮经济竞争的关键要素。清洁技术创新激励制度体系框架应包括四个部分。一是建立基本保障的激励制度体系：完善各种组织保障制度以制约和规范政府行为；完善知识产权保护制度，用法律保障研发创新的合理利润以激励创新行为；建立清洁技术、产品的认证和标识制度等。二是建立财政资助的激励制度体系：完善偏向清洁技术研发的直接资助制度和清洁产品市场需求培育补贴制度，包括价格补贴、政府采购和清洁产品配套基础设施建设资助等制度。三是建立环境治理的激励制度体系，主要包括环境税、排放权交易和"命令—惩罚"制度。四是建立公众参与的激励制度体系：完善引导公众消费行为的制度；完善公众参与监督和决策的制度等（王俊、李佐军，2016）。

　　第十一，工业污染最严重的区域为黄河中游、北部沿海、长江中游和大西南地区，污染较严重的区域为东部沿海、南部沿海以及东北地区，污染较轻的区域为大西北地区。总体来说，环境污染较严重区域集中在经济较发达地区，说明我国工业仍然以"高投入、高消耗、高污染"的经济发展为主。欠发达的大西北地区经济发展落后，人口相对较少，目前正处于工业化、城市化前期或中期阶段，工业污染排放强度较低。我国黄河以北及长江以南的地区经济高度发展，工业结构主要以重工业、资源开采及电力生产等重污染产业为主，所以环境污染程度较高（彭文斌、吴伟平、邝嫦娥，2013）。

二、本书的创新之处

相对于现有文献的研究，本书的创新之处主要体现为：

第一，研究方法上的创新。本书紧贴"十二五"期间产业调整与污染减排相关规划的政策内涵，提炼行业调整的主要情景和环境约束，结合对宏观经济与行业发展主要影响因素的预测分析，选定外生参数和内生机制，设置环境账户与行业间分解关系，从而建立刻画我国产业经济特征的产业—环境 CGE 模型，并对行业调整的情景与政策组合进行模拟分析与优化选择。另外，本书的部分研究成果[1]还在CGE 模型的基础上进一步创新，借用诺德豪斯（Nordhaus，2010）的 RICE-2010 模型，将其修改为容纳了 44 个细分行业的动态演变的一般均衡模型。由于碳排放具有全球外部性，一国某个行业的碳排放并不像 SO_2 那样仅仅影响本国，国外的碳排放也不是对该国没有影响，所以当使用一般均衡框架来探讨碳排放时，仅看本国的行业分类而忽略国外的处理方式，是有缺陷的。我们在 RICE-2010 这一气候变化综合评估模型（Integrated Assessment Model，IAM）的基础上做拓展，把其原有的全球 12 个国家群的划分重新编组，除中国以外的国家全部纳入"国外"，然后中国的 44 个行业各为一个行为主体，相应地校准参数和初始值，再做数值计算，得出百余年跨度上的经济变量、气候变量和碳排放的预测序列。如此，在观察我国产业结构变动的同时，也兼顾到了碳排放的全球外部性；我国的和国外的碳排放共同对全球气候变化进程产生影响，同时，经济部门也反过来受气候变化的影响。此外，产业结构的变化是一个低频、长波现象，变动比较缓慢，而 CGE 通常都是静态的模型。静态 CGE 只能观察从基准期到下一期的变化。如果两期间隔是一年的话（通常如此），产业结构的变动幅度就可能微乎其微。因此，IAM 作为一类动态的特殊 CGE 模型，在把握产业结构与碳排放方面，比传统 CGE 更具有优势。再者，我们容纳了多达 44 个细分行业，而多数文献在处理时仅仅局限于第一、二、三产业的划分。产业划分越细，观察的伸缩性越高，研究者可以把计算结果按照需要进行加总，满足不同角度的观察需求（李宾、周俊、田银华，2014）。

第二，理论观点上的创新。课题组认为，产业结构调整是实现污染减排的主要途径，具体可以通过要素结构调整、行业结构调整和产品结构调整得以实现。从要

---

[1]　参见李宾、周俊、田银华：《全球外部性视角下的碳排放与产业结构变迁》，载《资源科学》2014年第 12 期。

素结构调整来看，要素配置不合理阻滞了产业结构升级，关键是要破除要素市场扭曲现象，使市场在配置资源过程中起决定性作用，更好地发挥政府的作用，促进劳动、资本、技术、管理等要素自由流动，并进一步提升各要素的质量和水平。从行业结构来看，当前高污染、高能耗行业占比过大，应该通过"三个一批"进行规范，即通过严格的环境规制淘汰一批，通过战略性重组整合一批和通过转型升级发展一批，逐步降低高污染、高能耗行业的比重。从产品结构来看，应该借鉴欧盟等发达国家的绿色产品市场建设经验，推行产品环境足迹评价与标示制度，综合评估相关产品的各种环境影响，促进低碳、环保、节能等高质量、高技术产品的生产。

第三，政策设计上的创新。本书在政策设计方面，专门构建了"我国产业结构调整的污染减排政策体系研究"和"我国产业结构的污染减排支撑体系研究"两大子课题，创造性地将政策体系和支撑体系进行综合考虑，并且通过动态 CGE 模型进行模拟仿真，使提出的政策建议更具操作性和可行性。在政策体系方面，构建了污染减排的环境规制政策体系、清洁发展机制政策体系、财税金融政策体系与土地服务政策体系；在支撑体系方面，我们整合性地把法律体系、制度体系、技术体系和人才体系等纳入同一个分析框架。这样，本书避免了大多数研究"只见树木、不见森林"的误区，有利于为政府相关部门制定和出台污染减排政策提供科学的、系统的参考和依据。

参考文献

1. 蔡平：《经济发展与生态环境的协调发展研究》，新疆大学，2004 年。

2. 邓明君、邓俊杰、刘佳宇：《中国粮食作物化肥施用的碳排放时空演变与减排潜力》，载《资源科学》2016 年第 3 期。

3. 邓明君、邓俊杰、刘佳宇：《中国粮食作物化肥施用的碳排放时空演变与减排潜力》，载《资源科学》2016 年第 3 期。

4. 樊明太、郑玉歆、马纲：《中国 CGE 模型：基本结构及有关应用问题》，载《数量经济技术经济研究》1998 年第 12 期。

5. 高颖、李善同：《含有资源与环境账户的 CGE 模型的构建》，载《中国人口·资源与环境》2008 年第 3 期。

6. 贺胜兵：《考虑能源和环境因素的中国省级生产率研究》，华中科技大学博士论文，2009 年。

7. 贺胜兵、谭倩、周华蓉：《污染减排倒逼产业结构调整的效应测算——基于投入产出的视角》，载《统计与信息论坛》2015 年第 2 期。

8. 胡石其、赵伟、潘爱民：《农村劳动力转移对工业污染排放的影响机制与空间效应研究》，载《求索》2014 年第 11 期。

9. 江艳：《论国民经济的可持续发展与环境保护》，载《现代经济信息》2009 年第 7 期。

10. 李宾：《我国碳减排的定量评估》，载《南方经济》2014 年第 8 期。

11. 李宾、周俊、田银华：《全球外部性视角下的碳排放与产业结构变迁》，载《资源科学》2014 年第 12 期。

12. 李宾、周俊、田银华：《全球外部性视角下的碳排放与产业结构变迁》，载《资源科学》2014 年第 12 期。

13. 李雪松：《一个中国经济多部门动态的 CGE 模型》，载《数量经济技术经济研究》2000 年第 12 期。

14. 田银华、向国成、彭文斌：《基于 CGE 模型的产业结构调整污染减排效应和政策研究论纲》，载《湖南科技大学学报》（社会科学版）2013 年第 3 期。

15. 王俊：《清洁技术创新的制度激励研究》，华中科技大学，2015 年。

16. 王俊、李佐军：《中国清洁技术创新的激励制度体系构建》，载《改革与战略》2016 年第 5 期。

17. 魏巍贤：《基于 CGE 模型的中国能源环境政策分析》，载《统计研究》2009 年第 7 期。

18. 薛俊波、王铮、吴兵：《中国经济的 CGE 模型及其模拟分析》，中国高等科学技术中心：《资源环境与区域发展中的计算问题》研讨会论文集，中国高等科学技术中心，2006 年第 22 期。

19. 杨济菱：《污染减排的环境规制及效应研究》，湖南科技大学硕士论文，2013 年。

20. 翟凡、李善同、冯珊：《中期经济增长和结构变化——递推动态一般均衡分析》，载《系统工程理论与实践》1999 年第 2 期。

21. 赵金萍：《基于 SCP 范式的中国非均衡外汇市场研究》，中国海洋大学，2008 年。

22. 赵伟、田银华、彭文斌：《基于 CGE 模型的产业结构调整路径选择与节能减排效应关系研究》，载《社会科学》2014 年第 4 期。

23. Armington, P. S., 1969, A theory of demand for products distinguished by place of production. IMF Staff Papers 16, 159 – 178.

24. Brooke, A., Meeraus, A., Kendrick, D., 1992. GAMS：A User's Guide. Release 2. 25. The Scientific Press, San Francisco, CA.

25. Codsi, G., Pearson, K. R., 1988, GEMPACK：General-purpose software for applied general equilibrium and other economic modellers. Comput. Sci. Econ.

26. David Tarr. Russian Accession to the WTO：An Assessment ［J］. Eurasian Geography & Economics, 2013, 48 （3）：306 – 319.

27. Dixon, P. B., Harrower, J. D., Vincent, D. P., 1978. Validation of the Snapshot model. Preliminary Working Paper SP – 12, Impact Project, Melbourne.

28. Dixon, P. B., Parmenter, B. R., Sutton, J., Vincent, D. P., 1982. Orani：A Multisectoral Model of the Australian Economy. Contributions to Economic Analysis 142. North-Holland, Amsterdam.

29. EPPA, 2011, Economics, Emissions, and Policy Cost e The EPPA Model available at. http：//globalchange. mit. edu/igsm/eppa. html.

30. Hertel, T. W. （Ed.）, 1997, Global Trade Analysis：Modeling and Applications. Cambridge University Press, Cambridge. Available at：http：//www. gtap. org.

31. Holmøy, E. The development and use of CGE models in Norway. Journal of Policy Modeling, forthcoming.

32. Johansen, L., 1960, A Multisectoral Study of Economic Growth, *Contributions to Economic Analysis* 21, North-Holland, Amsterdam.

33. Leontief, W. W., 1936, Quantitative input-output Relations in The Economic System of the United States. Rev. Econ. Stat. 18, 105 – 125.

34. Lofgren, H., 2011, MAMS: A Guide for Users. World Bank, Washington, DC.

35. Lofgren, H., Diaz-Bonilla, C., 2008, Foreign aid, taxes, and government productivity: alternative scenarios for Ethiopia's Millennium Development Goal strategy. In: Go, D. S., Page, J. (Eds), Africa at a Turning Point? Growth, Aid, and External Shocks. World Bank, Washington, DC, pp. 267 – 300.

36. Lofgren, H., Harris, R. L., Robinson, etc. A standard computable general equilibrium (CGE) model in GAMS. Microcomputers in Policy Research 5. IFPRI, Washington, DC.

37. Nordhaus, W. D., Yang, Z., 1996, A regional dynamic general-equilibrium model of alternative climatechange strategies. Am. Econ. Rev. 86, 741 – 765.

38. Peter B. Dixon and Maureen T. Rimmer. Dynamic, General Equilibrium Modelling for Forecasting and Policy: a Practical Guide and Documentation of MONASH, North-Holland, 2002.

39. Scarf, H. E., 1973, The Computation of Economic Equilibria. Yale University Press, New Haven, CT.

40. Varian, Hal, 1992, Microeconomics Analysis, W. W. Norton.

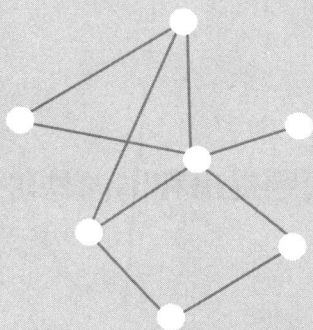

第二章

产业结构调整的污染减排潜力研究

气候灾难与大气污染的频繁发生引起政府部门的关注，调整产业结构实现污染减排逐渐成为污染减排的新措施。但是我国产业结构调整的污染减排潜力到底有多大？本章将通过分析我国产业结构趋势，包括第一、第二、第三产业以及九大行业演进过程及特征以及化学需氧量排放、氨氮排放、二氧化碳以及二氧化硫排放与氮氧化物排放的演进，通过国内各部门的产出变化数据和各部门污染物排放强度测度产业结构调整的污染减排潜力。

第一节　问题提出和国内外研究现状

一、问题提出

随着全球变暖、气候灾难和大面积空气污染的频繁发生，根据环保部提供的信息，自 2013 年 1 月中旬以来，全国 17 个省市共 6 亿多人受到了雾霾危害。按照我国最新制定的空气质量标准，全国只有 20.5% 的城市空气质量能够达标。中国政府污染减排压力越来越大。为此，2009 年底，中国政府公布了控制温室气体排放的指标，决定到 2020 年单位 GDP 的碳排放比 2005 年下降 40%~45%。我国《重点区域大气污染防治"十二五"规划》中明确提出：到 2015 年，重点区域细颗粒物年均浓度下降 5%，建立区域大气污染联防联控机制，区域大气环境管理能力明显提高。京津冀、长三角、珠三角等区域将细颗粒物纳入考核指标，PM2.5 年均浓度下降 6%；其他城市群将其作为预期性指标。为加快改善大气环境质量，国家将实施城市空气达标管理：首要大气污染物超标不超过 15% 的城市，力争 2015 年达标；首要大气污染物超标 15% 以上、30% 以下的城市，力争 2020 年达标；首要大气污染物超标 30% 以上的城市，要制定中长期达标计划，力争到 2030 年全国所有城市达到空气质量二级标准。对于如何实现节能减排目标，目前已经形成共识：调整产业结构、改变能源结构和技术进步是节能减排的三大路径。以碳减排为例，据学者们乐观的估计，产业结构调整对实现碳强度目标的贡献度在 70% 以上（王文举等，2014）；但张明等（Ming Zhang，2009）基于 1991~2006 年间相关数据，认为能源强度的显著下降对减缓碳排放起到至关重要的作用，但是结构变化对减排的作用甚微；胡初枝和黄贤金（Hu and Huang，2008）基于 1990~2005 年的历史数据计算了我国碳排放的规模效应、结构效应和技术效应，分别为 15.76%、-0.86% 和 4.65%。由此看见，学者之间的研究结论还存在很大差异。

那么，在众多污染排放物中，我国产业结构调整的污染减排潜力到底有多大？对此，本章首先在文献综述的基础上，分析我国产业结构和污染物排放的演进趋势，然后设定我国产业结构调整方向与假设，最后基于国内各部门的产出变化数据和各部门污染物排放强度测度产业结构调整的污染减排潜力。其研究结论对我国制定节能减排战略有一定的参考价值。

二、国内外研究现状述评

1. 基于环境学习曲线的污染减排潜力研究

基于 1992～2005 年二氧化硫排放量和经济发展数据，韩亚芬等（2008）建立了 28 个省区万元产值二氧化硫排放量随人均 GDP 变化的环境学习曲线，并以所建立的环境学习曲线为依据，分析了在 1992 年、1995 年、2000 年和 2005 年 4 个时段的环境负荷变化及二氧化硫的减排潜力。张旭和孙根年（2008）利用 1991～2005 年的时间序列数据，选取万元产值能耗、水耗、二氧化硫排放、化学需氧量排放等九个主要指标，建立了电力工业能耗和大气污染、水耗和水环境污染随着人均 GDP 变化的环境学习曲线，并根据这些曲线分析了不同时段我国电力工业的环境负荷和节能减排潜力。基于 1999～2008 年化学需氧量排放量和经济发展数据，王丽琼（2009）建立了 31 个省（市、区）万元产值化学需氧量排放量随人均 GDP 变化的环境学习曲线，分析了 1999 年、2002 年、2005 年和 2008 年 4 个时段的减排潜力变化及化学需氧量减排潜力的空间分布。基于 1999～2008 年氮氧化物排放量和经济发展数据，王丽琼（2010）建立了 30 个省区万元产值氮氧化物排放量随人均 GDP 变化的环境学习曲线，分析了 2000 年、2003 年、2005 年和 2008 年 4 个时段的减排潜力变化及氮氧化物减排潜力的空间分布。王丽琼（2012）基于 1999～2008 年中国氮氧化物排放量和经济发展数据，构建了 30 个省区万元产值氮氧化物排放量随人均 GDP 变化的环境学习曲线，基于环境学习曲线预测了 2020 年氮氧化物排放强度和减排潜力。

2. 基于情景分析的污染减排潜力研究

基于 2008 年辽河流域工业行业环境统计数据，韩明霞等（2010）设计工业行业发展清洁生产情景并测算出到 2015 年辽河工业的污染物排放情况。基于环境统计数据，孙启宏等（2010）建立情景分析模型，预测了 2015 年在经济保持一定增长率、重点工业行业产污强度保持不同水平情景下的流域总污染物产生水平。赵宪伟（2010）以排水体制、排水结构和排放去向为基础，构建了省域化学需氧量减排潜力模型，并以减排目标为约束条件，预测和分析了不同情境下的河北省化学需氧量减排潜力，根据化学需氧量减排潜力预测结果，明确了河北省优先挖掘的减排潜力。张雷等（2011）基于未来 20～30 年我国社会经济发展的特定情景，预测了我国产业结构演进的节能减排潜力。2009 年麦肯锡公司（McKinsey & Company,

2009）发布了"低碳经济之路"的研究报告，预测到 2030 年全球温室气体排放量和全球温室气体减排潜力。朱永彬等（2013）利用马尔可夫（Markov）模型和情景分析法，分析了我国未来能源强度的走势以及产业结构演变对降低能源强度的贡献。顾佰和等（2013）综合考虑化工行业的发展规模、结构调整、技术进步等因素，建立了化工行业二氧化碳减排潜力的情景分析方法，并以重庆市的化工行业为例做应用分析。王韶华等（2014）引入能源结构优化系数和产业结构优化系数改进了传统的环境负荷模型，构建 IIPAT 模型，设定了三种情景分析我国未来低碳发展情况。

3. 基于数据包络分析的污染减排潜力研究

韩一杰等（2011）应用超效率数据包络分析（DEA）模型对 2005～2007 年间中国各地区钢铁行业的全要素能源效率做出评价，并计算了此间中国各地区钢铁行业的节能减排潜力。余泳泽（2011）构建了基于投入和产出导向的 DEA 模型，将非合意性产出（污染物）通过乘数变换加入到模型之中，得出了我国节能减排的潜力，结果表明 2003～2008 年年均节能潜力约 8 亿吨标准煤，年均化学需氧量减排潜力为 312 万吨，年均二氧化硫减排潜力为 1334 万吨。李静等（2014）在考虑非期望产出属性约束框架下，将各省区作为主单元，其所辖地市作为子单元，运用并行 DEA 模型测算中国 2002～2012 年 30 个省份工业节能减排效率，结果表明：我国工业节能减排效率总体上呈上升趋势，但效率水平偏低，且各区域间存在差距，节能减排潜力巨大。丰超和黄健柏（2016）构造了三层级共同前沿 DEA 模型，将二氧化碳排放效率、减排潜力在"结构—技术—管理"三个层面进行分解，并实证分析了中国的碳排放效率、减排潜力及实施路径，研究发现：中国碳排放效率总体上处于较低水平；通过产业结构调整、区域技术平衡、市场化改革和环境管制实现的碳减排潜力约为当前排放总量的 60%。

4. 产业结构调整的污染减排效应研究

郭广涛等（2008）基于产业结构变动对单位 GDP 能耗的影响机理分析，设计编制了中国西部能源投入占用产出表，构建了西部能源投入产出多目标优化模型，其对我国西部产业结构的优化结果表明产业结构调整是完成节能降耗指标的一个有效手段。刘红光等（2010）在区域间投入产出表的基础上，利用中国各省（市、自治区）分行业的碳排放系数，建立了中国区域产业结构调整的二氧化碳减排模型，分析了各区域、各行业的减排效果。张雷等（2011）以产业结构—能耗强度关联模型为基础，在第二产业比重下降到 60% 以下，第三产业比重提高到近 40%

的假设下，预计 2020 年中国总体上可实现单位 GDP 碳排放下降 48% 的基本目标，产业结构的节能减排贡献度可能达到 60%。郭朝先（2012）根据 LMDI 分解，以 2008 年后高能耗产业比重逐渐下降的趋势延续为前提，估计未来产业结构变动将减少二氧化碳排放 5 亿吨，对碳排放增长的贡献率约为 -15%，减排贡献度高值为 20%，低值为 10%。朱永彬等（2013）以美、欧、日的产业结构为参照，预测中国若实现相同的产业结构，产业结构演变的减排潜力分别为 40%、32% 和 28%。徐成龙等（2014）采用 LMDI 分解方法定量分析了 1994 ~ 2010 年山东省产业结构调整对碳排放的影响，并在此基础上结合 LEAP 模型预测 2030 年之前的产业结构调整对山东碳排放的贡献，结果表明：与此前产业结构变动导致碳排放量增加的情形相反，未来产业结构的调整有助于减少碳排放。王文举和向其凤（2014）综合运用回归分析和最优化技术预测了 2020 年的消费产品结构，结合出口产品结构的预测，给出不同的消费率和出口率组合下，经济均衡增长的增长率以及对应的均衡产业结构，并根据均衡产业结构计算了高、中、低 GDP 目标下 2020 年的生产能耗和生产碳排放，结果表明：如果能源结构和各部门的单位产品能耗保持在 2005 年的水平，仅仅依靠产业结构调整，可使 2020 年生产二氧化碳排放量减少 39.3137 亿 ~ 56.3893 亿吨，使生产碳排放强度下降 25.5600% ~ 31.0102%，产业结构调整对实现中国碳强度目标的贡献最高可达 60% 左右。

综上所述，已有研究存在以下不足：（1）环境学习曲线基本是以人均 GDP 来构建，其污染减排潜力分析不一定准确，污染减排更多源于技术减排和结构减排；（2）产业结构调整的污染减排效应研究更多的是集中在碳排放领域，少有涉及其他污染物排放，同时预测结果存在较大差异，未见产业结构调整的污染减排潜力与污染排放结构演变方面的研究。

第二节　我国产业结构的演进趋势

一、我国产业结构演进过程及特征分析——基于第一、二、三产业

我国国内生产总值和第一、二、三产业增加值及其结构演进如表 2 - 1、图 2 - 1 和图 2 - 2 所示。2002 ~ 2014 年，我国第二、三产业发展很快，第三产业增加值在 2014 年有了较快的增长，并首次超过第二产业占国内生产总值的比重。第二产业增加值所占比例也不断上升，2010 年后超过 48%，但在 2014 年有较大回落。第一产业增加值占国内总产值的比例不断下降。

表 2-1　历年我国三大产业和九大行业的增加值

单位：亿元

年份	国内生产总值	第一产业	第二产业	第三产业	农林牧渔业	工业	建筑业	批发和零售业	交通运输、仓储和邮政业	住宿和餐饮业	金融业	房地产业	其他
2002	121002.0	16188.6	53624.4	51189.0	16534.0	47310.7	6465.5	9995.4	7492.9	2724.8	5546.5	5346.4	19585.9
2003	133128.9	16572.4	60416.5	56064.6	16947.1	53343.2	7246.8	10988.7	7951.9	3061.5	5958.5	5870.5	21699.7
2004	146544.5	17584.0	67124.3	61722.1	18014.4	59483.0	7835.9	11710.3	9103.1	3439.3	6236.6	6216.9	24445.2
2005	163174.3	18475.9	75225.2	69329.8	18956.9	66369.1	9089.3	13235.8	10123.0	3861.0	7117.9	6977.6	27351.6
2006	183956.1	19354.2	85311.8	79115.9	19904.5	74914.8	10655.2	15812.1	11132.1	4346.2	8808.0	8057.8	30287.6
2007	210190.3	20035.6	98121.5	91820.7	20649.5	86082.3	12379.8	19008.5	12445.8	4764.2	11082.7	10020.2	33735.2
2008	230459.1	21068.4	107736.7	101423.6	21760.0	94630.6	13556.1	22021.4	13357.4	5221.6	12423.9	10116.2	37477.2
2009	251816.3	21910.6	118588.9	111023.8	22670.2	102986.9	16120.3	24643.0	13806.8	5417.7	14455.9	11311.4	40518.8
2010	278700.7	22842.5	133620.5	121778.4	23638.3	115918.2	18360.3	28240.4	15114.4	5863.1	15747.3	12160.9	43746.2
2011	305474.6	23796.3	147754.7	133352.6	24642.9	128450.5	20152.9	31760.4	16574.7	6162.8	16953.9	13059.9	47958.5
2012	329324.1	24860.4	159853.7	143968.7	25763.7	138615.5	22122.0	35031.3	17583.8	6560.4	18555.0	13672.4	51785.4
2013	354804.7	25809.9	172447.3	155855.4	26785.5	149145.9	24270.2	38715.0	18746.0	6816.5	20515.1	14657.7	55575.1
2014	390948.5	27477.6	181102.5	182199.7	28478.3	153345.0	27852.8	44656.7	23165.8	8134.1	25986.6	17468.1	71764.0

资料来源：历年《中国统计年鉴》，各增加值按 2002 年不变价格计算。

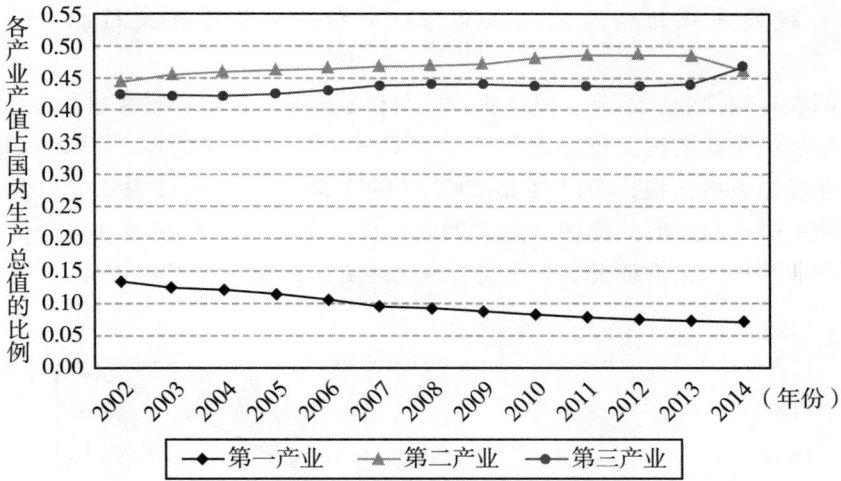

**图 2-1　2002~2014 年国内生产总值和第一、第二、第三产业
增加值演进情况**

资料来源：历年《中国统计年鉴》，产业增加值按 2002 年价格计算。

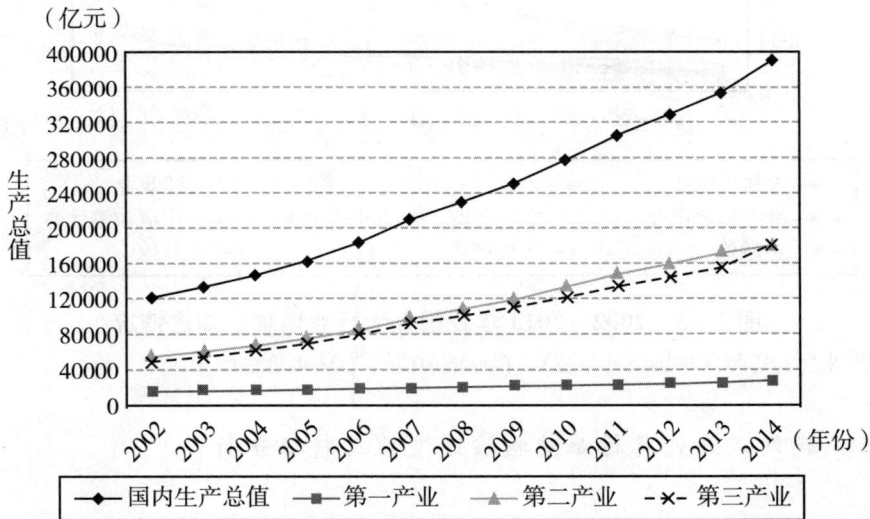

**图 2-2　2002~2014 年我国第一、第二、第三产业增加值占
国内生产总值比例演进情况**

资料来源：历年《中国统计年鉴》，产业增加值按 2002 年价格计算。

二、我国产业结构演进过程及特征分析——基于九大行业

我国农林牧渔业、工业、建筑业、批发和零售业、住宿和餐饮业和金融业等九大行业增加值及其结构演进如表 2 - 1、图 2 - 3 和图 2 - 4 所示。2002 ~ 2014 年，工业行业增加值增长快，2014 年是 2002 年的 3.38 倍。住宿和餐饮业以及其他行业增加值占国内总产值的比例，由 2.25% 演变为 2.03%，反映餐饮娱乐休闲行业对我国产业结构优化贡献很小。建筑业占比则由 5.34% 增长至 6.95%。

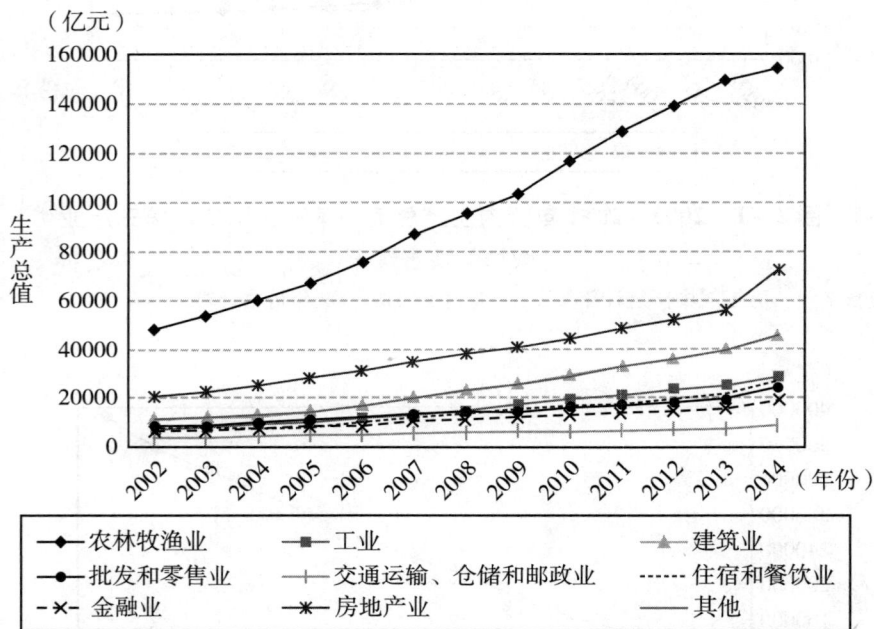

图 2 - 3　2002 ~ 2013 年我国九大行业增加值演进情况

资料来源：历年《中国统计年鉴》，行业增加值按 2002 年价格计算。

三、我国工业大类行业结构演进过程及特征分析

2009 年起，国家统计局正式实施工业企业成本费用调查，采用推算法计算规模以上工业增加值数据，自 2008 年开始，不再对外发布年度规模以上工业分行业增加值数据。对此，我们采用"中国投入产出表"中各工业行业增加值数据分析我国工业行业结构。我国工业行业增加值及其行业内部结构演进如表 2 - 2 所示，2012 年行业增加值超过 5 万亿元的行业的增加值演进情况如图 2 - 5 所示。行业增加值超过 5000 亿元的行业中，除石油和天然气开采业、通用设备制造业和纺织业，

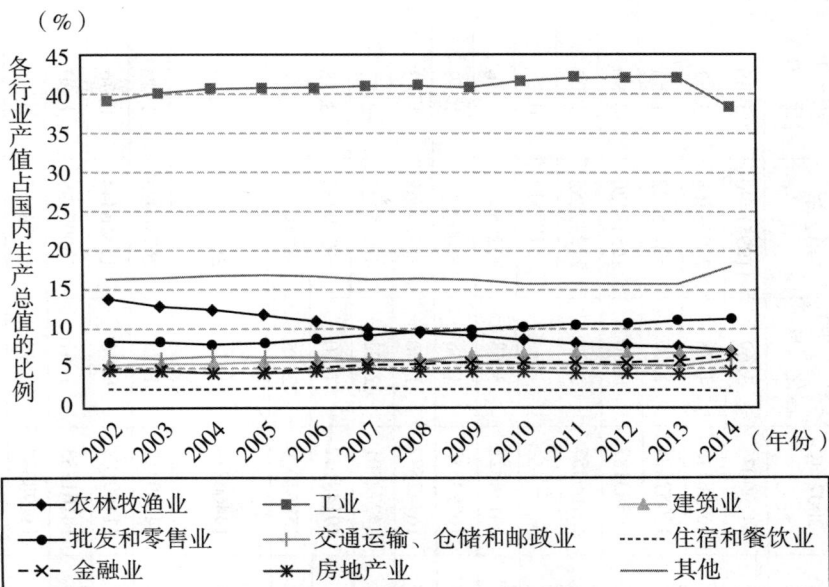

图 2 – 4 2002~2014 年我国九大行业增加值占国内总产值比例演进情况

资料来源：历年《中国统计年鉴》，行业增加值按 2002 年价格计算。

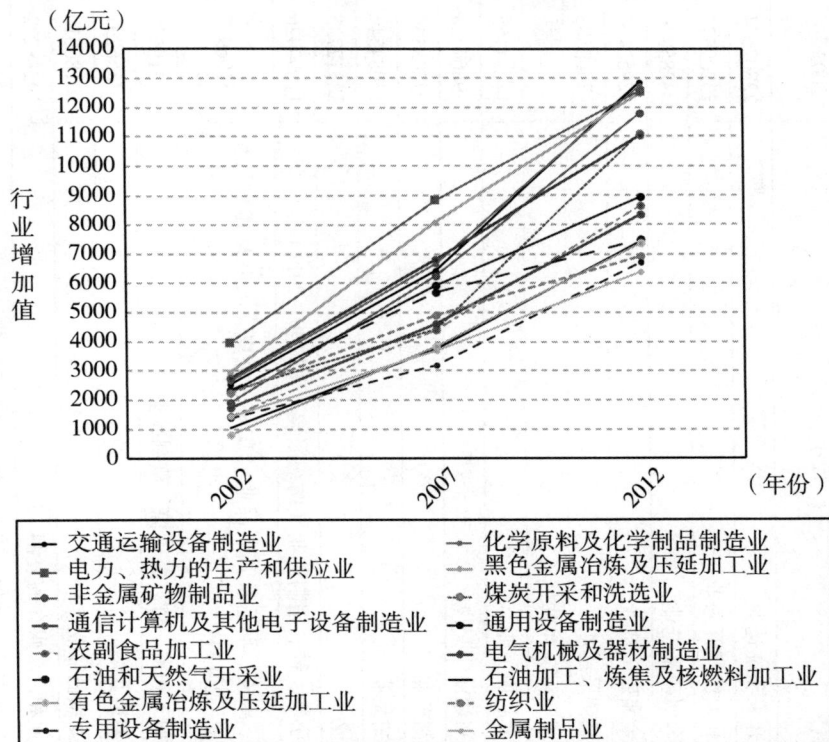

图 2 – 5 2012 年增加值超过 5000 亿元的行业的增加值演进情况

表 2-2　　历年我国工业大类行业的增加值及其占比

单位：万元

行业	2002 年	2002 年占比（%）	2007 年	2007 年占比（%）	2012 年	2012 年占比（%）
煤炭开采和洗选业	22802674	4.70	44290073	3.69	110951490	5.35
石油和天然气开采业	23209577	4.78	56966115	4.75	74923868	3.62
黑色金属矿采选业	3285976	0.68	12052094	1.00	32125522	1.55
有色金属矿采选业	2967154	0.61	9583183	0.80	16513420	0.80
非金属矿采选业	7400583	1.53	15106457	1.26	22239252	1.07
开采辅助服务和其他采矿产品	—	—	—	—	5779811	0.28
农副食品加工业	14214155	2.93	44174822	3.68	86265674	4.16
食品制造业	9864624	2.03	16594535	1.38	35000874	1.69
饮料制造业	7808539	1.61	16742677	1.40	37881968	1.83
烟草制品业	13084549	2.70	24272501	2.02	47846325	2.31
纺织业	22312735	4.60	49148147	4.10	69319445	3.35
纺织服装、鞋、帽制造业（纺织服装、服饰业—2011）	11099926	2.29	25854029	2.15	34719376	1.68
皮革、毛皮、羽毛及其制品业（皮革、毛皮、羽毛及其制品和制鞋业—2011）	5196967	1.07	14460289	1.21	28753781	1.39
木材加工和木、竹、藤、棕、草制品业	7218579	1.49	14669312	1.22	26740993	1.29
家具制造业	3556297	0.73	11460189	0.96	15816344	0.76
造纸及纸制品业	10180010	2.10	18161333	1.51	26995398	1.30
印刷业和记录媒介的复制	9288222	1.91	11198387	0.93	17536677	0.85
文教体育用品（文教、工美、体育和娱乐用品制造业—2011）	4259889	0.88	6211023	0.52	25302145	1.22
石油加工、炼焦及核燃料加工业	10463594	2.16	37521150	3.13	74415044	3.59

续表

行业	2002 年	2002 年占比（%）	2007 年	2007 年占比（%）	2012 年	2012 年占比（%）
化学原料及化学制品制造业	26649304	5.49	66774808	5.57	127266110	6.14
医药制造业	10849532	2.24	20596196	1.72	40952996	1.98
化学纤维制造业	2618514	0.54	7200337	0.60	9910362	0.48
橡胶制品业	4385666	0.90	8813124	0.73	15005988	0.72
塑料制品业	13589651	2.80	22543688	1.88	38877058	1.88
非金属矿物制品业	19087251	3.93	62645314	5.22	117737130	5.68
黑色金属冶炼及压延加工业	29473206	6.08	80985993	6.75	124538059	6.01
有色金属冶炼及压延加工业	8019902	1.65	38300759	3.19	73937598	3.57
金属制品业	14196940	2.93	36870090	3.07	63887873	3.08
通用设备制造业	22710849	4.68	59303536	4.94	89319035	4.31
专用设备制造业	13781776	2.84	31867233	2.66	67171902	3.24
交通运输设备制造业	25292201	5.21	64232782	5.35	128575818	6.20
电气机械及器材制造业	17191326	3.54	46277890	3.86	83224517	4.02
通信计算机及其他电子设备制造业	27279701	5.62	68076830	5.67	110328472	5.32
仪器仪表及文化、办公用机械制造业（仪器仪表制造业—2011）	4345898	0.90	10326839	0.86	12351839	0.60
工艺品及其他制造业（其他制造业—2011）	5765950	1.19	15427740	1.29	5210106	0.25
废弃资源综合利用业	8417752	1.74	35309227	2.94	32656871	1.58
金属制品、机械和设备修理业（2011）	—	—	—	—	1964359	0.09
电力、热力的生产和供应业	39624532	8.17	88098521	7.34	125542655	6.06
燃气生产和供应业	741511	0.15	2220440	0.19	6766297	0.33
水的生产和供应业	2835072	0.58	5480625	0.46	7814330	0.38

注：数据来源于历年投入产出表，2011 年以前个别行业增加值未统计，行业分类在 2011 年后有所变化，各增加值按当年价格计算。

以及电力、热力的生产和供应业以外，其他 12 个行业的 2012 年增加值比 2002 年增长了 3 倍以上，有色金属冶炼及压延加工业的 2012 年增加值比 2003 年增长了近 8.22 倍。2012 年，各工业行业增加值占整个工业行业增加值比例一直超过 6% 以上的行业有：化学原料及化学制品制造业，黑色金属冶炼及压延加工业，以及电力、热力的生产和供应业。这些反映了我国正处于重工业化阶段。

第三节　我国污染物排放的演进趋势分析

一、我国化学需氧量排放的演进趋势分析

1. 全国化学需氧量排放的总量与强度演进趋势

2002~2014 年，我国化学需氧量排放的总量与强度演进趋势如图 2-6 和图 2-7 所示。变更统计范围后，可以发现我国工业的化学需氧量排放只占全国排放总量的小部分，2014 年工业化学需氧量占比为 13.57%，迫切需要削减农业源和城镇生活源的排放量。生活的化学需氧量排放强度基于第三产业增加值计算，工业的化学需氧量排放强度基于工业行业增加值计算。

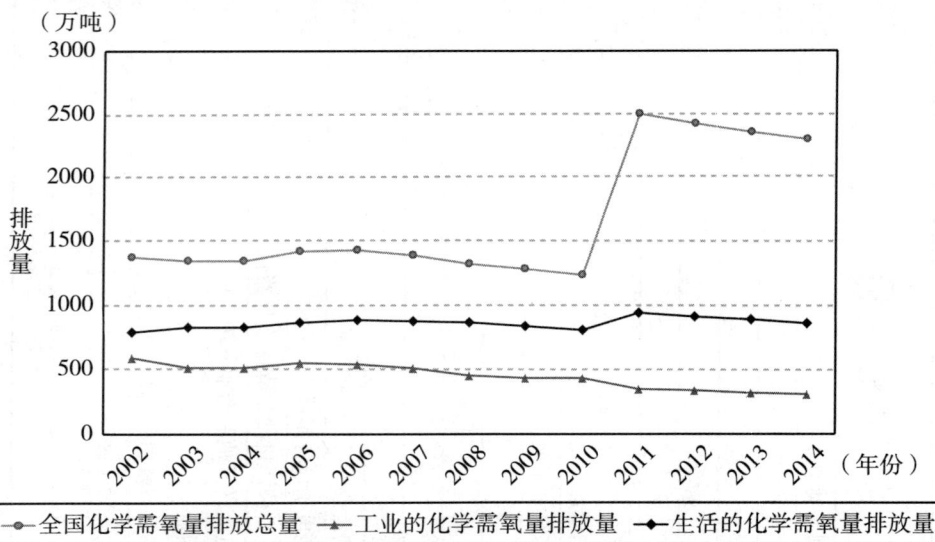

图 2-6　2002~2014 年我国化学需氧量排放总量的演进情况

　　注：2011 年环境保护部对统计制度中的指标体系、调查方法及相关技术规定等进行了修订，统计范围扩展为工业源、农业源、城镇生活源、机动车、集中式污染治理设施 5 个部分。

　　资料来源：历年《中国统计年鉴》和《环境统计年鉴》，GDP 和相关行业增加值按 2002 年价格计算。

（千克/万元）

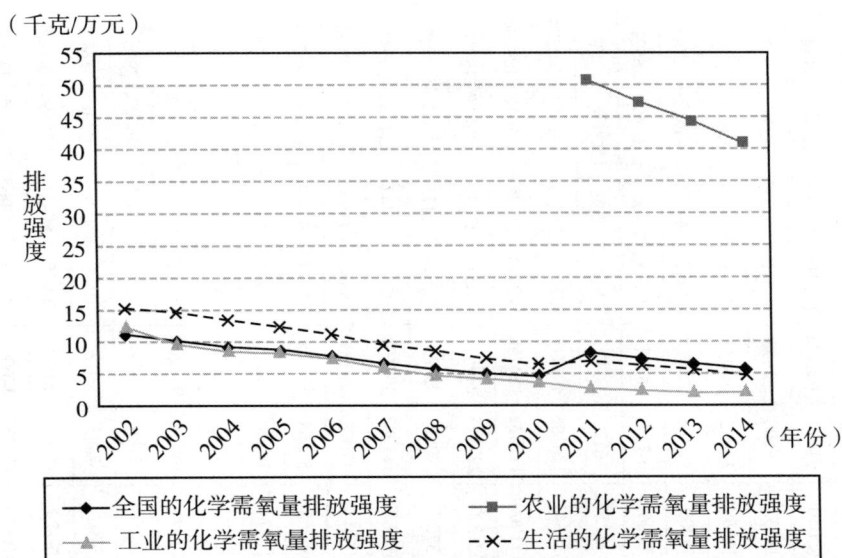

图 2 - 7　2002～2014 年我国化学需氧量排放强度的演进情况

2. 各工业行业化学需氧量排放的总量与强度演进趋势

2002～2014 年，我国各工业行业化学需氧量排放总量的演进趋势如图 2 - 8 和表 2 - 3 所示：（1）排放总量下降明显，2014 年的排放量比 2002 年削减了 40.1%；

（万吨）

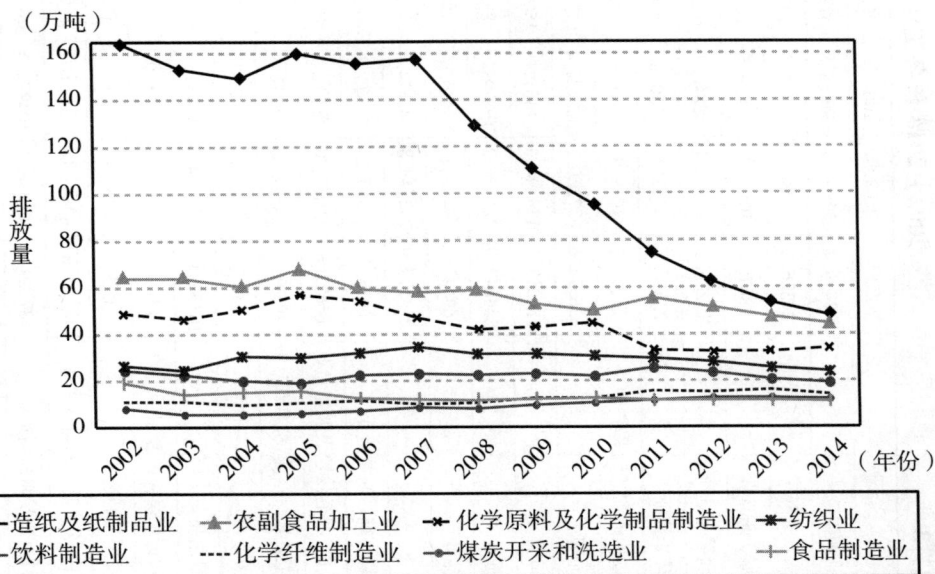

图 2 - 8　2014 年化学需氧量排放超过 10 万吨工业行业的排放演进情况

表2-3　2002~2014年各工业行业的化学需氧量排放总量演进情况

单位：吨

行业	2002年	2003年	2004年	2005年	2006年	2007年	2008年	2009年	2010年	2011年	2012年	2013年	2014年
煤炭开采和洗选业	77414.4	52897.5	54058.8	57387.6	66750.5	81685.4	80040	91673	100174	111716	122356	123678	115424
石油和天然气开采业	24326.2	19893	21753.4	16728.9	17589.4	21364.1	18132	16600	32593	11576	13033	12561	9824
黑色金属矿采选业	9867.7	10541.8	15054.5	14906.9	13868.7	10549.8	10669	11045	10031	8205	9486	10574	11751
有色金属矿采选业	17236.3	31692.8	42846.7	60279.9	51534.1	47512	48209	46212	32177	41192	44738	44610	42086
非金属矿采选业	22550.7	7191.5	15036	20448.8	10117.6	9060.4	8784	6731	8361	5820	7361	6369	6627
开采辅助服务和其他采矿业	77	1069.9	361.8	291.5	504	1361.3	1325	617	342	149	398	809	436
农副食品加工业	636574.6	637260.7	602422.4	677239.6	591654.9	578404	586543	526186	495715	553036	510285	471292	440584
食品制造业	186393.2	139794.3	146521	154962.8	124247.9	119823.5	111900	118332	124750	112484	112293	111038	109090
饮料制造业	244643.9	221046.2	198798.9	187804.3	222953.8	227702.1	221327	227345	219010	250540	233397	200551	187102
烟草制品业	6944.4	9400.3	5659.6	4835.8	4176.1	3907.7	3701	4082	3485	2254	2473	2345	2207
纺织业	264577.9	245143.8	302574.4	298628.1	315451.6	344903	314339	313087	300608	292227	277437	254180	239410
纺织服装、鞋、帽制造业	6938.7	8313.2	14873.3	21297.6	17482.7	18007.6	15614	17078	13189	18387	15931	17465	18894
皮革、毛皮、羽毛（绒）及其制品业	66622.6	60453.3	68591.7	75152.8	71894.3	70862.8	64265	57568	64325	65114	62115	54823	48556
木材加工及木、竹、藤、棕草制品业	19594.5	24558.1	35232.4	27829.9	21600.4	15912.6	12374	16310	10820	16753	15864	15129	15258
家具制造业	850.2	1171.9	1455	972.4	1146.8	4425.5	4152	4776	4438	767	556	698	780
造纸及纸制品业	1639084.1	1526424.1	1488260	1596590.8	1553223.1	1573656.2	1287961	1097204	952200	741672	623221	533014	478190
印刷业和记录媒介的复制	1776.7	2314.9	2015.2	4847	1623.1	2221.4	2027	2186	1600	1834	2203	2600	2051
文教体育用品制造业	813	782	1069	1140.5	1163.4	1227	1702	1383	918	1974	1803	1790	1841
石油加工、炼焦及核燃料加工业	60245.8	60691.9	64897	83343.4	74665.9	82145.7	78179	80019	81719	76995	80418	73659	90328
化学原料及化学制品制造业	487129.7	461578.8	504873.7	569256.1	542863.7	467825.1	416913	427237	446907	327926	325063	321985	335976
医药制造业	192608	187522	143665.6	132654.4	113529.8	124459.3	112789	112589	108353	96792	96452	97238	96013

续表

行业	2002年	2003年	2004年	2005年	2006年	2007年	2008年	2009年	2010年	2011年	2012年	2013年	2014年
化学纤维制造业	109610.2	105532.5	90291.5	104171.4	114721.2	98339.5	104061	121783	125048	150748	146941	157202	139272
橡胶制品业	9315	7613	7375.7	6063.9	6154.5	7194.3	7111	6261	8043	7248	7031	7774	7922
塑料制品业	3061.1	2595.2	6742.2	4064.9	7196.6	11860.5	9129	7348	7276	6557	6361	7032	7167
非金属矿物制品业	67127.9	40850.2	54600.2	52843.6	59270.6	45028.7	40238	29832	31162	30331	32352	33227	36299
黑色金属冶炼及压延加工业	150121.8	135445.3	160557.5	176376	144114.4	133906	122059	115122	106492	79835	75473	68256	74470
有色金属冶炼及压延加工业	27186	35219.5	29679.2	34187	49369.3	31520.4	30026	27270	29628	29677	27792	28271	28960
金属制品业	13121	12776.3	14723.5	20215.7	17571	28036.9	23505	26961	25307	31576	32422	34661	33659
通用设备制造业	22766.7	13020.2	18510.8	18992	23598.4	15898	15798	14231	14925	11274	10621	10727	10977
专用设备制造业	18907.2	20669	13396.1	14010.1	12417.7	8925.4	11253	11398	10225	5592	6625	7037	7765
交通运输设备制造业	23981.9	54873.4	60359.5	38095.3	39050.7	26969.8	33432	42762	53823	30548	32116	33628	33895
电气机械及器材制造业	10814.1	12303.1	7074.5	9591.1	10298.8	10608	11024	10438	12770	7019	7700	8356	8470
通信计算机及其他电子设备	17917.1	11888.4	12724	16690.6	21579.4	26596.6	29218	29767	28572	31842	33498	35041	37245
仪器仪表及文化办公用机械	2465.8	9788	13271.3	9353.6	10125.1	6703.5	4906	4997	4020	1600	1815	1475	2267
工艺品及其他制造业	3043.4	1996.5	2554.6	4207.4	3450.2	5420.7	3415	3586	3311	5132	5808	6262	9212
废弃资源和废旧材料回收加工业	—	1294.8	319	637.5	793.6	2045.1	1080	1192	1553	3379	3311	3296	2422
金属制品,机械和设备修理业	—	—	—	—	—	—	—	—	—	—	1013	1183	1388
电力,热力的生产和供应业	99534.6	128981.2	115238.3	132158.7	77935	60662.8	46028	44842	54844	25374	30906	33752	33696
燃气生产和供应业	3972.3	4962.7	7881.5	9463.7	14687.8	15369.8	14185	4013	2721	1154	1003	1183	3410
水的生产和供应业	7078.4	28171.9	14793.4	23685.4	20645.8	15343.8	22665	15268	25441	1851	9	9	33

注：由于2011~2014年只有橡胶和塑料制品业的总化学需氧量排放数据，本研究拟以2010年两个行业之间的排放比例拆分数据。

35

（2）排放主要来源造纸及纸制品业、农副食品加工业、化学原料及化学制品制造业、纺织业和饮料制造业，5 个行业排放量占工业行业化学需氧量排放总量的比例也由 71.81% 降到 61.6%；（3）造纸及纸制品业的化学需氧量排放下降异常明显，2014 年的排放量比 2002 年削减了 70.83%。

2002 年、2007 年和 2012 年，我国各工业行业化学需氧量排放强度的演进趋势如图 2-9 和表 2-4 所示。2002 年排放强度排在前 3 位的行业中，造纸及纸制品业下降了 83.93%，农副食品加工业下降了 76.87%，化学纤维制造业下降了 56.59%。

（千克/万元）

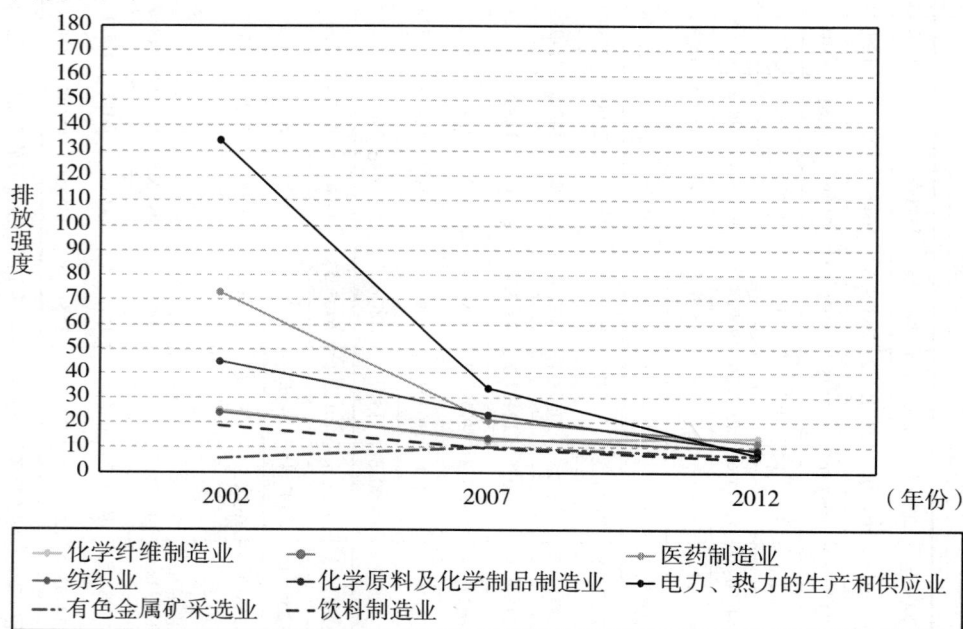

图 2-9 2002 年化学需氧量排放强度排名前 8 位的工业行业的演进情况

资料来源：历年《中国环境统计年鉴》和中国投入产出表，其中行业增加值按 2002 年不变价计算。

二、我国氨氮排放的演进趋势分析

1. 全国氨氮排放的总量与强度演进趋势

2002~2014 年，我国主要污染物排放总量的演进趋势如图 2-10 和图 2-11 所示。变更统计范围后，可以发现我国工业的氨氮排放只占全国排放总量的小部分，2014 年工业氨氮排放的占比仅 9.73%，工业氨氮强度下降明显，工业氨氮减排潜力空间已不大，迫切需要削减农业源和城镇生活源的排放总量。

表2-4　各工业行业的化学需氧量排放强度演进情况

单位：千克/万元

行业	2002年	2007年	2012年	行业	2002年	2007年	2012年
煤炭开采和洗选业	3.395	2.959	2.728	医药制造业	17.753	6.184	2.654
石油和天然气开采业	1.048	0.742	0.474	化学纤维制造业	41.860	16.531	18.172
黑色金属矿采选业	3.003	1.560	0.606	橡胶制品业	2.124	0.953	0.649
有色金属矿采选业	5.809	9.912	6.740	塑料制品业	0.225	0.623	0.204
非金属矿采选业	3.047	0.750	0.540	非金属矿物制品业	3.517	0.786	0.349
开采辅助服务和其他采矿业	—	—	0.093	黑色金属冶炼及压延加工业	5.094	2.181	0.846
农副食品加工业	44.785	17.509	10.359	有色金属冶炼及压延加工业	3.390	1.560	0.710
食品制造业	18.895	8.003	4.357	金属制品业	0.924	0.900	0.651
饮料制造业	31.330	14.321	7.409	通用设备制造业	1.002	0.292	0.138
烟草制品业	0.531	0.170	0.056	专用设备制造业	1.372	0.305	0.114
纺织业	11.858	7.745	5.132	交通运输设备制造业	0.948	0.415	0.251
纺织服装、鞋、帽制造业	0.625	0.728	0.527	电气机械及器材制造业	0.629	0.279	0.112
皮革、毛皮、羽毛（绒）及其制品业	12.820	5.373	2.595	通信设备、计算机及其他电子设备制造业	0.657	0.341	0.236
木材加工及木、竹、藤、棕草制品业	2.714	1.224	0.743	仪器仪表及文化、办公用机械制造业	0.567	0.633	0.141
家具制造业	0.239	0.420	0.042	工艺品及其他制造业	0.528	0.422	1.561
造纸及纸制品业	161.010	92.605	25.876	废弃资源和废旧材料回收加工业	—	0.079	0.141
印刷业和记录媒介的复制	0.191	0.199	0.133	金属制品、机械和设备修理业	—	—	0.693
文教体育用品制造业	0.191	0.217	0.086	电力、热力的生产和供应业	2.512	0.790	0.317
石油加工、炼焦及核燃料加工业	5.758	3.686	2.745	燃气生产和供应业	5.357	8.546	0.229
化学原料及化学制品制造业	18.279	8.931	3.631	水的生产和供应业	2.497	3.458	0.002

资料来源：历年《中国环境统计年鉴》和中国投入产出表，其中行业增加值按2002年不变价计算。

（万吨）

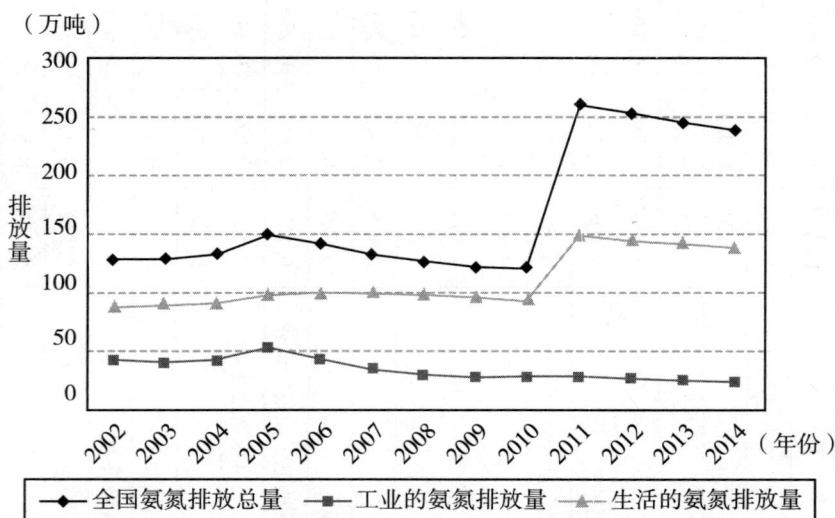

图 2 - 10　2002 ~ 2014 年我国氨氮排放总量的演进情况

注：2011 年环境保护部修订了统计制度中的指标体系、调查方法及相关技术规定等，统计范围扩展为工业源、农业源、城镇生活源、机动车和集中式污染治理设施等五个部分。

（千克/万元）

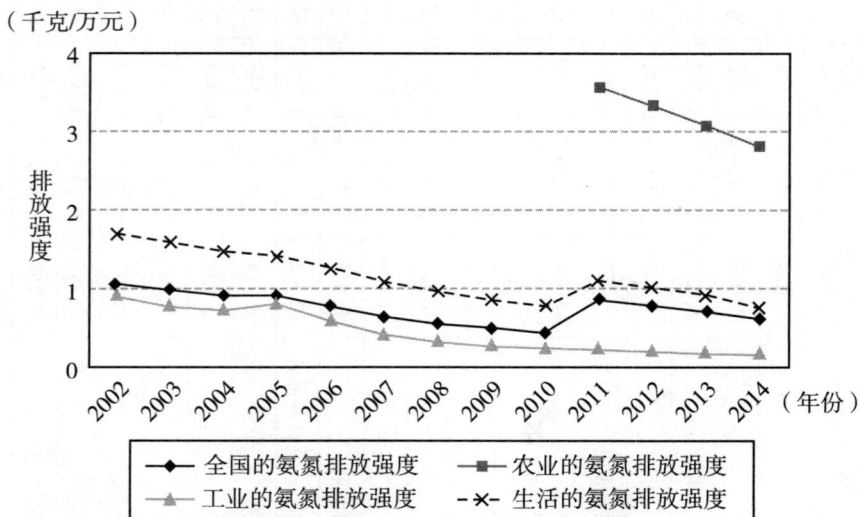

图 2 - 11　2002 ~ 2014 年我国氨氮排放强度的演进情况

资料来源：历年《中国统计年鉴》和《环境统计年鉴》，GDP 和相关行业增加值按 2002 年价格计算。

2. 各工业行业氨氮排放的总量与强度演进趋势

2002～2014年，我国各工业行业氨氮排放总量的演进趋势如图2－12和表2－5所示：（1）排放总量下降明显，2014年的排放量比2002年削减了42.83%；（2）排放主要来源化学原料及化学制品制造业、农副食品加工业、纺织业、造纸及纸制品业，以及石油加工、炼焦及核燃料加工业，5个行业排放量占工业行业氨氮排放总量的比例也由77.06%降到64.01%；（3）化学原料及化学制品制造业的氨氮排放量下降非常明显，2014年的排放量比2002年削减了65.47%，同时农副食品加工业和造纸及纸制品业分别削减了39.25%和49.05%；（4）纺织业的氨氮排放量不降反增，2014年的排放量比2002年增长了86.45%。

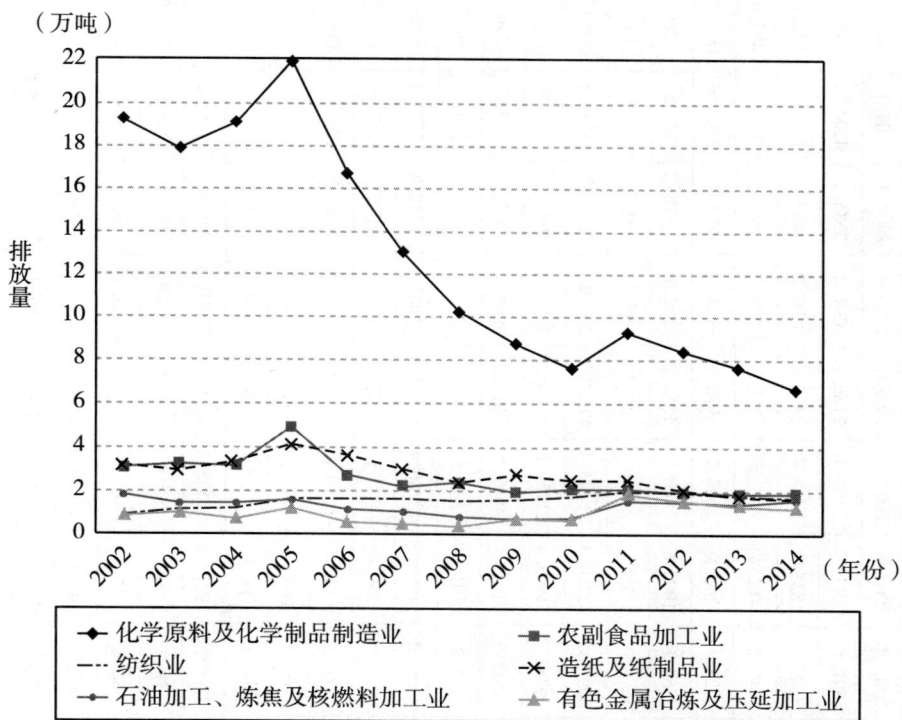

（万吨）

图2－12　2014年氨氮排放超过1万吨工业行业的排放总量演进情况

2002年、2007年和2012年，我国各工业行业氨氮排放强度的演进趋势如图2－13和表2－6所示。2002年排放强度排在前3位的行业中，化学原料及化学制品制造业下降了87.01%，造纸及纸制品业下降了72.69%，农副食品加工业下降了81.89%。

表 2-5　2002~2014 年各工业行业的氨氮排放总量演进情况

单位：吨

行业	2002 年	2003 年	2004 年	2005 年	2006 年	2007 年	2008 年	2009 年	2010 年	2011 年	2012 年	2013 年	2014 年
煤炭开采和洗选业	591.5	972	1156.4	2166.1	3540.1	3335.1	4200.8	4709.6	5669.4	3176	3678	4108	4150
石油和天然气开采业	1927.8	1835.4	2434.4	2416.4	1798.7	1480.9	1392.4	756.2	1001.6	876	852	855	544
黑色金属矿采选业	445.7	462.4	321.5	531.5	289.8	393.2	353.5	473.6	1797.9	1572	161	389	332
有色金属矿采选业	427.9	246.8	2648.7	364.7	927.9	969.9	1789.5	1855.5	1553.3	982	1208	2243	2037
非金属矿采选业	665.1	1005.6	80	1555.2	262.7	176	205.6	289	363.9	375	394	276	368
开采辅助服务和其他采矿业	1	3.4	8.4	11.3	18.1	91.5	95.5	15.8	12.1	1	13	54	42
农副食品加工业	30901.3	32250.3	31403.4	49298.7	27329.3	21742.7	23741.5	19355.5	21090.8	21028	19395	19042	18774
食品制造业	19382.2	21803.4	21720.8	25710.8	13955.7	9859.4	8952.5	6559.7	8375.7	9375	9196	9569	8495
饮料制造业	4533.6	3852.3	4685.6	7818.2	6596.2	7417.8	8215	7346.6	8407.4	10021	10601	9476	8323
烟草制品业	117.2	101.7	135.5	149.1	134.6	142	169.9	295.7	185.8	144	175	149	155
纺织业	9052.2	11693.3	12266.4	16564.8	16666.5	16512.6	15793.4	16050.9	17409.7	20170	19337	17919	16878
纺织服装、鞋、帽制造业	421.8	350.6	600.3	1522.9	1201.7	880.7	737.3	972.8	754.7	1728	1459	1413	1527
皮革、毛皮、羽毛(绒)及其制品业	5094.2	6104.6	6319.6	8327	8647.5	8183.2	8297.4	4529.6	5065.6	6713	6051	4386	3704
木材加工及木、竹、藤、棕草制品业	709.2	1680.1	981.3	1871.1	587.7	567.6	484.7	467.1	454.2	313	496	383	430
家具制造业	507.4	15.5	35.1	322.6	49	280.3	78.2	78.8	110.2	49	46	66	73
造纸及纸制品业	32031.5	29623.8	33533.4	41361.6	36441.4	29818.4	24069.2	27385.2	24999.7	25053	20699	17779	16319
印刷业和记录媒介的复制	58.9	66.4	87.8	1048	100	91.7	115.6	118.9	121.6	145	115	120	160
文教体育用品制造业	30.4	36.5	45.1	43.7	55.8	54.8	108	107.2	82.1	135	149	151	133
石油加工、炼焦及核燃料加工业	18285.3	14388.7	14438.5	16263.5	11551.7	10414.8	8056.7	7273.4	7706.3	15706	14821	13889	15850
化学原料及化学制品制造业	192679.2	179028.9	191256.3	220035	166794	130042.9	102744.2	87553	76031.7	92651	84095	76420	66535
医药制造业	6423	5066.8	8567	9383.6	7852.3	6966.7	6870.5	7105.8	6807	7240	7365	7459	7449

续表

行业	2002年	2003年	2004年	2005年	2006年	2007年	2008年	2009年	2010年	2011年	2012年	2013年	2014年
化学纤维制造业	3341.6	3256	2335.2	4478.7	4454.8	3464.3	3643.5	4386.9	3882.2	4845	3741	3093	3432
橡胶制品业	413.5	527	486.5	506.6	731.1	712.6	747.7	682.6	530.1	515	539	566	532
塑料制品业	260.8	220.6	138.6	168.2	728.7	525.4	540.6	474.1	541.2	526	551	578	543
非金属矿物制品业	759.2	1805.8	1379.5	1454.2	3037	2692.5	2026.5	1505.5	2028.4	1435	1836	1731	1894
黑色金属冶炼及压延加工业	15475.6	14547.6	12443.9	19093	14094.6	12935.9	10586.2	8641.3	8575.4	7557	6492	5711	5587
有色金属冶炼及压延加工业	8621.1	10177.1	7330.2	12254.9	5899.7	4650.2	3507.8	7086	6762.3	18702	15457	12837	12088
金属制品业	303.9	855	419.7	753	722.7	1084.5	1052.3	1241.9	1889.2	2238	2735	2653	2677
通用设备制造业	600.2	465.6	433.1	1166.6	862	1106	923.7	1090.8	996	618	668	625	657
专用设备制造业	5336.1	5556.4	2275.8	2112.3	1727.1	1193.2	656.4	846.3	925.2	550	604	640	608
交通运输设备制造业	1838	6713.5	7907.4	1992.5	3259.7	1670.6	1983.2	2908.5	2605.8	1689	2156	2655	2294
电气机械及器材制造业	331.6	440.2	282	348.1	484.4	520.1	552.7	534.6	727.9	560	608	753	703
通信计算机及其他电子设备	546.6	1679.4	792.4	1002.1	1448.2	2097.8	1938.5	2351	2738.1	2583	2942	3139	3190
仪器仪表及文化办公用机械	88.8	374.1	701.2	550.1	488.8	381.9	359.2	396.5	383.2	110	140	99	139
工艺品及其他制造业	169.1	132.2	158.8	260.8	377.4	273.1	258.9	258.4	171.2	263	431	355	520
废弃资源和废旧材料回收加工业	—	140.6	12.2	9.7	18.9	38.1	34.4	106.7	86.9	192	182	177	191
金属制品、机械和设备修理业	—	—	—	—	—	—	—	—	—	—	56	67	88
电力、热力生产和供应业	2794.1	3250.8	4066.3	5507.2	5105.5	1800.9	1259.8	1402.5	4677.9	1300	2023	2192	2374
燃气生产和供应业	1509.5	2812	2428.1	6275.2	3570.9	3278.6	2777	946.6	954.6	187	157	173	244
水的生产和供应业	489.6	694.3	970	2189.5	2645.6	782.9	1135.7	755.6	969.5	280	0	0	0

注：由于2011～2014年只有橡胶和塑料制品业的总化学需氧量排放数据，本书以2010年两个行业之间的排放比例拆分数据。

41

（千克/万元）

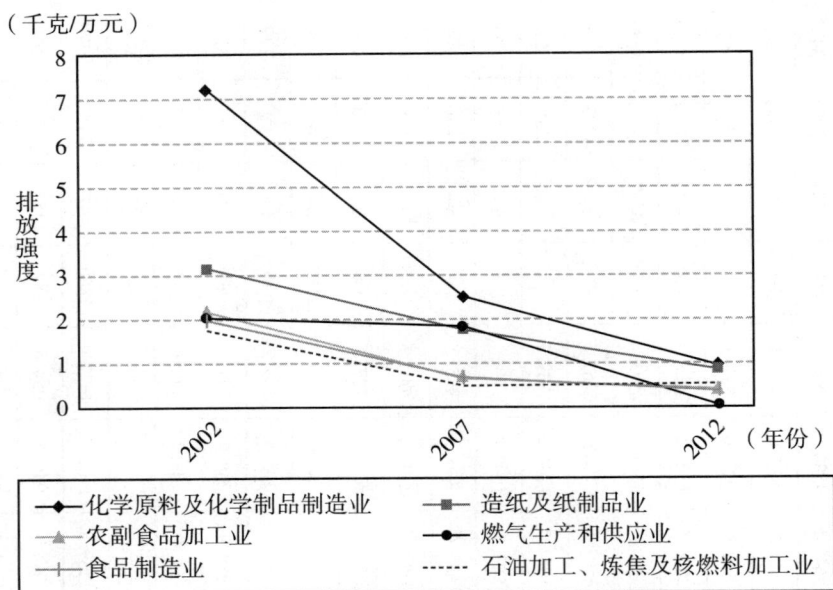

图 2 - 13　2002 年氨氮排放强度排名前 6 位的工业行业的演进情况

三、我国二氧化硫排放的演进趋势分析

1. 全国二氧化硫排放的总量与强度演进趋势

2002～2014 年，全国二氧化硫排放总量与强度的演进趋势如图 2 - 14 和图 2 - 15 所示。全国二氧化硫的排放一直主要来源于工业（占比 89.79%），2006 年达到峰值，到 2014 年工业排放也还有 1740.4 万吨。二氧化硫排放强度下降较快，由 2002 年的 33.016 千克/万元下降到 2014 年的 11.350 千克/万元。

2. 各工业行业二氧化硫排放的总量与强度演进趋势

2002～2014 年，我国各工业行业二氧化硫排放强度的演进趋势如图 2 - 16 和表 2 - 7 所示：（1）排放总量不降反升，2014 年的排放量比 2002 年增长了 16.95%，2006 年达到 1998.7 万吨的排放峰值；（2）排放主要来源于黑色金属冶炼及压延加工业、非金属矿物制品业、化学原料及化学制品制造业、有色金属冶炼及压延加工业，以及电力、热力的生产和供应业，5 个行业排放量占工业行业氨氮排放总量的比例基本维持在 82%～85% 之间；（3）排放量最大的电力、热力的生产和供应业的二氧化硫排放经历了先增后减的过程，在 2006 年达到 1204.1 万吨峰值，2014 年降到 621.19 万吨，比 2002 年削减了 17.18%；（4）对比 2014 年与 2002 年，部

表 2-6　各工业行业的氨氮排放强度演进情况

单位：千克/万元

行业	2002 年	2007 年	2012 年	行业	2002 年	2007 年	2012 年
煤炭开采和洗选业	0.026	0.121	0.082	医药制造业	0.592	0.346	0.203
石油和天然气开采业	0.083	0.051	0.031	化学纤维制造业	1.276	0.582	0.463
黑色金属矿采选业	0.136	0.058	0.010	橡胶制品业	0.094	0.094	0.050
有色金属矿采选业	0.144	0.202	0.182	塑料制品业	0.019	0.028	0.018
非金属矿采选业	0.090	0.015	0.029	非金属矿物制品业	0.040	0.047	0.020
开采辅助服务和其他采矿业	—	—	0.003	黑色金属冶炼及压延加工业	0.525	0.211	0.073
农副食品加工业	2.174	0.658	0.394	有色金属冶炼及压延加工业	1.075	0.230	0.395
食品制造业	1.965	0.658	0.357	金属制品业	0.021	0.035	0.055
饮料制造业	0.581	0.467	0.337	通用设备制造业	0.026	0.020	0.009
烟草制品业	0.009	0.006	0.004	专用设备制造业	0.387	0.041	0.010
纺织业	0.406	0.371	0.358	交通运输设备制造业	0.073	0.026	0.017
纺织服装、鞋、帽制造业	0.038	0.036	0.048	电气机械及器材制造业	0.019	0.014	0.009
皮革、毛皮、羽毛（绒）及其制品业	0.980	0.620	0.253	通信设备、计算机及其他电子设备制造业	0.020	0.027	0.021
木材加工及木、竹、藤、棕、草制品业	0.098	0.044	0.023	仪器仪表及文化、办公用机械制造业	0.020	0.036	0.011
家具制造业	0.143	0.027	0.003	工艺品及其他制造业	0.029	0.021	0.116
造纸及纸制品业	3.147	1.755	0.859	废弃资源和废旧材料回收加工业	—	0.001	0.008
印刷业和记录媒介的复制	0.006	0.008	0.007	金属制品、机械和设备修理业	—	—	0.038
文教体育用品制造业	0.007	0.010	0.007	电力、热力的生产和供应业	0.071	0.023	0.021
石油加工、炼焦及核燃料加工业	1.748	0.467	0.506	燃气生产和供应业	2.036	1.823	0.036
化学原料及化学制品制造业	7.230	2.483	0.939	水的生产和供应业	0.173	0.176	0.000

注：数据来源于历年《中国环境统计年鉴》和《中国投入产出表》，其中行业增加值按 2002 年不变价计算。

（万吨）

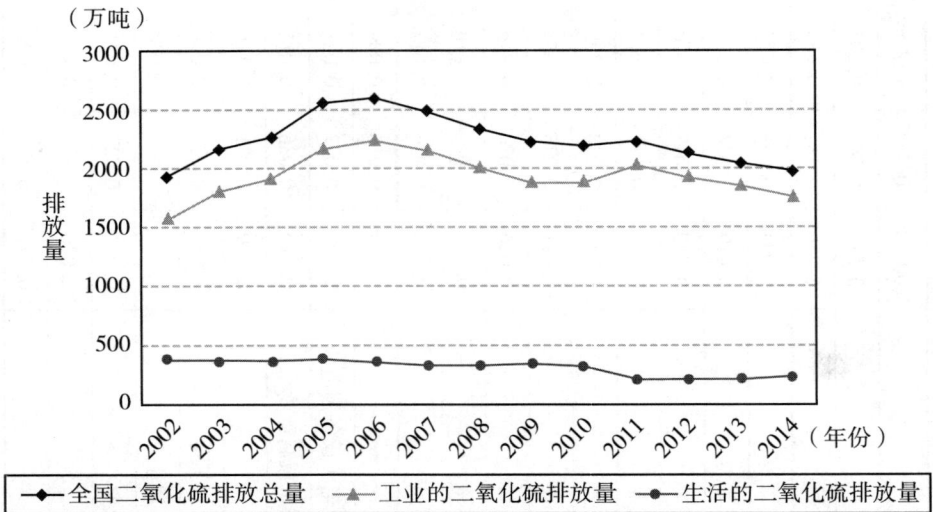

图 2 – 14　2002 ~ 2014 年全国二氧化硫排放总量的演进情况

资料来源：历年《中国统计年鉴》和《中国环境统计年鉴》，GDP 和相关行业增加值按
2002 年价格计算。

（千克/万元）

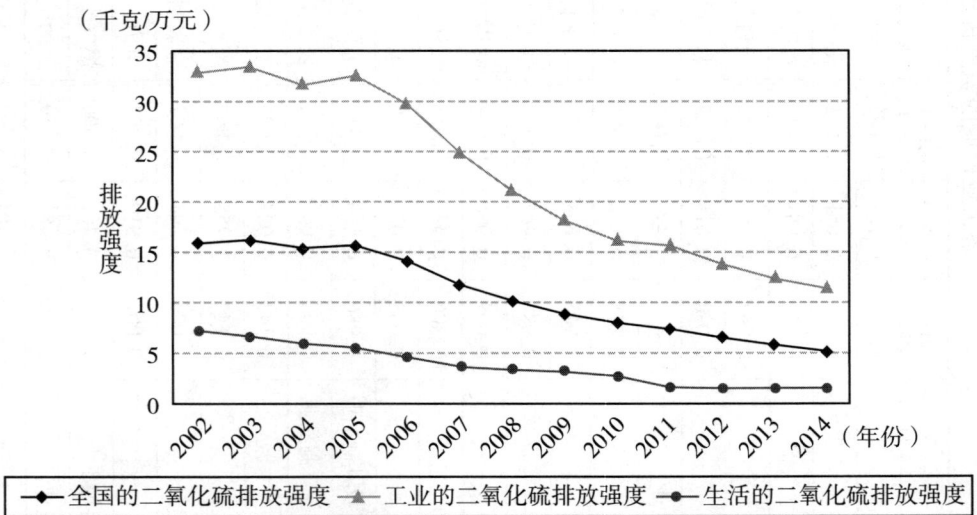

图 2 – 15　2002 ~ 2014 年全国二氧化硫排放强度的演进情况

分行业二氧化硫排放不降反增，其中黑色金属冶炼及压延加工业、有色金属冶炼及
压延加工业和化学原料及化学制品制造业分别增长了 164.2%、82.88% 和 82.59%，
非金属矿物制品业也增长了 34.6%。

表2-7　2002～2014年各工业行业的二氧化硫排放总量演进情况

单位：吨

行业	2002年	2003年	2004年	2005年	2006年	2007年	2008年	2009年	2010年	2011年	2012年	2013年	2014年
煤炭开采和洗选业	185960	155244	152100	210400	145000	175300	148700	149861	160255	129254	124866	126231	114320
石油和天然气开采业	33135	23538	24900	32200	30000	30400	31400	35302	35589	25145	22106	20861	26963
黑色金属矿采选业	28166	32266	57200	43200	53000	53700	53100	54538	52769	26055	24317	23101	24439
有色金属矿采选业	58746	48819	61500	67000	98000	182500	153900	123028	111247	17832	24486	13769	14648
非金属矿采选业	66415	47834	36800	57000	56000	65800	63400	45230	41345	46271	38811	36310	38889
开采辅助服务和其他采矿业	1294	2374	1400	2300	3000	2700	1600	1079	1309	5750	3207	3207	4644
农副食品加工业	172742	168189	177200	156100	168000	170300	163300	160944	169325	239869	237768	236163	224049
食品制造业	87498	70705	82600	93500	105000	117200	120800	107581	115646	141630	147116	149470	146430
饮料制造业	127538	105958	113200	106600	116000	123600	112100	105780	111783	134222	128577	130716	119948
烟草制品业	14164	14709	13100	12900	15000	13600	15600	11620	10013	11074	11003	11180	10323
纺织业	230420	246467	293700	296200	303000	275900	263800	256113	247218	272288	269806	254902	234670
纺织服装、鞋、帽制造业	9386	9496	13000	15300	21000	12400	11900	12417	11193	19266	16685	16628	18287
皮革、毛皮、羽毛（绒）及其制品业	16730	13832	17300	21200	18000	17500	17300	17835	14016	25602	26680	25959	26029
木材加工及木、竹、藤、棕草制品业	32875	34955	44500	47900	47000	42400	35600	32140	32566	47070	42637	42329	47315
家具制造业	2354	3170	2400	3600	3000	3400	2400	2634	2212	2873	3130	3013	2947
造纸及纸制品业	350212	362882	390700	431300	428000	491600	463000	457366	508206	542812	496904	448897	412157
印刷业和记录媒介的复制	2618	3203	2200	2500	2000	2400	3700	2672	2995	4083	4704	4235	5599
文教体育用品制造业	9361	1176	3700	2700	1000	1000	900	1146	1095	2321	2117	2027	1904
石油加工、炼焦及核燃料加工业	372961	442085	679900	708500	661000	654400	629200	614235	635334	808113	802051	792776	787451
化学原料及化学制品制造业	735844	832677	1033800	1167600	1115000	1116200	1035400	975160	1040040	1274718	1261534	1281973	1343554

续表

行业	2002 年	2003 年	2004 年	2005 年	2006 年	2007 年	2008 年	2009 年	2010 年	2011 年	2012 年	2013 年	2014 年
医药制造业	62865	68333	89900	64200	73000	78200	76300	77613	79395	104078	107604	105834	106493
化学纤维制造业	113473	127620	115800	115200	132000	121800	117000	114553	106884	121463	101466	85924	77049
橡胶制品业	40935	41060	38400	44300	46000	44900	38200	37796	39475	46458	50480	48668	48865
塑料制品业	11971	9546	11600	13000	20000	24800	24200	23396	29452	34662	37662	36311	36457
非金属矿物制品业	1550006	1553792	1748400	1783600	1867000	1826200	1680600	1605237	1686183	2016894	1997859	1960373	2086269
黑色金属冶炼及压延加工业	813924	832359	1134100	1422400	1494000	1624700	1607500	1701839	1766511	2514490	2406154	2351201	2150358
有色金属冶炼及压延加工业	672428	581653	703600	707000	695000	683600	668800	660890	803326	1146272	1144323	1223227	1229750
金属制品业	28293	23552	31400	25500	40000	51900	42300	38375	35033	58336	76031	80533	117443
通用设备制造业	35230	39550	66100	55400	54000	40200	47600	46180	50475	27042	22813	21392	19888
专用设备制造业	39599	36237	31400	32800	23000	25000	21000	38312	39112	16430	19467	16197	16449
交通运输设备制造业	50923	70041	55500	41000	39000	41000	42100	36844	33874	30259	31061	27708	27525
电气机械及器材制造业	29228	18086	12900	27200	10000	12300	14200	11330	13488	9429	10764	11264	10804
通信计算机及其他电子设备	13807	18053	13400	17000	18000	16100	11400	10041	6523	7954	7509	7110	8179
仪器仪表及文化办公用机械	2869	9841	16700	13000	16000	1800	1800	1435	1401	923	980	636	904
工艺品及其他制造业	7915	3263	3600	4900	4000	3700	3700	3650	8828	13982	62202	60693	63783
废弃资源和废旧材料回收加工业	—	1614	800	400	1000	1300	1900	1739	2221	4094	4309	5384	5724
金属制品、机械和设备修理业	—	—	—	—	—	—	—	—	—	1606	752	890	882
电力、热力的生产和供应业	7500892	8619462	9948600	11671700	12041000	11471200	10599400	9329904	8997911	9011882	7970337	7206252	6211869
燃气生产和供应业	24593	28568	19400	18800	21000	25900	28200	23329	20092	16452	16561	15632	17417
水的生产和供应业	2892	2754	6600	5300	5000	300	400	458	2068	4265	1	11	0

注：由于 2011～2014 年只有橡胶和塑料制品业的总化学需氧量排放数据，本研究拟以 2010 年两个行业之间的排放比例拆分数据。

（万吨）

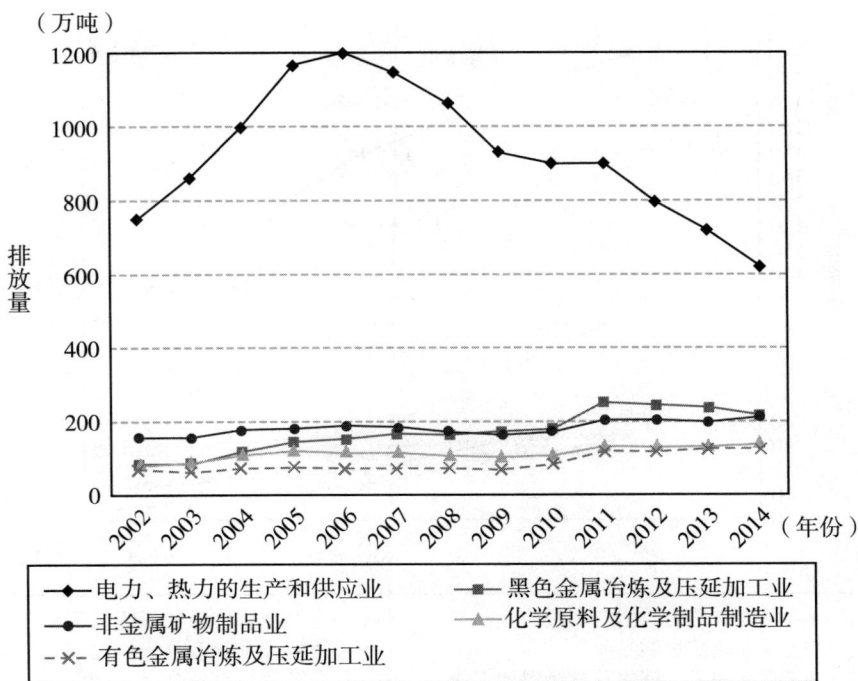

图 2 - 16   2014 年二氧化硫排放超过 100 万吨工业行业的排放总量演进情况

2002 年、2007 年和 2012 年，我国各工业行业二氧化硫排放强度的演进趋势如图 2 - 17 和表 2 - 8 所示。与 2002 年相比，电力、热力的生产和供应业下降了 56.87%，有色金属冶炼及压延加工业下降了 65.14%，非金属矿物制品业下降了 73.48%。

四、我国二氧化碳排放的演进趋势分析

与二氧化硫、化学需氧量等其他污染物不同，中国统计机构未直接公布二氧化碳排放数据，二氧化碳排放主要来源于化石能源燃烧和水泥工业①生产过程中从生料转化为熟料环节。化石能源消费的碳排放量包括能源终端消费碳排放与二次能源消费碳排放两部分。其中，电力、焦炭、热能等二次能源消费的碳排放均来自其生产过程中化石能源的能量转换与能量损失（李锴等，2011）。

本项目将采用排放因子法估算我国二氧化碳排放量，以活动数据和排放因子的乘积作为该排放项目的碳排放量估算值（刘明达等，2014）。

---

① 水泥工业属于非金属矿物制品业。

（千克/万元）

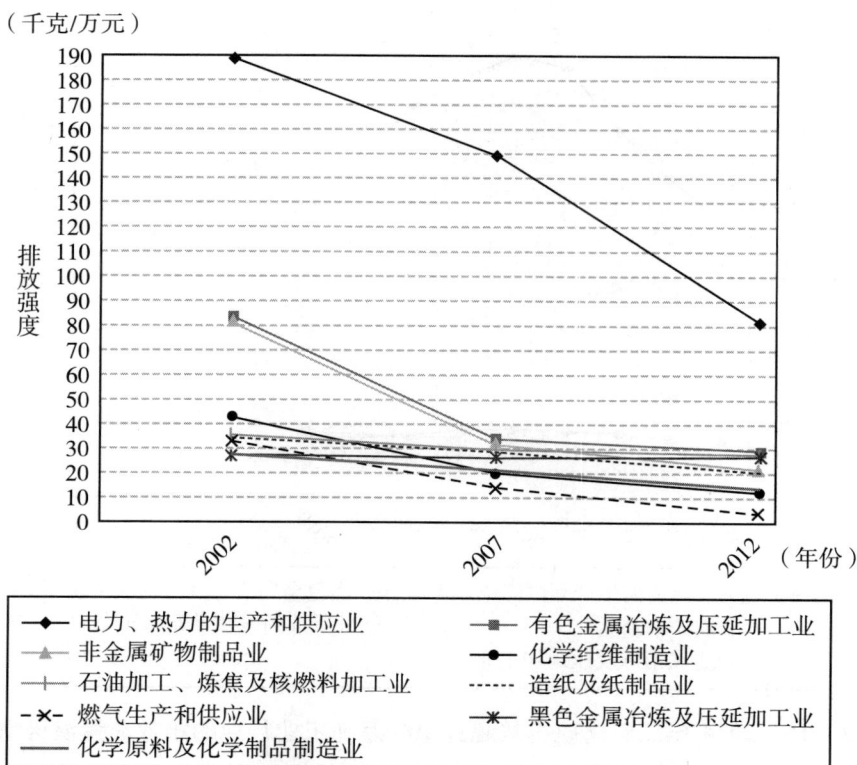

图 2 - 17　2002 年二氧化硫排放强度排名前 9 位的工业行业的演化

$$Emissions = AD \times EF \tag{2.1}$$

式中，Emissions 为温室气体排放量；AD 为活动数据（单个排放源与碳排放直接相关的具体使用和投入数量）；EF 为排放因子（单位某排放源使用量所释放的温室气体数量）。

本项目所采用的工业分行业终端能源消费量（实物量）和分行业能源消费总量数据来源于历年的《中国能源统计年鉴》，具体能源涉及原煤、洗精煤、其他洗煤、焦炭、焦炉煤气、高炉煤气、转炉煤气、其他煤气、原油、汽油、煤油、柴油、燃料油、液化石油气、炼厂干气、天然气、液化天然气、热力、电力和其他能源。本项目所采用的碳排放因子数据来源于国家发改委能源研究和联合国政府间气候变化专门委员会（IPCC，2006）发布的各种能源碳排放参考系数，历年的中国平均供电碳排放系数参考《中国城镇住宅碳排放强度分析和用能政策反思》一文（蒋金荷，2015），热力碳排放系数通过计算得到，具体数据如表 2 - 9 所示。水泥生产中原料分解过程的碳排放系数参考《贸易开放、经济增长与中国二氧化碳排放》（李锴等，2011）。

表2-8 各工业行业的二氧化硫排放强度演进情况

单位：千克/万元

行业	2002年	2007年	2012年	行业	2002年	2007年	2012年
煤炭开采和洗选业	8.155	6.350	2.784	医药制造业	5.794	3.885	2.961
石油和天然气开采业	1.428	1.055	0.804	化学纤维制造业	43.335	20.475	12.548
黑色金属矿采选业	8.572	7.941	1.552	橡胶制品业	9.334	5.949	4.658
有色金属矿采选业	19.799	38.073	3.689	塑料制品业	0.881	1.303	1.205
非金属矿采选业	8.974	5.450	2.845	非金属矿物制品业	81.206	31.865	21.536
开采辅助服务和其他采矿业	—	—	0.746	黑色金属冶炼及压延加工业	27.616	26.464	26.985
农副食品加工业	12.153	5.155	4.827	有色金属冶炼及压延加工业	83.845	33.835	29.229
食品制造业	8.870	7.827	5.708	金属制品业	1.993	1.667	1.527
饮料制造业	16.333	7.773	4.081	通用设备制造业	1.551	0.739	0.295
烟草制品业	1.082	0.590	0.249	专用设备制造业	2.873	0.854	0.336
纺织业	10.327	6.195	4.991	交通运输设备制造业	2.013	0.632	0.243
纺织服装、鞋、帽制造业	0.846	0.501	0.552	电气机械及器材制造业	1.700	0.324	0.157
皮革、毛皮、羽毛（绒）及其制品业	3.219	1.327	1.115	通信设备、计算机及其他电子设备制造业	0.506	0.207	0.053
木材加工及木、竹、藤、棕草制品业	4.554	3.260	1.998	仪器仪表文化、办公用机械制造业	0.660	0.170	0.076
家具制造业	0.662	0.323	0.236	工艺品及其他制造业	1.373	0.288	16.719
造纸及纸制品业	34.402	28.929	20.631	废弃资源和废旧材料回收加工业	—	0.050	0.184
印刷业和记录媒介的复制	0.282	0.215	0.284	金属制品、机械和设备修理业	—	—	0.515
文教体育用品制造业	2.197	0.177	0.101	电力、热力的生产和供应业	189.299	149.323	81.643
石油加工、炼焦及核燃料加工业	35.644	29.367	27.381	燃气生产和供应业	33.166	14.402	3.783
化学原料及化学制品制造业	27.612	21.308	14.092	水的生产和供应业	1.020	0.068	0

注：数据来源于历年《中国环境统计年鉴》和《中国投入产出表》，其中行业增加值按2002年不变价计算。

表 2 - 9 各种能源和生产过程碳排放参考系数

能源名称和生产过程	二氧化碳排放系数	能源名称和生产过程	二氧化碳排放系数
原煤	1.9003 kg - CO_2/kg	炼厂干气	3.0119 kg - CO_2/kg
焦炭	2.8604 kg - CO_2/kg	天然气	2.1622 kg - CO_2/m^3
原油	3.0202 kg - CO_2/kg	液化天然气	2.8310 kg - CO_2/kg
燃料油	3.1705 kg - CO_2/kg	焦炉煤气	0.9295 kg - CO_2/m^3
汽油	2.9251 kg - CO_2/kg	高炉气（其他煤气）	0.7761 kg - CO_2/m^3
煤油	3.0179 kg - CO_2/kg	热力	94.5922 kg - CO_2/GJ
柴油	3.0959 kg - CO_2/kg	电力（2002~2014）	0.904~0.763 kg - CO_2/(kW·h)
液化石油气	3.1013 kg - CO_2/kg	水泥生产中原料分解过程	0.3954 kg - CO_2/kg

注：电力碳排放系数每年均有变化，中国水电和核电等不断增加，碳排放系数不断减小。

1. 全国二氧化碳排放总量及强度的演进趋势

2002~2014 年，我国二氧化碳排放总量与强度的演进趋势如图 2 - 18 和图 2 - 19 所示。全国二氧化碳排放总量增长明显，2014 年的排放总量达到 107.55 亿吨，比

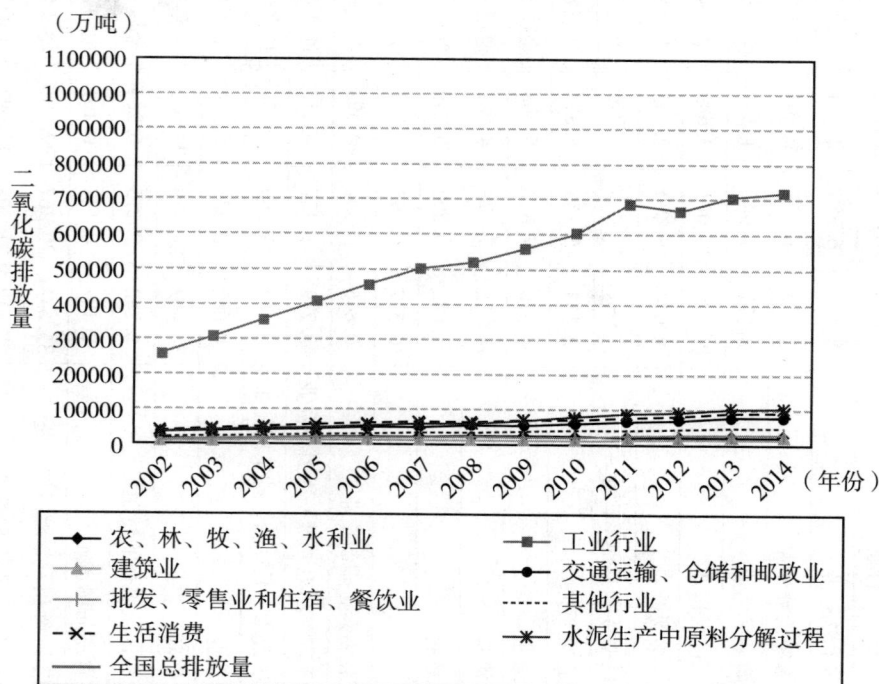

图 2 - 18 2002~2014 年我国二氧化碳排放总量演进情况

（吨/万元）

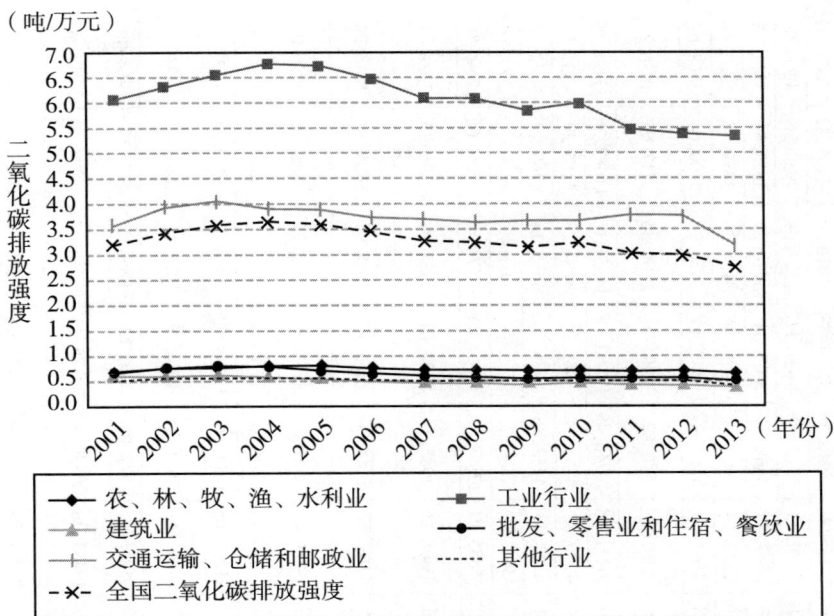

图 2 – 19　2002 ~ 2014 年全国二氧化碳排放强度的演进情况

资料来源：历年《中国统计年鉴》和《中国环境统计年鉴》，GDP 和相关行业增加值按 2002 年价格计算。

2002 年增长了 179.46%。工业行业二氧化碳排放总量在 2014 年达到 71.62 亿吨，占全国排放总量的 66.58%。2014 年的二氧化碳排放强度 2.751 吨/万元与 2005 年的 3.630 吨/万元相比，下降了 24.21%，离我国碳减排的最低承诺（中国 2020 年碳排放强度比 2005 年下降 40%~45%）还差 15.79%。

2. 各工业行业二氧化碳排放的总量与强度演进趋势

2002 ~ 2014 年，全国各工业行业消耗能源所排放二氧化碳总量的演进趋势如图 2 – 20 和表 2 – 10 所示：（1）排放主要来源于黑色金属冶炼和压延加工业、化学原料和化学制品制造业、非金属矿物制品业、有色金属冶炼和压延加工业、电力热力生产和供应业，以及石油加工、炼焦和核燃料加工业，2014 年 6 个行业排放量占整个工业行业二氧化碳排放总量的 74.74%；（2）黑色金属冶炼和压延加工业的二氧化碳排放量增长非常明显，2014 年的排放量高达 23.95 亿吨，比 2002 年增长了 287.02%。

非金属矿物制品业消耗能源所排放的二氧化碳量，加上水泥生产中原料分解过程所排放的二氧化碳量，2014 年的排放总量达到 19.06 亿吨，比 2002 年增长了 211.7%，成为我国二氧化碳排放总量不断攀升的第二大来源。

表2-10　2002～2014年各工业行业的二氧化碳排放总量演进情况

单位：万吨

行业	2002年	2003年	2004年	2005年	2006年	2007年	2008年	2009年	2010年	2011年	2012年	2013年	2014年
煤炭开采和洗选业	9992.24	11589.97	10426.78	11043.02	11839.92	12756.22	13222.64	18146.81	18940.59	20334.38	21016.55	22453.32	18978.47
石油和天然气开采业	8125.11	8369.83	7457.99	7551.95	7269.10	7270.89	7507.71	7329.42	7714.90	7631.11	7534.08	7936.56	8206.18
黑色金属矿采选业	1108.78	1521.66	2093.78	2750.42	3211.11	3693.47	4011.37	3657.54	5468.71	5375.11	5120.27	5638.63	5552.76
有色金属矿采选业	1132.14	1542.55	1809.51	1946.46	2154.03	2250.98	2303.91	2239.14	2569.20	3095.78	3104.26	3253.55	3222.31
非金属矿采选业	1871.13	2149.07	2309.56	2276.25	2716.86	2903.67	2992.08	3164.23	3157.36	3547.26	3576.75	3700.64	3668.67
开采辅助服务和其他采矿业	464.34	555.07	200.96	266.23	324.78	300.10	444.13	619.93	520.62	706.75	1706.36	1717.65	1836.26
农副食品加工业	4684.24	4253.13	6044.89	7068.23	7840.37	9265.75	10021.56	10251.38	10746.49	11160.18	11351.69	11683.29	11118.99
食品制造业	2799.90	2476.03	3119.81	3593.67	4111.90	4268.73	4612.12	4766.83	4855.11	5061.27	5154.27	5255.29	4831.14
饮料制造业	2113.22	2114.13	3004.74	3409.89	3716.34	4031.63	4248.84	4331.53	4438.86	4636.99	4495.18	4765.22	4272.73
烟草制品业	750.98	738.93	573.98	638.29	602.44	577.23	553.37	551.37	574.62	711.98	604.49	613.82	577.23
纺织业	8387.85	9490.03	12416.58	13998.90	15992.54	16854.27	16569.28	16485.41	17464.44	18164.83	17774.81	18288.66	17509.03
纺织服装、鞋、帽制造业	975.80	1084.64	1315.46	1533.06	1815.85	1951.74	1979.86	1949.32	2083.74	2120.01	2335.08	2376.95	2322.67
皮革、毛皮、羽毛（绒）及其制品业	572.23	651.72	764.43	864.58	1147.74	1198.11	1184.46	1169.67	1188.20	1135.18	1638.99	1606.30	1548.24
木材加工及木、竹、藤、棕草制品业	988.96	1251.34	1647.07	2134.72	2516.90	2846.09	3194.19	3409.41	3561.30	3755.99	3918.77	3888.16	3920.00
家具制造业	253.14	300.57	280.28	328.18	459.62	477.81	540.29	540.81	617.39	603.24	569.70	596.73	878.69
造纸及纸制品业	6471.83	6698.08	8219.00	9221.88	9869.31	9975.61	10666.81	11391.05	11932.64	12438.52	11458.24	11292.31	10737.53
印刷业和记录媒介的复制	521.54	949.65	857.76	696.83	815.72	868.61	899.22	921.76	1011.20	1028.66	1022.13	1081.41	1134.26
文教体育用品制造业	401.68	378.91	473.73	500.99	577.06	578.82	586.03	576.32	572.01	646.26	805.52	878.27	964.88
石油加工、炼焦及核燃料加工业	11249.12	12051.13	14202.03	13927.71	15906.79	17574.82	17422.78	19481.39	20859.42	29275.42	23144.44	25099.52	26529.87
化学原料及化学制品制造业	35178.22	40746.65	50777.43	58118.85	64734.69	70605.59	70528.18	72311.09	75741.96	95431.95	88835.15	94556.22	99290.73
医药制造业	2461.71	2784.34	3030.45	3418.98	3823.84	4063.02	4309.38	4142.02	4602.72	4988.24	5144.42	5424.86	5562.32
化学纤维制造业	3623.45	3791.31	3859.76	4104.33	4167.70	4295.04	3868.17	3830.82	4046.25	4439.98	4408.19	4626.40	4527.89

续表

行业	2002 年	2003 年	2004 年	2005 年	2006 年	2007 年	2008 年	2009 年	2010 年	2011 年	2012 年	2013 年	2014 年
橡胶制品业	1811.06	2021.29	2418.28	3008.40	3304.72	3507.16	3576.30	3596.32	3989.66	4158.06	4371.45	4601.55	4764.86
塑料制品业	1811.68	2143.97	2910.64	3721.35	4395.65	4415.97	4926.41	5021.62	5531.23	5465.12	5745.57	6048.01	6262.65
非金属矿物制品业	61159.21	74753.02	91529.83	102325.85	112164.55	122800.83	127492.86	140995.41	154515.35	175907.79	174890.95	184413.62	190631.02
黑色金属冶炼及压延加工业	61875.16	77092.43	89461.06	116644.39	132495.50	152431.62	157958.43	181004.22	192686.89	214685.12	219969.29	234245.25	239467.26
有色金属冶炼及压延加工业	11505.58	14210.60	16233.53	18541.34	22902.93	27678.79	28658.97	29179.55	32651.09	37208.80	37511.94	40295.62	42621.66
金属制品业	3893.95	4467.81	5026.42	5660.34	6913.56	7461.79	7870.99	7868.19	9295.51	9442.48	10040.55	11473.18	11825.18
通用设备制造业	3671.23	4168.39	4884.19	6044.68	6920.86	7722.44	8462.35	8657.92	9524.09	11815.45	9086.77	8974.64	9205.79
专用设备制造业	2166.38	2488.32	2711.51	3039.04	3478.68	3650.61	3868.28	3935.90	4618.20	4749.06	4384.01	4591.50	4851.78
交通运输设备制造业	4345.56	4373.20	5004.97	4748.43	5432.38	5967.53	6582.36	7260.90	9101.79	10847.40	9489.16	9999.26	9856.22
电气机械及器材制造业	1899.31	2329.18	3039.33	3282.61	3931.31	4273.57	4741.40	4864.63	5538.35	6256.07	5950.86	6246.19	6272.58
通信计算机及其他电子设备	1943.89	2584.63	3092.53	3535.65	4435.48	4894.00	5198.02	5328.72	6113.21	6568.38	6460.14	6783.45	7251.21
仪器仪表及文化办公用机械	439.64	515.64	443.49	521.28	629.53	687.66	703.36	725.00	868.54	818.53	777.79	797.42	776.48
工艺品及其他制造业	3157.09	3112.59	2340.62	2780.21	2893.71	2846.72	3002.93	3085.70	3321.49	3817.90	3564.10	3410.99	3554.02
废弃资源和废旧材料回收加工业	0.00	100.93	79.95	88.84	138.53	150.20	201.88	225.42	333.72	353.72	360.99	425.99	498.84
金属制品、机械和设备修理业	—	—	—	—	—	—	—	—	—	—	196.93	153.31	125.72
电力、热力的生产和供应业	19774.16	23329.03	22016.38	22660.98	24715.54	25494.52	26784.85	27928.63	30698.60	36366.74	33729.11	35674.38	35260.13
燃气生产和供应业	1034.34	1035.22	955.86	900.10	905.93	1009.27	910.88	890.79	935.76	1289.97	1074.05	1297.86	1256.11
水的生产和供应业	1356.25	1413.53	1638.47	1706.90	1852.75	1894.38	2002.49	2127.24	2359.10	2587.13	2698.52	2832.57	3015.24

注：非金属矿物制品业的二氧化碳排放总量包括能源消耗和水泥生产中原料分解过程所排放的二氧化碳。

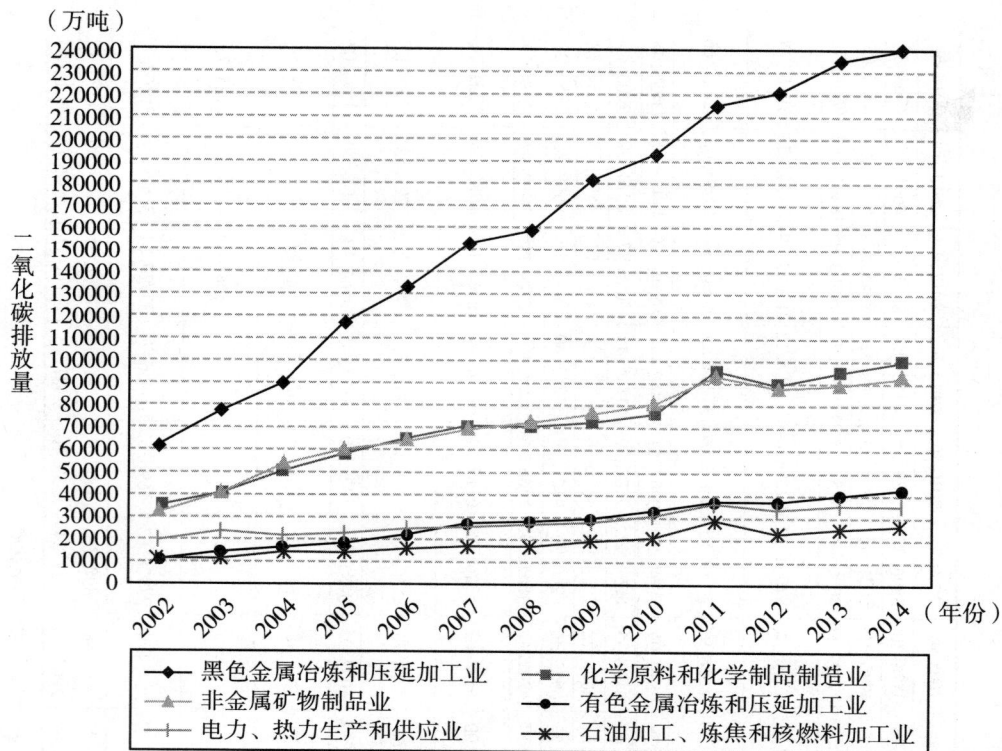

图 2 –20　工业行业消耗能源所排放二氧化碳的演进情况
（2014 年超过 2 亿吨行业）

2002 年、2007 年和 2012 年，全国各工业行业二氧化碳排放强度的演进趋势如表 2 –11 和图 2 –21 所示。2002 年排放强度排在前 8 的行业中，在 2012 年，非金属矿物制品业下降了 41.16%，有色金属冶炼及压延加工业下降了 33.21%，燃气生产和供应业下降了 82.41%，化学纤维制造业下降了 60.61%，化学原料及化学制品制造业下降了 24.82%，石油加工、炼焦及核燃料加工业下降了 26.51%，造纸及纸制品业下降了 25.17%，而黑色金属冶炼及压延加工业则上升了 17.51%。二氧化碳排放总量靠前的电力、热力的生产和供应业也降低了 30.77%。二氧化碳排放强度下降主要源于技术进步和管理减排。黑色金属冶炼及压延加工业的碳排放强度上升主要源于产能过剩，导致行业发生价格大战，单位产品价格过低。

五、我国氮氧化物排放的演进趋势分析

1. 全国氮氧化物排放的总量与强度演进趋势

2011～2014 年，全国氮氧化物排放总量与强度的演进趋势如图 2 –22 和图 2 –23

表2-11　各工业行业的二氧化碳排放强度演进情况

单位：吨/万元

行业	2002年	2007年	2012年	行业	2002年	2007年	2012年
煤炭开采和洗选业	4.382	4.621	4.686	医药制造业	2.269	2.019	1.416
石油和天然气开采业	3.501	2.524	2.739	化学纤维制造业	13.838	7.220	5.451
黑色金属矿采选业	3.374	5.462	3.269	橡胶制品业	4.129	4.647	4.034
有色金属矿采选业	3.816	4.696	4.677	塑料制品业	1.333	2.320	1.839
非金属矿采选业	2.528	2.405	2.622	非金属矿物制品业	32.042	21.427	18.853
开采辅助服务和其他采矿业	—	—	3.968	黑色金属冶炼及压延加工业	20.994	24.829	24.669
农副食品加工业	3.295	2.805	2.304	有色金属冶炼及压延加工业	14.346	13.700	9.582
食品制造业	2.838	2.851	2.000	金属制品业	2.743	2.396	2.017
饮料制造业	2.706	2.536	1.427	通用设备制造业	1.617	1.419	1.177
烟草制品业	0.574	0.250	0.137	专用设备制造业	1.572	1.247	0.756
纺织业	3.759	3.785	3.288	交通运输设备制造业	1.718	0.919	0.742
纺织服装、鞋、帽制造业	0.879	0.789	0.773	电气机械及器材制造业	1.105	1.126	0.869
皮革、毛皮、羽毛（绒）及其制品业	1.101	0.908	0.685	通信设备、计算机及其他电子设备制造业	0.713	0.628	0.455
木材加工及木、竹、藤、棕草制品业	1.370	2.189	1.836	仪器仪表及文化、办公用机械制造业	1.012	0.650	0.605
家具制造业	0.712	0.454	0.429	工艺品及其他制造业	5.475	2.216	9.580
造纸及纸制品业	6.357	5.870	4.757	废弃资源和废旧材料回收加工业	—	0.058	0.154
印刷业和记录媒介的复制	0.562	0.778	0.617	金属制品、机械和设备修理业	—	—	1.347
文教体育用品制造业	0.943	1.023	0.386	电力、热力的生产和供应业	4.990	3.319	3.455
石油加工、炼焦及核燃料加工业	10.751	7.887	7.901	燃气生产和供应业	13.949	5.612	2.453
化学原料及化学制品制造业	13.200	13.479	9.924	水的生产和供应业	4.784	4.269	5.020

注：数据来源于历年《中国环境统计年鉴》和《中国投入产出表》，其中行业增加值按2002年不变价计算。

（吨/万元）

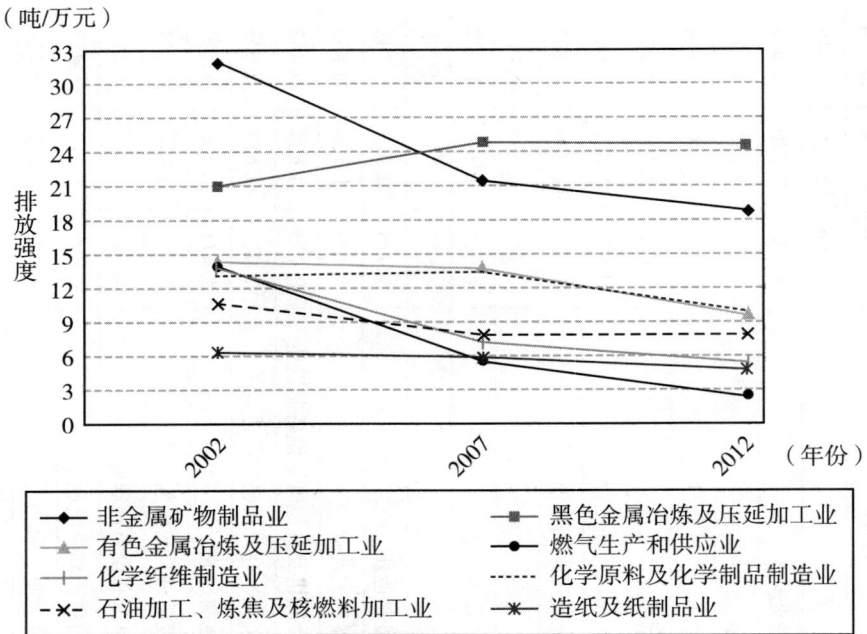

图 2－21　2002 年二氧化碳排放强度排名前 8 位的工业行业的演进情况

注：非金属矿物制品业的二氧化碳排放总量包括能源消耗和水泥生产中原料分解过程所排放的二氧化碳。

（万吨）

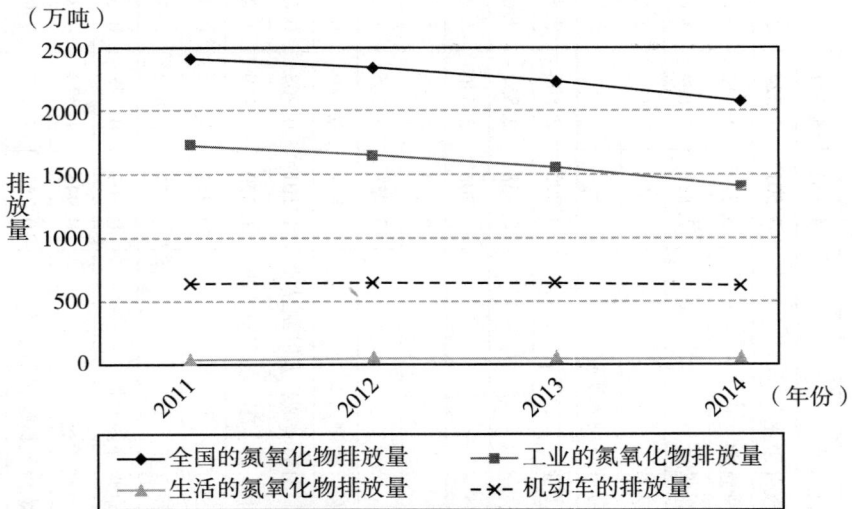

图 2－22　2011～2014 年全国氮氧化物排放总量的演进情况

资料来源：历年《中国环境统计年鉴》，我国 2011 年才开始统计氮氧化物排放量。

（千克/万元）

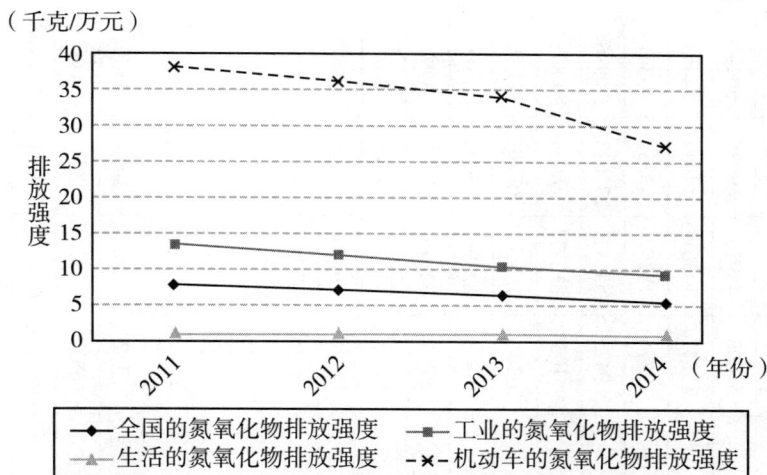

图 2－23　2002～2014 年全国氮氧化物排放强度的演进情况

资料来源：机动车的氮氧化物排放强度基于交通运输、仓储和邮政业增加值计算。

所示。全国氮氧化物的排放主要来源于工业和机动车，排放总量一直高于 2000 万吨。排放强度由 2011 年的 7.871 千克/万元下降到 2014 年的 5.315 千克/万元。

2. 各工业行业氮氧化物排放的总量与强度演进趋势

2011～2014 年，我国各工业行业氮氧化物排放总量的演进趋势如图 2－24 和表 2－12 所示：（1）氮氧化物排放总量排在前 3 位的是电力、热力的生产和供应

（万吨）

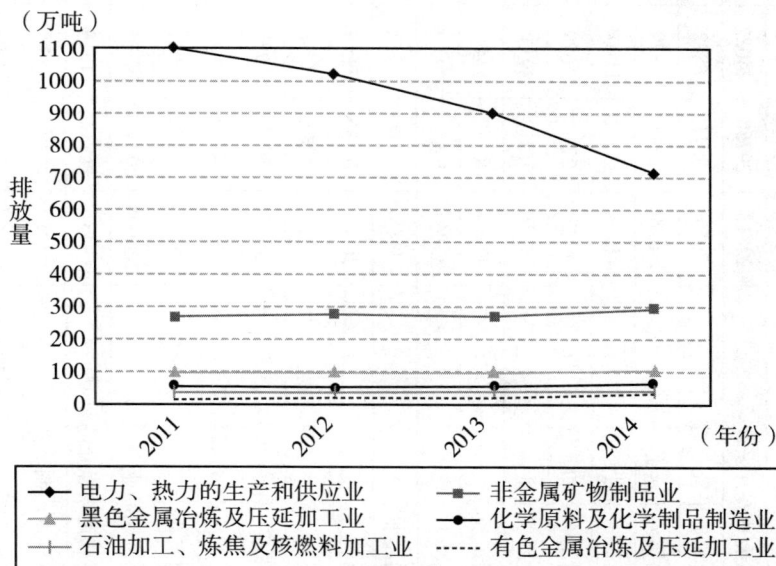

图 2－24　2014 年氮氧化物排放超过 20 万吨工业行业的排放总量演进情况

表 2 - 12　2011~2014 年各工业行业的氮氧化物排放总量演进情况

单位：吨

行业	2011 年	2012 年	2013 年	2014 年	行业	2011 年	2012 年	2013 年	2014 年
煤炭开采和洗选业	44772	45495	45723	46030	医药制造业	29304	30702	29431	32180
石油和天然气开采业	22813	29758	24022	29455	化学纤维制造业	53098	48920	49935	50290
黑色金属矿采选业	7959	6841	6872	6305	橡胶制品业	13841	14361	14442	14453
有色金属矿采选业	3628	5481	3879	3728	塑料制品业	12776	13257	13331	13341
非金属矿采选业	11756	11211	11904	11329	非金属矿物制品业	2694251	2551531	2716232	2909964
开采辅助服务和其他采矿业	1922	2240	1629	5919	黑色金属冶炼及压延加工业	951068	1812773	997396	1008939
农副食品加工业	97836	91813	89359	87992	有色金属冶炼及压延加工业	202004	319415	263617	327538
食品制造业	47101	46512	51496	54445	金属制品业	18419	82396	23085	25886
饮料制造业	39662	40586	39216	40082	通用设备制造业	8754	32045	7814	8393
烟草制品业	4685	3632	3758	3724	专用设备制造业	9395	21501	8755	8606
纺织业	76702	76835	72576	69718	交通运输设备制造业	16658	16070	16816	16992
纺织服装、鞋、帽制造业	6326	4787	4696	5505	电气机械及器材制造业	4069	4721	4377	4728
皮革、毛皮、羽毛（绒）及其制品业	5637	5911	6230	6133	通信计算机及其他电子设备	5596	5033	5074	5327
木材加工及木、竹、藤、棕草制品业	13915	14475	14462	16861	仪器仪表及文化办公用机械	272	408	334	442
家具制造业	846	867	1001	1032	工艺品及其他制造业	9666	13219	12171	11830
造纸及纸制品业	220905	207417	193051	194432	废弃资源和废旧材料回收加工业	2372	1455	1489	1850
印刷业和记录媒介的复制	943	1539	1219	1596	金属制品、机械和设备修理业	652	326	354	444
文教体育用品制造业	727	702	827	807	电力、热力生产和供应业	11068392	10187321	8969204	7134068
石油加工、炼焦及核燃料加工业	365081	376079	384952	397680	燃气生产和供应业	11466	11632	11052	11387
化学原料及化学制品制造业	514954	501870	546815	591885	水的生产和供应业	117	1	2	0

注：由于 2011~2014 年仅有橡胶和塑料制品业的总化学需氧量排放数据，本书以 2010 年两个行业之间的二氧化硫排放比例拆分数据。

业，非金属矿物制品业，以及黑色金属冶炼及压延加工业；（2）源于 2010 年以来的火电厂烟气脱硝工程的不断实施，排放量最大的电力、热力的生产和供应业的氮氧化物排放下降比较明显，2014 年降到 713.41 万吨，比 2011 年削减了 35.55%；（3）非金属矿物制品业的氮氧化物排放不降反增，2014 年比 2011 年增长了 8.01%，达到了 291.00 万吨；（4）黑色金属冶炼及压延加工业的氮氧化物排放也不断增长，但增长幅度不大，2014 年比 2011 年增长了 6.08%，达到了 100.89 万吨。

2012 年，我国各工业行业的氮氧化物排放强度如表 2-13 所示。

表 2-13 各工业行业的氮氧化物排放强度演进情况 单位：千克/万元

行业	2012 年	行业	2012 年
煤炭开采和洗选业	1.014	医药制造业	0.845
石油和天然气开采业	1.082	化学纤维制造业	6.050
黑色金属矿采选业	0.437	橡胶制品业	1.325
有色金属矿采选业	0.826	塑料制品业	0.424
非金属矿采选业	0.822	非金属矿物制品业	29.560
开采辅助服务和其他采矿业	0.521	黑色金属冶炼及压延加工业	10.897
农副食品加工业	1.864	有色金属冶炼及压延加工业	5.876
食品制造业	1.805	金属制品业	0.480
饮料制造业	1.288	通用设备制造业	0.111
烟草制品业	0.082	专用设备制造业	0.172
纺织业	1.421	交通运输设备制造业	0.126
纺织服装、鞋、帽制造业	0.158	电气机械及器材制造业	0.069
皮革、毛皮、羽毛（绒）及其制品业	0.247	通信设备、计算机及其他电子设备制造业	0.035
木材加工及木、竹、藤、棕草制品业	0.678	仪器仪表及文化、办公用机械制造业	0.032
家具制造业	0.065	工艺品及其他制造业	3.553
造纸及纸制品业	8.612	废弃资源和废旧材料回收加工业	0.062
印刷业和记录媒介的复制	0.093	金属制品、机械和设备修理业	0.223
文教体育用品制造业	0.034	电力、热力的生产和供应业	104.352
石油加工、炼焦及核燃料加工业	12.839	燃气生产和供应业	2.657
化学原料及化学制品制造业	5.606	水的生产和供应业	0

资料来源：历年《中国环境统计年鉴》和《中国投入产出表》，其中行业增加值按 2002 年不变价计算。

第四节　我国产业结构调整的污染减排潜力评估
——基于最终需求生产诱发测算

本节拟通过情景分析方法评估我国产业结构调整的污染减排潜力，首先设定我国产业结构调整方向与假设，然后设定未来我国国民生产总值 GDP、居民消费、政府消费、最终消费以及出口的产品结构，继而基于最终需求生产诱发测算方法计算相关部门增加或减少消费、投资和出口所诱发的国内各部门的产出，最后基于国内各部门的产出变化数据和各部门污染物排放强度测度产业结构调整的污染减排潜力。

一、我国产业结构调整的方向与假设

需求的结构变动是产业结构变动的根本原因。投入产出模型在最终需求和生产部门之间建立数量联系，可以用来定量测算产业结构变动对经济系统产生的各种影响。投入产出中的最终使用即最终需求，包括最终消费、资本形成和净出口三部分（王文举等，2014）。我国近年最终需求结构①如表 2 - 14 所示。

表 2 - 14　　　　　　　　　近年我国最终需求的结构　　　　　　　　单位：%

最终需求结构	2000 年	2002 年	2005 年	2007 年	2012 年
消 费	50. 1892	48. 3745	39. 7767	38. 9539	41. 3717
投 资	29. 0318	30. 7455	31. 2741	32. 7966	37. 8197
出 口	20. 7791	20. 8800	28. 9493	28. 2495	20. 8086

资料来源：基于历年《中国投入产出表》计算而来。

从最终产品中消费、投资和净出口分配比例来看，自 2005 年后，分配结构发生了明显的改变，与 2000 年相比，消费占比下降了 10. 4125 个百分点，而投资和出口占比分别上升了 2. 2423 个和 8. 1701 个百分点。2007 年与 2012 年投资占比不断上升，消耗了更多水泥和钢材等建筑材料，导致中国二氧化碳排放总量不断攀升。因此，需要增加消费产品的需求，调整消费、投资和出口的内部结构，以消费

---

① 最终需求结构，由各类最终使用除以最终使用合计而来。与李丹（2013）和陈斌开（2014）等学者计算的最终消费率不同，其消费率由最终消费除以当年 GDP 而来。后者比率高些。以 2012 年为例，最终消费占最终使用合计为 41. 3717%，而最终消费除以当年 GDP 等 50. 8719。

拉动经济增长，从而实现产业结构调整的污染减排目标。

中国当前处于工业化和城市化进程的中期，首要任务依然是发展经济。因此，本项目以经济的均衡稳定增长作为产业结构调整的目标，做出以下假设：

（1）投入产出关系中的直接消耗系数保持不变。一般来说，投入产出表的直接消耗系数在短期内变化很小。本项目假设未来年份投入产出关系同 2012 年。

（2）各部门能源结构不变，单位产品的能耗不变。能源消费主要受经济总量、能源结构、技术进步水平等因素的影响，要评估产业结构调整的污染减排潜力，必须假设其他条件不变。单位产品能耗反映了部门的技术进步水平。

（3）消费产品结构和出口产品结构是刚性的。消费需求的产品结构取决于居民收入的增长和边际消费倾向的变化。消费是消费者的微观行为，受政策和宏观调控的影响较小，因此消费倾向和消费结构按自身的规律演变，消费的产品结构接近刚性。根据国际贸易理论，出口需求的产品结构取决于一国的比较优势和国际贸易环境，而比较优势依赖于生产国的资源、经济发展水平以及技术，这些要素在短期内很难改变，一国出口的产品结构也具有刚性。

（4）投资产品的结构短期内可调。投资需求的产品结构取决于投资倾向和国民收入，受产业政策的影响较大，容易实施宏观调控，调整相对容易（王文举等，2014）。

（5）依据中国社科院宏观经济运行实验室预测，2016～2020 年中国的 GDP 潜在增长率为 5.7%～6.6%，2020～2030 年为 5.4%～6.3%[1]，此处取其中间值作为中国 GDP 潜在增长率[2]，预测 2016～2030 年中国 GDP。根据"2015 年国民经济和社会发展统计公报"，中国 2015 年全年 GDP 为 676708 亿元（当年价格）[3]，预测 2020 年和 2030 年中国全年 GDP 分别为 803017.52 亿元和 1417860.95 亿元（按 2010 年价格计算）。

（6）通过调整最终消费率，分高、中、低三种最终消费率情景设定中国 2020 年和 2030 年的最终需求结构。参考发达国家需求结构（陈斌开，2014），依据发达国家最终消费率最高为 70% 的数据（王文举，2014）。考虑近期外需波动较大、出口率不可能太高，而且投资依然是拉动经济增长的主要动力，本项目设定最高的投资率为 35%，最低为 25%，投资率高于出口率。基于 2012 年中国投入产出表中国的居民和政府消费占最终消费的比例，假设中国 2020 年和 2030 年的居民消费占最终消费的 70%，政府消费占最终消费的 30%。2020 年和 2030 年中国最终需求结构假设如表 2-15 所示。

---

① 资料来源：http：//business.sohu.com/20141017/n405220404.shtml。
② 此处的增长率为相对于 2010 年不变价的增长率。
③ 按 2010 年不变价格计算的中国 2015 年全年 GDP 为 595833.65 亿元。

表 2-15　　　　　　2020 年和 2030 年中国最终需求结构假设　　　单位：%

情景	最终消费率	居民消费率	政府消费率	资本形成率	出口率
2020 年情景 1	45	31.5	13.5	35	20
2020 年情景 2	50	35	15	30	20
2020 年情景 3	55	38.5	16.5	30	15
2030 年情景 1	55	38.5	16.5	30	15
2030 年情景 2	60	42	18	27.5	12.5
2030 年情景 3	65	45.5	19.5	25	10

（7）居民消费的产品结构预测。由于统计资料问题，无法获得居民消费与生产部门之间的对应关系。同时，因受到消费理念的长期影响，消费模式的转变比较漫长，因此本项目在参考王文举等（2014）的研究成果①的基础上，基于中国 2012 年投入产出表中居民消费支出在各部门的比例，通过调整少数部门消费支出比例的方式假设未来 2020 年和 2030 年居民总消费的产品结构。居民消费支出比例变化假设：农业部门支出比例略有下降；食品饮料制造及烟草制品业部门支出比例平稳上升；纺织服装及皮革产品制造业支出比例平稳上升；机械设备制造业部门支出比例缓慢增长；房地产业租赁和商务服务业部门支出比例缓慢下降；运输仓储邮电业部门支出比例平稳上升；其他服务业部门支出比例有较大幅度上升。

（8）政府部门消费的产品结构预测。政府消费在最终消费中的占比却在持续上升，已经从 1978 年的 21.4372% 上升到了 2012 年的 26.9329%。随着中国社会保障制度的逐渐完善，全民医疗和全民养老政策的逐步推行，中国政府的社会公共支出将有较大幅度的增加。按照社会保障"三步走"的战略目标，2020 年社会保障支出占 GDP 比重的上升幅度不低于 15%，即使政府努力压缩行政支出，政府消费占 GDP 的比重也将在 15% 左右。本项目假设，2020 年和 2030 年政府消费支出比例不变，政府消费的产品需求结构同 2012 年。

（9）出口产品结构预测。从对外贸易的发展现状看，如果短期内中国的社会、经济尤其是技术水平没有大的改变，要想调整现有的出口产品结构几乎是不可能的。因此，预计近 20 年中国的出口产品结构不会有大的改变，本文以 2012 年的出口产品结构作为 2020 年和 2030 年出口产品结构预测。

（10）在最终消费中，由于直接进口的消费需求不对经济产生拉动效应，因此，对最终消费中的进口消费部分做了扣除。为了简化计算，本项目假设 2020 年

---

① 根据城乡居民八大类商品的消费支出预测，基于相关模型，求得各部门产品的居民消费额，并计算得到居民总消费的产品结构。

和 2030 年进口系数[①]与 2012 年中国投入产出表的进口系数相同。

二、最终需求生产诱发测算模型

为反映某个产品部门的某种单位最终需求（消费、投资或者出口）所诱发的各部门的生产额，可利用以下生产诱发公式计算。

对于第 i 部门增加单位消费或投资，诱发的国内各部门的产出，其计算公式为：

$$K_i = [I - (I - \hat{M})A]^{-1} \times [(I - \hat{M})S_i] \qquad (2.2)$$

其中，A 为直接消耗系数矩阵；S_i 表示第 i 行元素为 1，其余元素都为 0 的列向量。

$\hat{M}$ 为进口系数矩阵，由以下方式得到：第 i 部门的进口，占该部门国内使用（中间使用合计加消费合计加资本形成总额）的比例记为 m_i，称为该部门的进口比例系数；所有部门的进口比例系数对角化形成的矩阵 $\hat{M}$ 称为进口系数矩阵。进口系数矩阵主对角线上的第 i 个元素（即 m_i）表示第 i 部门的进口占该部门国内使用的比重。

依据上式计算得到的 K_i 是一个列向量，其第 j 个元素，表示当第 i 部门增加单位消费（或投资）时，对国内第 j 部门产出的带动。

对于第 i 部门增加单位出口[②]，诱发的国内各部门的产出，其计算公式为：

$$K_i = [I - (I - \hat{M})A]^{-1} \times E_i \qquad (2.3)$$

其中，E_i 表示第 i 行元素为 1，其余元素都为 0 的列向量。依据上式计算得到的 K_i 是一个列向量，其第 j 个元素，表示当第 i 部门增加单位出口时，对国内第 j 部门产出的带动（国家统计局国民经济核算司，2014）。

三、产业结构调整的污染减排潜力评估模型

产业结构调整的污染减排潜力评估模型如下列公式所示[③]：

$$M_{ij} = \sum_{k=1}^{n} (V_{ik} \times E_{jk}^{2012}) / GDP_i - E_j^{2012} \qquad (2.4)$$

---

① 某部门进口系数等于该部门的进口额占该部门国内使用的比例。
② 这里隐含的假定是进口不会直接用于出口。
③ 行业增长值和国民生产总值需做不变价处理，核算结果才具有可比性。

$$E_j^{2012} = S_j^{2012} / GDP_{2012} \qquad (2.5)$$

其中，M_{ij} 表示第 i 年（2020 年和 2030 年）第 j 种污染排放物排放强度降低量，V_{ik} 表示第 i 年我国第 k 行业的增加值，E_{jk}^{2012} 表示 2012 年我国第 j 行业第 k 种污染物的排放强度，GDP_i 表示第 i 年我国国民生产总值，E_j^{2012} 表示 2012 年我国第 j 种污染排放物排放强度，S_j^{2012} 表示 2012 年第 j 种污染排放物的全国排放总量，GDP_{2012} 表示 2012 年我国国民生产总值。

四、我国产业结构调整的污染减排潜力评估结果

首先，以 2020 年和 2030 年中国全年 GDP 预测值为约束，基于居民和政府部门消费支出比例变化假设，以及出口产品结构预测假设，应用最终需求生产诱发测算模型，调整各部门消费、投资和出口变化值，测算各部门的 GDP。六种情形下的产业结构见表 2 – 16。

表 2 – 16　　　　　我国不同需求结构下的产业结构　　　　　单位：%

部门	2012 年	2020 年情景 1	2020 年情景 2	2020 年情景 3	2030 年情景 1	2030 年情景 2	2030 年情景 3
第一产业	**9.7217**	**9.6115**	**9.5896**	**9.5212**	**9.5169**	**9.5090**	**9.4958**
第二产业合计	**45.3170**	**44.0316**	**43.6104**	**43.4104**	**43.4821**	**42.6153**	**42.4208**
煤炭开采和洗选业	2.0597	1.9597	1.9446	1.9331	1.9371	1.9244	1.9238
石油和天然气开采业	1.3909	1.4088	1.4113	1.4219	1.4189	1.4237	1.4313
黑色金属矿采选业	0.5964	0.5777	0.5766	0.5656	0.5677	0.5564	0.5376
有色金属矿采选业	0.3066	0.3043	0.3029	0.3012	0.3023	0.3011	0.2959
非金属矿采选业	0.4128	0.4035	0.4012	0.4128	0.4002	0.3985	0.3848
开采辅助服务和其他采矿产品	0.1073	0.1061	0.1059	0.1056	0.1057	0.1048	0.1042
农副食品加工业	1.6014	1.6643	1.6916	1.7014	1.7143	1.8316	1.9914
食品制造业	0.6498	0.7494	0.7754	0.7975	0.8054	0.8598	0.8975
饮料制造业	0.7032	0.7139	0.7324	0.7439	0.7489	0.7894	0.8073
烟草制品业	0.8882	0.9017	0.9082	0.9119	0.9217	0.9302	0.9417
纺织业	1.2868	1.3427	1.3684	1.4267	1.4427	1.4684	1.4843
纺织服装、鞋、帽制造业	0.6445	0.6529	0.6587	0.6609	0.6606	0.6703	0.6874
皮革、毛皮、羽毛及其制品业	0.5338	0.5784	0.5684	0.5783	0.5735	0.5837	0.5929

续表

部门	2012 年	2020 年情景 1	2020 年情景 2	2020 年情景 3	2030 年情景 1	2030 年情景 2	2030 年情景 3
木材加工和木、竹、藤、棕、草制品业	0.4964	0.5114	0.5184	0.5353	0.5342	0.5496	0.6184
家具制造业	0.2936	0.2809	0.2804	0.2794	0.2796	0.2809	0.2814
造纸及纸制品业	0.5011	0.5241	0.5412	0.5719	0.5741	0.5914	0.5994
印刷业和记录媒介的复制	0.3255	0.3494	0.3541	0.3612	0.3626	0.3726	0.3923
文教体育用品	0.4697	0.4971	0.5077	0.5108	0.5139	0.5774	0.5973
石油加工、炼焦及核燃料加工业	1.3814	1.2281	1.2144	1.1971	1.1984	1.1811	1.1733
化学原料及化学制品制造业	2.3626	2.2256	2.2162	2.1866	2.1926	2.0812	2.0123
医药制造业	0.7602	0.7510	0.7493	0.7389	0.7393	0.7245	0.7195
化学纤维制造业	0.1840	0.1918	0.1875	0.1835	0.1848	0.1808	0.1798
橡胶制品业	0.2786	0.3179	0.3223	0.3402	0.3406	0.3201	0.3179
塑料制品业	0.7217	0.7662	0.7512	0.7314	0.7367	0.7237	0.7171
非金属矿物制品业	2.1857	2.2267	2.2116	2.1961	2.1985	2.0160	1.9010
黑色金属冶炼及压延加工业	2.3119	2.2312	2.2122	2.1198	2.1157	1.9924	1.9582
有色金属冶炼及压延加工业	1.3726	1.3538	1.3471	1.3238	1.3257	1.2808	1.2574
金属制品业	1.1860	1.1801	1.1776	1.1649	1.1644	1.1461	1.1412
通用设备制造业	1.6581	1.6358	1.6221	1.6044	1.6042	1.5181	1.4844
专用设备制造业	1.2470	1.4459	1.4520	1.4582	1.4579	1.4698	1.4258
交通运输设备制造业	2.3869	2.3175	2.3075	2.2848	2.2877	2.2787	2.2677
电气机械及器材制造业	1.5450	1.5121	1.5101	1.4976	1.4972	1.4757	1.4545
通信计算机及其他电子设备制造业	2.0481	1.8881	1.8132	1.7813	1.8001	1.6632	1.5913
仪器仪表及文化、办公用机械制造业	0.2293	0.2130	0.2113	0.2089	0.2091	0.2070	0.2018
工艺品及其他制造业	0.0967	0.0919	0.0901	0.0897	0.0891	0.0888	0.0872
废弃资源综合利用业	0.6062	0.5041	0.4924	0.4841	0.4824	0.4627	0.4405

部门	2012 年	2020 年情景 1	2020 年情景 2	2020 年情景 3	2030 年情景 1	2030 年情景 2	2030 年情景 3
金属制品、机械和设备修理业	0.0365	0.0355	0.0347	0.0336	0.0333	0.0326	0.0310
电力、热力的生产和供应业	2.3306	2.2931	2.2806	2.2781	2.2791	2.1875	2.1557
燃气生产和供应业	0.1256	0.1223	0.1220	0.1219	0.1217	0.1209	0.1202
水的生产和供应业	0.1451	0.1444	0.1438	0.1429	0.1428	0.1418	0.1416
建筑业	6.8494	5.8294	5.4937	5.4233	5.4174	5.1073	5.0724
第三产业	**44.9613**	**46.3572**	**46.7958**	**47.0652**	**47.0057**	**47.8762**	**48.0792**
批发和零售业	9.2506	9.1916	9.1811	9.1760	9.1771	9.1622	9.1525
交通运输、仓储和邮政业	4.4114	4.2188	4.4312	4.4418	4.4405	4.4505	4.4705
住宿和餐饮业	1.7704	2.2053	2.2129	2.2073	2.1698	2.1153	2.1217
金融业	6.5324	6.7568	6.8236	6.9576	6.9627	7.0368	7.1357
房地产业	5.8009	5.8209	5.9092	5.9686	5.9919	6.0919	6.1092
其他行业	17.1956	18.1638	18.2378	18.3138	18.2637	19.0197	19.0897

然后，应用产业结构调整的污染减排潜力评估模型测算不同情景下我国各类污染排放物排放强度，结果如表 2 - 17 所示。

表 2 - 17　　我国产业结构调整的污染排放强度评估结果

项目	化学需氧量排放强度（千克/万元）	氨氮排放强度（千克/万元）	二氧化硫排放强度（千克/万元）	二氧化碳排放强度（吨/万元）	氮氧化物排放强度（千克/万元）
2012 年	7.3596	0.7701	6.4301	3.0025	7.0988
2020 年情景 1	6.4536	0.6912	5.5375	2.2801	6.8763
2020 年情景 2	6.0112	0.6496	5.3664	2.0557	6.5644
2020 年情景 3	5.9684	0.6014	4.9851	2.0014	6.2075
2030 年情景 1	5.8135	0.5871	4.8387	1.9032	6.0142
2030 年情景 2	5.0487	0.5247	4.4142	1.8213	5.9269
2030 年情景 3	4.6871	0.4892	4.0368	1.7258	5.8782

注：基于 2002 年不变价核算；农业与生活的污染物排放总量基于历年排放量预测。

第五节　本章小结

一、主要结论

通过本章的研究，可以得到以下基本结论：

（1）截至 2012 年，我国正处于重工业化阶段，各工业行业增加值占整个工业行业增加值比例一直超过 6% 以上的重污染高能耗行业有：化学原料及化学制品制造业，黑色金属冶炼及压延加工业，以及电力、热力的生产和供应业。

（2）从 2002 年到 2012 年，中国各污染物排放强度的下降非常明显：造纸及纸制品业、农副食品加工业和化学纤维制造业的化学需氧量排放强度分别下降了 83.93%、76.87% 和 56.59%，化学原料及化学制品制造业、农副食品加工业和造纸及纸制品业的氨氮排放强度分别下降了 87.01%、81.89% 和 72.69%，非金属矿物制品业、有色金属冶炼及压延加工业和电力及热力生产供应业的二氧化硫排放强度分别下降了 73.48%、65.14% 和 56.87%，燃气生产和供应业、化学纤维制造业、非金属矿物制品业、有色金属冶炼及压延加工业和电力及热力生产供应业的二氧化碳排放强度分别下降了 82.41%、60.61%、41.16%、33.21% 和 30.77%。污染物排放强度下降主要源于多年来的技术进步和管理减排，未来技术和管理减排的空间已不大，调整产业结构将是未来中国降低各污染物排放强度的主要方式。

（3）我国黑色金属冶炼及压延加工业的碳排放强度不降反升，2012 年比 2002 年上升了 17.51%，主要源于黑色金属冶炼及压延加工业产能过剩，导致行业发生价格大战，单位产品价格过低，黑色金属冶炼及压延加工业的技术和管理碳减排还有一定空间，同时其去产能将非常有利于降低我国的碳排放强度。

（4）非金属矿物制品业和电力及热力生产供应业的氮氧化物排放强度分别为 104.352 千克/万元和 29.560 千克/万元，技术和管理的减排空间很大，同时两大产业占整个国民生产总值比例的下降将有利于我国氮氧化物排放强度的下降。

（5）在保持各部门能源结构不变和技术水平不变的前提下，根据产业结构调整的污染减排潜力测算结果表明，产业结构调整的污染物排放强度下降潜力巨大：化学需氧量、氨氮、二氧化硫、二氧化碳和氮氧化物的排放强度，2020 年 3 种情景的平均下降比例为 16.51%、15.93%、17.63%、29.65% 和 7.74%，2030 年 3 种情景的平均下降比例为 29.57%、30.70%、31.11%、39.49% 和 16.33%。其中，二氧化碳排放强度完全能够实现我国碳减排的最低承诺。

二、政策建议

基于上述研究结论，我们提出如下政策建议：

第一，引导居民减少住房投资。城乡居民消费和政府消费的增长将是我国通过产业结构调整降低污染排放强度的关键。但是，目前畸高的住房支出挤压了居民其他方面支出，尤其是教育、医疗和服务等产品的支出，住房投资拉高了房价，同时也拉动了金属、非金属矿物、建筑和化工等产业产品的需求，加剧了我国重工业化的趋势，非常不利于产业结构的低碳绿色调整。

第二，加快我国高污染高能耗行业去产能的进程。关闭破产一批产能严重过剩、技术落后、产品没有市场的高污染企业，坚决杜绝补贴这类"僵尸企业"，释放产品市场空间。通过行政命令和财政补贴等方式，重组整合一批拥有一定技术实力和规模的企业，减小高污染高能耗行业规模，同时减小企业竞争压力，提高企业经济效益，从而更有利于降低污染物排放强度。

第三，重建信任，加快我国现代服务业的发展。产业结构调整的污染减排潜力测算结果表明，现代服务业发展与壮大是污染物排放强度迅速下降的关键，但目前我国现代服务业发展还存在诸多问题，如近年来发生的青岛天价大虾事件、哈尔滨天价鱼宰客事件和桂林旅游"潜规则"等，这涉及深层次的诚信问题。同时，中国目前食品安全问题严重，这也是诚信问题。由此可见，如果诚信问题不能解决，将使中国消费者对国内旅游和外出就餐消费等失去信任，中国现代服务业将难以发展。

参考文献

1. 丰超、黄健柏：《中国碳排放效率、减排潜力及实施路径分析》，载《山西财经大学学报》2016年第4期。

2. 顾佰和、谭显春、池宏等：《化工行业二氧化碳减排潜力分析模型及应用》，载《中国管理科学》2013年第5期。

3. 郭朝先：《产业结构变动对中国碳排放的影响》，载《中国人口·资源与环境》2012年第7期。

4. 郭广涛、郭菊娥、席酉民等：《西部产业结构调整的节能降耗效应测算及其实现策略研究》，载《中国人口·资源与环境》2008年第4期。

5. 国家统计局工业交通统计司：《中国能源统计年鉴（2003—2015）》，中国统计出版社2003~2015年版。

6. 国家统计局国民经济核算司：《中国2012年投入产出表编制方法》，中国统计出版社2014年版。

7. 国家统计局能源司、环境保护部：《中国环境统计年鉴（2003—2015）》，中国统计出版社 2003～2015 年版。

8. 韩明霞、乔琦、孙启宏：《辽河流域工业行业污染减排潜力实证研究》，载《中国人口·资源与环境》2010 年第 8 期。

9. 韩亚芬、孙根年：《我国"十一五"各省区节能潜力测算》，载《统计研究》2008 年第 1 期。

10. 韩一杰、刘秀丽：《基于超效率 DEA 模型的中国各地区钢铁行业能源效率及节能减排潜力分析》，载《系统科学与数学》2011 年第 3 期。

11. 蒋金荷：《中国城镇住宅碳排放强度分析和用能政策反思》，载《数量经济技术经济研究》2015 年第 6 期。

12. 李丹：《中国最终消费率过低之谜》，载《上海财经大学学报》（哲学社会科学版）2013 年第 1 期。

13. 李静、彭翡翠、黄丹丹：《基于并行 DEA 模型的中国工业节能减排效率研究》，载《工业技术经济》2014 年第 5 期。

14. 李锴、齐绍洲：《贸易开放、经济增长与中国二氧化碳排放》，载《经济研究》2011 年第 11 期。

15. 刘红光、刘卫东、唐志鹏等：《中国区域产业结构调整的 CO_2 减排效果分析——基于区域间投入产出表的分析》，载《地域研究与开发》2010 年第 3 期。

16. 刘明达、蒙吉军、刘碧寒：《国内外碳排放核算方法研究进展》，载《热带地理》2014 年第 2 期。

17. 孙启宏、韩明霞、乔琦等：《辽河流域重点行业产污强度及节水减排清洁生产潜力》，载《环境科学研究》2010 年第 7 期。

18. 王丽琼：《基于环境学习曲线的氮氧化物减排区域分解》，载《泉州师范学院学报》2012 年第 6 期。

19. 王丽琼：《基于环境学习曲线的中国省际 COD 排放及减排潜力分析》，载《生态环境学报》2009 年第 5 期。

20. 王丽琼：《中国氮氧化物排放区域差异及减排潜力分析》，载《地理与地理信息科学》2010 年第 4 期。

21. 王韶华、于维洋、张伟：《基于 IIPAT 模型的我国低碳情景分析》，载《生态经济》2014 年第 4 期。

22. 王文举、向其凤：《中国产业结构调整及其节能减排潜力评估》，载《中国工业经济》2014 年第 1 期。

23. 徐成龙、任建兰、巩灿娟：《产业结构调整对山东省碳排放的影响》，载《自然资源学报》2014 年第 2 期。

24. 余泳泽：《我国节能减排潜力、治理效率与实施路径研究》，载《中国工业经济》2011 年第 5 期。

25. 张雷、李艳梅、黄园淅等：《中国结构节能减排的潜力分析 1》，载《中国软科学》2011 年第 2 期。

26. 张旭、孙根年:《中国电力工业的环境学习曲线与节能减排潜力分析》,载《华北电力大学学报》(社会科学版) 2008 年第 2 期。

27. 赵宪伟:《省域 COD 排放总量预测及减排潜力与对策研究》,中国地质大学论文,2010 年。

28. 中华人民共和国国家统计局:《中国统计年鉴 (2003—2015)》,中国统计出版社 2003 ~ 2015 年版。

29. 朱永彬、刘昌新、王铮等:《我国产业结构演变趋势及其减排潜力分析》,载《中国软科学》2013 年第 2 期。

30. Hu C., Huang X., Characteristics of Carbon Emission in China and Analysis on Its Cause [J]. *China Population Resources & Environment*, 2008, 18 (3): 38 – 42.

31. McKinsey, Company I., Pathways to a Low-Carbon Economy, Version 2 of the Global Greenhouse Gas Abatement Cost Curve [R]. Mckinsey & Company, 2009.

32. Ming Zhang, Hailin Mu, Yadong Ning, et al., Decomposition of energy-related CO_2, emission over 1991—2006 in China [J]. *Ecological Economics*, 2009, 68 (7): 2122 – 2128.

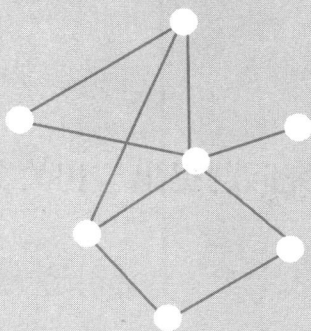

第三章

基于CGE模型的要素结构调整污染
减排效应研究

本章基于要素结构变动与污染减排的互动机理框架，运用拓展的CGE模型研究要素结构变动对节能减排所产生的影响，并进一步预测污染减排倒逼机制下对要素结构调整的促进效应。

第一节　研究问题提出与相关文献综述

一、研究问题提出

面对威胁全球经济稳定增长的严峻挑战——气候变动与能源供需失衡，产业结构的优化调整已经变成应对挑战切实可行的选择。改革开放以来，我国经历了经济高速增长时期，高投入、高消耗、高污染、低效率是这一时期的显著特征，这不可避免地带来了生态破坏、资源流失等环境问题。随着工业化、城镇化的快速发展，人口总量的不断增长，污染物产生量的日渐增加以及能源消费总量的不断攀升，经济增长的环境约束逐渐强化，如何在经济发展的大潮中协调好经济增长、产业转型与环境友好之间的关系，成为学术界以及政府的关注焦点。目前，经济增长与资源、环境之间的矛盾日益尖锐。我国资源、能源浪费已经严重制约经济增长。同时，环境污染也已经制约了生产方式和消费方式，建设环境友好型以及资源节约型社会迫在眉睫。建设资源节约型与环境友好型社会，走可持续发展道路，是基本国策。虽然我国投入大量的人力、物力来促进经济增长方式的转变，然而，经济增长方式并未得到根本好转，导致这种困境的症结在哪里？

为了谋求可持续发展的经济增长方式，已经有很多学者对污染减排问题进行了相关研究。伴随着要素市场扭曲对污染减排的影响日益突出，要素结构调整与污染减排的关系逐渐成为学者的研究重点。长期以来，由于各级地方政府对土地、资本及劳动力等要素市场进行不同程度上的干预和控制，其主要是对要素资源定价权、分配权以及管制权的控制，从而使得在要素市场化进程过程中存在滞后于产品市场与总体市场的市场化进程的严重问题。同时，各级政府都会通过压低要素成本的手段来激励生产商，最终各级地方政府对资源配置及定价的控制造成了要素市场的扭曲。要素市场扭曲带来的弊端是有目共睹的，一方面，由于其未遵循市场规律，不但不能形成技术外溢，反而会在低价格竞争的恶性循环中造成能源浪费以及重复建设，最终导致较低的经济集聚效应；另一方面，由于要素市场扭曲导致的资源配置失衡问题对产业结构的调整产生了负效应，而要素结构调整的偏工业化是目前阻碍节能减排的重要因素，从而最终影响了可持续经济发展的进程。

因此，在国际分工精细化与经济全球化的背景下，探究通过变动要素结构对污染减排带来的影响以及如何通过要素治理途径来减轻环境污染，对实现经济可持续发展以及推进我国生态文明建设具有重大的现实意义。为了分析上述问题，本章基于要素结构变动与污染减排的互动机理框架，运用拓展的 CGE 模型研究要素结构变动对节能减排所产生的影响，并进一步预测了污染减排倒逼机制下对要素结构调整的促进作用。与现有的相关研究相比，本章的贡献主要表现在以下方面：第一，拓宽了对环境污染的研究领域。目前学术界在环境污染问题上已形成了较为丰富的研究成果，但鲜有文献关注到要素结构变动对环境污染的影响。本章创新性地从要素结构变动的视角出发，对要素结构变动对环境污染的影响机理进行研究；第二，本章整合目前中国特有的经济体制发展现状，在经济转型与产业升级的背景下，从要素结构变动的角度出发，考察产业结构调整对环境污染的深层次影响，为政府制定经济可持续发展政策提供新的理论支持。

面对日益枯竭的资源和恶化的生态环境，产业结构调整已成为解决"保增长、促减排"两大问题的关键路径。有效的产业结构调整不仅能够协调经济的可持续发展，也能够降低高耗能、高污染产业的比重，鼓励和促进环保技术改革，具有较强的污染减排效应。产业结构调整必然带来要素结构调整，要素结构调整对产业结构调整的污染减排效应产生重要影响。一方面，合理、有效的要素结构调整有利于产业结构调整污染减排效应的发挥；另一方面，要素市场扭曲、要素资源错配等因素可能粘滞生产要素的合理流动，使得要素结构调整存在一定的滞后性，这种滞后性又会对产业结构调整的污染减排效应产生负面影响。为了进一步厘清产业结构调整、要素结构调整以及污染减排之间的内在联系和作用机制，本章首先在文献综述的基础上分析要素结构调整、产业结构调整与污染减排之间的联动关系，以及这种联动关系对污染减排效应的影响机制，其次，运用经济计量方法对要素结构变动与污染减排的关系进行经验研究，接下来借助拓展的 CGE 模型，对行业要素结构变动与节能减排的关系进行数值模拟以及政策敏感性分析，最后总结本章的主要结论，提出具体的对策建议。

二、研究现状述评

1. 要素结构、经济效率与产业升级的相关研究

改革开放以来，中国经济建设取得了非常瞩目的成绩。支撑中国经济的长期和高速增长的动力是什么？这种高增长是否有可持续性？对这些问题，有学者强调了完善要素结构的重要性。吕铁（2002）研究发现，由于劳动投入并没有明显地向生产率高增长的行业转移，造成该行业的高增长呈现短期性。王德文（2004）通过对辽宁工业的研究发现，要素结构越符合资源需求，比较优势越能得到发挥，即

要素结构变动促进了生产率增长。彭国华（2005）从要素视角研究区域要素积累效应差异出发，验证了其对区域经济效率的影响。李平等（2005）则从要素结构视角研究了要素配置效率差异对产业结构变迁以及区域发展效率的影响。李小平等（2007）通过实证检验发现，相比于资本转移对生产率增长的促进作用，劳动力流动对生产率增长的促进作用并不显著，从而说明了要素结构完善的重要性。干春晖等（2009）在估算三次产业资本存量的基础上，验证了要素流动对中国生产率的增长有进步效应。赵祥（2009）通过研究发现产业集聚和扩散是区域发展的向心力与离心力的作用造成的，但二者的大小会受要素结构的影响。赵君丽（2011）通过建立东部—中西部要素结构变动模型证明了完善的要素结构对两个地区向更高一层产业链环节攀升具有促进作用。姚战琪（2011）证明了产出结构与全要素生产率之间具有长期稳定关系，资本和劳动力要素配置结构对生产率都有显著的促进效应。林毅夫（2011）则强调技术结构和要素投入结构之间存在一定的函数关系，而禀赋结构已成为经济发展面临的主要外部约束条件。王林辉等（2012）研究发现要素结构影响产业技术进步的方向。欧阳峣等（2012）也指出在质量型经济增长阶段，产业发展取决于要素使用效率。郭剑雄（2013）指出在技术层面，农业成长即农业要素结构的转变。蔡文彪（2015）通过量化部门生产率和劳动力市场证明了相对要素结构变化对其的重要性。国外学者针对要素结构也有一定的研究。其中阿西莫格鲁（Acemoglu，2001）关注了要素结构对技术选择的影响。奥克斯利（Oxley，2009）发现较高的要素替代弹性意味着不仅可以改变而且能以类似于技术进步的方式拓展生产可能性集合。奥斯特本（Ostbye，2010）研究发现要素结构也影响着技术进步方向。

2. 要素结构与节能减排的相关研究

随着经济发展，要素结构完善对节约能源有一定的正效应。节能主要包括技术、结构与管理等方面的节能。结构节能又可以分为产业、消费和要素和等结构的节能，而技术节能必须与一定的要素投入结构相匹配，才能达到潜能。由此可见，要素结构对节能具有重要的作用。贝尔摩德（Bemdt，1975）通过对美国制造业数据的实证检验发现，要素能源与劳动力之间的替代关系是不显著的，而与资本之间存在明显的互补关系。伍尔夫（Woolf，2000）研究发现，由于电力要素配置不合理造成了空气污染。努尔贝克（Norback，2001）研究发现，劳动力要素结构合理，对节约能源具有促进作用。韦尔施（Welsch，2005）根据德国的数据研究发现，能源对资本、劳动力存在替代关系，而资本、劳动力却对能源存在互补关系。勃兰特（Brandt，2013）通过测量中国非农业经济相关的损失，发现其中要素结构不合理是其能源损失的重要因素。国内学者杨福霞等（2011）通过估算要素能源与劳动力以及资本之间的希克斯（Hicks）替代弹性发现，能源与资本、劳动力之间互相存在着希克斯（Hicks）替代关系。韩中合（2013）也强调了要素结构节能潜力巨大，合理的资源配置可为区域带来十分可观的节能效果。张月玲（2013）强调了要素结构与技术选择的不匹配造成了能源的浪费。陈红蕾（2014）验证了完善要素结构与节约能源之间有正相关关系。

3. 要素市场扭曲成因的相关研究

不管是在发达国家，还是发展中国家，都存在着一定程度的要素扭曲问题。要素市场扭曲也就是要素错配问题。约翰（John，1971）发现制度约束是造成价格扭曲的重要因素。托宾（Tobin，1972）从市场分割的视角探析要素市场扭曲的形成原因，发现市场分割会导致要素流动壁垒的形成，从而不能出现新古典所追求的要素自由流动的市场出清价格。科尔内（Kornai，1986）则在预算软约束的研究视角下，发现扭曲的原因主要在于政府的管制，国有企业的存在严重加剧了要素市场的扭曲程度。伯曼（Berman，1994）发现，资源非市场方式配置造成了美国航空业要素错配，导致引发企业间资源配置不均以及技术进步率不断下降趋势，最终使得航空业企业的工作重心转向寻租。米诺（Mino，2004）通过实证检验，发现制度与要素呈负相关关系。罗杰森（Rogerson，2008）利用一般均衡模型研究全要素配置问题，发现市场垄断程度越高，结构越不完整，导致要素扭曲越明显，全要素生产率增长越缓慢。

一般来说，发达国家的扭曲程度远不如发展中国家的要素扭曲程度高。随着中国经济快速发展，资源错配问题日渐突出。国内学者对其形成的原因也做了一定的研究。秦和宋（2009）研究表明，计划经济导致的资本过度投资问题在中国仍然存在，造成要素配置效率低的重要原因是部分行业或地区的投资增长过快。而张曙光和程炼（2010）通过论证我国地区要素市场错配对财富转移的影响以及其形成原因，发现计划经济下政府推动经济增长和控制经济的主要手段是要素价格管制，要素市场错配并不仅仅是由体制惯性所造成，同时也是"稳定"与"增长"双重目标经济政策带来的必然结果。林毅夫（2010）则强调，提高要素配置效率与要素的使用遵循比较优势原是紧密相关的。聂辉华等（2011）运用中国全部国有及规模以上制造业企业数据按时间序列测度了中国制造业资源扭曲程度，发现国有企业内部的资源重置效应近似于零，进入和退出效应没有发挥作用。鄢萍（2012）采用工业企业数据分析了制造企业的固定资产投资行为，用来确定形成资本误配置的原因。研究发现，差别融资利率是造成不同类型企业资本误配置的因素。

4. 要素市场扭曲与污染减排的相关研究

对于要素市场扭曲与污染减排的相关问题，国内外学者进行了一系列研究。

蒙德拉克（Mundlak，1970）的研究发现，要素错配会影响产出的替代弹性、要素供给及产出份额，进而阻碍产业结构优化。杰米（Jaime，1997）采用多部门模型，衡量了要素价格扭曲以及要素错配效应对产业结构优化和经济产出的影响。塞尔奎因（Syrquin，1986）通过扩展了要素无流动障碍时的经济增长模型，论证了资源错配对全要素生产率具有明显的负面效应。琼森（Jonsson，2006）通过研究产品与劳动力市场扭曲的福利成本的一般均衡模型，发现产品市场扭曲的福利成本是劳动力市场的 2 ~ 4 倍。谢地和克雷诺（Hsieh and Klenow，2009）通过测算中国和印度的政策失误所导致的行业内厂商间的要素错配程度，发现在中国，假如去掉政策失误，总全要素生产率能够提高近 90%。国内学者姚战琪（2009）通过面板数据实证检验得出，我国资源误配对工业部门和总体经济的效用均为负。陈永伟等（2011）则通过将资源错配和效率损失与传统增长核算相结合，发现我国制造业资源错配不仅在不同子行业内差异明显，而且导致了15% 的经济产出缺口。

对于要素市场与能源效率以及节能减排的关系，国内外学者进行了广泛的研究。考夫曼（Kaufmann，2004）研究表明，要素价格与能源效率存在显著关系，但导致能源效率与能源价格间存在非对称性关系的原因是由于能源效率的特点。杨继生（2009）采用 STR 模型发现，1993 年之后能源价格是否合理对中国能源效率提高的影响逐渐加强。袁晓玲等（2009）发现能源效率与能源价格呈现弱正相关性。薛澜等（2011）则认为，节能减排政策的实施必须充分重视要素市场扭曲效应的大小及其作用机理。而罗德明（2012）发现，多半工业企业能源效率损失的形成是由于要素市场存在扭曲。该要素市场扭曲主要是由我国经济转型时期的地方政府恶劣经济竞争行为所导致。针对能源利用与要素市场扭曲的关系研究，林伯强和杜克锐（2013）发现要素价格扭曲导致了本该被淘汰的落后产业因有利可图而生存下去，进一步强调了要素市场扭曲与污染减排的联系。

生产要素结构变动与经济增长以及节能减排具有极其密切的内在关系。但是总结国内外与要素结构相关的文献发现，要素结构调整与节能减排的相关研究比较少。目前国有企业间的资源误配现象仍然十分严峻，完成资源由低效率企业向高效率企业转移，将我国的节能问题得到很大的改善。总之，资配置问题的重要性可见一斑，必须予以重视。

5. 产业结构变动与碳减排的关系测度研究

相对于碳排放库兹涅茨曲线（Carbon Kuznets Curve，CKC），从产业结构变化来理解一国的碳排放轨迹，可提供更多的信息。各国的发展历程表明，经济的增长一般先由工业带动，然后服务业的比重将超过工业、并逐渐上升到 70% 左右（即产业结构的软化；井志忠、耿得科，2007）。由于工业是高碳排放的，服务业则低碳得多，所以人均碳排放先升后降的倒"U"型特征可从工业比重先升后降、服务业比重稳步上升的角度来理解。库兹涅茨曲线把人均收入与人均碳排放相联系（王萱、宋德勇，2013），固然有其人均收入指标简洁、直观的优势，不过它只是体现了两个重要变量之间的一个统计关系；产业结构的变迁则是一个能反映出库兹涅茨曲线背后的发生机制的观察角度。

近期的一些文献已经在做这方面的工作，通过计算影响力系数与碳排放影响力系数来分析产业结构对碳排放的影响，进而提出产业结构调整的方向（孟彦菊等，2013）。其中的理论逻辑是，产业结构变动主要表现为产业之间产值比重的相对变化，这种变化主要取决于其相应要素投入的规模和要素配置的效率（周冯琦，2001）。因此，产业结构其实是一种要素结构转换器，即通过产业间的有效运转，把社会各种要素的总和不断转化为各种产品和劳务（毛健，2003）。由于经济增长和产业发展对石化能源有着直接或间接的依赖作用，不同产业对能源的依赖程度存在差异，经济增长和产业结构的演进必然会对碳排放量和气候变化产生影响（张维阳、段学军，2012）。

从技术方法上划分，已有的研究大致可以分为三类（查建平，2013）。一是因素分解法，如涂正革（2013）采用优化的 Laspeyres 完全指数分解法，对 1994～2010 年我国工业部门 39 个行业的碳排放做了分解分析；贾惠婷（2013）做了规模效应、技术效应、结构效应的区分；吴彼爱（2011）考察了河南省的碳排放；蒋毅一（2013）对第二产业内部展开各门类聚类分析。二是面板计量经济分析法，诸如郑长德和刘帅（2011）、徐彤（2011）、姚西龙（2013）、杨骞（2013）和周荣蓉（2013）。各文献的区别在于所针对的碳排放对象、行业划分的类别和细致程度以及模型设定、变量选取上有所不同。常见的是三次产业划分并使用省际面板数据，少量文献尝试把三次产业细化，比如周荣蓉（2013）所做的划分是农业、工业、建筑业、交通业和商业。三是投入产出分析法与可计算一般均衡法（CGE）。比如，祁神军等（2013）使用 ICCE-IC 组合矩阵的投入产出法，分析了我国 43 个产业部门二氧化碳排放量的分布结构。樊星等（2013）借助动态递推的中国经济—环境 CGE 模型，发现单一的低碳经济政策总会有不足之处，进而给出了将各种减排政策形成一体化的建议。石敏俊（2013）以 CGE 为分析工具，探讨了碳税与碳交易市场结合运用的议题。

可以看到，从早年的 Kaya 恒等式到近年的这些技术方法，其研究目标从甄别碳排放的影响因素逐步深入到更细致的方面。投入产出法就是尝试从产业与产业之间复杂的投入产出关系来把握碳生产率的情况。CGE 法则更进一步，在投入产出表所提供的数据基础上（即 SAM 表），借助一般均衡框架，引入单次的外生政策变量冲击，来观察该政策变化对经济系统带来怎样的影响。经济计量法则属于局部均衡的范畴，它判断的是某个变量如何受其他变量的单向的、外生的影响。与之相比，CGE 模型是一般均衡的思路；其中，产品市场与要素市场的数量和价格都是内生的，或者说，是双向的影响。但由于模型的维度太高，CGE 必须借助数值计算来求出各内生变量的数值解。CGE 主要应用于政策分析，可模拟静态的政策实施对经济系统的冲击（袁嫣，2013）。

第二节 要素结构调整、产业结构调整与污染减排之间的互动机理

目前，尚未有将要素结构调整、产业结构调整以及污染减排纳入同一分析框架的相关研究。但是，分别研究要素结构与产业结构调整，以及产业结构调整与污染减排之间关系的文献已经颇为丰富，这些文献将成为厘清上述三者之间关系的重要依据（见图 3-1）。

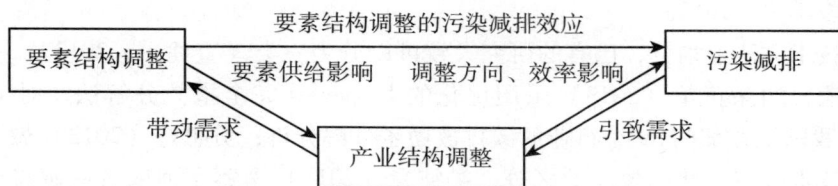

图 3-1 要素结构调整、产业结构调整与污染减排之间的互动关系

从图 3-1 可以看出，一方面，日益恶化的生态环境导致污染减排成为政府的政策目标之一，产业结构调整是解决污染减排问题的关键路径，而产业结构调整必然要求劳动、资本等生产要素进行相应调整，即污染减排引致产业结构调整需求，产业结构调整带来要素结构调整需求；另一方面，劳动、资本等生产要素禀赋、供给又会影响和制约地区间的产业结构调整，而产业结构调整是否能够改善环境污染、达成"保增长、促减排"的双重目标必然受到产业结构调整方向、效率的影响。由此可见，要素结构调整、产业结构调整与污染减排三者之间具有动态的、双向互动的联动关系。

一、产业结构调整与污染减排之间的互动机理

产业结构调整与污染减排之间的互动关系可以从两个方面理解。

一是产业结构调整的污染减排效应。关于产业结构调整与污染减排之间关系的文献已经相当丰富，但是尚未形成统一的观点。部分学者认为产业结构调整的污染减排效应并不显著，影响污染减排的主要因素是技术进步和创新。如布吕沃

尔和曼迪（Bruvoll and Medin, 2003）通过实证分析表明，产业结构调整对污染减排并没有显著性影响，无法证实产业结构调整具有污染减排效应。莱文森（Levinson, 2009）通过对美国制造业的研究发现，产业结构调整无法改善环境质量，不具有污染减排效应。我国学者余泳泽（2011）的研究认为，我国产业结构调整具有较好的节能效应，但是无明显的污染减排效应。成艾华（2011）采用环境效应分解法表明，技术进步对污染减排的贡献最大，产业结构调整只能够对污染减排产生很小的作用。第二种观点认为产业结构调整对污染减排具有显著的反向影响，即产业结构调整不利于污染减排，反而加大了污染物的排放量。如格罗斯曼和鲁格（Grossman and Lrueger, 1991）认为，对环境污染的影响因素包括经济规模效应、结构效应和技术效应三个方面，其中经济规模效应和结构效应都会对环境污染产生负面影响，产业结构调整加大了污染物排放的风险。尚德拉（Shandra, 2008）的研究表明，产业结构调整是导致水污染加重的重要影响因素之一。于峰等（2006）认为，我国产业结构调整的污染减排效应不显著，其中经济结构的重型化是导致污染加重的重要原因。李斌和赵新华（2011）认为，工业结构的调整不利于污染减排，反而加大了环境压力。黄亮雄等（2012）认为，我国区域间的产业结构调整存在"损人利己"效应，产业结构调整反而加大了相邻区间污染物的排放。第三种观点认为产业结构调整具有显著的污染减排效应。沙菲克（Shafik, 1994）认为，高能耗、高污染企业的发展加重了环境污染，服务业企业的污染减排效果显著，因此，产业结构调整具有显著的污染减排效应。陶·休因斯等（Tao Hewings et al., 2010）通过实证检验表明，产业结构调整对污染减排的贡献率约为 20%。我国学者周力等（2009）指出，产业结构变动中的污染减排效应主要来源于工业结构的变动。刘红光和刘卫东（2010）通过投入—产出模型证明，产业结构调整能够有效减少污染物的排放。徐成龙（2014）通过对山东省的实证分析指出，山东省的产业结构调整对二氧化碳的排放量具有显著的抑制作用，有利于环境质量的改善。谢霜和向慧芳（2016）基于中国省际面板数据分析发现，中国的产业结构调整与工业三废之间呈显著的负相关关系，产业结构调整有利于污染减排。尽管实证研究结论对产业结构调整的污染减排效应观点不一致，但是在政策层面基本都肯定了产业结构调整的污染减排潜力，认为产业结构调整是具有污染减排效应的。赵宪伟（2010）、牛鸿蕾（2013）、王文举等（2014）指出，尽管当前的中国重工业趋势导致产业结构调整加重了污染排放，但是新一轮的消费结构升级会使得产业结构调整向低碳化方向发展，中国的产业结构调整会逐步展现出污染减排效应。

二是污染减排政策对产业结构调整的倒逼效应。污染减排政策对产业结构调整的影响主要是通过企业行为的中介作用产生的。原毅军和谢荣辉（2014）指出，污染减排政策通过影响企业选择行为驱动产业结构自发调整，即污染减排政策作为一个倒逼机制能够有效地驱动产业结构调整，并指出污染减排政策与产业结构调整之间呈倒"U"型关系，即污染减排政策具有一定门槛效应，只有具有一定强度的污染减排政策才会有利于产业结构调整。贺胜兵等（2015）通过构建投入产出模型测算了中国2008～2012年污染减排政策对中国产业结构调整的倒逼效应，研究表明，污染减排政策对中国的产业结构调整产生了积极作用，使第三产业比重得到明显提升，重污染产业比重持续下降，产业结构得到优化，倒逼效应显著。另外，谢荣辉和原毅军（2014）的进一步研究表明，污染减排与产业结构调整之间存在双向动态的作用机制，不仅产业结构调整能够有效促进污染减排，合理、有效的污染减排政策也能够有效地倒逼产业结构调整。

二、要素结构调整与产业结构调整之间的互动机理

要素结构调整与产业结构调整之间的互动关系也可以从两个方面理解。

一是要素结构调整对产业结构调整的影响。要素结构调整对产业结构调整的影响既包括各要素的相对丰裕程度变化对产业结构调整的影响，也包括要素结构中各要素自身的深化和高级化对产业结构调整的影响。要素结构对产业结构调整的影响具有始发性的决定和约束作用，也就是说产业结构调整是内生于要素结构调整的，产业结构的升级和优化会随着要素结构的优化而优化。如乌扎瓦（Uzawa，1965）和芬德利（Findlay，1970）的研究表明，随着资本的不断积累，资本—劳动之间比值得到不断提高，一国的比较优势会逐渐由劳动密集型产品转向资本密集型产品，这种比较优势的变化会使得国家之间的贸易模式发生改变，进而影响一国内部的产业结构。格罗斯曼（Grossman，2000）认为，人力资本要素比较优势的变化会影响一国的贸易模式和国内的产业结构。我国学者林毅夫（1999）指出，我国在发展中应不断积累高级要素，通过要素结构的变化来促进产业结构向资本、技术含量高的方向升级和优化。郭克莎（1999，2005）也认为，产业结构调整是由要素结构调整引起的，可以通过要素结构调整来实现产业结构的调整和优化升级。焦茗馥（2012）研究认为，要素结构会影响产业结构调整的方向和效率，也可能导致产业结构调整过程中出现"断档"，甚至"阻滞"产业结构调整。刘忠涛（2010）、余子鹏与王今朝（2015）等通过实证分析表明，我国沿海地区资本、技术等要素结构的不断优化和升级很好地促进了该地区的产业结构升级，要素结构演进与产业结构调整是相互匹配的。而王丹枫（2011）、沈能等（2014）、辛超等（2015）的研究表明，我国生产要素存在过度拥挤、市场扭曲、错配等现象，这些现象会影响各行业的生产效率，导致各要素偏向某一行业，进而影响产业结构调整，造成各要素的"结构红利"损失。各要素自身的深化和高级化对产业结构调整的影响主要包括资本深化、劳动力高级化（人力

资本的提高）以及技术创新三个方面。高敬峰等（2010）认为，资本积累是我国制造业进行产业结构调整和优化升级的重要基础。肖功为（2012）认为，资本深化是产业结构调整和优化升级的主要动力，并指出资本深化不足是制约我国产业结构调整的主要原因。于泽（2014）的实证研究表明，资本深化和收入增加（劳动因素）对我国产业结构的优化升级具有显著性影响。陈自芳（2007）指出，我国具有劳动数量极为丰富的禀赋特征，因此，提高劳动者素质是我国实现产业结构升级的重要途径。王力南（2012）指出，人力资本不仅影响产业结构调整和优化升级，还会决定产业结构调整的方向和效率。陈英（2007）、张月玲和叶阿忠（2013）、赵昌文等（2015）指出，技术进步和技术创新一方面通过技术"扩散效应"和"替代效应"促进产业结构调整；另一方面通过"收入效应"促进消费增加，从市场需求方面带动产业结构调整和优化升级。综上所述，要素结构中各要素丰裕程度的变化会通过比较优势直接作用于产业结构调整的过程，而各要素的深化和高级化不仅会直接影响产业结构调整，还会对产业结构调整的可持续性产生影响。

二是产业结构调整中要素配置的结构效应。要素配置的结构效应是指在产业调整过程中各生产要素在产业间的流动形成的产业结构变化对经济增长绩效的影响，即要素结构调整带来的"结构红利"。"结构红利"这一概念起源于蒂默和西尔伊（Timmer and Szirmai，2000）提出的"结构红利假说"，即结构调整对生产率增长具有正向影响。随后，塞萨尔等（Cesar et al.，2007）、迪特里希和克鲁格（Dietrich and Kruger，2010）、阿尔瑞格和科勒司提德（Aldrighi and Colistete，2013）采用不同研究方法证明，结构调整对生产率的提高具有显著的正向影响，存在结构红利。我国学者张军等（2009）、朱喜等（2011）、王鹏和尤济红（2015）等对我国产业结构调整和要素配置的研究支持"结构红利假说"。曾先峰和李国平（2011）、胡翠等（2013）的研究则认为，我国要素配置的结构效应很小或不显著。李小平和陈勇（2007）、干春晖和郑若谷（2009）、江飞涛等（2014）的相关研究表明，我国劳动力配置的结构效应基本为正，而资本配置的结构效应却是众说纷纭，有的认为资本配置的结构效应为正，有的研究认为资本配置存在"结构负利"。然而，事实表明我国经济的高速发展与持续扩大的投资是密不可分的，说明我国资本要素表现出来的"结构负利"与投资效率并不匹配。对于这种"异常"现象，辛超（2015）指出，当前我国经济统计中的资本存量数据并不适用于三次产业的划分，他通过调整三次产业的划分后的数据分析发现，资本配置的结构效应尽管在不断增大，但总体而言为负数，即支持资本配置存在"结构负利"的结论。由此可见，在对经济增长的贡献方面，产业结构调整与要素结构调整是如影随形的两个方面，是密不可分的双向互动关系，那么他们之间的关系是如何影响经济发展的"促减排"目标，即要素结构调整是否具有污染减排效应，这是本章所要阐述的重要内容。

三、基于联动关系整合视角的要素结构调整污染减排效应机制

目前鲜有研究直接测量和界定要素结构调整的污染减排效应，也就是说尚未有直接依据来帮助我们理解要素结构调整与污染减排之间的关系。但是，根据要素结构调整与产业结构调整、产业结构调整与污染减排之间的联动关系，我们可以构建以下研究框架，尝试解释要素结构与污染减排之间的内在机理与影响机制（见图 3－2）。

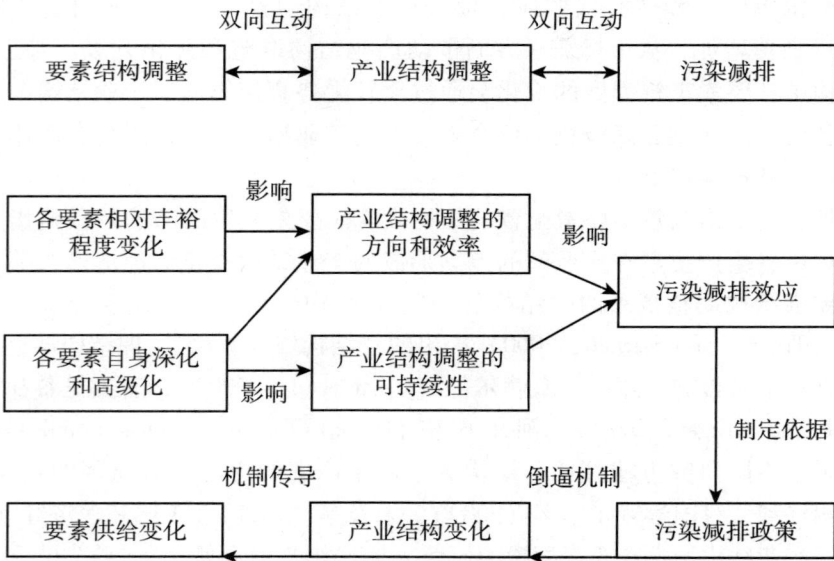

图 3－2　基于联动关系整合视角的要素结构调整的污染减排效应机制

总体而言，要素结构调整与污染减排之间具有双向互动的联系。具体而言，一个国家或地区的要素供给变化（包括各要素的相对丰富程度变化、各要素各自的深化和高级化程度变化）会内生地影响该国家或地区的产业结构调整（包括产业结构调整方向、效率以及可持续性），进而对该国家或地区的污染减排效应产生影响。反过来，产业结构调整的污染减排效应成为制定"保增长、限排放"等经济政策和污染减排政策的依据，而污染减排政策会通过倒逼机制传导作用改变生产要素的需求结构，进一步引发生产要素供给的变化，最终对要素结构调整产生影响，而要素结构调整通过产业结构调整对污染减排效应产生影响，如此循环，形成一个双向互动机制。

第三节　产业结构调整中要素结构变化与
污染排放之间经验关系的甄别

一、模型的构建和变量说明

根据上述理论分析，结合现有对污染减排影响因素研究的相关文献（陈敏德、张瑞，2012；占华、于津平，2015；刘胜，2015），构建如下双对数计量模型：

$$\ln pollution_{it} = \beta_0 + \beta_1 \ln labor_{it} + \beta_2 \ln capital_{it} + \beta_3 \ln kl_{it} + \beta_4 \ln industry_{it} + \beta_5 \ln lab\_ind_{it} +$$
$$\beta_6 \ln cap\_ind_{it} + \beta_7 \ln kl\_ind_{it} + \beta_8 \ln gdp_{it} + \beta_9 \ln gdp_{it}^2 + \beta_{10} \ln open_{it} +$$
$$\beta_{11} \ln unformal_{it} + \beta_{12} \ln formal_{it} + \beta_{13} \ln research_{it} + \varepsilon_{it} \qquad (3.1)$$

其中，被解释变量 $\ln pollution$ 为人均污染排放量的对数，回归时我们将分别采用人均工业废水排放量的对数（$\ln pollution\_water$）、人均工业烟尘排放量的对数（$\ln pollution\_air$）和人均工业固体废物产生量的对数（$\ln pollution\_solid$）作为代理变量。下标 i 表示地区，t 代表时间，ε_{it} 为随机扰动项。

根据前面的机理分析和数据的可得性，本章选取 $\ln labor$、$\ln capital$ 和 $\ln kl$ 来表示要素结构变动。$\ln labor$ 衡量劳动要素内部结构变动程度，具体用制造业劳动人数占比的对数这一指标来代理。之所以选取这一代理变量，主要是考虑到劳动要素结构变动实质上是劳动要素在不同行业之间进行动态配置问题，就本书关注的污染减排而言，越多的劳动要素配置到高污染行业，则可能带来的污染排放程度就越大；反之，则越小。而制造业为能源消耗和污染排放较高的行业，据统计数据显示，其能源消耗占全国的 55% 以上，平均废气排放量为工业废气的 52%（王玲、陈仲常、马大来，2013）。选取制造业劳动人数占比这一指标能够一定程度上反映劳动要素结构在高污染行业和低污染行业之间的变动程度[1]。同理，$\ln capital$ 表示制造业固定资产投资占比的对数，能够较好地反映资本要素结构变动程度。$\ln kl$ 则为资本劳动比的对数，用各省资本存量与劳动人口数之比表示，可以衡量资本与劳动间的配比结构。其中，资本存量为我们在单豪杰（2008）估算结果的基础上，按照永续盘存法 $K_t = I_t + (1 - \delta)K_{t-1}$ 进行估算而得，K_t 表示 t 年的资本存量，I_t 为 t 年全社会固定资产投资，δ 为折旧率，根据一般文献的做法，我们取 $\delta = 10.96\%$。

$\ln industry$ 表示产业升级程度，本章用服务业占 GDP 的比值来衡量。根据产业结构变化的一般规律，一国产业大致会经历以农业为主向工业为主转变，而后又会

---

[1]　严格来说，用高污染行业的劳动人口数占比来衡量是更好的代理变量，但限于数据的可得性，未能采用这一指标。

呈现以服务业为主的发展趋势。目前，我国已经步入了工业化中后期阶段，服务业占比的提高一定程度上反映着我国产业结构的升级。

当然，产业结构调整中的要素结构变化必然与产业结构存在密切的交互关系。为此，我们引入了它们之间的交互项，$\ln lab\_ind$ 为劳动要素内部结构变动和产业升级的交互项，$\ln cap\_ind$ 为资本要素内部结构变动和产业升级的交互项，$\ln kl\_ind$ 为资本劳动比与产业升级的交互项。

另外，为了验证污染减排的倒 "U" 型曲线效应，本章控制了地区经济发展水平，分别引入人均 GDP 的对数（$\ln gdp$）及其平方项（$\ln gdp^2$）。为了控制对外开放程度带来的影响，我们引入了一个地区进出口总额占 GDP 比重的对数（$\ln open$）这一指标。为了控制各地区的环境规制对污染减排的影响，我们引入了正式环境规制（$\ln formal$）和非正式环境规制（$\ln unformal$）指标。具体而言，选取不同区域工业废水排放达标率、二氧化硫去除率以及固体废物综合利用率作为对 "三废" 的正式环境规制强度替代变量。在非正式环境规制方面，从政府监督层面选取全国政协各省、市和自治区环保提案数，从环保 NGO 层面选取组织环保宣传活动次数，从民众参与层面选取因环境污染信访总数，作为非环境规制强度的替代变量[①]。最后，为了控制技术进步对污染减排带来的影响，我们引入了研究与开发活动的对数指标（$\ln research$）。

二、数据来源

本章所使用的数据大部分来自历年《中国统计年鉴》。资本存量的基期数据来自于单豪杰（2008）的估算。正式环境规制指标数据来源于相应年份《中国环境统计年鉴》和《中国统计年鉴》处理计算而得，非正式环境规制指标数据则来源于相应年份《中国环境年鉴》、《中国民间组织报告蓝皮书》以及中华环保联合会的《中国环保民间组织发展报告》，部分缺失数据由各省《统计年鉴》和环境统计公报进行补充。根据大部分文献的通常做法，本章的数据没有包括我国的港澳台地区，只包含了中国大陆 31 个省（区、市）的数据。另外，基于研究的需要及数据的可得性，本章仅选取了 2006～2014 年的省际面板数据来进行实证。

---

① 具体采用熵权客观评价法对选取指标变量计算权重，熵权客观评价法：第一步，所有指标变量极差变换标准化：$VAR_{ij}^s = [VAR_{ij} - \min(VAR_j)] / [\max(VAR_j) - \min(VAR_j)]$，其中 i 为样本容量，j 为指标数量；第二步，计算信息熵：$E_j = -K \sum_{i=1}^{m} p_{ij} \ln p_{ij}$，其中 $K = \frac{1}{\ln m}$ 为调节系数，m 为样本容量，如 $p_{ij} = F_{ij} / \sum_{i=1}^{m} F_{ij} = 0$，则 $\lim_{p_{ij} \to 0} p_{ij} \ln p_{ij} = 0$；第三步，计算指标权重：根据上述求得的信息熵 $E_1, E_2, E_3, \cdots, E_n$，可得指标权重 $w_j = 1 - E_j / n - \sum E_j (j = 1, 2, 3, \cdots, n)$。具体计算方法及过程略，如有需要可向作者索取。

三、数据的描述性统计

模型中各主要变量的描述性统计如表 3 – 1 所示。

表 3 – 1   各主要变量描述性统计

变量	Obs	Mean	Std. Dev.	Min	Max
ln*pollution_water*	279	2.6067	0.6297	0.1376	3.8635
ln*pollution_air*	279	− 5.2101	0.9197	− 8.3442	− 3.4208
ln*pollution_solid*	279	0.3819	0.9448	− 3.9635	3.0663
ln*labor*	279	− 1.5359	0.5098	− 3.5803	− 0.6506
ln*capital*	279	− 1.4104	0.5566	− 3.8815	− 0.6108
ln*kl*	279	1.6959	0.9402	− 2.4281	3.3355
ln*industry*	279	− 0.9179	0.1828	− 1.2512	− 0.2491
ln*lab_ind*	279	1.3947	0.4655	0.4695	2.5675
ln*cap_ind*	279	1.2266	0.3515	0.5995	2.3182
ln*kl_ind*	279	− 1.5182	0.8847	− 3.1257	2.3037
ln*gdp*	279	1.0681	0.5727	− 0.4559	2.3388
ln*gdp*^{2}	279	1.4677	1.2888	1.67E − 07	5.4698
ln*open*	279	− 1.8658	1.3414	− 11.4306	0.5432
ln*formal*	279	− 0.4508	0.3361	− 1.8543	− 0.0086
ln*unformal*	279	− 3.0418	1.0254	− 6.6905	− 0.7377
ln*research*	279	− 1.1841	1.3147	− 4.2627	2.3793

图 3 – 3 所示为中国大陆 31 个省（区、市）主要工业污染物排放的时间趋势图。从图 3 – 3 中可以看出，三大污染物（工业废水、工业烟尘和工业固体废物）人均排放大部分省份呈现出一定的下降趋势。这表明，近年来我国污染排放治理效果初现成效，但也应该看到部分省份的污染排放依旧相对严重，甚至呈现了上升趋势。进一步研究发现，人均工业废水排放下降趋势较为明显，而人均工业烟尘排放和人均工业固体废物产生量却呈微弱下降趋势或基本持平，甚至有的省份还出现了恶化的趋势。这些特点的不同预示着对不同污染物的影响可能会存在一定的差异，因此，本章将分别对三种主要污染物进行回归分析。

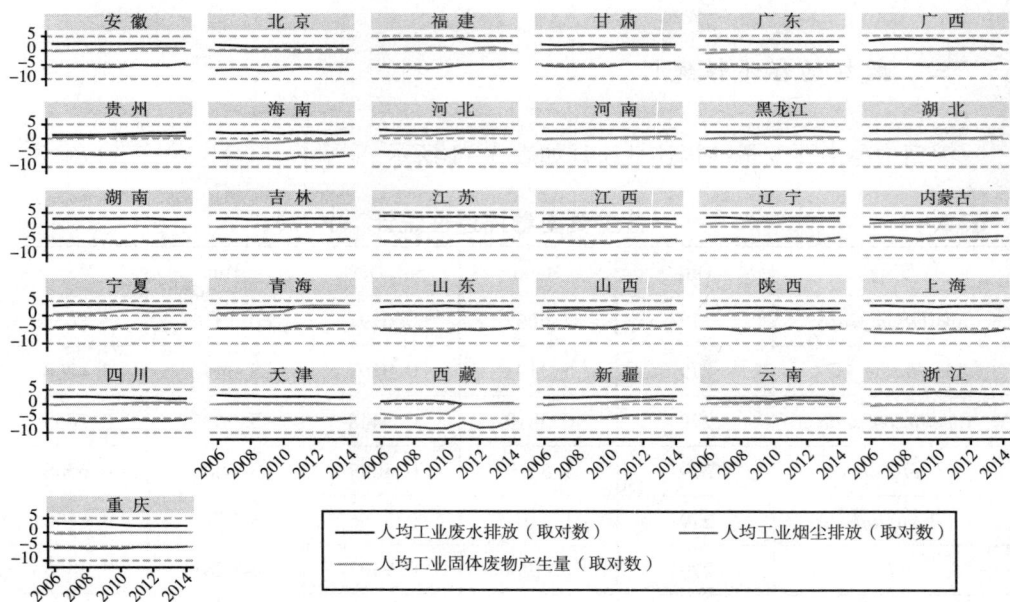

图 3 – 3　全国 31 个省（区、市）主要工业污染物排放的时间趋势

另外，本章所关注的要素结构变化情况如图 3 – 4 和图 3 – 5 所示。从两图中可以看出，无论是劳动要素还是资本要素，除服务业①外，制造业的劳动就业人数和

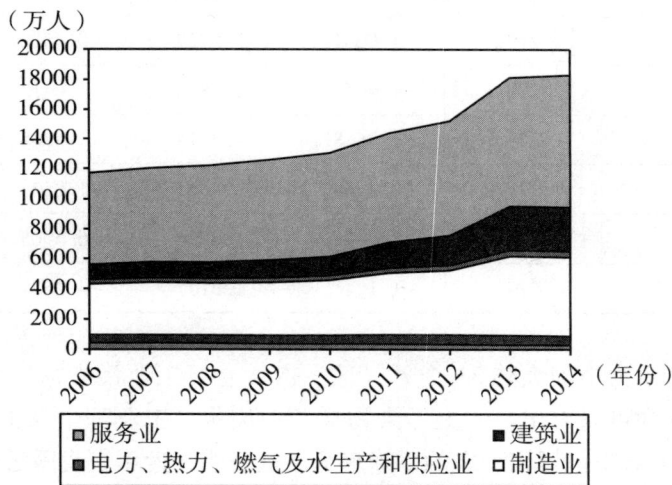

图 3 – 4　按行业分类的城镇单位就业人员数变化情况（2006 ~ 2014 年）

---

① 此处服务业包括批发和零售业，交通运输、仓储和邮政业，住宿和餐饮业，信息传输、软件和信息技术服务业，金融业，房地产业，租赁和商务服务业，科学研究和技术服务业，水利、环境和公共设施管理业，居民服务、修理和其他服务业，教育，卫生和社会工作，文化、体育和娱乐业，公共管理、社会保证和社会组织，国际组织，出于简化的目的将之统一称为"服务业"。

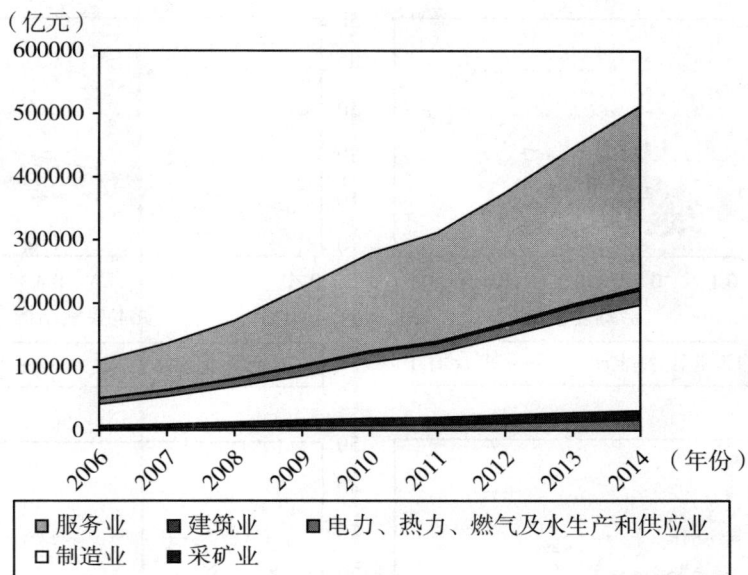

图 3 - 5　按行业分类的固定资产投资变化情况（2006～2014 年）

固定资产投资都是最多的，并且呈一定的上升趋势。这意味着，劳动要素和资本要素依然在向高污染产业流动，由此导致的污染减排压力值得关注。

四、实证结果及分析

1. 解释变量与污染排放的相关性分析

在计量回归估计之前，我们先对本章最为关注的四个解释变量与污染排放之间的相关关系进行考察。由于三大污染物排放存在一定的趋同性，本章仅选取四个解释变量与人均工业废水排放量之间的关系进行分析，进而可以举一反三。从图 3 - 6 可以看出，劳动要素结构与人均工业废水排放量呈现出明显的正相关关系，这可能意味着劳动要素向制造业（尤其是其中的高污染行业）流动可能增加了污染排放，不利于污染减排。无独有偶，资本要素结构与人均工业废水排放量之间也呈现出明显的正相关关系，同样预示着资本要素向制造业（尤其是其中的高污染行业）流动亦不利于污染减排。然而，资本劳动比和人均工业废水排放量之间的相关关系并不明显，这有待于进一步的实证检验。值得注意的是，服务业占比和人均工业废水排放量之间呈显著负相关关系，这说明，产业结构升级有利于减少污染物排放。尽管如此，这些解释变量与污染排放之间的因果关系，还需要依赖更为严格的计量回归分析方法。

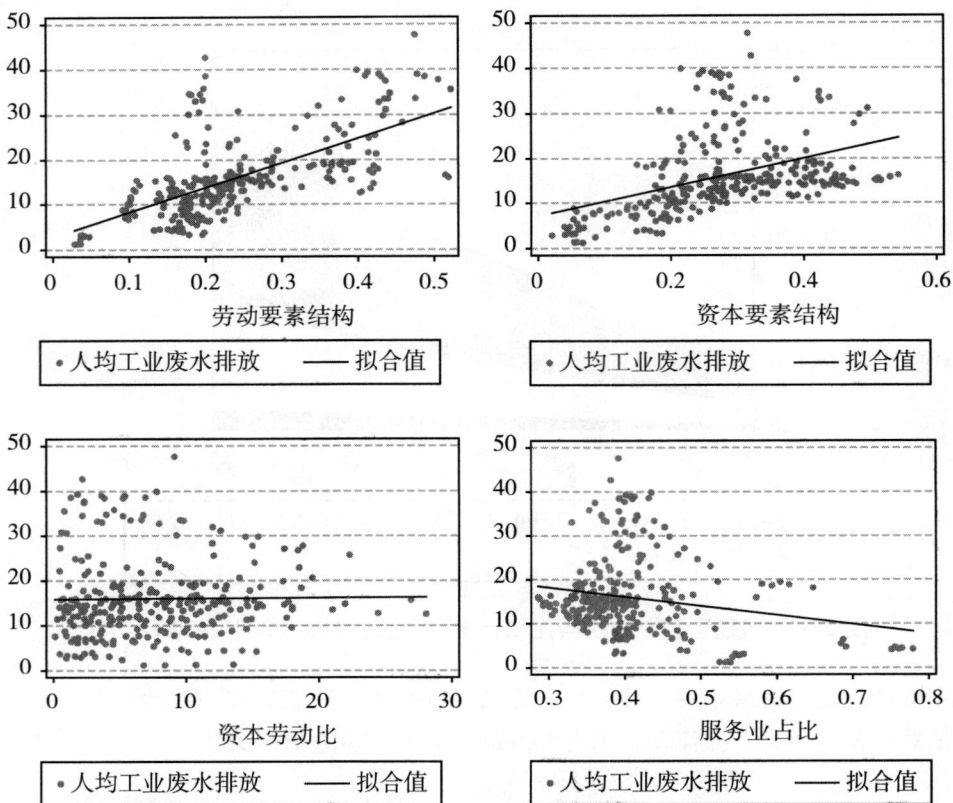

图3-6 四个主要解释变量与人均工业废水排放的拟合曲线

2. 计量回归结果分析

为了对本章构建的计量模型进行估计，参照通常文献的做法，本章将首先使用混合回归方法进行估计，并将之作为一个参照系，然后再使用面板数据估计方法进行估计。计量结果分别如表3-2和表3-3所示。

表3-2   工业废水的混合回归结果

变量	（1）工业废水（混合回归）	（2）工业废水（混合回归）	（3）工业废水（混合回归）	（4）工业废水（混合回归）	（5）工业废水（混合回归）
ln*labor*	0.638 *** (11.0)		0.660 *** (9.60)	1.184 *** (5.66)	1.266 *** (4.64)
ln*capital*	0.409 *** (9.05)		0.361 *** (4.53)	0.540 *** (3.91)	0.660 *** (3.97)

续表

变量	(1) 工业废水 (混合回归)	(2) 工业废水 (混合回归)	(3) 工业废水 (混合回归)	(4) 工业废水 (混合回归)	(5) 工业废水 (混合回归)
lnkl	−0.0224 (−0.80)		−0.0136 (−0.44)	−0.287 (−1.52)	−0.448 ** (−2.26)
ln$industry$		−1.205 *** (−5.69)	−0.151 (−0.79)	1.966 *** (3.11)	2.871 *** (4.26)
lnlab_ind				0.675 *** (2.66)	0.826 *** (2.91)
lncap_ind				0.215 (1.47)	0.312 * (1.86)
lnkl_ind				−0.290 (−1.57)	−0.241 (−1.23)
lngdp					1.427 *** (6.97)
lngdp^2					−0.349 *** (−4.85)
ln$open$					0.0123 (0.56)
ln$unformal$					0.0371 (1.13)
ln$formal$					−0.122 (−1.61)
ln$research$					−0.204 *** (−5.82)
Constant	4.201 *** (42.7)	1.500 *** (7.00)	4.014 *** (15.8)	5.835 *** (9.17)	5.803 *** (8.36)
Observations	279	279	279	279	279
R-squared	0.63	0.12	0.63	0.64	0.75

注：括号内的统计值为 t 值，*、**、*** 分别表示在 10%、5% 和 1% 的统计水平上显著。

表 3 - 3 工业废水的随机效应回归结果

变量	(6) 工业废水 （随机效应）	(7) 工业废水 （随机效应）	(8) 工业废水 （随机效应）	(9) 工业废水 （随机效应）	(10) 工业废水 （随机效应）
ln*labor*	0.539 *** (5.50)		0.538 *** (5.44)	0.286 (0.99)	0.592 ** (2.06)
ln*capital*	0.117 * (1.76)		0.123 * (1.74)	-0.147 (-0.79)	-0.0942 (-0.53)
ln*kl*	-0.0392 *** (-2.83)		-0.0413 *** (-2.74)	-0.465 *** (-4.20)	-0.499 *** (-4.05)
ln*industry*		-0.248 (-1.54)	0.0616 (0.35)	0.107 (0.19)	0.889 (1.61)
ln*lab_ind*				-0.188 (-0.57)	0.124 (0.38)
ln*cap_ind*				-0.433 * (-1.87)	-0.398 * (-1.80)
ln*kl_ind*				-0.433 *** (-3.79)	-0.389 *** (-3.31)
ln*gdp*					0.716 *** (4.45)
ln*gdp*^{2}					-0.134 *** (-3.09)
ln*open*					-0.0117 (-0.91)
ln*unformal*					0.0286 (1.58)
ln*formal*					-0.0879 (-0.90)
ln*research*					-0.160 *** (-4.22)
Constant	3.667 *** (21.5)	2.379 *** (13.1)	3.734 *** (13.4)	3.863 *** (7.61)	4.038 *** (7.79)
Observations	279	279	279	279	279
R-squared	0.59	0.12	0.59	0.51	0.66

注：括号内的统计值为 *t* 值，*、**、*** 分别表示在 10%、5% 和 1% 的统计水平上显著。

表 3 − 2 为采用混合回归方法针对人均工业废水排放的计量估计结果。首先，我们单独考察了要素结构变动对污染排放的影响，从中可以看出劳动要素结构和资本要素结构变动均对工业废水的排放存在一个显著正向效应，即不利于工业废水的减排。而资本劳动比的回归系数虽为负，但却并不显著。这一结果与前文的相关性分析结论高度一致。然后，我们又单独考察了产业结构对污染排放的影响，从结果来看，产业结构升级的确能够减少污染排放，这也和前面的相关性分析结果一致。值得注意的是，当我们将要素结构和产业结构均纳入模型时，产业结构变量变得不再显著。这很可能是由于要素结构变动不合理，一定程度上阻滞了产业结构升级，进而导致对污染减排效应不明显。为此，我们继续将二者的交互项纳入本研究，结果显示，产业结构变量不仅符号发生了改变，而且变化非常显著。这一结论虽出乎意料，但与之前的理论分析却有一致性，即要素结构变动不合理阻滞了产业结构升级的步伐，从而对污染减排产生了不利影响。从交互项来看，这一结论也能成立，尤其是劳动要素结构和产业结构的交互项非常显著，资本要素结构和产业结构的交互项符号也为正，在加入其他控制变量之后也在 10% 统计水平上显著。这一实证结果表明，要素结构变动的确对产业结构升级造成了不利影响，进而影响了污染物排放。在将其他控制变量纳入之后，主要解释变量的结论依然稳健。值得一提的是，资本劳动比对污染排放的影响开始变得显著为负，这说明随着资本劳动比的提高，将有利于促进污染减排。从各控制变量看，GDP 的对数（$\ln gdp$）回归系数为正，而其平方项（$\ln gdp^2$）的回归系数为负，这一实证结果验证了环境库兹涅茨曲线的存在，即污染排放会经历一个先增加后缩小的过程。研究和发展活动对减少污染排放也有显著的作用。对外开放程度和环境规制对人均工业废水排放影响不显著。

接下来，我们用短面板数据最常用的估计方法对此进行了重新估计。豪斯曼检验结果显示，随机效应估计是更有效率的，因此我们选择了随机效应进行估计，结果如表 3 − 3 所示。从估计结果来看，随机效应的估计结果与前面的混合回归方法估计结果大体一致。但出现了三个较为明显的差异：一是在单独考察产业结构与污染排放之间的关系时，回归系数虽然为负但未通过显著性检验；二是在纳入所有控制变量后，资本结构对污染排放的影响也变得不再显著；三是加入交互项后产业结构的系数虽然为正，但并没有变得显著。这些变化显然是估计方法不同所致，但总体来看，基本结论依然没有改变。

再来考察对人均工业烟尘的影响，计量估计结果如表 3 − 4 所示。总体来看，计量回归结果保持较好的稳健性，与前面的估计结果基本一致。劳动要素结构和资本要素结构变动依然对污染排放产生了正向影响[①]，即不利于污染减排。在要素结构和产业结构的交互作用下，产业结构变量的系数要么显著为正，要么变得不显

---

① 可以看出，在随机效应估计中劳动要素结构扭曲变得不再显著，但这并不影响结果的稳健性。

著，这表明，要素结构变动不合理阻滞了产业结构升级，给污染减排带来了一定负面效应。唯一出现了较大变化的是资本劳动比，在前面的回归中，其符号为负，且大多数时候都相当显著；在这里估计结果却是大部分回归系数为正，只有在随机效应估计中其回归系数为负，但并不显著。这种变化也在意料之中，在前面的相关性分析中，资本劳动比和污染排放并没有呈现出明显的正向或者负向相关性，这就意味着资本劳动比的符号存在较大的不确定性。

表 3 – 4　　　　　　　　　工业烟尘的计量回归结果

变量	（11）工业烟尘（混合回归）	（12）工业烟尘（混合回归）	（13）工业烟尘（随机效应）	（14）工业烟尘（随机效应）
ln*labor*	2.436 *** (4.29)	2.504 *** (4.15)	0.201 (0.37)	– 0.374 (– 0.68)
ln*capital*	0.930 *** (2.65)	0.830 ** (2.39)	1.063 *** (2.99)	1.224 *** (3.60)
ln*kl*	0.763 *** (2.60)	0.466 (1.43)	0.497 ** (2.25)	– 0.0954 (– 0.40)
ln*industry*	3.515 *** (2.89)	3.211 *** (2.68)	1.169 (1.09)	0.605 (0.57)
ln*lab_ind*	3.474 *** (5.52)	3.206 *** (4.80)	0.277 (0.44)	– 0.119 (– 0.19)
ln*cap_ind*	0.450 (1.21)	0.354 (0.96)	1.000 ** (2.26)	1.223 *** (2.90)
ln*kl_ind*	0.595 * (1.97)	0.563 * (1.70)	0.347 (1.53)	0.153 (0.67)
ln*gdp*		0.914 ** (2.58)		1.004 *** (3.27)
ln*gdp*^{2}		– 0.0758 (– 0.64)		0.0565 (0.67)
ln*open*		– 0.156 * (– 1.78)		– 0.0152 (– 0.61)
ln*unformal*		– 0.108 * (– 1.94)		– 0.0516 (– 1.46)

变量	(11) 工业烟尘 （混合回归）	(12) 工业烟尘 （混合回归）	(13) 工业烟尘 （随机效应）	(14) 工业烟尘 （随机效应）
ln*formal*		-0.332* (-1.78)		-0.0643 (-0.35)
ln*research*		-0.0837 (-1.64)		-0.0195 (-0.27)
Constant	-2.718** (-2.37)	-3.820*** (-3.19)	-4.259*** (-4.36)	-5.835*** (-5.88)
Observations	279	279	279	279
R-squared	0.54	0.61	0.17	0.31

注：括号内的统计值为 t 值，*、**、*** 分别表示在 10%、5% 和 1% 的统计水平上显著。

最后，再看这些变量对人均工业固体废物产生量的影响，计量估计结果如表 3-5 所示。结果与前面的估计结果基本类似，保持了较好的稳健性。值得注意的是，对人均工业固体废物产生量的回归，资本劳动比这一反映资本和劳动之间配比关系的变量始终显著为正，很可能是因为随着人均资本存量越来越多，其产生的固体废物也相应越多，这一点与前面的回归结果不同。另外，代表对外开放的指标在此显著为负，意味着对外开放程度的加深将会对污染减排产生一个正向的效应。

表 3-5　　　　　　固体废物的计量回归结果

变量	(15) 固体废物 （混合回归）	(16) 固体废物 （混合回归）	(17) 固体废物 （随机效应）	(18) 固体废物 （随机效应）
ln*labor*	2.058*** (2.73)	2.744*** (3.12)	-0.610 (-1.02)	-0.357 (-0.62)
ln*capital*	0.0588 (0.13)	-0.277 (-0.58)	1.306*** (3.38)	1.242*** (3.46)
ln*kl*	1.104** (2.43)	1.298** (2.46)	0.889*** (3.77)	0.580** (2.32)
ln*industry*	0.221 (0.17)	0.478 (0.36)	-1.350 (-1.16)	-0.851 (-0.76)
ln*lab_ind*	2.615*** (3.21)	2.747*** (3.12)	-0.769 (-1.12)	-0.281 (-0.43)

续表

变量	(15) 固体废物 （混合回归）	(16) 固体废物 （混合回归）	(17) 固体废物 （随机效应）	(18) 固体废物 （随机效应）
lncap_ind	-0.0421 (-0.096)	-0.357 (-0.75)	1.538 *** (3.19)	1.434 *** (3.21)
lnkl_ind	0.760 (1.61)	1.055 ** (2.01)	0.534 ** (2.20)	0.573 ** (2.41)
lngdp		0.694 * (1.71)		0.668 ** (2.06)
lngdp^2		-0.186 (-1.17)		-0.268 *** (-3.05)
ln$open$		-0.234 *** (-4.32)		-0.0756 *** (-2.90)
ln$unformal$		-0.0645 (-1.21)		0.0451 (1.23)
ln$formal$		-0.0578 (-0.29)		0.694 *** (3.55)
ln$research$		-0.169 *** (-3.30)		0.169 ** (2.21)
Constant	-0.487 (-0.40)	-0.676 (-0.52)	-1.463 (-1.38)	-0.489 (-0.47)
Observations	279	279	279	279
R-squared	0.43	0.51	0.42	0.55

注：括号内的统计值为 t 值，*、**、*** 分别表示在 10%、5% 和 1% 的统计水平上显著。

第四节　产业结构调整中要素结构变化与污染排放的 CGE 建模

一、RICE-2010 模型简介

本研究所用的是拓展的 CGE 模型。我们借用诺德豪斯（Nordhaus，2010）的 RICE-2010 模型，将其修改为容纳了 44 个细分行业的动态演变的一般均衡模型。

由于碳排放具有全球外部性，一国某个行业的碳排放并不像 SO₂ 那样仅仅影响本国，国外的碳排放也不是对该国没有影响，所以当使用一般均衡框架探讨碳排放时，仅看本国的行业分类而忽略国外的处理方式是有缺陷的。本研究在 RICE-2010 这一气候变化综合评估模型（Integrated Assessment Model，IAM）的基础上做拓展，将其原有的全球 12 个国家群的划分重新编组，除中国以外的国家全部纳入"国外"，然后中国的 44 个行业各为一个行为主体，相应地校准参数和初始值，再做数值计算，得出百余年跨度上的经济变量、气候变量及碳排放的预测序列。如此，在观察我国产业结构变动的同时，也兼顾到了碳排放的全球外部性；我国的和国外的碳排放，共同对全球气候变化进程产生影响，同时，经济部门也反过来受气候变化的影响。

此外，产业结构的变化是一个低频、长波现象，变动比较缓慢，而 CGE 通常都是静态的模型。静态 CGE 只能观察从基准期到下一期的变化。如果两期间隔是一年的话（通常如此），产业结构的变动幅度就可能微乎其微。因此，IAM 作为一类动态的特殊 CGE 模型，在把握产业结构与碳排放方面，比传统 CGE 更具有优势。再者，研究容纳了多达 44 个细分行业，而多数文献在处理时仅仅局限于第一、二、三产业的划分。产业划分越细，观察的伸缩性越高，研究者可以把计算结果按照需要进行加总，满足不同角度的观察需求。

RICE-2010 是一个气候变化综合评估模型（IAM）。IAM 的突出特征是把经济系统、碳循环、自然系统相结合，用数值计算的方法捕捉它们之间的相互影响。IAM 模型的基本结构是：经济系统在运转过程中产生 CO₂，CO₂ 的累积使得大气环境系统发生变化，这种变化再影响经济系统，形成一个循环。RICE-2010 相对于其他 IAM 的主要不同之处是将全球划分为十二个经济体。这十二个经济体是：美国、欧盟（26 国）、日本、俄罗斯、东欧和独联体（23 国）、中国、印度、中东（15 国）、非洲（53 国）、拉丁美洲（39 国）、其他发达国家（7 国）、其他亚洲国家（28 国或地区）。为了观察我国产业结构变化对碳排放的影响，并同时容纳碳排放的全球外部性特征，将 RICE-2010 加以改造——除了中国以外的所有国家合起来作为"国外"，中国的 44 个行业分别作为独立行为的主体，另加上"生活消费"部门（它只发生碳排放，但不作行为选择）。亦即，模型结构采用 RICE-2010 的，而分散决策的行为主体进行了重新设置，具体为"国外"、我国 44 个行业和生活消费部门，共计 46 个。模型中的相关参数也需相应调整。

以下为 RICE-2010 的模型结构。每个行业均被假设为一个独立的经济系统，其社会福利函数定义在一段时期内人均消费所带来的效用贴现和之上：

$$\sum_t \frac{L_{j,t}}{(1+\rho)^t} \frac{(C_{j,t}/L_{j,t})^{1-\eta}}{1-\eta} \tag{3.2}$$

参数 ρ（取值 1.5）是社会时间偏好率；η（取值 1.5）为消费的边际效用弹性；$C_{j,t}$ 是第 j 个行业在第 t 期的总消费；$L_{j,t}$ 为行业就业人数，它被设为外生变量。行业 j 的家庭拥有资本和劳动两类要素。给定资本品的租金率 $r_{j,t}$ 和劳动工资 $\omega_{j,t}$，他们选择 $C_{j,t}$，在式（3.3）的约束下最大化目标函数式（3.1）：

$$K_{j,t+1} = r_{j,t}K_{j,t} + \omega_{j,t}L_{j,t} - C_{j,t} + (1-\delta)K_{j,t} \qquad (3.3)$$

参数 δ（取值 7.5%）为折旧率。$K_{j,t}$ 是资本存量。

假设所有产品市场和要素市场均为竞争性市场。每个行业的净产出 $Y_{j,t}$ 由资本、劳动形成，并且需扣除减排成本的部分 $\Lambda_{j,t}$ 和气候损害的部分：

$$Y_{j,t} = (1-\Lambda_{j,t})A_{j,t}(L_{j,t})^{\alpha_j}(K_{j,t})^{1-\alpha_j}\frac{1}{1+\theta_{1,j}\times T_{AT}(t)+\theta_{2,j}\times T_{AT}^2(t)} \qquad (3.4)$$

$A_{j,t}$ 是行业 j 的全要素生产率；参数 α_j 是劳动的产出弹性。等号右边的分式代表气温升高所引起的负面影响。$\theta_{1,j}$、$\theta_{2,j}$ 是气候损害系数，$T_{AT}(t)$ 为全球平均气温高于 1961～1990 年平均值的幅度[①]。$\Lambda_{j,t}$ 是减排投入占产出的比例，它与碳减排幅度 $\mu_{j,t}\in[0,1]$ 相关：

$$\Lambda_{j,t} = \text{cost}_{j,t}\times\mu_{j,t}^{2.8} \qquad (3.5)$$

$\text{cost}_{j,t}$ 是外生变动的碳减排成本系数；$\mu_{j,t}$ 是有待选择的控制变量。

碳排放 $E_{j,t}$ 与经济活动相关：

$$E_{j,t} = Eland_j\times 0.8^t + \sigma_{j,t}\times Y_{j,t}\times(1-\mu_{j,t}) \qquad (3.6)$$

第一项代表由土地利用变化所产生的净 CO_2 排放。它被设为外生变化：期初每年排放 $Eland_j$ 亿 tC（吨碳，下同），然后下一期是上一期的 80%。$\sigma_{j,t}$ 是外生变化的碳排放强度。

全球总的碳排放 $E_t = \sum_j E_{j,t}$。它进入全球碳循环过程，对气候发生影响。以 $M_{AT}(t)$、$M_{UP}(t)$、$M_{LOW}(t)$ 分别表示大气层、地表层和深海层的 CO_2 储量。碳循环过程可由下面的简化式矩阵方程来描述[②]：

$$\begin{pmatrix} M_{AT}(t) \\ M_{UP}(t) \\ M_{LOW}(t) \end{pmatrix} = \begin{pmatrix} E_t \\ 0 \\ 0 \end{pmatrix} + \begin{pmatrix} 0.88 & 0.047 & 0 \\ 0.12 & 0.948 & 0.0008 \\ 0 & 0.005 & 0.9993 \end{pmatrix}\begin{pmatrix} M_{AT}(t-1) \\ M_{UP}(t-1) \\ M_{LOW}(t-1) \end{pmatrix} \qquad (3.7)$$

大气 CO_2 浓度的变化带来温室效应的变动，后者由辐射强迫 F_t 来表示：

---

① RICE-2010 将气候损害分为海平面上升的（SLR）和非海平面上升的两部分。式（3.5）展示的是后者。SLR 的设定较为复杂，出于表述简洁的考虑，未展示出来。

② 详细介绍可参见 Nordhaus（1994）的第 3 章和 Nordhaus（2008）的第 53～54 页。

$$F_t = \frac{3.8}{\ln 2} \ln \left[M_{AT}(t) \div M_{AT}(1750) \right] \qquad (3.8)$$

其含义是，大气碳浓度相对于 1750 年的每翻一倍，辐射强迫水平将提高 3.8 倍。辐射强迫的变化将带来地表气温 $T_{AT}(t)$ 和深海温度 $T_{LOW}(t)$ 的变动。其简化式 VAR 动态演变方程是：

$$T_{AT}(t) = T_{AT}(t-1) + 0.208 \times \left[F_t - 3.8 \times T_{AT}(t-1) \div 3.2 \right.$$
$$\left. - 0.31 \times (T_{AT}(t-1) - T_{LOW}(t-1)) \right] \qquad (3.9)$$

$$T_{LOW}(t) = T_{LOW}(t-1) + 0.05 \times \left[T_{AT}(t-1) - T_{LOW}(t-1) \right] \qquad (3.10)$$

二、模型参数与初始值

上述模型显然维度太高，必须借助数值计算才可观察内生变量的动态演变，在此使用软件 Premium Solver Platform v11.5 做程序调试。但在此之前，需根据模型给出国外和我国各行业的参数及状态变量的初始值（以 2010 年为初始期）。部分参数的取值已经在前文标示或说明。

1. 初始的行业增加值

《中国统计年鉴》并没有直接给出各行业的增加值，需要推算。本研究的做法是，从《中国统计年鉴》表 2 – 11 "分行业增加值" 中可直接找出 2010 年农业、建筑业、三个服务行业的行业增加值，工业的 3 个子类——采矿业、制造业、电力及水的供应业的也有（见表 3 – 6），但工业之下细分的 39 个行业则需推算。从《中国统计年鉴》表 14 – 2 "按行业分规模以上工业企业主要指标" 中 "主营业务收入" 减去 "主营业务成本"，计算某行业的这个差值占所属工业三大子类的此差值之和的比例（见表 3 – 7），再用该比例乘以所属工业三大子类的行业增加值，作为该行业的增加值 $Y_{j,0}$。估计结果的展示如表 3 – 6 所示。需说明的是，《中国统计年鉴》的不同章节给出的结果是多处矛盾的。

表 3 – 6　　　　　　　　**2010 年各大类行业的行业增加值**　　　　单位：亿元

总　计	401512.8
第一产业	40533.6
农林牧渔业	40533.6
第二产业	187383.2
工业	160722.2
采矿业	20936.6

续表

制造业	130325.0
电力、燃气及水的生产和供应业	9460.6
建筑业	26661.0
第三产业	173596.0
交通运输、仓储和邮政业	19132.2
信息传输、计算机服务和软件业	8881.9
批发和零售业	35746.1
住宿和餐饮业	8068.5
金融业	20980.6
房地产业	22782.0
租赁和商务服务业	7785.0
科学研究、技术服务和地质勘查业	5636.9
水利、环境和公共设施管理业	1752.1
居民服务和其他服务业	6101.7
教育	12042.1
卫生、社会保障和社会福利业	5980.8
文化、体育和娱乐业	2495.8
公共管理和社会组织	16210.3

资料来源:《中国统计年鉴(2010)》表 2-11。

表 3-7 39 个细分工业行业的行业增加值占所属三大子类工业的比例

39 个细分工业行业	主营业务收入（亿元）	主营业务成本（亿元）	占工业子类的比例（%）
煤炭开采和洗选业	23609.59	16788.74	46.44
石油和天然气开采业	10617.59	5729.87	33.28
黑色金属矿采选业	6135.22	4722.34	9.62
有色金属矿采选业	3836.10	2921.12	6.23
非金属矿采选业	3005.11	2360.56	4.39
其他采矿业	30.46	24.78	0.04
农副食品加工业	34668.26	30338.53	4.64
食品制造业	11133.50	8760.31	2.55
饮料制造业	9165.70	6669.36	2.68
烟草制品业	5628.19	1737.77	4.17
纺织业	28110.07	24709.88	3.65
纺织服装、鞋、帽制造业	11988.61	10067.38	2.06

续表

39 个细分工业行业	主营业务收入（亿元）	主营业务成本（亿元）	占工业子类的比例（%）
皮革、毛皮、羽毛（绒）及其制品业	7738.91	6547.29	1.28
木材加工及木、竹、藤、棕、草制品业	7166.00	6110.61	1.13
家具制造业	4304.76	3625.31	0.73
造纸及纸制品业	10201.82	8727.67	1.58
印刷业和记录媒介的复制	3468.31	2835.04	0.68
文教体育用品制造业	3060.93	2637.34	0.45
石油加工、炼焦及核燃料加工业	29310.73	24200.53	5.48
化学原料及化学制品制造业	47452.35	39710.50	8.30
医药制造业	11417.30	7902.42	3.77
化学纤维制造业	5020.29	4456.75	0.60
橡胶制品业	5826.19	4986.42	0.90
塑料制品业	13571.09	11653.68	2.06
非金属矿物制品业	31267.20	25862.07	5.80
黑色金属冶炼及压延加工业	54490.93	49814.60	5.02
有色金属冶炼及压延加工业	29175.20	26124.85	3.27
金属制品业	19642.38	16835.48	3.01
通用设备制造业	34400.11	28726.15	6.09
专用设备制造业	21312.97	17475.24	4.12
交通运输设备制造业	55058.68	45872.97	9.85
电气机械及器材制造业	42152.59	35494.98	7.14
通信设备、计算机及其他电子设备制品业	55161.16	48920.84	6.69
仪器仪表及文化、办公用机械制造业	6322.87	5209.71	1.19
工艺品及其他制造业	5700.74	4909.37	0.85
废弃资源和废旧材料回收加工业	2381.77	2132.27	0.27
电力、热力的生产和供应业	40561.29	36755.16	83.54
燃气生产和供应业	2505.94	2045.57	10.10
水的生产和供应业	1143.09	853.38	6.36

资料来源：《中国统计年鉴（2010）》表 14-2。

根据对《中国统计年鉴》表 14 - 2 加工处理的思路得出来的行业增加值,2010年采矿业的是 1.936 万亿元,制造业的是 12.028 万亿元,电力、热力和水的供应业是 0.651 万亿元。表 2 - 11 中的值分别是 2.094 万亿元、13.033 万亿元和 0.946 万亿元。还是比较接近的。总计口径是,表 14 - 2 的是 14.614 万亿元,表 2 - 11 的是16.07 万亿元。由于表 14 - 2 的比表 2 - 11 的统计口径要小,所以前者均低于后者是合意的。以各行业在表 14 - 2 中子类行业中的比例乘以表 2 - 11 中子类行业的增加值,作为该行业的全行业增加值。

2. 初始的行业劳动力

在此,基于"经济活动人口"计算各行业的劳动力数量。从《中国统计年鉴(2010)》表 4 - 1 "就业基本情况"获得 2010 年的几个大口径指标的数值(见表3 - 8),按就业人员比例推算农业、工业、建筑业、服务业的经济活动人口。农业、建筑业的即可直接用上。对于工业,从《中国统计年鉴》表 14 - 2 计算各细分的 39 个行业在规模以上就业人数中的比例,用此比例乘以工业的经济活动人口(见表 3 - 9)。对于服务业,由 2007 年投入产出表的中间投入表,以服务业细分的3 个行业的劳动者报酬占服务业总劳动报酬的比例,乘以服务业的经济活动人口。估计结果见表 3 - 7 的 $L_{j,0}$ 列。

表 3 - 8　　　　　三大产业的经济活动人口与就业人员数

三大产业	就业人员数(万人)	占比(%)	经济活动人口(万人)
第一产业	27931	36.7	28769
第二产业	21842	28.7	22497
第三产业	26332	34.6	27122
总的经济活动人口			78388

资料来源:《中国统计年鉴(2010)》表 4 - 1 "就业基本情况"。

表 3 - 9　　　　39 个细分工业行业劳动力占工业总经济人口的比例

39 个细分工业行业	总数	占工业的比例(%)
煤炭开采和洗选业	527.19	5.52
石油和天然气开采业	106.06	1.11
黑色金属矿采选业	67.04	0.70
有色金属矿采选业	55.40	0.58
非金属矿采选业	56.54	0.59

续表

39 个细分工业行业	总数	占工业的比例（%）
其他采矿业	0.45	0.00
农副食品加工业	369.01	3.87
食品制造业	175.88	1.84
饮料制造业	130.02	1.36
烟草制品业	21.10	0.22
纺织业	647.32	6.78
纺织服装、鞋、帽制造业	447.00	4.68
皮革、毛皮、羽毛（绒）及其制品业	276.37	2.90
木材加工及木、竹、藤、棕、草制品业	142.29	1.49
家具制造业	111.73	1.17
造纸及纸制品业	157.91	1.65
印刷业和记录媒介的复制	85.06	0.89
文教体育用品制造业	128.11	1.34
石油加工、炼焦及核燃料加工业	92.15	0.97
化学原料及化学制品制造业	474.14	4.97
医药制造业	173.17	1.81
化学纤维制造业	43.93	0.46
橡胶制品业	102.93	1.08
塑料制品业	283.30	2.97
非金属矿物制品业	544.61	5.71
黑色金属冶炼及压延加工业	345.63	3.62
有色金属冶炼及压延加工业	191.59	2.01
金属制品业	344.64	3.61
通用设备制造业	539.38	5.65
专用设备制造业	334.22	3.50
交通运输设备制造业	573.72	6.01

续表

39 个细分工业行业	总数	占工业的比例（%）
电气机械及器材制造业	604.30	6.33
通信设备、计算机及其他电子设备制品业	772.75	8.10
仪器仪表及文化、办公用机械制造业	124.86	1.31
工艺品及其他制造业	140.43	1.47
废弃资源和废旧材料回收加工业	13.92	0.15
电力、热力的生产和供应业	275.64	2.89
燃气生产和供应业	19.02	0.20
水的生产和供应业	45.92	0.48

资料来源：《中国统计年鉴（2010）》表 14－2"按行业分规模以上工业企业主要指标"。

3. 劳动产出弹性

根据 2012 年《中国统计年鉴》表 2－26"2007 年投入产出基本流量表（中间使用部分）"，用行业劳动报酬除以总的劳动报酬，可估算出一些口径较宽的行业的劳动产出弹性（见表 3－10）。比如，采矿业下属多个子行业，但只能得到采矿业的，无法得到子行业的，那么就把采矿业当成所有子行业的共同参数。

表 3－10　　　　　　　　各子类行业的劳动产出弹性

行业名称	劳动产出弹性
农、林、牧、渔、水利业	0.948
采矿业	0.352
制造业	0.324
电力、燃气及水的生产和供应业	0.250
建筑业	0.510
运输仓储邮政、信息传输、计算机服务和软件业	0.247
批发、零售业和住宿、餐饮业	0.250
其他行业	0.440

注：根据《中国统计年鉴（2007）》"投入产出表"计算而得。

4. 初始资本存量

资本存量的计算比较烦琐。如果用永续盘存法分行业计算,不仅本身对数据要求很高,而且容易出现行业间因资本流动而使得数值计算出来的某行业储蓄率超过 1 或低于 0 的异常现象。所以按照 RICE 中的做法,直接根据总量生产函数进行推算。在规模报酬不变的假设下,可有:$(r+\delta)K=(1-\alpha)Y$。行业增加值 Y 和产出弹性 α,已经推算出来了。为了计算资本存量 K,还需设定资本回报率 r。RICE 设的投资净回报率是 6.3%,但这是西方发达国家的情况,在那里劳动力比资本稀缺;在我国,劳动力比资本相对丰裕,所以 r 应较高。

为此,我们尝试做了一些推算。如果使用资本净报酬率为 6.5% 的设定、折旧率 5%,那么所得的我国资本存量数值太高。在往上不断调整资本净报酬率的过程中,资本产出比在下降,但幅度还不够好,与李宾(2011)所得出的资本毛收益率在 22% 以上相距甚远,同时它计算出的资本产出比也就在 3 左右。如果到 10% 时,资本产出比仍然高达 3.287,资本毛收益率在 0.15~0.19 之间(个别行业有收益率加成)。这样的指标看起来可接受。同样,根据李宾(2011)的计算,我国近年的折旧率在上升,所以将折旧率设为 7.5%。结合基准的资本净回报率设为 10%,这样一来,资本产出比是 2.878,资本毛收益率在 0.175~0.215 之间。据此,我们设 r 为 10%,折旧率取 7.5%,即可推出各行业的初始资本存量 K_0。

5. 初始碳排放强度

计算各行业在 2010 年碳排放强度 $\sigma_{j,0}$ 的思路是,推算出各行业的化石能源消耗量 $N_{j,0}$,再乘以系数 0.894,得出碳排放量,再用碳排放量除以行业增加值。其中的关键环节是 $N_{j,0}$ 的推算。具体做法是:从《中国统计年鉴》表 7 - 9 可获得按行业分能源消费总量(2010 年)和电力消费量;按每千瓦小时折 0.1229 千克标准煤,计算出电力消费量所对应的能源消耗量;把它从能源消费总量中扣除,所得即是以标准煤为量纲的化石能源消耗量;再按照 1 吨标准煤相当于 0.6975 吨原油当量进行换算,得到各行业在 2010 年的化石能源消耗量的估计值(见表 3 - 11)。根据 2011 年《中国统计年鉴》,中国能源消费量是 30.664715 亿吨标准煤,其中化石能源所占的比例是 92.2%;从而化石能源消耗量是 28.27286723 亿吨标准煤。另外,根据世界银行的数据,2009 年的化石能源消耗量是 19.71921614 亿吨原油当量,从而 1 吨标准煤相当于 0.697460784 吨原油当量。获得了各行业化石能源消耗量的估计值后,再乘以系数 0.894,即为该行业的碳排放量,列于表 3 - 11 的 $E_{j,0}$ 列。

表 3 – 11 各细分行业 2010 年化石能源消耗量的估算

行业名称	能源消费量 （万吨标准煤）	电力消费 （亿千瓦小时）	化石能源消耗量 （亿吨原油当量）
农、林、牧、渔、水利业	6477.30	976.49	0.368
煤炭开采和洗选业	10574.43	751.67	0.673
石油和天然气开采业	4057.55	347.90	0.253
黑色金属矿采选业	1573.35	361.33	0.079
有色金属矿采选业	954.16	258.71	0.044
非金属矿采选业	1026.38	155.26	0.058
其他采矿业	213.52	65.52	0.009
农副食品加工业	2644.27	424.36	0.148
食品制造业	1508.52	184.69	0.089
饮料制造业	1130.42	132.34	0.067
烟草制品业	228.89	45.88	0.012
纺织业	6204.53	1276.74	0.323
纺织服装、鞋、帽制造业	748.42	151.58	0.039
皮革、毛皮、羽毛（绒）及其制品业	392.19	89.72	0.020
木材加工及木、竹、藤、棕、草制品业	1035.62	212.21	0.054
家具制造业	209.66	44.49	0.011
造纸及纸制品业	3961.92	535.44	0.230
印刷业和记录媒介的复制	390.97	95.45	0.019
文教体育用品制造业	210.84	48.09	0.011
石油加工、炼焦及核燃料加工业	16582.66	565.34	1.108
化学原料及化学制品制造业	29688.93	3144.92	1.801
医药制造业	1427.68	222.58	0.080
化学纤维制造业	1440.91	298.86	0.075
橡胶制品业	1461.17	329.89	0.074
塑料制品业	2097.51	533.10	0.101
非金属矿物制品业	27683.25	2448.48	1.721
黑色金属冶炼及压延加工业	57533.71	4611.60	3.617
有色金属冶炼及压延加工业	12841.45	3129.09	0.627

续表

行业名称	能源消费量 （万吨标准煤）	电力消费 （亿千瓦小时）	化石能源消耗量 （亿吨原油当量）
金属制品业	3627.75	960.72	0.171
通用设备制造业	3270.81	621.03	0.175
专用设备制造业	1851.20	317.83	0.102
交通运输设备制造业	3748.85	790.29	0.194
电气机械及器材制造业	2121.53	508.19	0.104
通信设备、计算机及其他电子设备制品业	2525.15	670.76	0.119
仪器仪表及文化、办公用机械制造业	346.47	85.83	0.017
工艺品及其他制造业	1505.08	376.40	0.073
废弃资源和废旧材料回收加工业	77.49	14.10	0.004
电力、热力的生产和供应业	22584.11	5687.51	1.088
燃气生产和供应业	650.11	82.87	0.038
水的生产和供应业	970.36	291.00	0.043
建筑业	6226.30	483.24	0.393
交通运输、仓储和邮政业	26068.47	734.53	1.755
批发、零售业和住宿、餐饮业	6826.82	1292.00	0.365
其他行业	13680.50	2451.83	0.744
生活消费	34557.94	5124.63	1.971
标准煤转换为原油当量的参数	1 吨标准煤折合 0.6975 吨原油当量		
电力折算标准煤系数	1 千瓦小时折合 0.1229 千克标准煤		

资料来源：《中国统计年鉴（2010）》表 7 – 9。

表 3 – 12   各细分行业主要参数和 2010 年的初始值

行业名称	α_j	$Y_{j,0}$	$L_{j,0}$	$K_{j,0}$	$E_{j,0}$
农、林、牧、渔、水利业	0.948	4.053	28768.9	1.195	0.329
煤炭开采和洗选业	0.352	0.972	1042.5	3.598	0.602
石油和天然气开采业	0.352	0.697	211.1	2.578	0.226
黑色金属矿采选业	0.352	0.201	118.5	0.745	0.071
有色金属矿采选业	0.352	0.130	103.2	0.483	0.039

行业名称	α_j	$Y_{j,0}$	$L_{j,0}$	$K_{j,0}$	$E_{j,0}$
非金属矿采选业	0.352	0.092	113.6	0.340	0.052
其他采矿业	0.352	0.001	0.6	0.003	0.008
农副食品加工业	0.304	0.605	696.3	2.408	0.132
食品制造业	0.304	0.332	335.5	1.320	0.080
饮料制造业	0.304	0.349	245.4	1.388	0.060
烟草制品业	0.304	0.544	41.3	2.164	0.011
纺织业	0.418	0.475	1272.5	1.580	0.289
纺织服装、鞋、帽制造业	0.418	0.269	926.6	0.893	0.035
皮革、毛皮、羽毛（绒）及其制品业	0.418	0.167	531.2	0.554	0.018
木材加工及木、竹、藤、棕草制品业	0.268	0.148	269.5	0.617	0.048
家具制造业	0.268	0.095	203.3	0.397	0.010
造纸及纸制品业	0.268	0.206	314.8	0.862	0.206
印刷业和记录媒介的复制	0.268	0.089	169.4	0.370	0.017
文教体育用品制造业	0.268	0.059	252.3	0.248	0.010
石油加工、炼焦及核燃料加工业	0.299	0.714	175.2	2.861	0.991
化学原料及化学制品制造业	0.300	1.082	908.4	4.327	1.610
医药制造业	0.300	0.491	330.9	1.964	0.072
化学纤维制造业	0.300	0.079	85.5	0.315	0.067
橡胶制品业	0.300	0.117	202.0	0.469	0.066
塑料制品业	0.300	0.268	535.8	1.072	0.090
非金属矿物制品业	0.351	0.755	1049.5	2.804	1.539
黑色金属冶炼及压延加工业	0.280	0.654	666.1	2.689	3.234
有色金属冶炼及压延加工业	0.280	0.426	366.3	1.754	0.561
金属制品业	0.280	0.392	658.5	1.614	0.153
通用设备制造业	0.357	0.793	1003.3	2.914	0.156
专用设备制造业	0.357	0.536	637.7	1.971	0.091
交通运输设备制造业	0.357	1.284	1027.7	4.717	0.173

行业名称	α_j	$Y_{j,0}$	$L_{j,0}$	$K_{j,0}$	$E_{j,0}$
电气机械及器材制造业	0.357	0.931	1103.3	3.419	0.093
通信设备、计算机及其他电子设备制品业	0.357	0.872	1368.6	3.205	0.106
仪器仪表及文化、办公用机械制造业	0.357	0.156	232.2	0.572	0.015
工艺品及其他制造业	0.268	0.111	282.2	0.463	0.065
废弃资源和废旧材料回收加工业	0.268	0.035	28.1	0.146	0.004
电力、热力的生产和供应业	0.250	0.790	572.5	3.386	0.973
燃气生产和供应业	0.299	0.096	37.3	0.383	0.034
水的生产和供应业	0.250	0.060	93.1	0.258	0.038
建筑业	0.510	2.666	4285.2	7.462	0.351
交通运输、仓储和邮政业	0.248	2.801	4588.3	12.046	1.569
批发、零售业和住宿、餐饮业	0.250	4.381	5054.8	18.775	0.326
其他行业	0.440	10.177	17478.8	32.571	0.665

注：Y 为行业增加值，K 为行业的资本存量；两者的量纲是万亿元（2010 年价）。L 是劳动力数量，量纲为万人。E 是碳排放量，量纲是亿吨碳。

6. 其他

对于"国外"，劳动的产出弹性直接设为 0.4；它的经济规模 Y、劳动力数量 L、气候变量（比如气温偏高幅度、大气碳浓度），以 RICE-2010 的 2005 年初值和 2015 年的预测值做算术平均，作为 2010 年的初值；资本存量 K 的初值则按照前文方法计算。对于气候损害系数，我国各行业的全部取 RICE-2010 对"中国"的设定，$\theta_{1,j}$ 为 0.078，$\theta_{2,j}$ 为 0.126；国外的则用 RICE-2010 中对除了中国之外 11 个经济体的设定，按照 GDP 做加权求和，得出 θ_1 为 0.00175，θ_2 为 0.00226。TFP 变化率（TFP 的初始水平可由总量生产函数计算而出）、劳动力增长率、$\sigma_{j,t}$ 的变化率，也是这样的设定思路[①]。"生活消费"的化石能源消耗量初值用中国的初始总消耗减去 44 个行业的和，结果为 1.943 亿吨原油当量；其未来增长率取 RICE-2010 中未减排情形下中国碳排放增长率序列，碳减排幅度取同期 44 个行业碳减排幅度的平均值。

---

① 农业的未来 TFP 增长率和劳动力增长率调为小负数。未充分说明的地方，可从程序代码中查询；程序代码备索。

第五节 要素结构变化与污染排放的
政策模拟与敏感性分析

在前述工作的基础上，我们修改了 RICE-2010 模型的程序。其中，最主要的修改是把 RICE-2010 模型中的 12 个区域经济体更改为 46 个经济体。具体为：把 RICE-2010 模型中除了中国以外的 11 个经济体合并为"国外"一个经济体，把中国的 44 个细分行业嵌入进来，分别作为一个经济体；再加上一个"居民消费"。"居民消费"不发生经济行为选择，只发生碳排放。共计 46 个经济体。同时，将 RICE-2010 模型中的原控制变量——碳税——调整为碳减排幅度（即 $\mu_{j,t}$）。把各行业的各项参数和 2010 年变量初始值，在程序中进行修改。其中，由于 RICE-2010 模型中与金额有关的都是以 2005 年价的美元作为基准，所以，需要把我国各行业的产值转换为 2005 年价的美元。根据以下数据进行 2010 年人民币金额与 2005 年价的美元金额的换算。我国在 2005 年的购买力平价 GDP 是 5364250894569.5 美元；以 2005 年不变价计算的 2005 年 GDP 是 184937.4 亿元；从而，2005 年的购买力平价汇率是每美元 3.447590421 元人民币。另外，以 2005 年不变价计算的 2010 年 GDP 是 314602.5 亿元，而 2010 年的名义 GDP 是 401512.8 亿元，从而 2005 年 1 元人民币相当于 1.2762543261 元的 2010 年人民币。因此，在把名义 2010 年人民币金额转化为 2005 年购买力平价美元时，要除以的值是 4.400002172。为了简单起见，我们用 2010 年的各行业名义产值除以 4.4，即为 2005 年购买力平价美元的金额。将这些信息都在程序中修改之后，再经过调试、运行，得出了数值可行解。

一、碳减排压力

各行业碳减排压力的大小，可直接从它们碳减排幅度的递进过程中得以体现。由于碳减排是有成本的，而不减排又会遭受气候变化带来的损害，所以进行多大程度的碳减排是一个需要权衡取舍的问题。如何判断碳减排压力大小呢？模型中计算出来的是兼顾了上述两难选择的最优碳减排幅度。较早达到完全碳减排的，意味着它产生的碳排放较多，从而只有先于别的行业达到 100% 减排，对整个经济才是有利的。所以，在未来需要越快到达完全减排的，表明它当前的碳减排压力越大。

图 3-7 展示了最需要减排的 4 个行业，另外加上作为参照系的"国外"。国外需在下个世纪初实现零碳排放；而在我国 44 个细分行业中，不能晚于"国外"达到 100% 减排的行业是电力、热力的生产和供应业、交通运输、仓储和邮政业、

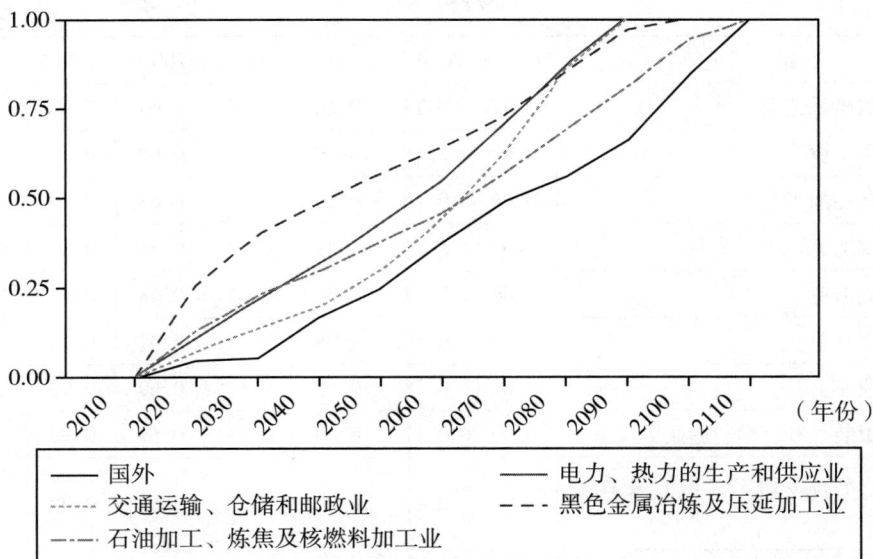

图 3 - 7   几个高碳排放行业的最优减排幅度轨迹

黑色金属冶炼及压延加工业、石油加工、炼焦及核燃料加工业。由于电力生产主要耗煤、交通耗油、钢铁业是能源消耗大户，所以这几个行业位列碳减排压力前茅，与直觉是一致的。不过，这几个行业减排幅度的递进过程有些差异。黑色金属冶炼及加工业在前期就需强力减排，从 2010 年起步，第一个十年就需把 25% 的原本由化石燃料提供的能源替换为其他能源。交通运输、仓储邮政业虽然属于服务业，但因行业特性和划分的口径较大，也位列最需要重视碳减排的行业队列中。其他 40 个行业（包括生活消费）实现完全减排的时间都比基准的国外晚了 10 年。表 3 - 13 列出了各细分行业在未来部分年份的最优碳减排幅度，从中可了解各个细分行业的碳减排压力详情。

表 3 - 13 　　　　　　　　　　**部分年份各细分行业的未来最优碳减排幅度**

细分行业	2020 年	2050 年	2080 年	2090 年	2100 年	2110 年	2120 年
国外	0.05	0.25	0.56	0.66	0.84	1	1
农、林、牧、渔、水利业	0.04	0.17	0.40	0.53	0.69	0.90	1
煤炭开采和洗选业	0.08	0.18	0.39	0.52	0.68	0.89	1
石油和天然气开采业	0.07	0.17	0.39	0.52	0.68	0.89	1
黑色金属矿采选业	0.07	0.18	0.40	0.53	0.69	0.90	1
有色金属矿采选业	0.07	0.18	0.40	0.53	0.69	0.90	1

续表

细分行业	2020 年	2050 年	2080 年	2090 年	2100 年	2110 年	2120 年
非金属矿采选业	0.07	0.18	0.40	0.53	0.69	0.90	1
其他采矿业	0.07	0.18	0.40	0.53	0.69	0.90	1
农副食品加工业	0.06	0.17	0.39	0.52	0.68	0.89	1
食品制造业	0.07	0.17	0.39	0.52	0.68	0.89	1
饮料制造业	0.06	0.17	0.39	0.52	0.68	0.89	1
烟草制品业	0.05	0.15	0.38	0.51	0.67	0.88	1
纺织业	0.07	0.18	0.40	0.53	0.69	0.90	1
纺织服装、鞋、帽制造业	0.06	0.17	0.40	0.53	0.69	0.90	1
皮革、毛皮、羽毛（绒）及其制品业	0.06	0.17	0.40	0.53	0.69	0.90	1
木材加工及木、竹、藤、棕草制品业	0.07	0.17	0.39	0.52	0.68	0.89	1
家具制造业	0.07	0.18	0.40	0.53	0.69	0.90	1
造纸及纸制品业	0.08	0.21	0.45	0.59	0.75	0.96	1
印刷业和记录媒介的复制	0.07	0.18	0.40	0.53	0.69	0.90	1
文教体育用品制造业	0.07	0.18	0.40	0.53	0.69	0.90	1
石油加工、炼焦及核燃料加工业	0.13	0.38	0.69	0.81	0.94	1	1
化学原料及化学制品制造业	0.12	0.20	0.40	0.52	0.68	0.88	1
医药制造业	0.06	0.16	0.38	0.51	0.67	0.88	1
化学纤维制造业	0.07	0.18	0.40	0.53	0.69	0.90	1
橡胶制品业	0.07	0.18	0.40	0.53	0.69	0.90	1
塑料制品业	0.07	0.18	0.40	0.53	0.69	0.90	1
非金属矿物制品业	0.13	0.22	0.42	0.55	0.70	0.91	1
黑色金属冶炼及压延加工业	0.26	0.57	0.85	0.97	1	1	1
有色金属冶炼及压延加工业	0.09	0.18	0.39	0.52	0.67	0.88	1
金属制品业	0.07	0.16	0.38	0.51	0.67	0.88	1
通用设备制造业	0.05	0.16	0.38	0.51	0.68	0.89	1
专用设备制造业	0.06	0.16	0.39	0.52	0.68	0.89	1
交通运输设备制造业	0.04	0.15	0.38	0.51	0.67	0.88	1

细分行业	2020 年	2050 年	2080 年	2090 年	2100 年	2110 年	2120 年
电气机械及器材制造业	0.05	0.15	0.38	0.51	0.67	0.88	1
通信设备、计算机及其他电子设备制品业	0.05	0.17	0.40	0.54	0.70	0.91	1
仪器仪表及文化、办公用机械制造业	0.06	0.18	0.40	0.53	0.69	0.90	1
工艺品及其他制造业	0.07	0.18	0.40	0.53	0.69	0.89	1
废弃资源和废旧材料回收加工业	0.07	0.18	0.40	0.53	0.69	0.90	1
电力、热力的生产和供应业	0.12	0.43	0.87	1	1	1	1
燃气生产和供应业	0.07	0.18	0.40	0.53	0.69	0.90	1
水的生产和供应业	0.07	0.18	0.40	0.52	0.68	0.89	1
建筑业	0.04	0.15	0.39	0.53	0.69	0.90	1
交通运输、仓储和邮政业	0.08	0.30	0.86	1	1	1	1
批发、零售业和住宿、餐饮业	0.02	0.04	0.17	0.26	0.38	0.55	0.93
其他行业	0.02	0.07	0.30	0.44	0.60	0.82	1
生活消费	0.07	0.19	0.43	0.56	0.70	0.89	1

二、各行业的累积碳排放量

计算各行业到完全减排之前的累积排放量，是判断行业碳减排需要的另一个角度。表 3-14 列出了各细分行业在未来部分年份的碳排放预测量。需说明的是，这是在表 3-13 所列的最优碳减排幅度下发生的碳排放。在表 3-14 的预测值的基础上，可以计算出从 2010 年至实现完全碳减排（即碳排放减低至 0）期间的各细分行业累积碳排放量。表 3-15 列出了 44 个行业的结果。排名前几位的仍然是电力、热力的生产和供应业，交通运输、仓储和邮政业，黑色金属冶炼及压延加工业，石油加工、炼焦及核燃料加工业，不过排序有所变化：交通运输、仓储邮政业以 64.4 亿吨碳排首位，黑色金属冶炼及压延加工业 40.4 亿吨、石油加工、炼焦及核燃料加工业 34.9 亿吨、电力、热力的生产和供应业 34.4 亿吨分列其后；生活消费 34.2 亿吨，也是一大排放源。所有部门合计起来为 318.5 亿吨，其中第一产业比例不到 1%；采矿业 9.1 亿吨，占 2.9%；制造业 151.2 亿吨，占 47.5%，接近一半；电力和水供应业主要是电力生产发生碳排放，燃气和水的生产是非常低碳的；工业合计 195.5 亿吨，占 61.4%；服务业 80.6 亿吨，占 25.3%；生活消费占余下的 10.74%。未来中国累积的碳排放占全球累积量的 29.8%。

表 3 - 14 部分年份各细分行业的未来碳排放量 单位：亿吨

细分行业	2020 年	2050 年	2080 年	2090 年	2100 年	2110 年	2120 年
国外	90.20	91.93	70.52	58.56	28.57	0.00	0.00
农、林、牧、渔、水利业	0.30	0.26	0.18	0.13	0.09	0.03	0.00
煤炭开采和洗选业	0.61	0.62	0.46	0.37	0.25	0.09	0.00
石油和天然气开采业	0.23	0.21	0.15	0.12	0.08	0.03	0.00
黑色金属矿采选业	0.07	0.07	0.05	0.04	0.02	0.01	0.00
有色金属矿采选业	0.05	0.08	0.08	0.07	0.06	0.02	0.00
非金属矿采选业	0.05	0.05	0.03	0.03	0.02	0.01	0.00
其他采矿业	0.01	0.01	0.01	0.01	0.01	0.00	0.00
农副食品加工业	0.14	0.15	0.12	0.09	0.06	0.02	0.00
食品制造业	0.09	0.12	0.10	0.09	0.06	0.02	0.00
饮料制造业	0.07	0.09	0.09	0.07	0.05	0.02	0.00
烟草制品业	0.01	0.02	0.01	0.01	0.01	0.00	0.00
纺织业	0.30	0.30	0.23	0.18	0.12	0.04	0.00
纺织服装、鞋、帽制造业	0.04	0.04	0.04	0.03	0.02	0.01	0.00
皮革、毛皮、羽毛（绒）及其制品业	0.02	0.02	0.01	0.01	0.01	0.00	0.00
木材加工及木、竹、藤、棕草制品业	0.05	0.08	0.08	0.07	0.05	0.02	0.00
家具制造业	0.01	0.07	0.14	0.15	0.14	0.07	0.00
造纸及纸制品业	0.29	1.08	1.81	1.79	1.37	0.28	0.00
印刷业和记录媒介的复制	0.02	0.05	0.07	0.07	0.06	0.02	0.00
文教体育用品制造业	0.01	0.02	0.03	0.02	0.02	0.01	0.00
石油加工、炼焦及核燃料加工业	1.47	4.59	5.20	3.58	1.29	0.00	0.00
化学原料及化学制品制造业	1.60	1.79	1.43	1.16	0.81	0.32	0.00
医药制造业	0.08	0.09	0.08	0.06	0.05	0.02	0.00

细分行业	2020 年	2050 年	2080 年	2090 年	2100 年	2110 年	2120 年
化学纤维制造业	0.08	0.11	0.10	0.09	0.06	0.02	0.00
橡胶制品业	0.08	0.11	0.11	0.10	0.07	0.03	0.00
塑料制品业	0.11	0.23	0.29	0.27	0.21	0.09	0.00
非金属矿物制品业	1.52	1.67	1.33	1.07	0.72	0.23	0.00
黑色金属冶炼及压延加工业	3.51	6.06	3.94	0.98	0.00	0.00	0.00
有色金属冶炼及压延加工业	0.55	0.55	0.40	0.31	0.21	0.08	0.00
金属制品业	0.17	0.24	0.23	0.19	0.14	0.06	0.00
通用设备制造业	0.17	0.19	0.15	0.13	0.09	0.03	0.00
专用设备制造业	0.10	0.11	0.09	0.07	0.05	0.02	0.00
交通运输设备制造业	0.21	0.28	0.27	0.23	0.17	0.07	0.00
电气机械及器材制造业	0.11	0.15	0.14	0.12	0.09	0.03	0.00
通信设备、计算机及其他电子设备制品业	0.17	0.48	0.81	0.82	0.69	0.26	0.00
仪器仪表及文化、办公用机械制造业	0.02	0.07	0.11	0.11	0.10	0.04	0.00
工艺品及其他制造业	0.08	0.13	0.14	0.13	0.10	0.04	0.00
废弃资源和废旧材料回收加工业	0.00	0.01	0.00	0.00	0.00	0.00	0.00
电力、热力的生产和供应业	1.45	6.36	3.86	0.00	0.00	0.00	0.00
燃气生产和供应业	0.03	0.03	0.02	0.02	0.01	0.00	0.00
水的生产和供应业	0.04	0.05	0.05	0.04	0.03	0.01	0.00
建筑业	0.48	0.66	0.68	0.59	0.44	0.16	0.00
交通运输、仓储和邮政业	2.55	11.74	7.29	0.00	0.00	0.00	0.00
批发、零售业和住宿、餐饮业	0.39	0.59	0.66	0.63	0.57	0.45	0.08
其他行业	0.85	1.15	1.07	0.93	0.71	0.35	0.00
生活消费	3.89	4.23	3.07	2.38	1.58	0.57	0.01
合计（我国；不含"国外"）	**22.10**	**45.05**	**35.21**	**17.35**	**10.67**	**3.58**	**0.09**

注：这里所计算出的碳排放是指在行业生产过程中直接发生的碳排放，不包含它们对上游行业的需求而发生的引致的或间接的碳排放。

表 3-15   **各细分行业自 2010 年至完全碳减排的累积碳排放**

行业名称	累积排放（亿吨）	累积排放占比（%）
农、林、牧、渔、水利业	2.34	0.73
煤炭开采和洗选业	5.43	1.70
石油和天然气开采业	1.87	0.59
黑色金属矿采选业	0.58	0.18
有色金属矿采选业	0.70	0.22
非金属矿采选业	0.43	0.13
其他采矿业	0.08	0.03
农副食品加工业	1.30	0.41
食品制造业	1.01	0.32
饮料制造业	0.82	0.26
烟草制品业	0.14	0.04
纺织业	2.64	0.83
纺织服装、鞋、帽制造业	0.38	0.12
皮革、毛皮、羽毛（绒）及其制品业	0.15	0.05
木材加工及木、竹、藤、棕草制品业	0.73	0.23
家具制造业	0.87	0.27
造纸及纸制品业	11.28	3.54
印刷业和记录媒介的复制	0.53	0.17
文教体育用品制造业	0.21	0.07
石油加工、炼焦及核燃料加工业	34.89	10.95
化学原料及化学制品制造业	15.66	4.92
医药制造业	0.81	0.25
化学纤维制造业	0.94	0.30
橡胶制品业	1.00	0.31
塑料制品业	2.22	0.70
非金属矿物制品业	14.55	4.57
黑色金属冶炼及压延加工业	40.39	12.68
有色金属冶炼及压延加工业	4.82	1.51
金属制品业	2.13	0.67
通用设备制造业	1.66	0.52
专用设备制造业	0.96	0.30

续表

行业名称	累积排放（亿吨）	累积排放占比（%）
交通运输设备制造业	2.51	0.79
电气机械及器材制造业	1.31	0.41
通信设备、计算机及其他电子设备制品业	5.32	1.67
仪器仪表及文化、办公用机械制造业	0.74	0.23
工艺品及其他制造业	1.19	0.37
废弃资源和废旧材料回收加工业	0.04	0.01
电力、热力的生产和供应业	34.44	10.81
燃气生产和供应业	0.28	0.09
水的生产和供应业	0.45	0.14
建筑业	5.95	1.87
交通运输、仓储和邮政业	64.44	20.23
批发、零售业和住宿、餐饮业	5.98	1.88
其他行业	10.13	3.18
生活消费	34.21	10.74
我国合计	**318.52**	
国外总量	**748.80**	

这里的计算结果与日常直觉是一致的，所不同的是，我们的计算给出了具体的比例估计。制造业乃至工业，确实是碳排放的主体，累积"贡献"占到 50%～60%。服务业虽然相对低碳，但也将"贡献"大约 1/4 的碳排放；生活消费与大农业合起来还不到 1/8。这些数字有助于让以往相对模糊的概念变得更为清晰、直观。

三、碳排放拐点与行业要素结构调整的敏感性

在碳减排议题上，一个需要关注的问题是人均碳排放由升转降的拐点何时出现？常见的观察角度是将人均碳排放与人均 GDP 相关联。表 3-16 展示了各细分行业在未来部分年份的行业增加值（2005 年价格水平）；表 3-17 则展示了各细分行业在未来部分年份的行业增加值占 GDP 的比重——由此可获得各个细分行业的产业结构信息。图 3-8 进行了一个概括，即把三大产业的产业结构与人均碳排放的轨迹同时展示出来。

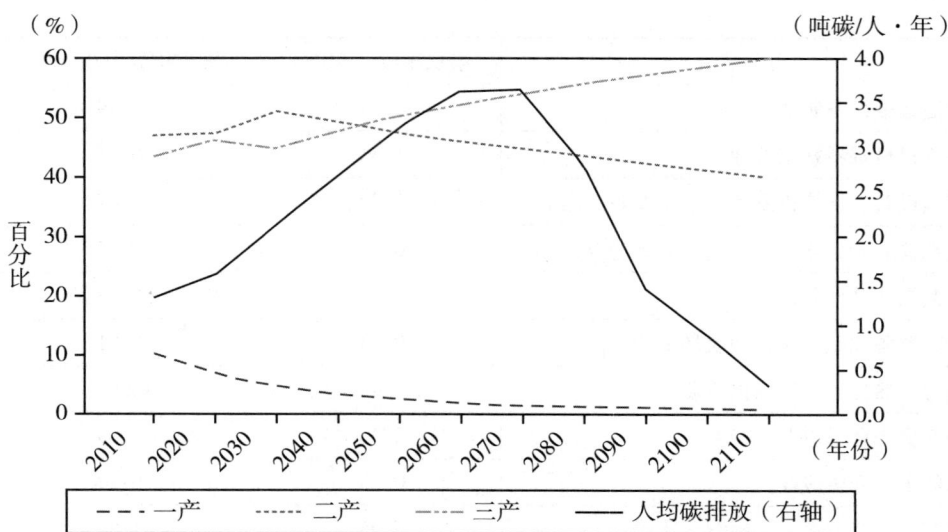

图 3 - 8　三次产业结构与人均碳排放

从图 3 - 8 可以看到，拐点大致出现在 2060 年。届时每人每年排放约 3.6 吨碳。从成熟市场经济体的发展历程来看，这个拐点水平虽略高，但仍然处在正常范围内。从近年人均 1.7 ~ 1.9 吨碳来看，我国要越过 CKC 拐点，还需经过比较长的时间。另外，随着时间的推移，三大产业的产业结构表现出与发达国家相近的特征：农业在整个经济中的比重持续下降，第二产业在达到约 50% 的峰值后转而逐步下降，服务业的比重呈现总体上升趋势。在人均碳排放的拐点处，服务业比重已高出第二产业的一定幅度。不过，拐点发生时第二产业的比重仍然高达 40%，比西方诸国拐点发生时仅 25% 左右的比重高出很多。这表明，我们的数值计算固然已能成功模拟出产业结构和碳排放的主要特征，但也存在着改进的空间。比如，是否可考虑气候变化对各行业的影响是不同的？这个问题的准确回答需要以后的进一步论证。

表 3 - 16　　　　　　部分年份各细分行业的未来行业增加值

单位：万亿元，2005 年价

细分行业	2020 年	2030 年	2050 年	2080 年	2100 年	2120 年
农、林、牧、渔、水利业	4.78	5.69	7.48	9.65	11.13	13.03
煤炭开采和洗选业	1.74	3.15	6.39	16.45	29.43	49.94
石油和天然气开采业	1.24	2.26	4.59	11.75	21.08	36.04
黑色金属矿采选业	0.36	0.66	1.32	3.34	6.15	10.73

续表

细分行业	2020 年	2030 年	2050 年	2080 年	2100 年	2120 年
有色金属矿采选业	0.23	0.43	0.86	2.16	3.98	6.98
非金属矿采选业	0.16	0.30	0.60	1.54	2.86	5.03
其他采矿业	0.00	0.00	0.01	0.01	0.02	0.04
农副食品加工业	1.11	2.60	5.32	16.17	32.29	61.86
食品制造业	0.61	1.41	2.92	8.76	17.61	34.06
饮料制造业	0.64	1.45	3.07	9.23	18.52	35.80
烟草制品业	0.99	2.31	4.78	14.51	28.99	55.55
纺织业	0.82	1.27	2.34	5.03	8.18	12.62
纺织服装、鞋、帽制造业	0.46	0.72	1.32	2.83	4.67	7.24
皮革、毛皮、羽毛（绒）及其制品业	0.29	0.45	0.82	1.76	2.93	4.54
木材加工及木、竹、藤、棕草制品业	0.27	0.71	1.77	5.97	13.52	27.02
家具制造业	0.18	0.45	1.14	3.80	8.39	18.04
造纸及纸制品业	0.38	0.97	2.39	7.65	14.95	27.12
印刷业和记录媒介的复制	0.16	0.41	1.07	3.57	8.16	16.40
文教体育用品制造业	0.11	0.27	0.73	2.43	5.61	10.69
石油加工、炼焦及核燃料加工业	1.31	2.81	6.06	15.01	20.53	15.25
化学原料及化学制品制造业	1.98	4.30	9.77	30.20	60.62	116.92
医药制造业	0.90	1.94	4.46	13.61	27.45	53.07
化学纤维制造业	0.14	0.31	0.72	2.15	4.51	8.61
橡胶制品业	0.22	0.46	1.07	3.18	6.63	12.77
塑料制品业	0.49	1.05	2.44	7.27	14.75	28.73
非金属矿物制品业	1.35	2.44	5.00	12.87	23.10	39.48
黑色金属冶炼及压延加工业	1.21	2.68	6.36	17.37	26.34	16.49
有色金属冶炼及压延加工业	0.79	1.82	4.59	15.00	32.11	64.82
金属制品业	0.73	1.65	4.24	13.76	29.46	59.70
通用设备制造业	1.41	2.50	5.10	12.90	22.91	38.71
专用设备制造业	0.96	1.69	3.45	8.67	15.49	26.42
交通运输设备制造业	2.29	4.05	8.23	20.96	37.16	62.19
电气机械及器材制造业	1.66	2.93	5.98	15.16	26.90	45.29

续表

细分行业	2020 年	2030 年	2050 年	2080 年	2100 年	2120 年
通信设备、计算机及其他电子设备制品业	1.55	2.74	5.58	13.94	24.04	41.17
仪器仪表及文化、办公用机械制造业	0.28	0.49	1.00	2.45	4.42	7.71
工艺品及其他制造业	0.21	0.48	1.35	4.46	10.06	20.37
废弃资源和废旧材料回收加工业	0.06	0.14	0.44	1.53	3.33	6.41
电力、热力的生产和供应业	1.49	3.55	10.70	31.95	51.40	41.18
燃气生产和供应业	0.18	0.36	0.90	2.67	5.50	10.45
水的生产和供应业	0.11	0.26	0.88	3.34	7.41	13.86
建筑业	4.39	6.00	9.90	18.16	26.11	36.26
交通运输、仓储和邮政业	5.62	12.25	40.27	145.99	294.96	497.04
批发、零售业和住宿、餐饮业	8.77	18.36	61.47	248.97	560.21	1132.0
其他行业	18.21	26.21	47.06	95.49	149.15	225.34
预测的 GDP（万亿元，2005 年价）	70.85	126.97	295.94	883.70	1723.1	3052.9

注：所计算出的碳排放是指在行业生产过程中直接发生的碳排放，不包含它们对上游行业的需求而发生的引致的或间接的碳排放。

表 3 – 17　　　　部分年份各细分行业的未来行业增加值
占 GDP 的比重

单位：%

细分行业	2040 年	2060 年	2070 年	2090 年	2100 年	2110 年
农、林、牧、渔、水利业	3.34	1.91	1.44	0.83	0.65	0.51
煤炭开采和洗选业	2.28	2.05	1.95	1.77	1.71	1.68
石油和天然气开采业	1.64	1.47	1.40	1.27	1.22	1.21
黑色金属矿采选业	0.48	0.42	0.40	0.36	0.36	0.36
有色金属矿采选业	0.31	0.27	0.26	0.24	0.23	0.23
非金属矿采选业	0.22	0.19	0.18	0.17	0.17	0.16
其他采矿业	0.00	0.00	0.00	0.00	0.00	0.00
农副食品加工业	1.84	1.81	1.82	1.84	1.87	1.94
食品制造业	1.01	0.99	0.99	1.00	1.02	1.06
饮料制造业	1.06	1.04	1.04	1.05	1.08	1.12
烟草制品业	1.65	1.63	1.63	1.65	1.68	1.75
纺织业	0.88	0.71	0.63	0.51	0.47	0.45
纺织服装、鞋、帽制造业	0.50	0.40	0.36	0.29	0.27	0.26

续表

细分行业	2040 年	2060 年	2070 年	2090 年	2100 年	2110 年
皮革、毛皮、羽毛（绒）及其制品业	0.31	0.25	0.22	0.18	0.17	0.16
木材加工及木、竹、藤、棕草制品业	0.61	0.61	0.64	0.72	0.78	0.86
家具制造业	0.39	0.39	0.41	0.46	0.49	0.53
造纸及纸制品业	0.82	0.82	0.84	0.88	0.87	0.85
印刷业和记录媒介的复制	0.36	0.37	0.38	0.43	0.47	0.52
文教体育用品制造业	0.24	0.25	0.26	0.30	0.33	0.35
石油加工、炼焦及核燃料加工业	2.14	1.97	1.86	1.48	1.19	0.84
化学原料及化学制品制造业	3.37	3.32	3.37	3.45	3.52	3.66
医药制造业	1.54	1.51	1.52	1.56	1.59	1.66
化学纤维制造业	0.25	0.24	0.24	0.25	0.26	0.27
橡胶制品业	0.37	0.36	0.36	0.37	0.38	0.40
塑料制品业	0.84	0.82	0.82	0.83	0.86	0.90
非金属矿物制品业	1.80	1.61	1.53	1.39	1.34	1.32
黑色金属冶炼及压延加工业	2.20	2.10	2.05	1.81	1.53	0.92
有色金属冶炼及压延加工业	1.54	1.58	1.63	1.77	1.86	2.00
金属制品业	1.42	1.45	1.50	1.62	1.71	1.83
通用设备制造业	1.84	1.63	1.54	1.38	1.33	1.30
专用设备制造业	1.25	1.10	1.04	0.93	0.90	0.88
交通运输设备制造业	2.98	2.63	2.50	2.25	2.16	2.11
电气机械及器材制造业	2.16	1.91	1.81	1.63	1.56	1.53
通信设备、计算机及其他电子设备制品业	2.02	1.78	1.67	1.48	1.40	1.34
仪器仪表及文化、办公用机械制造业	0.36	0.31	0.29	0.27	0.26	0.25
工艺品及其他制造业	0.43	0.47	0.48	0.54	0.58	0.63
废弃资源和废旧材料回收加工业	0.13	0.16	0.16	0.18	0.19	0.20
电力、热力的生产和供应业	3.39	3.68	3.69	3.40	2.98	2.35
燃气生产和供应业	0.30	0.30	0.30	0.31	0.32	0.33
水的生产和供应业	0.26	0.33	0.35	0.40	0.43	0.45
建筑业	3.95	2.84	2.41	1.76	1.52	1.33
交通运输、仓储和邮政业	11.84	14.85	15.80	16.99	17.12	16.90
批发、零售业和住宿、餐饮业	17.65	23.53	25.94	30.33	32.51	34.73
其他行业	18.05	13.96	12.27	9.65	8.66	7.84
预测的 GDP（万亿元，2005 年价）	198.9	431.8	622.5	1243.6	1723.1	2335.6

注：所计算出的碳排放是指在行业生产过程中直接发生的碳排放，不包含它们对上游行业的需求而发生的引致的或间接的碳排放。

进一步，可以预测伴随人均碳排放所要求的各细分行业所匹配的劳动力和资本要素存量，详见表3-18～表3-21。不难看出，随着中国碳排放高峰拐点值的出现，污染型制造行业配置的劳动和资本的相对份额将逐步下降，而服务型行业配置的劳动和资本的相对份额将逐步上升。

表3-18　　　　各细分行业的未来劳动力（2020～2070年）　　　单位：百万人

细分行业	2020年	2030年	2040年	2050年	2060年	2070年
农、林、牧、渔、水利业	273.39	267.11	264.25	257.98	249.58	241.42
煤炭开采和洗选业	10.59	10.83	10.79	10.53	10.19	9.85
石油和天然气开采业	2.13	2.18	2.17	2.12	2.05	1.98
黑色金属矿采选业	1.35	1.38	1.37	1.34	1.30	1.25
有色金属矿采选业	1.11	1.14	1.13	1.11	1.07	1.04
非金属矿采选业	1.14	1.16	1.16	1.13	1.09	1.06
其他采矿业	0.01	0.01	0.01	0.01	0.01	0.01
农副食品加工业	7.41	7.58	7.55	7.37	7.13	6.90
食品制造业	3.53	3.61	3.60	3.51	3.40	3.29
饮料制造业	2.61	2.67	2.66	2.60	2.51	2.43
烟草制品业	0.42	0.43	0.43	0.42	0.41	0.39
纺织业	13.00	13.30	13.24	12.93	12.51	12.10
纺织服装、鞋、帽制造业	8.98	9.19	9.15	8.93	8.64	8.36
皮革、毛皮、羽毛（绒）及其制品业	5.55	5.68	5.65	5.52	5.34	5.17
木材加工及木、竹、藤、棕草制品业	2.86	2.92	2.91	2.84	2.75	2.66
家具制造业	2.24	2.30	2.29	2.23	2.16	2.09
造纸及纸制品业	3.17	3.25	3.23	3.15	3.05	2.95
印刷业和记录媒介的复制	1.71	1.75	1.74	1.70	1.64	1.59
文教体育用品制造业	2.57	2.63	2.62	2.56	2.48	2.40
石油加工、炼焦及核燃料加工业	1.85	1.89	1.89	1.84	1.78	1.72
化学原料及化学制品制造业	9.52	9.74	9.70	9.47	9.16	8.86
医药制造业	3.48	3.56	3.54	3.46	3.35	3.24
化学纤维制造业	0.88	0.90	0.90	0.88	0.85	0.82
橡胶制品业	2.07	2.12	2.11	2.06	1.99	1.92
塑料制品业	5.69	5.82	5.80	5.66	5.47	5.30
非金属矿物制品业	10.94	11.19	11.14	10.88	10.52	10.18
黑色金属冶炼及压延加工业	6.94	7.10	7.07	6.90	6.68	6.46
有色金属冶炼及压延加工业	3.85	3.94	3.92	3.83	3.70	3.58

细分行业	2020 年	2030 年	2040 年	2050 年	2060 年	2070 年
金属制品业	6.92	7.08	7.05	6.88	6.66	6.44
通用设备制造业	10.83	11.09	11.04	10.77	10.42	10.08
专用设备制造业	6.71	6.87	6.84	6.68	6.46	6.25
交通运输设备制造业	11.52	11.79	11.74	11.46	11.09	10.72
电气机械及器材制造业	12.13	12.42	12.36	12.07	11.68	11.30
通信设备、计算机及其他电子设备制品业	15.52	15.88	15.81	15.43	14.93	14.44
仪器仪表及文化、办公用机械制造业	2.51	2.57	2.56	2.49	2.41	2.33
工艺品及其他制造业	2.82	2.89	2.87	2.81	2.71	2.63
废弃资源和废旧材料回收加工业	0.28	0.29	0.29	0.28	0.27	0.26
电力、热力的生产和供应业	5.54	5.67	5.64	5.51	5.33	5.15
燃气生产和供应业	0.38	0.39	0.39	0.38	0.37	0.36
水的生产和供应业	0.92	0.94	0.94	0.92	0.89	0.86
建筑业	45.09	46.15	45.95	44.86	43.40	41.98
交通运输、仓储和邮政业	40.24	41.18	41.00	40.03	38.72	37.46
批发、零售业和住宿、餐饮业	44.33	45.37	45.17	44.09	42.66	41.26
其他行业	200.84	205.56	204.65	199.79	193.29	186.97

表 3 – 19　　　　各细分行业的未来劳动力（2080～2120 年）　　单位：百万人

细分行业	2080 年	2090 年	2100 年	2110 年	2120 年
农、林、牧、渔、水利业	233.53	225.89	220.42	218.50	218.15
煤炭开采和洗选业	9.53	9.22	9.00	8.93	8.95
石油和天然气开采业	1.92	1.86	1.81	1.80	1.80
黑色金属矿采选业	1.21	1.17	1.14	1.14	1.14
有色金属矿采选业	1.00	0.97	0.95	0.94	0.94
非金属矿采选业	1.02	0.99	0.97	0.96	0.96
其他采矿业	0.01	0.01	0.01	0.01	0.01
农副食品加工业	6.67	6.45	6.30	6.25	6.26
食品制造业	3.18	3.08	3.00	2.98	2.99
饮料制造业	2.35	2.27	2.22	2.20	2.21
烟草制品业	0.38	0.37	0.36	0.36	0.36
纺织业	11.70	11.32	11.05	10.97	10.99

细分行业	2080 年	2090 年	2100 年	2110 年	2120 年
纺织服装、鞋、帽制造业	8.08	7.82	7.63	7.57	7.59
皮革、毛皮、羽毛（绒）及其制品业	5.00	4.83	4.72	4.68	4.69
木材加工及木、竹、藤、棕草制品业	2.57	2.49	2.43	2.41	2.42
家具制造业	2.02	1.95	1.91	1.89	1.90
造纸及纸制品业	2.86	2.76	2.70	2.68	2.68
印刷业和记录媒介的复制	1.54	1.49	1.45	1.44	1.44
文教体育用品制造业	2.32	2.24	2.19	2.17	2.17
石油加工、炼焦及核燃料加工业	1.67	1.61	1.57	1.56	1.56
化学原料及化学制品制造业	8.57	8.29	8.09	8.03	8.05
医药制造业	3.13	3.03	2.96	2.93	2.94
化学纤维制造业	0.79	0.77	0.75	0.74	0.75
橡胶制品业	1.86	1.80	1.76	1.74	1.75
塑料制品业	5.12	4.96	4.84	4.80	4.81
非金属矿物制品业	9.85	9.53	9.29	9.23	9.24
黑色金属冶炼及压延加工业	6.25	6.05	5.90	5.86	5.87
有色金属冶炼及压延加工业	3.46	3.35	3.27	3.25	3.25
金属制品业	6.23	6.03	5.88	5.84	5.85
通用设备制造业	9.75	9.43	9.21	9.14	9.15
专用设备制造业	6.04	5.85	5.70	5.66	5.67
交通运输设备制造业	10.37	10.03	9.79	9.72	9.74
电气机械及器材制造业	10.93	10.57	10.31	10.24	10.26
通信设备、计算机及其他电子设备制品业	13.97	13.52	13.19	13.09	13.12
仪器仪表及文化、办公用机械制造业	2.26	2.18	2.13	2.12	2.12
工艺品及其他制造业	2.54	2.46	2.40	2.38	2.38
废弃资源和废旧材料回收加工业	0.25	0.24	0.24	0.24	0.24
电力、热力的生产和供应业	4.98	4.82	4.70	4.67	4.68
燃气生产和供应业	0.34	0.33	0.33	0.32	0.32
水的生产和供应业	0.83	0.80	0.78	0.78	0.78
建筑业	40.61	39.28	38.33	38.06	38.12
交通运输、仓储和邮政业	36.23	35.05	34.20	33.96	34.01
批发、零售业和住宿、餐饮业	39.92	38.61	37.67	37.41	37.47
其他行业	180.85	174.94	170.70	169.49	169.77

表 3 - 20　　　　　　　各细分行业的未来资本存量

（2020 ~ 2070 年）　　　　　　　单位：万亿元，2005 年价

细分行业	2020 年	2040 年	2050 年	2060 年	2070 年
农、林、牧、渔、水利业	1.57	4.25	5.24	6.10	6.85
煤炭开采和洗选业	6.29	17.02	23.91	33.58	47.00
石油和天然气开采业	4.50	12.21	17.18	24.05	33.59
黑色金属矿采选业	1.30	3.56	4.96	6.85	9.46
有色金属矿采选业	0.84	2.31	3.20	4.40	6.08
非金属矿采选业	0.59	1.63	2.26	3.12	4.34
其他采矿业	0.01	0.02	0.02	0.03	0.05
农副食品加工业	4.21	14.83	21.35	31.68	46.81
食品制造业	2.31	8.16	11.72	17.28	25.36
饮料制造业	2.43	8.58	12.34	18.19	26.72
烟草制品业	3.78	13.34	19.20	28.45	42.00
纺织业	2.77	5.93	7.88	10.40	13.66
纺织服装、鞋、帽制造业	1.54	3.36	4.45	5.83	7.64
皮革、毛皮、羽毛（绒）及其制品业	0.97	2.08	2.75	3.60	4.72
木材加工及木、竹、藤、棕草制品业	1.06	5.29	7.53	11.18	17.06
家具制造业	0.70	3.43	4.88	7.14	10.86
造纸及纸制品业	1.50	7.04	10.09	14.79	22.05
印刷业和记录媒介的复制	0.66	3.17	4.58	6.71	10.18
文教体育用品制造业	0.44	2.11	3.14	4.58	6.93
石油加工、炼焦及核燃料加工业	5.02	17.12	23.78	33.05	44.48
化学原料及化学制品制造业	7.57	27.47	39.45	58.40	87.20
医药制造业	3.43	12.53	18.08	26.55	39.34
化学纤维制造业	0.57	2.06	2.95	4.21	6.14
橡胶制品业	0.84	3.04	4.36	6.25	9.09
塑料制品业	1.89	6.86	9.87	14.33	20.97
非金属矿物制品业	4.88	13.46	18.74	26.26	36.76
黑色金属冶炼及压延加工业	4.71	18.03	25.59	35.94	50.20
有色金属冶炼及压延加工业	3.08	13.02	19.19	28.50	43.17

细分行业	2020 年	2040 年	2050 年	2060 年	2070 年
金属制品业	2.82	11.96	17.75	26.27	39.62
通用设备制造业	5.10	13.66	18.95	26.37	36.76
专用设备制造业	3.43	9.28	12.82	17.79	24.70
交通运输设备制造业	8.23	22.14	30.58	42.70	59.69
电气机械及器材制造业	5.98	16.07	22.26	30.94	43.16
通信设备、计算机及其他电子设备制品业	5.59	15.01	20.72	28.66	39.69
仪器仪表及文化、办公用机械制造业	1.01	2.71	3.71	5.04	6.89
工艺品及其他制造业	0.79	3.73	5.82	8.61	12.84
废弃资源和废旧材料回收加工业	0.26	1.15	1.91	2.95	4.52
电力、热力的生产和供应业	5.90	29.24	45.91	66.92	95.59
燃气生产和供应业	0.66	2.46	3.69	5.32	7.71
水的生产和供应业	0.44	2.20	3.87	6.27	9.84
建筑业	13.02	22.29	28.04	35.21	44.02
交通运输、仓储和邮政业	22.88	101.26	175.11	279.91	431.78
批发、零售业和住宿、餐饮业	35.68	149.02	266.66	448.96	727.28
其他行业	61.91	117.77	154.27	198.97	255.82

表 3 – 21 　　　　　　　　　各细分行业的未来资本存量

（2080 ~ 2120 年）　　　　　　单位：万亿元，2005 年价

细分行业	2080 年	2100 年	2110 年	2120 年
农、林、牧、渔、水利业	7.54	8.80	9.43	10.11
煤炭开采和洗选业	65.32	123.43	171.50	218.76
石油和天然气开采业	46.58	88.38	123.34	158.54
黑色金属矿采选业	13.13	25.94	36.52	47.98
有色金属矿采选业	8.47	16.78	23.50	31.27
非金属矿采选业	6.11	12.18	16.88	22.82
其他采矿业	0.06	0.10	0.12	0.15
农副食品加工业	68.57	144.45	210.89	292.75
食品制造业	36.95	78.63	115.16	161.52
饮料制造业	38.95	82.71	121.32	169.70
烟草制品业	61.48	129.64	189.19	262.85

续表

细分行业	2080 年	2100 年	2110 年	2120 年
纺织业	17.86	31.04	41.57	49.86
纺织服装、鞋、帽制造业	10.04	17.85	23.99	28.93
皮革、毛皮、羽毛（绒）及其制品业	6.26	11.31	15.16	18.28
木材加工及木、竹、藤、棕草制品业	26.26	63.22	97.20	131.14
家具制造业	16.63	38.73	59.38	88.68
造纸及纸制品业	32.57	64.19	84.70	116.57
印刷业和记录媒介的复制	15.68	38.21	58.54	79.90
文教体育用品制造业	10.76	26.52	39.74	51.61
石油加工、炼焦及核燃料加工业	56.53	69.08	58.33	36.07
化学原料及化学制品制造业	128.91	272.53	398.60	555.72
医药制造业	57.92	123.31	180.94	252.23
化学纤维制造业	9.11	20.49	30.04	41.10
橡胶制品业	13.40	29.92	44.16	60.88
塑料制品业	30.65	65.83	97.11	136.08
非金属矿物制品业	51.02	96.63	134.23	172.93
黑色金属冶炼及压延加工业	67.88	95.09	64.65	39.82
有色金属冶炼及压延加工业	65.43	147.86	223.38	314.69
金属制品业	59.93	135.48	203.87	289.90
通用设备制造业	50.83	95.43	131.66	168.70
专用设备制造业	34.05	64.50	89.29	115.71
交通运输设备制造业	82.76	154.95	212.77	269.92
电气机械及器材制造业	59.79	112.08	154.18	197.06
通信设备、计算机及其他电子设备制品业	54.40	97.58	130.52	176.12
仪器仪表及文化、办公用机械制造业	9.50	18.24	25.16	33.90
工艺品及其他制造业	19.57	46.90	71.00	99.02
废弃资源和废旧材料回收加工业	6.93	15.81	22.84	31.13
电力、热力的生产和供应业	131.43	196.06	193.13	118.05
燃气生产和供应业	11.34	24.87	35.98	49.61
水的生产和供应业	15.28	34.98	49.89	65.27
建筑业	54.76	82.80	101.18	117.42
交通运输、仓储和邮政业	646.21	1302.77	1729.14	2110.97
批发、零售业和住宿、餐饮业	1146.31	2674.86	3948.19	5530.91
其他行业	327.42	541.09	680.89	853.19

第六节 本章小结

一、主要结论

要素结构变动、产业升级和污染减排之间存在密切的关系。基于2006～2014年的省际面板数据,本章实证分析了要素结构变动和产业升级对污染减排的影响,结果表明:(1)要素结构变动,即要素更多地配置到高污染行业增加了污染物的排放,这一效应无论对人均工业废水排放、人均工业烟尘排放,还是人均工业固体废物产生量都成立。(2)资本劳动比对各污染物排放的影响存在较大差异,对人均工业废水排放存在负向影响,而对人均固体废物产生量则存在正向影响。前者很可能是由于资本劳动比的提高意味着技术水平提升,从而减少了对人均工业废水的排放;后者很可能是因为资本存量越多,折旧也就越多,因而固体废物产生量也相应越多。(3)产业结构升级意味着资源配置效率的提升,这本身有利于污染减排,但由于要素结构变动不合理阻滞了产业结构升级,从而对污染减排的正向效应被抵消,甚至给污染减排带来了巨大压力。

借助RICE-2010这一类拓展的CGE的气候变化综合评估模型,我们在进一步考虑碳排放的全球外部性的情况下,观察了产业结构变迁与碳排放。数值计算表明,无论从最优碳减排幅度来看,还是基于未来的累积碳排放量,电力供应、交通运输仓储、黑色金属冶炼以及石油加工与炼焦这四个行业最需要优先关注。其中的三个行业(电力、交通、石油加工)与能源结构的调整相关,只有黑色金属冶炼是产业政策可以介入的领域。此外,加总计算显示,我国人均碳排放由升转降的拐点距今大约还有50年。届时,产业结构将呈现出农业比重很低、服务业比重高出工业的一定幅度的特征。总体来看,由于细分了多达44个行业,并给出了定量估算结果(比如未来累积排放估计值),从而可为产业结构的调整和政策介入提供更多的线索和角度。

二、政策建议

基于上述研究结论,我们提出如下政策建议:

第一,进一步深化要素市场改革,提高资源配置效率。本章的研究发现,要素结构变动不合理是导致污染减排效应不明显的主要原因,要矫正这一结构需要:一是理顺要素市场价格机制,让市场在要素价格决定上发挥决定性作用,通过要素价格引导要素配置到高效率、低污染行业;二是破除现有阻碍要素价格市场化的非市场因素，打破行业（除战略性、涉及国民经济命脉的行业）垄断，以及部分行政垄断，让要素通过公平竞争进入生产领域。三是进一步提高清洁生产技术，促使要素投入结构更加合理化，产出更加高效，减少污染排放。

第二，进一步推进供给侧改革，大力推进高污染行业"去产能"。对于高污染行业，尤其是存在产能过剩的高污染行业，必须通过"三个一批"将其消化。一是要关闭破产一批，将那些产能严重过剩、技术落后、产品没有市场的高污染企业坚决关闭破产，防止出现"僵尸企业"。二是要重组整合一批，将那些拥有一定技术实力和规模的企业进行重组整合，在严格执行污染减排的前提下，通过强强联合发展壮大一批，使得其更加适应现代市场的需求。三是要转型改造升级一批，使得其从高污染行业转向低污染行业，并通过相关政策措施迅速做大做强，彻底减轻其污染减排的压力。

第三，促进制造业产业内部优化升级，严格执行《中国制造 2025》行动纲领。要促使制造业坚持"创新驱动、质量为先、绿色发展、结构优化、人才为本"的方针，淘汰制造业内部高能耗、高污染、低技术的行业，努力提升制造业的技术含量和水平，促使我国尽快从"制造业大国"迈向"制造业强国"，引领世界制造业发展。

第四，进一步加快发展服务业，尤其是现代服务业。环境污染的库茨涅兹曲线表明，随着产业结构的升级，污染排放将会经历一个先上升后减少的倒"U"型过程。加快发展服务业，尤其是现代服务业，不仅有利于促进我国产业结构升级，而且对污染减排的作用也非常显著。一方面，应该促使更多的劳动力和资本要素流向服务业，夯实服务业发展的基础；另一方面，应该促进服务业内部结构优化，提升服务业发展水平。

参考文献

1. 柏培文：《三大产业劳动力无扭曲配置对产出增长的影响》，载《中国工业经济》2014年第 4 期。

2. 查建平、唐方方、郑浩生：《什么因素多大程度上影响到工业碳排放绩效——来自中国（2003—2010）省级工业面板数据的证据》，载《经济理论与经济管理》2013 年第 1 期。

3. 陈红蕾：《中国经济的包容性增长：基于包容性全要素生产率视角的解释》，载《中国工业经济》2014 年第 1 期。

4. 陈敏德、张瑞：《环境规制对中国全要素能源效率的影响——基于省际面板数据的实证检验》，载《经济科学》2012 年第 4 期。

5. 陈诗一：《节能减排与中国工业的双赢发展：2009—2049》，载《经济研究》2010 年第 3 期。

6. 陈永伟、胡伟民：《价格扭曲、要素错配和效率损失：理论和应用》，载《经济学》（季刊）2011 年第 10 期。

7. 单豪杰：《中国资本存量 K 的再估算：1952—2006 年》，载《数量经济技术经济研究》2008 年第 10 期。

8. 樊星、马树才、朱连洲：《中国碳减排政策的模拟分析——基于中国能源 CGE 模型的研究》，载《生态经济》2013 年第 9 期。

9. 干春晖、郑若谷：《改革开放以来产业结构演进与生产率增长研究》，载《中国工业经济》2009 年第 2 期。

10. 郭剑雄：《人口生产转型、要素结构升级与中国现代农业成长》，载《南开学报》（哲学社会科学版）2013 年第 6 期。

11. 韩中合：《基于要素替代弹性的节能潜力测算研究》，载《中国人口·资源与环境》2013 年第 9 期。

12. 贾惠婷：《规模、结构和技术效应影响碳排放的程度及交互关系——基于 1997—2009 年省际面板数据的实证分析》，载《科技管理研究》2013 年第 14 期。

13. 江飞涛等：《中国工业经济增长动力机制转换》，载《中国工业经济》2014 年第 5 期。

14. 蒋为、张龙鹏：《补贴差异化的资源误置效应——基于生产率分布视角》，载《中国工业经济》2015 年第 2 期。

15. 蒋毅一、徐鑫：《我国产业结构现状对碳排放的影响及调整对策研究》，载《科技管理研究》2013 年第 12 期。

16. 井志忠、耿得科：《日本产业结构软化论》，载《现代日本经济》2007 年第 6 期。

17. 李宾：《全球最优碳税的一个定量估算》，载《数量经济技术经济研究》2013 年第 4 期。

18. 李宾：《我国资本存量估算的比较分析》，载《数量经济技术经济研究》2011 年第 12 期。

19. 李宾、周俊、田银华：《全球外部性视角下的碳排放与产业结构变迁》，载《资源科学》2014 年第 12 期。

20. 李平、李仕明：《新兴技术变革及其战略资源观》，载《管理学报》2005 年第 3 期。

21. 李小平、卢现祥：《中国制造业的结构变动和生产率增长》，载《世界经济》2007 年第 5 期。

22. 林伯强、杜克锐：《要素市场扭曲对能源效率的影响》，载《经济研究》2013 年第 9 期。

23. 林毅夫：《新结构经济学——重构发展经济学的框架》，载《经济学》（季刊）2011 年第 1 期。

24. 刘胜：《要素市场扭曲、出口技术复杂度与地区环境污染——基于中国省际面板数据的实证研究》，载《经济问题探索》2015 年第 9 期。

25. 吕铁：《制造业结构变动对生产率增长的影响分析》，载《管理世界》2002 年第 2 期。

26. 罗德明、李晔、史晋川：《要素市场扭曲、资源错置与生产率》，载《经济研究》2012 年第 3 期。

27. 毛健：《经济增长中的产业结构优化》，载《产业经济研究》2003 年第 2 期。

28. 孟彦菊、成蓉华、黑韶敏：《碳排放的结构影响与效应分解》，载《统计研究》2013 年第 4 期。

29. 聂辉华、贾瑞雪：《中国制造业企业生产率与资源误置》，载《世界经济》2011 年第 7 期。

30. 欧阳峣、易先忠：《从大国经济增长阶段性看比较优势战略的适宜性》，载《经济学家》2012 年第 8 期。

31. 彭国华：《中国地区收入差距、全要素生产率及其收敛分析》，载《经济研究》2005 年第 9 期。

32. 祁神军、张云波：《基于 ICCE – IC 的中国产业发展及减排策略研究》，载《资源科学》2013 年第 9 期。

33. 石敏俊、袁永娜、周晟吕、李娜：《碳减排政策：碳税、碳交易还是两者兼之?》，载《管理科学学报》2013 年第 9 期。

34. 涂正革、王玮：《碳排放的驱动因素及我国低碳政策选择——基于 1994—2010 年工业 39 个行业的证据》，载《广东社会科学》2013 年第 1 期。

35. 王丹枫：《产业升级、资本深化下的异质性要素分配》，载《中国工业经济》2011 年第 8 期。

36. 王德文：《中国工业的结构调整、效率与劳动配置》，载《经济研究》2004 年第 4 期。

37. 王林辉、袁礼：《要素结构变迁对要素生产率的影响——技术进步偏态的视角》，载《财经研究》2012 年第 11 期。

38. 王萱、宋德勇：《碳排放阶段划分与国际经验启示》，载《中国人口·资源与环境》2013 年第 5 期。

39. 辛超等：《资本与劳动力配置结构效应——中国案例与国际比较》，载《中国工业经济》2015 年第 2 期。

40. 徐彤：《经济增长、环境质量与产业结构的关系研究——以陕西为例》，载《经济问题》2011 年第 4 期。

41. 薛澜、刘冰、戚淑芳：《能源回弹效应的研究进展及其政策涵义》，载《中国人口·资源环境》2011 年第 10 期。

42. 鄢萍：《资本误配置的影响因素初探》，载《经济学季刊》2012 年第 2 期。

43. 杨福霞、杨冕：《能源与非能源生产要素替代弹性研究——基于超越对数生产函数的实证分析》，载《资源科学》2011 年第 3 期。

44. 杨继生：《国内外能源相对价格与中国的能源效率》，载《经济学家》2009 年第 4 期。

45. 杨骞、刘华军：《中国二氧化碳排放分布的随机收敛研究——基于地区、部门和行业层面数据的实证分析》，载《中南财经政法大学学报》2013 年第 4 期。

46. 姚东旻：《产业结构升级背景下延迟退休与失业率的关系》，载《中国工业经济》2016 年第 1 期。

47. 姚西龙：《技术进步、结构变动与制造业的二氧化碳排放强度》，载《暨南学报》（哲学社会科学版）2013 年第 3 期。

48. 姚毓春等：《中国工业部门要素收入分配格局——基于技术进步偏向性视角的分析》，

载《中国工业经济》2014 年第 8 期。

49. 姚战琪:《生产率增长与要素再配置效应:中国的经验研究》,载《经济研究》2009 年第 11 期。

50. 姚战琪:《中国生产率增长与要素结构变动的关系研究》,载《社会科学辑刊》2011 年第 4 期。

51. 袁晓玲、张宝山、杨万平:《基于环境污染的中国全要素能源效率》,载《中国工业经济》2009 年第 2 期。

52. 袁嫣:《基于 CGE 模型定量探析碳关税对我国经济的影响》,载《国际贸易问题》2013 年第 2 期。

53. 原毅军、谢荣辉:《环境规制的产业结构调整效应研究——基于中国省际面板数据的实证检验》,载《中国工业经济》2014 年第 8 期。

54. 占华、于津平:《贸易开放对我国环境污染影响效应的实证检验——基于我国省际动态面板数据的系统 GMM 分析》,载《当代经济科学》2015 年第 1 期。

55. 张杰、周晓艳、李勇:《要素市场扭曲抑制了中国企业 R&D?》,载《经济研究》2011 年第 8 期。

56. 张其仔:《中国能否成功地实现雁阵式产业升级》,载《中国工业经济》2014 年第 6 期。

57. 张曙光、程炼:《中国经济转轨过程中的要素价格扭曲与财富转移》,载《世界经济》2010 年第 10 期。

58. 张维阳、段学军:《经济增长、产业结构与碳排放相互关系研究进展》,载《地理科学进展》2012 年第 4 期。

59. 张友国:《碳排放视角下的区域间贸易模式:污染避难所与要素禀赋》,载《中国工业经济》2015 年第 8 期。

60. 张月玲、叶阿忠:《中国区域技术选择与要素结构匹配差异:1996—2010》,载《财经研究》2013 年第 12 期。

61. 赵昌文等:《工业化后期的中国经济增长新动力》,载《中国工业经济》2015 年第 6 期。

62. 赵君丽:《要素结构变动、产业区域转移与产业升级》,载《经济问题》2011 年第 4 期。

63. 赵祥:《产业关联、要素结构与产业扩散》,载《首都经贸大学学报》2009 年第 5 期。

64. 郑长德、刘帅:《产业结构与碳排放:基于中国省际面板数据的实证分析》,载《开发研究》2011 年第 2 期。

65. 周冯琦:《劳动力配置与产业结构之间关系的理论模型分析》,载《上海社会科学院学术季刊》2001 年第 2 期。

66. 周荣蓉:《中国产业结构调整对二氧化碳排放的影响分析——基于中国 30 个省级面板数据》,载《学术界》2013 年第 10 期。

67. Acemoglu D. , "Productivity differences" [J]. *Quarterly Journal of Economics*, 2001 (2): 563 – 606.

68. Berman E. , "Changes in the Demand for Skilled Labor within U. S. Manufacturing industries: Evidence from the Annual Survey of Manufacturing" [R]. NEBR Working Paper, No. 4255, 1994.

69. Berndt E. , "Technology, Prices, and the Derived Demand for Energy" [J]. *Review of Economics and Statistics*, 1975 (3): 259 – 268.

70. Duo Qin, Haiyan Song, Sources of investment inefficiency: The Case of Fixed-asset Investment in China [J]. *Journal of Development Economics*, 2009, 90 (1).

71. Hsieh Chang-Tai, Klenow J Peter. Misallocation and Manufacturing TFP in China and India [J]. The Quarterly Journal of Economics, 2009, 124 (4): 1403 – 1448.

72. Jaime A. P. , De Melo. Distortions in the Factor Market: Some General Equilibrium Estimates [J]. Review of Economics and Statistics, 1997, 59 (4): 398 – 405.

73. John J. R. Sectoral Elasticities of Substitution between Capital and Labor in a Developing Economy: Time Series Analysis in the Case of Post War Chile [J]. Econometrist, 1971, 40 (2): 311 – 326.

74. Kaufmann, R. K. The Mechanisms for Autonimous Energy Efficiency Increases: A Cointegration Analysis of US Energy/GDP Ratio [J]. Energy Journal, 2004 (3): 63 – 86.

75. Kazuo Mino. Weitzman's rule with market distortions [J]. Japan and the World Economy 2004 (6): 307 – 329.

76. Kornai J. The Hungarian reform process: visions, hopes, and reality [J]. Journal of Economic Literature, 1986, 24: 1687 – 1737.

77. Loren Brandt. Factor market distortions across time, space and sectors in China [J]. Review of Economic Dynamics, 2013 (3): 39 – 58.

78. Magnus Jonsson. Product and labor markets distortions in Europe [J]. Economics Letters, 2006 (9): 89 – 92.

79. Mundlak Y. Serra. Substitutability and Price Distortion in the Demand for Factors of Production: An Empirical Estimation [J]. Applied Economics, 1970, 9 (3): 203 – 217.

80. Nordhaus, W. D. , A Question of Balance: Weighing the Options on Global Warming Policies [M]. New Haven CT: Yale University Press, 2008. pp. x + 234.

81. Nordhaus, W. D. , Economic Aspects of Global Warming in a Post – Copenhagen Environment [J]. Proceedings of the National Academy of Sciences, 2010, 107 (26): 11721 – 11726.

82. Nordhaus, W. D. , Managing the global commons: The economics of climate change [M]. Cambridge, Mass. and London: MIT Press, 1994. pp. x + 213.

83. Ostbye S. The translog growth model [J]. Journal of Macroeconomics, 2010 (2): 635 – 640.

84. Oxley L. Substitution Possibilities and Determinants of Energy Intensity for China [J]. Energy Policy, 2009 (5): 1793 – 1804.

85. Pehr – Johan Norback. Cumulative effects of labor market distortions in a developing country [J]. Journal of Development Economics, 2001 (5): 135 – 152.

86. Rogerson R. Structural Transformation and the Deterioration of European Labor Market Outcomes [J]. Journal of Political Economy, 2008, 116 (2): 235 – 259.

87. Syrquin M. Productivity Growth and Factor Reallocation in Chenery. Industrialization and Growth. Oxford [M]. Oxford University Press, 1986.

88. Tim Woolf. Electricity Market Distortions Associated with Inconsistent Air Quality Regulations [J]. The Electricity Journal, 2000 (3): 104 – 110.

89. Tobin J. Inflation and unemployment [J]. American Economic Review, 1972, 62 (1/2): 1 – 18.

90. Welsch H. The Determinants of Aggregate Energy Use in West Germany: Factor Substitution, Technological Change, and Trade [J]. Energy Economics, 2005 (1): 93 – 111.

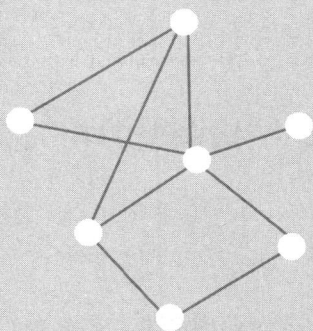

第四章

产品结构调整的污染减排效应研究

产品结构调整是产业结构调整的重要组成部分，也是产业结构调整污染减排效应的重要方面。本章主要讨论以下五个方面的问题：（1）产品结构的概念和内涵；（2）我国产品结构调整的阶段性特征；（3）产品结构调整促进污染减排的机理；（4）出口贸易产品结构变化的污染减排效应；（5）钢铁行业产品结构调整的污染减排效应。

第一节　产品结构调整的相关文献综述

一、产品结构调整的内涵

企业产品结构调整是一种改变企业内部生产要素配置格局的经济行为。国内外相关学者对产品结构调整的认识主要关注四个层面：一是从市场营销理论角度，研究产品组合决策的类型及其选择等问题（Philip Kotler，1992；Jacques Lendrevie，1993）；二是从企业经营管理角度，对产业和对手竞争压力下的企业产品战略进行研究（Igor Ansoff，1979；Porter，1995；陈明森，2001；尹义省，1999；包政，1997）；三是从企业发展史角度，介绍企业产品组合的演变及其原因（Alfred D. Chandler，1992；小野丰广，1990；康荣平和柯银斌，1999）；四是从产品组合角度，研究企业在选择产品组合时，如何不断地更新和修正现行产品结构，对产品组合进行动态的管理（Robert G. Cooper，2010）。

二、企业产品结构调整的影响因素

高建新（2005）认为，影响产品结构调整的因素有：外部宏观环境，如市场需求、市场价格、企业内部条件、工艺水平、生产条件、工艺装配能力以及资源的利用率等。何伟（2008）认为，影响企业产品结构调整的主要因素有内部因素和外部因素。其中内部因素包括组织制度因素、企业核心能力因素、生产技术因素、企业规模因素、文化因素、感情因素；外部因素包括市场因素、行业竞争因素、宏观政策因素。刘婕、汪涛（2008）则认为，产品结构调整应遵循的原则有市场导向原则、突出特色原则、提高经济效益原则、可持续性发展原则和科技进步原则。易先忠等（2014）发现，制度环境对国内市场规模和出口产品结构之间的关系产生重要影响，当制度环境低于门槛值时，国内市场规模扩张会导致更加集中的出口产品结构，但是，当制度环境高于门槛值时，国内市场规模扩张则会促进出口产品结构多元化，而法制环境、金融系统的开放性和透明度、政府对投资领域的限制和对企业的管制效率，是影响国内市场作用方向的关键制度因素。贺灿飞等（2016）探究了新产品的出现与邻近地区之间的关系，研究显示，产品的演化可以在邻近地区之间跨越行政边界发生，但发生的条件是本地要拥有良好的相关产业基础，同时省间分权作用会阻碍跨边界演化过程。

第四章
产品结构调整的污染减排效应研究

三、产品结构调整与企业经营绩效

高建新（2005）认为，企业核心竞争力与产品结构的调整之间是相辅相成的。企业产品结构的调整战略以核心竞争力的培育提升为基础，核心竞争力战略也必须利用不断优化产品结构等战略来扩大竞争优势。刘正良（2011）以江苏工业制成品为例，考察了产品结构调整带来的经济效应，研究发现资本技术密集型产品的出口对经济增长有显著的正效应，劳动密集型产品出口开始具有负效应，一般贸易出口与其他贸易出口的积极效应开始扩大，而加工贸易出口的作用趋于弱化。政策导向应提高出口产品技术含量，重视一般贸易出口，延长国际分工价值链，促进加工贸易转型升级。郭将和赵景艳（2016）从技术扩散的角度研究了产品空间的分布对比较优势的影响，研究发现如果产品空间较稠密，相对优势产品的先进技术越容易扩散，使得邻近普通产品的技术含量提升，并最终转化为优势产品，推动比较优势演化；反之，若产品空间较稀疏，产品间距离较远，优势产品也有可能退化为普通产品，会使原有比较优势弱化。

四、不同地区或产业部门的产品结构调整

张文磊和陈琪（2010）研究证实，汇率变动对出口产品结构的影响与不同产品所使用的本国投入有关，国内附加值较高的产品其相对竞争力将随本币升值而降低。但是在中美、中欧双边贸易中，计算机、服装、化肥三种代表性产品出口比重的实际检验结果却与理论研究和模型推导相反。黎峰（2015）通过主要出口国家的 EO 指数核算发现，区域贸易集团内部正形成明显的产业价值链分工。与其他制造部门相比，中国交通运输设备部门的出口优化度较高。在全球价值链分工中，中国的出口产品结构与第一出口大国地位并不相称，应从培育国内高级要素、扩大流入要素贡献两个方面出发，进一步提升全球价值链定位，优化出口产品结构。李凯和乔红艳（2008）分析了中国、日本和美国钢铁产业的发展周期，采用定量分析的方法，比较了中、日、美三国钢铁产品结构，对中国钢铁产品演进绩效进行研究，分析了中国钢铁产品结构调整思路。江生忠和刘玉焕（2012）实证分析保险产品结构失衡对盈利能力、资本结构和偿付能力的负面影响，发现"保费收入"和"利润总额"之间相关度日益下降，"以保费规模论英雄"已不合时宜。

五、产品结构的测度方法

曾宇波等（2002）阐述了产品全生命周期产品结构和配置管理的概念、产品

135

结构，配置管理系统的对象关系逻辑模型，及其物理实现构架。钟诗胜等（2003）基于 AHP 方法构建了模块化产品结构配置模型，利用最近相似策略计算基本模块之间的相似度，然后综合各基本模块相似度得到中间层次模块的相似度，进而得到目标方案与设计案例之间的相似度，最终获得最为相似的设计方案。董峥等（2006）构造了产品结构的属性集、产品概念系统、部件嵌套结构三元特征模型，并提出基于此三元特征的复合语义相似度计算模型，分析证明了该模型可以充分、合理、全面地表达产品结构间的相似性。

从上述研究来看，现有研究主要集中于产品结构调整的动因、影响因素等，对产品结构调整的环境效应关注极少，对产品结构调整的污染减排效应等方面的研究还需要进一步拓展。

第二节　产品结构调整的阶段性特征

新中国成立以来，随着社会经济体制的深刻变化，产品结构也随之发生了很大的变化。根据市场经济体制改革、加入世界贸易组织和经济新常态下创新驱动发展等重要时间节点，可以把产品结构调整划分为以下四个阶段。

一、计划经济阶段（1949～1976 年）

从新中国成立到改革开放以前，企业按照指令性计划组织生产活动，产品结构取决于政府生产计划。这一时期，我国主要实行高度集中的计划经济体制，集中力量办大事，使我国得以在很短的时间内建立起较为完整的工业体系。但是也存在明显的弊端，企业生产经营缺乏自主权，主要的经济、产业等决策权归属于政府部门，企业职能按照指令性计划进行生产，生产什么、生产多少都需由政府部门来决定。由于生产力不发达，企业生产效率不高，商品供给量少，不能满足市场的需求，形成了产品供不应求的短缺经济，从肉、蛋、菜、粮、棉、油到烟、酒、糖等生活必需品都是按户实行票证供应。短缺经济下厂商在交易中处于主动地位，基本无须考虑市场需求，只需关心产品生产数量。企业改进生产的动力不强，产品种类较少，产品质量不佳。资源配置中也无视价值规律的作用，即使处于统一地理位置，但是隶属于不同部门之间的资源也不能通过市场规律进行合理配置。例如，当年坐落在沈阳市相邻的电缆厂和冶电厂，由于电缆厂归机械部管，冶炼厂管冶金部门管，两个部门隶属的企业之间没有经济交往，导致电缆厂需要铜作为原材料时，也不能基于低成本原则从冶炼厂直接购买，而是需要多花费几百万的运输成本从南方购进铜材。在计划经济体制下，企业生产没有自主性，其产品结构取决于政府部门的生产计划。

二、市场经济体制探索和初创阶段（1977～2000年）

社会主义市场经济体制的确立和发展大致经历了三个阶段：第一个阶段是从1978年到1984年的计划经济为主、市场调节为辅阶段。党和政府充分认识到传统计划经济体制的严重弊端，逐步认识到市场机制的重要作用。第二个阶段是从1984年到1988年的社会主义商品经济的阶段。1984年党的十二届三中全会通过《中共中央关于经济体制改革的若干决定》，指出社会主义经济是有计划、有指导的商品经济阶段，随着社会经济发展，要逐步调整指令性计划和指导性计划之间的关系，主要发挥指导性计划的作用。第三个阶段是从1989年到1992年正式建立社会主义市场经济体制的发展阶段。党的十四大发表主题报告《加快改革开放和现代化建设步伐，夺取有中国特色社会主义事业的更大胜利》，提出要建立社会主义市场经济体制的目标。十一届三中全会以后，首先在农村引入市场机制，实行家庭联产承包责任制。随后在企业生产经营中，也引入了市场机制。采取了承包目标经营责任制、厂长负责制、拨改贷、利改税、财政包干、民选厂长、职代会等一系列改革措施。外商直接投资迅速增加，出口贸易快速增长。这一时期，企业生产的自主性和积极性增强，企业根据市场需求积极生产适销对路的产品，产品种类极大丰富，产品质量不断提高，企业的活力增强，经营效益明显提高，买方市场逐渐形成。至1997年底甚至出现了产品生产相对过剩的情况。

三、市场经济体制逐步完善和加入 WTO 以后加工贸易蓬勃发展阶段（2001～2007年）

2001年，我国正式加入 WTO。由于我国劳动力、土地等生产要素成本低廉，出口产品在国际市场上具有明显的价格优势。我国抓住第三次国际产业转移的有利时机，承接了大量以劳动密集型为主的国际产业转移，沿海地区外向型的加工贸易得到了迅猛发展。沿海地区的加工贸易从"三来一补"起步，主要包括进料加工、来料加工等形式。加入 WTO 后，中国对外贸易得到了迅速发展。2004年进出口总额为11547.9亿美元，其中进口5614.2亿美元，出口5933.7亿美元，分别比上年增长了36.0%和35.4%。加工贸易推动成为出口贸易增长的重要动力，2004年加工贸易出口额为3279.9亿美元，占当年出口总额的比例超过55%。加工贸易企业承接跨国公司发出的订单组织产品生产，主要赚取加工费，企业不掌握自主知识产权和核心技术。加工贸易企业在全球生产网络中处于被动和从属地位，对全球产业链的控制能力弱，产品结构极易受国内外市场环境变化的冲击。以著名的玩具生产商合俊集团为例，该公司作为全球最大玩具代工厂之一，主要以 OEM 形式贴牌生产玩具，为全球最大的玩具商美泰公司等提供 OEM 业务，但在国际金融危机的冲击下破产倒闭。这一时期，加工贸易带动了中国制造业的快速发展，国内制造业积极参与国际分工，技术水平不断提高，产业竞争力得到大幅度提高，产业结构调整和升级的进程明显加快。

四、新常态下创新驱动发展的新阶段（2008 年至今）

随着中国人口红利趋于消失，自 2004 年起沿海地区出现"用工荒"，劳动力成本持续上涨。由于房地产业快速发展，沿海地区工业用地价格大幅提升，工业厂房租金价格也随之提高。生产要素价格的不断提高削弱了采用低成本竞争战略的中国企业的国际竞争力，导致利润水平下降。2007 年，美国次贷危机引起的全球性金融危机使得发达国家市场消费缩减，国内企业的出口需求下降。国内企业位于全球价值链的低端环节，企业在研发设计、市场营销、知名品牌等高附加值环节的缺失导致企业的抗风险能力弱。沿海地区一大批陷入困境的企业向中西部地区、东南亚、南亚等地区转移，产业和订单转移对地区经济发展带来较大影响。在这一背景下，政府制定发布《关于深化体制机制改革　加快实施创新驱动发展战略的若干意见》，提出"科技创新是提高社会生产力和综合国力的战略支撑，必须摆在国家发展全局的核心位置"的思想，强调要坚持走中国特色自主创新道路、实施创新驱动发展战略。

第三节　产品结构调整促进污染减排的机理

产品结构优化升级对促进污染减排具有重要意义。企业为增强市场竞争力，需要主动适应消费者偏好，改善产品设计，寻找低成本材料和工艺，以减少浪费和降低生产成本，遵守环境法律规范、削减污染排放和提高社会责任意识。

一、消费者偏好是产品结构调整的终极动力

长期以来，人类从自然界获取物质资源推动经济增长，却忽略了生产发展过程中所造成的环境污染和破坏。20 世纪 60 年代，美国生态学家卡逊的《寂静的春天》及 70 年代意大利罗马俱乐部的《增长的极限》等研究唤醒了人类的环保意识。80 年代末期以来，全球绿色消费运动开始兴起，并逐步成为公众广泛参与的消费方式。统计资料显示，在美国、德国、意大利、荷兰等国，大部分消费者在选

购商品时会考虑生态环境因素，愿意为环境保护支付较高的价格。1994 年，联合国环境署（UNEP）发布了《可持续消费的政策因素》，对可持续消费做了明确界定：在提供服务以及相关产品以满足人类基本需求和提高生活质量的前提下，使得自然资源和有毒材料的使用量最少，在产品或服务的生命周期中所产生的废物和污染物最少，不危及子孙后代的需求。同年，中国制定了《中国 21 世纪议程——中国 21 世纪人口、环境与发展白皮书》，并发布了中国绿色食品标准、绿色食品标志和绿色环境标志等。随着生活水平的不断提高和环保意识的不断增强，绿色消费理念在中国公众中也得到了广泛的接受，越来越多的消费者消费偏好更加注重绿色环保，自觉减少奢侈、浪费的消费行为，推广使用资源节约和环境友好型产品，主动节能、节水、节纸，减少一次性或使用寿命过短的产品的使用，促进节约资源和减少污染。终端市场消费偏好的变化是企业产品结构调整的动力，促使企业积极搜集绿色消费信息，发展绿色科技和绿色生产，开发绿色产品，设计绿色包装，建立绿色消费渠道，塑造负责任的社会形象。

二、降低成本是企业赢得市场竞争的重要战略

在市场经济条件下，成本领先是企业在市场竞争中取胜的关键战略之一。著名投资人巴菲特发现，大部分行业的竞争不是品牌竞争，而是成本竞争。对大部分产品或者行业而言，只有企业成本足够低，才能盈利更多，生存更久。因此，每家企业都很重视强化成本管理、降低经营成本的相关工作，通过改进生产工艺、改进设计、节约原材料、降低工资费用和管理费用等多种途径，严格控制生产成本和间接费用，努力取得规模经济，将企业成本控制在最低水平。企业在生产经营过程中，能够通过"干中学"向竞争对手主动学习，采用清洁生产技术或先进的污染治理技术，提升自身生产工艺的清洁水平。总体来看，随着技术模仿、技术扩散或技术进步，一些高消耗、低效益、污染严重的生产工艺、原材料和产品种类被淘汰，投入单位数量的劳动力、原材料、能源等生产要素所能够创造的新产品增加，新产品设计和生产经营更加有利于节约能源和环境保护。

三、环境保护政策是产品结构调整的外在动力

长期以来，中国延续了"高投入、高消耗、高排放、低效益"的粗放型增长方式。进入 21 世纪以后，中国各地区重化工业快速扩张，导致环境污染不断加重。当前我国已是二氧化碳、二氧化硫等主要环境污染物的世界最大排放国，大气污染、水体污染、土壤污染等日趋恶化，严重影响到经济社会的可持续发展，经济增长的环境约束日益严峻。自 2005 年起，在中央政府推动下，中国多次刮起"环保

风暴"，"十一五"规划纲要提出单位 GDP 能耗降低 20% 左右、单位工业增加值用水量降低 30%、主要污染物排放总量减少 10%、森林覆盖率达到 20% 等，环境保护成为具有法律效力的约束性指标。为提高资源利用效率，提升环境保护水平，加快产业转型升级，国家发改委连续颁布了多个版本的《产业结构调整目录》，通过金融、土地、城建、海关、消防、质检和工商等部门联合行动，加快淘汰落后生产能力、工艺技术、装备和产品。在减排政策倒逼机制的压力下，生产要素供给将沿着适应有利于环境保护的方向流动，企业将不得不调整现有资源配置，加快技术进步，实现节能减排。低污染产业发展速度随之加快，环境友好型产品供给也相应增加。

然而，对于单个生产企业而言，产品结构升级并不必然导致污染减排效应，有时甚至带来能源排放和污染排放增加的后果。例如，随着城市化进程的快速推进，我国的水泥产量居世界首位。作为一个二氧化碳的重度排放行业，在全球抑制温室气体排放的背景下，政府大力推进水泥行业的低碳化与减量化发展，加快推进水泥产品结构调整。近年来，采用新型干法水泥生产技术的水泥产量迅猛增加，高消耗、高排放的立窑等落后水泥产能被大量淘汰，水泥行业的转型升级加快，行业整体经济效益和环境效益明显改善。一部分水泥企业为适应市场对高性能混凝土不断增长的需求，逐步增加 425、525 等高标号水泥的生产，同时减少 325 低标号水泥的生产。但是，从水泥生产碳排放量看，PI525 和 PO425 水泥比 PS325 水泥高 50% 和 35%，这表明，在产量等其他条件相同的情况下，从低标号水泥转向高标号水泥生产将导致污染排放增加。

第四节　出口贸易产品结构变化的污染减排效应

出口产品结构是一国产品结构的重要体现。在国际贸易过程中，商品的生产和消费发生分离。在自由贸易条件下，一国在消费污染密集型产品的同时，却并不需要承担生产过程中排放的污染，国际分工将能决定哪些国家拥有清洁的环境，国际贸易就会成为影响环境污染变化的重要变量（Birdsall and Wheeler，1993）。而在现实的国际贸易过程中，由于存在贸易壁垒、运输成本等限制因素，在套利机制作用下，贸易自由化使产品销售价格趋于一致。当国际贸易产品拥有统一售价时，产品收益状况主要取决于生产成本，并进而决定于生产区位。如果各国在除环境标准之外的其他方面生产条件无差异，那么污染企业将会倾向于选择在环境标准较低的国家组织生产活动，这些国家就会成为污染避难所。出口产品的结构及其变化就会对节能减排产生影响。

一、中国出口产品结构变化情况

改革开放以来，中国摒弃了僵化的计划经济体制，放松市场准入管制，积极鼓励和促进市场竞争，极大地焕发了微观经济主体的活力。尤其是民营经济的快速发展，逐渐在许多行业形成了多种所有制成分相互促进和共同发展的格局。由于中国经济增长迅速，市场潜力巨大，多年来一直是吸引 FDI 最多的发展中国家，其中，大部分外商直接投资投入到制造业相关领域，带动了相关行业的技术进步。中国的对外贸易出口取得了骄人的成就。出口额从 1980 年的 181.19 亿美元增加到 2014 年的 23422.93 亿美元，增长了 128 倍，当前出口额位居世界首位。图 4-1 和图 4-2 分别展示了 1980~2013 年中国初级产品和工业制成品出口增长情况和主要产品类别出口增长情况。

（亿美元）

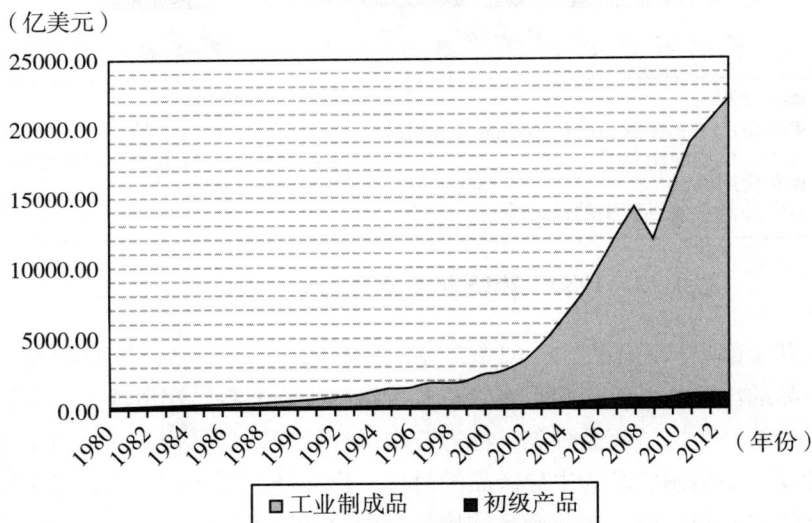

图 4-1　1980~2013 年初级产品和工业制成品出口增长情况

从图 4-1 的出口产品数据可以看出，中国工业制成品出口增长迅速，增长速度远高于初级产品出口增长速度，占据了出口贸易总额的绝大部分比重。这反映出中国工业化的快速发展和制造业的长足进步。

从图 4-2 可以看出，在出口总量不断增长的同时，中国出口商品的结构不断优化，主要出现了两次大的跨越。

一是劳动密集型工业制成品出口额超越资源型产品出口额。1980 年，中国出口产品总额中初级产品为 91.14 亿美元，工业制成品为 90.05 亿美元，二者占比分别为 50.30% 和 49.70%。初级产品中矿物燃料、润滑油及有关原料出口 42.80 亿

（亿美元）

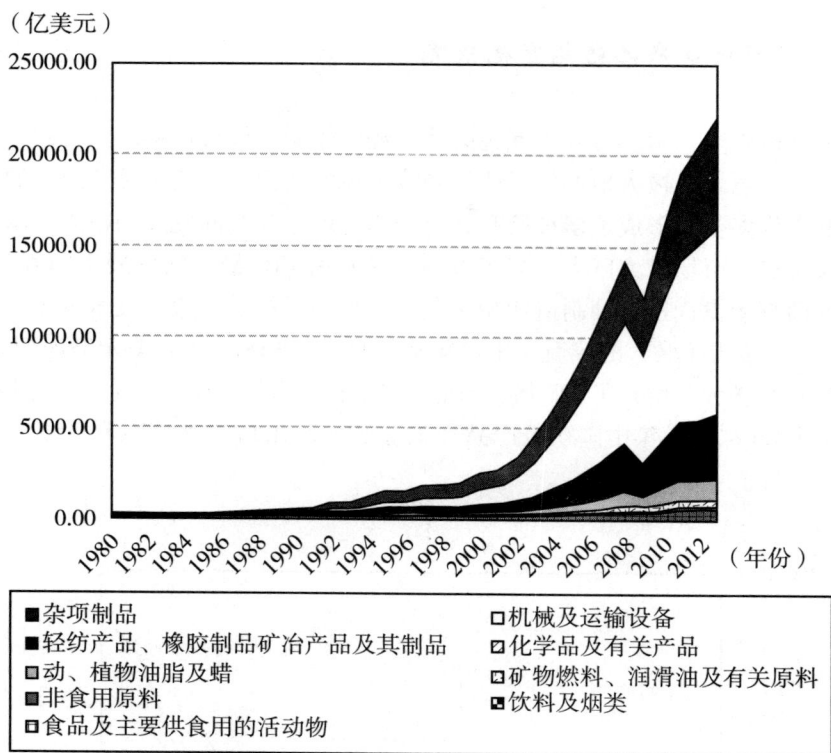

图 4 - 2　1980 ~ 2013 年主要产品类别出口增长情况

美元，占到全部出口总量的 23.62% 。到 1986 年，轻纺产品、橡胶制品、矿冶产品及其制品的出口额增长到 58.86 亿美元，超过矿物燃料、润滑油及有关原料产品出口，成为第一大出口商品种类，标志着中国摆脱了以资源为主的出口结构，进入以出口劳动密集型制成品为主导产品的时代。出口产品结构的变化，是中国产业结构调整优化的直观反映。这一产品结构与中国数量庞大且供给源源不断的低成本劳动力比较优势是相适应的。

二是机电产品出口额超越劳动密集型产品出口额。1996 年，中国出口总额增加到 1510.48 亿美元，其中，初级产品出口 219.25 亿美元，工业制成品出口 1291.23 亿美元，二者占比分别为 14.52% 和 85.48% 。轻纺产品、橡胶制品、矿冶产品及其制品与机械及运输设备的出口额分别为 284.98 亿美元和 353.12 亿美元，机电类产品出口首次超过纺织服装类产品成为最大类出口产品。此后，劳动密集型、低收入弹性产品在出口产品结构中的比重不断降低，资本技术密集型产品的比重不断提高。国内企业通过"干中学"，与外商在合作中学习、在竞争中提高，制造业的规模、水平和国际竞争力不断提高，产品的科技水平和技术含量持续增强。但总体来看，国内产业位于全球价值链的生产制造等低端环节，研发设计、品牌运营、市场营销等高附加值环节为发达国家跨国公司所攫取。

2001年中国加入WTO以后，外贸出口突飞猛进，出口产品结构进一步优化。到2014年，中国初级产品出口增加到1126.92亿美元，工业制成品激增到22296.01亿美元，二者占出口总额的比例分别为4.81%和95.19%。机械及运输设备出口额达到10705.04亿美元，是纺织类产品出口额的2.67倍。1980~2009年，机械及运输设备占出口产品比例从4.65%大幅增加到49.12%。国际金融危机后略有回落，2013年该比例为47.01%。图4-3展示了1980~2013年矿物燃料润滑油及有关原料、轻纺产品、橡胶制品矿冶产品及其制品、机械及运输设备占中国出口总额的比例变化情况。

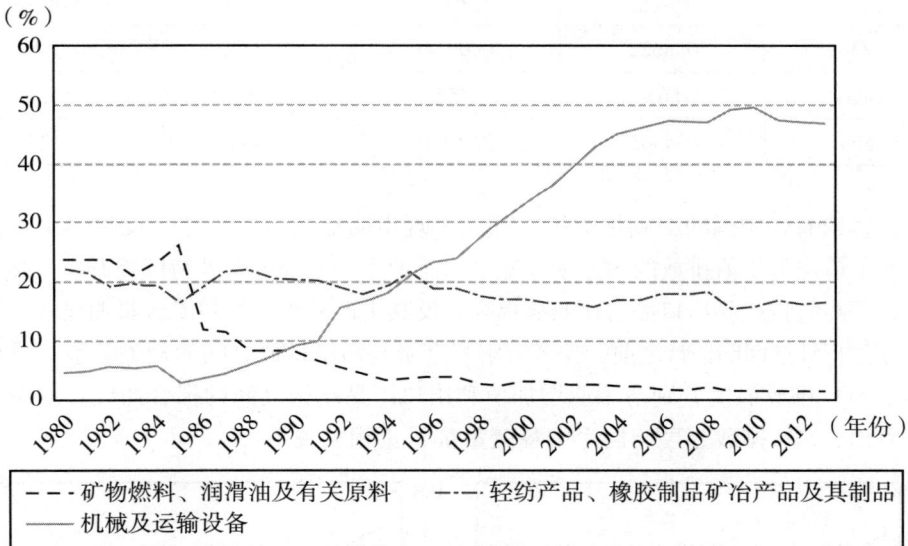

图4-3 1980~2013年主要产品类别占出口总额比例

进入21世纪以来，随着中国人口红利逐渐趋于消失，土地、环境等生产要素成本价格明显提高，中国制造业的比较优势也相应发生变化，出口产品低成本竞争的优势减弱，一批技术水平较高、竞争力较强的本土跨国企业具备了较强的国际竞争力。特别是2007年国际金融危机以后，国内企业自主创新力度加大，全球化配置资源的进程加快，对外投资明显增加。

二、出口产品结构变化的节能减排效应

以工业SO_2为例，建立回归模型，分析1980~2013年出口产品结构变化的节能减排效应。被解释变量是工业污染物排放强度，解释变量分别为工业增加值和产品出口结构。各模型变量的定义如下：

工业污染物排放强度（SO_2）：用工业 SO_2 排放量除以不变价格工业增加值表示，是工业部门创造单位新价值的污染排放量。

工业增加值（indus）：用不变价格本币单位工业增加值表示，用以刻画工业生产的规模效应对生态环境的影响。

出口产品结构（ratio）：用机械及运输设备出口额为代表的高科技类产品出口额占外贸出口总额的比例表示，用以刻画出口产品结构变化对生态环境的影响。

模型中各变量的统计描述如表 4 - 1 所示。

表 4 - 1 变量的描述性统计

变量	最大值	最小值	平均值	标准差
SO_2	0.8022	0.0934	0.3403	0.1989
indus	18630	1452	7594	5313
ratio	0.4945	0.0994	0.3565	0.1298

总体来看，中国的二氧化硫排放强度呈现出明显的下降趋势，反映出工业部门每创造 1 单位新价值排放的 SO_2 明显减少，工业生产的环境绩效持续提升。机械及运输设备等高科技产品出口额占比明显提高，反映出产品生产的技术含量明显提高。

在进行计量回归估计之前，先考察解释变量与污染排放之间的相关关系。图 4 - 4 给出了 SO_2 排放强度分别与工业增加值和出口产品结构之间的拟合曲线。从图形中可以看出，SO_2 排放强度与两个解释变量都呈负相关关系。

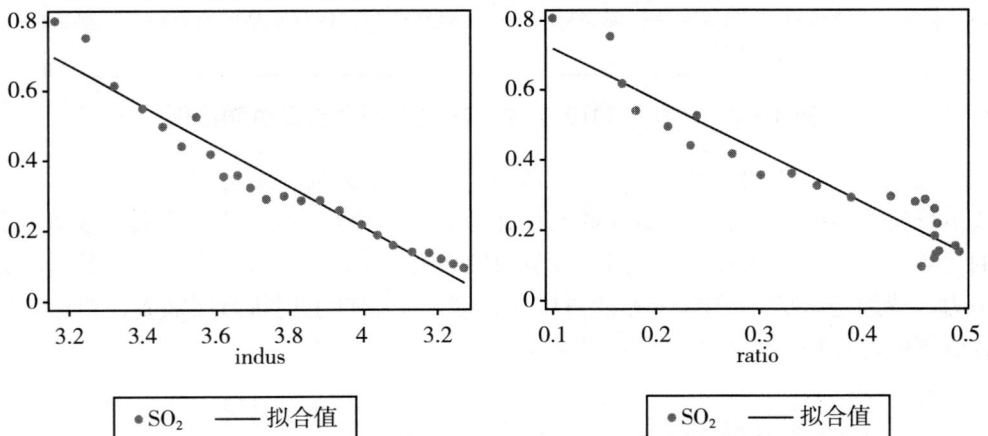

图 4 - 4 解释变量与 SO_2 排放强度的拟合曲线

考虑数据的可获得性，下面根据 1991 ~ 2014 年的时间序列数据，建立计量经济模型分析这些解释变量与 SO_2 排放强度之间的因果关系。为改善模型回归效果，

工业增加值 *indus* 取自然对数。回归模型如下：

$$SO_2 = \beta_0 + \beta_1 \times indus + \beta_2 \times ratio + \mu$$

回归分析结果如表 4 – 2 所示。

表 4 – 2　　　　　　　　　　模型回归结果

	SO$_2$ 排放强度
indus	− 0. 4005 ***
	(− 4. 36)
ratio	− 0. 4943 ***
	(− 2. 12)
常数项	2. 0262
	(7. 53)
R^2	0. 9474
F 值	189. 23
观测值	24

注：括号内的统计值为 *t* 值，*、**、*** 分别表示在 10%、5% 和 1% 的统计水平上显著。

从以上估计结果可以看出，回归模型的拟合优度很好，线性模型设定合理，模型中两个解释变量都具有统计显著性。工业增加值与工业二氧化硫排放强度呈负向相关关系，工业增加值平均每增加 1 个百分点，工业二氧化硫排放强度下降 0.004 吨/万元。出口产品结构也与工业二氧化硫排放强度呈负向相关关系，机械及运输设备出口额比例每提高 1 个百分点，工业二氧化硫排放强度平均下降 0.0049 吨/万元。

从以上回归结果可以看出，随着中国工业化进程的逐步推进和产业转型升级加快，工业二氧化硫排放强度持续降低。这一结果突出地表明，产品结构变化、产品结构升级是推动节能减排的重要因素。

第五节　钢铁行业产品结构调整的污染减排效应

一、钢铁行业发展及产品结构现状

1. 钢铁行业发展现状

钢铁行业，即黑色金属冶炼及压延加工业。根据国家统计局制定的《国民经济行业分类》，黑色金属冶炼及压延加工业的国家统计局代码为 31，包括 4 个子行业——炼铁（3110）、炼钢（3120）、钢压延加工（3140）和铁合金冶炼（3150）。钢铁行业是资本、技术、能源、资源、劳动力密集产业，其发展情况直接影响造船、机械、汽车、家电及国防建设等国民经济各主要行业的发展。我国钢铁行业历经新中国成立以来60多年的发展，特别是改革开放近40年来有了巨大的进步，取得了举世瞩目的成就，钢铁产量大幅提升，产品结构不断优化，技术水平明显提高。我国钢铁工业现已取得多项世界第一，产量、消费量、出口量均居世界第一位，成为名副其实的钢铁大国。

钢铁产品是以铁为主要基础元素的金属基础产品的统称，日常形态包括铁、粗钢、钢材、铁合金等。其中，铁是钢铁产品中的初级产品，经过进一步的冶炼就可以得到钢，二者的差别主要在于铁基产品中含碳量的多少。铁经冶炼直接得到的产品为粗钢，粗钢通过铸、轧、锻、挤等方法进一步加工处理后成为钢材，铁合金在钢铁生产过程中主要用做炼钢时的脱氧剂和合金添加剂。新中国成立后，我国钢铁工业的产品和产量有了巨大的提升，基本满足了国民经济发展的需要，在产量不断增加的同时，总体技术水平不断提高。改革开放以来，在国家的政策引导下，受重化工业快速发展、城镇化进程加快、大量基础设施建设项目实施、城镇居民消费升级、房地产和汽车制造业快速发展、机电产品出口快速增长等因素的影响，全社会对钢铁产品保持了持续旺盛的需求，为钢铁工业发展提供了有利的市场条件，促进了中国钢铁工业的快速发展。新中国成立初期，我国钢产量只有15.8万吨，到"一五"计划末的1957年，钢产量超过500万吨，1986年超过5000万吨，1996年超过1亿吨，2003年超过2亿吨，2005年超过3亿吨，2006年超过4亿吨，2008年超过5亿吨，2014年达到8.23亿吨。以1949年为基数，在1949～2014年间，我国钢铁工业的主要产品中，钢产量从15.8万吨增加到82270万吨，增长了5205.96倍。同时，钢铁企业的产量规模不断扩大。1952年我国没有一家钢铁企业的年钢产量超过100万吨，产量最高的鞍钢也只有78.9万吨；1978年钢产量超过100万吨的钢铁企业有鞍钢、武钢、首钢等3家企业，其中产量最大的鞍钢年产钢686万吨；进入21世纪以后，随着对建筑、机械、造船、汽车、集装箱、家电等行业和海外市场出口的用钢需求猛增，我国钢铁产业的产能和产量快速增加。到2014年，钢产量超过1000万吨的钢铁企业已有20家，其中，4000万吨级的钢铁企业有河钢、宝钢，3000万吨级的有沙钢、鞍钢、武钢、首钢，2000万吨级的有山钢，1000万～2000万吨级的有马钢等14家钢企。2013年中国粗钢产量占全球粗钢总产量的49.7%，国内钢铁企业的主要技术经济指标已经达到国际先进水平。

由于钢铁产能大幅增加和需求增长缓慢，我国钢铁行业供大于求，成为现阶段产能过剩最为严重的行业之一。2007～2011年钢铁行业的产能利用率保持在80%左右（79.5%～81.3%），随后，由于国内经济减速和需求下降，2012年起产能利用率明显下降，产能过剩的矛盾日益突出。2012～2014年，粗钢的产能分别为10

亿吨、10.4 亿吨和超过 11 亿，粗钢产量分别为 7.2 亿吨、7.79 亿吨和 8.23 亿吨，产能利用率分别为 72%、74.9% 以及低于 74.8%。产能过剩导致钢铁产品的价格下跌，行业利润下降，企业亏损大幅增加。

　　与此同时，随着重化工业化进程的快速推进，我国的环境污染增加，中国已经成为世界上最大的二氧化碳、二氧化硫等温室气体和环境污染物排放国，日益严重的雾霾、酸雨等灾害天气极大影响了居民生活质量，反过来使得钢铁等工业发展面临的环境约束明显趋紧。国家加大了对钢铁工业产业调整和节能减排的工作力度。例如，《钢铁产业调整和振兴规划》要求在 2010 年底前淘汰 300 立方米及以下高炉产能 5340 万吨，20 吨及以下转炉、电炉产能 320 万吨，2011 年底前再淘汰 400 立方米及以下高炉、30 吨及以下转炉和电炉，相应淘汰落后炼铁能力 7200 万吨、炼钢能力 2500 万吨；《国务院关于 2009 年节能减排工作安排的通知》提出要加大淘汰落后产能的力度，2009 年淘汰落后炼铁产能 1000 万吨、炼钢 600 万吨、铁合金 70 万吨、焦炭 600 万吨；《国务院关于进一步加强淘汰落后产能工作的通知》提出，2011 年底前淘汰 400 立方米及以下炼铁高炉，淘汰 30 吨及以下炼钢转炉、电炉；《国务院办公厅关于进一步加大节能减排力度加快钢铁工业结构调整的若干意见》提出，要大力推进钢铁工业节能减排，要将控制总量、淘汰落后、技术改造结合起来，充分发挥市场配置资源的基础性作用，严格税收征管，清理和纠正地方擅自出台的对钢铁企业的税收优惠政策，努力营造促进企业公平竞争和落后产能退出的市场环境，要完善和落实土地使用、差别电价政策，加大差别电价实施力度，大幅提高差别电价的加价标准，进一步提高钢铁落后产能的生产成本。各级地方政府也纷纷加大了对钢铁工业的调控力度。例如，河北省按照国家标准强制关停一批小钢铁厂，采取差别水价、电价、土地政策、财政政策等提高落后钢铁产能的运营成本，使一批技术落后的钢铁企业退出市场。

　　当前，随着国际经济环境的深刻调整，我国经济发展面临增速换挡、经济下行等一系列新的变化。经济发展进入新常态，给钢铁行业也带来巨大的压力。2008 年国际金融危机爆发以后，钢铁工业就进入了微利经营时代，2009～2011 年，钢铁行业的销售利润率仅维持在 2%～3% 之间。此后，钢铁行业在亏损的边缘挣扎，全行业利润率基本为零，钢铁主业更是处于亏损状态，由微利经营转变为零利经营的状态。从 2012 年开始，钢铁行业的销售利润率下降到零左右，2012 年大中型钢铁企业销售利润率为 -0.04%，2013 年变为 0.62%，2014 年为 0.85%。为扭转不利局面，在新常态下钢铁行业需要加快产品结构调整，增加盈利、保护环境、提高附加值，努力实现钢铁行业的长期可持续发展。

2. 钢铁产品结构现状

　　新中国成立初期，钢铁生产只能冶炼 100 多个钢种，轧制 400 多个规格的钢材，厚钢板、大型型钢、无缝管、镀层钢板等都不能自主生产。经过60多年的发展，现阶段已经能够冶炼1000多个钢种，轧制4万多个规格钢材。产品种类极大丰富，技术水平极大提高，生产能力和市场开拓均得到了极大的发展。

（1）钢铁产品的需求结构。钢铁行业的下游行业用钢需求主要可以分为三类：一是建筑业用钢，主要用于房屋工程建筑和土木工程建筑，后者包括公路、铁路建设和能源等基础设施建设等；二是工业行业用钢，包括汽车工业、船舶工业、机械工业、家电制造和集装箱制造等工业行业；三是国防军工等其他方面用钢。随着我国产品数量的增加、质量的改善和品种的增多，钢铁工业满足国民经济发展的能力也有明显提高，钢材品种结构和质量也不断优化，绝大多数钢材已经基本可以满足下游行业对材料质量和性能不断提升的要求。2007年与1949年相比，国产钢材的国内市场占有率已经从68.8%上升到了96.8%。2008年，我国钢铁工业的板管带比和国内市场占有率两项指标又分别提升至52.4%和97.1%，同比分别提高了1.8个和0.3个百分点。钢铁工业的发展为我国国民经济发展和国防巩固做出了重要贡献。2014年各行业钢材消费情况如表4-3所示。

表4-3　　　　　　　2014年各行业钢材消费量情况

序号	行业	钢材消费量（万吨）
1	建筑	38800
2	机械	13800
3	造船	1300
4	汽车	5000
5	家电	1050
6	集装箱	570
7	能源	3200
8	铁道	520
9	其他行业	6840
合计		71080

从表4-3可以看出，我国用钢需求较大的行业主要是建筑、机械、汽车、能源、造船等。其中，建筑、机械、汽车用钢量比重居前3位。2014年，它们的钢材表观需求量所占比重分别为54.59%、19.41%和7.03%。这表明，我国城市化、工业化进程加快和居民消费升级是拉动钢铁需求的主要动力，也是拉动钢铁工业发

展的主要动力。

随着钢铁工业国际竞争力的提升，国际市场对我国钢材产品的市场需求上升，我国钢材出口迅速增加。进入 21 世纪以后，我国钢材出口主要经历了三个阶段：2007 年以前是快速增长期，从 2001 年出口 474 万吨增加到 2007 年的 6265 万吨；国际金融危机后，2008 年到 2009 年钢材出口大幅下降至 2460 万吨；从 2010 年起，由于国内钢企的成本优势和规模优势显现，钢铁出口进入持续增长期，到 2014 年出口已经增加到 9378 万吨，同比大幅增长 50.46%，比 2007 年增长了近 20 倍，为有史以来的最高，出口总量已超过全国粗钢产量的 10%，大幅超过往年占比 2%~3% 的水平。

2014 年，我国向东盟、韩国、南美、欧盟、非洲和美国六个国家和地区总共出口 6670 万吨，占全部出口总量的 71%。其中，最大出口地区是东盟地区，出口量为 2631 万吨，占出口总量的 28%；其次是韩国，出口量为 1298 万吨，占出口总量的 14%；第三是南美洲地区，出口量为 955 万吨，占出口总量的 10%；第四为欧盟地区，出口量为 755 万吨，占出口总量的 8%；第五为非洲地区，出口量为 691 万吨，占出口总量的 7%，第六是美国，出口量为 340 万吨，占出口总量的 4%。

从中国出口钢材产品结构来看，出口钢材以板材、棒线材和管材为主。这三种钢材的出口量之和占钢材出口总量的比例超过 80%。2001~2014 年，主要出口钢种所占比例中，板材出口比例维持在 40%~55% 之间，棒线材出口比例维持在 10%~30% 之间，管材出口比例维持在 15%~25% 之间。2014 年，中国板材出口量占钢材出口量的 46%，接近总出口量一半，棒线材占 33%，管材占 11%。从出口钢材的技术含量看，我国出口钢材以低端产品为主，高技术含量的产品所占比例低。以 2009~2014 年热轧不锈中板、热轧合金钢板、冷轧合金钢板、冷轧不锈薄板、锅炉管出口比例的变化为例，除热轧合金钢板的比例明显上升外，其他几种高附加值产品比例变化很小。

在低端钢铁产品大量出口的同时，我国每年还要进口大量高端钢铁产品。2014 年，进口钢材 1443.21 万吨，金额 1791442 万美元，平均 1241.29 美元/吨。而当年我国实现钢材出口 9378.38 万吨，金额 7082627 万美元，平均价格 755.21 美元/吨，钢材出口价格仅相当于进口价格的 60.84%。2014 年第 1 季度，进口板材占全部钢材进口量的 83.87%，在进口板带材中，附加值较高的镀层板、冷轧薄板带、中厚特带钢、合金板和电工钢板的进口量排在前 5 位。

（2）钢铁产品的供给结构。我国钢铁行业产品结构朝着优化方向发展，钢铁行业技术进步，品种增多，质量提高，效益增加。根据历年《中国工业经济统计年鉴》提供的主要工业产品数据，可以观察我国钢铁行业产量从 2003 年到 2013 年钢铁行业主要产品类别的阶段性特征，如图 4-5 所示。

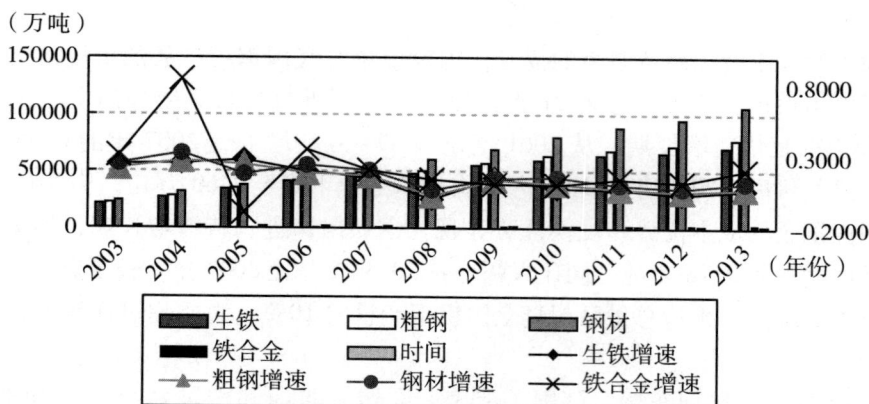

图 4 - 5   2003～2013 年我国生铁、粗钢、钢材、铁合金产量变化

从图 4 - 5 可以看出，我国钢铁工业的产量在 2003～2013 年期间呈现出快速增长的态势，生铁、粗钢、钢材和铁合金分别增加了 49530.32 万吨、55670.5 万吨、82654.19 万吨和 3141.81 万吨，年平均增长率分别为 12.74%、13.36%、16.04% 和 19.53%。从图中可以看出，我国主要钢铁产品产量年增长率在 2005 年以前基本平稳或微幅增加，随后增幅回落，国际金融危机发生后的 2008 年增长率降到最低。在我国实施"保增长"的经济刺激计划后增长率回升，主要生铁、粗钢、钢材和铁合金产量持续增加。

根据《中国工业经济统计年鉴》，可以观察我国 2003～2013 年主要钢材品种的产量变化情况，如表 4 - 4 和表 4 - 5 所示。

从表 4 - 4 和表 4 - 5 展示的钢材品种产量及其增长率可以看出，我国钢材主要产品种类的产量均大幅增加，其中除了重轨以外，其他的钢材品种都达到了 1000 万吨以上。2013 年我国钢材产量居前四位的分别是其他钢材、钢筋、线材和中厚宽钢带，这四种钢材合计产量 71628.6 万吨，占总产量的 67.09%。从细分品种的产量来看，钢筋是产量最大的品种，全年产量超过 2 亿吨，盘条（线材）和热轧薄板分别超过了 1.5 亿吨和 1 亿吨。2003～2013 年增长幅度最大的 5 种产品分别是热轧薄板、镀层板（带）、冷轧薄板、钢筋和棒材，产量分别增加了 46.21 倍、11.89 倍、9.36 倍、4.15 倍和 3.19 倍。

从钢铁生产的地区分布来看，2014 年，华北、华东、东北、华中、西南、华南和西北地区[①]的粗钢产量分别为 2.68 亿吨、2.66 亿吨、8252.5 万吨、7856.2 万

---

① 华东地区包括山东、江苏、安徽、浙江、福建、上海；华南地区包括广东、广西、海南；华中地区包括湖北、湖南、河南、江西；华北地区包括北京、天津、河北、山西、内蒙古；西北地区包括宁夏、新疆、青海、陕西、甘肃；西南地区包括四川、云南、贵州、西藏、重庆；东北地区包括辽宁、吉林、黑龙江。

表 4－4　2003～2013 年我国主要钢材品种产量

单位：万吨

年份	重轨	大型型钢	中小型型钢	棒材	钢筋	盘条（线材）	特厚板	厚钢板	热轧薄板	冷轧薄板	中厚宽钢带	镀层板（带）	无缝钢管
2003	122.46	539.83	2775.27	1867.43	4005.44	4070.41	166.85	617.05	253.94	535.85	1502.90	336.61	733.19
2004	172.07	809.46	1365.55	2617.65	6654.61	5148.51	182.38	832.85	241.36	549.60	3103.66	765.20	1005.65
2005	192.67	752.04	2830.73	2899.58	6912.72	6094.74	237.40	1154.75	637.55	969.21	3713.87	877.88	1033.32
2006	201.70	917.28	2501.37	3694.07	8416.80	7207.40	324.86	1311.24	4524.02	1745.40	1285.80	1374.61	1528.04
2007	179.32	1008.11	2929.54	4574.38	10275.48	7919.02	426.03	1803.31	6304.12	1879.79	1747.76	1755.44	1881.54
2008	322.42	962.45	3075.08	4733.43	9605.01	8053.55	459.12	2044.89	7421.47	2461.86	2119.59	1967.39	2359.86
2009	442.07	947.10	4159.46	5575.61	12172.54	9604.13	474.90	1876.72	8385.23	3036.91	2192.48	2016.70	2192.88
2010	433.50	946.54	4116.58	6608.86	13876.93	10572.67	582.78	2350.30	10281.96	3750.89	2934.93	2849.22	2549.90
2011	291.50	1085.25	4471.91	6987.37	15573.99	12461.56	618.04	2608.15	10505.10	4256.94	3269.51	3176.78	2680.75
2012	321.50	1134.07	4718.32	7451.16	17810.18	13659.94	537.08	2341.56	10870.03	5036.01	3644.31	3776.14	2836.70
2013	428.30	1274.90	5745.50	7820.00	20619.20	15089.30	663.70	2398.80	11988.20	5551.60	3950.20	4337.80	2962.80

表4-5 2004~2013年我国主要钢材品种产量的增速

单位：%

年份	重轨	大型型钢	中小型型钢	棒材	钢筋	盘条（线材）	特厚板	厚钢板	热轧薄板	冷轧薄板	中厚宽钢带	镀层板（带）	无缝钢管
2004	40.51	49.95	-50.80	40.17	66.14	26.49	9.31	34.97	-4.95	2.57	106.51	127.33	37.16
2005	11.97	-7.09	107.30	10.77	3.88	18.38	30.17	38.65	164.15	76.35	19.66	14.73	2.75
2006	4.69	21.97	-11.64	27.40	21.76	18.26	36.84	13.55	609.59	80.08	-65.38	56.58	47.88
2007	-11.10	9.90	17.12	23.83	22.08	9.87	31.14	37.53	39.35	7.70	35.93	27.70	23.13
2008	79.80	-4.53	4.97	3.48	-6.52	1.70	7.77	13.40	17.72	30.96	21.27	12.07	25.42
2009	37.11	-1.59	35.26	17.79	26.73	19.25	3.44	-8.22	12.99	23.36	3.44	2.51	-7.08
2010	-1.94	-0.06	-1.03	18.53	14.00	10.08	22.72	25.23	22.62	23.51	33.86	41.28	16.28
2011	-32.76	14.65	8.63	5.73	12.23	17.87	6.05	10.97	2.17	13.49	11.40	11.50	5.13
2012	10.29	4.50	5.51	6.64	14.36	9.62	-13.10	-10.22	3.47	18.30	11.46	18.87	5.82
2013	33.22	12.42	21.77	4.95	15.77	10.46	23.58	2.44	10.29	10.24	8.39	14.87	4.45
年均增长率	13.34	8.97	7.55	15.40	17.80	14.00	14.81	14.54	47.03	26.34	10.15	29.13	14.99

吨、5269.3万吨、3817.1万吨和3631.5万吨，其中，华北和华东地区产量占全国比重达64.97%。七大地区的增长率分别为-1.6%、4.4%、0.1%、3.5%、-5.7%、-1.2%和3.8%。各地区的粗钢生产情况如图4-6所示。

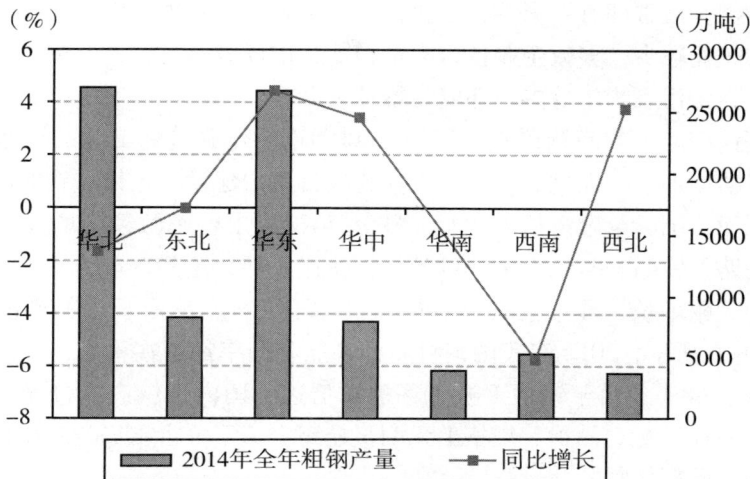

图4-6 七大经济区域钢铁产量增长情况

具体从省级层面来看，2014年钢产量居于前10位的省（市）依次是河北（1.85亿吨）、江苏（1.02亿吨）、辽宁（6511.4万吨）、山东（6411.0万吨）、山西（4325.4万吨）、湖北（3056.4万吨）、河南（2882.2万吨）、安徽（245.14万吨）、天津（2287.1万吨）和四川（2243.0万吨）。

总体来看，现阶段我国钢铁产业主要以大企业为主、中小企业并存，产业布局也逐步向国际、国内资源并举，更加贴近消费市场的战略方向转变。钢铁产量规模明显扩大，产品品种极大丰富，装备技术水平大幅提升，可持续发展能力不断增强。我国钢铁行业对外贸易发展迅猛，产品结构不断优化，出口国家和地区范围也不断拓展，逐步实现了由钢材净进口国—净出口国—世界第一出口大国的转变。我国钢铁产业的技术水平不断提高，供给建筑、造船、汽车等行业量大面广的钢材产品的整体水平明显提升，高强钢筋、高强度钢结构用钢比例提高，一大批高科技含量和高附加值的产品研发成功并投入应用。例如，我国企业开发用于大型水电、火电和核电装备制造的取向硅钢板、磁极磁轭钢板、电站蜗壳用钢板等产品性能达到世界先进水平。

然而，虽然中国已成为世界钢铁生产大国，但还不是钢铁强国，钢铁工业战略性结构调整的任务还很沉重。钢铁长期存在行业集中度低、竞争力不强、整体抗风险能力偏弱等缺点，点多、面广和量小的钢铁工业布局成为我国钢铁工业大而不强的主要制约因素。产品同质化造成行业过度竞争，钢铁产能集中度下降。我国现有钢铁冶炼企业近 1000 家，根据中国钢铁工业协会数据显示，2014 年前 10 家钢企粗钢产量约为 3 亿吨，同比降低 1.99%，仅占全国总产量 36.58%，比重比前一年回落 2.8 个百分点。产量在 1000 万吨以上的企业由 19 家增加到 22 家。以钢铁大省河北省为例，该省拥有百家钢铁企业，其中工艺比较先进、生产规模较大、环保设施完善的企业较少，多数企业技术水平较低，市场竞争力较弱，单位产品生产的能耗和物耗高，污染物排放多，环境污染较为严重。

我国钢铁产能过剩问题严重。2003~2008 年，随着重化工业的快速发展，板材料市场迅猛增加，一大批热连轧、冷连轧项目集中建设，板带材料的产能超常增长。另一方面，国际金融危机发生后，2008 年国家出台刺激经济增长的一揽子计划，带动公路、铁路、基础设施建设等行业快速发展，这些行业的发展带来了长材市场产能的大幅增长，导致长材产品严重供过于求，又形成了长材产能过剩的局面。如表 4-6 所示，2012 年我国钢材品种产能利用率都存在不足，大部分产能的利用率都低于 80%。由于钢铁下游市场需求低迷，国内钢铁产能过剩加剧，各钢企的低端产品在质量、品种、规格上无明显差距，为了抢占市场相互压价竞争，导致利润下降，亏损增加。

表 4-6 　　　　　　　　　　　2012 年钢材品种产能利用率情况

钢材品种	钢轨	型材	线材	钢筋	棒材	中厚板	热轧宽带钢	冷轧宽带钢	镀锌板	热轧无缝钢管
全国产能（万吨）	660	6785	17787	20100	7980	10080	24600	10990	5500	3592
产能利用率（%）	72.2	63.4	76.6	87.3	85.2	61.4	69.9	73.8	81.8	78.5

我国钢铁产品结构不合理，不仅表现在低端产量过剩，还表现在高技术含量、高附加值钢材产品供给不足上。与发达国家相比，我国钢铁行业生产的特殊钢材比例较低。特殊钢是指具有特殊化学成分，采用特殊工艺生产，具备特殊组织和性能，能够满足特殊需要的钢铁种类，在汽车、船运、道路、海洋经济、城市建设等方面有巨大的需求，其产品附加值相对较高。目前日本、美国、欧洲的特殊钢产品占比分别为 25%、20% 和 18% 左右，在发达国家钢铁工业中，占比为 15%~25%，而我国的这一比例仅为 8%~10%。不仅如此，近年来还出现了比重下降的趋势。2014 年，中国特钢企业协会成员单位的粗钢产量为 1.25 亿吨，同比增长 5.78%，高于全国粗钢产量增幅 0.9%。其中，普通钢同比增长 13.54%，增幅明显高于优质钢（2.86%）和特殊钢（1.99%）。由于机械制造行业增速放缓，特别是与房地产、钢铁、煤炭等行业关系较大的工程机械制造行业持续低迷，导致齿轮钢、轴承钢、弹簧钢和合金工具钢产量下降，其中，齿轮钢减少 9.14%，弹簧钢减少 3.59%，合金工具钢减少 3.8%，轴承钢减少 2.95%，模具钢减少 0.48%。尽管特

殊钢的出口情况相对较好，但低端钢材和含硼钢的比例较大。另一项代表高附加值、高技术的板管材比例（板材、管材总产量与钢材总产量比）也低于世界平均水平，意味着我国钢铁产品仍以低附加值的产品为主。

由于国内的铁矿石产量不能满足钢铁企业的生产需求，我国每年不得不进口上亿吨铁矿石和铁精粉。铁矿石资源由力拓、必和必拓、淡水河谷和澳大利亚 FMG 公司等少数国际矿业巨头所垄断。由于国内钢铁企业对铁矿石需求增加且议价能力不足，国际矿业巨头频频在铁矿石谈判中联手抬价，对中国钢铁企业形成需求控制。与此同时，我国以低端产品为主的钢铁出口迅猛增加，逐渐成为世界低端钢铁产品的制造基地，形成"两头"在外的局面，十分不利于生态环境保护和钢铁工业的可持续发展。在高端钢铁产品领域，由于国内钢铁企业技术水平和产品研发能力不足，每年需进口大量国外钢铁产品。这些进口钢材品种主要用于高档汽车、高档家电、大型及超大型变压器、风电和核电等高端制造领域。例如在交通领域，我国家庭的消费升级和现代物流业的快速发展，对汽车用钢和轨道交通用钢提出了新的需求。汽车用钢突出轻量化和安全性，第三代汽车用钢在减重的同时，能够增加超轻钢车身的强度，从而减少燃油消耗，提升安全性能。我国齿轮用钢、模具用钢等也存在很大差距，模具用钢的产业化和工程化水平与国际先进水平存在较大差距。目前，我国约有 1/3 的高端齿轮需要依赖进口，高端模具的进口数量也超过了国内模具的总产量。又如，我国仅有四家钢厂能够生产航空轴承钢，但寿命只有国外产品的 1/5 ~ 1/4，为促进相关产业发展，开发高均质、高纯净、高性能的航空轴承用钢仍然十分迫切。

二、钢铁行业节能减排情况

钢铁产业属典型的资源、能源密集型产业。钢铁生产的主要原料是含铁矿石（粉）、燃料（焦炭、粉和无烟煤）和各类熔剂（石灰石、粉或石灰粉），钢铁生产规模大，工艺流程长，生产过程较为复杂，资源、能源的消耗量大，生产过程中的污染物排放量也比较大。钢铁生产过程中排放的污染物主要包括 SO_2、氮氧化物、粉尘等。在钢铁产品的生产过程中，污染物排放主要集中在烧结、炼铁和炼钢三个生产环节上，由铁矿分离出铁、由铁冶炼成钢的过程中均会不同程度地排放出烟尘、废气、废水等环境污染物。例如，各种窑炉在生产过程中会产生大量含尘及有害气体，石灰煅烧过程会排出大量的氮氧化物。炼钢单元的废气主要来源于冶炼过程铁水中碳的氧化，转炉一次烟气中的烟尘浓度高、粒度细，烟气中的一氧化碳浓度高且毒性大。热轧生产过程加热炉燃料燃烧过程中产生的废气中含有烟尘、二氧化硫及氮氧化物等。钢铁企业生产过程中还会产生大量的固体废物，包括高炉渣、转炉钢渣、除尘灰、氧化铁皮、水处理污泥和炼焦固体废物等。一般而言，冶炼 1 吨成品粗钢大约需要 2.5 吨原燃料，其中，60% 的物料将以废气、废水和固体废物的形式进入生态环境。

我国钢铁生产过程中的固体废物利用率较高，工业固体废物排放量少。2013 年黑色金属冶炼及压延加工业的一般工业固体废物产生量为 44076.0 万吨，综合利用量为 39901.9 万吨，综合利用率为 90.53%，处置量为 2587.9 万吨，贮存量 1851.54 万吨，倾倒丢弃量仅为 8.71 万吨。表 4－7 展示了黑色金属冶炼及压延加工业发展过程中的 SO_2 排放量、工业废水排放量和工业固体废物产生量。根据《中国环境统计年鉴（2003～2013）》，黑色金属冶炼及压延加工业的主要污染物排放情况如表 4－7 所示。

表 4－7　　　黑色金属冶炼及压延加工业主要污染物情况

年份	SO_2 排放量	年增长率	工业废水排放量	年增长率	工业固体废物产生量	年增长率
2003	83.2359	—	177456	—	15317	—
2004	113.41	0.3624	186888	0.0532	18623	0.2158
2005	70.7	-0.3766	169934	-0.0907	23506	0.2622
2006	149.4	1.1132	156727	-0.0777	29149	0.2401
2007	162.47	0.0875	156862	0.0009	29797.4	0.0222
2008	160.75	-0.0106	144104	-0.0813	31459	0.0558
2009	170.18	0.0587	125978	-0.1258	33894	0.0774
2010	176.65	0.038	116948	-0.0717	38007.86	0.1214
2011	251.45	0.4234	121037	0.0350	42344.2	0.1141
2012	240.62	-0.0431	106148	-0.1230	42047.3	-0.0070
2013	235.12	-0.0229	94762	-0.1073	44076	0.0482

从表 4－7 可以看出，2013 年与 2003 年相比，钢铁工业 SO_2 排放量增加了 182.47%，其间年均增长率为 10.94%，工业废水排放量减少了 46.60%，年均增长率为 -6.08%，工业固体废物产生量增加了 187.76%，年均增长率为 11.15%。

总体看，钢铁工业的环境污染物排放随着国民经济景气周期的变化出现波动：2005 年以前，SO_2 排放呈现出快速增加的趋势。这是由于我国加入 WTO 以后，新一轮增长具有明显的重化工业化特征，对钢铁产品的需求增加，各地区钢铁工业固定资产投资和产能也相应大幅增加。1996～2000 年全国钢铁工业固定资产投资总额为 2153.77 亿元，2001～2005 年全国钢铁工业固定资产投资总额大幅增加为 7167.31 亿元，增加了 2 倍多。2005 年起，为应对日益严峻的环境污染增加的趋势，我国刮起"环保风暴"，国家环保总局等环境保护部门大力推行规划环评制度，对环评违法问题采取"立即叫停"和"限期整改"等强有力的措施，公众参与重大环境事务的积极性明显增加。在此背景下，企业的环境保护意识增强，污染减排取得了较为明显的效果，扭转了主要污染物大幅增加的趋势，污染物排放出现缓慢增加或略有下降。2007 年国际金融危机以后，为保增长、促就业，国家出台了"四万亿"经济刺激计划，大量新增投资投向铁路、公路、基础设施等建设领域，刺激了对钢铁产品的需求，导致钢铁产业快速扩张。污染物排放随之出现增加趋势。2011 年的 SO_2 排放比前一年大幅增加 42.34%，工业废水排放增加 3.5%，工业固体废物产生量增长 11.41%。此后，由于国内外环境变化，我国经济进入增长速度换挡期、结构调整阵痛期和前期刺激政策消化期的"三期叠加"阶段，增长速度下降，经济发展步入新常态。钢铁行业面临需求下降、产能过剩、利润减少、亏损增加的不利局面。由于产能利用率下降，污染物排放量也相应减少。

以粗钢产量为观测指标，表 4-8 给出了 2003~2013 年吨钢工业 SO_2 排放量、吨钢废水排放量和吨钢工业固体废物产生量情况。

表 4-8   吨钢污染物排放量

年份	2003	2004	2005	2006	2007	2008	2009	2010	2011	2012	2013
吨钢工业 SO_2 排放量	0.0037	0.0040	0.0020	0.0036	0.0033	0.0032	0.0030	0.0028	0.0037	0.0033	0.0030
吨钢工业废水排放量	7.9814	6.6059	4.8107	3.7392	3.2059	2.8646	2.2017	1.8353	1.7662	1.4664	1.2164
吨钢工业固体废物产生量	0.6889	0.6583	0.6654	0.6954	0.6090	0.6254	0.5924	0.5965	0.6179	0.5809	0.5658

从表 4-8 可以看出，2003~2013 年，生产 1 吨粗钢的 SO_2 排放量下降了 24.71%，吨钢废水排放量下降了 84.76%，吨钢工业固体废物产生量下降了 17.87%。这些数据反映出我国钢铁工业节能减排取得了明显的成绩。

三、钢铁产品结构调整的污染减排效应

随着我国钢铁行业的快速发展和环境保护力度加大，技术含量低、能源资源消耗大、污染排放量大的低端产品比重下降，技术含量高、产品附加值高的高端产品比重增加，钢铁产品结构趋于优化。这一变化也会对污染物排放产生影响，有利于

单位产品生产的环境污染物排放量减少。下面建立多元线性回归模型分析钢铁产品结构调整的污染减排效应。模型的被解释变量分别是黑色金属冶炼及压延加工业的 SO_2 排放量（SO_2）、工业废水排放量（FS）和工业固体废物产生量（GT）[①]。解释变量分别为黑色金属冶炼及压延加工业的固定资产总额（X_1）、型钢（X_2）、线材棒材钢筋（X_3）、板材（X_4）和钢管（X_5）的产量。

下文将分别以主要污染物的排放量或产生量对资本和主要钢材品种产量建立回归分析模型：

$$SO_2 = \alpha_0 + \alpha_1 X_1 + \alpha_2 X_2 + \alpha_3 X_3 + \alpha_4 X_4 + \alpha_5 X_5 + \mu \qquad (4.1)$$

$$GT = \beta_0 + \beta_1 X_1 + \beta_2 X_2 + \beta_3 X_3 + \beta_4 X_4 + \beta_5 X_5 + \mu \qquad (4.2)$$

$$FS = \theta_0 + \theta_1 X_1 + \theta_2 X_2 + \theta_3 X_3 + \theta_4 X_4 + \theta_5 X_5 + \mu \qquad (4.3)$$

多元回归分析模型的估计结果如表 4-9 所示。

表 4-9　　　　　　　　　　　模型估计结果

	(1) SO_2	(2) gt	(3) fs
固定资产（X_1）	-1.0254 (-0.98)	-0.4805 (-0.92)	-0.8796 *** (-2.68)
型钢（X_2）	0.1757 (0.47)	0.1506 (0.80)	-0.1628 (-1.38)
线材（X_3）	6.0572 *** (3.68)	-1.3048 (-1.59)	-1.5315 *** (-2.97)
板材（X_4）	-6.1887 *** (-3.1)	2.2804 ** (2.29)	1.8895 *** (3.02)
钢管（X_5）	2.8974 *** (4.14)	-0.2070 (-0.59)	-0.1146 (-0.52)
常数项	-1.8296 *** (-2.94)	1.8703 *** (6.02)	7.8049 *** (39.93)
N	11	11	11
调整后的 R^2	0.9295	0.9746	0.9758
F 值	27.39	77.59	81.64

注：* $p < 0.10$，** $p < 0.05$，*** $p < 0.01$。

[①] 之所以不采用固体废物的排放量，是由于我国工业固体废物的综合利用率很高，直接排放量很少。例如，中国钢铁新闻网显示，2014 年柳钢固体废物综合利用率达 96.1%。

由表 4-9 可以看出：在三个模型中，固定资产投资（X_1）的系数均为负数，表明随着钢铁行业固定资产投资的增大，总体上有利于污染物减排。但是，X_1 仅对工业废水排放量影响显著，而在模型（1）和模型（2）中都不具有统计显著性，即对 SO_2 和固体废弃物排放的影响不显著。

型钢产量（X_2）变化对污染物排放的影响在三个模型中都不显著。

线材（X_3）和钢管产量（X_5）增加与工业 SO_2 排放正相关，与工业废水排放负相关，对工业固体废物的影响不显著。

板材产量（X_4）增加与工业 SO_2 排放负相关，而与工业废水排放正相关，对工业固体废物的影响不显著。

从模型结果可以看出，钢铁产品结构的变化对不同污染物的排放具有不同程度的影响。但是，产品结构调整的污染减排效应相对较弱。这一现象可以从近年来我国钢铁行业的产品结构变化中得到解释。一方面，由于国内外经济持续不景气，国内房地产市场低迷，基础设施建设进程放缓，对建筑工程等大型机械的用钢需求下降，直接导致对弹簧、齿轮、模具等高端钢铁产品的需求减少，相关产品销售不畅和利润降低，迫使企业缩减高端钢铁产品的产量，低端产品的比重增加。另一方面，在地方保护主义的庇护之下，近年来新增了一大批中小钢铁企业，导致产能过剩更趋严重。虽然国家加大了钢铁产业结构调整的力度，关闭了部分污染重、耗能高、生产工艺落后及产品附加值低的钢铁生产企业，但由于国际市场的强劲需求，我国低端钢铁产品出口失控，给本来应予以淘汰关闭的小钢铁企业提供了海外市场和生存空间。一些地方政府从狭隘的地方利益出发，为发展地方经济和增大地方财政收入，不计后果地大建快上中、小钢铁企业，盲目扩张产能。小企业与大企业争原料、争能源、争市场的恶性竞争，不仅给环保、能源、运输等带来了一系列问题，更重要的是，这些企业以低端产品低价竞销，破坏了公平竞争的市场秩序，大量低价低端钢铁产品出口损害了钢铁进口国家的相关产业发展，更致使我国钢铁产品出口频频遭遇反倾销诉讼。

四、促进钢铁产品结构调整的政策建议

在当前国内外经济环境深刻调整的背景下，我国钢铁产业在经过持续多年的迅猛发展之后，面临一系列亟待解决的问题：铁矿石等原料燃料价格快速上升，侵蚀企业利润；钢铁产业盲目扩张，行业集中度不升反降，同质产品过度竞争；高污染、高能耗的粗放型发展模式无法持续；低端钢铁产品产能过剩、高端钢铁产品或钢铁服务供给不足或者存在空白，钢铁产业价值链提升缓慢。为解决这些问题，钢铁行业需要加快技术进步，调整产品结构，推动服务化转型，推进企业兼并重组，化解钢铁过剩产能，提高产品附加值。具体来看，当前亟须在以下四个方面采取措施。

1. 加速高端钢铁产品研发，加快行业技术进步

我国是世界第一钢铁产能大国，也是世界第一钢铁产量大国。但是，国产钢铁在低技术含量、粗加工、低附加值领域产能过剩，高技术含量、高附加值领域的产品供给不足。在当前国内钢铁产能利用率低下，产能严重过剩的情况下，我国每年仍需进口超千万吨的钢材来满足市场需求，尤其是中高端的市场需求。因此，要实现我国从钢铁大国到钢铁强国的转变，应针对我国钢铁行业的特点，加大资金和人才投入，大力推进对自主知识产权高端钢铁技术的开发和运用，如高速铁路用钢、高强度轿车用钢、核电用钢、超临界火电用钢、高档电力用钢和工模具钢等钢材品种，努力实现进口替代，满足高端制造业发展的需要。同时，促进钢铁行业节能减排技术的开发，可以设立钢铁产业循环经济重大专项技术开发项目，推广应用节能减排新技术，减少钢铁行业环境污染。当前，尽管国家已多次发文要求加快钢铁行业化解过剩产能，推进智能制造、研发高端品种和提升品质品牌，但在行业利润水平明显下滑和钢铁企业资金困难的情况下，钢铁企业对高端产品技术研发的意愿和能力均受到局限。对此，政府可以考虑设立专项研发基金，通过招投标等形式，选择有条件、有意愿的钢铁企业或科研机构攻克关键共性技术难题。针对目前科研部分和市场需求脱节的情况，政府需要在制度上打破科研所和钢铁企业之间的藩篱，加大钢铁企业与科研院所或高等院校之间的合作。一方面，要鼓励科研院所、高校和企业形成合作机制和联动效应，推动企业自主研究和科研院所、高校研发相结合，定期交流，让市场需求能及时反馈到科研人员的研究计划中；另一方面要为科技成果转化提供便利。特别是要明确成果权属，简化转化审批流程，形成高效的科技成果流转市场。

2. 促进钢企服务化转型，实现产业价值链攀升

现阶段，全球钢铁行业的竞争已经由单个钢铁企业间的竞争转向钢铁产业链间的竞争，能否与产业链上的优质企业或客户建立起长期稳定、互利共赢的合作关系成为钢铁企业提升产业价值链层级、获取市场竞争优势地位的关键。钢铁生产企业处于产业链的中间位置，上游产业包括铁矿石、煤炭、电力、石油等原材料行业，下游产业包括建筑业、汽车制造、船舶制造、机械制造、石油化工等行业。当上游原料涨价时，企业无法将成本增加转嫁给下游产品；而当下游产品降价时，也无法向上游压低原料价格——钢铁企业处于受到双向挤压的不利局面。在上游铁矿石行业高度垄断、下游行业需求不足的情况下，钢铁企业需要加快推进战略转型，从传统的"以钢铁生产为中心"转向"以钢铁服务为中心"。上游钢铁企业提供给下游用户的不应仅仅是简单的钢铁材料供给，而应是包括材料供应、零部件制造、半成品加工、模具设计与制造、物流配送、技术服务、质量保证和金融服务等方面的全方位服务，在用户使用钢铁材料过程中最容易产生问题的环节，如强度计算问题、焊接切割问题、材料成形问题等提供技术支持和咨询服务，在钢铁企业和用户间构建起新型的生产与服务关系。

3. 加快钢企兼并重组，防止无序过度竞争

在中国现行体制下，GDP 增长率始终是政府官员绩效考核的重要指标，地方政府为促进地区经济增长、增加 GDP 和提高就业水平而展开激烈竞争。由于钢铁行业是典型的资本密集、技术密集行业，能够创造大量的工业增加值、税收和就业岗位，因而备受地方政府的青睐。一些地方政府甚至干预微观企业运行，以行政方式推动产能增长，使投资行为发生扭曲，助长了钢铁行业小、散、弱的不利格局。2013 年 1 月工信部等 12 部委发布《关于加快推进重点行业企业兼并重组指导意见》，提出到 2015 年前 10 家钢铁企业集团产业集中度应达到 60% 左右，然而，2014 年前 10 家钢企粗钢产量仅占全国总产量 36.58%，与前一年相比还回落了 2.8 个百分点。与此同时，一大批没有国家立项、没有环保审批的钢铁项目聚集在河北、内蒙古等地区的工业园中，这些项目投资额动辄高达数十亿元、上百亿元，一些甚至还是当地的重点招商项目。在增加 GDP 和税收的驱使下，许多地方政府"上有政策，下有对策"，帮助企业巧立名目偷梁换柱，盲目上马新项目，甚至利用电价、土地、税收等优惠措施增加产量，进一步加剧了产能过剩。为此，要强化环境保护倒逼机制，严格对地方党委和政府部门的问责机制，防止低水平重复建设和产能无序扩张。同时，进一步加大钢铁业兼并重组的步伐，确保到 2025 年前十家钢铁企业粗钢产量占全国比重不低于 60%，形成三到五家在全球范围内具有较强竞争力的超大型钢铁集团，并形成大型、中型、小型钢厂的多层次、多元化的产业结构，促进钢铁产业分工合作，避免恶性竞争。

4. 加快淘汰钢铁行业落后产能和化解过剩产能

当前，我国钢铁产业发展中最为突出的问题是产能过剩严重，然而淘汰落后产能和过剩产能将触动企业和地方的切实利益。国家需进一步完善淘汰落后产能和过剩产能退出机制，有效增强企业主动退出市场的动力。为此，应综合考虑钢铁企业的投资和生产规模、折旧、残值等情况，分行业、分工序地研究制定出符合市场经济规律、注重市场公平和具有操作性的淘汰落后产能和过剩产能的财政补贴标准。采用中央与地方财政奖励统筹相结合、专项支持的资金奖励办法，合理解决淘汰落后产能和过剩产能企业的职工安置、债务化解、企业转产等核心问题。为加快化解过剩产能，国家应制定实施更严格的钢铁产业环境保护标准，进一步完善钢铁市场的准入和退出标准，对达不到市场准入要求的，严禁进入市场。应进一步强化钢材产品的质量标准管理体系，严格制定和执行在不同领域的钢材产品使用标准，防止

劣质钢材产品挤压优质钢材产品的市场空间。应进一步提高和规范重要用钢领域的用钢标准。与此同时，鼓励一部分具备转移需求和具有较好发展基础的钢铁企业"走出去"，向海外转移部分过剩产能。

第六节　本章小结

一、主要结论

产品结构变化和升级对污染减排具有重要影响。企业为追逐利润、扩大市场份额，需要持续不断地适应消费者偏好的变化，减少资源浪费、节约生产成本，遵守环保法律法规，塑造负责任的社会形象，为此，需要加大技术研发力度，改进产品设计和生产工艺，生产适销对路的产品。以出口产品结构为对象的实证研究表明，工业增加值与工业二氧化硫排放强度呈负向相关关系，工业增加值平均有利于工业二氧化硫排放强度下降。出口产品结构也与工业二氧化硫排放强度呈负向相关关系，机械及运输设备出口额比例提高，也有助于工业二氧化硫排放强度下降。从实证分析结果可以看出，随着中国工业化进程的逐步推进和产业转型升级加快，工业二氧化硫排放强度持续降低，产品结构变化、产品结构升级是推动节能减排的重要因素。

以钢铁行业产品结构调整为例的实证研究表明，钢铁产品结构的变化对不同污染物的排放具有不同程度的影响，总的来看，钢铁产品结构调整的污染减排效应相对较弱。这一现象可以从近年来我国钢铁行业的产品结构变化中得到解释。一方面，由于国内外经济持续不景气，国内房地产市场进入下行周期，基础设施建设进程放缓，对建筑工程等大型机械的用钢需求下降，直接导致对高端钢铁产品的需求减少，相关产品销售不畅和利润降低，迫使企业缩减高端钢铁产品的产量，低端产品的比重增加。另一方面，在地方保护主义的庇护之下，近年来新增了一大批中小钢铁企业，导致产能过剩更趋严重。一些地方政府从狭隘的地方利益出发，为发展地方经济和增加地方财政收入，不计后果地大建快上中、小钢铁企业，盲目扩张产能。

二、政策建议

基于本章的实证研究，提出如下政策建议：

1. 实施创新驱动，加快技术研发

创新是推动社会经济发展的根本动力。当前，中国经济发展进入新常态，依靠

生产要素成本优势的传统发展动力不断减弱，规模、速度型的粗放型增长方式必然转向质量、效率型的集约型增长方式。为此，要积极培育区域创新体系，推进和完善区域内的制度创新、管理创新和服务创新，加强区域企业、科研机构、大学、中介服务机构的交流合作和创新元素的集聚，打造开放高效的创新网络。要明确技术演进的方向和重点，加强技术攻关，形成持续创新的系统能力。要积极引导企业主动适应个性化、多样化消费新趋势，加大对新技术、新产品的投资，改进产品设计和生产工艺，加快技术进步，提高产品质量。

2. 完善法律规范，保护知识产权

在知识经济时代，知识产权对于一个企业乃至国家的发展具有举足轻重的重要作用。侵犯知识产权不仅会极大地打击创新者的积极性和恶化创新环境，也会给侵权产品的使用者带来极大的隐患。当前，我国拥有的知识产权多而不优、大而不强，知识产权保护不够严格，侵权行为易发多发，严重影响到创新创业热情。而一国要想实现持续创新发展，就必须完善知识产权管理体制，建立健全激励创新的政策体系、保护创新的法律法规，完善鼓励创新的社会环境，激发源源不断的创新活力。为此，各级政府要严厉打击侵权行为，加大知识产权犯罪打击力度，让违法者付出巨大成本，让创新成果得到有效保护，使全社会形成尊重知识、保护产权、崇尚创新、包容多元的价值导向。与此同时，还要进一步壮大科技人才队伍，培育和优化激励创新的市场环境和社会氛围。

3. 提升产业价值链，提高产品附加值

尽管我国已成长为全球第二大经济体，但是产业核心竞争力不强，产品主要凭借廉价劳动力优势参与国际市场竞争，制造业长期位于全球价值链的中低端。来料加工、进料加工等加工贸易出口额已占出口总额的半壁江山，大量企业采用贴牌生产方式，产品设计、关键零配件、生产装备等主要依赖进口。即便是在国际市场上拥有一定市场份额的产品，国内企业也主要处于组装和加工制造环节，企业普遍未能掌握核心技术、知名品牌和国际化的营销渠道。国内产业链条短，且呈碎片化状态。为此，需要积极引导企业大力增强产品质量、品牌和市场营销意识，弘扬企业家精神和工匠精神，提高企业社会责任意识，加大产品研发力度，努力打造质量过硬的知名品牌，提高产品附加值。以"中国制造2025"为契机，加快培育制造业的新模式、新业态和新产品，推动中国制造业进入全球价值链的中高端，并逐步增强国内企业对全球产业链的控制力。

参考文献

1. 包政：《战略营销管理》，中国人民大学出版社1997年版。

2. 陈佳平：《中部区域旅游合作背景下河南旅游产品结构调整优化研究》，载《地域研究与开发》2009 年第 5 期。

3. 陈明森：《市场进入退出与企业竞争战略》，经济科学出版社 2001 年版。

4. 董峥、徐晓飞、战德臣：《基于领域复合语义的产品结构非精确匹配模型与算法》，载《计算机集成制造系统》2006 年第 7 期。

5. 冯巨章：《对华反倾销的趋势、国别分布与产品结构：1995～2008》，载《国际经贸探索》2010 年第 1 期。

6. 符国基：《基于生态足迹的海南农产品结构优化分析》，载《农业现代化研究》2006 年第 5 期。

7. 高韧、邢安刚：《种植业产品结构调整中的农村政府行为模式研究——基于中国山东省苍山县的调查》，载《安徽农业科学》2009 年第 13 期。

8. 郭将、赵景艳：《产品空间结构视角下的比较优势动态变化研究——以江苏省装备制造业为例》，载《现代财经》（天津财经大学学报）2006 年第 7 期。

9. 韩爽、王鹤：《中日钢铁产品结构比较研究》，载《日本研究》2005 年第 4 期。

10. 贺灿飞、任永欢、李蕴雄：《产品结构演化的跨界效应研究——基于中国地级市出口产品的实证分析》，载《地理科学》2006 年第 7 期。

11. 胡伯陶：《棉纺织行业产品结构问题及调整思路》，载《棉纺织技术》2001 年第 2 期。

12. 胡星：《比较优势与农产品结构调整》，载《经济经纬》2001 年第 2 期。

13. 胡雁斌：《我国进口产品结构、地区进口特征、行业融资依赖和地区金融发展》，载《现代管理科学》2016 年第 5 期。

14. 黄伟、张阿玲、张晓华：《我国区域间产业经贸产品结构合理度比较分析》，载《统计研究》2005 年第 9 期。

15. 江生忠、刘玉焕：《产品结构失衡对寿险公司资本结构、盈利能力和偿付能力的影响——以上市保险公司为例》，载《保险研究》2012 年第 3 期。

16. 姜征：《外资企业对我国出口产品结构变化的影响分析》，载《国际贸易问题》1999 年第 11 期。

17. 康荣平、柯银斌：《企业多元化经营》，经济科学出版社 1999 年版。

18. 黎峰：《全球价值链分工下的出口产品结构及核算——基于增加值的视角》，载《南开经济研究》2015 年第 4 期。

19. 李凯、乔红艳：《中美日钢铁产品结构比较研究——兼论中国钢铁产品结构演进绩效》，载《工业技术经济》2008 年第 1 期。

20. 李世俊：《我国钢铁工业产品结构调整的现状及展望》，载《冶金管理》2004 年第 2 期。

21. 李霞、涂海宁、夏芳臣、刘建胜、杨义：《基于产品结构的产品开发工作流研究》，载《南昌大学学报》（工科版）2004 年第 1 期。

22. 李占雷：《市场引力与企业产品结构优化》，载《工业工程与管理》2001 年第 5 期。

23. 梁樑、王志强、余玉刚：《考虑产品结构的供应链设计决策模型及其博弈分析》，载《系统工程理论与实践》2004 年第 4 期。

24. 廖春花、明庆忠、邱膑扬：《区域合作背景下的地方旅游产品结构调整研究——以云南参与泛珠三角区域合作为例》，载《旅游学刊》2006 年第 7 期。

25. 刘春、闫钦运：《煤炭企业产品结构优化模型》，载《选煤技术》2000 年第 4 期。

26. 刘猛、李百战、姚润明：《水泥生产能源消耗内含碳排放量分析》，载《重庆大学学报》2011 年第 3 期。

27. 刘正良：《产品结构、贸易方式与出口贸易的增长效应——基于江苏案例的计量检验》，载《经济经纬》2011 年第 1 期。

28. 牟文恒、张国滨：《我国窄带钢生产现状及产品结构的调整》，载《轧钢》2003 年第 2 期。

29. 戚赟徽、王淑旺、刘光复、刘志峰、刘红：《面向能量优化的产品结构要素组合设计》，载《机械工程学报》2008 年第 1 期。

30. 乔雯、王雪、易法海：《中国出口日韩农产品结构变动与要素密集度分析》，载《世界农业》2012 年第 1 期。

31. 任一鑫、盖丽、王伟：《资源环境承载力约束下产品结构优化方法研究》，载《荆楚学刊》2015 年第 5 期。

32. 尚颖、贾士彬：《中国寿险产品结构调整的影响因素分析——基于公司微观层面的实证分析》，载《保险研究》。

33. 沈利生、吴振宇：《外贸产品结构的合理性分析》，载《数量经济技术经济研究》2003 年第 8 期。

34. 舒肖明、杨达源、董杰、唐继刚、周彬：《基于生态足迹分析的山区农产品结构优化探讨——以大别山区岳西县为例》，载《地域研究与开发》2006 年第 1 期。

35. 孙国梓、郁鼎文、吴志军：《基于粗糙集的全局产品结构模型研究》，载《计算机学报》2005 年第 3 期。

36. 王景峰、王刚、吕民、高国安：《基于产品结构的制造服务链构建研究》，载《计算机集成制造系统》2009 年第 6 期。

37. 王三兴：《全球化条件下的中欧贸易产品结构与贸易不平衡分析》，载《对外经济贸易大学学报：国际商务版》2007 年第 2 期。

38. 王约庚、袁清珂：《产品结构是企业持续发展的保障》，载《武汉理工大学学报》（信息与管理工程版）2003 年第 4 期。

39. 夏虹：《外商直接投资与我国出口产品结构的优化》，载《财金贸易》1999 年第 11 期。

40. 小野丰广：《日本企业战略和结构》，冶金工业出版社 1990 年版。

41. 谢勤：《出口退税率的调整对出口产品结构的影响》，载《统计与决策》2005 年第 2 期。

42. 杨华、王庆：《钢铁企业价格与产品结构综合决策问题研究》，载《运筹与管理》1998 年第 3 期。

43. 叶丹、黄庆华、刘晗：《供给侧改革背景下中国农产品结构优化路径与机制研究》，载《世界农业》2016 年第 6 期。

44. 易先忠、欧阳峣：《国内市场规模与出口产品结构多元化：制度环境的门槛效应》，载

《经济研究》2014 年第 6 期。

45．尹建华：《基于经济增长理论的产品结构调整和产业结构优化》，载《系统工程理论方法应用》2000 年第 2 期。

46．尹义省：《适当多角化——企业成长与企业业务重组》，生活·读书·新知三联书店1999 年版。

47．袁清瑞、李非：《产品结构的动态演变研究》，载《现代管理科学》2008 年第 1 期。

48．曾宇波、蔡巍：《面向产品全生命周期的产品结构和配置管理系统构架》，载《航空制造技术》2002 年第 10 期。

49．张文磊、陈琪：《汇率变动对出口产品结构的影响——基于出口产品国内附加值的分析》，载《世界经济研究》2010 年第 7 期。

50．赵一夫、田志宏、乔忠：《中国农产品对外贸易的产品结构特征分析》，载《农业技术经济》2005 年第 4 期。

51．钟诗胜、李江、林琳：《基于 AHP 法的模块化产品结构配置模型与应用》，载《哈尔滨工业大学学报》2003 年第 12 期。

52．周春芳、田伯平：《江苏省出口产品结构的实证分析》，载《国际贸易问题》2007 年第7 期。

53．周曲波：《我国铁矿业产品结构调整的方向》，载《金属矿山》2001 年第 8 期。

54．周维富：《我国钢铁工业 60 年发展的回顾与展望》，载《中国钢铁业》2009 年第 6 期。

55．Ansoff, H. Igor., Strategic Management, Published by Halsted Press, 1979.

56．Chandler, Alfred D., Organizational Capabilities and the Economic History of the Industrial Enterprise. The Journal of Economic Perspectives, Vol. 6, No. 3. (Summer, 1992), pp. 79 – 100.

57．Chandler, Alfred D. What is a firm? A historical perspective. European Economic Review, 1992, 36 (2): 483 – 492.

58．Lendrevie, Jacques; Lindon, Denis. Mercator, théorie et pratique du marketing. Dalloz-Sirey, 1993 (French Edition).

59．Philip Kotler, It's Time for Total Marketing, Business Week Advance Briefs, 1992, 2 (9): 1 – 21.

60．Porter, M. E., and Claas van der Linde. Toward a New Conception of the Environment-Competitiveness Relationship. Journal of Economic Perspectives 1995, 9 (4): 97 – 118.

61．R. G. Cooper, S. J. Edgett, Developing a product innovation and technology strategy for your business, Research-Technology Management, 2010, 53 (3): 33 – 40.

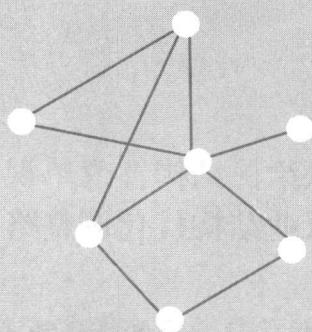

第五章

基于CGE模型的行业结构调整污染
减排效应研究

中国步入经济新常态与逐步展开的供给侧结构性改革的大背景下，供给侧结构性改革战略体系及其"三去一降一补"的发展具体路径的设计与实施，在确保促进产业经济提质增效的同时，也要切实发挥对污染减排及资源环境保护的正向协同效应，推进可持续发展大战略的逐步实现。本章主要讨论供给侧结构性改革视角下的行业结构优化调整路径，以及嵌入行业结构演化与污染排放行为的CGE模型构建，全面考察行业层面不同供给侧结构性调整路径对经济绩效与污染减排的量化影响与动态效应，并通过行业结构调整对污染减排影响效应的CGE情景模拟分析，系统揭示经济新常态下中国产业经济行业结构调整对污染减排的效应机理机制。

第一节 供给侧结构性改革视角下的
行业结构优化调整路径

一、经济新常态下的供给侧结构性改革战略选择

随着国内外经济环境的持续低迷与自身粗放型经济增长机制"瓶颈"的出现，中国已进入以产能趋近全面过剩、产业结构不合理矛盾日益深化、较长时期维持中低增长速度为主要特征的"L"型经济新常态时期。[①] 从具体数据来看，2012～2015 年的 GDP 增速连续下滑，其中，2014 年经济增长速度为 7.4%，2015 年则进一步降至 6.9%，7% 左右被认为是经济新常态时期中国经济增长的平均增速水平。尽管"十二五"时期产业结构性变化表现有所优化，其中，第三产业占 GDP 的比重从 2010 年的 44.2% 上升到 2015 年的 51% 左右；但是对应的需求端增长非常有限，居民消费需求占 GDP 比重微有提高，从 2010 年的 35.9% 上升到 2014 年的 37.7%，货物与服务出口额却呈现逐年下滑的态势。

由此可见，在经济新常态时期，以投资调控为主要手段的需求导向性产业政策将逐渐失去对经济增长的拉动效力。同时，由于人为的投资强刺激将严重扭曲市场机制，成为产业结构调整与经济动力转型的关键阻滞力量。具体分析存在以下几个方面的原因：第一，采取广泛干预微观消费与企业生产的投资性产业政策，会带来较为严重的寻租和腐败行为，加剧收入分配的不平衡，诱导企业家将更多的精力配置于寻租活动，相应地减少了适应市场、降低成本、提高产品质量、开发新产品等方面的努力，并降低整体经济体系的活力。第二，投资审批、核准政策及市场准入等管制政策，由于限制和扭曲了市场竞争，对一些重要行业的效率提升产生了显著的负面影响，不必要的投资审批和核准还阻碍了企业对市场需求增长和结构变动做出迅速反应，给企业经营以及产品结构调整带来困难。第三，目录指导政策常常超越我国经济发展阶段而片面追求发展高新技术产品和工艺，同时把本来具有市场需求的产能看作落后产能并加以淘汰。第四，片面强调市场集中度、市场规模，导致企业脱离自身需求和能力片面寻求扩大规模，并导致大量低效率的兼并重组。第

---

① 沈坤荣：《构筑新常态背景下增长动力的新机制》，载《河海大学学报》（哲学社会科学版）2015 年第 4 期。

五，以直接干预微观市场的方式治理产能过剩，不但不能从根本上治理产能过剩，反而阻碍了市场自发协调供需与产能内在机制的充分发挥，加剧了市场波动，甚至进一步加剧了产能过剩的程度。第六，发展战略性新兴产业政策实施中，过于注重补贴生产企业，导致部分新兴产业过度投资，并频繁遭遇国外反补贴调查和制裁。[1]

因而，为破解当前中国经济发展模式中的深层次困境，必须实现经济发展由注重市场需求的总量型需求管理向注重有效供给的质量型供给管理转变，为此，中央提出了"在适度扩大总需求的同时，着力加强供给侧结构性改革，着力提高供给体系质量和效率，增强经济持续增长动力"的供给侧结构性改革重大战略性新举措，明确"推进供给侧结构性改革，是适应和引领经济发展新常态的重大创新，是适应国际金融危机发生后综合国力竞争新形势的主动选择，是适应我国经济发展新常态的必然要求"。[2]

更进一步，经济新常态下具有中国特色的供给侧结构性改革，必须把握经济发展的阶段性特征，牢牢守住新常态下保持平稳、健康、可持续发展的产业经济发展总体方向，[3] 以创新宏观调控思路和方式为总体思路，以供给侧为改革突破口，在制度、机制和技术三个层面推进结构性改革。在制度层面，构建跨越"中等收入陷阱"必需的现代金融、产业、财税等制度体系，放松各种管制，打破行业垄断，释放民间资本的活力；在机制层面，通过教育制度改革实现人力资本的跨越，提升社保水平和改革收入分配，实现共享发展；在技术层面，通过营造激励创新的生态，实现创新驱动。[4] 供给侧结构性问题主要有以下几个方面：产业结构、区域结构、收入分配结构等，结构性问题的产生主要是源于体制性问题。供给侧结构性改革的战略目标主要是通过调整整体经济结构，从"供给侧"出发，优化供给质量和结构，发挥市场在资源配置中的基础性作用，改变以往要素配置扭曲的情况，促进要素的流动和配置，提高全要素生产率，从而转变经济发展方式，提升供给对于需求变化的能动性，满足人民群众的需求，提高经济发展质量。

供给侧结构性改革将成为经济新常态下中国经济发展的新动力。以往，中国经济发展主要是依靠"需求侧"的投资、消费、出口三大要素来推动；但在步入经济新常态阶段后，以"需求侧"为主的经济推动力的作用在下降，并且出现了一些经济发展的副作用，累积了一系列难题，包括产能过剩、环境资源破坏严重等。

---

① 江飞涛、李晓萍：《当前中国产业政策转型的基本逻辑》，载《南京大学学报》（社科版）2015 年第 3 期。

② 胡鞍钢、周绍杰、任皓：《供给侧结构性改革——适应和引领中国经济新常态》，载《清华大学学报》（哲学社会科学版）2016 年第 2 期。

③ 王一鸣：《全面认识中国经济新常态》，载《求是》2014 年第 22 期。

④ 冯志峰：《供给侧结构性改革的理论逻辑与实践路径》，载《经济问题》2016 年第 2 期。

而以供给侧结构为着力点的改革战略，立足于全面提高要素生产率与有效供给水平。改革进程将极大释放供给侧生产活力，并形成结构性改革系列红利，成为经济新常态阶段为我国经济发展强大的内生驱动力。

二、供给侧结构性改革中的行业结构优化调整路径

供给侧结构性改革是当前国家经济发展总体战略的主线，也是对以往以需求管理与供给量化调控为核心的产业制度体系进行的方向性转变。而在现阶段（2016~2020年），供给侧结构性改革将以"三去一降一补"，即"去产能、去库存、去杠杆、降成本、补短板"等五个方面为重点任务。而这五项重点任务分别对应于在经济系统的行业结构层面，对不同典型行业及经济主体典型行为施加相应的宏观管理举措。因此，去产能、去库存、去杠杆与降成本、补短板同时也是供给侧结构性改革中行业结构变动与优化调整的主要路径。

首先，行业去产能化结构调整路径旨在化解实体经济领域中的落后产能和过剩产能。对于传统的重化工业来说，尤其是钢铁、煤炭和水泥等行业，产能利用率较低，导致资源大量浪费，严重危胁自然环境。为了提高供给资源的有效利用，供给侧结构性改革必须将落后与过剩的产能进行有力淘汰。需要注意的是，在中国，产能过剩问题主要集中在大型国有重化工业，国有企业普遍缺乏预算硬约束，容易造成产能过剩。但同时，这些企业一般都负债率较高，具有劳动密集特征，且处于国民经济产业链的上游端。因此，在去产能政策实施的过程中，需要充分考虑其对经济系统的多重影响，尤其要对可能造成的大量失业妥善对待，恰当处理；并尽可能减少去产能化进程对宏观经济整体运行的冲击力度。具体实施时，需要市场发挥资源配置的基础性作用和政府宏观调控相结合，重点解决内在的价格扭曲机制问题，在适度可控的范围内稳步推进，积极落实。

其次，行业去库存化结构调整路径现阶段主要针对的是房地产行业突出的库存规模。近年来房地产行业的高速发展，导致房地产供给严重大于市场需求。房地产行业需要通过降低无效供给、提高有效需求，双管齐下解决房地产库存积压问题。房地产库存问题具有人口、地域及产品形态的结构性错配特征。现期，对于房地产具有需求的主要是城市常住人口中的农民工以及刚刚参加工作的群体，这类群体对于房地产具有一定的需求，但由于收入、社会保障等原因，往往无法对房地产形成真正有效的需求。同时，房地产库存主要是存在三四线城市，这与一二线城市的房地产需求形成强烈的对比，地域上的需求和供给错配导致一二线城市的房地产需求巨大，而三四线城市的房地产库存积压严重。另外，在经济新常态下，对商业用房的需求量减少，而房地产产品形态中商业用房比例一直居高不下，形成产品供需的错配。因此，供给侧结构性改革中的去库存化需要以新型城镇化及农民工群体需求

开发为主要手段，导入新的需求人口；优化城市群结构，弱化一线城市虹吸效应，优化房地产需求的空间均衡；调整房地产企业产品开发偏好，提升供给需求的有效对接。当然，房地产库存问题的解决是一项长期性工程，因此，需要在长期利益和短期利益相结合的情况下，重点发挥市场在资源配置中的基础性作用。

再次，行业去杠杆化结构调整路径旨在降低企业和政府的负债水平，防止金融领域出现较大的风险问题。中国杠杆率风险有多方面的原因。首先，直接融资市场的最初建立是为国有企业的改革服务的，具有先天的制度性不足，虽然取得了一定的改革成果，但是仍然无法真正具有企业市场化融资和投资者风险规避的功能。其次，政府采取的以投资拉动需求为导向的经济刺激措施促进了对房地产等行业的固定资产投资，行业泡沫扩大，从而导致金融行业不良贷款风险进一步集聚。最后，产能过剩行业以贷补贷，导致相关行业杠杆率的进一步提高。适度的杠杆对经济有益，过高反而会拖累经济发展。经济新常态下，产业高杠杆的负面效应正逐步体现。高杠杆行业对经济和就业的拉动作用已进入边际效应递减阶段。另外，由政府部门主导的投资回报率不断下滑，使金融行业贷款风险不断加大，同时，对民间投资形成挤出效应，导致投资部门存在陷入流动性陷阱的潜在风险。适度合理地降低产业部门的杠杆率水平，释放潜在风险，激活资本活力，成为供给侧结构性改革对资本要素管控的主导方向。

同时，行业降成本化结构调整路径的目标是降低企业生产成本，提升实体经济活力。随着经济新常态下市场需求日趋萎缩和企业各项成本的不断攀升，企业经济效益日益下降，实体经济出现了总量缩减的态势。为有效解决该问题，需要从许多方面入手，必须有效降低企业成本，尤其是要素成本、物流成本、税费成本等。另外，现阶段中国市场经济体制建设的相对不完善，导致长期以来企业税费负担较重，劳动力与物流成本偏高。因此，供给侧结构性改革以降成本为突破口，既有挖掘改革性红利的空间，又抓住了当前实体经济发展的关键症结。

最后，行业补短板化结构调整路径旨在弥补经济系统中的生态短板、贫困短板及创新短板等。首先，生态短板主要是针对多年来经济发展造成的生态环境破坏问题。以往我国的经济发展模式主要是以粗放型经济为主，依靠廉价的劳动力和丰富的自然资源来进行投入，通过吸引国外资本投资，从而推动有效需求，促进经济的不断发展。然而，轻环境保护重经济发展的发展道路，在取得经济发展的同时也给环境带来了巨大的压力，具体表现为水资源、土壤资源的严重污染以及沙漠化、水土流失等问题。其次，贫困短板主要是针对农村，现阶段我国仍然存在相当数量的贫困人口，如何精准扶贫，帮助贫困人口脱贫致富成为劳动要素供给端结构性改革的重要任务。最后，创新短板主要是指我国企业的创新动力不足，难以形成自身的核心竞争力。现阶段，中国经济发展的主要贡献力量一直由需求侧的投资、消费以及出口提供，而由创新拉动的经济增长贡献率一直处在偏低的位置，压制了企业创新能力的培育，同时知识产权保护机制的不完善也进一步抑制了企业进行创新的主动性和能动性。

总之，在我国经济步入新常态的发展阶段，采取措施进行供给侧结构性改革是一项重要的战略步骤，是推动经济转型的必然选择。但其效应有利有弊。供给侧结构性改革从供给侧出发，在进行结构性、体制性调整改革的同时，有效对接需求侧，提高全要素生产率，为我国的经济发展提供新的动力，推动生产力的发展；进一步解决"僵尸"企业问题，有效处理产能过剩；激发企业的创新动力，发挥创新对于经济增长的能动作用。在经济新常态背景下，进行供给侧结构性改革意味着在保增长和调结构两个方面更加偏好后者，由此可能对经济造成较大的冲击，经济的增长速度可能放缓，甚至会加速探底；对于产业产能过剩的处理可能会引起岗位数量减少，工人失业；允许市场自动"出清"意味着政府的职能更加集中在宏观调控方面，以往的大规模经济刺激将不会出现，市场机制必须在资源分配与经济发展中起到基础性机制作用。

与此同时，供给侧结构性改革对于资源环境利用与污染减排的影响效应也是一个可持续发展战略中应考虑的重要问题。可持续发展要求在满足当代人需求的同时满足后代的需求，在经济新常态阶段尤其要处理好资源环境利用和污染减排的关系问题。去产能措施将改变大型重化工业盲目发展扩张的现状，在提高资源利用率的同时减少对生态环境的破坏，淘汰旧的落后装备以减少对环境的污染，减少污染排放量。补短板措施则提出了要补好生态短板，处理好生态环境破坏问题。因此，供给侧结构性改革战略体系及其"三去一降一补"的发展具体路径的设计与实施，在确保促进产业经济提质增效的同时，也要切实发挥对污染减排及资源环境保护的正向协同效应，推进可持续发展战略的逐步实现。

第二节　行业结构调整对污染减排影响效应的文献综述

产业结构的优化调整与节能减排是处于经济新常态时期的中国产业经济发展的两条重要政策主线。政府部门与学术界普遍认为，产业结构调整在"加快转变经济发展方式，推动产业结构调整和优化升级，完善和发展现代产业体系"（国家发改委，2011）的同时，能够通过"加大落后产能淘汰力度，促进经济发展模式转变，推动经济与环境协调发展"（国家环保总局，2011），形成结构性污染减排效应。

国内外学者对行业结构调整污染减排效应的内在机理与具体效应作用路径进行了较深入的研究。其中，在产生污染减排效应的内在机理方面，翟凡和李善同（1998）认为，行业结构调整对于污染排放的影响分为直接的结构效应和间接的技术与规模效应两种；而工业结构调整在很大程度上抵消了规模效应的抑制力。其原因是，随着经济社会的进一步发展与工业经济结构的优化，污染密集型产业向服务业和技术密集型产业转移，污染排放得到了明显抑制。技术效应体现为企业间兼并重组、淘汰落后产能，提升规模效率进而提高能源效率所带来的间接的技术效率改进（余泳泽、杜晓芳，2012）。而孙广生等（2003）则认为主要是由于产业间关联影响的存在，因为产业结构变化对于污染排放存在着"梯度场"模式的减排影响效应。对此，另外一种解释是产业结构与污染排放结构之间有固定的关联性，因而，结构优化调整会引致污染排放结构的相应适应性变化（张捷，赵秀娟，2015）。唐德才（2009）则认为，产业结构调整影响污染排放的主要机制是通过降低污染排放密度来影响污染排放整体水平；李国璋等（2009）认为，基于能源结构优化导向的行业结构调整是结构性污染减排的主导机制，行业结构优化调整能够有效改善能源结构、减少化石能源的消费并提高低碳能源的比例，从而实现污染减排。徐志伟（2016）通过对中国工业经济所存在的"先污染，后治理"发展模式的理论与实证分析发现，工业污染物排放对于产出增长具有刺激作用，而同时产出增长又会引起环境规制强度的增加，从而与环境规制相适应的行业结构性优化能实现"后治理"的污染减排效应。

在进一步从时空动态角度研究结构减排效应的具体作用路径方面，张伟等（2015）基于投入产出模型的数值分解发现，第一产业产值增加降低碳强度的作用稍大于第三产业，而第二产业发展对 GDP 的贡献要小于其对 CO_2 排放量的影响。徐大丰（2011）认为，行业结构优化调整的污染减排效应可以理解为产业经济影响力和碳排放影响力之间的一个结构性动态均衡演进过程。张宝华和原毅军（2015）通过计量实证研究发现，产业结构与污染减排之间存在相互促进关系，且污染减排对产业结构升级的敏感性更高，即行业结构变动对污染减排呈现为一种正循环回路形式的作用路径。

最后，在所使用的理论研究框架与研究方法方面，文献普遍使用线性的投入产出方法、局部影响效应的计量实证分析或者统计关联分析等方法。很难充分考虑当前产业结构调整所面临的现实背景、外在不确定性和政策选择空间，因而，研究结论与政策建议对于实际问题而言缺乏足够的解释力和精确的政策设计指导作用。

综上所述，可以看到，行业结构性调整对污染减排的影响效应在内在机理与作用模式上非常复杂，学术界缺乏统一的认知。特别是在中国步入经济新常态与逐步展开的供给侧结构改革的大背景下，产业行业的结构性调整总体思路承载着在保持经济稳定性增长和克服劳动力总体供给趋紧等约束性条件下，对供给产能有效配置、供给质量逐步优化以及资源节约、节能减排等多重调控目标，以"三去一降一补"为主体的行业结构性优化调整路径组合对污染减排的影响效应很难从单一层面的局部分析角度进行研判，实际数据的空白也使计量实证研究不具有可能性。因此，本章选择以基于历史均衡数据与情景模拟、数值推演的可计算一般均衡模型为主要方法，全面考察行业层面不同供给侧结构性调整路径对经济绩效与污染减排的量化影响与动态效应，通过综合评估、趋势分析与成因挖掘，系统揭示经济新常态下中国产业经济行业结构调整对污染减排的效应机理机制，并尝试提出相关的促进政策建议。

第三节　嵌入行业结构演化与污染排放行为的 CGE 模型构建

一、总体框架

可计算一般均衡（CGE）模型依据新古典经济学一般均衡理论的基准框架，实现了对经济系统总体结构及内在行为主体复杂相互影响的全面刻画。作为一种新近发展起来的经济政策分析模型工具，CGE 模型可应用于对经济政策影响效应的情景模拟与量化分析，并能给出具有一定实际操作意义的政策建议。因此，可计算一般均衡模型被广泛用于全面评估各类政策决策机构的实施效果，尤其是近年来，许多发展中国家以及发达国家开始运用该模型及其扩展来研究税收贸易政策，以及能源环境等问题。

在标准 CGE 模型框架和前期研究成果基础上，本节通过嵌入行业结构演化动态机制和环境要素账户，构建出拟合行业结构调整路径对污染减排影响的环境 CGE 扩展模型（见图 5 - 1）。

其中，模型首先遵循相关文献对中国情况 CGE 模型建模的一般性假设。[1] 尽管当前中国在国际贸易中占据重要地位，但在多数商品的国际贸易市场仍然不是市场价格的主导者，因此会采用完全竞争基本假定：将所有商品的进出口价格设定为外生变量，其不受商品国内价格的影响。同时，为刻画进口商品、国内生产供给国内和用于出口的商品之间的异质性，模型按照阿明顿假设（Armington，1969）的处理方法，用 CES 函数将进口商品与国内商品合并为国内消费的阿明顿复合商品，用 CET 函数将企业所生产的产品转换为两种异质性的出口商品和国内商品。

其次，模型将包括行业部门、居民部门和政府部门三类行为主体，其中，同类

---

[1]　N. Hosoe, K. Gasawa, H. Hashimoto. Textbook of Computable General Equilibrium Modeling：Programming and Simulations. Palgrave Macmillan UK, 2010（8）.

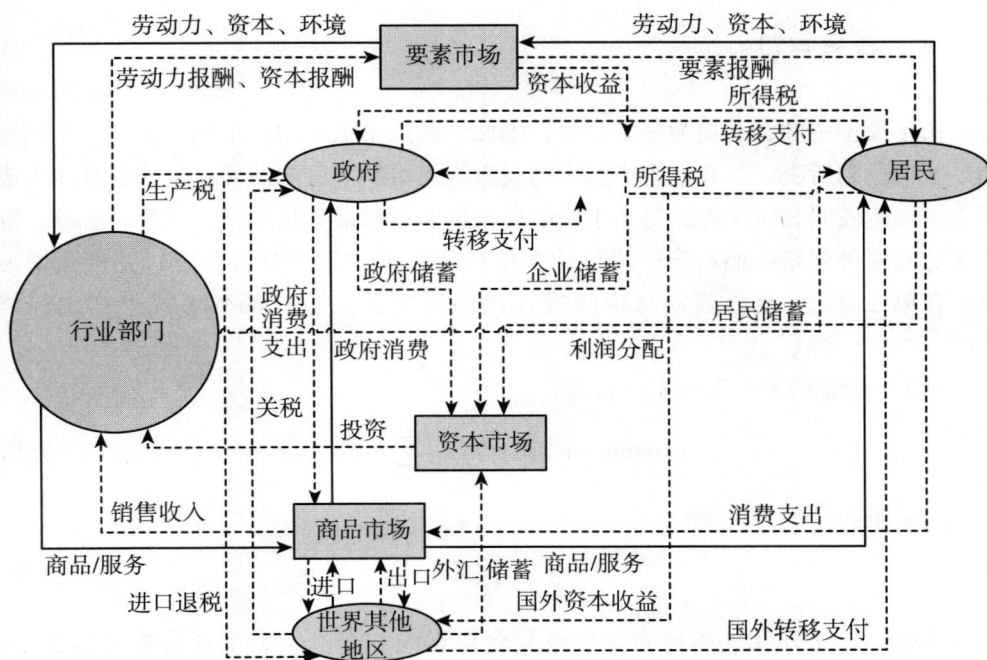

图 5 - 1　嵌入行业结构演化与资源环境账户的 CGE 模型框架

型企业构成相应的行业部门。为简化起见，模型中只分别设定有一种代表性居民家庭和政府，每个行业部门也只有一个代表性完全竞争企业，并且该企业只生产唯一的一种对应所对应部门的代表性商品。

再次，现有文献对行业部门的污染物排放主要有两种计算方法：一种方法是利用每个部门的产出乘以固定的排放系数，即可得到该部门生产所排放的污染物，将各部门所排放的某项污染物相加，即可得到该污染物的总和。另一种方法是利用每个部门中间投入品的数量乘以中间投入品的某项污染物排放系数，即可得到该部门某项污染物的排放量，将各部门中间投入品污染物排放量相加，即可得到该污染物排放总量。德叙（Dessus，1994）使用计量模型估计主要污染物排放的影响因素，结果表明：每种污染物的排放总量中，约有 90% 可以单归因于投入品的使用；能造成各种污染物的投入品仅是有限的十几种，大多数污染物对应的投入品不超过 5 种。因此，本节的模型将主要通过计算生产过程中主要化石能源（煤炭、石油、天然气）的消耗量与行业分类排污系数来测算其污染排放水平，而不考虑其他形式（例如居民消费能源）所产生的相关污染的排放。

最后，引入考虑污染排放对社会影响的更为广义的社会福利效用评价指标，作为对模型最优化目标函数的设定。

二、行业部门

由于模型中的企业均为完全竞争，因此，其产出水平均由市场均衡条件下的利润最大化原则所决定，并且生产技术均具有规模报酬不变的特性。企业的具体生成行为由两阶段嵌套所构成，每个生产阶段均遵循利润最大化原则。在第一阶段，资本和劳动两种要素按照科布—道格拉斯生产函数形式生产复合要素，并产生增加值；在第二阶段，复合要素与中间投入按照里昂惕夫生产函数形式生产出最终产品。

第 j 个企业的第一阶段生产行为：

$$\underset{Y_j,F_{h,j}}{\text{maximize}}\pi_j^y = p_j^y Y_j - \sum_h p_h^f F_{h,j} \tag{5.1}$$

约束于：

$$Y_j = b_j \prod_h F_{h,j}^{\beta_{h,j}} \tag{5.2}$$

其中，π_j^y 表示第一阶段企业生产复合要素的利润；p_j^y 表示复合要素的价格；p_h^f 表示第 h 生产要素的价格；Y_j 表示用于第二阶段的复合要素数量；$F_{h,j}$ 表示第一阶段生产所投入生产要素数量；$\beta_{h,j}$ 表示复合要素生产函数的投入份额系数；b_j 表示复合要素生产函数的规模系数，也就是全要素生产率。模型假定企业的全要素生产率每年提高 ts 比例，即 $b_j = (1+ts)^t \cdot b_{j0}$，以此实现技术增长的内生机制。

第二阶段生产行为：

$$\underset{Z_j,Y_j,X_{i,j}}{\text{maximize}}\pi_j^z = p_j^z Z_j - \left(p_j^y Y_j + \sum_i p_i^q X_{i,j}\right) - \sum_i e_i X_{i,j} \tag{5.3}$$

约束于：

$$Z_j = \min\left(\frac{X_{i,j}}{ax_{i,j}}, \frac{Y_j}{ay_j}\right) \tag{5.4}$$

其中，π_j^z 表示第二阶段的生产利润；Z_j 表示部门企业的产量；p_j^z 表示第 j 种产品的供给价格；$X_{i,j}$ 表示作为中间投入的第 i 种复合商品数量；p_i^q 表示第 i 种复合商品的需求价格；$ax_{i,j}$ 表示中间投入系数；ay_j 表示复合要素投入系数；e_i 表示投入品的污染排放系数。

本章将环境看作与劳动者、土地、资本等同的生产要素，一方面，各产业污染物排放所造成的"环境污染损失"即为"环境要素投入"；另一方面，与劳动获得工资、土地获得地租、资本获得利息、管理获得利润相类似，排污产业也必须付给"环境"相应的"报酬"，即支付"污染治理支付成本"，设置合理环境规制水平的作用就是促进生产者外部不经济性的内在化。如果生产者所支付的"污染治理支付成本"小于其"环境污染损失",那么生产过程存在负的外部性。只有当生产者所支付的"污染治理支付成本"等于其"环境污染损失"时,才是实现了环境成本的全部内部化,生产者才没有动力排放更多的污染物。

三、居民部门

居民是所有生产要素的提供者,社会效用采用考虑了环境质量的广义居民家庭社会福利评价指标;居民的所有要素收入以固定的储蓄倾向 SS^p 进行储蓄,于是,居民的储蓄 S^p 为:

$$S^p = ss^p \sum_h p_h^f FF_h \tag{5.5}$$

其中, p_h^f 表示第 h 种要素价格, FF_h 表示居民第 h 种要素的禀赋。参照环境经济学理论,污染排放被视作企业生产行为中可被生产技术改进与其他要素投入替代的"非合意产出"型生产要素,因此,模型设定居民家庭提供资本、劳动力与污染排放(可容忍环境投入)三种生产要素。居民要素收入扣除储蓄和缴纳所得税 T^d 后,剩余部分为居民的可支配收入。在可支配收入总额的约束下,居民家庭通过消费和对环境质量的反馈评价实现其社会福利效用水平的最大化,即:

$$\underset{X_i^p}{\text{maximize}} UU = \prod_i X_i^{\alpha_i} EN^{-\zeta} \tag{5.6}$$

约束于:

$$\sum_i p_i^q X_i^p = \sum_h p_h^f FF_h - S^p - T^d \tag{5.7}$$

其中, UU 表示居民家庭所获的福利效用水平; X_i^p 表示居民家庭对第 i 种复合商品的消费数量; p_i^q 表示第 i 种复合商品对应的需求价格; α_i 表示复合商品在效用函数中相应的份额系数,满足 $0 \leq \alpha_i \leq 1$,且 $\sum_i \alpha_i = 1$; EN 为污染排放总量; ζ 为居民家庭对环境质量破坏的污染敏感系数; $EN^{-\zeta}$ 为居民所生存的环境质量水平评价值。

另外,每期资本投入中,资本存量采用永续盘存法,其公式为:

$$FF_{cap,t} = FF_{cap,t-1}(1 - cd_t) + \sum X_{i,t-1}^v \tag{5.8}$$

其中, $FF_{cap,t}$ 为当期资本投入总量, cd_t 为上期资本存量的折旧系数, $\sum X_{i,t-1}^v$ 为当期新增资本品投入。

四、政府部门

我们假定政府对居民征收税率为 τ^d 的要素所得税，对企业征收税率为 τ_j^z 的生产增值税，对进口商品征收税率为 τ_i^m 的进口关税。于是，政府的所得税收入 T^d 为：

$$T^d = \tau^d \sum_h p_h^f FF_h \qquad (5.9)$$

其中，p_h^f 表示第 h 种要素价格，FF_h 表示居民第 h 种要素的禀赋。政府增值税收入 T_j^z 为：

$$T_j^z = \tau_j^z p_j^z Z_j \qquad (5.10)$$

其中，Z_j 表示部门企业的国内产量，p_j^z 表示相应的国内生产价格。政府的关税收入 T_i^m 为：

$$T_i^m = \tau_i^m p_i^m M_i \qquad (5.11)$$

其中，p_i^m 表示第 i 种商品的进口价格，M_i 表示第 i 种商品的进口数量。

政府的所有税收收入又以固定的储蓄倾向 SS^g 进行储蓄，剩余部分全部用于商品消费。于是，政府储蓄 S^g 为：

$$S^g = ss^g \left(T^d + \sum_j T_j^z + \sum_j T_j^m \right) \qquad (5.12)$$

而政府对第 i 种商品的消费 X_i^g 为：

$$X_i^g = \frac{\mu_i}{p_i^q} \left(T^d + \sum_j T_j^z + \sum_j T_j^m - S^g \right) \qquad (5.13)$$

其中，p_i^q 表示第 i 种复合商品价格；μ_i 表示政府消费中第 i 种商品的份额系数，满足 $0 \leqslant \mu_i \leqslant 1$，且 $\sum_i \mu_i = 1$。

五、国际贸易

在现实生活中可以看到，很多商品既有进口又有出口的情况，因此，我们无法将国内外商品（包括国内生产用于出口的商品）作为同质化商品对待。为刻画进口商品、国内生产供给国内和用于出口商品之间的异质性，CGE 模型通常会按照阿明顿假设的处理方法，用 CES 函数将进口商品与国内商品合并为国内消费的阿明顿复合商品，用 CET 函数将企业所生产的产品转换为两种异质性的出口商品和国内商品。

于是，国内消费的第 i 种阿明顿复合商品的数量 Q_i 取决于下列利润最大化问题：

$$\underset{Q_i,M_i,D_i}{\text{maximize}}\pi_i^q = p_i^q Q_i - [\,(1+\tau_i^m)p_i^m M_i + p_i^d D_i\,] \qquad (5.14)$$

约束于：

$$Q_i = \gamma_i(\delta m_i M_i^{\eta i} + \delta d_i D_i^{\eta i})^{\frac{1}{\eta i}} \qquad (5.15)$$

其中，π_i^q 表示生产第 i 种阿明顿复合商品的利润，p_i^q 表示第 i 种复合商品的价格，p_i^m 表示第 i 种商品的进口价格，p_i^d 表示第 i 种商品的内销价格，Q_i 表示第 i 种复合商品的数量，M_i 表示第 i 种商品的进口数量，D_i 表示对第 i 种商品的国内供给数量，τ_i^m 表示第 i 种商品进口关税税率，γ_i 表示阿明顿复合商品生产函数的规模系数，δm_i 和 δd_i 分别为阿明顿复合商品生产函数中进口与国内供给的份额系数（$0\le\xi m_i\le1$，$0\le\xi d_i\le1$，$\xi m_i+\xi d_i=1$），η_i 为根据替代弹性 σ_i 所计算的替代参数（$\eta_i=(\sigma_i-1)/\sigma_i, \eta i\le1$），$\sigma_i$ 为阿明顿复合商品生产函数中进口商品与国内商品之间的替代弹性（$\sigma_i = -\dfrac{d(M_i/D_i)}{M_i/D_i}\Big/\dfrac{d(p_i^m/p_i^d)}{p_i^m/p_i^d}$）。

同样，第 i 种商品的国内总产出向出口商品和国内商品的分配转换也取决于转换利润的最大化：

$$\underset{Z_i,E_i,D_i}{\max}\pi_i = (p_i^e E_i + p_i^d D_i) - (1+\tau_j^z)p_i^z Z_i \qquad (5.16)$$

约束于：

$$Z_i = \theta_i(\xi e_i E_i^{\phi_i} + \xi d_i D_i^{\phi_i})^{\frac{1}{\phi_i}} \qquad (5.17)$$

其中，π_i 表示第 i 种商品的转换利润，p_i^e 表示第 i 种商品的出口价格，p_i^d 表示第 i 种商品的国内供给价格，p_i^z 表示第 i 种商品的国内生产价格，E_i 表示第 i 种商品的出口数量，D_i 表示对国内生产第 i 种商品的需求数量（即内销），Z_i 表示第 i 种商品的国内生产数量，τ_i^z 表示第 i 种商品的增值税税率，θ_i 表示第 i 种商品转换函数的规模系数，ξe_i 和 ξd_i 分别为第 i 种商品转换函数中出口和国内供给的份额系数（$0\le\xi e_i\le1,0\le\xi d_i\le1,\xi e_i+\xi d_i=1$），$\phi_i$ 为根据转换弹性 ψ_i 所计算的转换参数（$\phi_i=(\psi_i+1)/\psi_i,\psi_i\ge1$），$\psi_i$ 为生产转换函数中出口与内销之间的转换弹性（$\psi_i=\dfrac{d(E_i/D_i)}{E_i/D_i}\Big/\dfrac{d(p_i^e/p_i^d)}{p_i^e/p_i^d}$）。

六、均衡条件

为保证经济系统的全局均衡，CGE 模型还需要在实现所有主体行为最优化的同时，保障所有市场的供需均衡，即市场商品（要素或货币资金）的全部出清。其中，商品市场的出清条件为阿明顿复合商品数量 Q_i 等于居民与政府最终消费、

投资品 X_i^v 和生产中的中间投入的总和：

$$Q_i = X_i^p + X_i^g + X_i^v + \sum_j X_{i,j} \qquad (5.18)$$

要素市场的出清条件为所有企业生产投入的要素需求等于居民的要素禀赋：

$$\sum_j F_{h,j} = FF_h$$

货币市场的出清条件为所有储蓄资金和外汇储备与当期的产能过剩为固定比例关系，即：

$$X_i^v = \frac{\lambda_i}{p_i^q}(S^p + S^g + \varepsilon S^f) \qquad (5.19)$$

其中，S^f 表示用外币表示的货币储蓄，即外汇储备；ε 表示汇率（本币对外币）；λ_i 表示第 i 种复合商品产能的投资品配置比例（$0 \leqslant \lambda_i \leqslant 1$ 且 $\sum_i \lambda_i = 1$）。

七、数据处理

CGE 模型的数据基础是社会核算矩阵（简称 SAM 表），通过在投入产出表基础上扩展各种经济主体的信息（如家庭、企业、政府、世界其他地区的收支流），从而以平衡矩阵的形式描述了经济系统的基期均衡结构。我们基于 2007 年投入产出表数据①和 2008 年以及 2011 年的《中国统计年鉴》《中国环境年鉴》《中国能源统计年鉴》等统计资料构建模型的基期 SAM 表，并按照 GDP 规模同比外推到 2015 年，以此作为模拟的起始年度。除了居民和政府为单一账户外，这里在 2007 年投入产出表中 42 行业部门统计口径基础上，将污染治理相关的行业——研究与试验发展业，综合技术服务业，水利、环境和公共设施管理业，居民服务和其他服务业，教育和卫生，社会保障和社会福利业，文化、体育和娱乐业，公共管理和社会组织，废品废料等——合并为污染治理行业部门。由于数据来源不同，加上可能存在的统计误差，所编制的 SAM 初始数据表并不平衡，对此采用交叉熵方法（cross-entropy）对账户进行了平衡（范金等，2010）。

对于模型中无法根据 SAM 表数据直接校准的参数，其中，商品的阿明顿替代弹性 σ_i 和转换弹性 ψ_i，这里参考了翟凡（Zhai，2008）的处理方法，使用 GTAP7② 数据进行估算；产业投入的能耗与污染排放系数则参考了王德发（2006）的测试结果，按照课题项目中对污染排放潜力测算的算法进行修正（见表 5-1）。同时，

---

① 2012 年投入产出表于 2016 年推出，投入产出结构数据与 2007 年差异很小，但相应其他账户数据调整需要较大的工作量，限于时间关系，本章沿用 2007 年投入产出表数据。

② Narayanan, Walmsley. The GTAP 7 Data Base [J]. Center for Global Trade, 2008.

表 5 - 1　　2012 年分行业主要污染物排放强度

单位：千克/万元

行业	化学需氧量	氨氮	二氧化硫	二氧化碳	氮氧化物
煤炭开采和洗选业	2.728	0.082	2.784	4.686	1.014
石油和天然气开采业	0.474	0.031	0.804	2.739	1.082
黑色金属矿采选业	0.606	0.01	1.552	3.269	0.437
有色金属矿采选业	6.74	0.182	3.689	4.677	0.826
非金属矿采选业	0.54	0.029	2.845	2.622	0.822
开采辅助服务和其他采矿业	0.093	0.003	0.746	3.968	0.521
农副食品加工业	10.359	0.394	4.827	2.304	1.864
食品制造业	4.357	0.357	5.708	2	1.805
饮料制造业	7.409	0.337	4.081	1.427	1.288
烟草制品业	0.056	0.004	0.249	0.137	0.082
纺织业	5.132	0.358	4.991	3.288	1.421
纺织服装、鞋、帽制造业	0.527	0.048	0.552	0.773	0.158
皮革、毛皮、羽毛（绒）及其制品业	2.595	0.253	1.115	0.685	0.247
木材加工及木、竹、藤、棕草制品业	0.743	0.023	1.998	1.836	0.678
家具制造业	0.042	0.003	0.236	0.429	0.065
造纸及纸制品业	25.876	0.859	20.631	4.757	8.612
印刷业和记录媒介的复制	0.133	0.007	0.284	0.617	0.093
文教体育用品制造业	0.086	0.007	0.101	0.386	0.034
石油加工、炼焦及核燃料加工业	2.745	0.506	27.381	7.901	12.839
化学原料及化学制品制造业	3.631	0.939	14.092	9.924	5.606
医药制造业	2.654	0.203	2.961	1.416	0.845
化学纤维制造业	18.172	0.463	12.548	5.451	6.05
橡胶制品业	0.649	0.05	4.658	4.034	1.325
塑料制品业	0.204	0.018	1.205	1.839	0.424
非金属矿物制品业	0.349	0.02	21.536	18.853	29.56
黑色金属冶炼及压延加工业	0.846	0.073	26.985	24.669	10.897
有色金属冶炼及压延加工业	0.71	0.395	29.229	9.582	5.876
金属制品业	0.651	0.055	1.527	2.017	0.48
通用设备制造业	0.138	0.009	0.295	1.177	0.111
专用设备制造业	0.114	0.01	0.336	0.756	0.172
交通运输设备制造业	0.251	0.017	0.243	0.742	0.126
电气机械及器材制造业	0.112	0.009	0.157	0.869	0.069
通信设备、计算机及其他电子设备制造业	0.236	0.021	0.053	0.455	0.035
仪器仪表及文化、办公用机械制造业	0.141	0.011	0.076	0.605	0.032
工艺品及其他制造业	1.561	0.116	16.719	9.58	3.553
废弃资源和废旧材料回收加工业	0.141	0.008	0.184	0.154	0.062
金属制品、机械和设备修理业	0.693	0.038	0.515	1.347	0.223
电力、热力的生产和供应业	0.317	0.021	81.643	3.455	104.352
燃气生产和供应业	0.229	0.036	3.783	2.453	2.657
水的生产和供应业	0.002	0	0	5.02	0

资料来源：历年《中国环境统计年鉴》和《中国投入产出表》，其中行业增加值按 2002 年不变价换算。

由于 CGE 模型的理论框架具有价格一阶齐次性，需要固定一个价格作为参照的基准价格，众多文献均判断中国劳动力市场供给在未来一段时间将出现保持不变甚至下降的趋势，因此，本章选择将劳动力供给作为外生给定变量，将劳动力价格作为固定的基准价格。

在设定市场出清条件的同时，为使 CGE 模型可以获得均衡解，还需要保证模型中方程数与内生变量数相等。具体的做法是根据所模拟的经济情景，加入一定的所谓宏观闭合约束条件：使一些变量外生给定，从而控制模型中内生变量的数量。在此将外汇储备和居民的所有要素禀赋设定为外生给定。

第四节　行业结构调整对污染减排影响效应的 CGE 情景模拟分析

一、经济新常态情景与行业结构调整路径模拟设定

供给侧结构性改革总体思路是以中国经济在今后一个较长的时间段处于经济新常态阶段为基本假定，在此基础上，以"去产能、去库存、去杠杆、降成本、补短板"为"十三五"时期的改革重点任务。同时，也必须考虑相关政策影响效应可能存在的滞后性，因此，为全面考察所研究的对象，本章对行业层面供给侧结构性改革的作用时间段假定为"十三五"时期（2016～2020 年）及其之后的五年（2012～2025 年）。其中，模型所模拟的行业结构调整路径分别以"去产能、去库存、去杠杆、降成本、补短板"等五项重点改革任务为主线，以经济新常态时期经济发展总体特征为宏观情景，考察不同的行业结构调整路径在 2016～2025 年对经济社会与主要污染物排放的动态影响。

对经济新常态经济发展特征的一个基本判断是中国经济将较长时间处于一个中低水平的增长速度。而在党的十八大报告中明确提出，"确保到 2020 年实现全面建成小康社会宏伟目标""实现国内生产总值和城乡居民人均收入比 2010 年翻一番"。据此估算，为了实现在 2020 年实际 GDP 翻一番的目标，2016～2020 年期间 GDP 的平均增速必须保持在 6.5% 以上，这也是经济新常态下经济发展速度调控区间的中间水平。本章模型将从与 GDP 增速直接相关的生产函数的资本存量、劳动力要素、全要素生产率三个参数进行情景参数设定，以模拟经济新常态情景。

其中，资本存量采用永续盘存法计算：

$$FF_{cap,t} = FF_{cap,t-1}(1 - cd_t) + \sum X_{i,t-1}^v \qquad (5.20)$$

根据其他文献通用处理方式，模型将资产折旧率 cd_t 设定为年平均 7% 左右。至于

劳动力要素，主要参考蔡昉（2012 年）的分析，即 15~59 岁劳动年龄人口将持续减少（根据其人口方程的测算，2016~2020 年劳动年龄人口平均增长率为 -0.28%）。由于劳动力人口结构在短期内无法改变其变化趋势（根据 2007~2012 年全国就业人口数时间序列数据估算），模型进一步假设 2021~2025 年间中国劳动力人口的平均增速为 0%。最后，产业的技术成长是产业发展的内生机制，模型中各产业部门的全要素生产率（以下简称 TFP）用 b_j 近似估算。参照一些文献，本章假定 2016~2020 年全要素生产率年均增长率为 2011~2015 年间的平均值，即 3% 左右。最后，在程序编制方面，本章选择基于标准的可计算一般均衡模型框架，采用 GAMS 建模软件及其中 Conopt 算法器（Lofgren，2001），自行编码并不断调试以完成相应 CGE 模型编制工作。

二、行业去产能化结构调整的污染减排效应分析

过剩产能主要集中于钢铁、煤炭、建材和化工等行业。数据统计表明，钢铁行业产能利用率为 67.17%，煤炭行业产能利用率为 70%，建材行业平均产能利用率为 67%，化工行业平均产能利用率为 70% 左右[①]。初步估算，全产业产能过剩程度为 30% 左右。研究表明，产能过剩本质上是由于价格保护性扭曲与政府对国有属性企业的其他补贴政策措施所造成的企业隐含利润空间，因此，压缩过剩产能在本章的 CGE 模型中体现为对过剩行业生产要素成本市场化的调整，使之反映真实水平。

具体来说，本章对行业去产能化结构调整路径的模拟主要关注钢铁、煤炭、建材和化工等行业。假定这些行业资本的要素产出弹性为模拟时段中 2016~2020 年的前五年时间段匀速上升至其他行业平均水平（相应地，劳动力产出弹性下降），而 2021~2025 年的后五年时间段处于一个较稳定的低水平状态。相应的模拟结果见表 5-2。

表 5-2　　　　　　　行业结构去产能化调整路径的经济福利与
污染减排效应模拟

单位：%

年份	经济增速影响	社会福利影响	化学需氧排放	氨氮排放	二氧化硫排放	二氧化碳排放	氮氧化物排放
2016	0.73	0.37	0.83	1.14	1.06	1.21	0.97
2017	0.97	0.47	0.99	1.40	1.38	1.58	1.29
2018	1.21	0.55	1.15	1.68	1.71	1.94	1.62

---

① 管清友等：《中国式去产能全景图》，载《民生证券》2016 年。

年份	经济增速影响	社会福利影响	化学需氧排放	氨氮排放	二氧化硫排放	二氧化碳排放	氮氧化物排放
2019	1.45	0.63	1.32	1.96	2.04	2.31	1.94
2020	1.70	0.70	1.49	2.24	2.37	2.67	2.27
2021	0.33	0.10	0.27	0.39	0.44	0.48	0.43
2022	0.33	0.10	0.27	0.39	0.44	0.49	0.43
2023	0.33	0.09	0.27	0.39	0.44	0.49	0.43
2024	0.33	0.09	0.28	0.39	0.44	0.49	0.44
2025	0.33	0.09	0.28	0.39	0.45	0.49	0.44

从模拟结果来看,对于落后产能与过剩产能的有序逐步清理,不仅对经济增长与社会福利产生正面影响,而且这类结构性的优化所引致的红利效应会不断放大。即使在本章所模拟的去产能进程结束后,拉动效应依然存在。另外,可以看到的是,行业去产能进程会在一定程度上增加主要污染物的排放。对此的解释是,过剩产能与落后产能的退出会释放大量的低端劳动力与资本要素资源,而这些要素资源会流入其他能耗与排污程度为中高程度的行业,在这些行业成本较低、规模扩大的同时,一定程度上增加了污染排放并延缓了技术升级。

因此,模拟结果表明,行业去产能化结构调整的推进存在配套政策规制的空间:在去产能的同时,要积极扩大劳动力就业质量与技能升级,推动资本与劳动要素向先进制造业和低排放服务业有效流动;同时,推出配套的环境规制举措,控制中高污染行业规模,提高相关行业的生产生本与环境税费,对其技术升级与技术减排投入进行补贴与扶持。从而,保障行业去产能既取得供给结构优化、拉动经济结构性增长的实效,又进一步规制污染减排,推动可持续型增长。

三、行业去库存化结构调整的污染减排效应分析

研究表明,自 2009 年以来,房地产市场高涨带动住房开工与施工面积大幅攀升,导致供给出现阶段性和结构性严重过剩。[①] 预计 2015 年商品住房总库存达 39.96 亿平方米。其中,待售现房库存 4.2585 亿平方米(预计去化期 23 个月),待售期房库存 35.7 亿平方米(预计去化期 4.5 年)。商品住房过剩库存高达 21 亿平方米。其中,现房过剩 1 亿平方米,期房过剩 19.923 亿平方米。严重的过剩库

---

① 倪鹏飞、邹琳华、高广春:《中国住房发展报告2015—2016》,广东经济出版社2016年版。

存导致 2014 年、2015 年房地产投资增幅呈持续俯冲式下降,造成大量资源积压,拖累宏观经济的增长。其中,2015 年 1~10 月房地产开发投资增长降至 2%,对经济增长的贡献为 0。当然,现阶段其他工业品也存在一定的库存积压问题,但相对于房地产行业,其积压规模较小,对整体经济影响较轻。

简化起见,本章对行业去库存化结构调整路径的模拟主要关注库存严重且对经济影响较大的房地产行业。假定房地产行业去库存期为模拟时段中 2016~2020 年的前五年时间段,2021~2025 年的后五年时间段房地产行业将处于一个较稳定的低库存化运行状态。模型中体现为经济系统对房地产行业投资品倾向比例的调整,由基期水平均速调降到 10% 的低速平稳水平。相应的模拟结果如表 5-3 所示。

表 5-3　　　　　　行业结构去库存化调整路径的经济福利与
污染减排效应模拟　　　　　　　单位:%

年份	经济增速影响	社会福利影响	化学需氧排放	氨氮排放	二氧化硫排放	二氧化碳排放	氮氧化物排放
2016	0.08	-0.01	0.11	0.11	0.15	0.14	0.16
2017	0.07	-0.01	0.10	0.11	0.14	0.13	0.15
2018	0.07	-0.01	0.10	0.10	0.13	0.12	0.14
2019	0.06	-0.01	0.10	0.10	0.12	0.11	0.13
2020	0.05	-0.01	0.09	0.09	0.11	0.10	0.12
2021	0.00	0.00	0.01	0.01	0.01	0.01	0.01
2022	0.00	0.00	0.01	0.01	0.01	0.01	0.01
2023	0.00	0.00	0.01	0.01	0.01	0.00	0.01
2024	0.00	0.00	0.01	0.01	0.01	0.00	0.01
2025	0.00	0.00	0.01	0.01	0.01	0.00	0.01

与其他文献的判断不同,从本章所构建的模型所模拟的结果来看:如果中国经济能在未来的五年间完成对房地产行业的全面去库存,同时实现全行业的普遍增长,那么,房地产行业的放缓对经济增长的影响将会因为增长机制的转型升级而获得新的增长空间。另外,房地产行业的库存挤出在一定程度上会限制新增房屋建设,因此会推高房地产商品价格,从而对社会福利产生负面影响,但其影响也不大。最后,房地产去库存的进程会较显著地拉高全行业污染排放水平,对此可能的解释类同去产能的效果,即房地产行业的放缓会促进大量低端劳动力向社会其他行业流动,这其中由于市场调节机制,将较大比例地向技术低端与排污水平较高的制

造业流动。因而，要素流动的配套优化政策是促进房地产等行业全面去库存并有效控制污染排放程度的关键机制。

四、行业去杠杆化结构调整的污染减排效应分析

2011 年 9 月以来，我国进入降息周期，特别是 2014 年 9 月到 2015 年 10 月这一年多时间降息 6 次。随着降息的影响扩散，工业企业特别是国有工业企业不断加杠杆，资产负债率逐渐增加。与此同时，为了维持这些企业继续运行，政府仍然要求银行加强对国有企业的支持，从而进一步加大了金融业风险，也在一定程度上绵延了"僵尸"企业的存活时间。

本章对行业去杠杆化结构调整路径的模拟主要通过企业生产行为中资本要素生产率（产出弹性）水平的调整来实现。去杠杆化就是逐步降低资本相对生产率，使企业生产增长更多依靠劳动要素和技术创新。具体来说，假定 2016 ~ 2020 年的前五年时间段各行业的资本要素生产率均速下降至平均水平，2021 ~ 2025 年的后五年时间段保持在一个较稳定的低水平状态。模拟结果如表 5 - 4 所示。

表 5 - 4　　　　行业结构去杠杆化调整路径的经济福利与

污染减排效应模拟

单位：%

年份	经济增速影响	社会福利影响	化学需氧排放	氨氮排放	二氧化硫排放	二氧化碳排放	氮氧化物排放
2016	- 2.60	- 3.05	- 2.41	- 2.32	- 2.68	- 2.75	- 2.72
2017	- 2.68	- 3.02	- 2.38	- 2.36	- 2.76	- 2.82	- 2.81
2018	- 2.81	- 3.06	- 2.42	- 2.45	- 2.88	- 2.95	- 2.93
2019	- 2.94	- 3.11	- 2.48	- 2.54	- 3.01	- 3.08	- 3.07
2020	- 3.08	- 3.18	- 2.54	- 2.64	- 3.14	- 3.21	- 3.20
2021	- 0.74	- 0.63	- 0.51	- 0.59	- 0.73	- 0.74	- 0.74
2022	- 0.74	- 0.62	- 0.52	- 0.60	- 0.72	- 0.73	- 0.74
2023	- 0.74	- 0.61	- 0.52	- 0.60	- 0.72	- 0.73	- 0.73
2024	- 0.74	- 0.61	- 0.53	- 0.60	- 0.72	- 0.73	- 0.73
2025	- 0.74	- 0.60	- 0.53	- 0.60	- 0.72	- 0.72	- 0.73

从模拟结果来看，资本杠杆水平的全面调降会明显压缩经济的整体生产规模，并减少市场商品，带动价格上涨，减少社会福利。当然，去杠杆在压缩经济规模的同时，也会挤出低效益高耗能行业，因此，产生较为明显的污染减排效应，如表 5 - 4

所示。相应地，从政策建议层面看，一方面，行业结构去杠杆应该有所聚焦，重点降低低效高耗行业；另一方面，对新兴战略产业和现代服务业，应适当放松资本管制。特别是对具有较高经济拉动效应但收益率较低的基础设施行业，应鼓励国有资本进入或者政府主动投资，从而形成相对较均衡的去杠杆行业结构，在有效压制污染排放的同时，保障经济的合理适度增长。

五、行业降成本化结构调整的污染减排效应分析

2015 年 12 月的中央经济工作会议明确，在降低企业经营成本方面，要打出"组合拳"：通过降低制度交易成本、税费成本、用工成本、融资成本、生产要素成本和物流成本，营造健康公平高效的企业发展环境。其中，通过全面实施"营改增"，确保所有行业税负只减不增。另外，通过取消违规设立的政府性基金，停征和归并一批政府性基金，扩大水利建设基金等免征范围，进一步降低企业生产成本。通过实施上述政策，减少企业和个人负担 5000 多亿元，占财政总收入的比重为 3%。因此，本章对行业降成本化结构调整路径的模拟主要通过对企业生产行为中各项税费水平的调降来实现。具体来说，模型假定 2016~2020 年的前五年时间段各行业的税费征收水平（生产税与个人所得税，不包含环境税）年均调降 3%，2021~2025 年的后五年时间段保持一个相对稳定水平状态。模拟结果见表 5-5。

表 5-5　　　　　　　行业结构降成本化调整路径的经济福利与
污染减排效应模拟　　　　　　　单位：%

年份	经济增速影响	社会福利影响	化学需氧排放	氨氮排放	二氧化硫排放	二氧化碳排放	氮氧化物排放
2016	0.29	1.81	0.09	0.09	0.29	0.37	0.30
2017	0.28	1.70	0.10	0.11	0.27	0.34	0.29
2018	0.27	1.59	0.11	0.12	0.26	0.32	0.28
2019	0.27	1.49	0.12	0.12	0.25	0.30	0.27
2020	0.26	1.40	0.13	0.13	0.24	0.29	0.26
2021	0.02	0.00	0.03	0.03	0.02	0.01	0.02
2022	0.02	0.00	0.03	0.03	0.02	0.01	0.02
2023	0.02	0.00	0.03	0.03	0.02	0.02	0.02
2024	0.02	0.00	0.03	0.03	0.02	0.02	0.02
2025	0.03	0.00	0.03	0.03	0.03	0.02	0.03

从模拟结果来看，行业各项税费成本降低最为明显的效果是提升社会福利，有效促进消费增长，对经济发展有实质性的效益。但是，普遍降成本的同时，也会拉动经济整体规模的增加，因而提升相应的污染排放水平，而环境污染则可能降低社会福利。因此，为保障降成本的实际效果，在降低行业生产各项税费的同时，也应有效调动各种环境规制工具，通过差异化的环境税标准制定及排污补贴政策，以及排污交易市场建设等政策工具，优化污染排放与能源消耗的行业结构。另一方面，充分利用税费降低的行业导引作用，促进能源结构的转型升级，鼓励行业清洁生产水平的提高。

六、行业补短板化结构调整的污染减排效应分析

补短板是指强化产业经济发展的根基，清除限制资源有效配置的障碍。通过推进城镇化、产业改造升级、增加公共产品和公共服务等重大举措，着力提高供给的质量和效益、适应性和灵活度，科学矫正各项资源要素配置，助推全要素生产率全面提升。具体来说，即加大外溢效应明显的基础设施建设投资，增加基本公共服务的供给，通过城镇化提升劳动力质量与供给规模，强化环境规制，促进绿色发展。因此，本章对行业补短板化结构调整路径的模拟，主要通过对基础设施相关行业的消费品与投资品倾向比例的均衡来刻画基础设施供给水平的提高，同时用调升环境税比例来模拟环境规制的加强。同样，模型假定 2016~2020 年的前五年时间段基础设施行业投资倾向相对于非基础设施行业投资倾向水平年均调升 10%，2021~2025 年的后五年时间段保持一个相对稳定水平状态，如表 5-6 所示。

表 5-6　　行业结构补短板化调整路径的经济福利与污染减排效应模拟　单位：%

年份	经济增速影响	社会福利影响	化学需氧排放	氨氮排放	二氧化硫排放	二氧化碳排放	氮氧化物排放
2016	-0.24	0.02	-0.11	-0.16	0.20	-0.66	0.67
2017	-0.25	0.03	-0.12	-0.18	0.21	-0.67	0.68
2018	-0.25	0.03	-0.13	-0.19	0.22	-0.68	0.70
2019	-0.26	0.03	-0.14	-0.20	0.23	-0.69	0.71
2020	-0.27	0.03	-0.15	-0.21	0.24	-0.69	0.72
2021	-0.03	0.00	-0.03	-0.03	0.03	-0.04	0.07
2022	-0.02	0.00	-0.03	-0.03	0.03	-0.04	0.07
2023	-0.02	0.00	-0.03	-0.03	0.03	-0.04	0.07
2024	-0.02	0.00	-0.03	-0.03	0.03	-0.04	0.07
2025	-0.02	0.00	-0.03	-0.03	0.03	-0.03	0.06

　　从模拟结果来看，以加大基础设施建设、提升要素配置水平与供给规模为核心的行业补短板化结构调整路径，具有比较全面的经济系统改进效应。一方面，通过各项短板建设的外溢效应，有效提升了社会福利；另一方面，又实现了对主要污染物的排放降低。虽然经济增长速度受到了一定的影响，但优化了经济增长的质量，而且补短板的绩效改进效应是长期的。当然，从模拟的具体数值看，补短板在加大基础设施建设的同时，也导致部分污染物（二氧化硫）排放的增加，这与建筑业技术水平有较大的关系。因此，在政策建议层面，要优选外溢效应较高的重点项目，在推进行业补短板进程的同时，要充分鼓励利用环保建筑、绿色制造技术及产品，从而带动行业清洁生产水平的提升；在以新型城镇化等手段补充劳动力供给短板方面，要注重对劳动力技能的培训与提升，实现劳动力要素与高端制造业和绿色服务业的有效对接。

第五节　结论与政策建议

　　"十三五"期间，节能减排的阶段目标是完成到 2020 年单位 GDP 碳排放比 2005 年下降 40% ~ 45% 的国际承诺低碳目标，并且要为完成中美气候变化联合声明中提出的我国在 2030 年左右要达到碳排放的峰值的中长期低碳发展目标奠定基础，同时要在大气污染防治等环境指标方面取得明显成效。与此同时，"十三五"期间是中国全面建成小康社会的关键时期，中国 GDP 增速已经转入中高速增长，新常态的过程中，工业化、城镇化进程都进入新的阶段，经济转型、能源转型还面临着很多困难，要妥善处理资源环境与经济社会可持续发展的关系，并且要根据党的十八大、十八届三中和四中全会提出的新精神和新要求，深化改革、依法治国、推动能源革命，适应新形势科学调整和完善节能减排的政策思路。对于行业结构调整而言，"十三五"及其后续一段时间内，经济新常态下的供给侧结构性改革是主要的管控方向。以"三去一降一补"为主要任务的行业结构调整路径应在逐步改善有效产能的不均衡程度的基础上，确保节能减排各项目标的全面完成。

　　从模拟的总体结果来看，基于供给侧结构性改革导向的不同行业结构调整路径对于经济增长、社会福利与主要污染物排放的影响也有所不同。行业结构性调整要与行业的能耗与清洁生产水平相匹配，均衡推进，重点调控；同时注意与其他节能减排相关政策工具措施相配合，最终实现经济增长、社会福利提升与污染减排等多项目标。

　　综上所述，在经济增长维持稳定性增长与要素供给趋紧的新常态大环境下，为了实现节能减排目标的长效性，同时保障居民收入的持续增长和社会福利，供给侧端的行业结构调整优化要充分发挥要素再配置效应（姚战琪，2009）。构建产业技术内生性增长的有效机制，以经济增长承受空间为底线，逐步转换结构调整方式；以能耗与污染排放程度为结构导向，建立实现经济发展、收入增长与环境资源保护等长效机制与经济均衡发展的新模式。

具体来说，供给侧行业结构调整优化的总体设计要重点突出三个方面：

一是构建以优化行业技术结构为核心的行业结构调控基准。充分合理地利用标准体系淘汰高排放、高能耗产业的体制，综合运用各类评判指标，例如工艺技术等级、规模、生产能耗级排放、绿色环保等级等，拓宽标准体系范围。同时，倡导生产企业技术升级改造，采用新技术、新工艺、新材料和新装备进行生产活动以提升现代制造业的技术水平和产业层次。另外，应加大企业知识产权的应用及推广，增强企业间技术交流与合作，在加强企业自主创新主体地位的同时，还应建立产学研协同创新平台，将科研与生产、理论与实践有机地结合起来。

二是构建以化解过剩产能、淘汰落后产能、培育优势产能为中心的行业结构调控主要举措。将产能过剩的转换与产业重组有机结合起来，尽其所能减少生产过程中冗繁的步骤与手续，降低政府对企业投资活动的干预，推动过剩产能的市场承接；深化财税体制改革，完善市场发展机制，激活潜在消费；取缔限制全国统一市场和公平竞争的行为和条例以创建公平竞争的市场环境；对新增产能实施监视与限制，结合实际情况对产能过度剩余行业给予置换实施办法，利用一切政策工具与激活市场手段，积极培育优势产能行业。

三是构建推进制造业转型升级，加强发展服务业的行业结构调控长效路径。通过供给侧结构性改革与适度的消费促进措施，深挖生产要素、技术创新及高端消费需求的内在潜力，推动从低成本型制造业向高端技术型制造业的转型升级，配合以促进居民收入水平提升与消费升级的有效举措，带动服务业的壮大发展。

参考文献

1. 范金、杨中卫、赵彤：《中国宏观社会核算矩阵的编制》，载《世界经济文汇》2010年第4期。

2. 冯志峰：《供给侧结构性改革的理论逻辑与实践路径》，载《经济问题》2016年第2期。

3. 供给侧改革引领"十三五"，读书月专题网，http://blog.sina.com。

4. 管清友等：《中国式去产能全景图》，载《民生证券》2016年。

5. 国家发改委：《产业结构调整指导目录（2011年本）》，http://www.gov.cn/flfg/2011-04/26/content_1852729.htm，2011。

6. 国家环保总局：《"十二五"主要污染物总量控制规划编制指南》，http://zfs.mep.gov.cn/fg/gwyw/201112/t20111221_221570.htm，2011。

7. 胡鞍钢、周绍杰、任皓：《供给侧结构性改革——适应和引领中国经济新常态》，载《清华大学学报》（哲学社会科学版）2016年第2期。

8. 江飞涛、李晓萍:《当前中国产业政策转型的基本逻辑》,载《南京大学学报》(社科版)2015 年第 3 期。

9. 李国璋、江金荣、周彩云:《转型时期的中国环境污染影响因素分析——基于全要素能源效率视角》,载《山西财经大学学报》2009 年第 12 期。

10. 倪鹏飞、邹琳华、高广春:《中国住房发展报告 2015—2016》,广东经济出版社 2016 年版。

11. 沈坤荣:《构筑新常态背景下增长动力的新机制》,载《河海大学学报》(哲学社会科学版)2015 年第 4 期。

12. 孙广生、冯宗宪、薛伟贤、慕继丰:《环境经济投入产出污染梯度场的分析》,载《数量经济技术经济研究》2003 年第 3 期。

13. 唐德才:《工业化进程、产业结构与环境污染——基于制造业行业和区域的面板数据模型》,载《软科学》2009 年第 10 期。

14. 唐志鹏、刘卫东、付承伟、武红:《能源约束视角下北京市产业结构的优化模拟与演进分析》,载《经济评论》2012 年第 12 期。

15. 王德发:《能源税征收的劳动替代效应实证研究——基于上海市 2002 年大气污染的 CGE 模型的试算》,载《财经研究》2006 年第 2 期。

16. 王一鸣:《全面认识中国经济新常态》,载《求是》2014 年第 22 期。

17. 徐大丰:《碳生产率、产业关联与低碳经济结构调整——基于我国投入产出表的实证分析》,载《软科学》2011 年第 3 期。

18. 徐枫、唐镭:《节能减排背景下广东能源结构优化及对策研究》,载《科技管理研究》2015 年第 15 期。

19. 徐志伟:《工业经济发展、环境规制强度与污染减排效果》,载《财经研究》2016 年第 3 期。

20. 姚战琪:《生产率增长与要素再配置效应:中国的经验研究》,载《经济研究》2009 年第 11 期。

21. 余泳泽、杜晓芬:《技术进步、产业结构与能源效率——基于省域数据的空间面板计量分析》,载《产业经济评论》2012 年第 12 期。

22. 原毅军、谢荣辉:《工业结构调整、技术进步与污染减排》,载《中国人口·资源与环境》2012 年第 11 期。

23. 翟凡、李善同:《结构变化与污染排放——前景及政策影响分析》,载《数量经济技术经济研究》1998 年第 8 期。

24. 张宝华、原毅军:《污染减排与产业结构升级的互动关系研究》,载《经济评论》2015 年第 2 期。

25. 张捷、赵秀娟:《碳减排目标下的广东省产业结构优化研究——基于投入产出模型和多目标规划模型的模拟分析》,载《中国工业经济》2015 年第 6 期。

26. 张伟、王韶华:《产业结构变动的碳减排效应:动态累积与空间差异》,载《经济评论》2015 年第 4 期。

27. 张秀生、王鹏:《经济发展新常态与产业结构优化》,载《经济问题》2015 年第 4 期。

28. 中国人民银行新余市中心支行课题组:《区域供给侧改革与金融发展协调问题研究:以江西为例》,载《金融与经济》2016 年 8 月 25 日。

29. Armington. A Theory of Demand for Products Distinguished by Place of Production [J]. IMF Staff Papers, 1969.

30. Dessus S, Roland Holst D W, Van Der Mensbrugghe D. Input-based pollution estimates for environmental assessment in developing countries [M]. Organization for Economic Co-operation and Development, 1994.

31. Lofgren. A Standard Computable General Equilibrium Model (CGE) Model in GAMS [Z]. International Food Policy Research institute, http://www. cgiar. org/ifpri/divs/tmd/dp. htm, 2001.

32. Narayanan, Walmsley. The GTAP 7 Data Base [J]. Center for Global Trade, 2008.

33. N. Hosoe, K. Gasawa, H. Hashimoto. Textbook of Computable General Equilibrium Modeling: Programming and Simulations. Palgrave Macmillan UK, 2010 (8): 234 – 257.

34. Zhai F. Armington meets Melitz: Introducing firm heterogeneity in a global CGE model of trade [J]. Journal of Economic Integration, 2008 (23): 127 – 134.

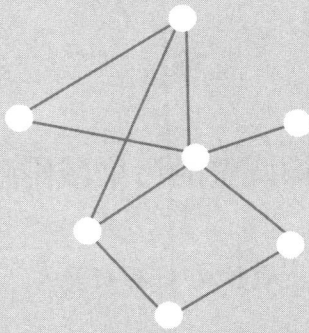

第六章

我国产业结构调整的污染减排
政策体系研究

　　环境问题作为一个公共问题，单纯地依靠市场机制是难以彻底解决和控制的，必须有政府政策的规制和引导。本章在梳理相关文献研究的基础上，通过国外污染减排政策的比较和经验借鉴，分析我国污染减排政策实施现状及问题，并运用CGE模型情景模拟环境规则政策、清洁发展政策、财税金融政策以及土地服务政策的污染减排效应，最后从这四个方面构建我国产业结构调整的污染减排政策体系。

第一节　产业结构调整的污染减排政策文献综述

一、环境规制政策与污染减排的相关研究

关于污染减排环境规制的相关研究主要集中于以下三个方面。

第一，环境规制通过推进污染型企业技术创新来促进污染减排。学术界基于"波特假说"就环境规则如何激发企业技术创新来实现污染减排目标进行了深入讨论，从理论和实证两个层面验证"波特假说"。波普（Popp，2009）的研究结果表明，短期内企业依据政府环境规制的政策性要求，选择减少污染物排放的边际成本与环境质量改善的边际效益相等时的生产方式；长期中企业会革新现有的生产方式，提升技术创新水平，通过降低污染防治成本，从而大幅度的提升环境质量。贾施（Jasch，1994）认为各级政府通过制定企业清洁生产的环境规制政策能够有效控制其污染排放行为。贾菲和帕默（Jaffe and Palmer，1996）、滨本（Hamamoto，2006）分别研究了美国和日本制造业的技术创新与环境规制之间的关系，结果表明，污染型企业可以通过技术创新降低污染治理成本，政府环境规制会促进企业技术创新。弗朗德尔等（Frondel et al.，2007）研究发现，相较于非清洁技术对于污染减排的作用效果，清洁技术更有益于污染减排目标的实现。国内学者臧传琴、张菌（2015）和王杰、刘斌（2014）研究发现，企业的技术创新行为与政府的环境规制政策之间呈正相关，即政府的环境规制政策会通过促进企业技术创新而降低污染物的排放，并加快企业的发展，实现环境质量和企业经济效益的"双赢"目标。

第二，环境规制通过优化污染产业结构来促进污染减排。政府颁布的环境规制政策是实现产业结构优化升级的重要手段。"污染避难所"学说很好地支持了该理论。"污染避难所"学说认为，高污染、低附加值的企业在环境规制比较严格的地区无法获得更多的财政支持和税收优惠政策，企业的创新能力较小、生产成本较高，作为经济理性的企业必会将产业转移至环境规制水平较低的地区发展。莱文森等（Levinson et al.，2008）进一步验证和解释了"污染避难所"假说，并就环境规制对不同地区产业结构的影响进行了分析，进一步肯定了环境规制对产业结构调整的影响。然而，随着研究的深入，学术界出现了三种不同的观点。第一种观点认为，环境规制可以促进产业结构的转型升级。原毅军、谢荣辉（2014）发现，相较于非正式环境规制而言，正式环境规制可以较为有效地促进产业结构调整。第二

种观点认为，环境规制与产业机构调整之间并没有具体的内部联系。钟茂初（2015）研究表明，只有当环境规制达到一定水平时才能实现产业结构的优化升级，在目前我国的经济发展水平和建设现状下，环境规制还不能充分发挥其对产业结构调整的推动作用。第三种观点认为，政府环境规制政策的实施会对产业结构升级产生逆向作用。夏艳清（2008）从理论上对环境规制水平与产业机构的关系进行了研究，结果表明，环境规制可能会使地区产业分化瓦解，对产业结构的优化升级产生负面影响。此外，徐常萍（2012）对我国 16 个制造行业的面板数据进行分析，实证结果表明，随着环境规制强度的提升，会进一步地限制制造业结构优化升级。

第三，环境规制通过调节企业的生产行为来促进污染减排。马加特和维斯库斯（Magat and Viscusi，1990）认为，政府总是选择较为良好的环境规制水平并不能保持合理性，因此，选择美国环境保护局（Environmental Protection Agency，EPA）对水污染规制作为研究对象，在 EPA 对水污染规制标准的执行力度不同时，企业的生产行为也会有所差异，结果表明，环境规制政策的制定和实施能够显著地降低企业的污染排放水平，有利于污染减排目标的实现。拉普朗特（Laplante，1996）从环境规制政策对企业污染排放行为监管的有效性出发，研究表明，有效的环境规制政策的实施可以使企业生物含氧量的绝对排放量降低大约 28%。达斯古普塔等（Dasgupta et al.，2001）的研究发现，政府规制能够有效降低污染物的排放总量，而排污税政策的实施并不能对污染减排产生明显的效果。从而可知，相较于排污税政策的实施，环境规制政策对企业的生产行为进行监管将更有效。蒋为（2015）发现，政府环境规制政策的实施会转变企业的生产方式，使企业将更多的资金投入到科技研发中来，减少单位产量下的污染物排放。王书斌（2015）发现，政府的行政管制可以通过影响企业的生产与投资行为实现雾霾的脱钩，不同地方的政府必须根据各地区不同的生产资源和现状选择合适的政策工具，才能实现经济与环境的"双赢"。

二、清洁发展政策与污染减排的相关研究

清洁发展政策与污染减排之间的相关研究主要集中于研究清洁发展机制《京都议定书》政策效果以及二氧化碳排放交易市场两个方面。

第一，研究清洁发展机制《京都议定书》的政策效果。清洁发展政策的国际性文件《京都议定书》明确规定，相较于发达国家而言，绝大多数发展中国家（包括中国）将被强制性的承担更多的碳减排义务，清洁发展机制在国际市场碳排放交易中作用巨大，是目前国际范围内发展中国家参与碳排放交易的主要方式。埃里克·思韦茨和法尔哈呐·亚明（Erik Haites and Farhana Yamin，2000）研究了清洁发展机制的操作和管理流程，认为清洁发展机制既可以降低企业生产成本，又有益于改善环境质量。马尔特·施耐德（Malte Schneider，2008）和卡斯特罗（Castro，2010）等认为，清洁发展机制的顺利实施，可以促使发达国家的资金和技术向发展中国家转移，提升发展中国家节能减排的潜力。帕拉沃·普罗希特（Pallav Purohit，2008）研究了印度的清洁发展机制，发现该项目的实施在减少污染物和温室气体排放的同时，对印度农村经济具有较大的推动作用。哈斯特（Gaast，2009）研究发现，清洁发展机制不仅有助于发展中国家环境质量的改善，也可以帮助发达国家履行其在《京都议定书》中的承诺。此外，松桥（Matsuhashi，2004）、达格玛斯（Dagoumas，2006）以及拉乔伊（Lanoie，2008）等人发现，清洁发展机制在发展中国家节能减排中取得了良好的收益，该项目实施效果良好。我国学者刘航、杨树旺（2013）研究发现，实施清洁发展机制对温室气体的排放以及发展中国家产业结构的优化具有重要意义。李崇、任国玉等（2011）研究认为，在我国全面实行清洁发展机制的条件下，能够有效减少温室气体二氧化碳的排放量，同时能够有效促进固体废弃物的减排，对环境保护意义巨大。

第二，研究二氧化碳排放交易的机制和政策。国外研究中对于碳排放的研究主要集中在三个方面：一是关于碳排放交易初始额分配机制研究。明德和普林斯（Milliman and Prince，1989）认为，以企业的历史排放量作为减排配额的分配依据，具有科学性又能促进企业在环境保护领域的创新；但也有学者认为这种分配依据对新纳入排放管制的企业不公平。伦诺克斯和伦格尔（Lennox and Renger，2010）针对新西兰的碳排放交易市场进行研究，结果表明，最有效的减排配额分配方式是配额恒定，这种方式既能最大限度地扩大就业，又能增加产量，还能增加本国购买国外减排额度的支付额度。彼得·克拉姆顿和苏子·克尔（Peter Cramton and Suzi kerr，2002）比较了各种拍卖方法的优点和缺点，认为以公开拍卖为分配依据不仅具有价格低、效率高的好处，还能体现配额数量分配的公平性。劳伦斯·古尔德（Lawrence H. Goulder，2010）认为，可以用不要钱的分配方式来弥补以硬性规定来促进碳减排所造成的损失。马库斯·厄门（Markus Aihman，2005）运用了四种排放配额分配方案：基于计划排放的分配、基于生产排放与指定排放的分配、基于生产排放与基准测试的分配和基于生产排放与最佳技术的分配，分配方案分析有利于为政府当局提供决策。二是关于碳排放交易价格的研究。风振华（Zhen-Hua Feng，2011）等认为，碳排放权交易价格拥有短暂记忆的能力，现时期的价格并不能真实准确地反映历史交易现象，还有可能受到外部环境和市场机制的影响。简·塞弗特（Jan Seifert，2008）等系统研究了碳排放交易理论，发现碳排放权交易价格的形成是没有规律可循的，价格变动趋势也没有显现出周期性，它是随机变化的，但是与时间、价格具有一定的紧密联系。安东尼·洛佩兹（Antonio López，2013）等运用"污染避难所"假说，分析了在国家的不同阶段国际贸易的减少或增加将影响全球温室气体的排放。三是关于碳排放交易经济效益的研究。卡拉（M. Kara，2007）等就EUETS对挪威、瑞典、芬兰等北欧国家电力行业的研究发现，平均电力价格与碳减排额价格呈现出同步增长的趋势。

国内对于碳排放的研究主要集中于机制探索阶段。闫海洲、张明绅（2012）指出，实现可持续发展的两种主要方式是节能减排和提高能源使用效率，中国在碳交易国际市场也面临着定价权缺失的不利局面。刘航（2013）构建了关于清洁发展机制和碳减排的相关模型，并在我国碳交易市场的相关政策下设计了碳交易市场的框架。孙欣、高巍等（2014）对北京、上海等四个碳交易试点的碳排放交易体系进行了相关研究。陈健鹏（2012）认为我国应该借鉴国际经验，通过促进各国间的相互合作、国内的严格监管以及完善的碳交易市场机制来实现碳减排，同时建立第三方认证核查体系，培育第三方核证机构。刘刚（2013）总结了国际碳交易市场的经验，并针对完善我国的碳交易市场提出了总体策略和政策。苏丹等（2013）通过研究发现，排污权交易逐步发展为深化污染减排的重要措施，因此，促进污染减排需要建立活跃的市场使排污权得到灵活交易，以实现环境资源最有效配置。

三、财税金融政策与污染减排的相关研究

财税金融政策对污染减排的影响机制和效果的相关研究包括以下两个方面。

第一，研究污染减排的财政政策。在财政政策方面，国外学者主要考察了排污补贴对污染减排的影响。罗伯茨和斯彭斯（Roberts and Spence，1976）设计了一种基于排污许可证征收排污费或给予财政补贴的政策，在发放排污许可证的基础上，对于超量排污的企业征收排污费，而对未使用排污许可证的企业予以财政补贴。科韦诺（Kwerel，1977）的研究发现，混合补贴制度只有在交易许可实现完全竞争、企业污染排放成本在社会收益函数上实现完全替代时才能产生作用。唐宁和怀特（Downing and White，1986）对直接控制、免费许可证制度、排污补贴等污染减排激励方式的比较分析发现，排污补贴政策难以最大程度上实现污染减排效应。相反，伯特尼和史蒂温斯（Portney and Stavings，2002）通过对不同环境市场的研究发现，财政政策手段对于促进污染减排具有较为明显的作用。类似的研究文献还有莱文森（Levinson，2003）、何杰（He，2006）、孔斯和肖格伦（Kunce and Shogren，2002、2007）等。我国学者梁俊（2014）认为，排污权交易、环境补贴等措施有助于企业污染减排效应的提升。周宏春（2008）认为，财税金融政策等经济手段在弥补市场失灵、促进污染减排方面发挥了明显效用。李鹏飞、杨丹辉和张艳芳（2012）发现，东部经济较发达地区污染减排的效果显著主要与该地区的污染治理财政投资有关，加大财政投入有利于污染减排。

第二，研究污染减排的税收政策。明德和普林斯（Milliman and Prince，1989）研究发现，排污税制度能够对企业的技术创新和扩散产生较大的激励效应。安德森（Andersen，1999）通过对荷兰、比利时、丹麦等 OECD 成员国的环境税收研究发

现，指定环境税收用途既有利于污染减排，又有利于环境税收的征收。土耳其学者居尔坎（Gürkan，2003）构建了 CGE 模型，分析发现排污税不仅能够促进污染减排，而且有助于就业。支持该观点的学者还有巴克尔等（Barker et al.，1993）、伯特尼和史蒂温斯（Portney and Stavins，2002）等。然而，也有持不同意见的学者。荣格（Jung，1996）发现，对企业技术创新和污染减排激励作用最强的三种方式为拍卖许可证制度、排污税以及免费许可证制度。汉米尔斯坎（Hemmelskamp，2000）通过对 3000 多家德国企业数据资料的分析，发现排污税对企业污染减排既有正影响也有负影响。我国学者张国兴和高秀林（2014）从实证角度分析了我国1998～2012 年税收政策对污染减排的影响，发现污染减排的环境税收政策的影响效应显著。

此外，还有学者考察了二氧化碳税、二氧化硫税、增值税、资本税以及混合税等其他税种对污染减排的影响。如博芬贝格和古尔德（Bovenberg and Goulder，1996）认为，碳税政策对污染减排的影响效应可能比其他税种更为显著。斯坦达尔特（Standaert，1992）等学者认为，征收碳税的同时应减少增值税，这样既能实现污染减排效应，同时也不会给经济和就业带来大的负面影响。西班牙学者安德烈（F. J. Andre，2003）利用 CGE 模型进行了政策模拟分析，发现引入二氧化碳税或二氧化硫税不仅能够促进污染减排，而且能够促进经济发展、提高就业率。希罗·塔克达（Shiro Takeda，2006）构建了动态 CGE 的二氧化碳税模型，发现碳税收入用于替代资本税时，碳税政策在实现污染减排的同时还能促进就业；当碳税收入用于替代劳动税和消费税时，碳税政策只能实现污染减排效应，不能促进就业。我国学者张志仁（2004）认为，促进污染减排应该从两方面着手：一是完善现有能源污染税，如燃油税等；二是创新新税种，对高能耗的生产企业开征能源排污税，如碳税等。倪红日（2005）研究发现，开征燃油税或消费税能够提升能源产业的价格，有利于实现污染减排的目标。

四、土地服务政策与污染减排的相关研究

土地服务政策与污染减排的相关研究主要集中于以下三个方面。

第一，从土地开发角度研究其污染减排效应。麦克比恩（Macbean，2002）、赵亚莉（2014）研究发现，城市土地开发强度变化对生态环境有着较为显著的影响，土地开发强度与环境污染呈正向关系，且不同地区该影响强度差异性较大。吕昌河等（2007）通过构建生态防护、耕地资源保障等 11 个指标，评估了土地利用规划对环境、生态的可能影响程度，结果显示，合理的土地规划能够很好地改善生态环境质量。土地使用规划对生态保护也有显著影响，李淑杰（2011）、方斌（2010）发现，土地利用结构和规模有序调整能够减轻土地污染的程度，提高生态

环境质量。冯应斌（2014）基于土地使用多功能性的研究表明，以土地生态功能建设为导向的土地规划能够很好地提高环境服务质量，从而对污染起了很好的抑制作用。此外，技术进步也会在土地开发使用中对污染减排产生影响。埃斯克兰和哈里森（Eskeland and Harrison，2003）认为，在东道国进行投资的跨国公司运用先进的环保技术和较高的环境控制标准能够有效改善东道国环境状况。董直庆和原毅军（2014）的研究表明，在现有技术进步方向和城市用地规模下，我国的环境质量难以得到改善，污染减排效果不明显。

　　第二，从土地功能转型角度研究其对污染减排的影响。巴拉尔（Baral，2014）按照"生产—生态—生活"的主导功能对土地进行分类，研究土地利用功能结构转型、空间转型特征及其生态环境响应规律，研究表明，土地由生产向生活转型将带来正的生态效益。支持此观点的还有吕立刚（2013）、窦玥（2012）等。李裕瑞（2013）对大城市村域转型对环境质量的影响效应进行研究，发现村域转型会带动农村土地的转型，农村土地的转型将引起环境污染从高污染向低污染转变。但是，有关学者对此有不同的观点。刘永强（2015）研究了近15年湖南省土地利用的变化，主要表现为城乡建设用地的增加和耕地面积的减少，而生态系统服务价值先上升后下降，地区环境污染现状有所改变。黄茂兴（2013）的研究发现，土地转型管理对污染减排的影响较大。

　　第三，从土地政策角度研究污染减排效应。李静（2015）利用重点断面水质监测周数据对跨境河流污染的"边界效应"的研究发现，土地政策不能总是实现污染减排目标。陆铭（2014）的研究结果表明，限制城市建设用地跨地区分配的土地政策并不能促进污染减排目标的实现。包群（2013）也发现，包括土地政策、排污税政策在内的环境保护政策单一的实施并不能显著抑制当地污染物的排放。王继荣（Wang，1996）、惠勒（Wheeler，2005）和唐茂钢（2015）均认为，需要继续制定合理的有利于土地生态保护的制度，提升土地生态价值，来促进环境保护，减少污染物的排放。

第二节　国际污染减排政策体系的比较与经验借鉴

一、环境规制政策的比较分析

1. 欧美关于污染减排的环境规制

　　环境规制最初主要以命令型为主，伴随着经济的发展，联合国《里约环境与发展宣言》开始要求各国将环境费用纳入生产、消费的决策中，自此环境费用手段作为激励性质的财政经济政策的补充性手段，开始应用在各国的环境规制政策中。比如可交易的排污权、排污收费（税）以及押金返还制度等都在 OECD 国家中被普遍采用。欧美国家关于污染减排的环境规制政策主要包括混合制度、补贴制度、押金返还政策、排污权交易、生态补充机制和环境税收等六种。

（1）混合制度。在环境治理上，国外发达国家采用以市场激励为主，结合命令控制型政策双管齐下的混合管理制度。生态环境是公共资源，很容易产生公共地困局，没有哪个国家单一采取一种规制政策而实现成功治理的。混合制度一方面激励和刺激企业的减污行为，另一方面又为其治理提供资金和技术支持，帮助企业处理废弃物、排放物。历史上，美国的排放交易措施是，制定技术标准对不同行业、不同污染源进行不同的法规控制，结合具体污染物的许可证制度进行统一管理。

（2）补贴制度。在欧洲国家中，法国通过提高企业贷款来治理水污染。德国通过对那些因进行污染控制而造成资金困局的小企业提供补贴来实现环保计划目标。意大利提供补贴给那些率先改进生产工序治理污染的企业，实现固体废弃物的循环回收利用。荷兰财政援助以此激励企业研发新技术与配置新的治污设备，并激发其服从监管的热情。瑞典为了减少农药的环境污染，为农场提供财务与技术帮助，训练农民的农药喷洒技术，专门设立了基金来检验农药喷洒的效用。美国曾投资上亿美元来帮助农场主提高水土、土地的持续生产能力。

（3）押金返还政策。在发达国家，押金返还政策非常广泛地应用于固体废弃物的治理。例如，对金属罐实行押金返还的主要有加拿大、瑞典、美国；对汽车残体进行回收押金返还的有瑞典等国家。经济合作与发展组织成员国鼓励采用押金返还制度并由政府强制命令执行，实行塑料饮料瓶的押金返还制度的国家返还率都高于 60%。在美国实行押金返还制度的商品包括涂料、清洁剂包装、荧光灯管等（保罗·K.伯特尼、罗伯特·N.史蒂文斯，2004）。

（4）排污权交易。美国因其比较完善的市场机制而成为排污权交易制度利用最好的国家。美国全国体系将排污权交易理论付诸实践，相继出台了各种专门应对大气、水体污染的排污交易计划，例如，EPA 的排污权交易计划、酸雨计划和南部加州的区域清洁空气激励市场（RECLAIM）项目等。EPA 的排污权交易计划是美国《空气清洁法案》的一部分，此交易计划将对未达到排放量限制线的企业进行信用奖励，用于补偿企业在其他污染排放上的超标；要求排污的企业必须获得排污消减诚信协议以后才能设立。酸雨计划是降低二氧化硫排放的排污权交易计划。此外，美国还有区域性排污交易计划等。

（5）生态补偿机制。该机制是国外进行生态维护的主要措施，以市场机制为基础，以森林保护为主体，又被称为"生态付费"。世界多国和地区都在采用这种机制。例如，我国的退耕还林等措施，以及南非流域的保护与恢复措施等都是该机制的应用。

（6）环境税收。环境税收是国外很多国家采用的规制政策。例如，能源燃料税、碳税、环境服务税、生态税、污染物排放税等（邹骥，2000）。美国有 26 种环境税，荷兰有 14 种，瑞典有 26 种。很多国家都征收 3% ~ 25% 的汽油燃料消费增值税。美国、芬兰等征收环境损失税。荷兰征收政府垃圾收集税。许多国家采用环境税征收返还环境保护的措施，例如，丹麦对工商企业征收环境附加税，而后将其补贴于企业节能。进入 20 世纪 90 年代，国外开始推行"绿色"税制变革，取消以前不好的经济补贴，纠正现行的财税扭曲。90 年代以来，很多国家对环境税进行了"绿色"税制改革，包括削减现行的财政和税收扭曲，取消了对环境有不利影响的经济补贴；大力发展环境规制理论与实践。理论促进政策实践上的应用，实践中获得的经验又反补理论上的规制研究。

2. 日本关于污染减排的环境规制

（1）日本环境规制发展历程。日本是亚洲的发达地区，其发展历史上曾经遭遇过很严重的环境困难。也是基于此困难，该国通过一系列的规制政策，结合经济、政策手段，解决、改善了环境问题，其中有很多内容值得我们学习与借鉴。日本环境政策发展历程如图 6 - 1 所示。

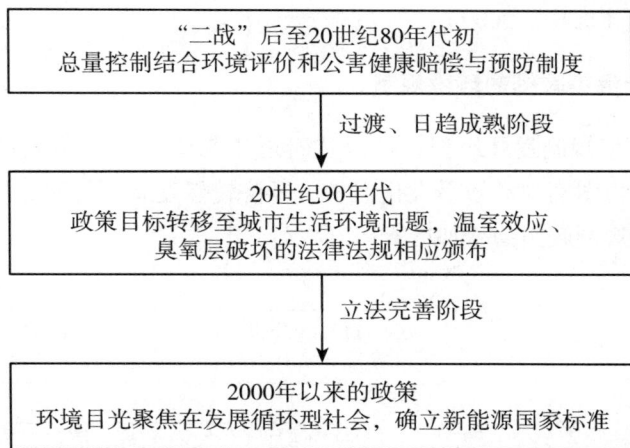

图 6 - 1　日本环境规制政策发展历程

"二战"后日本的一系列环境保护政策具有自身的特点。其从国外引进环境税，进行绿色税制改革，取得了明显的效果。日本在 20 世纪 50 年代颁布了《公共水域水质保全法》《工厂排污规制法》；后来的六七十年代陆续制定了环境自然保护、公害解决政策制度。这些制度的施行对解决日本因工业发展产生的重工业污染和石油等能源污染问题起到了积极作用。八九十年代，日本的环境规制政策主要有 1986 年的《环保长期构想》《关于温室效应对策的法律》《环境基本法》等。进入 21 世纪后，日本大力倡导和推行循环经济政策，制定出台了一系列的旨在推进循环经济发展的法律法规，如"3R 倡议"、《循环型社会形成推进基本计划》等。

（2）日本环境规制的特点。日本的环境规制政策有三个特点。一是根据不同国情不断改变。日本的规制政策具有实时性，根据不同国情下不同的具体情况来及时制定出适合时代的环境保护政策，解决问题的针对性非常强。由刚开始针对公害问题的环境政策到后来的城市环境生活问题再到后来的循环型社会的整个变化轮转过程，都体现了其政策变动的灵活、及时和针对性，其国内的环境治理水平已经达到了相当高的层次和水平。二是与环境协调发展密切相关。日本是资源缺乏的石油进口大国，其经济发展很快，但是环境污染也很严重。日本的环境规制秉持能源—环境—经济和谐一致的原则，来协调国内经济的发展。这种理念思想由《环境和经济发展良性循环远景目标——HERB 构想》充分体现出来，也折射出日本环境—经济和谐友好的发展目标。三是形成了一定的循环经济体系。循环经济是由日本最先提出、付诸实践并取得成效的政策。日本立足于建设循环型经济社会，从 21 世纪以来，不断地制定与颁布循环经济环境政策，很多涉及废弃物的循环再利用，如《包装容器再生利用法》《促进绿色购买法》等。同时，"3R"产业计划也是循环经济的有力保障（郭庆，2009）。

3. 韩国关于污染减排的环境规制

（1）韩国环境规制发展历程。韩国政府近年来出台了一系列环境—经济双发展的环境政策，力图实现环境最大化保护、经济较好发展，并能很好地解决其彼此间的矛盾。韩国规制政策演变如图 6 - 2 所示。

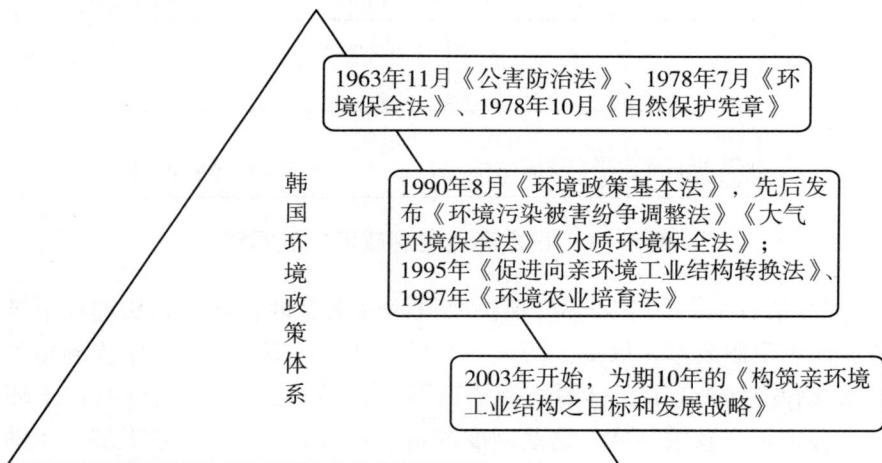

图 6 - 2　韩国规制政策演变

韩国在环境规制方面起始较早，随着其经济的发展，环境规制也体现出不断完善的过程，由最初的作用不太明显发展到国民环保意识的不断加强，是一个循序渐进的改变过程。由图 6 - 2 可以看到，最早的《公害防治法》并没有很好地适应经济发展，后来将其废除，颁布了《环境保全法》这个意在更好地保护环境的法律。1997 年的《环境农业培育法》将产业结构与环境友好相结合来发展工农产业。21世纪，韩国制定了跨度 10 年、意在解决工业化进程中出现的环境污染问题的综合计划《构筑亲环境工业结构之目标和发展战略》。该计划囊括了能源、生态、环保产业和交通方面的政策，引入了保证金、污染权、排放附加费等制度。

（2）韩国环境规制的特点。韩国的环境规制具有三方面的鲜明特征。一是覆盖范围广且体系全面而具体。韩国环境规制政策涉及多方面的法律法规，其政策体系体现出明显的复合性与综合性。由基本法到大气、水质、噪音、有害物质的一条法律线，全面而具体，有针对性地解决国家环境问题。另外，配套法律体系也很及时，如涉及能源、交通、城市规划、环保产业的政策也陆续颁布。二是政策贯彻主要依靠全民的环保意识。韩国的环境保护很大程度上依靠全国的国民环保意识，这是政策得以有效施行的根基。韩国在国民教育上投入了很大力度，积极宣传环境保护、环境危害及环境问题，将环保意识牢牢地扎根在每个公民的意识形态中。另外，韩国有基层民间环保机构，有专门的环保人员向群众播撒环保意识，从基础源头广泛影响全民环保意识。三是注重与邻国之间的合作。除了在环保上的教育研究与资金投入，韩国还特别重视与邻国的共同治理环境问题，特别是与中国的合作。两国合作主要集中在共同维护世界环境，应对地球大气污染、水资源污染和酸雨治理、预防、废弃物处理等方面的深度开展。韩国与日本的合作主要将重点放在环境法律、法规以及技术上的交流合作上，同时与其他东南亚国家共同建立良好的环境保护合作伙伴网，合力治理环境、保护环境。

二、清洁发展政策比较分析

随着世界经济的发展，特别是发展中国家粗放的经济发展模式，全球气候变暖的趋势愈加明显，国际环境组织建议世界各国要转变态度，把全球气候问题转化成日常生活行动，予以高度重视。21 世纪重要的国际课题是如何实现控制温室气体排放量的经济可持续发展。因此，"清洁发展经济"以"低耗能、低污染"为基础的新理念在世界各国应运而生。本节通过分析英国、日本和德国清洁发展经济的战略及实施现状，提炼和总结清洁发展政策的经验。

1. 英国的清洁发展政策

英国政府自 1990 年起加强了对温室气体排放的控制，能源税的实施使英国经济进入稳定发展时间最长、就业人口最多的时期。十多年来，英国通过整合各种环境政策和措施，在降低 15% 的温室气体排放量的同时，实现了 35% 的突破性的经济成长。

（1）战略导向。制定的减排目标不仅要在短期发挥作用，也要在中长期的实施过程中发挥控制力和约束力。从立法和制定相应的政策出发，采取能源税制改革和碳排放权交易等手段，政府和市场协同作用，发挥协作优势，以确保实现减排的目标。

（2）政策制度。2007 年颁布《气候变化法案》，该法案在世界上首次以法律的形式提出将温室气体的减排义务化。该法案为英国政府推动清洁发展经济提供了可行的操作方法，为评估政府政策是否能促成全球达成温室气体减排协议的目标提供政策框架。

（3）经济手段。英国政府积极采用经济手段来改善全球气候变暖的局面：一是地球变暖对策的相关税制；二是碳排放权交易制度；三是设立碳基金。实现温室气体减排效果并发展清洁发展经济。

（4）技术手段。为加快低碳技术的创新发展，英国制定了配套的政策法规，给清洁发展经济提供温床，加快发展速度，确保主要部门走在时代的技术前沿，获得竞争优势。

2. 日本的清洁发展政策

在日本经济持续发展的过程中，粗放的发展方式所带来的环境污染和能源短缺渐趋严重。20 世纪 70 年代之后，日本对环境的态度发生了改变，开始重视经济高速发展所带来的环境问题，并在此背景下提出清洁发展经济战略，由此日本开始转向清洁发展经济道路。日本以政府清洁发展战略作为指导，以政府的政策及相关法规作为支撑，以技术创新为基础，以清洁发展社会为最终目标，建立了系统、可行的清洁发展经济体系。

（1）战略导向。2006 年日本政府制定了国家首个能源战略——《新国家能源战略》，并为未来数十年的发展设定了宏伟的目标。《新国家能源战略》的制定是日本首次从国家层面对能源问题予以重视，充分显现了日本对能源问题的决心，确保清洁发展经济有良好的发展环境和坚厚的发展后盾。

（2）政策创新。2008 年之前日本在清洁发展经济领域的创新侧重点是技术创新，忽略了政策和制度的创新，仅限于"企业自主减排"，不能发挥政府对企业的有效调节作用。同年 6 月福田首相发表了"福田前景"，政府的视线开始关注政策创新，主动发挥政府的控制和指导作用。日本推出了"构建清洁发展社会行动纲领"，开始着手相关政策的设想和制定，创新性地提出"碳足迹"和"领跑者"制度等清洁发展政策。

（3）完善相关法律法规。法律法规在推动清洁发展机制中所发挥的作用是不容忽视的，为清洁发展技术提供了法律保证。日本的清洁发展经济法律法规是十分完善的，处于世界领先地位。

（4）加强经济手段。为确保经济的清洁发展，促进企业采取节约节能的生产方式，日本制定和实施了一整套的激励措施和手段，具体做法是从财税政策出发：环境税税制改革、补助金政策、特别会计制度以及建立碳排量交易权。在环境税税制改革上，日本有针对性地对其燃油税做了类别区分；在补助金制度上，在企业节能设备投资以及居民家用电器消费方面都给予相应的节能补助；在会计制度上，日本要求企业和事业单位公布含有温室气体排放量信息的会计制度；在碳排放交易制度上，日本针对行业、地区、部门设置了碳排放上限，采用限额许可证制度，以市场的方式进行碳排放权限的配置。

（5）技术创新。在清洁发展经济战略提出以来，日本政府的侧重点一直是清洁发展技术创新，促进新能源技术的发展，鼓励企业技术创新与去除不良产能。在清洁发展经济领域，日本的技术发展一直处于国际一流地位，引领着世界清洁发展技术的整体方向，如日本具有最顶端的太阳能发电技术和世界最高端的生物乙醇制造技术，与欧洲发达国家相比，日本能源消耗的边际经济效益也是全球最高的。

（6）注重清洁发展社会意识。经济社会的清洁发展除了企业和政府的参与，公众的清洁经济发展意识也是尤为重要的。日本在这方面的工作是非常有成效的，在激发和唤醒国民的清洁发展意识方面，日本政府设法让国民知道他们在日常生活中所产生的温室气体数量以及政府治理这些温室气体的治理费用，从国民的角度出发，发挥政府、企业、国民协同作用，为发展清洁发展的经济输入持久动力。

3. 德国的清洁发展政策

德国是以工业为支柱产业的发达国家，国民生产总值居欧洲之首，但能源却极度匮乏，主要的自然资源及能源需求都依赖进口。德国十分重视发展清洁发展经济，走清洁发展经济之路已成为其基本国策，其发展效果也很显著，目前已处于世界前列。

（1）战略导向。德国针对清洁发展政策提出了清洁发展城市的概念。清洁发展城市被视为应对气候变化及提高资源效率的城市发展战略，在城市的规划中需要首先考虑清洁发展城市的构想。清洁发展城市的要旨是降低资源利用和经济发展的联系，在确保社会成本最低的情况下实现经济稳定快速发展。

（2）政策制度。德国的清洁发展政策体系也相对完善，以能源基本法为基础，形成了专门的法律及配套的法规。1998年德国联邦立法机关通过了《能源工业法》。在各个专业领域的法规包括：一是循环经济领域，德国的清洁经济发展法律法规体系比较成熟，主要有《废弃物处理法》、"蓝色天使"计划和《循环经济与废弃物管理法》；二是可再生能源领域，德国制定了《可再生能源法》（EEG），除了延续"强制收购"及"高价补贴"的精神外，为适应不同技术、不同成本能源投资的实际情况，政府长期使用固定费率的差价补贴，让投资者能够精确计算自己的期间收益和资本回收时间。

（3）能源新政。德国在清洁发展经济的发展过程中，最具特色的就是其所实行的能源新政。德国的能源新政能够吸取各国在该领域的优势，摒弃弊端，走可再生能源的清洁发展经济，如大力发展风能，促进现有风力设备的更新换代为其重点发展领域。

（4）开展国际合作。德国在清洁发展技术上不但和发达国家开展合作，也和发展中国家开展了联合开发。德国在担任欧盟轮值主席国期间，在清洁发展的背景下，组织并开展清洁发展经济国际交流合作活动，为促进清洁经济成长提供强有力的驱动力，使欧盟的发展兼顾经济和环境的和谐发展，在经济高速增长的同时保证低能耗。

三、财税金融政策的比较分析

由于金融政策在污染减排上的运用还处于推行时期，我们能够比较的主要是各国的财政政策和税收政策在污染减排方面的政策体系，主要比较欧盟、美国以及日韩地区的财税政策。

1. 欧盟关于污染减排的财税金融政策

欧盟在环保和污染治理方面更多采取间接调控，通过有效的财税政策来间接调控人们的行为习惯，从而达到提高环境治理的效果。欧盟不同国家污染减排的目标不同，实施财税金融政策也存在一定的差异性，但是，对污染减排的推进主要还是依靠财政政策、税收政策，并且取得的成绩比较显著。

（1）欧盟关于污染减排的财政政策。欧盟污染减排财政政策是由欧盟成员国的政府对特定的环保项目提供财政支持，对于那些有利于污染减排的举措给予财政资助。从财政政策看，欧盟大多数成员国的政府对于环保项目都设立了财政专项资金，对于企业、单位或者个人有利于环保的行为都给予不同程度的财政补贴。而且，欧盟的大部分成员国都会向发展绿色、低碳、环保农业的农民发放多种形式的补贴。与此同时，欧盟成员国还对很多环保项目给予财政担保贷款和财政优惠减免，如德国对于刚兴建的环保设施的补贴额度高达1%，并对污染减排潜力较大的企业或是项目提供贷款担保，对于前景好或潜力大的污染减排设施建设用地，还给予支持或是提供土地租赁优惠价格。

（2）欧盟关于污染减排的税收政策。欧盟污染减排的主要税收手段是对废物处理征收环境税。而且，随着经济、社会以及科学技术的不断进步和发展，诸如二氧化碳税、二氧化硫税、水资源税、氮氧化物税、废物垃圾税、汽车税和轮胎税等新型税种也不断出现，并被政府纳入污染减排税收政策之中。欧盟各成员国普遍征收二氧化碳税和能源税，而瑞典、芬兰、比利时、丹麦等除了征收二氧化碳税和能源税外，还对产品征收生态税。例如，法国针对环保税的收入设置了专项资金账号，收入全部用于环保支出，不得挪为他用。另外，法国还通过建立各种有利于环保的税收鼓励政策，激励企业和个人加大对环保项目的投入，从事环境保护和污染减排相关项目的企业和个人可以享受税收减免或相应的财政补贴等优惠和鼓励政策。

2. 美国关于污染减排的财税金融政策

（1）美国关于污染减排的财政政策。美国关于污染减排的财政政策主要有财政奖励、财政补贴和政府对环境产品的优先购买等方式和途径。财政奖励主要表现在美国 2000 年设立的"总统绿色化学挑战奖"，主要用于资助那些在绿色、环保等化学方面卓有成就的学者。财政补贴则是美国为了鼓励企业或是相关科研机构及个人从事资源回收利用的研究与投资而提供的财政补贴，并根据贡献的大小来确定补贴额度。此外，美国政府为了鼓励整个社会的环境友好行为，在政府购买中也优先购买相关的环境产品，这些活动不仅带动了整个社会经济的发展，而且促进了环境状况的改善。

（2）美国关于污染减排的税收政策。美国政府设计了很多有利于环境改善的税收种类，如新鲜材料税、生态税、原料税等。新鲜材料税主要是美国政府用来鼓励民众少用原材料，多进行材料的循环利用，以便在源头上控制资源的浪费和环境的污染减排，并对企业使用新型材料提供了各种财政补贴。美国的生态税包括环境收入税、开采税、汽车使用相关的税收和对损害臭氧层的化学品征收的消费税四种类型。原料税，主要是对石油和化工工业征收的，而且征收的对象主要是化工和石油衍生品生产过程中所需的初级原料。除此之外，美国还创新了填埋和焚烧税等新型税种。填埋和焚烧税主要在美国的宾夕法尼亚州和新泽西州征收。征收填埋和焚烧税有力地促进了垃圾的减量化和再生利用，直接减少污染排放。在税收优惠方面，美国政府针对治理"三废"和治理相应的环境污染的资金贷款给予不同程度的税收和财政优惠补贴。这些税收制度使美国在促进减量化和污染减排方面取得了显著成效。

3. 日韩关于污染减排的财税金融政策

（1）日韩关于污染减排的财政政策。日本的污染减排财政政策应用还没有发挥足够的力量。当年，日本政策比较重视对于高新技术和清洁生产企业的财政补贴和财政扶持，并且形成了专门的财政预算案。日本政府想通过这些财政补贴来鼓励技术上的创新和进步，从而促进整个社会产业创新驱动，带动了污染减排效率的提高。

韩国政府采取了许多行之有效的财政政策手段来促进污染减排。一方面，增加了对清洁能源生产的财政投入，以及对风能和太阳能等可再生资源设备研发的投入。另一方面，韩国政府对污染减排的企业实行财政补贴。即政府将为企业提供安装补贴、购买补贴，最高的补贴费可以达到安装费的70%，以提高企业的可再生资源利用效率，促进污染减排。此外，韩国政府还对污染减排的相关科研机构和单位实施补贴，特别是增加高科技企业的技术研发的补贴。

（2）日韩关于污染减排的税收政策。日本建立了相对较为完善的汽车燃油税政策，根据不同的产品征收不同的汽车燃油税，对能源产品征收较高的税收。在完善相关税收的基础上，日本积极加大对技术层面的创新，通过技术层面的创新带动产业的变迁，使高污染、高耗能的传统产业逐渐退出市场，促进环境朝着好的方向改善。同时，日本政府鼓励节能产品的应用，对于购买节能产品，政府给予适当的税收优惠和补贴。此外，日本政府为了建立较为完善的税收政策，还采用减少特别折旧、固定资产税和所得税等方式激励企业引进污染减排设备与技术。

韩国污染减排的财政政策主要有污染税以及税收优惠政策。正是这些税收政策在一定程度上促进了韩国企业、单位和相关个体的经济发展，促进了污染减排朝着有利的方向改善。但是，韩国的污染减排税收政策应用还处于起步阶段，很多方面是模仿西方发达国家的经验，如韩国对绿色产业采购的优先支持，韩国对污染减排企业的税收优惠，以及韩国政府对于高新企业的资金支持和贷款优惠政策等都是借鉴西方国家的政策体系。

四、土地服务政策的比较分析

本部分主要对美国、法国、日本的土地服务政策进行比较分析，以发现其中的异同及其对污染减排的利弊。

1. 土地产权政策比较

在土地产权政策方面，发达国家（地区）在市场经济的作用下主要实行的是生产资料私有制，土地产权大部分为私人所有。例如，1945年时，美国联邦和州政府仅拥有全国农田的1/20，以私有制形式存在的农田为美国联邦和州政府的19倍；而1987年时的日本，全部农田的1.8%是政府的，其余的98.2%全部是个人或其他私人组织拥有。

我们从对土地所有制的控制方面来看。世界各国（地区）对于土地私有权的控制大体一致，主要有以下几点：（1）土地数量控制。日本在土地法中规定，府县的农户最多只能拥有45亩土地，在北海道地区最多能拥有180亩土地，在土地出租方面，农户最多只能出租土地15亩。（2）对土地拥有人资格限制。日本土地法中规定，土地及农田最好是由耕作者持有，要促进耕作者取得土地的所有权并保证他们的权利。（3）对土地分割分散限制。为了不让土地过于细碎造成流失，一些国家和地区采取的方法是对土地分割做出一定的限制，对土地分割的情况予以控制，取消带有习惯性的土地遗嘱分割的有效性，控制土地分割出售和出租的现象。例如，法国在20世纪40年代末规定，对可分割土地做出硬性规定，低于该标准不得再分割；1960年法国农业指导法规定不务农的继承人对于土地无继承权；日本立法规定土地的继承不能出现土地分割和细化。

2. 土地流转政策比较

（1）土地征用政策。土地征用是指国家或者政府因为社会目的给予被征地方合理的经济补偿而强制征用私有土地的一种行为。美国规定土地的征用仅限于公共用途且要取得相关人员的同意，并且对被征用者给予符合市场价值的经济补偿。法国对于土地征收的用途限定为社会公益性事业用地、协议商业开发区等，土地征用经济补偿价格以该征用时段内土地的市场价格为基准。日本在1951年颁布的《土地收用法》中提到，重要的公共事业土地可以采用土地征用的形式，前提是取得大臣或都道府县知事及相关人员的同意和批准，对于征收的土地要给予一定的合理的经济补偿。

（2）土地租佃政策。目前以市场经济为基础的发达国家（地区）对于土地自耕和租佃经营多采用差异性的土地政策。例如，美国、日本主要以自耕经营为主，而法国主要以租佃经营为主。

（3）土地集中政策。在土地集中政策方面，美国的家庭式农场通常都有土地相对集中、资源配置良好的特点，所以，在土地集中政策方面美国政府几乎很少干预，很少有相关法律和政策涉及，仅依靠市场机制就能解决。法国政府对于土地的集中政策方面干预较多，设立了"调整农业结构社会行动基金"和"非退休金的补助金"，通过鼓励和激励的形式实现各农场主的土地兼并；另外，通过规定只能有一个人享受土地继承权来实现土地的集中。日本在土地集中方面也采用了一定的政策，日本多次修改土地集中方面的相关法律法规，允许并鼓励土地合理的流动促进土地集中。另外，政府实行"认定农业者"制度，鼓励其他农户脱离土地，也称为农户的去农化，从而实现土地向"认定农业者"集中。

五、经验借鉴与启示

在环境规制政策方面，国外环境规制的法律法规比较完善，能够及时高效地作用于市场，政府的排污补贴及时到位，有效缓解企业减排成本压力，且民众在环境规制方面的参与度比较高。这一切与其发达的经济、政治、社会和文化背景是分不开的。然而，我国作为发展中国家，在各方面与其差距还比较大，不可照搬照抄，还要有针对性地予以取舍。

在清洁发展政策方面，清洁发展机制主要是用于发达国家和发展中国家合作以实现温室气体减排，发达国家一般提供资金和技术在发展中国家实施具有清洁发展经济特点的项目，该项目能够实现发展中国家和发达国家的共赢，发展中国家获得技术和资金，发达国家能够实现较低成本的排污量指标，实现《京都议定书》中的相关要求。我国要加强与发达国家的合作，促进清洁发展经济的技术创新和政策创新，扭转我国粗放式的发展局面。

在财税金融政策方面，我国污染减排的税收政策主要表现为环境税、排污费以及增值税、消费税和所得税等新型税种；我国的污染减排税收政策还缺乏专门的环境税，这是我国在污染减排的财税金融政策方面的一个"短板"。目前，我国的排污费总额一直处于上升的变动趋势，但排污费的增长率不断下降；增值税、消费税以及所得税等新型税种在促进污染减排过程中作用越来越明显，并成为污染减排传统税种的补充。目前我国的污染减排金融政策还处于探索阶段，主要借鉴西方发达国家在环境产品优先购买和绿色信贷方面的金融政策。总体而言，我国现有的污染减排财政政策主要存在财政支出不足、生态补偿财政转移支付制度有待完善以及污染减排的财政支出资金使用效率低下等问题，这些问题都值得我国重视和及时采取相应的措施。

在土地服务政策方面，首先，要加强政府的主动性，政府发挥其主导作用，优化土地的利用效率；其次，应严格土地供应标准，加强土地利用监管；再次，深化土地使用制度改革，推进土地资源市场化配置；最后，立足我国的国情，盘活我国效率较低的土地，建立土地利用率评价体系。针对效率较低的情况，政府要在全面掌握城市、城镇等土地使用的实际情况的前提下，制订盘活土地、提高土地使用效率的方案。

第三节　我国产业结构调整的污染减排政策实施现状及问题

一、环境规制政策实施现状

近年来，我国由于经济的高速增长，能源的消耗也越趋增多，这种粗放式的发展过度依赖矿物能源，造成了巨大的环境污染和生态系统的破坏，给国家和人民带来了直接或者间接的严重经济损失。尽管国家出台了一系列的环境规制和相关政策，但是政策实施效果不显著，环境污染、能源消耗以及供求矛盾仍在不断加大（见表6-1）。

表 6 - 1　　　　　　1990 ~ 2014 年能源生产、消费总量及构成

年份	能源生产总量（万吨标准煤）	占能源生产总量的比重（%）				能源消费总量（万吨标准煤）	占能源消费总量的比重（%）			
		原煤	原油	天然气	水电、核电、风电		煤炭	石油	天然气	水电、核电、风电
1990	103922	74.2	19.0	2.0	4.8	98703	76.2	16.6	2.1	5.1
1991	104844	74.1	19.2	2.0	4.7	103783	76.1	17.1	2.0	4.8
1992	107256	74.3	18.9	2.0	4.8	109170	75.7	17.5	1.9	4.9
1993	111059	74.0	18.7	2.0	5.3	115993	74.7	18.2	1.9	5.2
1994	118729	74.6	17.6	1.9	5.9	122737	75.0	17.4	1.9	5.7
1995	129034	75.3	16.6	1.9	6.2	131176	74.6	17.5	1.8	6.1
1996	133032	75.0	16.9	2.0	6.1	135192	73.5	18.7	1.8	6.0
1997	133460	74.3	17.2	2.1	6.5	135909	71.4	20.4	1.8	6.4
1998	129834	73.3	17.7	2.2	6.8	136184	70.9	20.8	1.8	6.5
1999	131935	73.9	17.3	2.5	6.3	140569	70.6	21.5	2.0	5.9
2000	135048	73.2	17.2	2.7	6.9	145531	69.2	22.2	2.2	6.4
2001	143875	73.0	16.3	2.8	7.9	150406	68.3	21.8	2.4	7.5
2002	150656	73.5	15.8	2.9	7.8	159431	68.0	22.3	2.4	7.3
2003	171906	76.2	14.1	2.7	7.0	183792	69.8	21.2	2.5	6.5
2004	196648	77.1	12.8	2.8	7.3	213456	69.5	21.3	2.5	6.7
2005	216219	77.6	12.0	3.0	7.4	235997	70.8	19.8	2.6	6.8
2006	232167	77.8	11.3	3.4	7.5	258676	71.1	19.3	2.9	6.7
2007	247279	77.7	10.8	3.7	7.8	280508	71.1	18.8	3.3	6.8
2008	260552	76.8	10.5	4.1	8.6	291448	70.3	18.3	3.7	7.7
2009	274619	77.3	9.9	4.1	8.7	306647	70.4	17.9	3.9	7.8
2010	296916	76.6	9.8	4.2	9.4	324939	68.0	19.0	4.4	8.6
2011	317987	77.8	9.1	4.3	8.8	348002	68.4	18.6	5.0	8.0
2012	331848	76.5	8.9	4.3	10.3	361732	66.6	18.8	5.2	9.4
2013	340000	75.6	8.9	4.6	10.9	375000	66.0	18.4	5.8	9.8
2014	360000	73.2	8.4	4.8	13.7	426000	66.0	17.1	5.7	11.2

注：电力换算标准煤的消耗系数根据当年行业平均发电标准煤消耗核算。

资料来源：国家统计局，《中国统计年鉴（2015）》。

表6-1的数据主要是1990~2014年我国能源生产、能源消费的总体情况，以及原煤、原油、天然气、水电、核电和风电等新能源所占能源消耗的比例。从能源生产和能源消费的角度出发，可以看到占主导地位的是原煤，且所占比例呈现逐年上升的特点。能源市场供求出现强烈的不平衡，能源需求方面石油的需求呈现稳定的局面，而风能核电等新能源呈现上升趋势。其表现趋势分别如图6-3和图6-4所示。

（万吨标准煤）

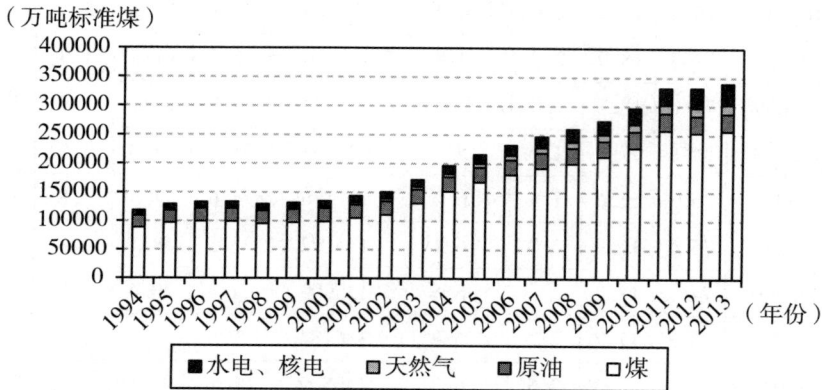

图6-3 能源生产总量及构成

（万吨标准煤）

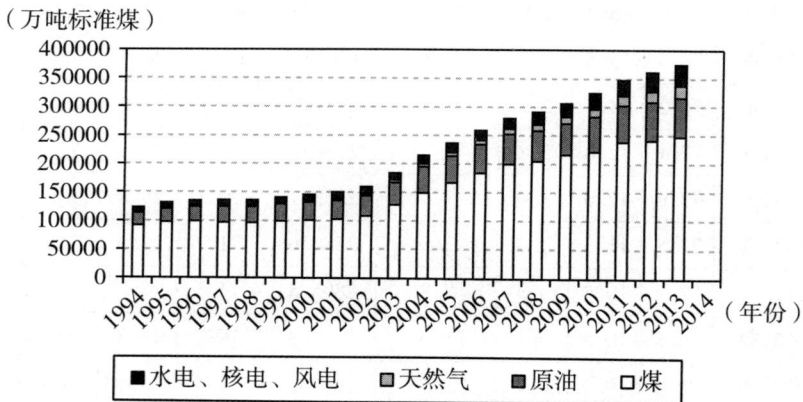

图6-4 能源消费总量及构成

如表6-2所示，在污染排放方面，我国的碳排放逐年增加，温室气体和经济发展呈正相关的关系，随着经济的高速发展排放量也随之增加，目前我国的环境问题亟待解决，污染气体减排负担沉重。我国逐渐意识到环境能源问题的严重性，积极参与国际全球气候会议、区域能源环境贸易机制改进及减排合作等。但是，我国能源、环境、经济发展不协调，能源产业、能源品种、供应相关各方以及环境影响的关系方之间的矛盾依然凸显，阻碍着我国经济的可持续发展，影响着人民生活和健康状况。同时，这些能源消耗矛盾在经济平稳发展、稳定就业和就业结构合理布局方面也有所体现。

表 6 - 2 　　　　　　　　　　**二氧化碳排放量**

年份	能源消费总量（万吨标准煤）	能源碳排放（亿吨）			碳排放总量	二氧化碳排放总量
		煤炭	石油	天然气		
2000	145531	6.848	2.197	0.218	9.263	33.964
2001	150406	6.985	2.230	0.245	9.460	34.687
2002	159431	7.372	2.418	0.260	10.050	36.850
2003	183792	8.724	2.650	0.312	11.686	42.849
2004	213456	10.088	3.092	0.363	13.543	49.658
2005	235997	11.361	3.177	0.417	14.955	54.835
2006	258676	12.506	3.395	0.510	16.411	60.174
2007	280508	13.562	3.586	0.629	17.777	65.182
2008	291448	13.932	3.627	0.733	18.292	67.071
2009	306647	14.680	3.732	0.813	19.225	70.492
2010	324939	15.025	4.198	0.972	20.195	74.048
2011	348002	16.186	4.402	1.183	21.771	79.827
2012	361732	18.704	5.087	1.367	25.158	92.239
2013	375000	19.386	5.273	1.417	26.076	95.699
2014	426000	19.809	5.389	1.448	26.646	97.791

资料来源：《中国统计年鉴（2015）》。

二、清洁发展政策的实施现状

在清洁发展政策的实施方面，为了履行《京都议定书》，2005 年我国出台了政策支持清洁发展机制（简称 CDM）。清洁发展机制可以有效促使发达国家提供技术和资金帮助发展清洁发展项目，其获得的温室气体排放的减少量可以折抵本国的废气排放量，实现双赢的局面。

根据《京都议定书》，CDM 的政策目标包括：改善环境、增加就业和收入、改善能源结构、促进技术发展等。就目前的情况来看，我国已是全球二氧化碳排放量第二大的国家，其他的如甲烷等温室气体的排放量也居高不下。能源产业结构不合理、能源边际经济收益低下等特点使我国单位 GDP 温室气体排放量远大于发达国家水平。换个角度来看，这些特点也使我国具有较大的温室气体减排潜力，并有可能成为和发达国家合作建设投资 CDM 项目最多的国家。如果我国政府和企业协同合作，企业态度积极，政府提供大量政策支撑，那么 50% 左右的 CDM 项目将在中国建成。因此，CDM 为我国发展清洁经济提供了一个平台，企业不仅能够获得清洁发展经济的先进技术和比较可观的经济收益，同时还可以促进我国经济发展方式的转型，加快我国可持续发展经济的进程。就目前的项目实施效果来看，我国在利用 CDM 项目促进企业发展环境友好经济和加快我国可持续发展战略上成绩斐然。

尽管我国在 CDM 项目发展上具有较大的空间，但是 CDM 给我们带来机遇的同时也蕴含着国际政治风险。我们还需要注意的是，CDM 项目还有来自其他国家的激烈竞争。《京都议定书》是各国利益均衡的产物，但《京都议定书》目前国际承认的有效期截止到 2012 年，后续的协议还没有达成一致意见，所以说《京都议定书》还存在一定的国际政治风险。《京都议定书》中对已建成项目具有一定的义务要求，如不能完成项目规定的减排义务则已实施的 CDM 项目失效，审核中的项目不得获得成功。目前在 EB 注册的 CDM 项目涵盖了 53 国家的 1403 个项目，中国、印度、巴西、墨西哥这 4 个国家就占据了其中七成以上的项目，各国都积极把握 CDM 机制给国内带来的发展机遇。最突出的是印度政府出台了很多积极的政策和手段，促进 CDM 项目在该国的发展，注册的项目数量上印度曾一直领先我国。但是也可以看到在污染气体减排量上我国超越印度，主要得益于多个减排量大的项目的成功注册和签发。我们要意识到印度的发展水平落后于我国，但对待 CDM 的项目却有更强的积极性，政策方面的也更加给力。因此，我们要意识到在 CDM 项目开发上我国与印度已经形成了很激烈的竞争。

表 6-3 中国、印度等国 CDM 数目

国家	中国	印度	巴西	墨西哥
注册数量	1520	1656	379	219

资料来源：联合国 CDM 执行理事会网站。

三、财税金融政策的实施现状

2007 年国务院颁布了《节能减排综合性工作方案》，自该方案实施以来，我国实施污染减排的财税金融政策手段已取得一定成效，特别是财政政策和税收政策的实施，在促进产业结构调整和污染减排过程中发挥了重要作用。作为新兴体的金融政策，在污染减排过程中已起到正向作用，但由于其发展时间较短，所发挥的效应无法与财政政策和税收政策的影响效应相比较。

在财政政策方面，政府已逐步将生态补偿纳入公共财政的支出范畴。图 6-5

和图 6-6 分别显示了 2007~2012 年国家财政和地方财政的污染减排支出及其支出占比情况。图 6-7 报告了 2007~2012 年我国环境污染治理投资总额、城市环境基础设施建设投资额、工业污染源治理投资以及建设项目"三同时"环保投资额的变化趋势。

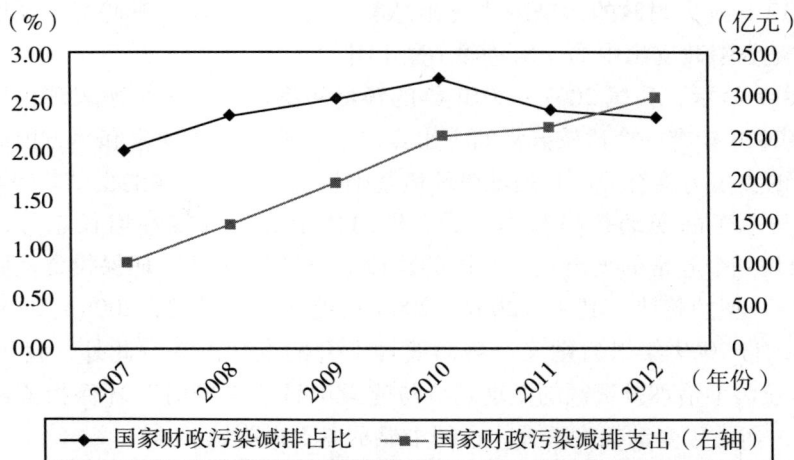

图 6-5　国家财政的污染减排支出总额及占比

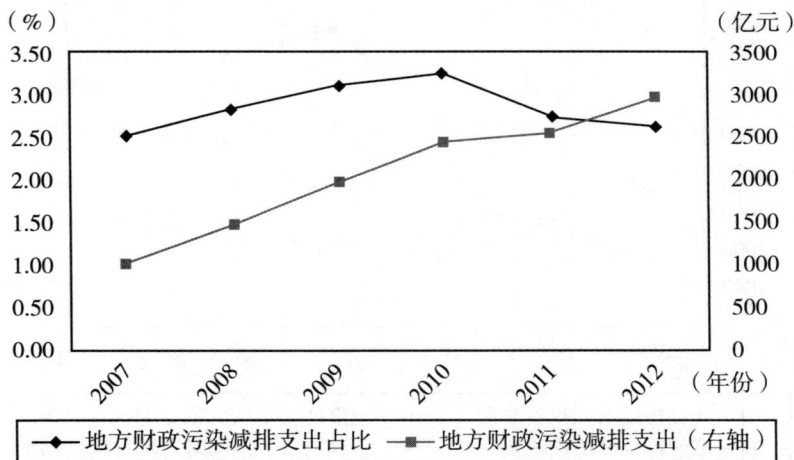

图 6-6　地方财政的污染减排支出总额及占比

图 6-5 中，从总量来看，国家财政的污染减排支出占比呈现出倒"V"型变化态势，即在 2007~2010 年间处于上升的趋势，但自 2010 年至今则表现为稍微的下降趋势。从国家财政的污染减排支出总额情况来看，2007~2012 年国家财政的污染减排支出一直处于一个线性的上升趋势，说明污染减排支出总额不断上升，即国家财政对污染减排的财政支出越来越高。

图 6-6 显示了地方财政的污染减排支出总额及占比情况。从占比情况来看，地方财政的污染减排支出与国家财政的污染减排支出的变化趋势基本一致，即总体变动呈现出倒 "V" 型变化态势。其中，2007～2010 年间处于上升的趋势，而 2010～2012 年则表现为稍微的下降趋势。从地方财政的污染减排支出总额来看，2007～2012 年地方财政的污染减排支出总额一直处于线性上升趋势，说明污染减排支出在地方财政支出中的支出总额不断上升。

图 6-7 显示，我国 2007～2012 年的环境污染治理投资总额表现出上升的态势，但在 2010 年有一个比较异常的突出点，这可能与当年国家和地方财政加大对污染减排的支出力度有关。我国城市环境基础设施建设投资额的变动趋势与环境污染治理投资总额的变动趋势基本一致，即总体上表现为线性增长态势，同时在 2010 年出现一个异常的突出点。我国的建设项目 "三同时" 环保投资额则表现出一个倒 "S" 型的趋势，其中，2007～2008 年处于上升趋势，2008～2009 年处于下降趋势，自 2009 年以后则又呈现出线性上升的变化态势。此外，我国 2007～2012 年工业污染治理投资额的变动趋势与建设项目 "三同时" 环保投资额的变化趋势相似，但由于变动幅度不大，在图中显示并不很明显。

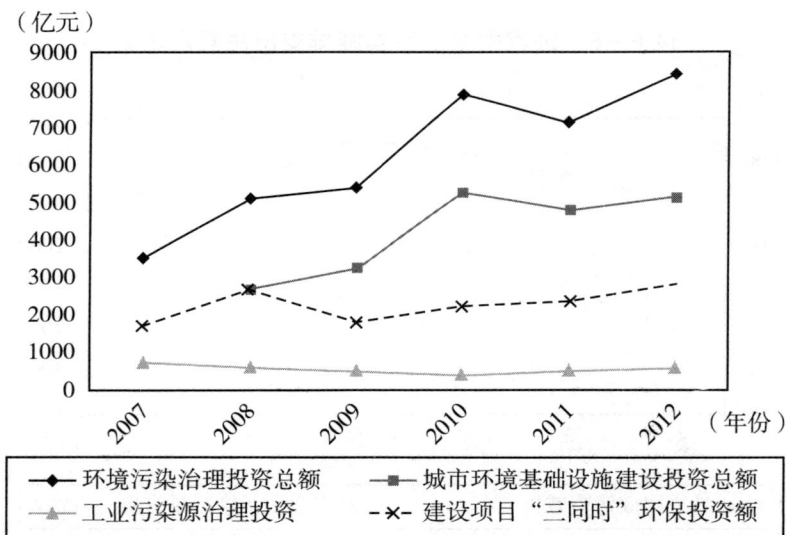

图 6-7　我国环境污染治理投资的变动趋势

在税收政策方面，我国已经形成了一定的污染减排税收体系。但是，该税收体系缺乏环境税、排污费等直接税收体系，主要是以增值税、消费税和所得税为污染产业调整的间接税收体系。

第一，环境税。我国政府对于环境保护一直很重视，但截至 2012 年，我国污染减排的财税金融政策体系还未建立。特别是在税收政策方面，我国的污染减排税收政策还缺少专门的环境税，这是我国在污染减排的财税金融政策方面的短板，因为污染减排的财税政策主要是依赖于相关税制的设定来规范环境保护，所以环境税政策的缺乏影响了我国污染减排的成效。在这种情况下，我国应该增加"环境绿色税"的税种（见表6－4），完善财税金融相关政策，进而提高税收政策在污染减排的应有作用。

表6－4   环境绿色税税种

税种	课税对象	课税依据	税率
水污染税	境内企事业单位、个体经营者等	实际排放量	累进税率
空气污染税	境内企事业单位、个体经营者等	实际排放量	累进税率
固体废物税	境内企事业单位、个体经营者排放固定废弃物	实际排放量	差别定额税
二氧化硫税	境内的企事业单位和个体经营者使用煤、石油	实际消费量	定额税率
二氧化碳税	境内的企事业单位和个体经营者使用煤、石油	实际消费量	定额税率
噪声税	对航空公司、建筑公司等在特定区域产生噪声	噪声实际产生量	定额税率

第二，排污费。自1982年7月，国务院公布了《排污收费暂行办法》以来，我国的排污收费制度得以正式确立。而且经过三十多年的发展，我国现行的排污收费制度逐步完善，通过排污费制度筹集了大量的环保资金，并对我国当前的污染减排和生态环境保护工作做出了巨大贡献。为了更清晰地了解排污费制度，本章给出了2007～2014年我国排污费的总额及增长率表（见表6－5）。在表6－5中可以看出，我国的排污费总额一直处于一个上升的变动趋势。其中，2007～2010年间，排污费的增长率不断增加，而2010～2013年间排污费的增长率处于下降的变化趋势。

表6－5   我国排污费总额及增长率

年份	总额（亿元）	增长率（%）
2007	173.60	—
2008	176.85	1.87
2009	164.22	－7.14
2010	177.93	8.35
2011	189.90	6.73
2012	188.92	0.52
2013	204.81	8.41
2014	186.83	－8.78

资料来源：《中国环境年鉴（2008～2015）》。

第三，增值税、消费税以及所得税。对于污染减排的税收政策，除了税收优惠、税收减免以及先征后返外，我国的污染减排税收政策还存在增值税、消费税以及所得税等形式。污染减排的增值税政策主要表现为三大类型：一是促进废旧物资回收的优惠措施；二是鼓励清洁能源和环保产品的优惠措施；三是污水处理的优惠措施。关于污染减排的消费税主要表现为：抑制超前消费，调整消费结构，扩大了石油制品征税范围，特别是对与环境污染较为密切的鞭炮焰火、汽油和柴油的机动车等产品征收消费税，从而达到降低污染的作用。此外，所得税也是比较倾向于污染减排的税种，其表现形式有三种：一是对从事污水、垃圾处理业务的生产性外商投资企业给予"两免三减半"优惠税收政策；二是鼓励企业利用"三废"免税政策；三是取缔那些获得"议定书"多边基金的赠款免税优惠但消耗臭氧层生产线的税收优惠政策。

在金融政策方面，我国污染减排金融政策的发展主要是借鉴西方发达国家的经验，如环保产品的优先购买、多种政策促进环境友好型企业的发展等。我国设立了政策性金融机构来弥补我国金融扶持政策的空缺，用来激励和促进污染减排项目和企业的发展。未来一段时间内我国对于环境金融方面的投资会越来越大，效果也会越来越显著。

四、土地服务政策的实施现状

现阶段我国土地服务政策对污染减排的重视程度不够，在城市化进程中的低碳实践还处于尝试性阶段。2010 年提出了低碳城市的概念，开始展开低碳城市的试点工作，但是这项工作在实际操作过程中还是出现了一些问题，主要表现为以下几点。

第一，土地利用效率低下，土地布局结构不合理。地方政府不作为或者乱作为，"低碳城市"只是空口号，没有实质性的行动做支撑，更有一些政府把实现土地利用项目视为获得上级或者中央财政拨款的工具。各级政府对于低碳经济建设的态度不同，所以各方面建设成果也表现得参差不齐，土地利用效率和土地布局方面更是相差甚远。

第二，政府支持力度不够，相关的法律法规建设不健全。各级政府都已经认识到低碳经济是可持续发展的重要途径，其重要性不言而喻。但是，一方面政府在促进低碳经济方面的政策尚不完备，奖惩不合理，政府不仅要对高污染、高能耗的企业采用惩罚措施，对于环境友好型、低能耗、低污染的企业给予一定的奖励措施，加快经济生产方式的转型；另一方面，政府对于低碳消费、推广低碳产品方面工作明显不足，没有起到很好的激励作用。我们的视角也要关注到低碳建筑这一新思路中，在我国政府批准发布的一系列土地建筑国家标准和建筑行业标准中，对建筑物的碳排放指标均没有给出一个相应的标准，迫切需要制定一个低碳建筑评价体系。

第三，房地产企业商业思维的限制。我国大力发展低碳经济给企业带来了挑战也带来了机遇，特别是在房地产行业，各类打着"低碳"旗号的楼盘纷至沓来，然而这些楼盘大多是商家追求利益的结果，低碳只是噱头和口号，为了迎合市场大环境贴出来的时代的标签，实际上房地产企业很多都是表里不一，现阶段大多数没有做到低碳化或者只有少部分的低碳化，这些都是企业追逐利益、规避风险而采取的试探性行为，就目前来说，房地产行业的低碳化还有很长的一段路要走。

五、我国污染减排政策存在的问题

1. 环境规制政策存在的问题

综上所述，我国的污染减排政策的实施效果不够理想，政策体系的建设还有待加强和完善。具体而言，还存在以下六个方面的问题。

第一，环境规制立法体系存在缺陷，约束能力有限。随着经济的快速发展，我国生态资源遭遇大量的破坏，自然环境不断退化，并出现一些污染严重的行为，如核污染、有毒化学品的排放等，由于缺乏切实可行的法律制度，无法依法处罚这些行为，而是用一些比较低等的部门或地方规章勉强制止；对环境立法的意识仍然停留在计划经济时代，在我国环境立法时，政府强制性规制方式的高效性在思想观念上有很大的约束作用。但是，在市场经济时代的今天，政府干预的范围、力度是非常有限的，所以有些立法与实际脱节，现行的环境立法特别是污染预防的法律法规侧重点放在了对大城市的治理和控制，忽略或轻视城镇企业、小作坊的排污对农村甚至是对我们整个社会的污染。我国环境规制实行的是"预防为主、防治结合"的原则，但在实际中却忽略了预防，只是简单的末端处理，而且我国环境规制的执法力度不够，再加上执法机构效率不高，致使我们的规章制度无法有效地约束污染严重的企业。

第二，排污费的征收和管理制度不合理，权责关系不够清晰。排污费的征收主要还存在以下几个问题。一是征收对象的问题。中国的现行排污收费只是根据超标污染浓度来收费，而未对达到污染标准或超过污染总量的企业收费。有些地方人员不严格按照制度收费，有时还对管理的属地要求不同，比如对多因子导致的污染，只对最高因子收费而忽略了其他因子的污染。这样的行为使环境规制下的排污收费制度失去了公平性和激励效应。二是污染排放收费标准问题。我国的排污费标准太低，导致污染排放企业大量排污，因为污染排放的边际收益大于边际成本必然导致污染的过度排放；另外，政府征收排污费是处于信息不对称的一方，很难追究排污企业的责任，所以污染排放很难从根源上消除。三是排污费的管理和使用问题。排污费没有得到充分合理的使用，甚至出现排污费只归排污单位使用这种错误观念，使得排污费被有关政府部门积压、挤占甚至挪用。四是排污监管不力。环境监管部门人员不足，监管技术跟不上时代的发展，很难及时发现排污企业的非法排污行为，使我们不能准确地掌握污染状况因而不能及时解决污染问题，严重影响了排污收费制度的贯彻实施。

第三，环境规制标准体系不够完善，认证程序复杂。中国1993年才开始实施环境规制标准制度，到2003年底已经颁布了51类产品的环境标准，但是环境标准的认证和管理依然存在很多问题，如存在部门多、认证程序复杂、周期长等问题，因此，关于环境规制标志制度有待加强，而且企业对环境标志的认识也有待提高。例如，现行的《建筑施工场界噪声限值》，此标准只对城市施工并且是只在施工期间起作用，而在施工噪声影响人们正常生活的乡镇地带几乎是毫无用处。最后，中国已达到或开始制定环境标准的产品种类也远远落后于发达国家，据了解，美国2001年颁布的饮用水标准项目已达107项，其中有机物2项，农药24项，而且有些指标还在改进之中。可以很明显地看出，我国的35项饮用水标准与美国相比差距颇大。

第四，环境规制监督不力，政策实施不够规范。目前，我国的环保评价体系还是存在很多问题，如信息不对称、评价过程不均衡、运行机制不健全等。这些问题的存在严重影响了政府，使之不能有效地约束和激励企业积极履行环保责任，同时也制约着我国政府促使企业履行环保责任的规制。目前，中国形成了以环境监测总站为中心的国家环保局，而且在全国开始普遍实施环保监测网络，但由于我国监测技术落后，设备仪器早已过时，在监测的时效性、可靠性上与发达国家差距很大，无法适应市场的需求。

第五，环境规制投资相对不足，环保产业发展滞后。在增加资金投入的同时通过拓宽投资融资渠道，创新投融资模式和完善投融资机制是我国环境规制有效进行的重要保证，也是保护和完善我国环境的基础，而且也是我国产品质量标准与国际标准水平接轨并推动我国经济快速发展的必由之路。在环保投资市场需求日益剧增的今天，旧的环保投资机制已经无法满足现实的需求，甚至与现实状况之间有很大的缺口。

第六，公众参与环境保护的机制不健全，民众参与缺乏制度保障。虽然中国在《环境保护法》以及环保的相关法律中不断地强调公众参与环境保护的重要性，但是这些法律制度过于笼统，缺乏可操作性。环境规制立法过程中很少给予公众参与环境保护规章制度的权利，在环境保护中公众对环保的有些规章制度虽然有不满，但是没有明确的法律规定公众参与环保规章制定，所以公众只能被动接受相关部门的规定，而自己没有主动权，这种不公平的特点严重阻碍着公众与执法部门之间的相互沟通与协调工作，使环保理念难以渗透至公众心中。

2. 清洁发展政策存在的问题

在加入《京都议定书》之后，我国在清洁发展机制中的项目成果显著，但是这些项目在实施过程中还存在几个方面的问题。

第一，操作方法和技术手段落后，有待进一步加强科技创新。根据清洁发展机制的国际合作流程，CDM项目在建成国所产生的污染物减排量转移到与其合作的发达国家，这样就实现了发达国家在《京都议定书》上签署的部分污染减排义务。这种"转移"是一种国际市场的污染物排放量的交易，特殊的是这是一种无实物的非物质交易。所以，CDM项目的核心是如何以科学的、国际承认的和实际可行的方法对CDM项目产生的减排量进行系统的核定。因此，对清洁发展机制（CDM）减排量的确定方法的改进改良就显得格外重要。我国在这种科学方法方面的技术手段还相对落后，与国际标准还存在一定距离，难以如实地衡量该发展机制和政策实施的效果，有待进一步加强技术和方法的研究和创新。

第二，CDM项目的地域分布不均衡，项目构成不合理。在地域分布方面，截至2013年8月28日，我国已注册的CDM项目的地域分布呈现东部少西部多、发达的地区少不发达或者欠发达地区多的特点。其中，甘肃、内蒙古、云南等我国西南、西北区域的项目就占据我国总体获注册项目的7成左右，而北京、上海、天津三个直辖市只有我国总体获注册项目的1.6%（见图6-8）。

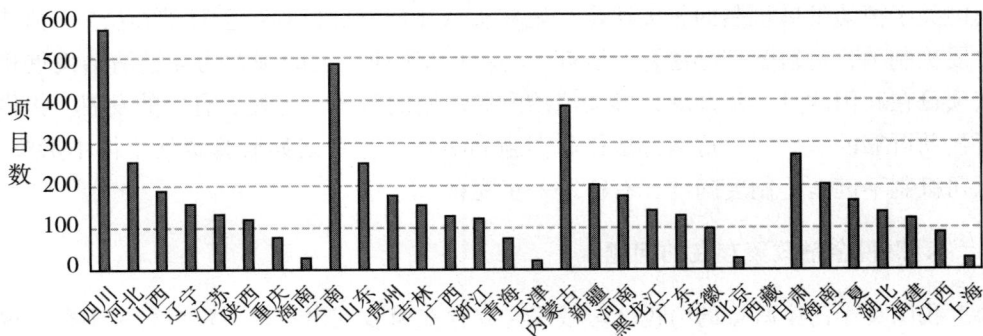

图6-8 批准项目数（省区分布）

在项目构成方面，我国清洁发展机制项目结构组成单调，清洁发展机制项目的侧重点是可再生能源和新能源领域。其他节能和提高能效的项目、甲烷回收利用的项目则占比较少。截至2013年8月28日，我国所有的清洁发展机制项目中可再生能源和新能源项目数为2238个，占总体的71.88%；节能和提高能源效率的项目数为522个，占总体的16.55%；甲烷回收利用的项目数为217个，占批准项目总数的6.88%（见图6-9）。

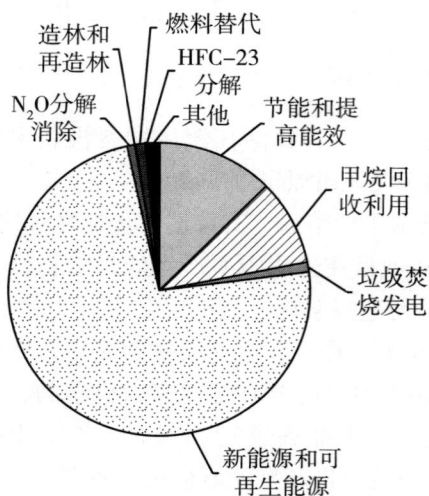

图 6 - 9　我国在清洁发展机制中批准项目类型

第三，与清洁发展机制项目实施配套的法律规范不健全。尽管我国先后颁布了一系列的环境保护法律，如《清洁生产促进法》《固体废物污染环境防治法》《大气污染防治法》《环境保护法》《能源法》《环境影响评价法》《节约能源法》《可再生能源法》等，上述法律法规都可以为我国清洁发展机制项目的实施提供一定依据，但是具体针对清洁发展机制的法律规范还存在较大的空缺。截至 2011 年，我国关于清洁发展机制的相关法律法规只有《清洁发展机制基金管理办法》《清洁发展机制项目运行管理办法》（修订）。这两部法律法规的颁发为促进清洁发展机制项目在我国的进一步开展，推动清洁发展机制的系统、完整、有序的发展，提供了强劲可靠的基础，但这两部法律的实施和执行还存在诸如监管责任主体不清晰、惩罚机制不健全等制度问题，有待进一步完善。

3. 财税金融政策存在的问题

我国关于污染减排的财税金融政策主要存在财政支出不足、资金管理不善、税收体系不够完善、金融政策亟须建立等方面的缺陷。

（1）财政政策主要存在以下几点缺陷。

第一，污染减排的财政支出不足。如表 6 - 6 所示，我国 2007 ~ 2012 年工业污染治理投资完成额以及占 GDP 的比重基本维持在 1% ~ 1.5% 的水平，而工业污染治理投资完成额占财政支出的比重基本维持在 1% 以内。根据国际经验，只有当工业污染治理投资完成额与 GDP 的比重处于 1% ~ 1.5% 时，环境污染恶化问题才得以控制；而当工业污染治理投资完成额与 GDP 的比重处于 2% ~ 3% 时，环境污染问题才能得到改善。这说明我国污染减排财政支出水平不高，与改善环境污染所要求的水平还存在一定差距。

表6-6   我国工业污染治理投资完成额及占GDP、财政支出比重

年份	工业污染治理投资完成额（亿元）	GDP（亿元）	财政支出（亿元）	工业污染治理投资完成额占GDP比重（%）	工业污染治理投资完成额占财政支出比重（%）
2007	552	265810	49781	0.21	1.11
2008	543	314045	62593	0.17	0.87
2009	443	340903	76300	0.13	0.58
2010	397	401513	89874	0.10	0.44
2011	444	473104	109248	0.09	0.41
2012	500	519470	125953	0.10	0.40
2013	868	568845	139744	0.15	0.62
2014	997	636463	15166	0.16	0.66

资料来源：《中国统计年鉴（2008~2015）》。

第二，生态补偿财政转移支付制度尚不健全。财政转移支付制度依然是我国生态补偿机制实施的主要方式，而且国家财政补偿所占的比重最高。然而，这种由国家政府买单的方式显然与"谁受益、谁付费"的原则相矛盾。这种以国家财政转移支付制度为主体的生态补偿机制并没有实现资源的最大化效应，相反还导致各地方政府的依赖思想日益加剧。在这种情况下，如果地方政府在污染减排过程中得不到来自中央政府的财政转移支付，那么就会出现招商引资竞争，盲目地竞争会导致部分地区不惜以放松环境规制来吸引外资。最终，污染减排的动机和成效不断减弱。可见，健全现有的生态补偿财政转移支付制度成为当前亟待解决的重要问题。

第三，污染减排的财政支出资金使用效率低。从污染减排的实施现状来看，不管是国家财政还是地方财政，均对污染减排投入大量的人力、物力和财力。但是，我国污染减排财政支出的资金使用效率低下，有限的环保财政投入难以产生直接效益或期望效应。归根结底，导致我国污染减排的财政支出资金使用效率低下的主要原因可以归为两个方面：第一，由于我国幅员辽阔，有限的污染减排财政支出难以集中注入，相反，财政支出的资金分布较散，难以从区域角度进行综合防治；第二，由于我国污染减排的财政支出资金有限，而且现有的污染减排技术、设备和产品单一，难以让有限的资源实现效用最大化。

（2）在税收政策方面，主要存在两个方面的问题。

第一，污染减排的税种过于单一。我国当前的污染减排税种依然以传统税收政策为主，税种方式单一，而且通用的税收政策为税费直接减免和税率优惠等方式，对于那些延期纳税、计提准备金、加速折旧以及再投资退税等新型且灵活性较强的税收优惠手段较缺乏。为了弥补现有污染减排税种的不足，应当增加污染减排的税种，特别是突出消费税、增值税、内资企业所得税、外商投资企业和外国企业所得税在促进污染减排中的作用。我国当前的污染减排税种仍然以传统的税收政策为主，税种方式单一，现有的主要税收政策为税费直接减免和税率优惠等方式，而对于那些延期纳税、计提准备金、加速折旧以及再投资退税等新型且灵活性较强的税收优惠手段较缺乏。为了弥补现有污染减排税种的不足，应当增加污染减排的税种，特别是突出消费税、增值税、内资企业所得税、外商投资企业和外国企业所得税在促进污染减排中的作用。

第二，缺乏具有区域差别化的污染减排税收政策。我国地广物博，不同地区的自然资源、生态环境、文化习俗以及经济发展水平的差异性较大。千篇一律的污染减排税收政策难以满足不同地区经济发展和生态文明建设的要求。因此，为了应对不同地区的污染减排要求，并体现出区域经济发展的差异性和协调性，应该出台一些具有差别化的污染减排税收政策。然而，目前我国各地方政府难以根据行政区划的制定对应的污染减排税收政策，只能在中央指导政策范围许可下，实施并享有税后优惠政策。鉴于我国东、中、西部地区在自然资源和经济社会发展方面的差异性，过于一般化的税收政策很难实现区域经济的协调发展，探索区域差别化的污染减排税收政策成为当务之急。

4. 土地服务政策存在的问题

在污染减排的土地服务政策方面，主要存在两方面的问题亟须解决。

（1）土地开发缺乏环保意识，土地质量不高。如图 6 - 10 所示，我国的国土面积为 144 亿亩，其中，耕地面积不足 20 亿亩，约占总体的 13.9%；林地面积

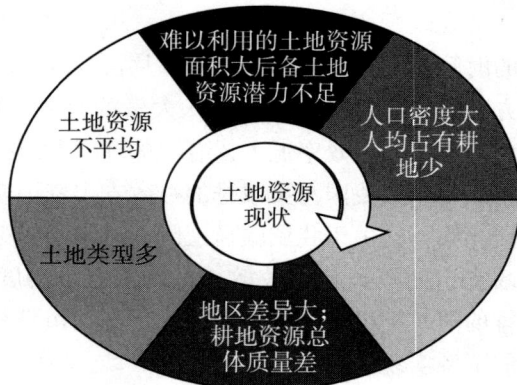

图 6 - 10　我国国土资源现状

资料来源：2013 年中国国土资源公报。

18.7 亿亩，占总体的 13.92%；草地面积 43 亿亩，占总体的 29.9%；城市、工矿、交通用地面积 12 亿亩，占总体的 8.3%；内陆水域面积 4.3 亿亩，占总体的 2.9%；宜农宜林荒地面积约 19.3 亿亩，占总体的 13.4%，我国土地面积总量巨大，但人均占有量很低。还需要说明的是，我国土地资源总体质量不高，有 60% 的耕地分布在山区、丘陵和高原地带。由于在使用和开发耕地过程中，缺乏环保意识、农药、化肥等滥用现象严重，导致我国水土流失、土地沙化、盐渍化和草场退化现象严重，进一步降低了我国土地资源的总体质量。

（2）土地类型差异显著，土地服务政策在污染减排领域还没有形成。我国虽地域辽阔，但国土经纬跨度较大，不同地区的地貌特征差异很大，形成了盆地、平原、丘陵等很多复杂的土地类型。虽然各地区的土地类型差异显著，但是针对土地开发的相关政策并没有太多考虑这种区域间的差异性。各个地方政府制定的土地服务政策也都是基于《中国土地法》的相关规定来制定，缺乏具有地域特征、适合地域资源情况以及地域文化特征和习惯的针对性的土地服务政策，特别是针对污染减排和环境保护的土地服务政策更是缺乏。

第四节　基于 CGE 模型的产业结构调整污染减排政策效果模拟

一、CGE 政策模型的构建

本节试图利用一个政策模型来模拟环境规制、清洁发展、财税金融、土地服务等四项政策的实施及其污染减排效果分析。考虑到四项政策对污染减排的影响主要表现在财政政策、税收政策两个方面，而且在实证分析中难以对金融政策实行定量化，因此，本节的实证分析主要考察政府财政政策和税收政策对污染减排的影响。

近年来，CGE 模型经常被用来分析工资调整、公共消费变动、产业政策、资源储量和开采能力、技术变动以及环境政策等因素对某一国家或地区社会福利、经济发展等方面的影响。CGE 模型最突出的优势在于其能够以某种形式，在各组成部分之间建立联系，以考察某一部分因素扰动对整个经济体的影响效应。因此，本节以德尔维希和罗宾逊（Dervis and Robinson，1982）、阿德尔曼和罗宾逊（Adelman and Robinson，1987）发展的模型为主要架构，通过将环境行为纳入一般均衡静态 CGE 模型中，以建立污染减排的财税金融政策 CGE 模型。此处 CGE 模型的主要结构方程式包含了生产模块、贸易模块、收入支出模块、投资储蓄模块、环境模块以及均衡模块，具体内容如下。

1. 生产模块

生产模块主要包含了生产方程、约束性方程、要素供给方程以及优化方程等四个组成部分。本章选择柯布-道格拉斯（Cobb-Douglas）生产函数形式，生产要素也主要由传统的资本与劳动力构成，中间投入关系选择里昂惕夫（Leontief）投入产出矩阵。

$$QX_i = \alpha_i \times L_i^{\beta} \times K_i^{(1-\beta)} \tag{6.1}$$

$$L_i = \alpha_i^{-1} \times QX_i \times \left[\frac{\alpha_i \times r_i}{(1-\alpha_i) \times w_i} \right]^{(1-\alpha_i)} \tag{6.2}$$

$$K_i = \alpha_i^{-1} \times QX_i \times \left[\frac{(1-\alpha_i) \times w_i}{\alpha_i \times r_i} \right]^{\alpha_i} \tag{6.3}$$

$$QINT_{i,j} = ina_{i,j} \times QX_j \tag{6.4}$$

$$PX_i = (1+ti_i) \left[PVA_i + \sum_i^n PQ_j \times ina_{ji} \times (1+tc \times EM_j) \right] \tag{6.5}$$

其中，式（6.1）给出了 CGE 模型中各部门的柯布-道格拉斯生产函数，L 和 K 分别为要素投入，β_i 和 $1-\beta_i$ 分别为生产函数中要素 L 和要素 K 的弹性系数；式（6.2）和式（6.3）分别为要素 L 和要素 K 的要素供给方程，根据企业生产的最优条件，劳动力边际增加值应该等于工资率 w_i，资本的边际增加值则应该与资本的租金率 r_i 相等；式（6.4）$QINT_{i,j}$ 为 j 部门中 i 产品的中间投入，$ina_{i,j}$ 为直接消费系数；式（6.5）则给出了增加值价格方程。

2. 贸易模块

由于国内各地区间贸易流动的复杂性，这里在设计污染减排的财税金融政策 CGE 模型的贸易模块时只考察国内外的贸易情况，即国家层面的贸易情况。此外，本节还采用"小国假设"，即在贸易过程中，各国在世界范围内均是价格接受者，而且进口品与国产品之间不完全替代。

$$PM_i = (1+tm_i) \times \overline{PWM_i} \times \overline{ER}, i \in CM \tag{6.6}$$

$$PE_i = \overline{PWE} \times \overline{ER}, i \in CM \tag{6.7}$$

$$PQ_i = (PM_i \times QM_i + PND_i \times QND_i)/QQ_i \tag{6.8}$$

$$PND_i = (PNM_i \times QNM_i + PD_i \times QD_i)/QND_i \tag{6.9}$$

$$PX_i = (PE_i \times QE_i + PNS_i \times QNS_i)/QX_i \tag{6.10}$$

$$PNS_i = (PNE_i \times QNE_i + PD_i \times QD_i)/QNS_i \tag{6.11}$$

$$PNE_i = (1+pned_i) \times PD_i, i \in CNE \tag{6.12}$$

$$PNM_i = (1+pnmd_i) \times PD_i, i \in CNM \tag{6.13}$$

$$QQ_i = acm_i [\delta cm_i \times QM_i^{-pcm} + (1 - \delta cm_i) \times QND_i^{-pcn}]^{-1/pcm}, i \in CM \qquad (6.14)$$

$$QM_i = QND_i \left[\frac{\delta cm_i}{(1 - \delta cm_i)} \times \frac{PND_i}{PM_i} \right]^{1/(1+pcm)}, i \in CM \qquad (6.15)$$

$$QND_i = acn_i [\delta cn_i \times QNM_i^{-pcm} + (1 - \delta cn_i) \times QD_i^{-pcn}]^{-1/pcn}, i \in CNM \qquad (6.16)$$

$$QX_i = atm_i [\delta tm_i \times QE_i^{\rho cm} + (1 - \delta tm_i) \times QNS_i^{\rho tm}]^{1/ptm}, i \in CE \qquad (6.17)$$

$$QE_i = QNS_i \left[\frac{(1 - \delta tm_i)}{\delta tm_i} \times \frac{PE_i}{PNS_i} \right]^{1/(ptm-1)}, i \in CE \qquad (6.18)$$

$$QNS_i = atn_i [\delta tn_i \times QNE_i^{\rho tm} + (1 - \delta tn_i) \times QD_i^{\rho tn}]^{1/ptm} n, i \in CNE \qquad (6.19)$$

其中，式（6.6）为进口商品国内价格公式，式（6.7）为出口商品的国内价格公式；式（6.8）~式（6.11）利用双重嵌套价格体系描述了复合商品价格、国内商品价格、总产出价格以及供给国内市场的价格；式（6.12）和式（6.13）分别为调出价格与国内价格比值、调入价格与国内价格比值；式（6.14）为复合商品需求量方程；式（6.15）为进口商品需求量方程；式（6.16）为国内商品需求量方程；式（6.17）为部门总产出方程；式（6.18）为国外出口量方程；式（6.17）为国内市场供应量方程。

3. 收入支出模块

收入支出模块包含了企业、居民和政府的收入分配、支出情况。其中，要素收入由生产部门支付给劳动与资本的报酬构成；政府收入主要由企业和居民上交的各种税费构成，包括个人所得税、间接税和排污税等。政府将财政收入的一部分用于转移性支付，比如对个人转移支付和企业污染治理的转移性支付等。

$$YL_i = w_i \times L_i \qquad (6.20)$$

$$YK_i = PVA_i \times QX_i - w_i \times L_i \qquad (6.21)$$

$$YH = \sum_i YL_i + \overline{ETH} + \overline{GTH} \qquad (6.22)$$

$$YE = \sum_i YK_i + \overline{GTE} \qquad (6.23)$$

$$YD = (1 - th) \times YH \qquad (6.24)$$

$$HTAX = th \times YH \qquad (6.25)$$

$$ETAX = te \times (YE - \overline{ETH}) \qquad (6.26)$$

$$INDTAX = \sum_i ti_i \times PX_i \times QX_i \qquad (6.27)$$

$$TARIFF = \sum_i tm_i \times \overline{PWM_i} \times QM_i \times \overline{ER} \qquad (6.28)$$

$$YG = HTAX + ETAX + INDTAX + TARIFF + CTAX \qquad (6.29)$$

$$H_i = betah_i \times (1 - s) \times YD/PQ_i \qquad (6.30)$$

$$G_i = betag_i \times gcr \times YG/PQ_i \tag{6.31}$$

$$RY = \sum_i (C_i + G_i + IK_i) \times PQ_i - FS - RS \tag{6.32}$$

其中，式（6.20）和式（6.21）分别为 CGE 模型的劳动力报酬和资本收益；式（6.22）、式（6.23）和式（6.24）分别为企业的收入、居民收入和可支配收入函数；式（6.25）、式（6.26）、式（6.27）和式（6.28）分别描述了居民个人所得税、企业所得税、间接税、关税和污染税，经加总得到政府的财政收入，即式（6.29）；式（6.30）中 betah 为居民消费支出份额；式（6.31）中 betag 为居民消费支出份额；式（6.32）为实际 GDP 函数方程。

4. 投资储蓄模块

投资储蓄模块主要用来描述企业、居民和政府等经济主体的储蓄与投资情况。储蓄需求主要表现为各经济主体可支配收入去除消费需求后的余项。

$$IK_i = betai_i \times IN/bPQ_i \tag{6.33}$$

$$HS = sYD \tag{6.34}$$

$$ES = (1 - te) \times (YE - \overline{ETH}) \tag{6.35}$$

$$GS = (1 - gcr) \times YG \tag{6.36}$$

$$FS = \sum_i (\overline{PWM_i} \times QM_i - \overline{PWE_i} \times QE_i) \times \overline{ER} \tag{6.37}$$

$$RS = \sum_i (PNM_i \times QNM_i - PNE_i \times QNE_i) \tag{6.38}$$

$$TS = HS + ES + GS + FS + RS \tag{6.39}$$

其中，式（6.33）描述了投资需求函数；式（6.34）表示居民储蓄函数；式（6.35）表示企业储蓄函数；式（6.36）表示政府储蓄函数；式（6.37）表示国外储蓄函数；式（6.38）表示外省储蓄函数；式（6.39）表示总储蓄函数。总储蓄由居民储蓄、企业储蓄、政府储蓄、国外储蓄以及外省储蓄之和构成。

5. 环境模块

环境模块用以描述排污税以及污染排放的函数方程。由于污染排放主要来源于能源资源的消费过程，而且为了核算方便，将排污税的征收对象转换为相应的能源产品，即根据不同能源产品的污染排放情况征收税收。因此，污染排放是关于煤炭、石油、天然气等化石能源的消费使用函数，排污税则是能源投入的函数。

$$CPF_i = cx_i \times (\sum_j QINT_{j,i} + H_i) \tag{6.40}$$

$$CTAX = tc \times \sum_i \sum_j PQ_j \times EM_j \times QINT_{j,i} \tag{6.41}$$

其中，式（6.40）描述了各生产部门污染排放方程，式中的 cx_1 表示单位煤炭的污染排放系数，cx_2 表示单位石油的污染排放系数，cx_3 表示单位天然气的污染排放系数；式（6.41）描述了政府设定排污税后的税收收入，EM 为量排污税转移转换为价排污税的系数。

6. 均衡模块

本节的均衡模块就是各要素市场以及商品市场的供需均衡函数，并采用"新古典封闭原则"实现投资与储蓄的平衡。通过设定劳动力价格外生、劳动力需求量内生以实现劳动力市场供求平衡；通过设定资本回报率外生、资本需求量内生，以实现资本市场供求平衡。

$$QQ_i = \sum_j QINT_{i,j} + H_i + G_i + IK_i \tag{6.42}$$

$$\sum_i L_i = \overline{LS} \tag{6.43}$$

$$\sum_i K_i = \overline{KS} \tag{6.44}$$

$$IN = TS \tag{6.45}$$

其中，式（6.42）给出了产品市场出清条件；式（6.43）和式（6.44）给出了要素市场的出清条件；式（6.45）给出了投资与储蓄均衡条件。式（6.1）~式（6.45）构成污染减排的财税金融政策 CGE 模型，模型的内生变量与外生变量见表6-7和表6-8。

表6-7　　　　　　　　模型的外生变量及说明

变量	变量说明	变量	变量说明	变量	变量说明
PWM	进口品国际价格	PWE	出口品国际价格	ETH	企业对居民转移支付
KS	资本总供给	tc	排污税率	GTH	政府对居民转移支付
ER	汇率	LS	劳动力总供给	GTE	政府对企业财政补贴

表6-8　　　　　　　　模型的内生变量及说明

变量	变量说明	变量	变量说明	变量	变量说明
P	价格指数	$QINT$	中间投入	L	劳动投入
K	资本投入	QX	总产出	PX	产出价格
QE	出口商品供给量	PE	出口商品国内价格	QNS	国内商品供给量
PNS	供给国内市场价格	QNE	调出商品供给量	PNE	调出商品价格
QNM	调入商品需求量	PNM	调入品价格	QQ	复合商品需求量

续表

变量	变量说明	变量	变量说明	变量	变量说明
PQ	复合商品价格	QM	进口商品需求量	PM	进口商品国内价格
QND	国内商品需求量	PND	国内商品价格	PVA	增加值价格
EV	居民福利	Y	名义 GDP	RY	实际 GDP
YL	部门劳动收入	YK	部门资本收入	YH	居民收入
YE	企业收入	YD	居民可支配收入	H	居民消费
YG	政策收入	G	政府消费	$HTAX$	居民所得税
IK	投资需求	$ETAX$	企业所得税	HS	居民储蓄
$INDTAX$	间接税	ES	企业储蓄	$CTAX$	排污税
FS	国外储蓄	TS	总储蓄	RS	外省储蓄
CPF	部门碳排放量	IN	总投资		

二、CGE 模型的社会经济核算矩阵

理查德·斯通（Richard Stone）和他的团队最先研究出社会经济核算矩阵（social accounting matrix，SAM）。社会经济核算矩阵在不同的学者有着不同的定义，它是一个被广泛运用于社会政策分析和政策建议的矩阵。在国际上，有很多国家通过建立社会经济矩阵对社会的政策效果进行了研究。我国由于受到长期的计划经济的影响，对社会经济核算矩阵并没有做出过多的研究和探讨，直到 20 世纪 80 年代末，随着 CGE 模型研究的深入，我国逐渐建立起与 CGE 模型相适应的社会经济核算矩阵。

社会经济核算矩阵是对一定时期一国（或某区域）各种经济主体之间交易额的全面而一致的记录。SAM 在投入产出表（input-output table，IO 表）的基础上增加了居民、政府以及国民账户等非生产性账户。ESAM 则是一个包含了资源环境账户的社会核算矩阵，能够为环境 CGE 模型的建立与求解提供综合的数据分析平台，而且能够处理与经济系统、污染（排污税、政府部门对污染减排支付的财政补贴等）有关信息，并在这些基础上完成模型参数的标定。

1. 数据来源及数据处理

本节根据 SAM 基本原理构造与环境 CGE 模型相协调的 SAM 表。SAM 表中的主要数据来源于国家统计局 2007 年发布的投入产出表，其中，我国的投入产出表为每隔 5 年编制一次。环境经济的投入产出表是在国家投入产出表或地区投入产出表的基础上加入环境账户编制而成的。此外，ESAM 表中还有部分数据（如环境治理部门的产出成效和资源要素的投入需求等）没有明确的统计来源，或较难获取

数据，因此，根据 SAM 收支平衡的原则选择一些较为明确的数据作为控制数据，对较难获取的数据利用估算或是余量的方法近似确定。在编制 SAM 表的过程中，需要把投入产出数据和环境数据整合到一张表中，由于各类型数据的定义和测算口径不完全一致，因此，需要对部分数据进行相应的调整。本节所采用的数据主要来源于 2007 年国家统计局编制的全国 42 部门投入产出表，部分数据还来源于 2008 年《中国统计年鉴》《中国财政年鉴》《中国能源年鉴》《中国环境年鉴》《国际收支平衡表》。

此外，根据国民经济行业分类代码表（GBT4754—2011），本节将投入产出表中的 42 个部门数据整理为九大部门的数据。具体分类标准见表 6 – 9。

表 6 – 9　　　　　　　　9 大部门产业分类

序号	部门	42 部门对应编号	序号	部门	42 部门对应编号
1	油气	03，11，24	6	重工业	04，05，12 ~ 22
2	煤炭	02，11	7	建筑业	26
3	农业	01	8	交通运输业	27
4	电力	23	9	服务业	5，28 ~ 42
5	轻工业	06 ~ 10			

2. CGE 模型的结构设计及 ESAM 编制

ESAM 编制的方法主要有自上而下法和自下而上法。自上而下法是在主张对已知总量信息进行分解的基础上形成的一种 ESAM 构建方法；自下而上法则是充分利用现有资料并对其进行分类汇总得到的 ESAM 方法。在 ESAM 编制中，大多数研究者更倾向于选择自上而下的方法，即首先根据国家（或地区）的投入产出表，集成与自然资源以及环境保护相关的数据，调整投入产出表中的有关账户结构，编制国家的环境经济投入产出表；然后建立高度集结的宏观 ESAM，并根据所要分析的问题，对宏观 ESAM 的有关账户进行细分；最后对账户收支不平衡的账户数据进行处理，使其平衡。

在应用中，典型的宏观 ESAM 通常为 10 × 10。其中，商品账户行方向反映中间需求、居民需求、政府需求、投资以及本区域商品的流出，即总需求；列方向反映商品的区域内总产出、关税以及与世界其他地区的贸易，即总产出。要素账户反映活动要素投入与要素收益的分配。居民账户的行方向反映居民的要素收入、企业利润分配、环境补偿收入、转移收入以及国外汇款收入等，即居民可支配收入；列方向反映居民的支出情况。企业账户反映企业的收入与支出情况。政府账户反映政府各种税收收入与消费、转移性支付等。投资/储蓄账户反映各行为主体的储蓄与投资情况。世界其他地区账户反映世界其他地区商品流动、要素流动、区域投资等情况。具体的 10 部门 ESAM 如表 6 – 10 所示。

表6-10　扩展的10部门ESAM

项目	1 生产活动	2 污染消减活动	3 商品	4 污染消减服务	5 要素	6 居民	7 企业	8 政府	9 投资/储蓄	10 世界其他地区	合计
1 生产活动			总产出								总产出
2 污染消减				总产出							总产出
3 商品	中间投入	中间投入				居民消费		政府消费	投资	出口	总需求
4 污染消减服务	中间投入							政府消费			总需求
5 要素	增加值	增加值								要素服务出口	要素收入
6 居民					工资		利润分配 环境补偿	转移支付		国外汇款	居民收入
7 企业					总利润			转移支付			企业收入
8 政府	间接税		关税			个人所得税、生活垃圾处理费	企业所得税、直接税、排污税费、留存收益				政府收入
9 投资/储蓄						居民储蓄	留存收益	政府储蓄		来自国外资本转移	总储蓄
10 世界其他地区			进口		要素服务进口	转移支付	企业支出	转移支付	资本转移国外		外汇支付
合计	总投入	总投入	总供给	总供给	要素支出	居民支出	企业支出	政府支出	总投资	外汇收入	

三、情景模拟过程及结果分析

1. 环境规制政策的污染减排效应

（1）情景设计。CGE 模型分析是基于不同情景下的污染减排效应分析。在碳税情景下，设定生产性碳税 20 元/吨、50 元/吨和 100 元/吨的三种情景，分别研究在各种条件下的污染减排效果。在重工业出口退税研究下，分别设定退税率下降 18%、38%、58%、78% 和 100%，分别模拟在这几种比例下的减排效应和经济影响。在产业结构调整下的重工业比例研究内容上，同样设置降低比例 2、降低比例 3、降低比例 4、降低比例 5 和降低比例 6 等几种情景，分析污染减排效果和宏观经济指标变动趋势。

（2）政策模拟结果分析。在环境 CGE 模型基础上，对政策环境规制进行情景模拟，结合模拟结果的指标显示，判断大体趋势与影响程度。其中主要模拟碳税、重工业出口退税、经济结构调整的污染物减排效果及宏观影响结果变化。根据生产性碳税的不同征收标准，探讨碳税的征收对经济及污染物排放的效应。

表 6-11　　　　　不同碳税情景下的节能减排效果和宏观经济影响　　　　单位：%

生产性碳税	20 元/吨	50 元/吨	100 元/吨
GDP	-0.34	-0.87	-1.46
居民福利	-0.26	-0.49	-0.67
出口	-1.34	-1.90	-2.83
进口	-0.75	-1.68	-1.94
二氧化硫排放	-0.68	-1.38	-1.78
二氧化碳排放	-1.03	-1.77	-2.01
废水排放	-1.06	-1.98	-2.46
固体废弃物排放	-0.87	-2.06	-2.74
就业	-0.42	-0.67	-1.32

由表 6-11 可以看出，在不同碳税标准下污染减排效果不同，但是整体上是随着碳税的提高而降低了污染，二氧化碳排放的下降伴随着二氧化硫排放的下降。碳税征收一定程度上打击了国内的进出口，GDP 也相应地下降。

（3）重工业出口退税的下降。为了提高产品竞争力，各国都采取了出口退税的举措。我国也经历了多次退税调整，并在促进对外贸易的经济增长上做出了较佳贡献。但是，降低出口退税政策过于松散将不利于资源的节约。本章利用模型来模拟出口退税在不同的下降程度下的各宏观经济指标变化。

重工业是高能耗、高污染产业，降低重工业出口退税率必然会带来污染减排的效果。由表 6 – 12 可以看出，出口退税率的降低对进出口的负面影响较大。重工业出口的外汇收入是以大量消耗我国能源资源为前提的，给生态环境带来了很大的污染与破坏。

表 6 – 12　　　　降低重工业出口退税的节能减排效果和宏观经济影响 单位：%

	退税率降低 18%	退税率降低 38%	退税率降低 58%	退税率降低 78%	退税率降低 100%
GDP	– 0.14	– 0.32	– 0.42	– 0.45	– 0.65
居民福利	– 0.03	– 0.08	– 0.23	– 0.17	– 0.32
出口	– 0.67	– 1.76	– 3.09	– 3.21	– 3.31
进口	– 0.56	– 1.43	– 2.45	– 2.57	– 2.64
单位 GDP 能耗	– 0.28	– 0.56	– 0.86	– 0.87	– 1.06
二氧化硫排放	– 0.20	– 0.47	– 1.23	– 1.36	– 1.32
二氧化碳排放	– 0.21	– 0.57	– 1.45	– 1.49	– 1.76
废水排放	– 0.23	– 0.57	– 1.06	– 1.17	– 1.56
固体废弃物排放	– 0.29	– 0.43	– 1.25	– 1.07	– 1.39
就业	– 0.02	– 0.05	– 0.06	– 0.08	– 0.09

（4）调整重工业比例。产业结构调整也被视作调整能源节能减排的有效途径。我国重工业一直是高能耗、高污染产业，通过模拟重工业在工业结构中比重的不同情境，观测其节能减排效果和对宏观层面国家经济的影响。

由表 6 – 13 可以看出，重工业比例下降的不断增大，各节能减排指标和宏观经济变量呈现明显的下降趋势，但是单位 GDP 能耗表现却不明显，这可能与我国重工业比重较大有关系。

表 6 – 13　　　　重工业比例下降的节能减排效果和宏观经济影响　　　　单位：%

	重工业比例下降2%	重工业比例下降3%	重工业比例下降4%	重工业比例下降5%	重工业比例下降6%
GDP	– 1.86	– 2.78	– 3.64	– 4.67	– 5.09
居民福利	– 0.89	– 1.23	– 1.67	– 2.46	– 2.98
出口	– 2.78	– 3.92	– 4.76	– 5.89	– 6.45
进口	– 1.28	– 1.65	– 1.99	– 2.26	– 2.67

	重工业比例下降2%	重工业比例下降3%	重工业比例下降4%	重工业比例下降5%	重工业比例下降6%
单位 GDP 能耗	- 0. 38	- 0. 56	- 0. 89	- 0. 91	- 1. 21
二氧化硫排放	- 1. 32	- 1. 76	- 2. 24	- 2. 85	- 3. 28
二氧化碳排放	- 1. 56	- 2. 32	- 3. 06	- 3. 67	- 3. 95
废水排放	- 1. 97	- 2. 64	- 3. 21	- 3. 68	- 4. 09
固体废弃物排放	- 1. 11	- 1. 53	- 1. 92	- 2. 46	- 2. 87
就业	- 1. 14	- 1. 76	- 2. 29	- 2. 76	- 2. 99

2. 清洁发展政策的污染减排效应

（1）指标设定。

被解释变量。被解释变量 y_{it} 是用碳排放量的减少程度来反映因实施清洁发展机制项目对碳减排的效应。因此，这里选择碳排放强度作为被解释变量。碳排放强度通过二氧化碳排放总量除以各省份 GDP 求得。由于能源使用的多样性和复杂性，我们基本上都是采用碳排放转化系数估算得到每个国家的二氧化碳的排污量。其中各省市主要能源的相关数据可以从能源统计年鉴中查询，而碳排放系数则采用国际通用的估算结果。IPCC（International Panel on Climate Change）在 "2006 IPCC Guidelines for National Greenhouse Gas Inventories" 中提供了碳排放量估算的相关方法。具体估算方法如式（6.46）所示：

$$CO_2 = \sum_{i=1}^{7} CO_{2,i} = \sum_{i=1}^{7} E_i \times NCV_i \times CEF_i \qquad (6.46)$$

其中，CO_2 表示估算的二氧化碳排放量；i 表示各种化石燃料；E 代表初级化石燃料的消耗量；NCV 为平均低位发热量；CEF 为碳排放系数。

解释变量。清洁发展机制最初是针对温室气体减排而设定的，对二氧化碳减排具有促进作用，选取了清洁发展机制项目数（cdm）作为解释变量 x_{it}，该数据来源于中国清洁发展机制网。

控制变量。①人均 GDP（$rjgdp$）。经济发展水平对二氧化碳的排放具有正向促进作用。②煤炭消费量（C）。我国的煤炭资源非常丰富，对于煤炭资源的大量使用势必导致二氧化碳排放量的显著增加，而在现阶段这个问题的严重性越发值得注意。通过检测发现，中国近几年来温室气体的排放量已居各国之首，二氧化碳排放速率非常快。③工业增加值占 GDP 比重（gy/gdp）。工业发展规模对温室气体和污染物排放具有推动作用。④工业污染治理投资额（$gywrzl$）。工业污染治理直接投资是指投资用于治理各种老工业污染源，投资环境污染治理基础设施建设以及直接投资环保效益等。故一般认为工业污染治理投资越大，促进二氧化碳排放量减少的效果则会越好。本部分数据来源于中国统计年鉴。

（2）模型设定。

混合回归模型：

$$y_{it} = \alpha + \beta x_{it} + \delta Control_{it} + \mu_{it} \tag{6.47}$$
$$\alpha_1 = \alpha_2 = \cdots = \alpha_N, \beta_1 = \beta_2 = \cdots \beta_N (i=1,\cdots,N; t=1,\cdots,T)$$

由于混合回归模型（6.47）回归斜率系数和截距都相同，假设在截面成员上既无个体影响，也没有结构变化。

变截距模型：

$$y_{it} = \alpha_i + \beta x_{it} + \delta Control_{it} + \mu_{it} \tag{6.48}$$
$$\beta_1 = \beta_2 = \cdots \beta_N (i=1,\cdots,N; t=1,\cdots,T)$$

变截距模型（6.48）中回归斜率系数相等，即通常所说的齐性，但是需要注意这里的截距项是不同的，假设在截面上各成员的结构相同仅存在个体差异，此外个体的差异可以通过截距项 α_i 表示。

变系数模型：

$$y_{it} = \alpha_i + \beta_i x_{it} + \delta Control_{it} + \mu_{it} \quad (i=1,\cdots,N; t=1,\cdots,T) \tag{6.49}$$

变系数模型（6.49）是回归斜率系数和截距都变的模型，假设在截面上各成员的结构和个体之间均存在差异。

在上述模型中，y_{it} 表示各省市 i 在年度 t 的碳排放强度指标向量；x_{it} 是省（自治区、直辖市）i 在年度 t 时的清洁发展机制项目；a_i 是由于没有观察到各省市个体的不同对解释变量的影响；β 为相应解释变量的系数；$control$ 表示与碳排放量大小有关的控制变量；μ_{it} 是随机干扰项。

为了确定样本数据的具体形式，本节采用协方差分析方法建立如式（6.50）和式（6.51）的 F 检验统计量。

$$F_1 = \frac{(S_2 - S_1)/[(N-1)K]}{S_1/[NT - N(K+1)]} \tag{6.50}$$

$$F_2 = \frac{(S_3 - S_1)/[(N-1)(K+1)]}{S_1/[NT - N(K+1)]} \tag{6.51}$$

其中，S_1、S_2、S_3 分别是模型（6.47）、模型（6.48）、模型（6.49）的回归残差平方和；N 为截面成员个数；T 为截面成员时期数；K 为非常数项解释变量个数。在原假设条件下，F_2 和 F_1 统计量分别满足各自自由度下的 F 分布。当计算出来的 F_2 大于确定置信度下的 F 临界值时，则拒绝相应的原假设，需要进一步检验；反之则选择模型（6.47）对样本进行拟合。同理可得到 F_1 统计量的假设情况，对模型（6.48）进行取舍。

（3）政策模拟结果分析。

表 6 - 14 是各变量的描述性统计。由表 6 - 8 可知，2005～2014 年间我国某些省份最大二氧化碳排放量为 152232.68 万吨，最小为 11553.68 万吨，可见，该时期内二氧化碳排放量大幅度增长，各省份的排放量也不尽相同。CDM 项目数也从最小值 3 上升到了最大值 341，说明清洁发展机制在我国得到了很好的发展。期间，人均 GDP、煤炭消费量、工业增加值占 GDP 比重和工业污染治理投资额都得到了大幅度增长。

表 6 - 14   2005～2014 年各变量的描述性统计

Variable	Obs	Mean	Std. Dev.	Min	Max
CI	300	40298.58	26190.21	11553.68	152232.68
CDM	300	17.29630	22.40721	3.0000	187.000
rjgdp	300	26433.05	17316.64	4151.700	90700.24
cxf	300	11270.64	8639.500	326.000	40233.00
gy/gdp	300	0.410555	0.077378	0.181736	0.530361
gywrzl	300	152937.7	133052.8	1921.000	844159.0

为了避免伪回归，对各变量进行单位根检验来判断数据的平稳性与非平稳性。为了保证结果的稳健性，选取 Fisher-ADF 检验、Im-Pesaran-Skin 检验、单位根检验法 LLC 检验和 Fisher-PP 检验四种方法，同时检验面板数据是否存在单位根，是否具有平稳性。其结果如表 6 - 15 所示。

表 6 - 15   面板单位根检验

检验的变量	面板单位根检验方法				结论
	LLC	IPS	ADF	PP	
lnCI	-15.9448	-2.59988	132.345	185.117	平稳
	0.0000	0.0047	0.0000	0.0000	
lnCDM	-0.63674	2.02053	49.4289	33.1565	非平稳
	0.2621	0.9783	0.8331	0.9981	
lnrjgdp	-8.94176	-0.28988	73.6765	135.549	非平稳
	0.0000	0.3860	0.1104	0.0000	

检验的变量	面板单位根检验方法				结论
	LLC	IPS	ADF	PP	
lncxf	−17.3341	−2.41871	128.221	193.525	平稳
	0.0000	0.0078	0.0000	0.0000	
lngy/gdp	−12.8743	−0.77067	81.9896	120.373	平稳
	0.0000	0.2205	0.0312	0.0000	
ln$gywrzl$	−12.1246	−1.03083	88.3355	132.071	平稳
	0.0000	0.1513	0.0101	0.0000	
D（lnCI）	−16.9824	−2.01980	117.652	236.967	平稳
	0.0000	0.0217	0.0000	0.0000	
D（lnCDM）	−40.7532	−10.0738	152.418	148.005	平稳
	0.0000	0.0000	0.0000	0.0000	
D（ln$rjgdp$）	−17.1349	−1.51501	108.347	216.618	平稳
	0.0000	0.0649	0.0001	0.0000	
D（lncxf）	−13.1901	−1.01571	91.3556	171.571	平稳
	0.0000	0.1549	0.0056	0.0000	
D（lngy/gdp）	−11.9670	−0.61699	78.7604	146.736	平稳
	0.0000	0.2686	0.0386	0.0000	
D（ln$gywrzl$）	−19.2745	−1.91465	117.607	204.124	平稳
	0.0000	0.0278	0.0000	0.0000	

注：D 表示变量的一阶差分，每一项对应值是其统计值及对应概率值。

由表 6 - 15 可知，CI、CDM、$rjgdp$、cxf、gy/gdp 和 $gywrzl$ 序列在水平统计值拒绝原假设，不存在单位根，具有平稳性；CDM、$rjgdp$ 序列在水平统计值上不拒绝原假设，存在单位根，为非平稳性序列。然后对所有变量进行一阶差分，再对其进行单位根检验，由表 6 - 15 可知 CI、CDM、$rjgdp$、cxf、gy/gdp 和 $gywrzl$ 进行一阶差分后的统计值在 5% 的显著性水平上都是平稳的，因此，本节所选的变量指标值均是一阶单整，可用于面板协整分析。

协整检验。以上单位根检验结果显示，在零阶水平上有些变量为非平稳性，故在此基础上进行面板协整检验，检验各非平稳序列是否具有长期均衡关系。面板协整检验有 Pedroni 检验、Kao 检验和 Fisher 检验三种检验方法，由于 Pedroni 检验只适合小样本（$T<20$）条件检验，而本节研究的样本数据 $T=30$，故本节采用 Kao

检验对 *CI*、*CDM*、*rjgdp*、*cxf*、*gy/gdp*、*gywrzl* 进行面板协整检验，看它们是否具有协整关系。由表 6 – 16 的 Kao 检验结果可知，ADF 统计量检验显著，即 Kao 检验认为 *CI* 与 *CDM*、*rjgdp*、*cxf*、*gy/gdp*、*gywrzl* 之间存在协整关系，说明它们之间具有长期均衡关系。

表 6 – 16   Kao 检验结果

	t-Statistic	Prob.
ADF	– 6. 238782	0. 0000

面板回归分析。首先，利用 F 检验结果，本节的模型形式选择为变截距模型；接下来，再利用豪斯曼（Hausman）检验值来选择是固定效应模型还是随机效应模型。

表 6 – 17 中模型 1 与模型 2 分别表示固定效应模型与随机效应模型，表示在 2005 ~ 2014 年间 30 个省份二氧化碳排放强度与清洁发展机制项目、人均 GDP、煤炭消费量、工业增加值占 GDP 比重、工业污染治理投资额的面板数据关系，豪斯曼检验值为 39. 733052，相应的 P 值也显示拒绝原假设，表明本节应该选择固定效应模型进行分析研究。R^2 为 0. 691839，调整的 R^2 为 0. 690658，说明方程的拟合优度很好，所构建的模型能在很大程度上解释碳排放强度。F 统计量为 840. 0343，且通过了显著性水平检验，说明变量之间的联合解释能力很强。从固定效应模型来看，常数项与清洁发展机制项目、人均 GDP、煤炭消费量、工业增加值占 GDP 比重和工业污染治理投资额均通过了显著性检验。清洁发展机制项目数每增长 1 个百分点，二氧化碳排放强度就会降低 0. 86 个百分点。人均 GDP 与工业污染治理投资额的系数分别为 – 0. 7270 和 – 0. 0027。煤炭消费量每增长 1 个百分点，二氧化碳排放强度上升 0. 53 个百分点；而工业增加值占 GDP 比重每增长 1 个百分点，二氧化碳排放强度上升 0. 04 个百分点。

表 6 – 17   面板回归结果

变量及检验统计量	*CI*	
	模型 1	模型 2
C	12. 98929	13. 21154
	(64. 47025)	(62. 29312)
	[0. 0000]	[0. 0000]
CDM	– 0. 86105	– 0. 54005
	(– 37. 1389)	(– 23. 3152)
	[0. 007107]	[0. 008158]

变量及检验统计量	CI	
	模型1	模型2
rjgdp	−0.726974	−0.693551
	(−35.54012)	(−35.81520)
	[0.0000]	[0.0000]
cxf	0.530299	0.466344
	(15.00155)	(14.06777)
	[0.0000]	[0.0000]
gy/gdp	0.040564	0.032023
	(7.91989)	(7.28949)
	[0.04292]	[0.04299]
gywrzl	−0.002797	−0.001822
	(−33.9757)	(−22.1768)
	[0.007343]	[0.008247]
R^2	0.691839	0.609566
Adjusted R^2	0.690658	0.607853
F-statistic	840.0343	531.0527
	[0.00000]	[0.000000]
Hausmen Test		39.733052
		[0.0000]
模型	FE	RE

注：圆括号里为 t 统计量，方括号里为 P 值，FE 为固定效应模型，RE 为随机效应模型。

3. 财税金融政策的污染减排效应

（1）情景设计。从污染排放的成因看，绝大部分污染产生于能源产品的消费，因此，只要想方设法降低能源产品的消费，实现能源产业结构调整与优化，就能有效地抑制污染排放。关于污染减排的财税政策主要表现在财政政策与税收政策两个方面，财政政策主要指政府为了激励企业实行污染减排，通过财政补贴等转移性支付方式实现。所以，目前对污染减排的财税政策研究主要集中在税收政策方面。当前学术界关于排污税的课征方式有两种：第一种方式是从源头课征，即根据各能源含碳量来征税；第二种方式是根据最终的污染排放量来征收污染排放税。这两种方式在原则上还是第一种方式最为可行，故本节根据各能源产品（包括煤炭、石油、天然气等）的含碳量或碳排放系数从源头来按量课征。

本项研究的目的在于分析不同排污税方案和政府财政补贴政策对污染减排的影响效应，而且不同的排污税率的污染减排效果肯定不同。因此，本节实证分析的假设为：第一，排污税的课征能够减少能源消耗，促进产业结构调整，进而实现污染减排的目的；第二，排污税收除部分通过政府财政转移支付给实施污染减排的企业外，还将其余的排污税收补贴至农林牧渔业，以促进污染减排。因此，本节通过设定不同的财税政策情景，具体分析不同情景下的污染减排效果。

方案一：根据不同的生产性碳税率设定情景。由于我国碳排放交易价格约为每吨 8～10 欧元，所以模拟设定 20 元/吨、50 元/吨、100 元/吨、200 元/吨等四个梯度的生产性碳税率，并将上述四个梯度碳税率分别设定为情景一、情景二、情景三和情景四（见表 6 - 18）。

表 6 - 18　　　　　　　　　浮动税率下的情景及方案

情景	税率
情景一	20 元/吨
情景二	50 元/吨
情景三	100 元/吨
情景四	200 元/吨

方案二：在 100 元/吨的固定税率下，设定情景五为所有的排污税全部补贴给已实施污染减排的企业；情景六为所有排污税的 50% 补贴给已实施污染减排的企业，50% 补贴给农林牧渔业；情景七为所有排污税的 30% 补贴给已实施污染减排的企业，70% 补贴给农林牧渔业；情景八为所有排污税的 70% 补贴给已实施污染减排的企业，30% 补贴给农林牧渔业。具体情景及方案见表 6 - 19。

表 6 - 19　　　　　　　　　固定税率下的情景及方案

情景	税率	方案
情景六	100 元/吨	50% 补贴给已实施污染减排的企业，50% 补贴给农林牧渔业
情景七	100 元/吨	30% 补贴给已实施污染减排的企业，70% 补贴给农林牧渔业
情景八	100 元/吨	70% 补贴给已实施污染减排的企业，30% 补贴给农林牧渔业

（2）政策模拟结果分析。

方案一：本节运用 GAMS 软件模拟分析 20 元/吨、50 元/吨、100 元/吨和 200 元/吨等四个梯度的生产性碳税率的污染减排效应（见表 6 - 20）。从表 6 - 20 可以看出，各部门在不同碳税率下的污染减排效应不同，而且随着碳税率的不断上升，污染减排的效应越显著。此外，通过比较不同部门间的污染减排效应可以发现，重工业、煤炭、油气、交通运输业、电力和轻工业等行业的污染减排效应最为显著，其主要原因在于上述行业的能源消费系数较高，于是受碳税率的影响更为敏感。因此，上述行业的污染减排效应最大，且受浮动碳税率的影响也最为明显。

表 6-20　　　　　　　　　不同碳税率下的污染减排效果模拟　　　　　　单位：%

产业部门	情景一	情景二	情景三	情景四
	20 元/吨	50 元/吨	100 元/吨	200 元/吨
油气	- 1. 34	- 1. 87	- 2. 46	- 4. 87
煤炭	- 1. 46	- 1. 99	- 3. 73	- 5. 36
农业	- 0. 04	- 0. 18	- 0. 83	- 1. 36
电力	- 0. 74	- 0. 99	- 1. 37	- 2. 71
轻工业	- 0. 68	- 0. 88	- 1. 78	- 2. 36
重工业	- 1. 63	- 2. 77	- 4. 01	- 5. 86
建筑业	- 0. 66	- 0. 78	- 1. 36	- 2. 06
交通运输业	- 0. 87	- 1. 56	- 2. 14	- 2. 89
服务业	- 0. 42	- 0. 67	- 1. 32	- 1. 85

方案二：本节运用 GAMS 软件模拟分析四个梯度的生产性碳税率的污染减排效应（见表 6-21）。在表 6-21 中，除农业外，其他产业均随着财政补贴比例的上升，污染减排系数增大，即污染减排的效应越明显。当 70% 的排污税收通过财政补贴农业时，农业的污染减排效应最大，而随着财政补贴比例的下降，农业的污染减排效应也下降。通过各产业部门的污染减排效应比较，可以发现煤炭、重工业、油气、交通运输业和电力等产业的污染减排效应最大，其次为轻工业和建筑业，服务业和农业的污染减排效应最差。其主要原因是煤炭、重工业、油气、交通运输业和电力等产业的能源消费系数较高，受财政补贴的反应更为敏感。

表 6-21　　　　　　　　　固定碳税率下的污染减排效果模拟　　　　　　单位：%

产业部门	情景五	情景六	情景七	情景八
	100% 补贴企业	50% 补贴企业	50% 补贴农业	30% 补贴企业
油　气	- 4. 48	- 2. 96	- 1. 74	- 3. 53
煤　炭	- 6. 54	- 3. 52	- 2. 61	- 4. 73
农　业	- 0. 22	- 0. 62	- 1. 04	- 0. 46

续表

产业部门	情景五	情景六	情景七	情景八
	100% 补贴企业	50% 补贴企业	50% 补贴农业	30% 补贴企业
电 力	- 3.11	- 1.72	- 0.95	- 2.36
轻工业	- 2.95	- 1.42	- 1.05	- 2.17
重工业	- 4.73	- 2.97	- 2.02	- 3.83
建筑业	- 2.51	- 0.97	- 0.74	- 1.79
交通运输业	- 3.31	- 2.01	- 1.74	- 2.64
服务业	- 1.55	- 0.62	- 0.29	- 1.02

第五节 产业结构调整的污染减排政策体系构建

本节在前面研究基础上，从环境规制政策、清洁发展政策、财税金融政策和土地服务政策四个方面构建我国产业结构调整的污染减排政策体系。

一、环境规制政策构建

（1）促进产业结构调整是实现节能减排的有效规制政策。我国目前的经济发展阶段决定其是劳动密集型的产业技术水平，要想实现技术密集型产业发展模式，必须从结构上做出调整。大力控制重工业的污染物、废弃物的治理，优先发展第三产业等举措，将从产业转移上来实现节能减排目标。另外，环境规制对资源税、碳税、化石能源从价税的采用，也将形成对产业结构调整的有力补充，共同协力实现环境保护。降低重工业在我国产业结构中的绝对比例，适当和大力发展第三产业。

（2）环境规制要注重经济手段。利用利益刺激，税费征收、污染交易权等经济手段能有效地激励企业的减污治理行为，它们在市场机制的调节下自动选择低能耗、少污染的新型清洁能源生产方式。

（3）政府要做好环境能源法律法规的执行与监督，从政策上来规范能源的开发利用，建全能效标识制度，通过环境规制体系的有效与完备来促进节能减排效果。

（4）建立污染减排保障系统。污染减排如何保障，一要靠责任问责追究制度，二要靠纠纷协调制度。责任追究是强化污染减排效果，保障减排目标实现的有力工具，让相关负责人勇于承担起相应的责任，也是对措施成效的有力保障；协调纠纷制度是指国家各部门要成立相应的协调机构，合力完成减排工作目标。节能减排需要强大的基层力量的支持，强化基层环境管理和污染减排能力是确保减排工作顺利进行的基石。

总的来讲，能源、环境、经济的协调发展不是一朝一夕、一蹴而就的事业，它需要长期的、有序的、健康的，分阶段、分步骤的经济环境治理的改变。各种环境规制政策上的良好变化都可能为我国的新型可持续发展的社会贡献有益因子。我们要稳妥地进行环境法制法规的制定和施行，结合国内具体国情，吸收国外优秀治理经验，在环境规制体系上完善法律、在节能减排目标上高瞻远瞩，加大新节能、新环保技术的研发投入，引导国家步入循环经济新时代。

二、清洁发展政策构建

1. 积极推进 CDM 项目的开发

第一，在政府的宣传下，强化我国开发 CDM 项目的战略意识。政府必须大力宣传 CDM 工作，强化企业的节能意识、环保意识以及同工业发达国家的合作意识，为了改变我国技术落后的现状，必须从促进可持续发展、建设绿色中国的角度出发，用战略性的眼光，有针对性地开发 CDM 项目，积极吸纳工业发达国家的环境投资和先进技术。如果盲目地、毫无战略性地实施 CDM 项目，虽然在短时间内能改善我国资源利用率低的现状，但从长期来看，我国温室气体减排的成本将会升高。随着我国工业的快速发展，若我国也被迫加入温室气体减排的行列，我国将付出更大的代价来履行减排义务。

第二，在政府的引导下，促进我国与项目投资国 CDM 项目的信息交流。中国与工业发达国家合作开发的 CDM 项目参与的主体是企业，但清洁发展机制是一个国际性机制，所以应该在各国政府的引导下进行。适当的政府干预可以正确引导 CDM 项目的合作开发，避免恶性竞争。为加强中国与工业发达国家 CDM 项目合作，必须加强与项目投资国之间的信息沟通与交流，就中国开发 CDM 项目的现状、所缺乏的先进技术以及希望项目投资国能提供先进的技术等问题进行沟通交流，促进双方企业的合作。因此，中国与项目投资国应共同建立一座促进双方开发合作的桥梁，比如建立开发 CDM 项目的中介组织或机构。双方政府之间还可以培养 CDM 项目的专业型人才，通过定期举办研究讨论会的形式来听取各政府部门、企业、专家的经验教训，为更好地实施清洁发展机制项目提出具有建设性的建议。

第三，在政府的支持下，提高我国企业的自主创新与自主开发能力。我国政府应加大对 CDM 项目的资金投资力度，建设专业型的 CDM 研究机构，集中政府部门、研究机构、高校等各方面的力量，提高企业的自主创新能力与自主开发能力。我国政府首先应当制定相关扶持开发 CDM 项目企业的政策，对自主创新、自主研发的企业给予奖励，提高企业自主创新的积极性，加大对 CDM 项目企业的保护力度，在开发项目时给予资金扶持及相关税收方面的优惠政策。我国政府还应当建立 CDM 项目基金，加大对 CDM 研究机构及高校的资金投入，设立相关 CDM 课题研究组，培养 CDM 的专业性人才来积极地对 CDM 项目进行研究，从而提高企业的 CDM 项目自主创新能力及自主开发能力。

第四，在政府的整顿下，完善我国的投资环境吸引外来投资。一个好的投资环境不仅有利于 CDM 项目在我国更好地进行，更有利于吸引所有的外来投资者在我国进行更好的投资。首先，改善我国的投资环境必须建立完善的吸引外商投资的法律体系，给外商投资者创造一个公平竞争的投资环境。其次，必须提高政府行政工作效率，简化政府审批的工作手续，提高政府工作人员的服务意识，比如，外商企业在我国开发 CDM 项目时，可以适当放宽审批手续，简化审批程序。为了吸引外商投资，我国还必须改善基础设施条件，特别是 CDM 项目一般开发在减排边际成本低的地区，我国必须改善这些地区的基础建设，比如交通运输设施、通信设施、供电设施等。

2. 改善能源结构，开发新能源

煤炭的消耗是二氧化碳排放的主要来源，为了减少二氧化碳的排放量，我国必须加快发展低碳能源和可再生能源，改善能源结构。国家必须制定具体的政策引导和加大资金投入，大力开发和利用水力、太阳能、核能等资源，对各种能源（如石油、天然气和煤层气等）进行筛选、清洁等处理工作，使能源利用时产生的污染气体更少。同时，国家必须大力开发农村、边远地区和条件适宜地区的优质可再生能源（如生质能、太阳能、地热能、风能等），使优质能源在我国利用的比重有所提升。

3. 调整经济结构，促进技术进步

我国工业增加值占 GDP 的比重比较大，而工业行业的大力发展必定导致二氧化碳的大量排放。我国应该加大调整经济产业结构，加快转变经济增长方式，将节约资源、降低能源消耗、推进清洁生产、加大工业污染治理作为中国产业经济政策的主要组成部分。加快第三产业发展（第三产业有很多发展潜力很大的行业，如金融、旅游、电信等服务行业），调整第二产业内部结构（机械、信息、电子等行业的迅速发展提升了高附加值产品的比重），适当降低第一产业的发展比重；制定"开发与节约并重、近期把节约放在优先地位"的方针，把节能减排这一战略放在能源发展中的首要位置。为了行之有效地展开节能减排工作，必须积极建立和推行节能新机制，加大节能重点工程建设，加强企业自主创新能力，大力引进和吸收先进节能技术。

4. 加大环境污染治理投入

首先，继续加大污染治理的资金投入，对重污染行业的监督实行地方领导责任制，实施从上而下的全方位监控机制。此外，更需提高污染企业的绿色竞争力，加大清洁生产的技术投入，不断提高企业的绿色产出率。其次，中央政府给予地方政府更多的资金和人力支持，使地方政府有足够的能力治理污染，同时需要杜绝企业和地方政府"寻租—合谋"行为的出现。最后，充分发挥公众的监督作用，不断提高公众环保意识和污染治理的积极性，大力宣传环境保护知识，让公众认识到环境污染的严重性和危害性，意识到环境保护的紧迫性和必要性。在政府、企业和公众三方共同努力下，杜绝污染事故的发生，不断提高环境质量。

三、财税金融政策构建

（1）制定合理的碳税税率。我国当前污染减排的内在压力与日俱增，经济发展受资源环境的约束越发严重，迫切需要设计行之有效且合理的碳税政策体系。较高的碳税税率会增加企业的环境污染成本，进而影响企业的生产效益。在追求利益最大化的过程中，企业总是根据政府设定的碳税税率制定对应且适宜的生产计划，以避免过高的环境服从成本。因此，较高的碳税税率能够限制企业的能源产品消费总量，进而有助于企业降低碳排放量，以达到污染减排的目的。但是，过高的碳税税率也会对企业的生产活动有负面影响，不利于社会经济的发展。所以，适宜的碳税税率不仅不会影响经济的持续发展，还能有效地促进污染减排。

（2）实施差异化的碳税政策。通过比较不同部门间的污染减排效应可以发现，重工业、煤炭、油气、交通运输业、电力、轻工业等行业的污染减排效应最为显著，其主要原因在于上述行业的能源消费系数较高，于是对碳税率、财政补贴政策的反应更为敏感。因此，可以实施差异化的碳税政策，以实现污染减排税收政策效应的最大化。具体思路是对重工业、煤炭、油气、交通运输业、电力等行业征收相对较高的碳税税率，而对服务业和农业等污染减排效应不是很显著的产业实行较低的碳税税率。此外，在制定碳税政策时，可以循序渐进地实行。即在开征之初，碳税政策的制定可以主要针对高能耗、高排放以及能源使用效率较低的行业，此后再将碳税政策逐步扩展到农业、服务业等领域。

（3）优化现有的财政补贴政策。已有研究发现，随着各产业财政补贴比例的上升，其污染减排系数越大，污染减排的效应越明显。而且通过对各产业部门的污染减排效应进行比较，发现煤炭、重工业、油气、交通运输业、电力等产业的污染减排效应最大，服务业和农业的污染减排效应最差。因此，在设定污染减排的财政政策时，可以适当增加财政政策对污染减排项目、技术的支付力度，并且合理分配财政补贴在各产业部门的支付比例。

（4）调整产业结构。合理的产业结构不仅能够提升经济的发展速度，而且还能降低能源产品的消费量，减弱经济增长对能源资源的依赖程度。根据环境库兹涅茨曲线的判断，经济发展的不同时期，其带来的污染也不同。我国现阶段处于经济的快速发展时期，面对资源与生态环境压力的日益增强，调整和优化产业结构不仅有利于经济的持续健康发展，还能积极应对经济发展带来的生态环境问题。因此，有必要从政策上鼓励和支持能耗高的支柱性产业实施技术创新、生产设备升级换代；全面支持能源消费低、环境污染小的高新技术企业和现代化服务行业的生产发展，以此促进产业结构朝有利于可持续发展的方向转化。

四、土地服务政策构建

1. 按照促进产业结构优化升级的要求，提高供地政策效果

土地政策的原则是"有保有压、区别对待"，所以我们要充分运用土地权管理和土地审批制度等政策制度方式，认真对待新增建设用地的审查审批。具体可以从以下几点出发。

第一，要注重产业结构高级化。从我国的产业政策出发，我们要重点考虑国家重点项目的用地需求，大力支持有利于我国产业结构调整的项目用地。提高门槛，控制列入限制供地的项目数量，推动地方政府和企业投资者加快产业结构优化步伐，淘汰落后工艺和产能，引进和学习新技术，促进产品更新换代，跟上时代发展的步伐，走清洁高效、节能环保的发展道路。坚守对不符合国家产业政策、国家产业发展规划和市场准入标准的项目不予提供土地的原则。严格控制高耗能、高污染和生产技术落后、资源利用效率低下的项目数量。对于产能过剩的项目要严格审核审查，调整调节好该项目的用地规模。在供地过程中，政府要起到指引的作用，加强与其他各行政管理部门的协作，发挥协同作用，切实推进高新技术产业、先进制造业、现代服务业和重要基础产业项目的引进工作。

第二，要注重产业结构合理化。各地区企业的禀赋不同导致了各地区产业结构的差异，以及各地区开发区或者高新产业园出发点和目标的不同，因而在确保国家层面产业政策的前提下，拟定符合各地区自身特点的发展目标，注重产业结构发展合理化的要求，确定引进项目的类型和数量，进而发挥产业发展的集聚效益和规模化效益。

2. 发挥市场的作用，配合财政金融政策引导投资方向

对于高新技术产业这种有利于产业结构调整的产业，设置鼓励型准入门槛，政

策对企业有激励和促进作用，如采取提供有利区位、多供地、低地价和减免地价等方式；对污染严重等限制发展的产业，政府要采用限制型注入门槛，如采取高地价和不供地的政策，或者运用城市阶段型用地差价进行调整，配合财政金融政策，共同发挥作用。从财政政策这个角度来看，投资方向调节税应该予以重视并利用。不同行业的固定资产投资行为和投资方向调节税关系比较紧密，投资方向调节税的征收与否和税费的多少，直接影响不同行业的投资成本，对于投资周期性波动的产业具有一定的调节稳定作用，最主要的是该政策可以被政府用来指引投资的大方向，促进和推动投资和产业机构的优化，减少经济波动对企业的影响。所以，"投资方向税"可以根据当前的经济形势和未来的经济预测来调节操作，可以在经济形势不好的情况下停止征收，经济形势回暖时恢复征收。从金融政策自身的角度看，应当根据各行业特点的不同选择恰当的税收率。

3. 促进土地供求服务信息的公开透明化

一些企业过度关注生产而忽视了对市场的调研，对市场的需求数量和类型了解的不够充分，所以，这些企业的投资因为缺乏对市场准确的判断而选择了产能过剩甚至是淘汰产业的项目。因此，土地管理部门和其他相关部门迫切需要建立有效可行的协调控制机制，政府起主导作用，及时、充分地了解市场信息并通过反馈机制把信息传递给企业。要对各产业实行定期的调查和评估，并依据市场信息为政府采取调控政策提供完整全面的可靠信息。政府要关注宏观市场的经济动向，了解市场发展的新动向、新情况和新问题，及时依据这些信息做出超前的导向，同时做到政策及信息的公开并确保其时效性，从而引导市场投资方向，促进经济结构调整升级进程，增强对经济高速发展的耐受力。

第六节 本章小结

一、主要结论

通过本章的研究，得到以下基本结论。

（1）不同碳税标准下污染减排效果不同，但是整体上是随着碳税的提高而降低了污染，二氧化碳排放的下降伴随着二氧化硫排放的下降。碳税征收一定程度上打击了国内的进出口，GDP也相应地下降。

（2）重工业是高能耗、高污染产业，降低重工业出口退税率必然会带来污染减排的效果，出口退税率的降低对进出口的负面影响较大，重工业出口的外汇收入是以大量消耗我国能源资源为前提的，给生态环境造成了严重的污染和破坏。

（3）2005～2014 年，我国某些省份最大二氧化碳排放量为 152232.68 万吨，最小为 11553.68 万吨，可见，该时期内二氧化碳排放量大幅度增长，各省份的排放量也不尽相同。CDM 项目数也从最小值 3 上升到了最大值 341 个，说明清洁发展机制在我国得到了很好的发展。期间，人均 GDP、煤炭消费量、工业增加值占 GDP 比重、工业污染治理投资额都得到了大幅度增长。清洁发展机制项目数每增长 1 个百分点，二氧化碳排放强度就会降低 0.86 个百分点；煤炭消费量每增长 1 个百分点，二氧化碳排放强度上升 0.53 个百分点；工业增加值占 GDP 比重每增长 1 个百分点，二氧化碳排放强度上升 0.04 个百分点。

（4）通过四个梯度的生产性碳税率模拟发现，各部门在不同的碳税率下的污染减排效应不同，而且随着碳税率的不断上升，污染减排的效应越显著。此外，通过比较不同部门间的污染减排效应，可以发现重工业、煤炭、油气、交通运输业、电力和轻工业等行业的污染减排效应最为显著，其主要原因在于上述行业的能源消费系数较高，因此对碳税率的影响更为敏感。因此，上述行业的污染减排效应最大，且受浮动碳税率的影响也最为明显。除农业外，其他产业均随着财政补贴比例的上升，污染减排系数越大，即污染减排的效应越明显。而当 70% 的排污税收通过财政补贴农业时，农业的污染减排效应最大，而随着财政补贴比例的下降，农业的污染减排效应也下降。通过各产业部门的污染减排效应比较，可以发现煤炭、重工业、油气、交通运输业和电力等产业的污染减排效应最大；其次为轻工业和建筑业；服务业和农业的污染减排效应最差。其主要原因是煤炭、重工业、油气、交通运输业和电力等产业的能源消费系数较高，对财政补贴的反应更为敏感。

二、政策建议

基于上述研究结论，我们提出如下政策建议。

第一，促进产业结构调整并建立污染减排保障系统。大力控制重工业的污染物、废弃物的治理，优先发展第三产业，通过产业转移实现节能减排目标。另外，环境规制对资源税、碳税、化石能源从价税的采用，也将形成对产业结构调整的有力补充，共同协力实现环境保护。利用利益刺激、税费征收、污染交易权等经济手段能有效地激励企业的减污治理行为，用政策规范能源的开发利用，健全能效标识制度。

第二，积极推进 CDM 项目的开发。在政府的宣传下，强化我国开发 CDM 项目的战略意识。强化企业的节能意识、环保意识以及与工业发达国家的合作意识。为了改变我国技术落后的现状，必须从促进可持续发展、建设绿色中国的角度出发，用战略性的眼光，有针对性地开发 CDM 项目，积极吸纳工业发达国家的环境投资和先进技术。中国与项目投资国应共同建立一座促进双方开发合作的桥梁，比如建立开发 CDM 项目的中介组织或机构。在政府的支持下，提高我国企业的自主创新与自主开发能力，完善我国的投资环境，吸引外来投资。

第三，制定合理的碳税税率，优化现有的财政补贴政策。当前我国污染减排的内在压力与日俱增，经济发展受资源环境的约束越发严重，迫切需要设计行之有效且合理的碳税政策体系。实施差异化的碳税政策，以实现污染减排税收政策效应的最大化。具体思路是对重工业、煤炭、油气、交通运输业和电力等行业征收相对较高的碳税税率，而对服务业和农业等污染减排效应不是很显著的产业实行较低的碳税税率。设定污染减排的财政政策时，可以适当增加财政政策对污染减排项目、技术的支付力度，并且合理分配财政补贴在各产业部门的支付比例。

第四，按照促进产业结构优化升级的要求，提高供地政策效果。充分运用土地审批（农转用审批和征地审批）和土地权籍管理等政策工具，严格新增建设用地的审查报批。一方面，要注重推进产业结构的高级化。按照国家产业政策的要求，优先保障国家重点项目建设用地需求，支持有利于结构调整的项目用地。对列入限制供地的项目，要通过提高供地的门槛，促使地方政府和企业投资者加快产业结构优化的步伐，督促各地淘汰落后工艺，引进新技术，推进产品升级换代，走节约集约、高效利用资源的发展道路。对不符合国家产业政策、发展规划和市场准入标准的项目，坚决不予供地。对于那些高耗能、高污染项目以及生产工艺落后、资源浪费严重的项目，要严格控制，甚至禁止投资。特别是对于产能过剩的行业，更要严格把关，适当控制用地的规模和速度。

参考文献

1. 包群、邵敏、杨大利：《环境管制抑制了污染排放吗?》，载《经济研究》2013 年第 12 期。

2. 保罗·R. 伯特尼、罗伯特·N. 史蒂文斯：《环境保护的公共政策（第 2 版）》，上海人民出版社 2004 年版。

3. 陈健鹏：《借鉴国际经验，建立中国碳排放第三方认证核查体系》，载《发展研究》2012 年第 10 期。

4. 董直庆、蔡啸、王林辉：《技术进步方向、城市用地规模和环境质量》，载《经济研究》2014 年第 10 期。

5. 窦玥、戴尔阜、吴绍洪：《区域土地利用变化对生态系统脆弱性影响评估——以广州市花都区为例》，载《地理研究》2012 年第 2 期。

6. 方斌、杨叶、雷广海：《基于幕景分析法的土地开发整理规划环境影响评价——以江苏省涟水县为例》，载《地理研究》2010 年第 10 期。

7. 冯应斌、何春燕、杨庆媛：《何建利用生态系统服务价值评估土地利用规划生态效应》，载《农业工程学报》2014 年第 9 期。

8. 郭庆:《世界各国环境规制的演进与启示》,载《东岳论丛》2009 年第 2 期。

9. 黄茂兴、林寿富:《污染损害、环境管理与经济可持续增长——基于五部门内生经济增长模型的分析》,载《经济研究》2013 年第 12 期。

10. 蒋为:《环境规制是否影响了中国制造业企业研发创新?——基于微观数据的实证研究》,载《财经研究》2015 年第 2 期。

11. 李崇、任国玉、高庆先等:《固体废物焚烧处置及其清洁发展机制》,载《环境科学研究》2011 年第 7 期。

12. 李静、杨娜、陶璐:《跨境河流污染的"边界效应"与减排政策效果研究——基于重点断面水质监测周数据的检验》,载《中国工业经济》2015 年第 3 期。

13. 李鹏飞、杨丹辉、张艳芳:《"十一五"时期污染减排效果的省际比较》,载《江苏大学学报》(社会科学版)2012 年第 5 期。

14. 李淑杰、窦森、刘兆顺:《土地利用规划实施后吉林省环境变化评价》,载《中国软科学》2011 年第 8 期。

15. 李裕瑞、刘彦随、龙花楼:《大城市郊区村域转型发展的资源环境效应与优化调控研究——以北京市顺义区北村为例》,载《地理学报》2013 年第 6 期。

16. 梁俊:《环境约束下中国工业增长与节能减排双赢绩效研究——一个非径向 DEA 模型分析框架》,载《产业经济研究》2014 年第 2 期。

17. 刘刚:《中国碳交易市场的国际借鉴与发展策略分析》,吉林大学,2013 年。

18. 刘航、杨树旺、唐诗:《中国清洁发展机制:主体、阶段、问题及对策》,载《理论与改革》2013 年第 2 期。

19. 刘永强、廖柳文、龙花楼:《土地利用转型的生态系统服务价值效应分析——以湖南省为例》,载《地理研究》2015 年第 4 期。

20. 陆铭、冯皓:《集聚与减排:城市规模差距影响工业污染强度的经验研究》,载《世界经济》2014 年第 7 期。

21. 吕昌河、贾克敬、冉圣宏:《土地利用规划环境影响评价指标与案例》,载《地理研究》2007 年第 2 期。

22. 吕立刚、周生路、周兵兵:《区域发展过程中土地利用转型及其生态环境响应研究——以江苏省为例》,载《地理科学》2013 年第 12 期。

23. 倪红日:《运用税收政策促进我国节约能源的研究》,载《税务研究》2005 年第 9 期。

24. 彭文斌、陈蓓:《环境规制作用下污染密集型企业空间演变影响因素的实证研究》,载《社会科学》2014 年第 8 期。

25. 彭文斌、陈蓓、吴伟平、邝嫦娥:《污染产业区位选择的影响因素研究——基于我国八大区域的面板数据》,载《经济经纬》2014 年第 5 期。

26. 彭文斌、田银华:《湖南环境污染与经济增长的实证研究——基于 VAR 模型的脉冲响应分析》,载《湘潭大学学报》(哲学社会科学版)2011 年第 1 期。

27. 彭文斌、田银华:《中国环境规制与外商直接投资的实证分析》,载《湖南科技大学学报》(社会科学版)2010 年第 3 期。

28. 彭文斌、吴伟平、邝嫦娥:《环境规制对污染产业空间演变的影响研究——基于空间面板杜宾模型》，载《世界经济文汇》2014 年第 6 期。

29．彭文斌、吴伟平、邝嫦娥：《中国工业污染空间分布格局研究》，载《统计与决策》2013 年第 20 期。

30．彭文斌、吴伟平、李志敏：《环境规制视角下污染产业转移的实证研究》，载《湖南科技大学学报》（社会科学版）2011 年第 3 期。

31．彭文斌、吴伟平、王冲：《基于公众参与的污染产业转移演化博弈分析》，载《湖南科技大学学报》（社会科学版）2013 年第 1 期。

32．彭文斌、向昊、熊文瑞：《污染减排须政府、企业和公众合力攻坚》，载《社会观察》2015 年第 12 期。

33．苏丹、李志勇、冯迪、胡成：《中国排污权有偿使用与交易实证的比较研究》，载《环境污染与防治》2013 年第 9 期。

34．孙欣、高巍、朱晓煜、张可蒙：《中国城市碳排放权交易体系有效性评价研究——基于四个碳交易试点的实证分析》，载《甘肃行政学院学报》2014 年第 6 期。

35．唐茂钢：《土地发展权的价值研究》，载《价值工程》2015 年第 5 期。

36．田银华、邝嫦娥、曾世宏：《经济新常态下的产能过剩与节能减排》，载《社会观察》2014 年第 11 期。

37．田银华、向国成、彭文斌：《基于 CGE 模型的产业结构调整污染减排效应和政策研究论纲》，载《湖南科技大学学报》（社会科学版）2013 年第 3 期。

38．田银华、易利慧、邝嫦娥：《基于 SSM 模型的湖南省能源消费与碳排放研究》，载《湖南社会科学》2014 年第 6 期。

39．王杰、刘斌：《环境规制与企业全要素生产率——基于中国工业企业数据的经验分析》，载《中国工业经济》2014 年第 3 期。

40．王书斌、徐盈之：《环境规制与雾霾脱钩效应——基于企业投资偏好的视角》，载《中国工业经济》2015 年第 4 期。

41．夏艳清：《环境规制及其对产业变迁的影响分析》，载《内蒙古科技与经济》2008 年第 13 期。

42．肖周：《清洁发展机制（CDM）项目的碳减排效果研究》，湖南科技大学，2015 年。

43．肖周、高靖：《基于实施清洁发展机制的演化博弈分析——地方政府与企业》，载《现代经济信息》2015 年第 3 期。

44．徐常萍、吴敏洁：《环境规制对制造业产业结构升级的影响分析》，载《统计与决策》2012 年第 16 期。

45．闫海洲、张明珅：《从碳市场定价权缺失看碳金融发展支持》，载《浙江金融》2012 年第 4 期。

46．杨济菱：《污染减排的环境规制及效应研究》，湖南科技大学，2013 年。

47．原毅军、贾媛媛：《技术进步、产业结构变动与污染减排——基于环境投入产出模型的研究》，载《工业技术经济》2014 年第 2 期。

48．原毅军、谢荣辉：《环境规制的产业结构调整效应研究——基于中国省际面板数据的实证检验》，载《中国工业经济》2014 年第 8 期。

49. 臧传琴、张菡:《环境规制技术创新效应的空间差异——基于 2000～2013 年中国面板数据的实证分析》,载《宏观经济研究》2015 年第 11 期。

50. 张国兴、高秀林:《我国节能减排政策措施的有效性研究》,载《华东经济管理》2014 年第 5 期。

51. 张志仁:《中国能源税制改革的趋势分析》,载《城市环境与城市生态》2004 年第 1 期。

52. 赵伟、田银华、彭文斌:《基于 CGE 模型的产业结构调整路径选择与节能减排效应关系研究》,载《社会科学》2014 年第 4 期。

53. 赵亚莉、刘友兆:《我国城市建成区扩张特征及其动因》,载《城市问题》2014 年第 6 期。

54. 钟茂初、李梦洁、杜威剑:《环境规制能否倒逼产业结构调整——基于中国省际面板数据的实证检验》,载《中国人口·资源与环境》2015 年第 8 期。

55. 周宏春:《产业范围和政策选择:循环经济待解的疑问》,载《环境经济》2008 年第 7 期。

56. 周林:《产业结构调整的污染减排财税金融政策研究》,湖南科技大学,2014 年。

57. 周林:《节能减排视阈下产业结构优化研究综述微探》,载《经济研究导刊》2014 年第 7 期。

58. 邹骥:《环境经济一体化政策研究》,北京出版社 2000 年版。

59. Shiro Takeda, Noboru Masuda. 英国の自然埋葬地における景観的枠組の分析 [J]. Journal of The Japanese Institute of Landscape Architecture, 2006 (5): 419 – 424.

60. Andersen, M. S. Governance by green taxes: implementing clean water policies in Europe 1970 – 1990 [J]. Environmental Economics and Policy Studies, 1999, 2 (1): 39 – 63.

61. Andrew Wheeler, Paul Angermeier, Amanda Rosenberger. impacts of New Highways and Subsequent Landscape Urbanization on Stream Habitat and Biota [J]. Reviews in Fisheries Science (IF 2.417), 2005, 3: 141 – 164.

62. Arik Levinson. Environmental Regulatory Competition: A Status Report and Some New Evidence [J]. National Tax Journal, 2003, 56 (1): 91 – 106.

63. A. Lans Bovenberg, Lawrence H. Goulder. Optimal Environmental Taxation in the Presence of Other Taxes: General-Equilibrium Analyses [J]. The American Economic Review, 1996 (4): 985 – 1000.

64. A. S. Dagoumas, G. K. Papagiannis, P. S. Dokopoulos. An economic assessment of the Kyoto Protocol application [J]. Energy Policy, 2006, 34 (1): 26 – 39.

65. Barker, Terry, Baylis, Susan, Madsen, Peter. UK carbon/energy tax the macroeconomic effects [J]. Energy Policy, 1993, 21 (3): 296 – 308.

66. Chulho Jung, Kerry Krutilla, Roy Boyd. Incentives for Advanced Pollution Abatement Technology at the Industry Level: An Evaluation of Policy Alternatives [J]. Journal of Environmental Economics and Management, 1996, 30 (1): 95 – 111.

67. Dasgupta S, Laplante B, Mamingi N, H Wang. Inspections Pollution Prices and Environmental

Performance: Evidence From China [J]. Ecological Economics, 2001 (36): 487 – 498.

68. Evan Kwerel. To Tell the Truth: Imperfect Information and Optimal Pollution Control [J]. The Review of Economic Studies, 1977, 44 (3): 595 – 601.

69. Frondel, Manuel, Grösche, et al. Trends der Angebot sund Nachfragesituation bei mineralischen Rohstoffen: Endbericht [J]. Andreas Oberheitmann, 2007.

70. F. J. Andre. Performing an Environmental Tax Reform in a regional Economy. A Computable General Equilibrium [J]. CentER Discussion Paper, 2003, 125.

71. Gunnar S Eskeland, Ann E. Harrison. Moving to greener pastures? Multinationals and the pollution haven hypothesis [J]. Journal of Development Economics, 2003, 1: 1 – 23.

72. Gürkan Selçuk Kumbaroğlu. Environmental taxation and economic effects: a computable general equilibrium analysis for Turkey [J]. Journal of Policy Modeling, 2003, 25 (8): 795 – 810.

73. Haites E, Yamin F. The clean development mechanism: proposals for its operation and governance [J]. Global Environmental Change, 2000, 10 (1): 27 – 45.

74. Hamamoto, I, Akagi, T, Dohta, S, et al. Development of a Flexible Displacement Sensor Using Nylon String Coated with Carbon and Its Application for McKibben Actuator [C]. International Joint Conference. 2006: 1943 – 1946.

75. Himlal Baral, Rodney J. Keenan, Nigel E. Stork. Measuring and managing ecosystem goods and services in changing landscapes: a south-east Australian perspective. [J]. Journal of Environmental Planning and Management, 2014, 7: 961 – 983.

76. Jaffe A B, Palmer K. Environmental Regulation And Innovation: A Panel Data Study [J]. Review of Economics & Statistics, 1996, 79 (4): 610 – 619.

77. James A. Lennox, Renger van Nieuwkoop. Output-based allocations and revenue recycling: Implications for the New Zealand Emissions Trading Scheme [J]. Energy Policy, 2010, 38 (12): 7861 – 7872.

78. Jan Seifert, Marliese Uhrig-Homburg, Michael Wagner. Dynamic behavior of COMYM_2MYM spot prices [J]. J. Environ. Econ. Manage. , 2008, 56 (2): 180 – 194.

79. Jasch C. The role of standardization in promoting cleaner production and environmental management [J]. Journal of Cleaner Production, 1994, 2 (3 – 4): 197 – 199.

80. Jens Hemmelskamp. Environmental Taxes and Standards: An Empirical Analysis of the Impact on Innovation [J]. Innovation-Oriented Environmental Regulation, 2000, 10: 303 – 329.

81. Jie He. Pollution haven hypothesis and environmental impacts of foreign direct investment: The case of industrial emission of sulfur dioxide (SO_2) in Chinese provinces [J]. Ecological Economics, 2006, 60 (1): 228 – 245.

82. Jirong Wang, Eric J. Wailes, Gail L. Cramer. A Shadow-Price Frontier Measurement of Profit Efficiency in Chinese Agriculture [J]. American Journal of Agricultural Economics (IF 0. 99), 1996, 1: 146 – 156.

83. Kahn A E. , The Economics of Regulation, Principles and Institutions (two volumes) [J]. Mit Press Books, 1970.

84. Kent E. Portney. Taking Sustainable Cities Seriously: A comparative analysis of twenty-four US cities [J]. Local Environment, 2002, 7 (4): 363 – 380.

85. Laplante B, Rilstone P. Environmental inspections and emissions of the pulp and paper industry: the case of Quebec [J]. Policy Research Working Paper, 1995.

86. Lawrence H. Goulder, Steven M. Gorelick. Factors determining informal tanker water markets in Chennai, India [J]. Water International, 2010, 35 (3): 254 – 269.

87. Levinson R, Du Z, Luo L, et al. Combination of KIR and HLA gene variants augments the risk of developing birdshot chorioretinopathy in HLA-A * 29-positive individuals. [J]. Genes & Immunity, 2008, 9 (9): 249 – 58.

88. Luis Antonio López, Guadalupe Arce, Jorge Enrique Zafrilla. Parcelling virtual carbon in the pollution haven hypothesis [J]. Energy Economics, 2013, 39: 177 – 186.

89. Magat W A, Viscusi W K. Effectiveness of EPA's Regulatory Enforcement: The Case of Industrial Effluent Standards [J]. Biochemical Actions of Hormones, 1990, 33 (2): 331 – 60.

90. Marc J. Roberts, Michael Spence. Effluent charges and licenses under uncertainty [J]. Journal of Public Economics, 1976, 5 (3 – 4): 193 – 208.

91. Markus Åihman. Options for Emission Allowance Allocation Under the Eu Emissions Trading Directive [J]. Mitigation and Adaptation Strategies for Global Change, 2005, 10 (4): 597 – 645.

92. Mitch Kunce, Jason F. Shogren. Destructive interjurisdictional competition: Firm, capital and labor mobility in a model of direct emission control [J]. Ecological Economics, 2007, 60 (3): 543 – 549.

93. Mitch Kunce, Jason Shogren. On Environmental Federalism and Direct Emission Control [J]. Journal of Urban Economics, 2002.

94. M. Kara. Market analysis and risk management of eu emissions trading [R]. TKKL Center, 2007.

95. M. Oliver, J. MacBean, G. Conole. Using a toolkit to support the evaluation of learning [J]. Journal of Computer Assisted Learning, 2002, 2: 199 – 208.

96. Pallav Purohit, Axel Michaelowa. CDM potential of SPV lighting systems in India [J]. Mitigation and Adaptation Strategies for Global Change, 2008, 13 (1): 23 – 46.

97. Paul B Downing, Lawrence J White. Innovation in pollution control [J]. Journal of Environmental Economics and Management 1986, 13 (1): 18 – 29.

98. Paul Lanoie, Michel Patry, Richard Lajeunesse. Environmental regulation and productivity: testing the porter hypothesis [J]. Journal of Productivity Analysis, 2008, 30 (2): 121 – 128.

99. Peter Cramton, Suzi Kerr. Tradeable carbon permit auctions [J]. Energy Policy, 2002, 30 (4): 333 – 345.

100. Popp W L, Antos J M, Ploegh H L. Site-Specific Protein Labeling via Sortase-Mediated Transpeptidation [M]. Current Protocols in Protein Science, 2009.

101. Ryuji Matsuhashi, Sei Fujisawa, Wataru Mitamura, Yutaka Momobayashi, Yoshikuni Yoshida. Clean development mechanism projects and portfolio risks [J]. Energy, 2004, 29 (9 – 10): 1579 – 1588.

102. Schneider M, Holzer A, Hoffmann V H. Understanding the CDM's contribution to technology transfer [J]. Energy Policy, 2008, 36 (8): 2930 – 2938.

103. Scott R Milliman, Raymond Prince. Firm incentives to promote technological change in pollution control [J]. Journal of Environmental Economics and Management, 1989, 17 (3): 247 – 265.

104. S. Standaert. The macro-sectoral effects of an EC-wide energy tax: simulation experiments for 1993 – 2005 [J]. European Economy, 1992.

105. Wytze van der Gaast, Katherine Begg. Promoting sustainable energy technology transfers to developing countries through the CDM [J]. Alexandros Flamos Applied Energy, 2009, 86 (2): 230 – 236.

106. Zhen-Hua Feng, Le-Le Zou, Yi-Ming Wei. Carbon price volatility: Evidence from EU ETS [J]. Applied Energy, 2011, 88 (3): 590 – 598.

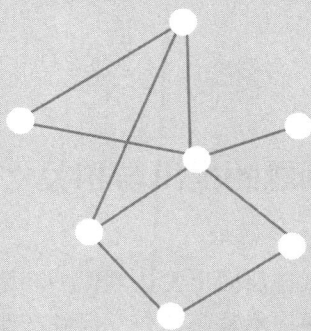

第七章

我国产业结构调整的污染减排
支撑体系研究

　　环境治理在"搭便车"的意识下，单纯从污染治理或者节能减排层面出发很难奏效，须同国家宏观发展战略相结合。但目前我国推动产业结构调整促进污染减排的支撑体系还很不健全，如何从法律、制度、技术、人才等视角，系统构建产业结构调整下我国污染减排的支撑体系，支撑产业结构良性运行，成为不可回避的理论与现实课题。因此，本章将通过对比研究国内外法律支撑体系、制度支撑体系、技术支撑体系和人才支撑体系，借鉴成功经验，从以上四个角度制定符合我国国情的产业结构调整措施。

第一节　问题的提出与相关文献综述

单纯从污染治理或者节能减排层面出发达到保护环境的目的，很显然难以有较大的作为，必须与国家宏观发展战略紧密结合，促进产业结构调整是摆脱环境污染困境切实可行的选择。目前我国推动产业结构调整促进污染减排的支撑体系还很不健全，如相关立法滞后、非政府机构监管缺位、低碳技术落后、人才培养滞后等。如何从法律、制度、技术和人才等视角，系统构建产业结构调整下我国污染减排的支撑体系，支撑产业结构良性运行，成为不可回避的理论与现实课题。

国外相关减排经验表明，完善的法律体系、制度体系、技术体系和人才体系的支持，是保障本国产业结构调整与优化、淘汰落后产能的重要机制，这些构成了除金融支持等政策条例之外的支撑体系。综观已有体系和文献，我国相关支撑体系不完善是导致节能减排机制实施不明确、效果不显著的重要原因。同时，国内外学者对于产业结构调整的污染减排支撑体系并没有进行专题性研究，相关论述融合在政策研究中，因此，我国产业结构调整的污染减排支撑体系的构建并没有完善。本章从法律、制度、技术和人才等视角系统分析产业结构调整下我国污染减排支撑问题，分析现状、总结国外成功经验，构建推动我国产业结构调整、促进污染减排的法律、制度、技术及人才支撑体系。

与已有的研究相比，本研究的贡献主要体现在以下两个方面。第一，拓展了对环境污染支撑体系领域的研究。学术界对产业结构调整支撑体系以及低碳经济和节能减排支撑体系等展开了研究，形成了一定的研究成果，但现有成果不够深入且缺乏系统性，同时，迄今鲜有文献关注到产业结构调整促进污染减排的支撑体系构建。本章创新性地从法律、制度、技术和人才四个维度出发，系统构建了产业结构调整下我国污染减排的支撑体系，为学者在本领域研究提供新的框架。第二，本研究从中国实际情况出发，考察国外在相关领域的成功经验，为政府推进产业结构调整、污染减排等方面的政策制定提供新的理论支持，为企业低碳及节能减排管理提供有益参考。

一、产业结构调整支撑体系研究

在低碳经济提出以前，就有学者构建了我国产业结构调整的支撑体系，代表性理论有：杨树旺、熊丽敏（2002）提出构建我国产业结构调整的五大支撑体系，即市场、金融、人力资本、产业整合和产业政策等支撑体系；林毅夫、姜烨（2006）认为，金融机构对于产业结构优化升级具有主导意义的支持作用，金融结构要与产业结构相匹配。随着节能减排进程的加快，如何构建低碳产业结构体系成为研究的焦点，在上述理论基础上，一些学者提出了有针对性的对策，如金碚等（2011）提出强化技术创新体系和健全节能减排政策体系，提升工业技术水平，实现绿色转型；邓平等（2010）提出构建促进节能减排的碳金融支持体系，推进绿色信贷进程以实现产业升级。

二、我国低碳经济支撑体系发展现状、问题与趋势研究

学者普遍认为我国低碳经济支撑体系存在制度不完善、技术创新乏力、复合人才匮乏、监测管理不力、立法不严等问题，与发达国家节能减排成效相差甚远。如董小君（2010）以丹麦低碳经济模式为例，认为丹麦能源结构调整在于其有独立的新能源技术，而中国需要 60 多种能源技术来支撑节能减排，但从目前阶段看，其中 40 多种是我们自己不掌握的核心技术；刘勇、张郁（2011）调研得出，企业碳检测和碳跟踪实时监控系统存在不按时、不实时启动等问题，影响到 CO_2 排放的统计、评价和信息披露；国家经贸委资源司赴美节能培训班（2009）考察得出，我国缺乏完善的法律体系、管理体系、技术奖励体系和针对性税收体系。

三、国外低碳经济和节能减排支撑体系经验研究

学者集中在对美国、欧美和日本等地区的学习和研究上，普遍认为发达国家颇具成效的减排效果与其科技创新支撑体系、法律体系、管理机构体系、减排意识培养教育体系的形成和完善息息相关。如王亚柯、娄伟（2010）介绍了美国、英国、德国、澳大利亚等发达国家重视新能源领域的人力资源开发，多个高校开设相关专业；亦冬（2007）介绍了欧盟和日本的节能减排政策和技术创新体系。

四、我国低碳经济和节能减排支撑体系研究

大多数学者从借鉴国外经验的基础上，定性地评价了我国低碳经济和节能减排的支撑体系。如王亚柯等（2010）构建了制度体系、科技创新、人才队伍、基础设施和环境保护等低碳产业支撑体系；刘勇等（2011）构建了包括知识研究系统、技术创新系统、知识和技术传播系统、科技资金保障系统以及科技监督和监测系统等的低碳经济科技支撑体系；解少君（2011）构建了低碳经济发展的能源法律体

系；陶莹等（2011）探讨了污染减排管理体系优化的措施。

从上述研究看，产业结构调整支撑体系研究已经是一个相对成熟但不断创新的领域，有关研究集中在低碳经济和节能减排支撑体系上，针对推动产业结构调整促进污染减排的支撑体系的研究目前尚处于空白和初期阶段。同时，系统而有针对性的支撑体系是保障产业结构调整促进污染减排可持续发展的有力措施，具有战略性意义，本书旨在弥补这方面研究的缺乏。

第二节　推动产业结构调整促进污染减排的法律支撑体系

一、我国产业结构调整促进污染减排的立法现状与问题

我国长期坚持节能优先政策，目前已经制定并实施了若干促进节能的法律法规和政策措施（陈迎，2006），以此促进产业结构调整与升级，实现污染减排的目的。从时间来看，主要的节能减排法令包括：2002 年通过了《清洁生产促进法》，以此加强落后产能的淘汰以提升资源利用效率，促进生产过程低排放与清洁化，山东省、云南省、天津市等先后出台了相关法律（孙警予，2015）；2004 年制定的《中长期节能规划》，通过全社会的努力减少对煤炭燃料的需求；2005 年 2 月颁布了《可再生能源法》（胡雪萍和周润，2011），2009 年通过修正案，鼓励可再生能源的发展，加强管理可再生能源开发，积极挖掘非化石燃料资源潜力，后续山东省、湖北省和黑龙江省也相继出台相关法律（孙警予，2015），《可再生能源法》对能源发展规划、强制上网发电及保障性收购制度、专项基金制度、项目财政补贴和税收优惠等做出了相关规定，促进了可再生能源的开发利用（李艳芳和武奕成，2011）；2006 年我国在西方发达国家敦促下，发布《气候变化国家评估报告》，指出在全面建设小康社会的前提下，努力转变经济增长方式和社会消费模式，保护生态环境，走节能减排发展道路，并在 2020 年相对于 2005 年减排 50%；随后，2007年制定了《中国应对气候变化国家方案》（以下简称《方案》），《方案》明确指出，2010 年中国将建立低碳排放社会（胡雪萍和周润，2011），同年，《节约能源法》通过，主要针对降低能耗、加强节能做出详细规定，如加强技术减排技术开发等补贴政策的制定；2008 年通过《循环经济促进法》，以积极推进高效化利用开发资源、减少碳排放为目的，与此同时，出台了治理大气污染、固体污染、水污染等主要污染物的法律条款；2009 年，全国人民代表大会颁布了《关于应对气候变化的决议》，此项决议的颁布体现了我国应对气候变化的观点、主张与立场（孙警予，2015），这个决议对于我国未来加强节能减排发展或应对气候变化法律体系的

建设无疑具有十分重要的作用；2011 年通过《国民经济和社会发展"十二五"规划纲要》，提出"非化石能源占一次能源消费比重达到11.4%，单位国内生产总值能源消耗降低16%，单位国内生产总值二氧化碳排放降低17%"，为我国节能减排发展确立了明确的目标（李艳芳和武奕成，2011）；2015 年，《"十三五"规划纲要指导意见》中再次把"绿色发展"作为五大发展理念之一，并要求沿海率先实现碳排放峰值；尤其是 2015 年 1 月 1 日生效的新《环境保护法》，对原有实施了 25 年的《环保法》进行了完善和改进，被称为史上最严厉的《环保法》，对水体、大气、生活、产业等污染体排放标准、监测部门、惩罚制度等做了详细的阐述，并把中国三大沿海区域（即环渤海地区、长三角地区、珠三角地区）作为重点产业结构调整转型区域，以此通过产业发展新的环境标准制定，达到率先实现减排的目标。由此，我国基本形成了节能减排经济法律框架体系。

虽然我国基本形成了节能减排法律体系，但还存在一些问题，主要有：

第一，关注法律条例的发布，较少关注法律与经济激励措施的结合。我国的相关节能产品认证制度、法律强化能源效率标准等已经制定，但大多是以政府行政命令方式推行，是一种"被动式"执行，而较少关注市场的经济激励作用，导致企业缺乏"主动"减排动力（陈迎，2006），比如，在污染排放权分配方面尚没有形成法律交易机制，对于排放过高企业的惩罚力度不够，同时，低排放企业不能把节能减排实现为企业自身利益。

第二，法律条例实施细则和操作层面的科学性不够，较少关注不同政策措施与法律法规之间的协同作用。比如，对于整个行业的立法要求一刀切，没有针对不同行业、不同部门和不同发展阶段等制定合理有效的税收制度和奖惩力度。

第三，法律责任不明确，法律执行困难。目前，在我国违反《环境法》较为普遍的现象是"执法成本大、违法成本低"，尤其企业排放监管困难，环境部门取证维证成本大，往往需要专人蹲守较长时间，而发现违反《环境法》的行为时，对排污企业的惩罚成本低，一般为 20 万元——对企业来讲，利益大于风险。虽然新《环境标准法》基本解决了违法成本低的问题，但新法的相关配套法律以及地方新《环境标准法》的实施还需一段时间，目前，这一问题还会存在较长时间。因此，要加强法律的执行与市场机制相结合，做到法律的奖励和惩罚通过市场机制有效地实现，做到明确法律各主体的职责、权利和义务。

第四，企业能源环境成本约束作用不明显，难以倒逼企业技术调整与升级。在政府的行政命令下，我国节能减排指标在各级政府、企业中层层分解，在此过程中，各级政府成为推进减排的主要承担者，而大多数国有企业，尤其是一些大中型国有垄断企业，凭借国有资产的垄断优势，缺乏减排约束，环境成本的约束机制尤显不足，导致大多数企业减排动力不足（高峰，2012）。相反，一些小企业由于生存压力，对于环境成本敏感度高，因而积极加强技术创新，反倒实现了企业技术调整与升级。因此，如何打破大企业尤其是垄断企业的垄断优势，促使其技术创新，进而实现企业结构调整与升级，是未来中国企业减排的重要动力。

二、国外保障新型工业化和产业结构绿色转型有效进行的立法和执法经验

1. 欧美部分国家的立法经验

目前，发达国家相当重视环境保护，并且早已实施了相对完善的法律体系，以此保证本国产业结构调整的污染减排效应，并通过立法，把相关环保技术与市场开发结合起来，降低环保成本，甚至使节能技术成为国际竞争力的有效手段。在此简要介绍欧洲（如英国、德国、瑞典）、美洲（如美国）发达国家的立法经验。

（1）欧洲立法现状介绍。欧洲是《联合国气候变化框架公约》（又称《京都条约》）的发起者和缔约者（李艳芳和武奕成，2011），因此，大多数国家积极履行减排承诺，并致力于减排法律的制定，这些法律体系不断完善，推动欧洲地区实现了低碳发展。首先，英国从 20 世纪 70 年代便开始加大对可再生能源产业发展的扶持力度，制定了一系列有效地促进能源结构调整的能源法律法规和可再生能源发展的政策法规（吴迪，2014）。例如，1989 年，英国颁布实施的《电力法》是世界可再生能源立法的鼻祖。《电力法》主要通过合同的形式要求公共电力供应商向电力生产者购买可再生燃料生产的电力，奠定了可再生能源义务制度的法律体系；然而，《电力法》仅对电力生产和供应部门做出尝试性的约束，而对其他非化石燃料没有做出规定，因此，1990 年，英国开始实施《非化石燃料公约》（以下简称《公约》），提出"化石燃料税"的概念，弥补了《电力法》中存在的不足。《公约》中明确表明：为了有效地控制化石燃料的使用，征收化石燃料税是一种比较有效的方法。因此，为了降低环境污染的损害，应该加大可再生能源发电的比重，这样还可以减少或者限制有害物质的排放，与此同时，《公约》突破性地建立了一个资金渠道，用来支撑可再生能源的发展；英国在 2000 年出台了《可再生能源义务法令》，此项法令是试着从法律支撑体系角度和在可再生能源发展的基础上颁布的，是英国可再生能源发展事业的第一个主要的法律文件；这一《法令》在不断修改和更新，2009 年更新的《可再生能源法令》的主要目的是在开发和利用可再生能源方面使用配额制；2007 年，英国把可再生能源从发电领域拓展到其他领域，例如，英国在《可再生交通燃料义务法令》中提出了实施可再生交通燃料义务，它是针对交通燃料供应商而施加的义务，《交通燃料法令》要求供应商在特定的时期内将特定数量的可再生交通燃料供应给相应的联合政府（吴迪，2014）。这些法律条例减少了温室气体的排放，达到促进可再生能源全面利用的目的。其次，德国作为批准

《条约》的主要推动者，积极完善相关法律，其《可再生能源优先法》被公认为世界上较好的法律体系。从其立法历史来看，1998 年 3 月，德国签署了《联合国气候变化框架公约的京都议定书》，并承诺 1990～2008 年减少二氧化碳排放的 21%。在保障本国能源安全和保护环境的双重压力下，德国于 1991 年颁布了第一部明确的可再生能源法——《可再生能源发电向电网供电法》（又称《电力输送法》），这是德国制定的首部通过风电市场化的商业运营而达到促进可再生能源利用发展的法规（蒋懿，2009），从而，德国在可再生能源促进方面形成了较完整的法律体系（孙湃，2015）。2000 年，德国颁布《可再生能源优先法》，核心特点在于明确了固定电价制度作为可再生能源的发电制度，对推动风电、太阳能光伏发电等可再生能源的发展起到了决定性作用。这是一部针对太阳能、风能、地热能、水能等各式各样可再生能源开发利用的综合性较强的法律（吴迪，2014），具有三个特点：①强调法律规范的科学性。《可再生能源优先法》最大的亮点是拥有合理的科学依据，特别强调利用科学研究的结论制定抽象或具体的规定。②强调运用市场经济手段。利用市场经济手段配置资源是德国制定这方面法律的另外一个亮点，例如，在德国颁布的《引入生态税改革法案》中就体现了用经济手段解决法律方面问题的思路。将能源外部成本体现在能源的价格当中体现了德国颁布的可再生能源法的核心思想。国家的财政投入有助于向全社会推广可再生能源技术，而价格激励机制则可以缩短传统化石能源与可再生能源之间的价格差距，甚至达到平衡。③明确法律主体的义务和权利。德国在可再生能源法中明确了电网运营商等各方面的义务、职责范围和权利，甚至对在市场化过程中各方应该承担的成本都有规定。德国的可再生能源促进法律法规施行之后，取得良好的效果。特别值得学习的是作为欧洲小国的瑞典。瑞典的环保有着鲜明的特征：①环保目标明确，管理体制明确；②政府采用法律、经济、教育等多种手段引导企业注重环保；③企业推出大量环保产品，环保产业成为经济新增长点；④社会各界高度重视环保；⑤注重国际合作（胡淙洋，2008）。瑞典的国民几乎把减排的理念融入生活的点点滴滴，这些得益于政府的政策措施，例如，政府采取奖励措施，积极鼓励国民使用清洁燃料汽车，并且，为了方便使用该种汽车的国民，各地的加油站都有混合燃料出售；驾照考试中也增加了环保考察这一项，要求取得驾照的学员们在行车过程中把对环境的破坏降到最低。

（2）美洲国家立法介绍。美国政府的能源立法始于中东石油危机，在危机过后，政府开始实施多样化能源供应，包括向其他地区进口能源、开始开发其他替代石油资源的能源。同时，为了保障本国能源的安全供应，制定了一系列能源供应和安全方面的法律，并且随着新能源的不断产生和发现，美国政府不断对有关能源政策法律法规进行实时调整，从而使美国可再生能源立法体系逐步得到完善。具体而言，美国历史上有几个里程碑式的立法。例如，1978 年，联邦政府首次针对可再生电力能源推广、颁布了《公共事业管制政策法》，要求可再生能源生产的电力要占到相当可观的市场份额，并建立了一套市场竞争机制。正是有了这项法律的保障，在可再生能源发电技术领域，美国一直处于世界领先水平。1978 年美国又颁布了《能源税收法》，在此法律条例中，针对不同种类的能源建立了不同种类的税收优惠政策，并且突破性地提出 5 年加速折旧方案，以此刺激企业加强可再生能源的开发和利用。在上述法律实施的基础上，1992 年，美国出台了可谓 20 世纪 90 年代可再生能源系列立法中的核心法律条例——《国家能源政策法》，该部法律强调为了达到提高美国的能源安全和环境保护的目的，应该使用低成本、高效率的科学手段。同时，美国向来重视市场机制，为了保障企业开发可再生能源的积极性，《国家能源政策法》鼓励向发展中国家出口本国先进的可再生能源技术，并对其有政策性的金融支持和财政补贴，这一减排技术交易机制不但为发展中国家提供相应的技术信息，还为本国能源企业盈利奠定了法律基础。为了推广可再生能源的使用，《国家能源政策法》要求政府应该补贴使用太阳能等环保设备的个人和企业。在市场机制推进方面，美国立法一直走在世界前列，2005 年，美国又颁布《2005 国家能源政策法》，特别针对能源课税扣除、加速成本回收制、对可再生能源发电生产商的生产税减免等政策做出了相应的补贴和惩罚规定。2009 年 5 月美国又通过了《可再生能源许可法》，这些法律共同构成了美国可再生能源的法律体系（吴迪，2014）。此外，美国还颁布了其他减排法案。例如，1990 年实施的《清洁空气法》；2007 年美国参议院提出了《低碳经济法案》；2009 年美国众议院提出"绿色能源"法案（魏有全，2011）。这些清洁能源与安全法案旨在改造传统高碳高污染产业，加强节能减排技术创新，并应用清洁能源和提高能源利用效率减少污染排放，从而转型为清洁能源型经济。这些法案的提出对确保美国产业的竞争力、推动绿色就业和劳动力转型、出口清洁技术、应对气候变化等提供了有力保障（胡雪萍和周润，2011）。同时，为了保障这些法律方案的顺利进行，美国政府还增设了不同资金支持计划。例如，2009 年美国在开发和利用新能源方面投入了 7870 亿美元，主要是为了发展智能电网、碳储存、碳捕获、高效电池以及风能、潮汐能等可再生能源（胡雪萍和周润，2011）。

2. 目前国外较成熟的法律法规

国外目前比较成熟的有最低能效标准、可再生能源优先法、生态税法、节约能源法案等惩罚和奖励相结合的法律法规。

（1）最低能效标准。为了解决有害温室气体排放和空气污染等问题，西方发达国家大多建立了严格的最低能效标准。产品涉及冰箱、洗衣机、空调等各类家用电器及工业产品。例如，欧盟最低能效标准法规于 2011 年 6 月 16 日开始生效，新法规所涉及的电机产品在欧盟市场上出售时，从 2011 年 6 月 16 日起，要求必须至少达到国际能效等级 2 级（IE2）标准；从 2015 年 1 月起，要求输出功率在 7.5 千瓦以上的电机必须达到 IE3 能效等级，或者在达到 IE2 等级的同时加装变频器；从 2017 年 1 月起，涉及范围扩展到输出功率在 0.75 千瓦以下的电机，要求必须达到 IE3 能效等级，或者在达到 IE2 等级的同时加装变频器。事实上，美国从 2010 年底就已经开始执行相当于 IE3 等级的美国全国电器制造商协会高效率（NEMA Premium）标准。其他国家和地区往往是对美国、欧盟等的现有标准进行复制和补充。

（2）可再生能源优先法。《可再生能源法》是推动可再生能源发展的重要制度保障。德国在可再生能源促进方面形成了较完整的法律体系，《可再生能源优先法》是其中最重要的法律，对利益相关方在可再生能源上的权利和义务做了详细、明确的规定。德国的交通、电力和供热三大能源部门存在发展不平衡的问题，对此，德国政府调整了价格支付标准和可再生能源的配额，并且强化了行为人使用可再生能源的义务。《可再生能源优先法》的一个特点是明确地制订了很多重要的指标，主要包括资金额度、电价等，这些指标的制定可以指示未来的市场，引导行为人的决策（慎先进和王海琴，2012）。

（3）生态税法。对污染性减排进行课税，即通过税收手段进行激励与约束，从而调节纳税人（污染生产及消费者）的生产行为或消费行为，一方面减少环境污染行为、降低污染减排量；另一方面减少实际税负对低收入类纳税人的扭曲效应，长远来看，可以优化产业结构，促进经济的可持续发展。目前，国际上在生态税立法方面做出了有益探索，例如北欧国家的生态税立法模式，这种模式不是指征收一个单一的生态税，而主要是对当下的税种进行整合、更新改进和重新构建，达到设立的环境保护和经济目标，为了实现绿色红利，调整所得税、消费税、资源税、增值税；美国和加拿大等发达国家的独立型生态税立法模式，是指在保持现有税制体系基本现状的前提下，在调整生态环境保护和资源合理配置的基础上，以税法的绿色红利为本位，按照生态关联原则、污染者付费原则、补偿原则以及专款专用原则，设计独立的生态税税类，该税类依据不同的税基和纳税范围分为若干类税种，主要有垃圾税、污染税、碳税等（魏彦芳，2016）；德国的生态税费立法模式的实质是对"税"和"费"形式的判断权的应用，其协调和处理了环境保护税与生态税之间的关系。例如，把废水直接排入水域的企业是德国主要的污染税征税对象，而不对把废水排入污水处理池的企业征税，这就区分了"税"和"费"。环境费和环境税的区别在于前者是有偿的，享受的服务与交费额成比例；而后者是无偿的，政府给他们提供的服务与付款不成比例。

（4）节约能源法案。节能目标、能源消费总量目标、碳排放目标三者关系密切，节约能源对污染减排工作具有重要意义（魏向阳、张云鹏、黄兴、郭馨，2014）。国外发达国家对节约能源非常重视，因此相关法律法规相对健全。例如，日本的《节约能源法》比较成熟，主要体现在以下几个方面：第一，明确的立法目的使日本能够主动适应能源发展的社会环境和经济环境；第二，立法的基本方针明确，如把促进建筑物、工厂等各行业合理利用能源作为基本方针；第三，制定明确的节能标准，如提出了住宅、办公大楼的隔冷隔热标准；第四，对冰箱、电视等家电产品提出更高的节能要求。

三、我国产业结构调整促进污染减排的法律体系构建建议

1. 立法建议

从我国污染减排立法现状与问题来看，我国法律还存在立法不全面、各领域环境保护法律不协同、各地方层面法律实施不协同、法律与市场机制结合不紧密等问题。我国要完成节能减排的目标尚且缺乏完备的法律法规体系做保障，对个人、企业以及各级政府的生活和生产行为也没有做硬性约束。参照国外优秀的立法经验，提出完善我国立法的建议。

从上述发达国家立法经验发现，各国都是通过完善的法律体系推进产业结构调整的实现，而相当多的国家都关注到可再生能源的作用，旨在通过有效开发和利用可再生能源实现产业结构调整，达到节能减排的目的。根据国外的经验和我国的国情，提出若干立法建议：

（1）确立清晰的能源发展目标，倒逼企业产业结构调整与升级。例如，欧盟承诺，2008～2012 年要在 1990 年基础上将温室气体排放量减少 5.2%（李汶，2010），并以此提出"欧洲聪明能源"计划。欧洲国家非常重视开发和利用可再生能源，欧盟在 2007 年推出了"能源新政"，制定强制性约束目标，即到 2020 年使可再生能源占能源消费总量的比重达到 20%；美国在"国家能源战略"中提出，到 2010 年，电力系统燃煤发电效率要达到 60% 以上，燃气发电效率达到 70%；日本也决定到 2030 年使可再生能源发电的比例超过 20%（高峰，2012）。这些能源目标战略的确定，促使国内企业积极转型，开发新能源，淘汰旧产业，一些新兴能源产业方兴未艾。我国虽然也迫于国际压力提出了碳减排承诺，但对于整个能源产业战略目标尚未上升到法律层面，因此，急需制定相关的能源发展目标，促使企业产业结构调整和转型。

（2）构建法律体系保障节能，激发企业和产业结构升级的市场动力机制。2004 年，德国发布了《国家可持续发展战略报告》。从 1975 年开始，美国陆续出台了一系列保护法以及能源方面的政策，如《国家能源保护政策法》等。我国虽然已有《可再生能源法》，但从法律条例看，对于可再生能源的企业和个人补贴以及贷款等法律支持尚不明确，因此，权利和受益主体不明，导致企业和个人对可再生能源技术开发与应用积极性不高，难以形成市场竞争力优势。对此，完善相关法律的实施者、执行者等权利和受益主体，把法律条例变为市场机制，促进企业或个

人节能减排，成为市场竞争的受益者。

（3）加强法律制度建设，促进能源开发和企业转型。为了保障能源的开发和节能减排方面法律法规的有效实施，部分国家出台了各种配套的政策。例如，日本政府会依据企业能源消耗总量对企业进行分类后实施不同的管理，另外，对企业节能减排管理人员实行"节能减排管理师制度"，先由国家认定节能减排管理人员从业资格，在确定资格后重视培养节能减排管理人员，并对用能产品实施明确详尽的产品标准（高峰，2012）。我国的制度建设非常缺乏，加强相关制度促进法律实施效用是今后立法的重点。

（4）实施配套性优惠政策，促进法律与市场相结合。在激发企业节能减排的动力方面，国外一般用配套性优惠政策辅以法律实施。例如，美国政府保证在接下来的10年内会提供近200亿美元的减税额度，鼓励能源企业引进和采用先进节能环保技术，各州政府根据当地实际分别制定地方节能产品税收优惠政策，荷兰政府也制定了能源目录，明确规定企业能够享受能源税收优惠政策的主要项目类型（李汶，2010）。我国虽然有战略性新兴产业目录，但相关奖励配套措施不完善，导致企业转型的资金不足，减排动力欠缺。

2. 近期立法重点

以推动产业结构绿色转型为目的，构建加快产业结构调整促进污染减排的法律体系，近期可重点制定资源与能源减排法、税费减排法等（田银华、向国成、彭文斌，2013）。

（1）资源与能源减排立法。资源与能源减排立法的重点有三方面：一是控制不可再生资源（能源）的开采与利用，建立资源额度控制与配置机制，达到减少污染排放的目的。对于资源节约及资源消耗少的单位给予专项经费支持。二是建立可再生资源优先法案，在项目审批和立项上，优先可再生资源的开发和利用，引导和支持各类组织开发和利用可再生资源，重点是生物资源的开发和利用。三是加强可再生资源管理立法（《南方日报》，2015-3-6）。日本通过立法，对公民、生产者以及政府的责任都做了明确的规定，各项专项法律法规基本涵盖了生活、生产的各方面，包括家电回收、回收再利用、废弃物的处理等方面，很显然再生能源管理已经成为全社会的法定责任。我国可以借鉴先进国家有关再生资源管理的做法，通过再生资源管理立法，规定社会各界（利益相关主体）的法律责任与义务，形成全员参与、全社会遵循的生产、消费规范，提升资源减排效率。

（2）税费减排立法。以产业结构优化为导向，环境污染税和环境保护费相结合，进行污染减排法。具体做法是：第一，对有利于环保的行为和绿色生产等采取优惠政策，实行税收优惠和减免。通过立法，明确税收优惠、差别税率等的标准和范围，积极有效地引导社会资金向生态环保、绿色制造等领域转移，更好地实现污染减排与产业结构优化的战略目标。第二，对污染税实行专款专用制度。污染税是出于促进产业转型及保护环境这一特别目的而开征的税种，开征目的明确，其税款收入主要用于资源节约、环境保护、污染治理及产业升级，不得挪作他用。第三，依据"谁污染，谁缴税"的原则设置纳税人。税收在一定程度上能起到保护环境和调控生态平衡的作用。政府应该调整税收结构，开征环保税，将征税重点放在对环境有害的消费和生产行为而不是工资收入上，即在劳务和自然资源及污染之间进行税收重新分配（陈雯，2012）。

第三节　推动产业结构调整促进污染减排的制度支撑体系

一、我国产业结构调整促进污染减排的制度建设现状与问题

对于产业结构调整促进污染减排的制度建设，实质上是对环境保护的监管制度建设。党的十八大和十八届三中全会对加快生态文明制度建设，完善最严格的环境保护制度有了明确要求。我国从 20 世纪 70 年代就开始关注环境并开始了保护环境的工作，环保政策和制度经历了从无到有、由不严格到严格的过程，由以命令控制制度为主到法律、行政、经济手段并用，已经基本形成了以环境法治制度、环境管控制度、环境经济制度等为主体的制度体系。这些制度以相关法律条例为基础，以"三同时"、污染集中控制和污染源限期治理、环境影响评价、环境保护目标责任制、城市环境综合整治定量考核、排污许可证、排污收费等八项基本制度为框架，近年来又创新、拓展和实施了企业清洁生产审计、环境信息公开、淘汰落后产能、区域限批、总量控制和减排目标责任制等制度建设（张永亮、俞海、夏光等，2015）。这些制度的实施，对于控制企业随意排放、减少污染排放、生态环境利好、企业结构转型等方面起到了重要的推动作用，但同时也要看到，一些制度仍存在实施不到位的情况，一些制度设计缺陷导致企业难以适应或者钻排放的空子，例如，碳交易市场机制的建立就很难界定排放价格，使企业难以适应未来产业结构调整的需求。由于前面我们对法律建设有专门论述，故这里的制度建设是除法律制度建设之外的其他制度建设问题。这些问题具体表现为：

第一，环境管控制度执行效率不高且效果不佳的问题依然存在。包括：（1）政府唯 GDP 论的政绩考核机制普遍存在，导致不少地方政府缺乏足够的生态责任感，对于企业发展只要求业绩，而不重视生态环境，因此，虽然政府对于环境保护有诸多的规定，但在 GDP 考核的压力下，企业环境准入标准实施不到位，一批污染型企业在不同地区之间随意转换空间，导致环境保护制度实施不到位、政府环境不作

为、环境执法不严等现象长期存在。（2）政府、市场和公众参与的"三位一体"的减排体制机制尚未建成，导致政府、市场和公众环境分工存在缺位。总体上，污染排放领域利用市场手段不足，生态税和资源税等体现生态和资源价值的市场交易机制和制度尚未建立健全，廉价资源、环境成本低等恶性竞争状况一直没有得到本质性的改变，导致企业钻政府政策的空子，造成"资源利用成本""环境污染成本"被"社会化"或"外部化"，致使企业和居民粗放型的生产消费方式盛行，缺乏资源珍惜和节约的内在压力和动力，造成全行业的结构升级惰性。（3）从当前环境管理和监管的需求看，要求有设计合理的制度并且能得到严格执行，但目前部分现行制度并没有到位，比如缺乏行业污染排放的统一标准，排污许可证制度形同虚设没有有效实施，企业排污收费过低等，造成政府执法成本高而企业违法成本低，需要政府在环境管理转型过程中进行调整，加大解决监管监督机制不完善等问题的力度。

第二，环境经济制度未能决定在环保领域的资源配置效应。环境经济制度在西方比较成熟，而在我国还处于探索起步阶段，高层制度刚刚构建，由于在基层执行和实施过程中尚存在很多问题未能解决，环保领域资源配置没有条件充分发挥它的市场决定性制度作用。（1）环境财税金融支持节能减排体系尚未建立。虽然我国致力于绿色经济、循环经济，但目前制度体系尚未真正形成系统化的"绿色"和"生态"财政、融合税收政策支持体系，公共和市场化投融资规模小、效率低，环境效果不显著，尤其是缺乏独立环境税，导致企业污染排放征收没有针对性；在信贷、保险、证券领域，同样缺乏相应的绿色有价证券、环境污染和减排相关的企业绿色信贷等；此外，政府出台的政策对督促企业减排不具有推动力，政府还应当建立和完善排污权的有偿使用与交易体系。（2）尚未形成企业污染排放的环境损害成本合理负担机制体系。西方对于企业排放环境损害成本的负担机制一般采用定价机制、收费机制和税收机制，而我国目前对企业更多地看重产品质量，相对忽视构建环境成本的合理负担机制。环境成本的合理负担机制的特点是把企业对环境的损害成本融进生产成本，让企业为自己的排污行为埋单，从而使环境资源产品中含有污染价格，进而形成市场价值机制，有利于从根本上解决"资源低价、环境无价"而导致的资源无效配置问题。（3）现有环境制度政策存在协同性差、配套性不足和技术支撑不力等问题。比如，虽然我国在一些地区建立了排污权和碳交易市场，但是还需进一步协调排污权与环境税费之间的关系，此外，对于环境污染风险评估和污染损害评估技术规范体系尚不完善，缺乏明确、具体的法律法规依据，因此，一些试点地区如华东地区的碳交易市场经验难以在法律上得到保障和推广（张永亮等，2015）。

二、国外促进污染减排的成功制度体系

西方国家在漫长的工业化过程中，给环境带来的后果逐步凸显，这些国家针对固体污染、液体污染、气体污染等领域相继制定和实施了相应的环保制度，但是环境问题具有阶段性特征，社会公众对环境问题的认识以及对环境质量提出更严格的要求也是逐步实现的，环境问题得以在不同阶段通过制度设计分步解决，并未出现"最严格环境保护制度"概念。但是，我们仍然可以借鉴发达国家的环境保护制度演进的经验，尤其是日本、欧盟国家、美国等都建立了成功的制度体系。

欧盟国家作为全球节能减排的主要实施者，创立了一系列制度以支持节能减排。具体而言，英国实施了：（1）气候变化税（CCL）。计税依据是使用的煤炭、天然气和电能的数量，但使用热电联产、可再生资源等则可以减免税收。（2）碳基金（CT）。资金来源主要是气候变化税、垃圾填埋税和贸易工业部资助，主要用于能马上产生减排效果的活动、支持低碳技术开发、帮助企业和公共部门提高减排能力（郭印和王敏洁，2009）。（3）气候变化协议（CCA）。这是针对企业是否达到协议减排目标，如果达到目标，政府可以减少征收80%的气候变化税；如果不能，政府通过运行企业参与排放贸易机制，以买卖排放配额的方式来达到协议要求（肖文燕，2011）。（4）排放贸易机制（ET）。与贸易配额制度相关，通过在市场上买卖排放许可证的方法，使排放权市场化，是一种典型的利用市场机制对排放定价的有效方法（王娣，2011）。

美国促进污染减排的成功制度。为了提高能源的使用效率，美国在交通、建筑等多个领域分别制定了经济制度和措施。例如，在交通领域，政府规定了二氧化碳、二氧化硫等排放物的减排目标，针对不同车型制定不同的燃料使用标准；在建筑领域，政府采取奖励措施积极鼓励家庭和企业使用节能环保型建筑材料。污染减排制度的成功实施不仅需要政府主导，还需要社会、个人及组织等的积极配合与参与。例如，美国积极吸纳公众、社会环境保护组织参与污染排放的管理与监督。此外，美国有完善的污染排放交易市场和经纪人制度。企业在项目确立、建设和交易等重要环节需要中介结构提供专业化服务，而我国在开展排污权交易业务时正缺乏相应的中介机构，使得交易业务难以开展。同时，为使企业排放等相关信息披露及时并透明化，利用现有的先进技术手段、计算机等平台，企业可以安装在线监测设备，实现排放跟踪，能够让社会公众、企业以及政府管理者实时了解企业的排污状况；企业还可以使用许可跟踪系统，让管理者了解许可交易状况。

日本促进污染减排的成功制度。除了政府和司法，社会公众是解决环境问题的中坚力量。社会公众为维护自身的健康权益，可以通过直接或间接的方式参与到环境的立法、司法和执法的各个环节以及社区的环境管理和监督过程中，公众的有效

配合与积极参与，使发达国家的环境保护得到进一步发展。日本的做法值得借鉴。日本不仅鼓励公众参与，甚至通过立法强化社会公众对环境保护的法定责任，各项专项法规涵盖了生产、生活的方方面面，这些法规不仅明确界定了政府和生产者的责任，也明确了公民的责任。在大气污染治理方面，日本建立了大气环境监测网，实时公布监测信息，实现共同监管。"大气污染物质广域监视系统"网站，由全国47个都道府县每小时提供一次二氧化氮、浮游粒子、二氧化硫、光化学氧化物、一氧化碳、非甲烷碳氢化物的监测数据，实时在网站公布。日本国立环境研究所还开发了"大气污染预测系统"，提供当日和次日的光化学氧化物、二氧化氮、光化学烟雾等大气污染浓度的预测图，供各方参考（中国科学技术信息研究所，2014）。

总体而言，发达国家环境制度表现出以下特征：（1）环境保护和企业环境监管制度的建立和完善是渐进的过程。这就要求我国环境保护监督制度需循序渐进，适应不同行业和不同区域的发展阶段。（2）环境保护和企业环境监管制度的建立和完善要以严格的法治为基础。这就要求法律体系和制度体系相辅相成，相得益彰。（3）环境保护和企业环境监管制度的建立和完善要以企业产业升级和减排为目标导向。这就要求企业全面控制污染环境的污染物的排放。另外，政府在制定与污染控制相关的各项专项法规制度时要与环境质量挂钩。（4）环境保护和企业环境监管制度的建立和完善需要制定全面、科学和严格的环境标准体系。制定该标准时要对环境问题、经济发展所处阶段以及社会公众对环境问题的心理承受力有科学的认识和了解。（5）环境保护和企业环境监管制度的建立和完善需要企业充分披露环境信息、公众监督。社会公众是除政府与司法监督解决环境问题的中坚力量，而只有企业环境信息公开透明，企业才能参与监管过程。所以，我国应该建立和完善企业环境信息披露制度，保障社会公众有权维护自身健康等权益。

三、我国产业结构调整促进污染减排的制度体系构建建议

发达国家在污染减排制度建设方面给我国提供了可借鉴的实践和经验，我们尝试提出我国污染减排的制度建设体系的相关建议。

在此基础上，对于建立和完善企业环境保护及产业结构调整的制度建设体系，需要围绕环境保护红线目标，遵循"源头严防、过程严管、后果严惩"的基本思想，以"经济调节、公众参与、体制保障"为配套，优先解决当前企业污染排放环境监管制度中的短板和突出问题。具体来讲：第一，企业污染排放源头严防制度建设。包括：（1）建立环境监管目标体系、统计体系与核算体系。推进实施基于生态产品和生态资产账户的管理模式，将社会经济发展过程中的资源消耗、环境损

失、环境效益和生态资产变化情况纳入国民经济的统计核算体系。（2）建立严格的企业环境准入制度。明确资源配置的具体要求及能源节约和污染物排放等指标，根据资源禀赋、环境容量和生态差异，提高企业环境准入门槛。（3）改革和完善企业环境影响评价制度建设。将环境质量改善和环境风险可接受水平作为企业环境影响评价的基本准则，以是否能促进环境质量改善为评估标准，开展战略、规划、政策和项目测评。第二，企业生产、污染排放过程严管制度建设。包括：（1）建立能够充分体现地方政府环境保护工作实绩的领导干部政绩评价考核制度，以此严格监管企业。（2）建立污染物排放许可制度。通过向企业颁发排污许可证，将排污单位全面纳入统一监管，使排污许可证成为类似于工商许可证的有效管理手段，使污染物排放许可成为环境管理的关键制度。（3）建立企业环境排放标准体系。充分发挥环境标准的引领和导向性作用，实施更加严格的排放标准。（4）建立环境监管和行政执法制度。对工业点源等污染源排放的所有污染物加强统一监管，健全企业"统一监管、分工负责"和"国家监察、地方监管、单位负责"的监管体系。第三，企业环境污染后果严惩制度建设。推行企业生态环境审计和终身责任追究制度，对不顾生态环境盲目排放、造成生态环境损害严重后果的企业，实施终身责任追究。第四，社会经济调节制度建设。包括：（1）建立绿色财税金融制度体系；（2）推动实施企业排污权有偿使用和交易制度，包括收费和补贴两方面（王文军，2009）。第五，企业环境信息披露和公众参与制度建设。政府应强制性地公开制造污染的企业行为，以法律法规的形式明确政府、企业、社会公众的主体责任，保障公众的环境权利。公众是解决环境问题的中坚力量，政府向公众公布污染责任者，要求企业在经审核的合格产品上必须贴"绿色产品"等产品论证标识，有利于公众了解产品的环保程度和责任者，对企业的信息公开起到引导和监督的作用，给"无证驾驶"的企业和产品没达到环保标准的企业施加了很大的压力，有利于环境保护。政府还可以建立沟通机制，定期与企业和公众会谈、协商，给予社会公众参与环境保护制度执行的评估和考核的权力。

第四节　推动产业结构调整促进污染减排的技术支撑体系

一、我国产业结构调整促进污染减排的技术创新现状与问题

我国节能减排支撑体系建设工作随着减排任务的加重，也得到了全民关注。例如，国务院办公厅2014年印发了《2014～2015年节能减排低碳发展行动方案的通知》；一些省市如京、津、冀、湘、鄂、苏等都陆续颁布了节能减排技术支持行动

计划方案。具体而言，我国节能减排技术支撑体系建设包括五个方面：

第一，加强节能减排技术研发和先进技术推广应用。国务院办公厅在《通知》中明确指出完善节能低碳技术遴选、评定及推广机制，以发布目录、召开推广会等方式向社会推广一批重大节能低碳技术及装备，鼓励企业积极采用先进适用技术进行节能改造，实现新增节能能力 1350 万吨标准煤。在钢铁烧结机脱硫、水泥脱硝和畜禽规模养殖等领域，加快推广应用成熟的污染治理技术，实施碳捕集、利用和封存示范工程。各省市依据本省产业发展计划与实际目标，明确了符合本省实际的重点开发和支持领域。例如，江苏省将高效清洁燃烧技术、工业余热利用技术、高效电机节能技术、半导体照明技术、建筑节能技术和新能源及其应用等六方面技术定位支持重点，集中力量进行重点开发和应用示范工作；湖南省加快推广新能源发电、重金属污染治理等十大先进适用、具有示范带动作用的清洁低碳技术，鼓励企业采用先进适用技术。积极推行两型产品政府采购制度，完善两型产品评价指标体系，发布两型产品政府采购目录，加大两型产品市场推广力度（姜斌远，2010）。

第二，实施培育节能减排科技示范企业的计划。国务院在"十三五"规划中将科技创新作为节能减排的重点领域，在此报告统领下，重点培育科技创新示范企业成为各省和各地区实施的重点工程，一些省份相继出台了节能减排企业培育计划，其中较为典型的如江苏省正在实施"百家节能减排科技创新示范企业培育计划"，目的是到 2010 年力争培育扶持 100 家省节能减排科技创新示范企业，建成 30 家节能减排工程技术研究中心，推动建立一批节能减排产学研合作联盟，以充实节能减排技术支撑队伍（姜斌远，2010）。目前，这一目的已经达到，并且湖南、浙江等其他省份也开始实施科技创新培育示范项目，成绩斐然。

第三，政府开展帮扶工作，加大资金投入研发力度。由西方科技创新的经验可知，科研创新研发投入增加对于企业创新来说是至关重要的。我国历年研发投入比重较低，政府和企业研发动力不足等问题一直存在，因此，我国一些地区积极建立各种扶持科技创新基金，包括社会发展、高技术研究、科技攻关、科技基础设施计划和科技成果转化专项资金等名目，以便建设科技创新研发投入支持体系。在这方面，一些地市行动较快，已经形成较为成熟的科技支持经验。例如，2007 年云南省专门投入 2990 万元组织实施了 19 项节能减排和环境保护技术研发重大项目；为支持创新试点企业进行研究与开发，2015 年继续投入 4000 万元加大研发力度，可以有效满足新技术、新产品的研发和市场开发，这些技术产品和技术符合国家产业政策和行业标准，具有节能效果显著的特点；同样，为了保障节能减排技术研究开发和示范项目的运行，天津市也加大了财政投入，从 2008 年开始，每年至少拨款 3000 万元用作该项技术的研究开发专项资金。

第四，完善节能减排技术标准。根据 2015 年《新环境标准法》，各地区纷纷完善节能减排技术标准。例如，山东省制定了《山东省污水处理厂节能运行技术规范》标准，并于 2016 年开展了城镇污水处理节能减排技术标准化试点的调研和验收；北京市在 2004 年发布了《节能居住建筑设计规范》，要求相比之前的建筑设计，节能要达到节约 65% 的目标；江苏省开展了《自主创新产品认定》工作，并把节能减排作为自主创新优先领域，比如，若本省高新技术企业及其产品以及各类科技计划没有达到节能减排这一项重要指标，即使其他各项指标都达到了要求也不能通过审核，即一票否决制。

虽然我国在节能减排技术推进方面已做了大量工作，但是我国在节能减排技术研发方面的能力较弱。在资金储备方面，已设立了清洁发展机制基金（政府基金）和中国绿色碳基金（民间基金），正开始尝试积极鼓励民间资本，依靠民间投资的方法筹集资金（胡雪萍和周润，2011）。在技术研发方面，已经涉及工业、建筑、交通、公共机构等多个领域的清洁能源及可再生能源的利用，推广先进节能技术和产品，我国目前非常看重二氧化碳等污染气体的捕获技术以及污染物质埋存等新技术的研究与开发，并着眼于页岩气等资源的勘探技术开发。

二、国外促进污染减排的技术支撑体系

国外在促进污染减排的技术支撑体系构建方面迈出了重要步伐，例如欧盟的政府投入能源技术研发与交易、日本政府主攻五大低碳技术创新领域、美国的税赋奖励低碳技术开发和使用等科技创新体系等（田银华、向国成、彭文斌，2013）。

1. 欧盟的政府投入能源技术研发与交易

在欧盟第七研发框架计划（FP7）的资助支持下，欧盟战略能源技术行动计划自 2007 年开始实施以来，已成为支撑欧盟能源与气候政策的重要基石。目前，每年整合的研发创新资金平均达 80 亿欧元，形成了欧盟层面的跨成员国、跨区域、跨行业和跨学科联动机制。"顶层设计"制定的欧盟战略能源技术研发创新科研议程（SRA），刺激欧盟各参与方和全社会持续增加新能源技术的研发创新投入，加速欧盟低碳技术的突破及产业化。2015 年 9 月，根据新一届欧盟委员会确定的欧盟"能源联盟"战略目标，欧盟委员会再次推出经过重新整合的新版"欧盟战略能源技术行动计划"（SET-Plan）。致力于围绕共同目标，加强欧盟委员会、成员国、区域、工业界、科技界和利益相关方之间的相互协同，统筹研发创新资源，优化配置成果共享，加速欧盟低碳能源体系转型升级。为此，欧盟"2020 地平线（H2020）"通过决定，在原有基础上新能源技术研发创新投入增加 2 倍，确保欧盟战略能源技术及产业的世界领先水平。新版行动计划明确了低碳能源技术领域的具体研发创新目标，主要包括：确保可再生能源技术及其产业的世界领先水平；扶持

能源消费/生产用户的广泛参与；加速智能能源系统建设；强化提高能效技术的开发应用部署；推进清洁交通与节能建筑技术的产业化并形成规模经济；促进碳捕获及封存技术（CCS）的推广应用；提高核电技术的安全可靠等级（中华人民共和国商务部网，2015 - 9 - 28）。同时，欧盟还建立了欧洲能源技术交易市场。

2. 日本政府主攻五大低碳技术创新领域

日本的低碳经济发展重点在于节能减排低碳技术的开发与运用，研发投入主要集中在五个方面：超燃烧系统技术、超时空能源利用技术、信息生活空间创新技术、交通技术和半导体元器件技术（朱越杰等，2010）。同时，政府对于碳回收与储藏技术的研发投入和市场应用高度重视，囿于本国资源和能源的匮乏，日本石油、煤气等能源资源基本依赖进口，导致政府比其他国家相对更注重自身节能技术的开发和应用，其结果是，日本在能源利用效率和节能减排等方面的技术优势处于世界领先水平，单位 GDP 能耗等效率指标仅为中国的 1/7 左右，也低于美国、欧盟等发达国家（刘胜，2012）。日本高度重视节能技术开发和应用，不但使本国能源利用效率得到提高，也使本国能源技术产品更具技术比较优势，在能源产品和节能减排国际贸易中占据了较高的出口优势，这种战略发展就国内和国际市场而言，达到了"双赢"效果。

3. 美国的税赋奖励低碳技术开发和使用

美国通过广泛采用经济激励政策，包括税收、补贴、价格和贷款政策鼓励低碳技术开发和使用，尤其是税赋奖励政策颇具成效。在节能建筑的发展方面，美国政府建立专门的税收优惠政策，积极鼓励家庭和企业使用节能设备、购买节能材料和节能建筑，针对节能产品和节能建筑实行优惠政策，减少税收。能源部支持美国绿色建筑委员会实现节能的主题"绿色建筑评估系统"，目前该评价标准在各国环境保护中是最完美、最具影响力的。在发展节能交通方面，美国实行税收返还政策，鼓励消费者使用混合动力汽车。

三、我国产业结构调整促进污染减排的技术支撑体系构建建议

第一，建立健全企业节能减排相关的法律法规。从上述法律体系构建中可以看出，大多数发达国家都非常注重节能减排的立法工作，其目的在于保障国家能源供应安全，促进企业能源效率的提高（李国华，2007）。例如，日本的《合理用能法》《合理用能及再生资源利用法》；美国的《能源政策和节约法》《国家节能政策法》；德国的《可再生能源利用法》等。这些法律法规涵盖了节能减排、技术研发、污染排放等各个领域，并对企业技术减排开发、技术支撑体系构建等给予了政

策鼓励和财政支撑的法律法规条例解释（姜斌远，2010）。因此，我国亟须建立节能减排技术研发的法规与政策体系，切实加强节能减排法制建设，加快完善节能减排法律法规体系，提高处罚标准，制定和执行国家主要高耗能产品能耗、环保标准，加大节能减排执法力度（温家宝，2007）。同时，政府要重点支持公共机构，如教育、卫生、文化、体育等机构，运用合同能源管理方式开展节能改造。针对公共机构，积极鼓励和支持各省和地区出台配套的合同能源管理政策，实施托管型项目。政府可以为公共机构和非公共机构提供低利息或免息贷款，重点支持机构从事节能减排技术的基础性和应用性研究；对国家、省市区重点节能项目、节能环保专利产品、重点减排和环保项目进行补贴、贴息或奖励，对专利申请、产品测试、节能认证和展览宣传等给予资金支持。

第二，完善节能减排技术体系的管理体制。发达国家基本已形成包括企业、技术和监管"三位一体"的层级式节能减排管理体制，并且各个部门各司其职、多管齐下，共同监督企业节能减排的发展。我国虽然在三个方面都有规定，但各部门间缺乏协同，亟须建立支持我国节能减排技术研发的管理体系。（1）构建政府、企业、研发部门三个层级的减排技术研发组织体系。为此，政府作为牵头部门，要把制定各类科技专项行动、建立节能减排研发实验室等作为主要工作，组织企业、科研部门、财政支持部门等攻克一些国际领先的关键和共性节能减排技术。同时，政府还要服务于节能减排工作，助推企业（市场）节能减排技术攻坚，形成企业为主体、科研部门为支持主体等产学研市相结合的节能减排技术创新与市场转化组织体系。政府以政策制定为导向，鼓励和支持企业进行节能减排的技术改造，负责协调节能体系各部门的科技工作，并结合各职能分工做好有关管理工作。（2）构建政府、环保部门、企业"三位一体"多层次的监管评估体系。在此，政府作为监管设立部门，要建立各级节能减排指标体系、监测体系和考核体系，同时，为了使政策实施通畅，环保部门作为监管政策的具体实施部门，要确立节能减排项目的问责机制、评估机制和信用机制。企业作为监管对象，应积极改进企业排放技术，并在生产线上建立污染排放实施监控系统，以此加强对科技投入使用的监督和评估，确保决策权和执行权分离（姜斌远，2010）。（3）构建政府、研发、环保、企业等各职能部门节能减排技术目标考核协同评价体系。政府应将高新技术企业（产品）、创新性企业（自主创新产品）以及各类科技计划评价等重要指标设定为节能减排评价领域，同时，将节能减排技术进步列为研发部门、环保部门、各类企业的创新考核工作的重要指标，以此形成多部门协同的节能减排评价管理体系（姜斌远，2010）。

第三，制定激励工业节能的财政税收奖罚的政策。发达国家促进工业节能减排的财政经济和税收政策主要分两类：一类是税费政策，包括征收与能源有关的碳税、对企业污染行为罚款、公共效益收费等。针对企业排放与破坏环境有关的污染物行为征收税费，增大了企业利用能源的生产成本，迫于成本增大的压力，企业的节能减排会不断地进行技术革新，所以税收政策一般可以起到激励企业提高节能减排技术水平并引导其节能生产的作用。另一类是财政政策，目的是降低节能减排技术开发的成本（李国华，2007）。政策措施包括技术的税费减免等，例如，意大利政府主要通过节能减排的政策措施以及技术开发来影响国家经济政策和经济发展（邓陈飞，2013），建立农业能源示范项目，鼓励使用生物燃料，向社会公众宣传能源环境文化，采取措施完善技术保障体系，以推动节能技术的发展。英国的节能技术创新体现在其创立了碳基金专门负责管理和实施节能技术部分；对投资和使用节能环保技术设备的企业增加补贴，企业纳税时，可以扣除当初购买、运输、安装环保设备时的所有费用；重视节能、节水技术和低碳技术项目的创建与发展，加强对这些创新项目的补贴。加拿大政府增加了对环境科技与能源领域的财政投入，在环境科技方面，加拿大政府专门拨款 6600 万加元联合泛北美合作伙伴制订了污染排放气体限排量和贸易计划，致力于分析和研究生物燃料的排放与处理，另外，加拿大拨款 2.5 亿加元创建了环保型汽车开发大项目，支持汽车行业制订和执行创新计划；在能源领域，加拿大政府前后共拨款 5.3 亿加元支持核能设备和执行生物能源技术计划，非常重视太阳能、风能、生物燃料等替代性能源和清洁能源的研究和利用，及时更新研究的技术设备，致力于开发先进重水反应堆。近几年，法国在减少交通、建筑、工业等领域的污染物排放取得了显著成效，主要得益于政府重视发展以核能为主题的再生能源和风能等替代性清洁能源，并出台减免税收、政府定价等财政政策，鼓励"零污染"绿色能源发展，并且加快太阳能发电步伐，大力倡导风力发电等新能源技术；在汽车方面，法国新能源汽车已成为一种时尚，上至政府，下至企业，都不遗余力地发展新能源车型及配套措施，政府采取一系列措施，鼓励汽车行业逐步向节能环保的方向发展。

第四，不断研发能源节约新技术，建立节能减排技术研发的服务体系。许多国家的政府对直接主持节能减排新技术研发持积极态度。20 世纪 70 年代中期以来，美国一直致力于推广高效节能设备和技术，大力发展节能减排产品。美国早期节能电动机比之前没改造的电动机效率高，具有损耗低、使用电费少等优点，而原有电动机要多耗费 4%~8% 的电费，每年损耗比节能电动机高 37%。德国强调能源的有效利用和使用效率，鼓励能源公司实施"供热供电结合"，充分利用余热供暖，国家直接投资不断开发出新的矿物能源发电技术，如高压煤尘焚烧技术、煤炭汽化技术等，从而使矿物能源发电效率不断提高（李国华，2007）。所以，我国要加快节能减排技术咨询服务体系建设，建立节能减排技术服务体系和节能减排技术信息交流平台。温家宝（2007）在政府工作报告中也特别强调逐步完善节能减排技术研究、服务和产品评估测试等三大中心服务平台，通过建立环境披露制度，及时发布节能减排技术、管理、政策等信息，逐步形成节能减排产业的信息、技术和咨询服务体系（温家宝，2007）；信息部门应发挥带头作用，与其他相关政府职能部门建立节能减排技术信息交流平台，尽可能减少职能部门与企业、节能减排服务企业之间、节能减排服务企业和节能减排用户之间信息不对称的问题，促进企业间的沟通交流，最终达到协调共赢。

第五节 推动产业结构调整促进污染减排的人才支撑体系

一、我国产业结构调整促进污染减排的人才支持现状与问题

主要从低碳技术研发人才、可再生能源人才资源开发、行业专门人才等方面进行现状分析。

（1）低碳技术研发人才发展现状。中国在低碳技术创新领域方面起步较晚，同时也不注重低碳技术研发人才的培养。目前仅在环保产业这方面，大约有 40 万技术人员的供给缺口。如果再加上其他行业的人才需求，则这一缺口会达到 200 万人以上（以环保产业的 5 倍计）。由于我国低碳技术研发人才不足，导致技术研发乏力，与发达国家的技术差距明显，在国际上缺乏话语权和主动权，尤其是在低碳技术的设计研发、关键环节和成果转化等方面。

（2）可再生能源人才资源开发现状。《国家中长期科学和技术发展规划纲要》指出，可再生能源在 2020 年我国能源消费中的比重将达到 16%。但要完成这个目标并非易事，因为人才紧缺问题亟待解决。首先，人才培养方面。我国新能源的人才培养落后于新能源产业的发展速度。虽然我国在火力、水力和原子能发电方面的培养院校较多、科研院所门类齐全，也培养了大批专业人才，但是开设新能源人才培养的院校寥寥无几，人才培养体系还未建立。部分新能源企业只能被迫选择自主培训人才，但这种培训很不规范，也不完善。其次，人才引进方面。引进人才能快速补充目前新能源行业所需要的高层次人才，但目前我国有关新能源人才引进的政策还很不完善，缺乏人才引进战略规划，对新能源人才的引进随机性较强，数量也不大。加之相关企业对外部人才缺乏了解，普遍存在不信任感，因而引进意愿和动力不强（于迎春，2011）。

（3）行业专门人才现状。低碳及节能减排相关产业发展势头良好，急需大量从事技术、管理、服务的行业专门人才。目前有关企业在招聘中非常看重专业的低碳及节能减排人才，待遇优厚。2016 年重庆首届科技人才大型招聘会上，众多科技企业在招聘岗位中设置了"能源管理、环保工程、建筑节能"等职位，并开出不菲薪水。同时，更有企业在招聘海报中强调欢迎专业的节能减排人才，待遇优

厚，其中力帆集团招聘的节能减排工程师月薪在 10000 元以上（叶惠娟，2016）。然而，目前我国涉及低碳及节能减排领域的行业专门人才极度紧缺，我国对环境工程师的人才需求就超过 42 万人，但目前我国从事环保行业的人员仅 13 万人，远远不能满足行业的人才需求。据保守估计，目前环保行业中高级人才缺口应在 12 万人以上，但随着环保行业的快速发展，这个缺口在未来 5 年会达到 50 万人以上；在新能源领域，我国光伏发电、风力发电相关的新能源人才紧缺。未来几年，仅江苏新能源行业的人才缺口将达到 20 万人（王晶卉，2015）。

节能减排技术研发与创新必须依靠人才。虽然我国科技人才资源丰富，但有时受困于体制机制、思想观念，使我国在科技创新方面仍然存在技术研发和创新能力不足、科技创新成果转化率低、企业能源浪费严重、科技投融资机制不健全、低碳人才队伍不足等问题。因此，应积极培养"节能减排"发展需要的人才。目前我国节能减排技术人才短缺，全国各大高校应依托自身优势，建设低碳节能减排学科，开设相关专业，为企业培养大批节能减排技术、管理、服务的行业专门人才，同时依托国内外研究机构，对我国发展节能减排所需要的人才进行预测，为人才的培养提供准确的量化目标（王亚柯和娄伟，2010）。

问题的成因如下。首先，从制度因素看，我国污染减排人才的培养、评价、激励制度不合理。在宏观层面提出注重污染减排人才培养，但缺乏科学合理的系统规划，比如高等院校相关专业的战略布局与重点支持计划，以及高等院校与职业院校之间合理的专业分工布局。同时，没有建立污染减排人才评价制度，以及在此基础上进一步建立的污染减排人才激励制度，也包括对培养、引进和使用污染减排人才有关单位的补偿制度。其次，从环境因素看，中国缺乏培养、留存污染减排人才的土壤和环境。在中国的传统观念里"学而优则仕"，只有走上管理岗位才是教育成功的最佳体现。以新能源汽车为例，现实中，国内汽车工程师的薪酬与付出不成正比，总工程师的工资与总经理或者副总经理的工资不是一个级别。在传统观念的引导、社会现实的压力下，很多想要成功的汽车工程师不得不放弃钻研技术，而投入本不擅长的行政管理领域。此外，目前在校大学生独生子女较多，优越感较强，倾向选择干净轻松的工作，对于苦、累、脏的技术劳动有一定的排斥感。因此，在这些思想观念的影响下，很多人不愿选择走技术路线，人才匮乏问题也就更加凸显（王凌方，2015）。

二、国外低碳产业结构发展的人才支撑体系

国际经验表明，随着可再生能源的战略地位日益重要，各国纷纷加大相关人力资源开发的力度。一些发达国家非常重视产业结构调整与污染减排的协调发展，在推动产业结构调整促进污染减排的人才支撑体系建设方面做出了较大努力，在低碳

产业结构发展的人才支撑建设方面取得了较好成绩，如美国的高校专业支撑、丹麦的价格杠杆调节机制、日本的政府支持和碳金融制度等。

1. 美国的高校专业支撑

美国注重把低碳教育与实践紧密联系在一起，培养学生的创新能力。美国从中学开始就注重低碳教育，鼓励学生对环保与低碳相关问题进行研究，并给予相应的奖励。美国多所大学已经设立了与可再生能源相关的专业，如俄勒冈州科技学院、纽约州立大学 Canton 分校、爱荷华州立大学、阿肯色州东北大学、约翰布朗大学开设了可再生能源 4 年制大学本科学位课程。美国的一些高校每年都会设立相应的奖励奖给有发明创造成果的学生，其中会单独拿出一个名额来奖励从事减少污染物排放方面课题研究的相关人员。由于美国基础教育重视低碳教育，为美国高等院校的低碳教育及其深化奠定了良好的基础，从本科、研究生层面均建立了低碳产业结构发展的专业支撑体系，重视对大气污染防治、水污染防治、固体污染防治工程、"三废"处理与综合利用、噪声与震动控制以及环境质量监测与评价等方面的研究，可见，美国的高校专业支撑为其低碳产业结构发展提供了很好的人才支撑。

2. 丹麦的价格杠杆调节机制

当前，丹麦被公认为世界上实现绿色低碳发展最为成功的国家之一。注重对能源效率和可再生能源的研究使丹麦在能源效率和可再生能源方面走在了世界的前列，并把丹麦从完全依赖能源进口转变为自给自足并实现净出口。从低碳产业结构发展的人才支撑层面看，丹麦最典型的就是价格杠杆调节机制，通过价格杠杆，保障低碳产业人才培养部门、机构的积极性，提升低碳产业人才的薪酬竞争力，从而保证了低碳产业领域的吸引力，鼓励人才向低碳产业领域有效转移。

3. 日本的政府支持和碳金融制度

日本非常重视低碳经济发展，是亚洲第一个宣布建设低碳社会的国家。经过多年的努力，日本在温室效应气体测量、低碳新型材料制造、可再生能源制造、绿色能源储存等方面拥有全球最领先的低碳创新技术（施锦芳，2015）。毫无疑问，这些成绩的取得与日本对低碳产业领域人才的高度重视和大力支持紧密相关。例如，日本启动了 CDM（清洁发展机制）/JI（风电联合履行）人才培养赞助项目，从而保障在海外顺利开展 CDM/JI 项目。此类项目的主要对象是中国等东道国的政策决策官员、政策负责官员、项目开发者与投资者、当地居民以及研究机构。其实这个项目的实质是进行各 CDM 项目的公关活动，宣传 CDM 项目双赢效果和占据舆论高地。具体工作包括，推动 CDM 信息的普及与启发、构筑

CDM 项目相关机构组织网络、培养 CDM 项目人才，为发掘、研发与实施项目作贡献（刘佳骏和汪川，2016）。

三、我国产业结构调整促进污染减排的人才支撑体系构建建议

借鉴美国、丹麦、日本等发达国家的成功经验，以推动低碳技术发展为目的，构建包括大学教育、政府部门和市场机制三位一体的人才支撑体系，大力储备低碳产业"智力库"和发展低碳服务业，建立专业化人才研究基地（田银华、向国成、彭文斌，2013）。

1. 大学教育、政府部门和市场机制三位一体的人才支撑体系

面向产业结构调整促进污染减排，构建大学教育、政府部门和市场机制三位一体的人才支撑体系。首先，注重人才培养。依靠高等学校加强污染减排教育，高等学校依托自身优势，利用专业调整设置的机会，开设低碳绿色、节能环保等新兴专业，培养大批节能减排技术、管理、服务的行业专门人才（张伟和李虎林，2013）。高等教育与职业教育各司其职，高等教育重在基础研究、关键技术等方面，逐步建立本科—硕士—博士（后）三级人才培养体系，支持有实力的重点院校成立国家级研究中心。职业教育主要培养相关技术的操作技能及相关领域的后勤服务能力，面向污染减排打造区域性技能操作与后勤服务实训平台。其次，加大政府支持力度，提升污染减排人才水平。政府有关部门应挑选一些有发展前途的低碳节能减排技术创新人才去高端企业挂职锻炼或到国外学习，不断提升自身水平。鼓励建立相关培训机构，并给予资金支持。发展碳金融制度，建立低碳基金、节能减排基金，着手培养碳金融领域的专业人才，鼓励银行、券商从事碳金融市场投资和咨询业务，建立碳金融从业资格考试制度等（杨大光、张贺、王天舒，2011）。最后，以市场机制为导向，促进污染减排人才发展。以市场机制为纽带，促进发展低碳及节能减排产业，在市场经济体制下创新污染减排相关人才培养机制，完善污染减排相关人才的考核与评价制度，建立污染减排相关人才的人力资本产权制度，引导人才向低碳及节能减排产业有效转移。

2. 大力储备低碳产业"智力库"和发展低碳服务业

首先，大力储备低碳产业"智力库"。建立面向国内国际的低碳产业"智力库"组织，鼓励有条件的地方政府建立低碳产业地方"智力库"组织。一是优化配置地方现有低碳产业人才，从地方高等院校、科研机构及企业中选择并培养核心骨干进入低碳产业"智力库"；二是大力引进国外高级人才。面对低碳技术创新人才短缺问题，国家和地方政府应当制定和出台相关政策和措施，给予外国优秀专家

优厚待遇，不断引进国外高级人才，积极推动国外智力为中国低碳技术创新服务（张伟和李虎林，2013）。其次，大力发展低碳服务业。它能够促进低碳经济发展，为低碳城市建设服务，实现低碳目标。面向农业、工业、商业、建筑、市政和公共机构、居民生活等领域，构建低碳技术服务、低碳金融服务、低碳综合管理三位一体的服务体系。立足长远，重视格局，加快低碳服务业从低级形态向高级形态转变的步伐。建立价格引导机制、税收制度，创新金融产品，促进低碳服务业有序发展。加强载体建设，夯实低碳服务业发展基础，包括加强现代服务集聚区建设、加强低碳服务重点项目建设、推进低碳服务标准化建设、促进服务业品牌培育等（赵锋，2013）。优化治理结构，建立多方合作治理的低碳服务业发展模式。设立低碳服务业综合协调机构，如低碳服务项目指导委员办公室，围绕低碳服务业展开管理、协调、服务、指导和外联等一系列的公共政策服务。此外，通过这些公共服务机构传播低碳服务的相关知识和信息，建立窗口和服务平台让多方利益相关者进行直接对话、交流，及时反馈实施低碳服务项目的效果，不断提升低碳服务企业的服务质量，促进其对于低碳服务的创新与可持续发展（曹莉萍、诸大建、易华，2011）。

3. 建立专业化人才研究基地

人才资源是第一资源，这一认识得到越来越多人的认可，人才研究也逐渐兴起。截至目前，我国人才研究机构在数量上、质量上和地区覆盖率上都达到了前所未有的程度，在全国已有上百个人才研究机构，形成了一些有影响力的人才研究机构，如中国人事科学研究院（隶属于人力资源和社会保障部）、上海公共行政与人力资源研究所（隶属于上海市人力资源和社会保障局）、中国管理科学研究院人才战略研究所、浙江人才发展研究院、中国人才研究会、中国人力资源研究会等。相比而言，我国关于污染减排方面的专业化人才研究机构却很少，显然与低碳经济发展需求不相匹配，急需建立相关的专业化人才研究基地。目前，我国一方面污染减排人才极其匮乏；另一方面，针对污染减排人才的培养及管理制度很不成熟，迫切需要建立面向产业结构调整促进污染减排的专业化人才研究基地，形成相关研究成果并推广应用，以此推动我国污染减排工作向前发展。一是污染减排人才研究基地建设普及化。鼓励高等院校污染减排相关专业学科联合经济学、管理学等学科成立校内污染减排人才研究基地，面向人才的选拔、培养、绩效、薪酬、激励等加强基础性研究，完善知识体系；二是重点支持相关高等院校、研究机构、企业联合成立污染减排人才研究基地，集成国内外人才研究尤其是污染减排人才研究的先进理念和经验，形成与产业结构调整布局相匹配的污染减排人才战略规划，推进污染减排人才政策和体制机制创新，建立污染减排人才价值构成要素及评价体系。

第六节　本章小结

本章通过对国内外产业结构的相关支撑体系进行文献梳理和总结，提出我国产业结构调整的污染减排支撑体系构建建议，包括法律体系、制度体系、技术体系和人才体系。

在法律体系构建方面，提出几点立法建议。第一，确立清晰的能源发展目标，倒逼企业产业结构调整与升级；第二，构建法律体系保障节能，激发企业和产业结构升级的市场动力机制；第三，加强法律制度建设，促进能源开发和企业转型；第四，实施配套性优惠政策，促进法律与市场结合。

在制度体系构建建议方面，提出几点制度建设建议。第一，企业污染排放源头严防制度建设；第二，企业生产、污染排放过程严管制度建设；第三，企业环境污染后果严惩制度建设；第四，社会经济调节制度建设；第五，企业环境信息披露和公众参与制度建设。

在技术体系构建建议方面，提出几点技术研发支撑建议。第一，建立健全企业节能减排相关的法律法规；第二，完善节能减排技术体系的管理体制；第三，制定激励工业节能的财政税收奖罚的经济政策；第四，不断研发能源节约新技术，建立节能减排技术研发的服务体系；第五，建立节能减排技术研发组织体系。

在人才体系构建建议方面，提出几点建议。第一，建立开放式的节能减排专家智力网络；第二，建设高层次节能减排人才队伍。

参考文献

1. 本刊编辑部：《欧盟地区低碳经济发展简述》，载《日用电器》2012 年第 11 期。

2. 曹莉萍、诸大建、易华：《低碳服务业概念、分类及社会经济影响研究》，载《上海经济研究》2011 年第 8 期。

3. 曹莉萍、诸大建、易华：《低碳服务业网络治理结构与机制研究》，载《经济学家》2011 年第 12 期。

4. 陈雯：《中国水污染治理的动态 CGE 模型构建与政策评估研究》，湖南大学，2012 年。

5. 陈晓：《环保行业中高级人才缺口达 50 万人以上》，载《番禺日报》2015 年 11 月 6 日。

6. 陈亚雯：《西方国家低碳经济政策与实践创新对中国的启示》，载《经济问题探索》2010 年第 8 期。

7. 陈岩、王亚杰：《发展低碳经济的国际经验及启示》，载《经济纵横》2010 年第 4 期。

8. 陈迎：《英国促进企业减排的激励措施及其对中国的借鉴》，载《气候变化研究进展》2006 年第 4 期。

9. 崔波：《中国低碳经济的国际合作与竞争》，中共中央党校，2013 年。

10. 邓陈飞：《低碳理念在园林建设中的应用研究》，中国林业科学研究院，2013 年。

11. 邓辉、郭强、杨晓东、魏全敏、李勇、付嫚、庞锋：《氨基酸盐二氧化碳吸收技术研究进展》，载《舰船防化》2014 年第 4 期。

12. 邓平、戴胜利、邓明然等：《促进节能减排的金融支持体系研究》，载《武汉理工大学学报》2010 年第 59 期。

13. 丁晓楠：《国内外低碳教育现状比较》，载《合作经济与科技》2013 年第 18 期。

14. 董碧娟：《我国低碳技术已形成研发推广全方位格局》，载《经济日报》2015 年 12 月 1 日。

15. 董小君：《低碳经济的丹麦模式及其启示》，载《国家行政学院学报》2010 年第 3 期。

16. 高峰：《低碳经济背景下我国节能减排法律保障研究》，山西财经大学，2012 年。

17. 《管道支吊架：加强废钢等再生资源管理立法［EB/OL］》，http：//blog. sina. com，2015 - 3 - 6。

18. 光婷：《促进企业能效的公共干预：中德两国地方能效行动的比较》，浙江大学博士学位论文，2015 年。

19. 郭薇、刘晓星、童克难、邢飞龙：《中国环境与发展国际合作委员会 2015 年年会发言摘登》，载《中国环境报》2015 年 11 月 11 日。

20. 郭印、王敏洁：《国际低碳经济发展经验及对中国的启示》，载《改革与战略》2009 年第 10 期。

21. 郭印、王敏洁：《国际低碳经济发展现状及趋势》，载《生态经济》2009 年第 11 期。

22. 《国办发布节能减排低碳发展行动方案》，载《商品混凝土》2014 年第 6 期。

23. 国外发展低碳经济的经验及对我国的启示，http：//max. book118. c。

24. 《国务院办公厅关于印发 2014—2015 年节能减排低碳发展行动方案的通知》，载《辽宁省人民政府公报》2014 年第 11 期。

25. 洪奕宜：《加强再生资源管理立法》，载《南方日报》2015 年 3 月 6 日。

26. 胡淙洋：《低碳经济与中国发展》，载《科学对社会的影响》2008 年第 1 期。

27. 胡俊：《关于发展低碳经济促进我国经济转型的思考》，载《上海商学院学报》2010 年第 11 期。

28. 胡雪萍、周润：《国外发展低碳经济的经验及对我国的启示》，载《中南财经政法大学学报》2011 年第 1 期。

29. 黄德林、邵月、陈宏波：《节能减排 他石攻玉——发达国家全民参与环保对我国的启示》，载《环境保护》2011 年第 12 期。

30. 黄海：《发达国家发展低碳经济政策的导向及启示》，载《环境经济》2009 年第 11 期。

31. 季美萍：《浅谈国外生态税法的经验及对我国的启示》，载《科技创业月刊》2009 年第 3 期。

32. 贾德昌：《节能减排出重拳——今年以来有关节能减排政策、措施评述》，载《中国工程咨询》2007 年第 6 期。

33. 江玉国、范莉莉、施庚宏：《我国低碳技术发展现状及障碍分析》，载《生态经济》

2014 年第 11 期。

34. 姜斌远：《我国节能减排技术及支撑体系的构建——以珠海市为例》，载《生产力研究》2010 年第 6 期。

35. 姜启亮、吴勇：《从发达国家经验看中国低碳经济实现路径》，载《改革与开放》2010 年第 24 期。

36. 姜一晨、邵敏：《加强重点行业挥发性有机物防控》，载《中国环境报》2013 年 12 月 24 日。

37. 姜勇、赵喜喜、田敬云、王健、赵中华：《我国海洋可再生能源产业技术发展现状以及山东省未来发展思路》，载《海洋开发与管理》2015 年第 9 期。

38. 姜在刚：《浅析低碳经济的发展现状及发展趋势》，载《中国新技术新产品》2011 年第 24 期。

39. 蒋懿：《德国可再生能源法对我国立法的启示》，载《时代法学》2009 年第 6 期。

40. 蒋懿：《中德可再生能源法比较研究》，中国政法大学，2010 年。

41. 解少君：《论我国能源法律体系的低碳使命》，载《中国环境管理》2011 年第 3 期。

42. 金碚、吕铁、邓洲：《中国工业结构转型升级：进展、问题与趋势》，载《中国工业经济》2011 年第 2 期。

43. 李昳、张向前：《美国低碳经济对福建生态文明建设的启示》，载《科技管理研究》2015 年第 7 期。

44. 李国华：《国外节能现状分析及对中国的启示》，载《科学与管理》2007 年第 5 期。

45. 李强：《宁夏工业转型升级和布局优化研究》，载《经营管理者》2015 年第 34 期。

46. 李汶：《我国节能减排政策法律完善研究》，西北农林科技大学，2010 年。

47. 李向光：《高端人才投身环保攻坚战》，载《中国人才》2015 年第 19 期。

48. 李小军：《污染源在线监控管理模式的探讨》，载《科技创新与应用》2016 年第 19 期。

49. 李艳芳、武奕成：《我国低碳经济法律与政策框架：现状、不足及完善》，载《中国地质大学学报》（社会科学版）2011 年第 11 期。

50. 《两型湖南今朝更好看在生态文明体制改革上的思与行》，载《新湘评论》2015 年第 2 期。

51. 刘佳骏、汪川：《国外碳金融体系运行经验借鉴与中国制度安排》，载《全球化》2016 年第 3 期。

52. 刘荣增：《基于科学发展观的城镇密集区发展问题研究》，载《工业技术经济》2008 年第 7 期。

53. 刘胜：《我国低碳技术研发和应用中的困境及对策》，载《财经科学》2012 年第 10 期。

54. 刘莹、李金凤：《德国可再生能源的立法选择与借鉴》，载《环境保护》2012 年第 15 期。

55. 刘勇、张郁：《低碳经济的科技支撑体系初探》，载《科学管理研究》2011 年第 2 期。

56. 刘中文、高朋钊、张序萍：《国外低碳经济发展的经验及比较》，载《企业经济》2011 年第 3 期。

57. 吕维霞、李茹、屠新泉：《新形势下政府气候变化政策对国际贸易的影响》，载《北京林业大学学报》（社会科学版）2010 年第 4 期。

58. 欧阳元初：《株洲市产业低碳化政策支持研究》，湖南大学，2012 年。

59. 潘家华、陈迎、庄贵阳、吴向阳：《英国低碳发展的激励措施及其借鉴》，载《中国经贸导刊》2006 年第 18 期。

60. 齐芳、詹媛：《警惕低碳技术重复引进》，载《光明日报》2012 年 6 月 15 日。

61. 任力：《国外发展低碳经济的政策及启示》，载《发展研究》2009 年第 2 期。

62. 桑东莉：《德国可再生能源立法新取向及其对中国的启示》，载《河南省政法管理干部学院学报》2010 年第 2 期。

63. 沙之杰：《低碳经济背景下的中国节能减排发展研究》，西南财经大学，2011 年。

64. 申瑞娟、赵冰、冀海霞：《构建我国低碳经济法律体系的立法思考》，载《合作经济与科技》2012 年第 20 期。

65. 慎先进、王海琴：《德国可再生能源法及其借鉴意义》，载《经济研究导刊》2012 年第 35 期。

66. 施锦芳：《日本的低碳经济实践及其对我国的启示》，载《经济社会体制比较》2015 年第 6 期。

67. 石敏俊、周晟吕：《低碳技术发展对中国实现减排目标的作用》，载《管理评论》2010 年第 6 期。

68. 史利沙、陈红：《CCS 技术发展现状及驱动政策述评——以中、美、英、澳为例》，载《环保科技》2015 年第 4 期。

69. 宋海鸥：《大气污染防治的法律支撑及其实施》，载《重庆社会科学》2013 年第 6 期。

70. 孙警予：《解析我国低碳经济法律和政策框架的现状、不足和完善》，载《法制与社会》2015 年第 13 期。

71. 孙美楠、易露霞：《欧盟主要国家低碳经济发展经验及对中国的启示》，载《特区经济》2011 年第 11 期。

72. 孙湃：《我国农村能源结构优化的法律对策研究》，中国矿业大学，2015 年。

73. 孙玉霞、刘燕红：《环境税与污染许可证的比较及污染减排的政策选择》，载《财政研究》2015 年第 4 期。

74. 陶秀萍、董红敏：《畜禽尸体堆肥无害化处理技术现状》，载《现代畜牧兽医》2014 年第 7 期。

75. 田银华、向国成、彭文斌：《基于 CGE 模型的产业结构调整污染减排效应和政策研究论纲》，载《湖南科技大学学报》（社会科学版）2013 年第 3 期。

76. 王娣：《中国发展低碳经济的国际经验借鉴及对策》，吉林大学，2011 年。

77. 王晶卉：《江苏新能源人才缺口 20 万［EB/OL］》，载《中国江苏网》2015 年 6 月 16 日。

78. 王璟珉、居岩岩、魏东：《低碳经济研究学术报告（2012）》，载《山东大学学报》（哲学社会科学版）2013 年第 4 期。

79. 王克群：《节能减排的意义及对策》，载《延边党校学报》2007 年第 2 期。

80. 王丽：《对修订后〈节约能源法〉的几点思考》，载《赤子》（中旬）2014 年第 14 期。

81. 王凌方：《新能源汽车领域求突破人才是关键》，载《中国汽车报》2015 年 6 月 6 日。

82. 王硕：《"收不到"与"吃不饱"》，载《人民政协报》2015 年 4 月 23 日。

83. 王文军：《低碳经济：国外的经验启示与中国的发展》，载《西北农林科技大学学报》（社会科学版）2009 年第 6 期。

84. 王文军、赵黛青、陈勇：《我国低碳技术的现状、问题与发展模式研究》，载《中国软科学》2011 年第 12 期。

85. 王亚柯、娄伟：《低碳产业支撑体系构建路径浅议——以武汉市发展低碳产业为例》，载《华中科技大学学报》（社会科学版）2010 年第 4 期。

86. 王彦辉、齐威娜：《新能源产业人才培养存在的问题及对策》，载《中国成人教育》2010 年第 2 期。

87. 魏守道、杨仕辉：《碳税政策下低碳技术研发形式比较》，载《中国管理科学》2015 年第 1 期。

88. 魏向阳、张云鹏、黄兴、郭馨：《进一步加强投资项目节能评估》，载《宏观经济管理》2014 年第 1 期。

89. 魏彦芳：《生态税的立法模式选择及路径构想》，载《财会研究》2016 年第 2 期。

90. 魏彦芳：《我国生态税法的立法设计刍议》，载《天水师范学院学报》2015 年第 6 期。

91. 魏有全：《低碳经济的发展现状及发展趋势》，载《黑龙江科技信息》2011 年第 27 期。

92. 温家宝：《高度重视 狠抓落实 进一步加强节能减排工作——在全国节能减排工作电视电话会议上的讲话》，载《环境保护》2007 年第 9 期。

93. 吴迪：《论德国可再生能源立法及对我国的启示》，中国矿业大学，2014 年。

94. 吴勇：《从美、日、欧经验探索我国低碳经济实现路径》，载《生态经济》2011 年第 12 期。

95. 夏少敏、刘海陆、陈艳艳：《论我国可再生能源管理体制的不足与完善》，载《唐山师范学院学报》2011 年第 5 期。

96. 夏少敏、刘海陆、陈艳艳：《中国可再生能源管理体制》，载《世界环境》2011 年第 4 期。

97. 肖文燕：《国外低碳经济的发展历程、策略选择及对中国的启示》，载《江西财经大学学报》2011 年第 6 期。

98. 肖雪：《我国发展低碳经济的政策体系构建》，武汉理工大学，2010 年。

99. 谢立波：《冶金工业建筑中火灾自动报警系统的设计》，载《冶金动力》2007 年第 3 期。

100. 徐丽萍、陈倩：《中国低碳经济道路的探索》，载《中国资源综合利用》2010 年第 7 期。

101. 徐鸣：《论人力资本的要素结构及其特性》，载《江西财经大学学报》2010 年第 6 期。

102. 杨波：《能源密集型企业碳排放风险识别、评估与管理》，浙江财经学院，2010 年。

103. 杨大光、张贺、王天舒：《发展碳金融的政府支持政策的国际比较与启示》，载《东北师大学报》（哲学社会科学版）2011 年第 4 期。

104. 杨展：《云南省低碳发展的科技政策支撑体系研究》，昆明理工大学，2012 年。

105. 叶惠娟：《科技人才招聘会举行 节能减排人才最抢手》，载《重庆商报》2016 年 4 月 11 日。

106. 亦冬：《发达国家推动节能减排的主要做法及启示》，载《国际技术经济研究》2007 年第 4 期。

107. 尹剑波：《国外低碳经济发展对中国的启示》，载《经营管理者》2015 年第 16 期。

108. 于迎春：《新能源行业人才开发体系构建研究》，天津大学硕士学位论文，2011 年。

109. 俞海：《解读五中全会：用最严格制度保护环境 建设美丽中国［EB/OL］》，载《人民网》2015 年 11 月 3 日。

110. 俞海等：《建立完善最严格环境保护制度》，载《中国环境报》2014 年 10 月 23 日。

111. 袁兆亿：《基于低碳发展的人才体系建设策略及路径分析》，载《科技创业》2013 年第 12 期。

112. 曾媛媛：《中国低碳经济立法问题探讨》，中央民族大学，2012 年。

113. 张瑞：《实施节能减排科技工程 支撑河南全面发展》，载《创新科技》2008 年第 1 期。

114. 张思宇、郑畅：《企业碳审计问题研究》，载《经济研究导刊》2015 年第 3 期。

115. 张婷、蔡海生、张学玲：《新兴低碳经济实践模式及实现路径研究综述》，载《金融教育研究》2013 年第 3 期。

116. 张伟、李虎林：《建设"美丽中国"面临的环境难题与绿色技术创新战略》，载《理论学刊》2013 年第 1 期。

117. 张翔、赵群：《低碳经济引领下的我国制造业绿色化发展综述》，载《机械制造》2013 年第 10 期。

118. 张永亮、俞海、夏光、冯燕：《最严格环境保护制度：现状、经验与政策建议》，载《中国人口·资源与环境》2015 年第 2 期。

119. 张志勤、吴鹏：《欧委会推出欧盟新版战略能源技术行动计划［EB/OL］》，载《中华人民共和国商务部网》2015 年 9 月 28 日。

120. 赵锋：《发展低碳服务业的必要性与对策建议》，载《陕西行政学院学报》2013 年第 2 期。

121. 赵磊：《论我国发展低碳经济的现状和法律对策》，载《东方企业文化》2010 年第 6 期。

122. 赵丽敏：《机动车污染物排放的立法研究》，东北林业大学，2014 年。

123. 赵新荣：《国有工业企业开展能源内部审计的必要性和可行性分析》，载《中国总会计师》2012 年第 4 期。

124. 郑其绪：《我国人才研究机构发展喜与忧》，载《中国人才》2013 年第 7 期。

125.《中国的能源状况与政策》，载《资源与人居环境》2008 年第 4 期。

126. 中国科学技术信息研究所：《日本东部沿海工业带治理大气污染的措施与启示［EB/OL］》，载《人民网》2014 年 3 月 3 日。

127. 中国中小企业协会节能减排服务中心：《最新节能减排法律法规：2015 年中国中小企业节能减排政策汇编之一［EB/OL］》，中国中小企业协会网，2015 年 5 月 7 日。

128. 周珂、尹兵：《我国低碳建筑发展的政策与法律分析》，载《新视野》2010 年第 6 期。

129. 周其仁：《市场里的企业：一个人力资本与非人力资本的特别合约》，载《经济研究》1996 年第 6 期。

130. 朱秋睿、冯相昭：《丹麦何以成为全球绿色低碳发展的翘楚?》，载《世界环境》2015 年第 5 期。

131. 朱越杰、汪云林、侯贤明、纪东旭：《曹妃甸低碳发展方向与技术支撑》，载《中国软科学》2010 年第 2 期。

132. 朱越杰、汪云林、侯贤明等：《曹妃甸低碳发展方向与技术支撑》，载《中国软科学》2010 年第 10 期。

133. Balsam S, Jiang W, Lu B. Equity incentives and internal control weaknesses ［J］. Contemporary Accounting Research, 2013, 31 （1）: 178 – 201.

134. Janet Milne, Environmental Taxation in Europa and the United States, at Http: // www. eoearth. org/article/Environmental taxition in Europe and the Unite States, September 14, 2007.

135. Johnston D, Lowe R, Bell M. An Exploration of the Technical Feasibility of Achieving CO_2 Emission Reductions in Excess of 60% Within the UK Housing Stock by the Year 2050 ［J］. Energy Policy, 2005 （33）: 1643 – 1659.

136. Kawase R, Matsuoka Y, Fujino J. Decomposition Analysis of CO_2 Emission in Long-term Climate Stabilization Scenarios ［J］. Energy Policy, 2006 （34）: 2113 – 2122.

137. Koji Shimada, Yoshitaka Tanaka, Kei Gomi, Yuzuru Matsuoka. Developing a Long-term Local Society Design Methodology Towards a Low-carbon Economy: An Application to Shiga Prefecture in Japan ［J］. Energy Policy, 2007 （35）: 4688 – 4703.

138. Ludwing Kremer E C. Treaty and Environmental Law ［M］. London: Sweet and Maxwell, 2005.

139. Saleem Sheikh. Corporate Social Responsibility: Law and Practice ［M］. London: Cavendish Publishing Limited, 1999.

140. Schultz T. W. Investment in human capital ［J］. American Economic Review, 1961 （1）: 1 – 17.

141. Shahbaz Mushtaq et al. Evaluating the Impact of Tax-for-Fee Reform (Fei Gai Shui) on Water Resources and Agriculture Production in the Zhanghe Irrigation System, China ［J］. Food Policy, 2008 （33）: 576 – 586.

142. Surender Kumar. Environmentally sensitive productivity growth: A global analysis using Malmquist-Luenberger index ［J］. Ecological Economics, 2006, 56 （2）: 280 – 293.

143. Wang Can, Chen Jinning. Parameter Uncertainty in CGE Modeling of the Macroeconomic Impacts of Carbon Reduction in China ［J］. Tsinghua Science and Technology, 2006, 11 （5）: 617 – 624.

144. Zhou P, Ang B W, Han J Y. Total factor carbon emission performance: a Malmquist index analysis ［J］. Energy Economics, 2010, 32 （1）: 194 – 201.

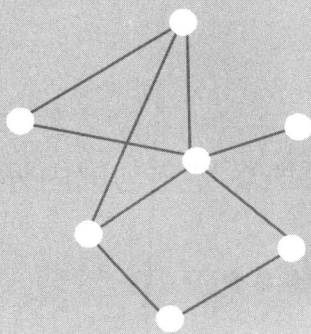

第八章

产业结构调整与污染减排的技术
创新激励效应

本章在相关概念界定的基础上，对国内外有关环境技术创新激励政策的研究文献进行述评。重点探讨碳排放交易权制度及其清洁技术偏向效应，比较不同环境规制政策对技术创新激励的差异化效应，提出环境规制政策的协调性和有效性的政策建议及其对中国环境技术创新的启示。

第一节 相关概念界定与国内外研究现状

一、问题提出与相关概念界定

调整产业结构和转变经济发展方式是我国经济实现可持续发展的重要保障。从长期和根本上看，产业结构调整和经济发展方式转变在于环境技术创新；同样，产业结构调整的污染减排效应发挥最终依赖环境技术进步。政府制定相应的政策诱导厂商转向依赖清洁技术生产的生产方式，是实现产业结构调整和污染减排协同效应的有效途径。

许多环境问题的本质，如空气污染、气候变迁与环境破坏，从长期来看都与技术变迁与产业结构相关联，因此，理解环境技术变迁与产业发展的关系构成政府制定产业发展政策与技术创新政策的前提基础。环境技术主要包括三种类型：第一，减少管道尾端污染排放的技术，如工业烟囱清洁器和汽车催化转换器；第二，改变生产过程的技术，如提高能源使用效率的技术；第三，新能源技术，如替代具有高排放特征石化能源的核能、风能、水能与太阳能技术等（王小艳，2013）。

由于环境技术改善的收益主要表现为增进社会福利，而不是有益于这些新技术的采用者，因此，仅仅依靠市场力量难以为新技术的开发者提供足够的激励。而环境规制和研发的公共融资对于环境新技术的创新与扩散能经常提供第一推动力。环境政策对于技术变迁的引致效应对政府决策的规范分析具有重要的实践意义。很多环境问题不能得到有效解决，或是需要花费很大的成本去解决，或是缺乏必要的环境技术创新。

理解技术创新扩散的环境效应对实现污染减排与产业结构调整升级也是重要的。产业发展对环境的影响在很大程度上取决于技术创新的方向与速率。新环境技术既可以加速对产业污染的消除，也可以替代原有的产业污染活动。更主要的是，技术创新，例如新污染控制设备、更清洁的生产方法、环境友好型的替代产品，能够典型地减少产业既定的"减排"边际成本，而且这些创新也能够改变这些边际成本曲线的形状和斜率，使我们能够以更低的社会总成本获得特定水平的环境清洁，或者当清洁成本上升时能够比预期更有效地获得更少的产业污染水平（曾世宏、王小艳，2014）。

本章试图研究诱导厂商转向清洁技术创新的政策作用机制。本章在低碳发展目

标的视角下，分析碳排放权交易制度、碳税政策和清洁技术研发的专项资助政策等
如何协同激励厂商研发行为方向的调整，并研究污染排放逐步减少和生态环境恢复
的路径，以及帕累托最优条件下的政策边界与退出机制。本章研究认为，在外部性
约束下的政策能够有效促进技术创新方向的转变，通过转向清洁技术生产的方式能
够实现经济增长和环境恢复的双重目标（王俊，2015）。

二、相关文献综述

应对全球气候变暖的问题需要世界各国共同参与，而发展中国家在生产和减排
等方面的技术水平均相对落后，如何协调好环境保护和经济增长的关系成为发展的
难题。清洁生产模式是解决该矛盾的有效途径，也是全球经济可持续发展的必然趋
势，例如，《京都议定书》提出了清洁发展机制（CDM），美国推进了《清洁空气
法》的修正和实施等。清洁生产可以通过提高排放标准和增强惩罚力度等限制生
产行为的方式强制性推动，这类措施往往是以牺牲经济增长为代价，只能作为一种
辅助性手段。政府要推动生产方式转型，需要借助经济手段诱导厂商自觉地选择清
洁技术研发，进而打破技术进步的路径依赖，通过大量的清洁技术创新逐步实现生
产方式的升级换代。所以，低碳发展的关键在于清洁生产，而清洁生产的关键在于
清洁技术创新。经验研究表明，在市场自由竞争条件下，政策激励能够引导厂商的
研发行为从传统技术转向清洁技术（Hassler，2011；Aghion，2012），促进技术创
新方向转变的最直接方式是庇古的收费手段（碳税—资助），即依据排放的负外部
性来征收碳税，同时依据知识的正外部性对清洁技术创新的厂商给予资助或税收减
免（王俊，2015）；另一种是科斯的产权手段，即通过确定碳排放权并控制其交易
的方式来激励清洁生产行为和鼓励清洁技术创新（Gillingham，2008；Fischer and
Newell，2008）。这两种方式均可以在不扭曲经济资源配置的条件下，通过市场行
为引导厂商自发的转向清洁技术创新和生产，所以，碳排放权交易和"碳税—资
助"均能产生清洁技术偏向效应。

环境政策产生技术偏向效应的研究在"定向技术变革"（directed technical
change，DTC）的基础上展开成为一种新的趋势。DTC的研究思路源自阿西莫格鲁
（Acemoglu，1998，2002）关于劳动要素偏向方面的研究，很多学者用其来研究
"碳税—资助"政策引致技术偏向效应的机制（Ricci，2007；Grimaud，2008）。阿
西莫格鲁（2012a）进一步建立了政策激励厂商转向清洁技术研发的理论框架（以
下简称AABH模型），认为在一定条件下，临时性碳税和清洁技术研究资助能够成
功引导技术进步转向清洁技术的轨道，进而最终避免环境灾难的发生。虽然该理论
受到其他学者的质疑，但仍有较多学者在此思路下继续展开研究（Pottier，2014）。
阿吉翁（Aghion，2012）从经验研究的角度，研究"碳税—资助"政策对汽车工

业技术创新方向演变产生的影响，发现在清洁技术偏向效应方面，碳税政策比研究资助具有更为显著的作用，间接证明临时性环境政策能引导厂商转向清洁技术创新，并能实现自身的永续发展；阿西莫格鲁（2012b）通过微观数据进一步研究了"碳税—资助"诱导技术转向清洁技术的演化过程，发现尽管政策可以促使研发转向清洁技术，但因为两部门之间的技术差距较大，转换过程可能比较缓慢，且数据表明研究资助在该过程中有更为重要的作用；哈莫斯（Hemous，2012）拓展了AABH模型，研究当两国存在双边贸易时单边的减碳政策（如碳税、清洁技术研究资助和碳关税等）对两国转向清洁技术研发路径的影响；阿尔伯斯（Aalbers，2013）基于主体行为的策略性分析，研究了电力部门的创新政策引导技术创新转向的内在机制，促进电力生产所需的燃料从传统能源转向清洁能源依赖于政策对于清洁技术创新的激励。另外，排放权交易制度已经变成了很多国家重要的环境经济政策和减少污染的重要手段，也是全球温室气体减排合作计划的重要组成部分（David，1980）。碳排放权交易引致清洁技术创新的研究主要集中于实证方面，在DTC的框架及AABH模型基础上的相关理论研究较为缺乏。罗格（Rogge，2009）研究表明，欧盟排放权交易体系（EU ETS）主要对大规模以煤为主要燃料的厂商产生了影响，使其重点转向提高能源生产技术变化率和研发方向的改变，这对促进低碳技术创新体系的建立起到了一定的作用；卡莱尔（Calel，2013）研究EU ETS对专利技术数据的影响，发现欧洲碳市场交易引致低碳技术增长10%，但未发现产生对其他技术的挤出效应。近年来，国内学者对于环境政策与技术创新方向的问题有一些探索性的实证研究，但是还没有涉及理论性探讨。景维民和张璐（2014）在该框架下，运用我国工业行业面板数据研究了环境管制及对外开放影响绿色技术进步的机制，发现我国技术进步存在着明显的路径依赖特征，合理的环境管制能够转变进步的方向，进出口对清洁技术进步存在着相反的推动作用；张俊（2014）研究了环境政策对我国汽车行业技术创新路径的影响，发现新能源汽车的发展对研究资助、石油价格和市场规模有较强的相关性，同时具有明显的路径依赖特征，政策干预对转向清洁技术创新是有效的；王俊和刘丹（2015）通过我国汽车行业的面板数据进一步分析了政策激励和知识累积对于清洁技术偏向的效应，认为环境治理的政策能够促进清洁技术创新。据估算，全球碳排放权交易的市值已超过1.75亿美元（Kossoy and Guigon，2012），面对不断扩大的市场规模，研究碳排放交易制度对清洁技术创新的影响有着重要的意义（王俊，2015）。

本章的基本分析思路是先假设最终产品由清洁部门和传统部门两部门生产，均依赖于劳动和中间产品两个要素的投入，劳动要素假设是无差异的，中间产品的差异在于生产技术的性质；清洁部门运用清洁技术生产时不产生排放，传统部门运用有污染的技术生产时有排放，中间产品的提供者是具有专利技术的垄断者，进行着不同技术性质的研发；在初始状态下没有考虑排放的问题，技术研发集中在传统研发部门，并且形成传统技术不断进步的路径依赖，如果没有环境政策的干预，最终环境会走向灾难。AABH 模型认为通过"碳税—资助"的政策，改变两部门厂商的期望利润，向着清洁技术生产转型，中间产品的提供者转向清洁技术的研发，最终所有的科研人员全部转移到清洁技术部门，则碳排放停止增加，随着传统部门产品的萎缩，环境质量会逐步自我恢复，最终避免环境灾难。从社会福利最大化的角度而言，碳税政策和清洁技术的研究资助分别解决的是现在和未来的环境外部性问题，意味着在一定的条件下环境政策的执行不会扭曲资源配置和阻碍经济增长。依赖于"碳税—资助"的政策在长期能够达到目标，但因传统技术的路径依赖，转换时间和速度较为缓慢（Acemoglu，2012b）。这可能会使得倒"U"型库兹涅茨曲线的拐点出现延滞。又因为许多参数的不确定性，碳税和研究资助的执行额度难以准确测度，如果选择不适当就会产生资源错配，进而损害经济效率（Hsieh and Klenow，2009）。本章将碳排放权交易引入模型中，假设排放权是有期限的，则政府可通过调控碳排放配额及其市场交易提高清洁生产的相对利润，引导科研人员转向清洁技术研发，进而达到"碳税—资助"相同的效应。相比较而言，碳排放权配额调控更具有可控性，政府可以通过总量控制确定减排速度，合理分配各部门的排放配额，依然通过市场竞争的方式达到转向清洁技术进步的目标。从社会福利最大化而言，当传统生产排放负外部性的影子价格所确定的税收正好等于其购买排放权产生的额外成本时，则排放权交易和税收取得了相同的效果，此时碳排放权交易可以替代"碳税—资助"制度；当不能确定恰好替代时，可以互为补充以实现帕累托最优。另外，可耗竭资源的价格调整会额外增加传统部门的生产成本，具有和税收等价的效应，从时间的角度而言却是一个不确定性的工具，而碳排放交易制度可以基于该价格效应进行相应的调整来实现目标。最优控制碳排放的环境政策不仅要考虑减排目标的实现，还要考虑减排方式、技术、路径和速度等，同时还应确保资源的有效配置，所以，本章根据交易参与的主体差异分为三种不同的碳排放交易制度，分别探讨了清洁技术偏向效应的形成机理和环境恢复路径。

第二节　碳排放权交易制度与清洁技术偏向效应

本节主要根据碳排放权交易的参与主体差异分为纯市场交易、非市场交易和混合交易三种碳排放权交易制度。在自由经济竞争和可持续增长的条件下，通过将碳排放交易的相关变量引入 AABH 模型的分析框架，建立了一个资源环境约束引致技术进步偏向的内生增长模型，分别从分散决策经济的竞争性均衡和集权经济的社会计划者帕累托最优的角度，讨论了这三种碳排放交易制度引致转向清洁技术研究的条件和替代"碳税—资助"制度清洁技术偏向效应的可能性，以及其碳减排或环境质量修复的动态路径，同时还探讨了可耗竭资源价格对动态均衡过程所产生的影响。

一、基本模型结构的设定

本章借鉴 AABH 模型的框架，建立了社会计划者、两部门产品生产者和中间产品生产者等三个层次嵌套的内生增长模型，基本模型分别从厂商、碳排放交易和社会计划者等方面进行了设定。[①]

第一，关于厂商的基本设定。假设在经济中只存在唯一的最终产品，是使用"清洁（clean）"和"传统（dirty）"两种竞争性投入品进行 CES 复合而成，分别在清洁生产部门（简称 C 部门）和传统生产部门（D 部门）生产，C 部门使用清洁技术和设备生产不产生碳排放，D 部门使用传统技术和设备生产产生排放，复合公式为：

$$Y_t = (Y_{ct}^{(\varepsilon-1)/\varepsilon} + Y_{dt}^{(\varepsilon-1)/\varepsilon})^{\varepsilon/(\varepsilon-1)} \tag{8.1}$$

其中，Y_{ct}、Y_{dt} 和 Y_t 分别表示在 t 期清洁生产部门、传统生产部门和最终产品的数量；ε 表示为两部门产品的替代弹性，且 $\varepsilon>1$[②]。假设两种产品的关系是垄断竞争关系，两部门均利润最大化时，价格之比相对需求之比的替代弹性等于两产品替代弹性倒数的负值（Dixit and Stiglitz，1977），则两部门的相对价格和相对产量的关系表示为：

$$\frac{p_{ct}}{p_{dt}} = \left(\frac{Y_{ct}}{Y_{dt}}\right)^{-1/\varepsilon} \tag{8.2}$$

最终商品价格可以标准化为 1，则两产品价格的关系可以表示为：

$$(p_{ct} + p_{dt})^{1/(1-\varepsilon)} = 1 \tag{8.3}$$

假设两部门的生产均使用劳动和"中间设备"两种要素进行生产，将各种类型的中间设备投入之和标准化为 1，生产函数中技术进步体现为资本节约型，则可设 t 时期的两部门生产函数为：

$$Y_{jt} = L_{jt}^{1-\alpha}\int_0^1 A_{jit}^{1-\alpha}x_{jit}^\alpha di \tag{8.4}$$

[①] 本章为了便于与 AABH 模型中分析"碳税—资助"的政策效应进行比较，基本函数设定表示形式的采用与该模型尽量保持一致。

[②] 当 $\varepsilon>1$ 时，表示两部门产品总体上是替代关系；当 $\varepsilon<1$ 时，表示两部门产品总体上是互补关系。如果经济中两部门产品总体上是替代关系，研究创新可以完全从 D 部门转向 C 部门，所以，本章仅分析 $\varepsilon>1$ 的情况。

其中，$j \in \{c, d\}$，j 表示生产部门是 C 部门或 D 部门；L_{jt} 表示在 t 期 j 部门的劳动投入量，代表了 j 部门的市场规模；x_{jit} 表示在 t 期 j 部门 i 类型中间设备的投入数量；α 表示 Y_{jt} 相对要素 x_{jit} 的产出弹性，即为中间产品的产出贡献率；A_{jit} 表示在 t 期 j 部门 i 类型中间设备的质量，代表其技术水平程度和技术性质，是决定是否会产生碳排放的关键变量。技术进步效率主要取决于三个方面：一是依赖于前期所累积的知识技术；二是对生产效率的提高程度；三是研发成功的概率。因此，技术进步函数可表示为：

$$A_{jt} = \eta_j (1 + \gamma) A_{jt-1} \tag{8.5}$$

其中，η_j 表示为 j 部门研发成功概率，且 $0 < \eta_j < 1$；γ 表示技术研发成功后技术相对提高的比例；A_{jt} 表示在 t 期 j 部门的技术水平。假设这两个部门分别进行清洁技术研发和传统技术研发，科研人员随机分布，其数量分别为 s_{ct} 和 s_{dt}，将科研人员的总供给标准化为 1，则科研人员的供需关系可表示为 $s_{ct} + s_{dt} \leq 1$。如果所有的科研人员都集中在 C 部门，则清洁技术不断进步，而 D 部门技术停滞，最终厂商会全部转向清洁生产，环境会因此逐步恢复。若将各类型的中间设备投入之和标准化为 1，在 t 时期 j 部门的平均技术水平为该部门所有中间设备生产技术的集成，可表示为：

$$A_{jt} \equiv \int_0^1 A_{jit} \mathrm{d}i \tag{8.6}$$

其中，A_{jt} 的增长率可由研发人员的数量 s_{jt}、研发成功的概率 η_j 和技术相对改进比例 γ 的乘积来决定，即可表示为：

$$A_{jt} = (1 + \gamma \eta_j s_{jt}) A_{jt-1} \tag{8.7}$$

式（8.7）与式（8.5）的区别在于技术水平函数考虑了科研人员数量因数的影响。另外，为了便于分析，对于劳动要素的供给量也标准化为 1，当市场出清时两部门的劳动需求总量不超过劳动供给，则供需关系表示为 $L_{ct} + L_{dt} \leq 1$。

第二，关于碳排放交易的基本设定。假设政府配发免费碳排放权时是根据厂商产量的一定比例进行的，且碳排放权是有期限的，到期后排放企业需要政府的重新核准或重新购买。一般情况下，碳排放权交易对两部门的成本收益产生了影响，C 部门的碳排放小于碳排放配额，可通过出售碳排放权获得收益；反之，D 部门的碳排放大于碳排放配额，则需要购买碳排放权，增加了生产成本。设碳排放权交易产生的成本或收益均是关于产量的线性正相关函数，则两部门因碳排放产生的额外收益或成本分别为：

$$E_{ct} = p_{ct}^e (\theta_t - \theta_{ct}) Y_{ct} \tag{8.8}$$

$$E_{dt} = p_{dt}^e (\theta_{dt} - \theta_t) Y_{dt} \tag{8.9}$$

其中，p_{jt}^e 表示在 t 期 j 部门碳排放权交易的价格；θ_t 表示碳排放配额系数，反映了单位产量的碳排放许可额度，且 $\theta_{ct} < \theta_t < \theta_{dt}$。$\theta_{ct}$ 表示在 t 期 C 部门生产的碳排放系数，若假设 C 部门是无碳排放生产，则 $\theta_{ct} = 0$；θ_{dt} 表示在 t 期 D 部门生产的碳排放系数，反映了单位产量的碳排放量，若假设排放系数是固定的，则 $\theta_{dt} = \bar{\theta}$。所以可以简化为 $0 < \theta_t < \bar{\theta}$，为了便于分析，将式（8.8）和式（8.9）合并表示为：

$$E_{jt} = e_{jt} p_{jt} Y_{jt} \tag{8.10}$$

其中，p_{jt} 表示在 t 期 j 部门产品的价格；e_{jt} 表示在 t 期 j 部门单位产量的碳排放交易成本，且 $0 < e_{jt} < 1$。在 C 部门中，$e_{jt} = -e_{ct}$，且 $e_{ct} = (p_{ct}^e/p_{ct})\theta_t$；在 D 部门中，$e_{jt} = e_{dt}$，且 $e_{dt} = (p_{dt}^e/p_{dt})(\bar{\theta} - \theta_t)$。

第三，关于社会计划者的设定。假设政府作为集权的社会计划者，决策时考虑追求社会福利的最大化，是基于个人效用函数的帕累托最优化标准，经济中代表性的行为主体为无限期界离散时间的家户、厂商和科研人员，则设定总效用函数为：

$$U = \sum_{t=0}^{\infty} \frac{u(C_t, S_t)}{(1+\rho)^t} \tag{8.11}$$

其中，C_t 表示家庭消费的唯一最终产品；S_t 表示环境质量；$\rho > 0$ 表示效用的贴现率，反映了效用的时间偏好程度。可设消费者瞬时效应函数 $u(C_t, S_t)$ 为：

$$u(C_t, S_t) = \frac{(\phi(S_t)C_t)^{1-\sigma}}{1-\sigma} \tag{8.12}$$

其中，$\phi(S_t)$ 表示环境质量对消费效用产生的影响系数；$u(C_t, S_t)$ 是关于消费数量 C_t 和环境质量 S_t 的增函数，并满足稻田条件：$\lim_{c\to 0}\frac{\partial u(C,S)}{\partial C} = 0$，$\lim_{s\to 0}\frac{\partial u(C,S)}{\partial S} = \infty$ 和 $\lim_{s\to 0} u(C,S) = -\infty$。假设经济在初始阶段，技术创新主要集中在 D 部门。[①] 因此，社会计划者的政策目标是使环境质量恢复到初始的环境水平，即 $S_0 = \bar{S}$，该状态下环境质量的变化不影响效用函数，可表示为 $\frac{\partial u(C,\bar{S})}{\partial S} = 0$。

当市场出清时，由式（8.3）可知最终商品的价格是 1，则家户对于最终产品的消费为总收益减去中间产品产生的总成本，可表示为：

$$C_t = Y_t - \psi(\int_0^1 x_{cit}\,\mathrm{d}i + \int_0^1 x_{dit}\,\mathrm{d}i) \tag{8.13}$$

---

① 经济初始状态下并未考虑排放的问题，使得 D 部门生产相对更容易，技术水平和技术创新均比 C 部门强，正是基于此假设条件下才能进行本章的分析。

其中，ψ 表示中间设备提供厂商生产的平均成本。对于环境质量的修复路径，一是取决于 D 部门当期的生产对未来环境质量造成的损耗；二是取决于生态环境存在着一定的自我修复功能，且当期生态修复的效率可以改善未来的环境质量。如果存在碳排放权交易，政府会对碳排放配额系数进行控制，控制程度越高 θ_t 越小，环境破坏越小，则环境质量函数可设为：

$$S_{t+1} = (1 + \delta) S_t - (\theta_t / \bar{\theta})^\varpi \xi Y_{dt} \tag{8.14}$$

其中，S_t 表示 t 期的环境质量，且 $0 < S_t < \bar{S}$；δ 表示生态系统的自我修复效率；ξ 表示 D 部门 t 期生产对环境质量损耗的影响系数；ϖ 表示碳排放配额系数相对生产排放率的比对于环境损坏的弹性系数，反映了碳排放配额系数对于环境的影响程度。

二、分散决策经济与竞争性均衡

在经济自由竞争的条件下，两部门生产均追求自身利润最大化，即生产产品的边际收益等于边际成本。根据前面的设定，利润函数为收益减去成本，其中成本包括劳动的成本、中间设备的成本和碳排放成本，所以利润函数可表示为：

$$\pi_{jt} = p_{jt} Y_{jt} - w_t L_{jt} - \int_0^1 p_{jit} x_{jit} \mathrm{d}i - E_{jt} \tag{8.15}$$

其中，w_t 表示在 t 时期 j 部门劳动者的工资；p_{jit} 表示在 t 时期 j 部门第 i 类型的中间设备价格。

两部门利润最大化时对于中间产品的需求函数，可将式（8.3）、式（8.4）和式（8.10）代入式（8.15），即可根据 $\mathrm{d}\pi_{jt}/\mathrm{d}x_{jit} = 0$ 的条件得到 $x_{jit} = [\alpha(1 - e_{jt}) p_{jt} / p_{jit}]^{1/(1-\alpha)} A_{jit} L_{jt}$。若假设中间投入设备具有专利技术，并由完全垄断厂商供给，则中间设备供给厂商的利润函数为 $\pi_{jit} = (p_{jit} - \psi) x_{jit}$，其中 ψ 表示中间产品生产的平均成本，然后根据中间产品的市场均衡条件，即得到利润最大化时中间产品的市场价格 $p_{jit} = \psi / \alpha$，再令中间产品生产成本 $\psi = \alpha^2$，得到 $p_{jit} = \alpha$[①]。因此，可解得中间产品厂商的均衡产量和最大利润分别为：

$$x_{jit} = [(1 - e_{jt}) p_{jt}]^{1/(1-\alpha)} A_{jit} L_{jt} \tag{8.16}$$

$$\pi_{jit} = \alpha(1 - \alpha) [(1 - e_{jt}) p_{jt}]^{1/(1-\alpha)} A_{jit} L_{jt} \tag{8.17}$$

根据式（8.4）、式（8.6）和式（8.16）得到两部门最终产品生产的均衡产

[①] 将 $x_{jit} = [\alpha(1 - e_{jt}) p_{jt}/p_{jit}]^{1/(1-\alpha)} A_{jit} L_{jt}$ 代入 $\pi_{jit} = (p_{jit} - \psi)$ 中，通过 $d\pi_{jt}/dp_{jit} = 0$，可得 $p_{jit} = \psi/\alpha$。

量为：

$$Y_{jt} = \left[p_{jt}(1 - e_{jt}) \right]^{\alpha/(1-\alpha)} A_{jt} L_{jt} \tag{8.18}$$

考虑到科研成功的概率和部门的平均技术水平，将式（8.5）和式（8.6）代入式（8.17），中间产品生产厂商投入科研人员在 t 时期 j 部门从事研究的总期望利润为：

$$\Pi_{jt} = \alpha(1-\alpha) \left[(1 - e_{jt}) p_{jt} \right]^{1/(1-\alpha)} \eta_j (1+\gamma) A_{jt-1} L_{jt} \tag{8.19}$$

为了比较两个部门中间产品厂商的期望收益差异，将式（8.19）中的期望利润相除，得到 C 部门相对于 D 部门的期望利润：

$$\frac{\Pi_{ct}}{\Pi_{dt}} = \frac{\eta_c}{\eta_d} \times \left[\frac{1+e_{ct}}{1-e_{dt}} \right]^{1/(1-\alpha)} \times \left[\frac{p_{ct}}{p_{dt}} \right]^{1/(1-\alpha)} \times \frac{L_{ct}}{L_{dt}} \times \frac{A_{ct-1}}{A_{dt-1}} \tag{8.20}$$

中间产品厂商选择清洁生产和传统生产的权衡取决于式（8.20）的值，当其大于 1 时，则选择清洁生产，科研人员将从 D 部门转向 C 部门。所以，激励科研人员部门转移的因素主要取决于两部门最终产品市场中四个方面的影响：直接生产率效应 A_{ct-1}/A_{dt-1}、市场规模效应 L_{ct}/L_{dt}、价格效应 p_{ct}/p_{dt} 和碳排放权交易效应 $(1+e_{ct})/(1-e_{dt})$。可以发现，碳排放交易具有和价格效应等价的作用，实际上碳交易也对市场规模效应产生影响。

两部门利润最大化时对劳动要素的需求函数，可根据 $d\pi_{jt}/dL_{jt} = 0$ 得到两部门最终产品的均衡价格之比为[①]：

$$\frac{p_{ct}}{p_{dt}} = \left(\frac{1+e_{ct}}{1-e_{dt}} \right)^{-1} \left(\frac{A_{ct}}{A_{dt}} \right)^{-(1-\alpha)} \tag{8.21}$$

将式（8.18）中的两部门均衡产出相除，并将式（8.21）和式（8.2）代入，两部门最终产品的均衡劳动需求量之比为：

$$\frac{L_{ct}}{L_{dt}} = \left(\frac{1+e_{ct}}{1-e_{dt}} \right)^{\varepsilon} \left(\frac{A_{ct}}{A_{dt}} \right)^{-\varphi} \tag{8.22}$$

其中 $\varphi = (1-\alpha)(1-\varepsilon)$，根据式（8.3）和式（8.21）得到两部门最终产品的市场均衡价格[②]，并运用式（8.18）和式（8.22）得到两部门最终产品的均衡产出：

$$Y_{ct} = \frac{(1-e_{dt})^{\alpha/(1-\alpha)}(1+e_{ct})^{\varepsilon} A_{ct} A_{dt}^{\alpha+\varphi}}{(A_{ct}^{\varphi}(1+e_{ct})^{1-\varepsilon} + A_{dt}^{\varphi}(1-e_{dt})^{1-\varepsilon})^{\alpha/\varphi}(A_{ct}^{\varphi}(1-e_{dt})^{\varepsilon} + A_{dt}^{\varphi}(1+e_{ct})^{\varepsilon})} \tag{8.23}$$

---

① 根据 $d\pi_{jt}/dx_{jt}=0$ 的条件求得均衡工资与劳动要素需求量的函数关系为 $w_t = (1-\alpha)(1-e_{jt})p_{jt}L_{jt}^{-\alpha}\int_0^1 A_{jit}^{1-\alpha}x_{jit}^{\alpha}di$，两部门的劳动要素的均衡工资是相等的，所以将式（8.16）和式（8.6）代入该式，即得到两部门最终产品的均衡价格之比。

② 最终产品的市场均衡价格 $p_{ct} = [A_{dt}^{1-\alpha}(1-e_{dt})]/(A_{ct}^{\varphi}(1+e_{ct})^{1-\varepsilon} + A_{dt}^{\varphi}(1-e_{dt})^{1-\varepsilon})^{1/(1-\varepsilon)}$ 和 $p_{dt} = A_{ct}^{1-\alpha}(1+e_{ct})/(A_{ct}^{\varphi}(1+e_{ct})^{1-\varepsilon} + A_{dt}^{\varphi}(1-e_{dt})^{1-\varepsilon})^{1/(1-\varepsilon)}$。

$$Y_{dt} = \frac{(1+e_{ct})^{\alpha/(1-\alpha)}(1-e_{dt})^{\varepsilon}A_{dt}A_{ct}^{\alpha+\varphi}}{(A_{ct}^{\varphi}(1+e_{ct})^{1-\varepsilon}+A_{dt}^{\varphi}(1-e_{dt})^{1-\varepsilon})^{\alpha/\varphi}(A_{ct}^{\varphi}(1-e_{dt})^{\varepsilon}+A_{dt}^{\varphi}(1+e_{ct})^{\varepsilon})} \tag{8.24}$$

根据式（8.7）、式（8.21）和式（8.22），中间产品厂商选择清洁生产和传统生产的权衡关系式（8.20）可改写为：

$$\frac{\Pi_{ct}}{\Pi_{dt}} = \frac{\eta_c}{\eta_d}\left(\frac{1+e_{ct}}{1-e_{dt}}\right)^{\varepsilon}\left(\frac{1+\gamma\eta_c s_{ct}}{1+\gamma\eta_d s_{dt}}\right)^{-\varphi-1}\left(\frac{A_{ct-1}}{A_{dt-1}}\right)^{-\varphi} \tag{8.25}$$

式（8.25）表示两部门最终产品和中间产品的所有生产厂商全部达到利润最大化，即达到竞争性均衡，此时中间产品部门选择不同技术研发人员的相对利润，主要根据路径依赖的程度 A_{ct-1}/A_{dt-1} 和碳排放权交易效应 $(1+e_{ct})/(1-e_{dt})$，且参数 φ 有着决定性的作用。

若科研人员从 D 部门向 C 部门转移，必有 $\Pi_{ct}/\Pi_{dt}>1$，即均衡时科研人员在 C 部门工作获得的最大利润比在 D 部门高。因此，根据式（8.25），D 部门单位产品生产所产生的碳排放成本和 C 部门单位产品生产所获得碳排放收益之间的关系必满足：

$$e_{dt} > 1 - (1+e_{ct})\left[\frac{\eta_c}{\eta_d}\left(\frac{1+\gamma\eta_c s_{ct}}{1+\gamma\eta_d s_{dt}}\right)^{-\varphi-1}\left(\frac{A_{ct-1}}{A_{dt-1}}\right)^{-\varphi}\right]^{1/\varepsilon} \tag{8.26}$$

根据假设条件，科研人员全部分配到两个研发部门中，则 $s_{ct}=1-s_{dt}$。当 $\varphi+1<0$ 时，则 Π_{ct}/Π_{dt} 是 s_{ct} 的严格递增函数，若满足 $\Pi_{ct}/\Pi_{dt}>1$，此时获得的唯一解为角点解，即 $s_{dt}=1$ 和 $s_{ct}=0$，表示在 t 时期科研人员全部在 D 部门研发时，利润均低于 C 部门，则科研人员不断转移，随着转移到 C 部门人数的增加，C 部门研发人员的利润则进一步的增加。将角点解代入式（8.26）可得：

$$e_{dt} > 1 - (1+e_{ct})\left[\frac{\eta_c}{\eta_d}(1+\gamma\eta_d)^{\varphi+1}\Omega_{t-1}^{-\varphi}\right]^{1/\varepsilon} \tag{8.27}$$

其中 $\Omega_{t-1}=A_{ct-1}/A_{dt-1}$，表示 $t-1$ 期 C 部门相对于 D 部门的技术水平。若经济运行至 $t+n$ 期时，$\Omega_{t+n}>1$ 表示 C 部门比 D 部门有更高的生产率，科研人员在 C 部门能获得更多的利润，不需要任何激励，科研人员仍会持续向 C 部门转移，最终环境恢复到 $\bar{S}$，才能避免环境趋向灾难。当 $\varphi+1>0$ 时，Π_{ct}/Π_{dt} 是 s_{ct} 的严格递减函数，如果满足 $\Pi_{ct}/\Pi_{dt}>1$，同样得到唯一的解为角点解，即 $s_{dt}=0$，$s_{ct}=1$，此时全部研发人员都必集中在清洁部门，将角点解代入式（8.26）可得：

$$e_{dt} > 1 - (1+e_{ct})\left[\frac{\eta_c}{\eta_d}(1+\gamma\eta_c)^{-\varphi-1}\Omega_{t-1}^{-\varphi}\right]^{1/\varepsilon} \tag{8.28}$$

从分析可以看出，控制碳排放收益和成本的关键在于两个变量 Ω_{t-1} 和 ε。当 $\varepsilon>1$，$0<\alpha<1$ 时，则 $\varphi=(1-\alpha)(1-\varepsilon)<0$，所以式（8.28）成立的条件可修正

为 $-1 < \varphi < 0$。另外，当式（8.26）成立时科研人员向 C 部门转移，根据式（8.24）可知，D 部门均衡产量的增长率取决于 $A_{ct}^{\alpha+\varphi}$ 的增长率，可知，当 $\alpha + \varphi < 0$ 时，随着 t 的变化，$Y_{dt} \to 0$，则碳排放权交易仍然是临时性政策安排；当 $\alpha + \varphi > 0$ 时，随着 t 的变化，Y_{dt} 不趋近于 0，则碳排放权交易是持续性政策直至式（8.28）成立。

综上所述，在自由竞争的分散决策经济中，随着碳排放交易的作用，科研人员会逐步向 C 部门转移。当 $\varphi < -1$ 且式（8.27）成立时，到达一定时期会使 $\Omega_{t+n} > 1$，或当 $-1 < \varphi < -\alpha$ 时，一定时期后会导致 $Y_{dt+n} = 0$，此时均可以废除碳排放权交易制度，科研人员仍会持续向 C 部门转移，直至环境恢复到 $\bar{S}$，碳排放权交易是临时性制度安排。当 $-\alpha < \varphi < 0$，且式（8.28）成立时，科研人员全部在清洁部门工作，直至环境恢复到 $\bar{S}$，碳排放权交易制度是持续性的制度安排。[①]

三、社会计划者与帕累托最优

假设政府作为集权的社会计划者，决策时考虑追求社会福利的最大化是基于个人效应函数的帕累托最优化标准，即在约束条件式（8.1）、式（8.4）、式（8.7）、式（8.12）、式（8.13）和式（8.14）下求最大化效用函数式（8.11）。通过构造拉格朗日函数，并对 C_t 取一阶导数为零，可表示最终商品 t 期的影子价格 λ_t 等于消费的边际效用：

$$\lambda_t = \frac{\partial u(C_t, S_t)/\partial C_t}{(1+\rho)^t} = \frac{\varphi(S_t)^{1-\sigma}}{C_t^{\sigma}(1+\rho)^t} \qquad (8.29)$$

若对 S_t 取一阶导数为零，得到 t 期环境质量的影子价格：

$$\omega_t = \frac{C_t^{1-\sigma}[d\phi(S_t)/dS_t]}{\varphi(S_t)^{\sigma}(1+\rho)^t} + (1+\delta)\omega_{t+1} \qquad (8.30)$$

假设 $\hat{p}_{jt} = \lambda_{jt}/\lambda_t$ 表示 t 期 j 部门产品相对于最终产品的影子价格，则分别对 Y_{ct} 和 Y_{dt} 取一阶导数等于零，可得到：

$$\hat{p}_{ct} = Y_{ct}^{-1/\varepsilon}(Y_{ct}^{(\varepsilon-1)/\varepsilon} + Y_{dt}^{(\varepsilon-1)/\varepsilon})^{1/(\varepsilon-1)} \qquad (8.31)$$

$$\hat{p}_{dt} = Y_{dt}^{-1/\varepsilon}(Y_{ct}^{(\varepsilon-1)/\varepsilon} + Y_{dt}^{(\varepsilon-1)/\varepsilon})^{1/(\varepsilon-1)} - \frac{(\theta_t/\bar{\theta})^{\varpi}\xi\omega_{t+1}}{\lambda_t} \qquad (8.32)$$

[①] 参数 φ 反映了弹性 ε 和 α 的关系，φ 的范围也可以用两个弹性的关系来表示：$\varphi < -1$ 等价于 $\varepsilon > (2-\alpha)/(1-\alpha)$；$-1 < \varphi < -\alpha$ 等价于 $(2-\alpha)/(1-\alpha) > \varepsilon > 1/(1-\alpha)$；$-\alpha < \varphi < 0$ 等价于 $1/(1-\alpha) > \varepsilon > 1$。

根据庇古税的思想，可以通过征收税费的方式将环境负外部性内部化。根据式（8.32），对于 D 部门 t 期可征收碳排放税，最优税率的影子价格为：

$$\tau_t = \frac{(\theta_t/\bar{\theta})^{\varpi}\ \xi\omega_{t+1}}{\lambda_t\hat{p}_{dt}} \tag{8.33}$$

根据式（8.31）和式（8.32）的影子价格进行竞争性均衡分析，将式（8.33）代入则得到均衡的劳动量之比为：[①]

$$\frac{L_{ct}}{L_{dt}} = \left[\frac{(1+\tau_t)(1+e_{ct})}{1-e_{dt}}\right]^{\varepsilon}\left(\frac{A_{ct}}{A_{dt}}\right)^{-\varphi} \tag{8.34}$$

技术创新存在知识溢出的正外部性，可以通过研究资助的方式将外部性内部化，如果政府以 q_t 为资助比例对清洁生产部门进行研究资助，则清洁部门的期望利润由式（8.19）变化为：

$$\Pi_{ct} = (1+q_t)\alpha(1-\alpha)\left[(1-e_{jt})p_{jt}\right]^{1/(1-\alpha)}\eta_j(1+\gamma)A_{jt-1}L_{jt} \tag{8.35}$$

将式（8.34）和式（8.35）代入式（8.20）整理，并根据 $\Pi_{ct}/\Pi_{dt} > 1$ 的条件，帕累托最优且竞争性均衡时，政策资助的最优比例为：

$$q_t > \frac{\eta_d\Omega_{t-1}^{\varphi}}{\eta_c}\left[\frac{(1+\tau_t)(1+e_{ct})}{1-e_{dt}}\right]^{-\varepsilon}\left(\frac{1+\gamma\eta_c s_{ct}}{1+\gamma\eta_d s_{dt}}\right)^{\varphi+1} - 1 \tag{8.36}$$

政府对清洁部门给予研究资助时必须依赖于上式的范围，否则会扭曲经济的配置并干扰经济的自由竞争。式（8.36）也表示了研究资助直接对厂商进行资助额度与碳税和碳排放权交易的关系，当 q_t 和 τ_t 为零时，如果式（8.36）依然成立，则碳排放权交易的制度可完全替代"碳税—资助"制度，反之，则需两种制度的配合使用使之成立，才能达到激励市场导致转向清洁技术研究的目标。[②]

综上所述，可以归纳分散决策经济竞争性均衡和社会计划者帕累托最优的结论为：

命题 1：分散决策经济中，碳排放权交易具有清洁技术偏向效应，能打破传统技术的路径依赖，最终避免环境灾难。当两部门最终产品的替代弹性强时，碳排放权交易是临时性制度（当 $\varphi < -1$ 且式（8.27）成立时，或 $-1 < \varphi < -\alpha$ 且 $Y_{dt} = 0$ 时，取消碳排放权交易）；当两部门最终产品的替代弹性弱时，碳排放权交易是持续性制度（当 $-\alpha < \varphi < 0$ 时，碳排放权交易持续直至科研人员全部转移到清洁部门）。社会计划者决策时依据排放的负外部性和技术的正外部性，碳排放权交易和"碳税—资助"制度对技术偏向有相同的作用，两种制度在实践中可以如式（8.36）

---

① 用式（8.31）和式（8.32）的影子价格替代分散决策经济中的最终产品价格，两部门最终产品和中间产品的生产厂商同时均衡时，可以得到 $\hat{p}_{ct}^{1/(1-\alpha)}A_{ct}(1+e_{ct}) = \hat{p}_{dt}^{1/(1-\alpha)}A_{dt}(1-e_{dt})$，并进一步推导出式（8.34）。

② 如果没有碳排放权交易，即在式（8.25）中有 $e_{dt} = e_{ct} = 0$，可得到与 AABH 一致的结论。

进行完全替代或互为补充。

第三节　碳排放权交易制度的讨论

厂商获得碳排放权主要有政府免费发放和直接向政府购买两种形式，理论上直接购买或拍卖更具有经济效率，而免费发放更具有政治可行性（Cramton and kerr，2002）。在实践中碳排放权交易制度有多种形式，例如，欧盟采用的是基于参与主体历史排放水平基准进行免费发放配额的"祖父法"；美国采用的是以排放主体竞拍单位配额的"拍卖法"；澳大利亚采用的是"固定价格购买法"；新西兰采取"以行业为基准的混合配额法"等（宣晓伟等，2013）。为了便于理论上探讨，根据碳排放权交易的参与主体差异分为纯市场交易、非市场交易和混合交易等三种碳排放权交易制度。

一、纯市场交易的碳排放权交易制度

纯市场交易的碳排放权交易制度是指碳排放交易仅发生在 C 部门和 D 部门之间，没有政府机构和中间交易市场。这种制度中 D 部门直接购买 C 部门的碳排放许可配额，即 $E_{ct} = -E_{dt}$，$p_{ct}^e = p_{dt}^e$。D 部门因购买碳排放权发生的成本等于 C 部门因出售碳排放权产生的收益，交易完全在两部门之间进行，政府不进行任何干预。因此，政府只能通过控制配额系数 θ_t 的变动来控制碳排放的速度和数量。根据该制度的条件，以及式（8.8）、式（8.9）和式（8.10），可得到 $(\bar{\theta} - \theta_t)Y_{dt} = \theta_t Y_{ct}$，由式（8.25）得到两部门中间产品厂商两种技术选择的最大利润之比为：

$$\frac{\Pi_{ct}}{\Pi_{dt}} = \frac{\eta_c \Omega_{t-1}^{\alpha-1}}{\eta_d} \left(\frac{\bar{\theta} - \theta_t}{\theta_t} \right) \left(\frac{1 + \gamma\eta_c s_{ct}}{1 + \gamma\eta_d(1 - s_{ct})} \right)^{\alpha-2} \tag{8.37}$$

其中 $0 < \alpha < 1$，则 $\alpha - 2 < 0$，所以 Π_{ct}/Π_{dt} 是 s_{ct} 的严格递减函数，若要 $\Pi_{ct}/\Pi_{dt} > 1$，必可得到唯一的角点解为 $s_{dt} = 0$，$s_{ct} = 1$，代入式（8.37）得到碳排放配额系数最终必须满足方程：

$$\frac{\theta_t}{\bar{\theta}} < \frac{\eta_c}{\eta_d(1 + \gamma\eta_c)^{2-\alpha}\Omega_{t-1}^{1-\alpha} + \eta_c} \tag{8.38}$$

在此制度中，初始状态时政府不存在对碳排放交易的管制，D 部门属于完全排放，即 $\theta_0 = \bar{\theta}$，但是，从政府控制碳排放开始，控制必然会有一个由松到紧的过程，政府可以将碳排放配额系数 θ_t 根据碳排放控制的目标以一定的速度不断下调，直到式（8.38）成立时停止下调，此时研发人员已经全部转移至 C 部门。随着 θ_t 的下降，D 部门碳排放权的需求量上升，碳排放权价格上升，碳排放产生的成本不断上升，则厂商会不断减少产量，致使中间设备投入和研发人员减少。反之，C 部门因获得更多收益，增加投入和产量，研发人员也不断转入清洁技术研发，随着清洁技术和清洁生产不断发展，达到技术进步转向作用。

对于帕累托最优的社会计划者而言，根据式（8.14）、式（8.30）和式（8.33），通过影子价格的方式求得最优碳税税率为：

$$\tau_t = \frac{\xi C_t^{\sigma}(\theta_t / \bar{\theta})^{\varpi}}{\hat{p}_{dt} \phi(S_t)^{1-\sigma}(1+\rho)} \sum_{\nu=t+1}^{\infty} \left[\left(\frac{1+\delta}{1+\rho}\right)^{\nu-(t+1)} \frac{C_v^{1-\sigma}}{\phi(S_v)^{\sigma}} \frac{\mathrm{d}\phi(S_v)}{\mathrm{d}S_v} \right] \quad (8.39)$$

该税率取决于未来环境质量效用的现值，首先受到 ρ 的影响，反映了消费者的时间偏好，ρ 越低，越偏好于现在消费，现期环境质量有较大的效用，则 τ_t 较高；反之，则 τ_t 较低。δ 对于 τ_t 的影响正好与消费者环境质量的偏好相反。对于碳排放交易而言，θ_t 和 τ_t 之间为正相关，当 $\theta_t = 0$ 时，属于清洁生产，不存在碳排放的问题，即 $\tau_t = 0$；当 $\theta_t = \bar{\theta}$ 时，不存在排放的限制，即没有碳排放交易制度。碳排放权配额 θ_t 是政府控制碳排放的一个工具，是一个从高到低的动态调整过程，随着 θ_t 的降低，碳税也降低，直到式（8.38）成立则停止下调，此时若 $\theta_t > 0$，则 $\tau_t > 0$，即最终科研人员集中 C 部门时，碳税仍然为正。因此，这种碳排放交易制度只能部分替代"税收—资助"政策，需要"税收—资助"辅助使用才能达到帕累托最优，辅助税率由式（8.39）决定，资助额度由式（8.36）和式（8.39）决定，均依赖于 θ_t 值的大小且应小于没有碳交易制度的值。

这种制度交易仅在两部门间进行，属于纯市场交易的制度，碳排放量完全由政府控制。碳排放配额的控制就控制了碳排放总量，然后，通过市场交易使两部门的生产量、中间设备的投入量、科研人员和劳动要素的分配重新达到新的均衡，这个过程不断调整，直到使所有科研人员全部转移至 C 部门才停止调控，说明这是一项需要持续的长期政策。这种制度中政府可以从宏观上总量调控，把握调控方向和节奏，但对 D 部门产生的强力规制易导致资源配置的扭曲，且在实际交易中，买卖双方信息的不完善和不对称可能在交易中缺乏流动性，导致价格失灵。

二、非市场交易的碳排放权交易制度

非市场交易的碳排放权交易制度是指碳排放权交易仅在 D 部门和政府部门之间进行，不存在中间交易市场。该制度中 D 部门的所有碳排放权必须向政府购买，政府可以自由定价或拍卖的方式出售，政府将获得的收益用来补贴 C 部门的技术创新，即 $E_{ct} = p_{ct}^e = \theta_t = 0$。D 部门购买碳排放价格取决于政府的定价 p_{gt}^e，即 $p_{dt}^e =$

p_{gt}^e。政府获得的收益为 $g_t = p_{gt}^e \theta_{dt} Y_{dt}$，将部分 $q_{1t} g_t$ 用于资助 C 部门的生产和创新，假设补贴形式在利润的基础上资助 q_{ct} 倍，则 C 部门研发人员的最大化利润为原来的 $1 + q_{ct}$ 倍，具体操作可以通过减少所得税或增值税的形式，而剩余部分 $(1 - q_{1t}) g_t$ 直接用于治理污染以改善生态环境，所以，政府部门主要通过控制 p_{gt}^e 和 q_{ct} 来控制碳排放。由式（8.25）得到两部门中间产品厂商两种技术选择的最大利润之比为：

$$\frac{\Pi_{ct}}{\Pi_{dt}} = \frac{\eta_c \Omega_{t-1}^{-\varphi}}{\eta_d} \frac{1 + q_{ct}}{[1 - (p_{gt}^e / p_{dt}) \bar{\theta}]^\varepsilon} \left(\frac{1 + \gamma \eta_c s_{ct}}{1 + \gamma \eta_d s_{dt}} \right)^{-\varphi - 1} \tag{8.40}$$

根据式（8.26）、式（8.27）和式（8.28）的分析，若满足研发人员从 D 部门向 C 部门转移的条件，由式（8.40）可得到两个角点解，即当 $\varphi < -1$ 时有 $s_{dt} = 1$ 和 $s_{ct} = 0$，则科研人员向 C 部门转移的条件为：

$$p_{gt}^e / p_{dt} > \frac{1}{\bar{\theta}} \left\{ 1 - \left[\frac{\eta_c}{\eta_d} (1 + \gamma \eta_d)^{\varphi + 1} \Omega_{t-1}^{-\varphi} \right]^{1/\varepsilon} (1 + q_{ct})^{1/\varepsilon} \right\} \tag{8.41}$$

当 $-1 < \varphi < 0$ 时，有 $s_{dt} = 0$ 和 $s_{ct} = 1$，则科研人员向 C 部门转移的条件为：

$$p_{gt}^e / p_{dt} > \frac{1}{\bar{\theta}} \left\{ 1 - \left[\frac{\eta_c}{\eta_d} (1 + \gamma \eta_c)^{-\varphi - 1} \Omega_{t-1}^{-\varphi} \right]^{1/\varepsilon} (1 + q_{ct})^{1/\varepsilon} \right\} \tag{8.42}$$

政府对于出售碳排放权的定价与对于 C 部门的资助存在正向的函数关系，政府必须根据科研人员分布和相对技术状态的变化同步调整 p_{gt}^e 和 q_{ct}。该制度中当 $(1 - q_{1t}) g_t > 0$ 时，政府会将其用于治理环境，直接影响环境质量函数。假设投入资金比例与环境质量正相关，可将环境质量函数式（8.14）修正为：

$$S_{t+1} = [1 + \delta + (1 - q_{1t})^\nu] S_t - \xi Y_{dt} \tag{8.43}$$

其中 ν 表示生态修复投资对环境质量改善的弹性系数，且 $0 < \nu < 1$。

对于帕累托最优的社会计划者而言，政府对 D 部门碳排放权出售和对 C 部门科研人员的补贴，类似于 AABH 中的"税收—资助"制度。将式（8.36）和式（8.40）进行比较分析，当 $q_{1t} = 1$ 时，不存在政府直接治理环境的部分，且 $q_{ct} = q_t$，没有碳排放权配额 $\theta_t = \bar{\theta}$，代入式（8.39）可以得到最优税率 τ_t，同时得到满足技术路径转向条件的碳排放权价格：

$$p_{gt}^e = \frac{\tau_t p_{dt}}{(1 + \tau_t) \bar{\theta}} \tag{8.44}$$

最终，当政府按照式（8.44）制定碳排放价格时，清洁技术研发人员的资助由式（8.41）或式（8.42）决定，则可完全替代"税收—资助"制度。当 $q_{1t} < 1$

时，可以将剩余的资金用于直接治理环境，则会产生正的外部性，根据式（8.30）、式（8.33）和式（8.43），政府可得到最优税率的影子价格：

$$\tau_t = \frac{\xi C_t^\sigma}{\hat{p}_{dt}\phi(S_t)^{1-\sigma}(1+\rho)}\sum_{\nu=t+1}^{\infty}\left\{\left[\frac{1+\delta+(1-q_{1t})^\nu}{1+\rho}\right]^{\nu-(t+1)}\frac{C_v^{1-\sigma}}{\phi(S_v)^\sigma}\frac{d\phi(S_v)}{dS_v}\right\}$$
(8.45)

式（8.45）可以表示政府碳排放权定价过高的等价税率，将式（8.45）中的 τ_t 代入式（8.36）可求得对科研人员资助的大小，也意味着采用这种方式计算碳税和资助方式可以达到直接治理环境等价的效果。[①]

在这种交易制度中，政府可成立碳储备银行来执行碳排放权交易定价获取收益和给予清洁技术补贴的两种政策，满足式（8.41）和式（8.42）的要求，并将多余的资金用于治理污染，直接改善环境质量。这种制度属于纯计划的制度安排，近似于等价"碳税—资助"的政策，完全处于政府的控制之中，能够直接刺激技术进步，定向推动科研人员的部门转移。但在定价和补贴的操控过程中，容易出现寻租腐败，难以有效监督。

三、混合交易的碳排放权交易制度

混合交易的碳排放权交易制度是在第一种制度的基础上允许存在政府部门和中间交易市场。中间交易市场的存在可以让更多的部门和资金参与进来，中间金融机构具有较强的价格发现功能，可以在碳排放权交易中通过价差套利，则 $p_{ct}^e \neq p_{dt}^e$。政府部门主要通过控制 θ_t 来控制碳排放总量，同时政府可以和公众一起进入交易市场来影响碳排放权价格，间接影响厂商和科研人员的决策行为。据式（8.25）可以得到：

$$\frac{\Pi_{ct}}{\Pi_{dt}} = \frac{\eta_c\Omega_{t-1}^{-\varphi}}{\eta_d}\left(\frac{1+(p_{ct}^e/p_{ct})\theta_t}{1-(p_{dt}^e/p_{dt})(\bar{\theta}-\theta_t)}\right)^\varepsilon\left(\frac{1+\gamma\eta_c s_{ct}}{1+\gamma\eta_d s_{dt}}\right)^{-\varphi-1}$$
(8.46)

根据式（8.26）、式（8.27）和式（8.28）的分析，若满足研发人员从 D 部门向 C 部门转移的条件，由式（8.46）可得到两个角点解，即当 $\varphi < -1$ 时，有 $s_{dt}=1$ 和 $s_{ct}=0$。令 $p_{jt}^z=p_{jt}^e/p_{jt}$ 表示碳排放权交易对产品的相对价格，则科研人员向 C 部门转移的条件为：

---

① 实际上，该制度是由政府替代生产部门解决环境问题，政府治理环境也需要要素和技术投入，这并非问题研究的初衷，从这个角度讲，$q_{1t}<1$ 的结论并没有太大的意义，可以理解为政府对碳排放权定价过高的一种弥补手段。

$$\theta_t > \frac{\eta_c^{1/\varepsilon}(1+\gamma\eta_d)^{(\varphi+1)/\varepsilon}\varphi_{t-1}^{-\varphi/\varepsilon} - \bar{\theta}\,\eta_c^{1/\varepsilon}(1+\gamma\eta_d)^{(\varphi+1)/\varepsilon}\varphi_{t-1}^{-\varphi/\varepsilon}p_{dt}^z - \eta_d^{1/\varepsilon}}{\eta_d^{1/\varepsilon}p_{ct}^z - \eta_c^{1/\varepsilon}(1+\gamma\eta_d)^{(\varphi+1)/\varepsilon}\varphi_{t-1}^{-\varphi/\varepsilon}p_{dt}^z} \quad (8.47)$$

当 $-1 < \varphi < 0$ 时，有 $s_{dt} = 0$ 和 $s_{ct} = 1$，则科研人员向 C 部门转移的条件为：

$$\theta_t > \frac{\eta_c^{1/\varepsilon}(1+\gamma\eta_c)^{-(\varphi+1)/\varepsilon}\phi_{t-1}^{-\varphi/\varepsilon} - \bar{\theta}\,\eta_c^{1/\varepsilon}(1+\gamma\eta_c)^{-(\varphi+1)/\varepsilon}\phi_{t-1}^{-\varphi/\varepsilon}p_{dt}^z - \eta_d^{1/\varepsilon}}{\eta_d^{1/\varepsilon}p_{ct}^z - \eta_c^{1/\varepsilon}(1+\gamma\eta_c)^{-(\varphi+1)/\varepsilon}\phi_{t-1}^{-\varphi/\varepsilon}p_{dt}^z} \quad (8.48)$$

在式（8.47）和式（8.48）中有三个可控变数 θ_t、p_{ct}^z 和 p_{dt}^z，政府可以根据碳减排的战略规划对碳排放总量进行宏观调控，制定碳排放系数的降低速度 $d\theta_t/dt$ 来控制 θ_t 的变化，同时在中间市场交易中，政府通过买入或卖出碳排放权控制 p_{ct}^z 或 p_{dt}^z，而中介金融机构会在交易中因为价差 $p_{dt}^z - p_{ct}^z$ 获得合理利润。因为这种制度仅对碳排放配额系数产生影响，所以环境质量函数与第一种制度相同，仍然可用式（8.14）表示。

对于帕累托最优的社会计划者而言，因为环境质量修复路径函数与第一种制度中一致，所以通过影子价格计算的最优税率 τ_t 可用式（8.39）表示，但是，在这种制度中政府控制的工具除了 θ_t，还有 p_{ct}^z 和 p_{dt}^z。分析式（8.46）和式（8.36）可知，若要达到政策目标必须满足：

$$p_{ct}^z = \frac{\tau_t + (1+\tau_t)(\bar{\theta} - \theta_t)p_{dt}^z}{\theta_t} \quad (8.49)$$

在这种制度中，政府调控完全替代"碳税—资助"政策达到帕累托最优可分为两个步骤：第一步，制定总量减排时间规划，确定减排速度并确定 θ_t，相对第一种制度减排速度可偏低一些，则 θ_t 相对偏高一些，可为碳排放调控留下更多的调整空间，将确定的 θ_t 代入式（8.39）确定 τ_t；第二步，根据中间交易市场上中间机构的介入程度，分别干预 D 部门和中间机构的买卖交易影响价格 p_{dt}^z，C 部门和中间机构买卖交易影响价格 p_{ct}^z，使得式（8.49）成立。在此过程中，一是可以控制中间机构的利润空间；二是可以同时提高或降低两个价格，控制科研人员转移的速度。

第三种制度属于计划与市场相结合的方式，政府宏观把握整体方向，在市场交易中参与价格调整，通过利润最大化引导科研人员向 C 部门转移，介于前两种制度之间，在实践中更具有可操作性。该制度与第一种制度相比，优点在于：一是这种交易制度可以进行微观的市场干预，调控碳排放的成本和收益，控制科研人员部门转移的速度；二是可以增加碳排放权的流动性，通过调动社会资源参与到碳排放权交易中来，提高制度诱导研发转向清洁技术的有效性；三是对 θ_t 变动更为柔性，设定 $d\theta_t/dt$ 可相对小一些，减排速度相对较慢，能够为控制减排中存在的不确定性风险留下空间，避免刚性调控产生的政策失误，增加了政府的调控能力。该制度与第二种交易制度相比，优点在于不必要进行政府定价和研究资助的比例，可发挥自由竞争的市场经济配置资源的优越性，也有利于宏观调控的灵活性。

综上所述，第一种制度更具市场竞争性，第二种制度更具中央计划性，第三种制度更具实际操作性。依据三种碳排放权交易制度分散决策经济的竞争性均衡分析和社会计划者的帕累托最优分析，可以归纳得到命题 2 和命题 3。

命题 2： 分散决策的竞争性经济中，当碳排放权交易仅在清洁和传统生产部门之间时，引致科研人员转向清洁部门的政策工具依赖于 θ_t 的控制，程度取决于 Ω_{t-1} 的值，且是一项持续性制度安排；当碳排放权仅能从政府购买时，引致科研人员转向清洁部门的政策工具依赖于 p_{gt}^e 和 q_{ct} 的控制，函数关系取决于 Ω_{t-1} 和 φ 的值，φ 值决定函数关系式的形式和制度的持续性；当碳排放权交易可以在中间市场交易时，引致科研人员转向清洁部门的政策工具依赖于 θ_t、p_{ct}^z 和 p_{dt}^z 的控制，三变量的函数关系取决于 Ω_{t-1} 和 φ 的值，φ 值决定函数关系式的形式和制度的持续性。

命题 3： 政府作为集权的社会计划者，当碳排放权交易仅在清洁和传统生产部门之间时，单独控制 θ_t 的政策不能达到帕累托最优，需要"碳税—资助"政策的辅助；当碳排放权仅能从政府购买时，通过对 p_{gt}^e 和 q_{ct} 的控制可达到帕累托最优，可以完全替代"碳税—资助"政策，解决排放负外部性和技术正外部性的问题；当碳排放权交易可以在中间市场交易时，通过对 θ_t、p_{ct}^z 和 p_{dt}^z 的控制达到帕累托最优，可以完全替代"碳税—资助"政策，解决排放负外部性和技术正外部性的问题，且兼具前两种制度的优点，对于社会计划者而言，属于相对更具可操作性的制度安排。

四、模型拓展：可耗竭性资源价格的影响

在现实经济中，随着可耗竭性资源的开采使用会导致其价格持续上升，为了控制生产成本和避免资源耗竭，需要不断发展技术开发新能源和转向清洁生产，可耗竭资源价格引入对清洁技术偏向路径有明显的作用。

首先，可耗竭性资源价格引入后需对相关变量设定进行修正。假设当期的资源总量 Q_t 减去可耗竭资源消耗量 R_t 等于下一期的资源总量 Q_{t+1}，则资源总量的变动函数表示为：

$$Q_{t+1} = Q_t - R_t \tag{8.50}$$

假设可耗竭性资源仅发生在传统部门，则 D 部门的生产函数式（8.2）重新设定为：

$$Y_{dt} = R_t^{\alpha_2} L_{dt}^{1-\alpha} \int_0^1 A_{dit}^{1-\alpha_1} x_{dit}^{\alpha_1} \mathrm{d}i \tag{8.51}$$

其中 $\alpha_1 + \alpha_2 = \alpha$，$\alpha_2$ 表示 R_t 对 D 部门产量的弹性系数。根据式（8.51）推断当市场出清时，消费最终品的关系式（8.13）可修正为：

$$C_t = Y_t - \psi\left(\int_0^1 x_{cit}di + \int_0^1 x_{dit}di\right) - c(Q_t)R_t \qquad (8.52)$$

其中，$c(Q_t)$ 表示可耗竭资源的获取成本，也可用其价格 p_{rt} 表示，则 $p_{rt} = c(Q_t)$。假设对环境质量的损耗取决于可耗竭资源的使用，则环境质量修复函数（8.14）可以简单地重新设定为：

$$S_{t+1} = (1 + \delta)S_t - \xi_r R_t \qquad (8.53)$$

其中，ξ_r 表示可耗竭性资源的环境损耗率。

其次，分析分散决策经济的竞争性均衡。将式（8.51）和式（8.52）相应替换原函数后，按照分散决策经济中竞争性均衡分析的思路和求解过程，得到市场均衡时两部门中间厂商技术选择的最大期望利润之比为：

$$\frac{\Pi_{ct}}{\Pi_{dt}} = \kappa \frac{\eta_c p_{rt}^{\alpha_2(\varepsilon-1)}(1+e_{ct})^\varepsilon (1+\gamma\eta_c s_{ct})^{-\varphi-1}(A_{ct-1})^{-\varphi}}{\eta_d (1-e_{dt})^\varepsilon (1+\gamma\eta_d s_{dt})^{-\varphi_1-1}(A_{dt-1})^{-\varphi_1}} \qquad (8.54)$$

其中，$\kappa = \dfrac{(1-\alpha)\alpha}{(1-\alpha_1)\alpha_1^{(1+\alpha_2-\alpha_1)/(1-\alpha_1)}}\left(\dfrac{\alpha^{2\alpha}}{\psi^{\alpha_2}\alpha_1^{2\alpha_1}\alpha_2^{\alpha_2}}\right)^{\varepsilon-1}$，$\varphi_1 = (1-\alpha_1)(1-\varepsilon)$。

可将式（8.54）与式（8.25）比较，有四个方面的影响：（1）碳排放权交易对厂商决策行为的影响是一致的；（2）因为 $\varepsilon > 1$ 和 $\alpha_1 < \alpha$，则 $\varphi_1 < \varphi < 0$，使得（8.54）分母较大，原因是厂商对于中间设备投入的减少提高了中间技术的产出贡献率，对于利润有正的影响，但是减少的中间投入却增加了可耗竭资源的投入，增加了投入成本而降低了利润；（3）相对而言，增加了清洁部门研发的优势，两者的权重取决于 α 对于 α_1 和 α_2 的分配，以及 ε 值的大小；（4）Π_{ct}/Π_{dt} 和 p_{rt} 是严格递增的函数关系，影响程度取决于 ε 和 α_2 的值，随着可耗竭资源的减少，p_{rt} 上升，Π_{dt} 下降，一定会导致 $\Pi_{ct}/\Pi_{dt} > 1$，则最终清洁部门研发相对利润更高，科研人员会持续转移，只要初始环境水平 $\bar{S}$ 足够高，不会因为资源的耗竭出现环境灾难，随着可耗竭资源价格的上升，出现环境的库兹涅茨拐点，科研人员会最终全部转移到清洁技术研究部门，实现清洁生产并避免发生环境灾难。

完全依赖可耗竭性资源的价格调控是存在问题的。一方面，因为资源的总规模较大和消耗速度的不确定性，使可耗竭性资源价格变动的速度不能确定，则科研人员全部转向清洁技术部门的时间难以判断；另一方面，可耗竭性资源价格的不断提高是因为可耗竭资源的不断减少，如果不加以控制，且资源总量不能足够大，可耗竭性资源可能趋向枯竭，仍然不能避免出现环境灾难。因此，碳排放交易或"碳税—资助"政策仍不可或缺。在式（8.54）中，可知价格效应可以通过碳排放交易制度修正形成一个综合的影响，通过对碳排放交易的控制来控制转向清洁技术的时间和速度，进而控制碳排放总量的减排速度。具体碳排放政策的设定可以通过前文的分析方式得到不同情形下新的角点解，使得碳排放的各种变量依据可耗竭资源的价格进行最优的修正。

最后，分析帕累托最优的社会计划者行为。可以将式（8.51）、式（8.52）和式（8.53）相应替换原函数后重复前文中的求解过程，令 m_t 表示式（8.50）的拉格朗日乘数，修正原来的拉格朗日函数，其中因为式（8.53）的修正不存在碳税的问题，改为可耗竭资源的资源税，通过约束条件下效用函数最大化的分析，可利用影子价格求得可征收的最优税率为：

$$\tau_t = \frac{C_t^{\sigma}}{p_{rt}\phi(S_t)^{1-\sigma}}\Big[(1+\rho)^t m_{\infty} - \sum_{v=t+1}^{\infty} \frac{R_v}{(1+\rho)^{v-t}} \frac{\phi(S_v)^{1-\sigma}}{C_v^{\sigma}} \frac{\mathrm{d}c(Q_v)}{\mathrm{d}Q_v} + \frac{\xi_{rt}}{1+\rho} \sum_{v=t}^{\infty} \Big(\frac{1+\delta}{1+\rho}\Big)^{v-(t+1)} \frac{C_v^{1-\sigma}}{\phi(S_v)^{\sigma}} \frac{\mathrm{d}\phi(S_v)}{\mathrm{d}S_v}\Big] \tag{8.55}$$

其中，m_{∞} 表示 $t\to\infty$ 时资源的影子价格，且 $m_{\infty}>0$。

由式（8.55）可知，τ_t 和 p_{rt} 有负相关性，p_{rt} 越高则使用可耗竭资源的成本越高，机会成本越大，税率下降。在长期，当 $p_{rt}\to\infty$ 时，$\tau_t\to0$，但依靠 p_{rt} 的调节是一个非常缓慢的过程，而且 $p_{rt}\to\infty$ 时可耗竭资源也趋向枯竭，所以碳排放交易依然是一种有效的制度选择。当 $\tau_t>0$ 时，则政府应该对耗竭性资源征收资源税，解决耗竭性资源带来的环境负外部性问题，同样可根据式（8.36）给予清洁部门研发资助解决知识正外部性的问题。前面分析的三种碳排放权交易制度均对"碳税—资助"具有一定替代性。具体而言，可以运用式（8.55）和前文的计算方式，调整碳交易政策的相关函数，如第一种制度 θ_t、第二种制度中的 p_{gt}^e、第三种制度中的 θ_t、p_{ct}^z 和 p_{dt}^z 等值的选择和确定，都必须根据 p_{rt} 进行修正。实际上，可耗竭资源仅作为 D 部门的生产要素，征收的资源税和前文中碳税的经济效应是一致的，均增加了 D 部门的生产成本并降低了利润。相对而言，C 部门获得更多的相对利润，导致科研人员向其转移。资源税的征收标准依赖于式（8.55）中的众多参数，进而影响到碳排放交易中相关政策的制定，所以对于参数的估计非常重要。因此，可以总结得到命题4。

命题4：长期而言，在初始资源规模足够大的条件下，可耗竭资源的价格可以引致科研人员转向清洁技术研发，但可耗竭性资源也将趋向枯竭；在一定的时期内，碳排放权交易的干预程度可以根据可耗竭资源的价格重新调整，加快转向清洁技术研发的速度，控制可耗竭资源的消耗程度，以减少碳排放和恢复生态环境。

第四节　环境技术创新的政策激励效应

清洁技术的发展和扩散对于污染控制起着重要作用，政府必须解决怎样通过政策工具向企业提供足够的激励，发展环境友好型的技术和产品（Georg，1992）。污染控制的环境政策工具有很多，经济学家偏好选择那些能通过价格而不是靠命令和控制向企业提供进行技术创新激励的政策工具。诸如排放税、排放补贴、各种交易许可证等基于市场激励制度的优势在于它们的成本效率（周华，2012；白雪洁，2009）。环境政策提供给企业进行环境 R&D 以及减轻环境污染的新技术吸收和创新的激励程度是环境政策效应的重要评价标准（胡麦秀，2007；沈能，2012）。然而，经济学者对这些政策工具效应的排序目前还没有统一的认识。由于假设条件和研究方法不同，学者们得出的研究结论不尽相同（Jaffe and Stavins，1995）。

本节的创新点主要体现在以下三个方面：第一，运用信息经济学的逆向选择和道德风险原理拓展了阿尔格达斯（Arguedas，2010）等人关于可交易的排放许可证、污染税和减排津贴以及污染标准等环境政策工具对企业技术吸收激励效应的数理模型；第二，创新性地阐释了上述四种环境政策工具在不完全法规遵从条件下激励效应的差异性、适应性和协同性；第三，运用本节的主要研究结论，科学地解释了中国已有环境政策工具的技术吸收激励效应；第四，提出了生态文明背景下如何通过环境政策工具选择激励企业技术吸收可操作性的对策建议。

一、可交易的排放许可证对企业技术创新的激励效应

假定某产业中有 n 个（n 为大数目）排放相同污染物的小企业，企业 i 的排污量 $e_i \in [0, e_i^{max}]$，在没有环境规制的条件下，企业 i 的排污量为 $e_i^{max} > 0$。然而，企业 i 能够通过使用常规"减排"技术或者以固定成本 I_i 安装新的先进技术来减少污染排放量。企业 i 的"减排"技术选择通过其"减排"成本函数 $c_i^k(e_i)$ 显示出来，其中 $k = \{0,1\}$ 分别代表常规的"减排"技术和先进的清洁技术。因此，$c_i^k(e_i)$ 是企业 i 使用技术 $k = \{0,1\}$ 的运行成本，而 I_i 是企业 i 安装新清洁技术（$k = 1$）的投资成本。这对"减排"成本比较满足通常的假设：第一，$c_i^0(e_i) > c_i^1(e_i) > 0$；第二，$c_i^{0'}(e_i) < c_i^{1'}(e_i) \leq 0$；第三，对于所有的 $e_i \in [0, e_i^{max}]$，有 $\lim_{e_i \to 0} c_i^k(e_i) = -\infty$，$c_i^{k'}(e_i^{max}) = 0, c_i^{k''}(e_i) > 0$。

假设规制者首先设定一个总量排污目标 $\bar{E}$，然后颁布数量为 $S \leq \bar{E}$ 的可交易排放许可，p 代表相应的竞争性许可市场价格，$\bar{s}_i \geq 0$ 为规制者配置给企业 i 的初

始排放许可量，$s_i \geq 0$ 为排放交易发生后企业 i 拥有的排放许可总量。显然有 $\sum_i \bar{s}_i = \sum_i s_i = S$。在此框架下，一个守规的企业不会排放超过它拥有的许可量，即 $e_i < s_i$，而不守规的企业会排放超过它能拥有的许可量，令 $v_i = e_i - s_i > 0$ 为企业 i 的排放许可偏离量。

规制者能够很好地观察到每个企业持有的交易许可量，但不能观察到企业的实际排污量，因此，采用抽查的监控策略去判断企业是否守规。假定抽查的概率为 $\pi_i(v_i) \in [0,1]$，它依赖于排放偏离规模，且满足如下的一般属性：$\pi_i(0) > 0$，$\pi'_i(v_i) \geq 0$，$\pi''_i(v_i) \geq 0$。如果企业 i 被检查发现没有守规，即 $v_i > 0$，那么该企业将面临货币制裁 $f_i(v_i)$，其中 $f_i(0) = 0$，$f'_i(v_i) > 0$，且 $f''_i(v_i) \geq 0$。

在此规制框架内，企业 i 在交易许可价格 p 既定条件下对排污量 e_i、交易许可持有量 s_i 以及是否投资先进清洁技术进行决策。对于风险中性的企业 i 解决下列最优化问题：

$$\min_{c_i^0, c_i^1} \left\{ \begin{array}{l} \min_{e_i,s_i} c_i^0(e_i) + p[s_i - \bar{s}_i] + \pi_i(v_i)f_i(v_i) \\ \min_{e_i,s_i} c_i^1(e_i) + p[s_i - \bar{s}_i] + \pi_i(v_i)f_i(v_i) + I_i \end{array} \right\} \tag{8.56}$$

$$\text{s. t.} \qquad e_i \geq s_i$$

给定每种"减排"技术 $k = [0, 1]$ 的最优水平 (e_i^k, s_i^k, v_i^k)，企业再通过评估哪种选择导致更低的最小预期成本来决定是否投资新的清洁技术。

1. 企业的守规决策

一旦做出投资决策，对于给定的技术 $k = \{0,1\}$，企业求解下列最优化问题：

$$\min_{e_i,s_i} c_i^k(e_i) + p[s_i - \bar{s}_i] + \pi_i(v_i)f_i(v_i) \tag{8.57}$$

$$\text{s. t.} \qquad v_i \geq 0, \quad s_i \geq 0$$

式（8.57）的拉格朗日函数如下：

$$L = c_i^k(e_i) + p[s_i - \bar{s}_i] + \pi_i(v_i)f_i(v_i) - \mu v_i - \lambda s_i$$

其中，$\mu \geq 0$ 和 $\lambda \geq 0$ 是与式（8.57）不等式约束相应的库恩－塔克乘数，最优化的充分必要条件如下：

$$c_i^{k'}(e_i) + \pi'_i(v_i)f_i(v_i) + \pi_i(v_i)f'_i(v_i) - \mu = 0 \tag{8.58}$$

$$p - \pi'_i(v_i)f_i(v_i) - \pi_i(v_i)f'_i(v_i) + \mu - \lambda = 0 \tag{8.59}$$

$$\mu v_i = 0, \ \mu \geq 0, \ v_i \geq 0 \tag{8.60}$$

$$\lambda s_i = 0, \ \lambda \geq 0, \ s_i \geq 0 \tag{8.61}$$

考虑到交易许可持有量为正，有 $s_i^k \geqslant 0$，$\lambda = 0$，相加式（8.58）与式（8.59），得到：

$$c_i^{k'}(e_i^k) + p = 0 \qquad (8.62)$$

从式（8.62）可以看出，给定交易许可价格，最优排污决策独立于规制部门的监控策略。

如果 $v_i^k = e_i^k - s_i^k = 0$，即企业处于守规的情形，由式（8.58）和式（8.59）可知，$\mu = \pi_i(0)f_i'(0) - p \geqslant 0$，即 $p \leqslant \pi_i(0)f_i'(0)$，意味着当企业 i 遵从环境规制时，交易许可价格至少不会大于不遵从环境规制时带来的边际处罚，或者说任何时候不遵从环境规制时带来的边际处罚都会超过遵从环境规制时的交易许可价格。

如果 $v_i^k = e_i^k - s_i^k > 0$，即企业处于不守规的情形，由式（8.59）和式（8.60）可知，企业 i 的最优偏离水平由下式给出：

$$p = \pi_i'(v_i)f_i(v_i) + \pi_i(v_i)f_i'(v_i) = [\pi_i(v_i)f_i(v_i)]' \qquad (8.63)$$

式（8.63）意味着如果企业不遵从环境规制，购买一单位的超额排放交易许可的价格将相当于边际处罚。而且企业实际排污量超过许可排污总量的偏离状况依赖于环境规制的监控策略以及交易许可价格，而不依赖于技术选择，因此有 $v_i^0 = v_i^1$。

虽然企业 i 的超排量不依赖于其技术吸收的决策，但是排污水平与交易许可持有量还是与技术吸收决策息息相关。从条件式（8.60）和假设 $-c_i^{0'}(e_i) > -c_i^{1'}(e_i)$ 能够得到 $e_i^0 > e_i^1$。从式（8.61）可知，当 $v_i^0 = v_i^1$，有 $s_i^0 > s_i^1$。

从上述分析可以得到以下结论。第一，界定不清楚的守规合约不会给"污染减排"带来激励，除非不遵从合约引致了交易许可价格的降低；第二，企业守规合约的决策主要受规制部门的监控执行战略影响，但它们独立于特定的技术特征。

由条件式（8.60）可知，根据前面的模型假设可知 $e_i^{k'}(p) < 0$，即污染排放水平与排污交易许可价格是负相关的。合并条件式（8.60）和式（8.61）同样可以得到 $s_i^{k'}(P) < 0$，即排污交易许可量与排污交易许可价格是负相关的。

因此，单个企业排污量和交易许可需求量决策与交易许可价格关系可用图 8-1 表示。

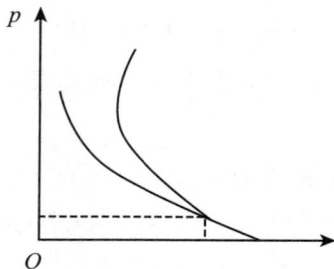

图 8-1 企业污染决策与排污交易许可需求

从图 8 - 1 可以看出，当企业遵从环境规制合约时，污染排放水平与排污交易许可需求水平是一致的，即 $p \leqslant \pi_i(0) f'(0)$ 时，$e_i^k(p) = s_i^k(p)$；而当企业不遵从环境规制合约时，污染排放水平大于排污交易许可需求水平，即 $p > \pi_i(0) f'(0)$ 时，有 $e_i^k(p) > s_i^k(p)$。

2. 企业的投资决策

考虑企业 i 是否有激励投资先进的"减排"技术（$k = 1$）。令：

$$C_i^k = c_i^k(e_i^k) + p[s_i^k - \bar{s}_i] + \pi_i(v_i^k) f_i(v_i^k) \qquad (8.64)$$

式（8.64）代表与技术 k 相关联的企业 i 预期的最小成本。当且仅当企业 i 投资两种技术（$k = 0，1$）的预期成本节省超过实际的先进"减排"技术投资 I_i，即 $\Delta C_i = C_i^0 - C_i^1 \geqslant I_i$ 时，企业 i 有投资先进的"减排"技术的激励。

从式（8.63）可知：

$$\Delta C_i = c_i^0(e_i^0) - c_i^1(e_i^1) + p[s_i^0 - s_i^1] + \pi_i(v_i^0) f_i^0 - \pi_i(v_i^1) f_i^1 \qquad (8.65)$$

首先考虑完全遵从环境规制合约的情形，即当 $v_i^0 = v_i^1 = 0$ 时，式（8.65）可以写成：

$$\Delta C_i = c_i^0(e_i^0) - c_i^1(e_i^1) + p[e_i^0 - e_i^1] \qquad (8.66)$$

对式（8.66）求 p 的偏微分，根据式（8.60）和 $e_i^0 > e_i^1$ 可以得到 $\partial \Delta c / \partial p > 0$，即使用新技术的预期成本节省与排污交易许可价格正相关。也就是说，排污交易许可价格越高，使用新技术的预期成本节省越大，在投资成本给定的条件下，企业越有投资新技术的可能性。

再考虑不完全遵从环境规制合约的情形，即当 $p > \pi_i(0) f'(0)$ 时，由式（8.61）的结论 $v_i^0 = v_i^1$ 可知，企业 i 的预期处罚独立于技术选择，因此有：

$$\pi_i(v_i^0) f_i(v_i^0) = \pi_i(v_i^1) f_i(v_i^1) \qquad (8.67)$$

因此，式（8.67）可以写成：

$$\Delta C_i = c_i^0(e_i^0) - c_i^1(e_i^1) + p[s_i^0 - s_i^1] = c_i^0(e_i^0) - c_i^1(e_i^1) + p[e_i^0 - e_i^1] \qquad (8.68)$$

式（8.68）表明，不完全遵从环境规制合约带来的成本节省等于完全遵从环境规制合约带来的成本节省。

由上述分析可知，企业的投资决策与环境规制者的监控策略是否引致了完全的环境规制合约遵从或者是不完全的环境规制合约遵从无关，而主要与排污交易的许可价格相关。给定排污交易的许可价格，技术吸收带来的成本节省仅仅依赖于最优的排污量。由式（8.60）可知，最优的排污量也独立于环境规制者的监控策略。也就是说，发现在完全遵从环境规制合约情形下吸收先进技术有利可图的企业，也会在不完全遵从环境规制合约情形下同样地吸收先进技术。

因此,排污水平和投资决策的改变仅仅是由于排污交易许可价格的改变。由图8-1可知,在非完全环境规制合约遵从情形下排污交易许可价格比完全环境规制合约遵从情形下下降得更快,由式(8.60)和式(8.67)可知,非完全环境规制合约遵从比完全环境规制合约遵从情形下导致更多的污染和更少的"减排"技术投资。因此有:

命题5:对于任意给定的排污交易许可量,非完全环境规制合约遵从情形下的均衡许可交易价格相对更低,因此,非完全环境规制合约遵从情形下技术吸收的激励相对更弱。

命题5可以用图8-2表示。假定规制者颁发一个数量为 $\bar{E}$ 的排放许可交易量,所有企业都完全遵从环境规制合约,即企业对污染排放交易许可量的需求等于它们相应的污染总量。给定污染排放交易价格 p,假定有 $1,2,\cdots,j(p)$ 企业在价格 p 时吸收了新技术,有 $N-j(p)$ 企业没有吸收新技术,则污染排放交易许可的市场需求量可以写成 $\sum_{i=1}^{j(p)} e_i^1(p) + \sum_{i=j(p)+1}^{N} e_i^0(p)$。

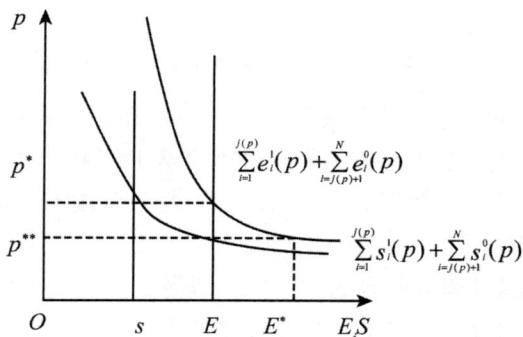

图8-2 排污交易许可量与企业技术吸收激励效应

污染排放交易许可的市场需求曲线是价格 p 的严格单调递减函数,这主要是因为单个企业的排污水平随排污交易许可价格单调递减,价格越低,企业吸收新技术的激励也越小,并且在给定的排污交易许可价格 p 下,新技术引致的排污水平比传统技术引致的排污水平要低。所以,与固定的排污许可供给量 $\bar{E}$ 相对应,有唯一的均衡排污交易许可价格 p^* 和新技术吸收量 $j(p^*)$。

非完全环境规制合约遵从情形下,企业的排污许可交易量要小于它们实际的排污量。相应地,企业的排污许可交易需求量由 $\sum_{i=1}^{j(p)} s_i^1(p) + \sum_{i=j(p)+1}^{N} s_i^0(p)$ 给定,并且也是价格 p 的严格递减函数。由于 $s_i^k(p) < e_i^k(p)$,所以非完全环境规制合约遵从情形下的

企业排污许可交易需求曲线位于 $\sum_{i=1}^{j(p)} e_i^1(p) + \sum_{i=j(p)+1}^{N} e_i^0(p)$ 曲线的下方（见图 8 - 2）。

由图 8 - 2 可知，给定 $\bar{E}$ 的排放许可交易量，均衡排污交易许可价格 $p^{**} < p^*$，这将导致一个更低的技术吸收量 $j(p^{**})$ 和更大的污染排放量 E^{**}。

图 8 - 2 的经济学含义是，环境规制者可以采用两种方法达到既定的污染减排目标 $\bar{E}$。第一种方法是，通过制定相对更高的排污交易许可价格 p^*，引致企业完全的环境规制合约遵从来达到既定的排污目标 $\bar{E}$ 和技术吸收量 $j(p^*)$；第二种方法是，当企业不完全遵从环境规制合约时，通过颁布一个小于既定污染减排目标 $\bar{E}$ 的排污交易许可量 S（见图 8 - 2）来实现第一种环境规制政策效果，即实现均衡排污交易许可价格 p^* 和新技术吸收量 $j(p^*)$。

通过上述分析可以得到：

命题 6：在排放许可条件下，企业新技术吸收激励唯一地依赖于环境规制者的政策选择，而不依赖于环境规制者的监控努力。环境规制者不同监控努力导致的企业完全环境规制合约遵从和不完全环境规制合约遵从情形，只要选择恰当的污染排放许可量就能实现相同的均衡排污交易许可价格和新技术吸收激励。

二、污染税和减排津贴对企业技术吸收的激励效应

假定规制者根据企业 i 申报的污染量 r_i 征收单位污染税 $\tau > 0$。如果企业 i 申报的污染量 r_i 与其实际污染排放量 e_i 一致，则遵从了环境规制合约；如果企业 i 申报的污染量 $r_i < e_i$，则没有遵从环境规制合约。令 $v_i = e_i - r_i$ 为企业 i 的排污偏离量。企业 i 决定：（1）污染排放量 e_i；（2）污染申报量 r_i；（3）是否投资先进的减排技术。最优化问题如下：

$$\min_{c_i^0, c_i^1} \left\{ \begin{matrix} \min_{e_i, r_i} c_i^0(e_i) + \tau r_i + \pi_i(v_i) f_i(v_i) \\ \min_{e_i, r_i} c_i^1(e_i) + \tau r_i + \pi_i(v_i) f_i(v_i) + I_i \end{matrix} \right\} \tag{8.69}$$

$$\text{s. t.} \qquad e_i > r_i$$

唯一的区别是污染税是外生给定的，而排污交易许可价格是通过市场出清机制内生给定的。除了在非完全环境规制合约遵从时，企业有税收逃避的可能性外，是否遵从环境规制合约对于污染水平和技术吸收激励没有实质性的决定作用，关键在于环境规制者选定一个恰当的污染税（相当于污染排放许可量的作用）约束企业回归到既定的上限排污量和最优的技术吸收水平。减排津贴的情形与污染税的情形很类似，只不过减排津贴可能会导致企业申报的减排量大于实际的排污量。在目标函数中用减排津贴代替污染税，用单位减排津贴代替污染减排许可价格就很容易得

到式（8.60）、式（8.61）和式（8.63）的结论，即减排津贴条件下污染水平和企业技术吸收激励不会随企业是否遵从环境规制合约而发生改变。

三、污染标准对企业技术吸收的激励效应

令 $\bar{e}_i > 0$ 代表企业 i 所要求的排污上限。遵从环境规制合约的企业会选择排污量 $e_i < \bar{e}_i$，而不遵从环境规制合约的企业会超出排污上限水平，即 $e_i > \bar{e}_i$。定义企业 i 的排污偏离量为 $v_i = e_i - \bar{e}_i \geq 0$，此偏离水平只有通过环境规制者的监控努力才能被监测到。

给定排污标准 $\bar{e}_i$，企业决定：（1）最优的排污水平；（2）是否采用先进的减排技术。对于某一给定的技术，企业仅仅只需要一个变量来决定排污水平，因为企业排污水平和给定的排污标准决定了实际的排污量偏离。最优化问题如下：

$$\min_{c_i^0, c_i^1}\left\{\begin{array}{l}\min_{e_i} c_i^0(e_i) + \pi_i(v_i)f_i(v_i) \\ \min_{e_i} c_i^1(e_i) + \pi_i(v_i)f_i(v_i) + I_i\end{array}\right\}$$

$$\text{s. t.} \quad e_i \geq \bar{e}_i \tag{8.70}$$

与前面的求解步骤相类似，只要满足 $\pi_i(0)f_i'(0) \geq -c_i^{1'}(\bar{e}_i)$，对于某一给定的技术 k，企业 i 就会遵从污染排放标准。也就是说，只要超过第一单位污染的边际预期处罚大于"减排"成本的节省。在这种情况下，$e_i^k = \bar{e}_i$。当且仅当吸收新技术带来的成本节省超过投资成本时，企业决定是否吸收新技术：

$$\Delta c_i = c_i^0(\bar{e}_i) - c_i^1(\bar{e}_i) \geq I_i \tag{8.71}$$

然而，企业技术吸收的激励在非完全环境规制合约遵从情形下呈现不确定性的变化。假定企业 i 面临同一的污染排放标准 $\bar{e}_i$，但不完全环境规制合约遵从的预期处罚是 $-c_i^{0'}(\bar{e}_i) > \pi_i(0)f_i'(0) \geq -c_i^{1'}(\bar{e}_i)$，这意味着传统技术下企业会超出污染排放标准，而新技术下会遵从污染排放标准，因此有 $v_i^1 = 0$。吸收新技术带来的成本节省是：

$$\Delta C_i = c_i^0(e_i^0) + \pi_i(v_i^0)f_i(v_i^0) - c_i^1(\bar{e}_i) \tag{8.72}$$

假定 $c_i^{0'}(e_i^0) + \pi_i'(v_i^0)f_i(v_i^0) + \pi_i(v_i^0)f_i'(v_i^0) = 0$，式（8.72）在传统技术条件下，非完全环境规制合约的最优决策意味着 $e_i^0 > \bar{e}_i$。显然有 $c_i^0(e_i^0) + \pi_i(v_i^0)f_i(v_i^0) < c_i^0(\bar{e}_i)$，这意味着技术吸收激励在完全环境规制合约遵从情形下是递减的。因

此，给定污染减排标准，与完全环境规制合约遵从相比，非完全环境规制合约遵从情形下会引致排污量增加和"减排"技术吸收激励减少。

排放标准政策工具下，环境规制者的监控努力对企业技术吸收激励的效应可以用图8-3表示。

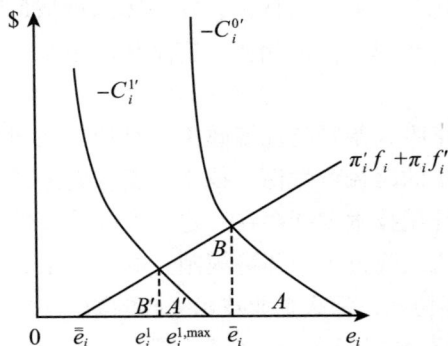

图8-3 污染标准与技术吸收激励

如果环境规制者的监控努力使企业遵从环境规制合约，那么使用传统技术生产引致的"减排"成本相当于面积A；而使用新技术生产引致的"减排"成本为零，所以遵从环境规制合约带来的成本节省为面积A。

如果环境规制者的监控努力使企业不遵从环境规制合约，但企业选择的排污水平与遵从环境规制合约情形下的排污水平相同，即 $\bar{e}_i$，令排放标准 $\bar{e}_i < \bar{e}_i$，预期的边际处罚曲线 $\pi'_i f_i + \pi_i f'_i$ 与传统的边际"减排"成本曲线交于 $\bar{e}_i$。可以看到，在同一污染水平 $\bar{e}_i$ 下，不遵从环境规制合约引致的成本节省为面积 $A+B$，故不遵从环境规制合约引致的企业技术吸收激励较大。因此有：

命题7：如果污染标准相同，引致服从污染标准的政策比引致不服从污染标准的政策能够提供更大的"减排"技术吸收激励；然而，如果引致的污染水平相同，引致服从污染标准的政策比引致不服从污染标准的政策会提供更低的"减排"技术吸收激励。

根据前面模型分析可知，环境政策工具激励效应具有显著的差异性。对于可交易的环境污染许可政策工具而言，排放许可规制对技术吸收的激励不会随环境监控者的监控努力而发生改变，除非不完全环境规制合约遵从引致了排污交易许可价格的下降。因此，企业技术吸收激励的改变仅由排污交易许可价格内生决定，且排污交易许可价格下降是由排放许可交易量的需求减少导致。

尽管外生的环境污染税和减排津贴政策工具在非完全环境规制合约遵从情形下会存在污染申报的信息不对称，从而对企业而言可能产生税收逃避和骗取津贴等逆向选择行为，但是污染水平和技术吸收激励也不会随环境规制者的监控努力而发生改变。

而排污标准政策工具对企业技术吸收的激励效应存在不确定性，这主要依赖于环境规制者的监控努力所导致的完全环境规制合约遵从和非完全环境规制合约遵从两种情形。如果采用同一的排污标准，非完全环境规制合约遵从情形下企业的技术吸收激励更低；如果使用传统的排污技术，在上述两种情形下引致了相同的污染水平，与非完全环境规制合约遵从情形相比，完全环境规制合约遵从情形下企业的技术吸收激励较低。

除此之外，企业技术吸收激励与环境政策工具选择之间存在匹配适应和协同效应。环境技术创新有一定的路径依赖性，技术创新首先是建立在技术引进和技术吸收基础之上的。特别是环境技术创新存在一定程度的外部性，企业的环境技术创新可能存在逆向选择和道德风险行为。环境规制者的政策工具选择如果与企业环境技术吸收行为不匹配或者不协调，那么企业技术吸收的激励效应就不能充分发挥出来。

基于市场交易价格改变的排污交易许可政策对于排污量控制和企业技术吸收激励的效应最强，成本相对最小，因为这项政策工具的实施不需要环境规制者的监控努力，政策效果也不会依赖于企业对于环境规制合约的遵从情况，节省了不必要的行政成本。而环境污染税和减排津贴工具的政策效应虽然也不依赖于企业对于环境规制合约的遵从情况和环境规制者的监控努力，但难以避免企业税收逃避和骗取津贴等逆向选择行为，从而造成社会净福利的损失。而排污标准政策工具的选择更需要环境规制者的监控及协同，除了使用统一的排污标准，还需要环境规制者付出必要的监控努力和监控成本促使企业遵从环境规制合约，才能提高企业对于新"减排"技术吸收的激励效应。对所有企业不能实行同一的排污标准，而应实行差异化排污水平，否则会对企业技术吸收产生负激励效应。

由于上述四种环境政策工具对于企业环境技术吸收的激励效应具有差异性，也有各自的适应性条件，任何单一的政策工具很难完全发挥对企业环境技术吸收的激励效应，因此，从环境政策工具激励效应的最优化层面来说，需要政策工具之间的彼此协调，取长补短，对不同的产业、不同的企业或者不同的地区采用灵活的政策搭配组合。

对于发展中国家或相对落后地区而言，资源和环境"瓶颈"制约经济可持续发展的效果日益显现，企业环境技术创新是解决发展困境和突破资源诅咒、实现可持续发展的关键环节。而合适的环境政策工具的组合选择对于激励企业进行环境技术创新，减少生产过程对环境的破坏，提高资源和能源的使用效率，实现制度性"减排"具有重要的实践意义。

从我国环境政策工具组合选择的现状来看，目前正在积极地借鉴以欧盟为代表的发达国家在制定温室气体排放规则、建立"碳交易"市场和实行"碳金融"产品等方面的创新经验，有序推进市场化的排放交易机制。湖南、深圳、天津等省市成为全国首批开展"碳交易"的试点城市。其中,深圳即将启动的"碳排放权"交易以重点企业和大型公共建筑作为碳排放管控单位,控制单位的碳排放总量占全市总量的比重约40%。根据命题2可知,在排放许可交易条件下,企业新技术吸收激励唯一地依赖于环境规制者的政策选择,而不依赖于环境规制者的监控努力,环境规制者不同监控努力导致的企业完全环境规制合约遵从和不完全环境规制合约遵从情形,只要选择恰当的污染排放许可量就能实现相同的均衡排污交易许可价格和新技术吸收激励,所以能够通过最少的"减排"成本实现中国碳排放减排目标,做到环境保护与技术吸收的协调发展,这是实现污染减排的决定性制度安排。

虽然国务院在2009年提出要加快理顺"环境税费制度",研究开征环境税,但目前尚未开征环境税,而继续代之以对于一些污染严重的企业征收各种收费项目,这些费用的征收并没有对防治污染起到应有的积极作用,污染问题没有得到根本性治理。根据前面的数理模型分析可知,污染税是外生给定的,除了在非完全环境规制合约遵从时,企业有税收逃避的可能性外,是否遵从环境规制合约对于污染水平控制和技术吸收激励没有实质性作用,关键在于环境规制者选定一个恰当的污染税(相当于污染排放许可量的作用)约束企业回归到既定的上限排污量和最优的技术吸收水平。

与此相类似的是,中国从20世纪90年代初开始陆续制定了各行业的大量环境保护标准,目前正在生效的国家级环境保护标准达1400多项,但诸多的环境保护标准对促进企业环境技术吸收并没有达到最优的效果。相反,部分企业采取各种对策进行"偷排",导致环境污染依然很严重。究其原因,如前文数理模型所分析的一样,给定污染减排标准,非完全环境规制合约遵从情形下会引致排污量增加和"减排"技术吸收激励减少。因此,对于既定的环境保护标准,关键在于如何使企业有积极性、有自觉性遵从环境规制合约,避免企业的道德风险行为。

从源头上激励企业遵从环境规制合约,促进企业环境技术吸收,减少污染排放,对企业进行污染减排津贴是必要的。减排津贴条件下,污染水平和企业技术吸收激励不会随企业是否遵从环境规制合约而发生改变,只不过减排津贴可能会导致企业申报的减排量大于实际的排污量等道德风险行为,因此,污染减排津贴只能是一种补充性的奖励政策。

第五节　本章小结

一、主要结论

(1)基于碳交易权的清洁技术偏向激励。清洁部门和传统部门产品之间的替代弹性和中间产品的产出贡献率（两者决定了 φ 值）对清洁技术偏向有着重要的作用，决定着碳排放权的分配、制度的持续性和政府是否参与交易等方面的选择；在一定条件下，如果交易仅发生在厂商之间，仅能部分替代"碳税—资助"制度所产生的清洁技术偏向效应，如果政府部门参与碳排放交易则可完全替代，包括碳排放权的初始拍卖和二级市场上的交易上的参与；长期可耗竭资源的价格持续增长可以达到完全的清洁技术偏向效应，为避免可耗竭性资源的枯竭，碳排放权交易可以依据该价格来调整政策变量，控制转向清洁技术研发的速度。

虽然技术创新和产业结构调整是实现污染减排的关键手段，但技术创新和结构调整需要制度的激励与约束。本研究表明，环境规制作为实现污染减排目标的重要制度设计，不同类型的环境规制对技术创新和结构调整具有显著的差异性和适应性。

（2）环境规制激励效应的差异性。基于市场交易价格改变的排污交易许可政策对于排污量控制和企业技术吸收激励的效应最强，成本相对最小。因为这项政策工具的实施不需要环境规制者的监控努力，政策效果也不会依赖于企业对于环境规制合约的遵从情况，节省了不必要的行政成本。环境污染税和减排津贴工具的政策效应虽然也不依赖于企业对于环境规制合约的遵从情况和环境规制者的监控努力，但难以避免企业税收逃避和骗取津贴等逆向选择行为，从而造成社会净福利的损失。排污标准政策工具的选择更需要环境规制者的监控努力协同，除了使用统一的排污标准外，还需要环境规制者付出必要的监控努力和监控成本，促使企业遵守环境规制合约，才能提高企业对于新"减排"技术吸收的激励效应。对所有企业不能实行同一的排污水平，而应实行差异化的排污水平，否则会对企业技术吸收产生负激励效应。

（3）环境规制激励效应的适应性。在排放许可交易条件下，企业新技术吸收激励唯一地依赖于环境规制者的政策选择，而不依赖于环境规制者的监控努力，环境规制者不同监控努力导致的企业完全环境规制合约遵从和不完全环境规制合约遵从情形，只要选择恰当的污染排放许可量就能实现相同的均衡排污交易许可价格和新技术吸收激励，所以能够以最少的"减排"成本实现中国碳排放减排目标，做到环境保护与技术吸收的协调发展，这是实现污染减排的决定性制度安排。污染税是外生给定的，除了在非完全环境规制合约遵从时，企业有税收逃避的可能性外，是否遵从环境规制合约对于污染水平控制和技术吸收激励没有实质性的决定作用，关键在于环境规制者选定一个恰当的污染税（相当于污染排放许可量的作用）约束企业回归到既定的上限排污量和最优的技术吸收水平。给定污染减排标准，非完全环境规制合约遵从情形下，会引致排污量增加和"减排"技术吸收激励减少。因此，对于既定的环境保护标准，关键在于如何使企业有积极性完全遵从环境规制合约，避免企业的道德风险行为。减排津贴条件下，污染水平和企业技术吸收激励不会随企业是否遵从环境规制合约而发生改变，只不过减排津贴可能会导致企业申

报的减排量大于实际的排污量等道德风险，因此，污染减排津贴只能是一种补充性
奖励政策。

二、政策启示

（1）庇古手段和科斯手段是环境治理的两大经济政策，在激励碳减排和技术
偏向方面的主要区别为：一是碳排放权交易是通过产权界定的方式诱导厂商转向清
洁技术创新，具有市场配置资源的优势，政府根据国情选择适合的碳排放权交易制
度，能产生与"碳税—资助"相同的技术偏向效应；二是在碳排放权交易中，政
府通过对碳排放权配额及价格的控制，便于调控碳减排的总量和速度，也会强制性
地改变两部门的生产成本，所以该制度在碳减排方面具有更为刚性的影响，如果参
数估计不当致使决策失误，将会严重地损害经济增长；而"碳税—资助"在此方
面相对具有一定的弹性，因为厂商可能会将碳税进行税负转嫁，这会削弱政策对碳
减排及技术偏向的影响；三是碳排放权交易是一种相对更为间接的作用机制，中间
传导环节可能存在一些不确定性，从而导致政策激励厂商转向清洁技术创新的路径
出现偏差，如清洁生产厂商过度依赖碳排放交易的收益而减缓技术创新的速度，传
统生产厂商为避免损失将研发重点转向减碳技术和能源替代技术等，这样会增加其
他污染物的排放；而"碳税—资助"对清洁技术创新具有更为直接的激励作用。
总之，在实践中两种政策需要根据经济条件权衡或配合使用。

（2）市场规制与非市场规制的协调。一是充分发挥市场制度在污染减排中的
决定性作用。四种环境政策工具中，排放许可权交易和污染税是基于市场机制发挥
作用的市场型环境规制，排污标准与减排津贴是基于政府管理发挥作用的非市场型
环境规制。市场型环境规制相对于非市场型环境规制更具有规制执行的效率，因
此，必须发挥市场机制在污染减排中的决定性作用，建立规范的碳排放交易市场。
由于中国还没有建立起普遍和规范的碳排放交易市场，因此，应该积极探索区域中
心城市建立"碳交易"市场、实行"碳金融"产品等方面的创新，有序推进市场
化的排放交易机制。二是迅速稳健地开征污染税替代污染罚款。长期以来，中国环
境管理部门以罚款代替污染税征收，污染税作为一种重要的市场型环境规制没有发
挥"谁污染、谁付费"的市场交易规则，因此，应该根据污染程度和对社会影响
的大小开征污染税，替代现在不规范的污染罚款。三是实行同中有异的环保标准。
目前中国的环保标准对于地区和企业都是采用"一刀切"的执行标准，环保标准
的执行没有考虑地区和部门差异。不同地区和行业之间的环保标准存在不协调。对
于同一产业应该实行统一的排污标准，对于全国而言，应实行碳排放总量控制，但
对于不同的地区，应实行差异化的排放水平。四是健全环境税、环境标准与环境津
贴的联动机制。一方面，应该积极开征环境税以取代各种惩罚性收费；另一方面，

应该针对现有的产业发展规划制定符合产业发展规律和地区特点的差异化"减排"标准，根据不同行业的企业减排效应，通过环境税收减免来抵补企业环境技术创新津贴。对于那些"超排"的污染企业课以重污染税，而对于那些"减排"成效显著的企业给予污染减排津贴。

（3）环境规制与政府监管努力的协调。环境规制作为污染减排的制度设计，其作用的发挥在很大程度上取决于监管部门甄别环境规制遵从者的道德风险和逆向选择行为，减少市场主体的机会主义行为，因此，还应该做到环境规制与监管努力的协调。许多污染减排的发生在于环境执法不到位，因此，应该建立环境管理行为法规，规范环境管理者的权利与义务以及恶意环境执法应该承担的相应法律责任。把环境监管作为地方政府的政绩考核指标。地方政府部门和执法人员之所以纵容污染行为的发生，是由于污染行业在一定程度上能够给当地政府部门带来税收效应，而污染产生的后果不由本届政府负责。因此，应该把环境监管作为地方政府政绩考核的重要指标，约束和激励地方政府对污染行为的监管。

参考文献

1. 白雪洁：《环境规制、技术创新与中国火电行业的效率提升》，载《中国工业经济》2009年第8期。

2. 胡麦秀：《外生性的技术——环境壁垒对企业技术创新的激励机制》，载《上海经济研究》2007年第11期。

3. 马富萍：《环境规制对技术创新绩效的影响研究——制度环境的调节作用》，载《研究与发展管理》2012年第1期。

4. 沈能：《高强度的环境规制真能促进技术创新吗？——基于"波特假说"的再检验》，载《中国软科学》2012年第4期。

5. 王俊：《清洁技术创新的制度激励研究》，华中科技大学博士论文，2015年5月1日。

6. 王俊：《碳排放权交易制度与清洁技术偏向效应》，载《经济评论》2016年第2期。

7. 王俊、刘丹：《政策激励、知识累积与清洁技术偏向——基于中国汽车行业省际面板数据的分析》，载《当代财经》2015年第7期。

8. 王小艳：《环境规制与技术变迁——引致创新假说及其检验》，湖南科技大学硕士论文，2013年6月2日。

9. 吴清：《环境规制与企业技术创新研究——基于我国30个省份数据的实证研究》，载《科技进步与对策》2011年第18期。

10. 许士春：《环境规制对企业绿色技术创新的影响》，载《科研管理》2012年第6期。

11. 宣晓伟、张浩：《碳排放权配额分配的国际经验及启示》，载《中国人口·资源与环境》2013年第12期。

12. 赵红：《环境规制对中国产业技术创新的影响》，载《经济管理》2007年第21期。

13. 周华：《基于中小企业技术创新激励的环境工具设计》，载《科研管理》2012年第5期。

14. 周海蓉:《国外学者关于环境管制与技术创新关系的研究综述》,载《经济纵横》2007年第 22 期。

15. 曾世宏、王小艳:《环境技术创新的激励与效应:一个研究述评》,载《产业经济评论》2013 年第 1 期。

16. 曾世宏、王小艳:《环境政策工具与技术吸收激励:差异性、适应性与协同性》,载《产业经济评论》2014 年第 1 期。

17. 张俊:《导向性技术变迁与环境技术偏向——来自中国汽车行业的经验数据》,载《工业技术经济》2014 年第 3 期。

18. Aalbers R. , V. Shestalova, and V. Kocsis. 2013. "Innovation Policy for Directing Technical Change in the Power Sector." Energy Policy 63 (3): 1240 – 1250.

19. Acemoglu, D. 1998. "Why do New Technologies Complement Skills? Directed Technical Change and Wage Inequality." Quarterly Journal of Economics 113 (4): 1055 – 1090.

20. Acemoglu, D. 2002. "Directed Technical Change." Review of Economic Studies 69 (4): 781 – 810.

21. Acemoglu, D. , P. Aghion, L. Bursztyn, and D. Hemous. 2012a "The Environment and Directed Technical Change." American Economic Review 102 (1): 131 – 166.

22. Acemoglu, D. , U. Akcigit, D. Hanley, and W. Kerr. 2012b. "Transition to Clean Technology." Working Paper.

23. Aghion, P. , A. Dechezleprêtre, D. Hemous, R. Martin, and J. V. Reenen. 2012. "Carbon Taxes, Path Dependency and Directed Technical Change: Evidence from the Auto Industry." Harvard University and LSE mimeo.

24. Arguedas, C. , E. Camacho and J. L. Zofío. "Environmental Policy Instruments: Technology Adoption Incentives with Imperfect Compliance." Environmental and Resource Economics, 2010, 47 (3): 261 – 274.

25. Calel, R. , and A. Dechezleprêtre. 2013. "Environmental Policy and Directed Technological Change: Evidence from the European Carbon Market." FEEM Working Paper.

26. Cramton, P. , and S. Kerr. 2002. "Tradeable Carbon Permit Auctions: How and Why to Auction Not Grandfather." Energy Policy 30 (4): 333 – 345.

27. David. M. , W. Eheart. , E. Joeres, and E. David. 1980. "Marketable Permits for the Control of Phosphorus Effluent into Lake Michigan." Water Resources Research 16 (2): 263 – 270.

28. Dixit A. K. , and J. E. Stiglitz. 1977. "Monopolistic Competition and Optimum Product Diversity." American Economic Review 67 (3): 297 – 308.

29. Fischer, C. , and R. G. Newell. 2008. "Environmental and Technology Policies for Climate Mitigation." Journal of Environmental Economics and Management 55 (2): 142 – 162.

30. Georg, S. , I. Ropke and U. Jorgensen. Clean Technology Innovation and Environmental Regulation [J]. Environmental and Resource Economics, 1992, 23 (2): 533 – 550.

31. Gillingham, K. , R. G. Newell, and W. A. Pizer. 2008. "Modeling Endogenous Technological Change for Climate Policy Analysis." Energy Economics 30 (6): 2734 – 2753.

32. Grimaud, A. , and L. Rouge. 2008. "Environment, Directed Technical Change and Economic Policy. " Environmental and Resource Economics 41 (4): 439 – 463.

33. Hassler, J. , P. Krusell, and C. Olovsson. 2011. "Energy-Saving Technical Change. " NBER Working Paper 18456.

34. Hemous, D. 2012. "Environmental Policy and Directed Technical Change in a Global Economy: The Dynamic Impact of Unilateral Environmental Policies. " Insead Mimeo.

35. Hsieh, C. , and P. J. Klenow. 2009. "Misallocation and Manufacturing TFP in China and India. " Quarterly Journal of Economics 124 (4): 1403 – 1448.

36. Jaffe, A. B. and R. N. Stavins. Dynamic Incentives of Environmental Regulations: The Effects of Alternative Policy Instruments on Technology Diffusion [J]. Journal of Environmental Economics and Management, 1995, 29 (3): S43 – S63.

37. Kossoy, A. , and P. Guigon. 2012. "State and Trends of the Carbon Market 2012. " Annual Report, World Bank.

38. Pottier, A. , J. Hourcade, and E. Espagne. 2014. "Modelling the Redirection of Technical Change: The Pitfalls of Incorporeal Visions of the Economy. " Enery Economics, 42 (1): 213 – 218.

39. Ricci, F. 2007. "Environmental Policy and Growth when Inputs are Differentiated in Pollution Intensity. " Environmental and Resource Economics, 38 (3): 285 – 310.

40. Rogge, K. S. , M. Schneider, and V. H. Hoffmannb. 2011. "The Innovation Impact of the EU Emission Trading System – Findings of Company Case Studies in the German Power Sector. " Ecological Economics 70 (3): 513 – 523.

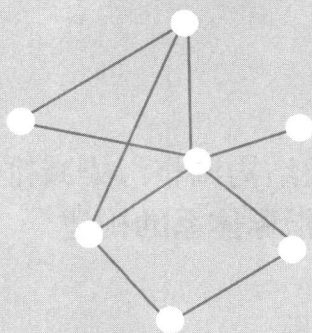

第九章

产业结构调整污染减排效应评价
指标体系及应用研究

测评指标体系是测定和评价产业结构调整污染减排效应的基础，也是综合反映污染减排效果的依据。应根据产业结构调整和污染减排的关系，科学地设计减排效应测评指标体系。本章主要讨论以下三个问题：产业结构调整污染减排效应评价指标体系的构建；六大产业转移示范区实证研究；结论与政策建议。

第一节　产业结构调整污染减排效应评价 指标体系的构建

一、指标体系构建的原则

污染减排效应测评指标体系兼顾科学性与实用性原则、系统性与层次性原则、完备性与简明性原则和可测性与可比性原则。

1. 科学性与实用性原则

指标体系的设计必须建立在科学与实用的基础上，要围绕污染减排的特征，涵盖反映污染减排效果的主要因素。指标体系既要通过总量指标反映产业结构调整污染减排效应的实际效果，又要通过均量指标和相对量指标来体现产业结构调整污染减排效应的差异；既要通过静态指标反映产业结构调整和污染减排的现状，又要通过动态指标反映产业结构调整和污染减排的前景和趋势。要科学地选择指标，以客观真实地反映区域污染减排的内在规律；要力求全面、客观地反映和描述区域污染减排效果。

2. 系统性与层次性原则

评价指标体系是一个复杂的系统，要用系统的观点对区域污染减排效果的构成要素进行客观描述。测评指标应能全面反映被测评对象的特征，使测评目标和测评指标能有机联系起来，形成一个层次分明的有机整体。要将各子系统有机结合，并在系统的不同层次上采用不同的指标，为区域污染减排效果评价提供依据。

3. 完备性与简明性原则

区域污染减排涉及面较广，受很多因素的影响，故要基于多角度构建指标体系，以免遗漏重要信息；但内容要简单、明了与准确，并具有代表性，而且要避免相同或含义相近或相关性较强的变量重复出现。

4. 可测性与可比性原则

指标体系应适当考虑不同时期的动态对比以及不同地区的空间对比的要求，以保证该指标体系发挥应有的作用。测评指标能够既方便实际数据测定和处理，又有效地应用于实际分析，且要客观并尽量量化。所选指标数据应在目前情况下可得到且易得到，从而减少成本。所构建的指标体系信息应该是能够获得的，必须保证能够获得不同时间段的评价指标值。

二、指标的选取与测评指标体系的构建

虽然目前我国已经建立了较为完善的污染减排三大体系，即"污染减排指标体系"、"减排监测体系"和"减排考核体系"，但是三者之间相互独立。综合现有的几种指标体系，从"压力—状态—响应"角度，建立一套完整的测评指标体系，系统地研究产业结构调整污染减排效应，以期达到主要污染物排放量得到有效控制、生态环境质量明显改善、建设美丽中国的战略目标。

污染减排是改善环境质量，实现资源环境与经济可持续发展的重要途径，它涉及经济发展、污染排放、产业结构和环保政策等多个方面，污染减排同时还要将资源能源消耗、企业清洁生产等统筹考虑，节能、降耗、减排和增效系统推进。污染减排效应需要大量的定量定性分析，需要大量的数据，而且涉及范围相当广泛，评价指标体系选取的合适与否，直接影响到评价结果的准确性和可靠性。基于此，本研究根据污染减排效应的基本内涵和构建原则，遵循科学性原则、系统性原则、完备性原则和可操作性原则，从"压力（污染物排放）—状态（污染物治理与利用）—响应（污染减排效应）"角度选取指标来构建测评指标体系。通过 AHP 决策分析方法从污染物排放、污染物治理与利用及污染减排效应三方面选择 20 个指标作为评价因子，建立了污染减排效应评价指标体系（见表 9 – 1）。

表 9 – 1　　　　　　　产业结构调整污染减排效应测评指标体系

一级指标	二级指标		单　位
A₁：压力指标 污染物排放指标	工业固体废物排放强度	B_1	千克/万元
	工业废水排放强度	B_2	吨/万元
	工业废水中化学需氧量排放强度	B_3	千克/万元
	工业废水中氨氮排放强度	B_4	千克/万元
	工业废气排放强度	B_5	立方米/万元
	工业二氧化硫排放强度	B_6	千克/万元
	工业烟/粉尘排放强度	B_7	千克/万元

一级指标	二级指标		单 位
A₂：状态指标 污染物治理与利用指标	工业固体废物处置率	B_8	%
	工业废水排放达标率	B_9	%
	工业废水中化学需氧量去除率	B_{10}	%
	工业废水中氨氮去除率	B_{11}	%
	工业固体废物综合利用率	B_{12}	%
	工业二氧化硫去除率	B_{13}	%
	工业烟/粉尘去除率	B_{14}	%
A₃：响应指标 污染减排效应指标	单位GDP能耗	B_{15}	吨标准煤/万元
	工业用水重复利用率	B_{16}	%
	能源加工转换效率	B_{17}	%
	平均城市空气质量优良率	B_{18}	%
	水质状况优良率	B_{19}	%
	环境污染治理投资总额占GDP比重	B_{20}	%

1. 压力指标（污染物排放指标）

污染物排放指标主要反映产业结构调整污染减排的效果。反映污染物排放情况的指标除了总量指标外，还有一个重要的指标——污染物排放强度（即单位 GDP 的污染物排放量）。污染物排放强度反映了新创造的单位经济价值的环境负荷的大小，也间接地反映当地经济生产技术水平的高低和污染物治理能力的大小。

污染物排放主要体现在固体废物、废气和废水三个方面。用单位 GDP 工业固体废物排放量反映固体废物的排放情况；用单位 GDP 废水排放量、单位 GDP 化学需氧量（COD）排放量、单位 GDP 氨氮排放量反映废水的排放情况；用单位 GDP 工业废气排放量、单位 GDP 二氧化硫（SO_2）排放量、单位 GDP 烟/粉尘排放量反映废气排放情况。COD、SO_2 等是我国的常见污染物，SO_2、COD 总量控制和减排将是未来相当长一段时间内环境保护工作的重点，因此这 7 项指标可以充分反映一般地区的污染物排放情况。

2. 状态指标（污染物治理与利用指标）

污染物治理与利用指标可以有效反映通过产业结构调整污染物的治理与利用情况。分别用工业废水排放达标率、工业废水中化学需氧量去除率和工业废水中氨氮去除率反映废水的处理和再利用情况；用工业固体废物处置率、工业固体废物综合利用率反映固体废物的处理和再利用情况；用工业二氧化硫去除率、工业烟/粉尘去除率来反映废气的处理情况。

3. 响应指标（污染减排效应指标）

产业结构调整可以带来大量的社会经济效益，污染减排与社会经济规模和结构息息相关。污染减排，可以使得周围地区和城市的环境质量有所改善，生态环境恶化趋势基本遏制。选用单位 GDP 能耗、环境污染治理投资总额占 GDP 比重这两项指标来反映产业结构调整污染减排效应对社会经济的影响。为了比较全面地反映环境质量，选用工业用水重复利用率、能源加工转换效率、平均城市空气质量优良率和地表水监测断面（点位）水质状况优良率等四项指标。

三、测评方法

1. 测评指标权重的确定

确定权重的方法有多种，如 Delphi 法、AHP 法、主成分分析法等。本研究采用层次分析法（即 AHP）确定各测评指标的权重。

层次分析法是对影响总目标的各因素，按照一定逻辑递推过程进行逐级解析（判断、分析、计算），定量地计算出各因素对总目标影响的权重。其基本步骤为：建立层次结构模型，构造判断矩阵，层次单排序及一致性检验和层次总排序及一致性检验。

本研究建立了产业结构调整污染减排效应的层次结构模型，并邀请相关领域的专家学者和实际部门对测评指标体系的指标重要性进行打分。使用 1～9 标度法打分，根据各个指标的重要性，建立判断矩阵（若判断矩阵未通过一致性检验，则联系专家学者，请他们对判断矩阵做出修正以通过一致性的检验），随后求出各判断矩阵的最大特征根和相应的特征向量。通过一致性检验后，对特征值进行归一化处理，得到各指标的权重（见表 9 - 2）。

表 9 - 2　　　　　　产业结构调整的污染减排效应测评指标权重

指　　标		指标权重 W_j	指标属性
工业固体废物排放强度	B_1	0.060	-
工业废水排放强度	B_2	0.060	-
工业废水中 COD 排放强度	B_3	0.030	-
工业废水中氨氮排放强度	B_4	0.030	-
工业废气排放强度	B_5	0.060	-

指　　　标		指标权重 W_j	指标属性
工业二氧化硫排放强度	B_6	0.030	-
工业烟（粉）尘排放强度	B_7	0.030	-
工业固体废物处置率	B_8	0.060	+
工业废水排放达标率	B_9	0.056	+
工业废水中化学需氧量去除率	B_{10}	0.042	+
工业废水中氨氮去除率	B_{11}	0.042	+
工业固体废物综合利用率	B_{12}	0.060	+
工业二氧化硫去除率	B_{13}	0.070	+
工业烟（粉）尘去除率	B_{14}	0.070	+
单位 GDP 能耗	B_{15}	0.060	-
工业用水重复利用率	B_{16}	0.045	+
能源加工转换效率	B_{17}	0.045	+
城市空气质量优良率	B_{18}	0.045	+
水质状况优良率	B_{19}	0.045	+
环境污染治理投资总额占 GDP 比重	B_{20}	0.060	+

表中指标属性：+代表正向指标（指标数值越大越好）；-代表逆向指标（标数值越小越好）。

2. 测评指标的处理

指标既有定量指标也有定性指标，为了便于比较分析，本章尽量采用可获得的定量指标。定量指标可以直接获得客观数据，但是其量纲、意义和表现形式对总目标的作用趋向不同，不具有普遍的可比性，必须对其进行无量纲化处理（即数据的标准化处理），以消除量纲的影响。对指标进行无量纲化处理时，应先得出指标的阈值，根据指标阈值对指标数据进行标准化。

测评指标体系中的指标有些是正向指标（即指标数值越大越好），有些是逆向指标（即指标数值越小越好）。对于正向指标的无量纲化处理用"指标数值/指标阈值"得出量化标准值；对于逆向指标的无量纲化处理用"指标阈值/指标数值"得出量化标准值。

一般也采用极值标准化法进行数据的标准化，即：

$$X_{ij} = (x_i - x_{\min}) / (x_{\max} - x_{\min}) \tag{9.1}$$

3. 测评模型的构建

在建立评价指标体系的基础上，得出各个指标的具体权重，以及确定无量纲化处理的方法后，要根据评价对象的特点和性质来使用相应的综合评价模型，通过运算得到最终的结果。加权求和法适用于各指标之间相互独立的情况，由于本研究中的各个指标相互独立，所以最终选择加权求和法来计算出污染减排效应值。

如果有 m 个评价对象，评价指标体系有 n 个评价因子，第 j 个指标的权重为 W_j，若第 i 个评价对象在第 j 个指标上的评价得分（标准值）为 R_{ij}，则第 i 个评价对象的综合测评得分为：

$$S_i = \sum_{j=1}^{n} W_j R_{ij} (i = 1, 2, \cdots, m) \tag{9.2}$$

通过式（9.1）计算由各个指标的权重、相应的标准值组成的加权求和函数得到污染减排效应值。根据污染减排效应值进行测评、排序、分析比较。

四、数据来源

本章所使用的数据大部分来自历年《中国统计年鉴》和相关省市的《统计年鉴》。正式环境规制指标数据来源于相应年份《中国环境统计年鉴》和《中国统计年鉴》及相关省市的《统计年鉴》处理计算而得，非正式环境规制指标数据则来源于相应年份《中国环境年鉴》、《中国民间组织报告蓝皮书》以及中华环保联合会的《中国环保民间组织发展报告》，部分缺失数据由《环境统计公报》补充。根据大部分文献的通常做法，本章的数据没有包括我国的港澳台地区，只包含了中国大陆 31 个省（市、区）的数据。另外，基于研究的需要及数据的可得性，本章仅选取了 2008 ~ 2014 年相关区域的面板数据进行实证研究。

第二节　六大产业转移示范区实证研究

一、六大产业转移示范区基本概况

为了在产业承接中具备竞争优势，示范区一般设立在具有良好的经济基础、巨大的市场潜力、较低的成本要素以及拥有丰富资源的地带，我国现有示范区基本情况统计如表 9 - 3 所示。

表 9 - 3 六大产业转移示范区基本情况统计

示范区	设立时间	土地面积（万平方千米）	面积占全省（市、区）比重(%)	2010 年末总人口（万人）	人口占全省（市、区）比重(%)
皖江城市带	2009.01	7.58	54.40	3079	45
湖北荆州	2011.12	3.36	18	1388	22.50
黄河金三角	2012.05	5.8	—	1700	—
湖南湘南	2011.10	5.71	27	1797	26
重庆沿江	2011.01	0.66	8	550	16.60
广西桂东	2010.10	4.8	20.20	1725	33.40

从设立时间来看，皖江城市带（包括合肥市、芜湖市、马鞍山市、铜陵市、安庆市、池州市、滁州市、宣州市）是最早设立的示范区，接着是广西桂东（包括梧州市、贵港市、贺州市、玉林市）、重庆沿江（包括涪陵区、巴南区、九龙坡区、永川区、双桥区、璧山县、荣昌县）、湖南湘南（包括衡阳市、郴州市、永州市）、湖北荆州（包括荆州市、荆门市、仙桃市、潜江市、天门市），2012 年 5 月设立黄河金三角示范区（包括山西运城市、临汾市、陕西渭南市、河南三门峡市），该区起步较晚。

从地区分布来看，皖江城市带、湖南湘南和湖北荆州示范区属于中部地区，广西桂东和重庆沿江示范区属于西部地区，黄河金三角示范区横跨中西部地区的山西、陕西和河南三省。各个示范区无论是国土面积还是人口，都在所处的省或直辖市占有一定的比重：皖江城市带面积占安徽省的 54.40%，人口占全省的 45%；比重最小的是重庆沿江示范区，面积占重庆市的 8%，人口占全市的 16.6%；其他示范区比重均分布在以上两示范区之间。

示范区主要是通过承接产业转移来获得经济发展，但产业转移的发生既有沿海要素成本提高、环境承载能力有限的推力作用，又有广大中西部承接地区自身吸引力的拉动作用。即使在同一个示范区内，不同市（区）自身的竞争力也有较大差异，在承接产业转移的优劣势方面各有不同。

1. 示范区经济发展水平差距大，但发展速度快，潜力大

一个地区经济发展水平的高低，代表着该地区的综合竞争力的强弱，也直接影响着该地区产业发展的规模、层次和结构。在市场经济的今天，经济因素依然是追求利润最大化的企业在产业转移过程中首要考虑的因素。因此，示范区在积极承接产业转移的过程中，必须充分了解自身的经济水平及优势，最大限度地发挥其所具有的各种条件。

从产业转移示范区之间的比较来看，各示范区经济发展水平不一，2011年皖江城市带产业示范区的各项经济指标都排在第一位，GDP达9708.128亿元，在示范区内综合经济水平最高。但示范区经济发展迅速，从GDP增长率看，六大示范区的GDP增长率均超过了全国平均水平（见表9-4、图9-1）。

表9-4　　　　　　　2011年六大产业转移示范区经济发展水平与
潜力主要指标对比

地区	地区生产总值（亿元）	GDP增长率（%）	社会消费品零售总额（亿元）	财政收入（亿元）	财政收入/GDP（%）
皖江城市带	9708.128	13.49	2789.279	1553.498	15.13
湖北荆州	3016.920	14.825	1324.550	232.990	7.01
黄河金三角	3622.486	15.53	1135.465	372.398	10.41
湖南湘南	2903.610	14.87	1025.150	233.690	7.92
重庆沿江	2355.100	18.84	841.032	218.070	11.06
广西桂东	2753.24	12.00	925.22	231.98	8.25

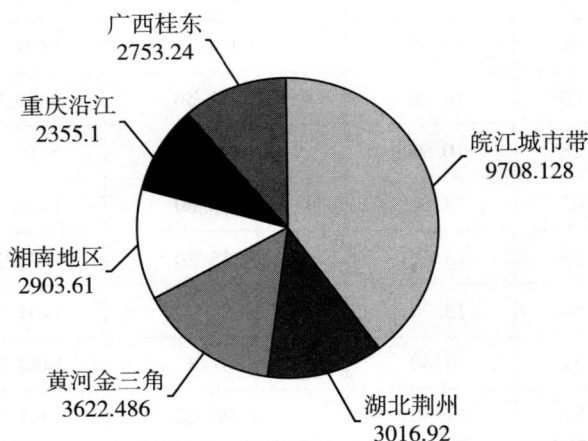

图9-1　2011年六大产业转移示范区GDP比较（亿元）

将产业转移示范区与所在省区比较来看，承接产业转移示范区在省内经济发展占据重要地位，例如，皖江城市带承接产业转移示范区面积约7.6万平方公里，占全省总面积的54.4%。2011年，皖江城市带人口数量占全省的42.6%，皖江城市带9市经济总量占全省的64.1%，GDP增长速度均保持10%以上，对全省GDP增长的贡献率近70%，其他示范区在省市比重相对皖江偏低，但仍具有不可忽视的贡献。

将产业转移示范区与我国其他省市比较来看，2011 年各产业转移示范区 GDP 远远落后于东部五省一市（上海、江苏、浙江、福建、山东、广东）各地区的 GDP。然而，从 GDP 增长率来看，六大承接产业转移示范区的 GDP 增长率都高于东部五省一市以及示范区各自所在的省市，特别是重庆沿江示范区，GDP 增长率达到了 18.84%，说明示范区内经济发展有着较大的增长潜力。另外，从财政收入占 GDP 的比重看，皖江城市带为 15.13%，黄河金三角为 10.41%，重庆沿江为 11.06%，仅低于上海，远高于其他地区，这也说明了示范区经济的发展势头较为强劲（见表 9 - 5）。

表 9 - 5　　　　　2011 年部分地区经济发展水平与潜力主要指标对比

地区	地区生产总值（亿元）	GDP 增长率（%）	社会消费品零售总额（亿元）	财政收入（亿元）	财政收入/GDP（%）
全国	472881.60	9.20	183918.60	103874.40	21.97
上海	19195.70	8.20	6814.80	3429.83	17.87
江苏	49110.27	11.00	15988.40	5147.90	10.48
浙江	32318.85	9.00	12028.00	3151.00	9.75
福建	17560.18	12.20	6276.20	1501.16	8.55
山东	45361.85	10.00	17155.50	3455.70	7.62
广东	53210.28	10.90	20297.50	5513.70	10.36
安徽	15300.65	13.00	4900.60	1463.40	9.56
湖北	19632.26	13.50	8275.20	1470.12	7.49
湖南	19669.56	13.20	6884.70	1461.76	7.43
重庆	10011.37	16.40	3487.80	1488.25	14.87
广西	11720.87	12.30	3908.20	947.59	8.08

2. 示范区普遍呈现"二、三、一"产业结构

从全国范围来看，改革开放以来，随着经济的迅速发展，我国第三产业增加值占 GDP 的比重由 1978 年的 23.9% 上升至 2011 年的 43.1%，提高了 19.2 个百分点，第二产业增加值在 2011 年占 GDP 的比重也达到 46.8%，中国目前正处于工业化和城镇化加速发展时期。2011 年我国六大产业转移示范区分三次产业增加值情况如图 9 - 2 所示。

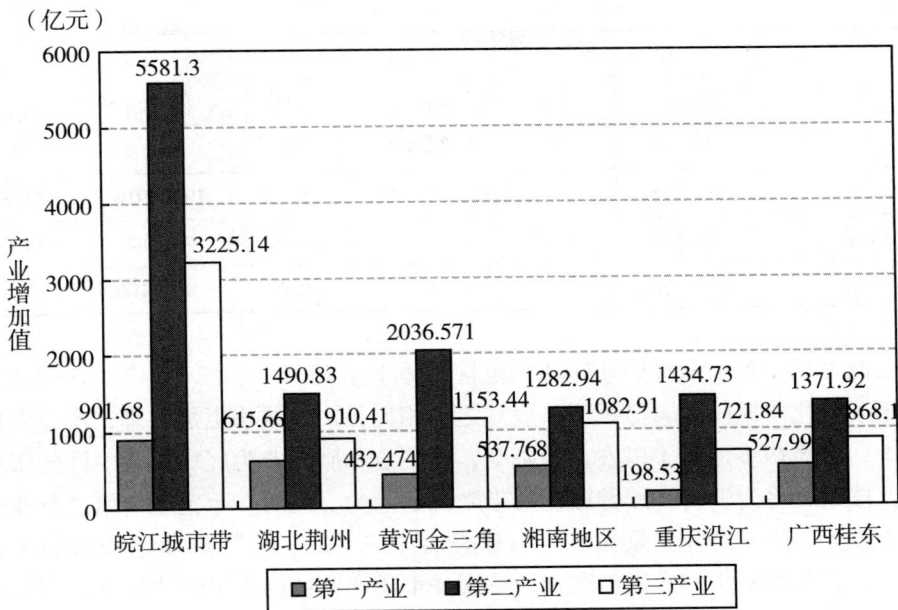

图 9 - 2 2011 年六大产业转移示范区三次产业增加值

　　承接产业转移示范区的产业结构变化整体趋势与我国产业结构变化走势相同，但仍存在差距。2011 年，皖江城市带示范区和黄河金三角示范区三次产业结构与我国整体产业结构相近；湖北荆州、湖南湘南，广西桂东示范区内第一、第二产业比重高于我国整体产业结构水平，而第三产业比重却未达到国家平均三产比重；重庆沿江示范区第二产业比重达 60.92%，比全国第二产业的 46.8% 高出 14.12 个百分比，第一、第三产业就相对偏低。截至 2011 年，广西桂东、皖江经济带、重庆沿江、湖南湘南等 4 个示范区工业化率分别为 42%、47.3%、47.6% 和 41.4%，已经进入工业化中期阶段，且各示范区工业化率还在进一步增长（见表 9 - 6）。

表 9 - 6   2011 年六大产业转移示范区产业结构统计

地区	第一产业		第二产业		第三产业	
	增加值（亿元）	比重（%）	增加值（亿元）	比重（%）	增加值（亿元）	比重（%）
全　国	—	10.10	—	46.80	—	43.10
皖江城市带	901.680	11.22	5581.300	56.66	3225.140	32.11
湖北荆州	615.660	20.41	1490.830	49.42	910.410	30.18
黄河金三角	432.474	11.86	2036.571	56.20	1153.440	31.94

续表

地区	第一产业		第二产业		第三产业	
	增加值（亿元）	比重（%）	增加值（亿元）	比重（%）	增加值（亿元）	比重（%）
湖南湘南	537.768	14.04	1282.940	48.12	1082.910	37.84
重庆沿江	198.530	8.42	1434.73	60.92	721.84	30.65
广西桂东	527.990	19.49	1371.92	49.64	868.100	30.87

由此可见，各个承接产业转移示范区整体上呈现"二、三、一"的产业结构，多处于工业化中期阶段，与示范区设立之前相比，产业结构更加合理，产业发展更加协调，已经初步形成了以农业为基础，以工业和服务业为区域经济主体的国民经济综合体系，将为经济持续健康发展带来充足动力。同时，示范区内第二产业所占的比重较大，第三产业比重偏低，与理想的"三、二、一"产业结构布局还有一定差距，有待进一步的升级与改善，特别是重庆产业结构水平还比较低，需要加大对第三产业的发展。

示范区区位条件各异，均依托承接产业示范区的产业基础和劳动力、资源等优势，推动重点产业承接，因地制宜发展优势特色产业，所以各示范区存在不同的承接产业定位（见表9-7）。各示范区在选择主导产业时，都十分注重发挥原有产业优势和承接区域的产业结构，并结合对接区域主导产业来选择承接的产业领域和重点。皖江城市带承接产业转移示范区，具有产业基础好、要素成本低、配套能力强等综合优势，其承接对象主要是长三角，它的产业结构以发展现代服务业、高新技术产业为主，大力发展现代化大工业和物流业，着力构筑沿江发展轴；桂东承接产业转移示范区，具有区位、资源和环境承载力等方面的优势，其承接对象为珠三角和港澳，它重点承接机械制造业、糖制品加工业、纺织制造业、农林产品加工业、矿产加工业和医药制品业等，其发展初具规模，许多方面也都与广东工业的特征相似，为承接产业转移打下了良好基础。

表9-7　　　　　　六大产业转移示范区承接产业定位情况

示范区	承接产业定位
皖江城市带	汽车及零部件、石油化工、装备制造、电子新材料、船舶制造、金属、机械、生物医药、食品及农副产品深加工
湖北荆州	通用航空制造业、机械装备、新型建材、环保产业、体育用品、汽车零配件、纺织服装、泵阀、医药医疗化工、生物农药、食品饮料

示范区	承接产业定位
黄河金三角	汽车和装备制造、铝镁深加工、新型化工、现代医药、高新技术、新能源、农产品加工、现代服务业、特色文化旅游
湖南湘南	有色金属冶炼及深加工、盐卤化工、建材、装备制造、食品、服饰鞋帽加工、电子信息、新建材
重庆沿江	先进制造、电子信息、新材料、生物、化工、轻工、现代服务业
广西桂东	装备制造、原材料、轻纺化工、高技术产业、现代农业、现代服务业、矿产加工、医药制品

二、六大产业转移示范区产业结构调整污染减排状况区域差异分析

1. 主要污染物排放强度的区域差异

采用极值标准化法将 6 个示范区的工业固体废物、工业废水、工业废水中化学需氧量、工业废水中氨氮、工业废气、工业二氧化硫和工业烟/粉尘等七类指标的数值进行标准化，消除量纲。然后，将标准化后的值与各指标的权重（见表 9 – 8）分别对应相乘，再相加，就得到各示范区七类污染物排放强度的综合评价值（见表 9 –9）。综合评价值越小，表示污染物排放强度越小，单位 GDP 的环境负荷越小，环境效率越高；反之，综合评价值越高，表示污染物排放强度越大，单位 GDP 的环境负荷越大，环境效率越低。

表 9 – 8　　　　　　　　主要污染物排放强度的权重

	工业固体废物	工业废水	工业废水中 COD	工业废水中氨氮	工业废气	工业二氧化硫	工业烟/粉尘
权重	0.20	0.20	0.10	0.10	0.20	0.10	0.10

表 9 – 9　　　　　　六大示范区主要污染物排放强度综合评价

	2008 年综合评价值	排序	2011 年综合评价值	排序	2014 年综合评价值	排序
全国平均	0.0850	7	0.8590	4	0.2048	5
皖江城市带	0.2568	3	0.6322	6	0.1139	7
湖北荆州	0.1259	5	0.2922	7	0.3649	3
黄河金三角	0.7313	1	1.3533	2	0.8834	1

	2008 年综合评价值	排序	2011 年综合评价值	排序	2014 年综合评价值	排序
湖南湘南	0.0967	6	1.0702	3	0.2467	4
重庆沿江	0.1817	4	0.6444	5	0.1207	6
广西桂东	0.5822	2	1.3627	1	0.6641	2

由表 9-9 可知，2008 年七种主要污染物排放强度的全国平均综合评价值为 0.0850，六大示范区均高于全国平均水平，其中黄河金三角为全国平均水平的 6 倍；2011 年主要污染物排放强度高于全国平均水平的示范区有 3 个（分别为广西桂东、黄河金三角和湖南湘南），低于全国平均水平的示范区亦有 3 个（分别为重庆沿江、皖江城市带和湖北荆州），其中污染物排放强度最高的广西桂东仅为全国平均水平的 1.58 倍；2014 年高于全国平均水平的示范区有 4 个（分别为黄河金三角、广西桂东、湖北荆州和湖南湘南），排放强度最高的黄河金三角为全国平均水平的 4.31 倍（见表 9-8）。总体上看，从 2008 年至 2014 年，六大示范区主要污染物的排放强度绝大部分都在逐年降低，黄河金三角和湖北荆州的工业废气排放强度不降反增是例外（见图 9-3）。

污染物排放强度综合评价结果表明，污染物排放强度呈现明显的中、西部地区差异，位于西部地区的黄河金三角和广西桂东污染物排放强度较高，而靠近东部、示范区设立时间最高的皖江城市带污染物排放强度较低，基本上与我国经济发展水平的地区差异相似。

产生这种结果的原因是多方面的，既有经济发展水平、结构和规模方面的原因，也有能源消耗数量和构成方面的原因；既有经济生产中资源利用效率、工艺水平和污染物防治技术水平方面的原因，也有污染物防治资金投入、制度安排与管理能力方面的原因。

2. 主要污染物治理与利用状况区域差异

采用极值标准化法将 6 个示范区的工业固体废物处置率、工业废水排放达标率、工业废水中化学需氧量去除率、工业废水中氨氮去除率、工业固体废物综合利用率、工业二氧化硫去除率和工业烟/粉尘等七类指标的数值进行标准化，消除量纲。然后，将标准化后的值与各指标的权重（见表 9-10）分别对应相乘，再相加，就得到各示范区主要污染物治理与利用状况的综合评价值（见表 9-11）。综合评价值越高，表示污染物治理与利用强度越大，环境效率越高；反之，综合评价值越低，表示污染物治理与利用强度越小，环境效率越低。

（千克/万元）

（1）工业固体废物排放量

（吨/万元）

（2）工业废水排放量

（千克/万元）

（3）工业废水中化学需氧量排放量

（千克/万元）

（4）工业废水中氨氮排放量

（立方米/万元）

（5）工业废气排放量

（千克/万元）

（6）工业二氧化硫排放量

（千克/万元）

（7）工业烟/粉尘排放量

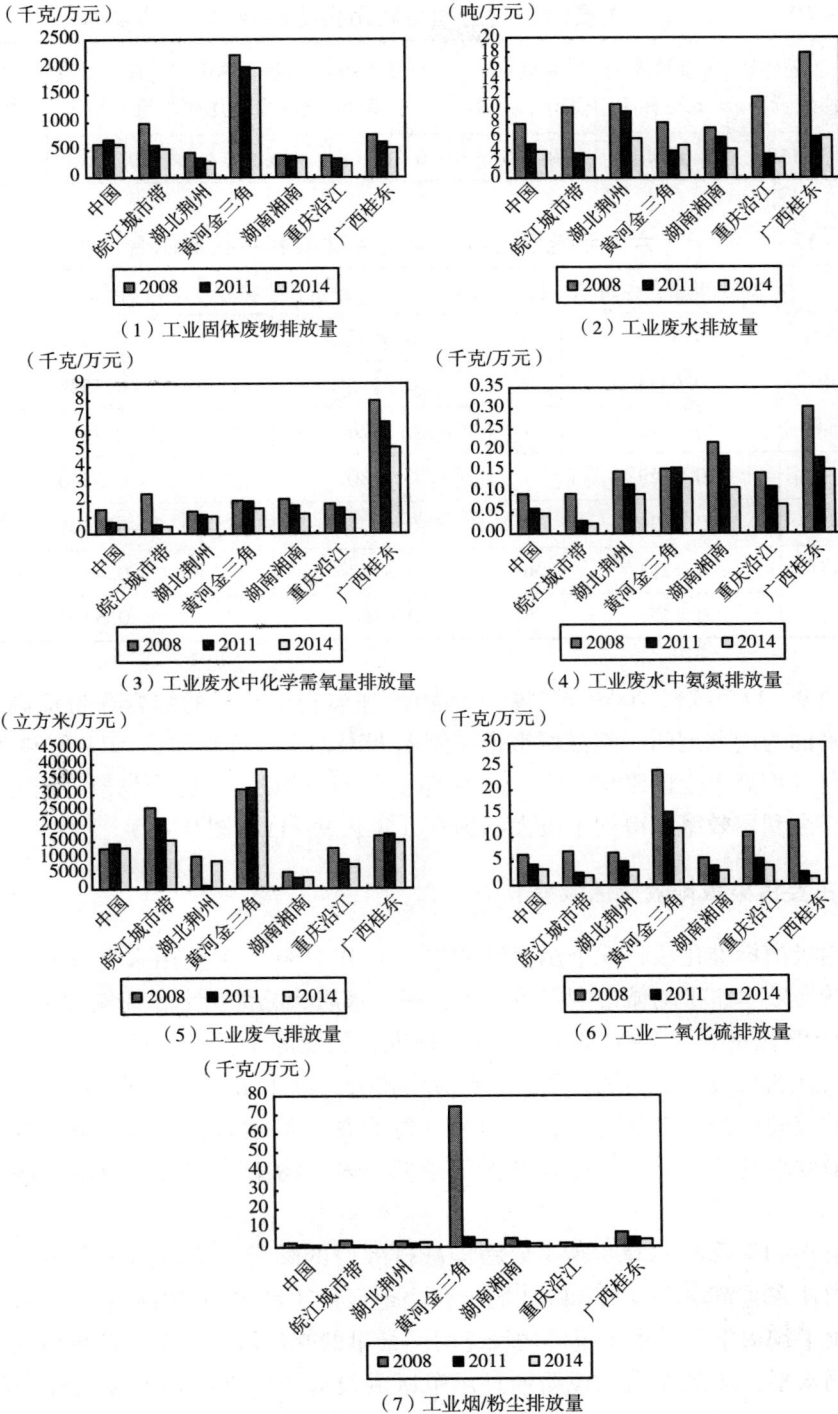

图9-3 六大产业转移示范区主要污染物排放强度

表 9 – 10   主要污染物治理与利用指标的权重

	工业固体废物处置率	工业废水排放达标率	工业废水中COD去除率	工业废水中氨氮去除率	工业固体废物综合利用率	工业二氧化硫去除率	工业烟(粉)尘去除率
权重	0.150	0.140	0.105	0.105	0.150	0.175	0.175

表 9 – 11   六大示范区主要污染物治理与利用状况综合评价

	2008 年综合评价值	排序	2011 年综合评价值	排序	2014 年综合评价值	排序
全国平均	0.5293	4	0.3682	7	0.4822	7
皖江城市带	0.6474	2	0.6105	4	0.7546	2
湖北荆州	0.7213	1	0.8326	1	0.7655	1
黄河金三角	0.3629	7	0.5980	5	0.5746	3
湖南湘南	0.5990	3	0.6207	3	0.5605	4
重庆沿江	0.4213	6	0.3787	6	0.4825	6
广西桂东	0.4501	5	0.6366	2	0.5432	5

　　由表 9 – 11 可知，2008 年主要污染物治理与利用状况的综合评价值高于全国平均水平的为湖北荆州、皖江城市带和湖南湘南三个中部地区，2011 年和 2014 年六大示范区均高于全国平均水平，说明通过示范区的设立，污染物治理能力和水平及废物综合利用效率都得到了极大的提升（见表 9 – 11、图 9 – 4）。

3. 主要污染减排效应区域差异

　　采用极值标准化法将 6 个示范区的单位 GDP 能耗、工业用水重复利用率、能源加工转换效率、平均城市空气质量优良率、水质状况优良率和环境污染治理投资总额占 GDP 比重等六类指标的数值进行标准化，消除量纲。然后，将标准化后的值与各指标的权重（见表 9 – 12）分别对应相乘，再相加，就得到各示范区主要污染减排效应的综合评价值（见表 9 – 13）。综合评价值越高，表示污染减排效应越好，环境效率越高；反之，综合评价值越低，表示污染减排效应越小，环境效率越低。

　　由表 9 – 13 可知，2008 年主要污染减排效应的综合评价值高于全国平均水平的为广西桂东、黄河金三角和皖江城市三个地区，2011 年和 2014 年六大示范区均高于全国平均水平，其中示范区的设立时间最早的皖江城市带综合评价值最高，为全国平均水平的 2 倍左右，说明通过示范区的设立，污染减排效应比较明显（见表 9 – 13、图 9 – 5）。

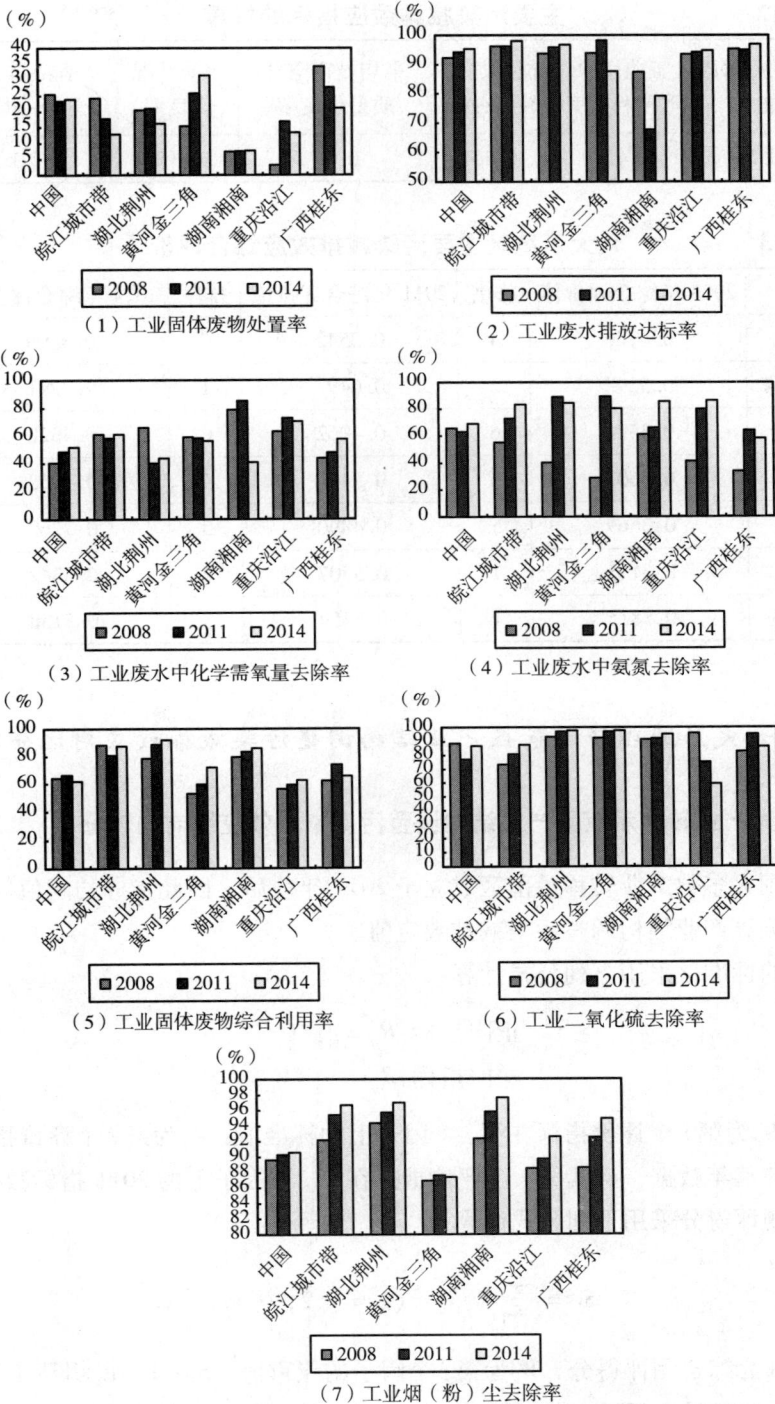

（1）工业固体废物处置率

（2）工业废水排放达标率

（3）工业废水中化学需氧量去除率

（4）工业废水中氨氮去除率

（5）工业固体废物综合利用率

（6）工业二氧化硫去除率

（7）工业烟（粉）尘去除率

图 9-4　六大产业转移示范区主要污染物治理与利用状况

表 9 - 12　　　　　主要污染减排效应指标的权重

	单位 GDP 能耗	工业用水重复利用率	能源加工转换效率	平均城市空气质量优良率	水质状况优良率	环境污染治理投资总额占 GDP 比重
权重	0.20	0.15	0.15	0.15	0.15	0.20

表 9 - 13　　　　六大示范区主要污染减排效应综合评价

	2008 年综合评价值	排序	2011 年综合评价值	排序	2014 年综合评价值	排序
全国平均	0.4206	4	0.3542	7	0.3596	7
皖江城市带	0.5298	3	0.6497	1	0.7291	1
湖北荆州	0.3523	6	0.4062	6	0.4328	5
黄河金三角	0.5602	2	0.5101	4	0.4213	6
湖南湘南	0.3869	5	0.4890	5	0.7260	2
重庆沿江	0.3115	7	0.5507	2	0.6342	3
广西桂东	0.5815	1	0.5454	3	0.5138	4

三、六大产业转移示范区产业结构调整污染减排效应对比分析

1. 六大产业转移示范区产业结构调整污染减排效应纵向比较分析

考虑到大多数产业转移示范区成立于 2011 年前后,因此指标的阈值以 2011 年为标准,测算产业结构调整污染减排效应值。

数据的标准化采用下列公式计算:

$$正向指标: R_{ij} = A_{ij} / U_{ij}$$
$$逆向指标: R_{ij} = U_{ij} / A_{ij}$$

其中 R_{ij} 为第 i 个评价指标在第 j 个因子上的标准值,A_{ij} 为第 i 个评价指标在第 j 个因子上的某年数据,U_{ij} 为第 i 个评价指标在第 j 个因子上的 2011 指标数据。

综合测评得分采用下列公式计算:

$$S_i = \sum_{j=1}^{n} W_j R_{ij} \quad (i = 1, 2, \cdots, m) \tag{9.3}$$

其中 S_i 为综合测评得分,W_j 为第 j 个因子的权重值。$S_i < 1$,说明某年份产业结构调整污染减排效应低于 2011 年;$S_i > 1$,说明某年份产业结构调整污染减排效应高于 2011 年。

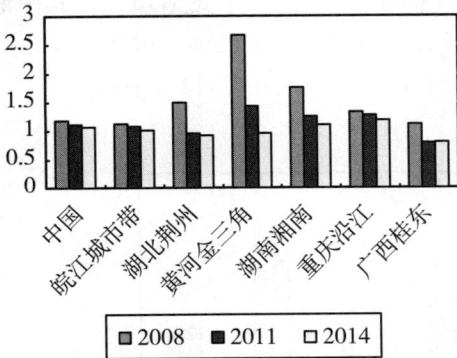

（1）单位GDP能耗

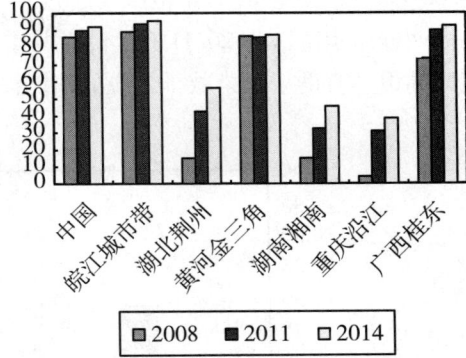

（2）工业用水重复利用率

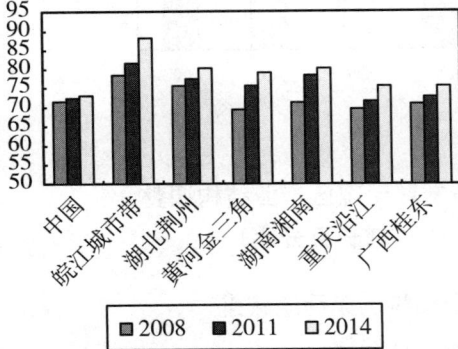

（3）能源加工转换效率

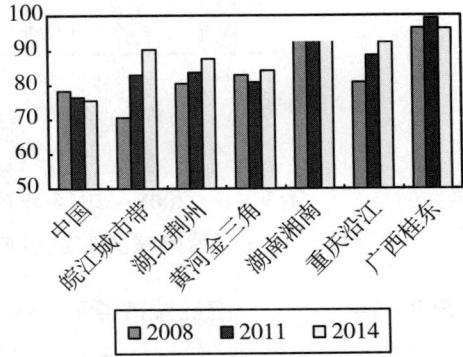

（4）平均城市空气质量优良率

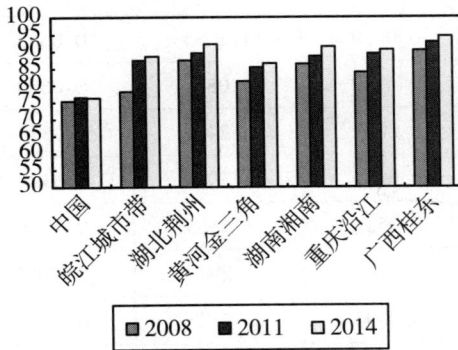

（5）水质状况优良率

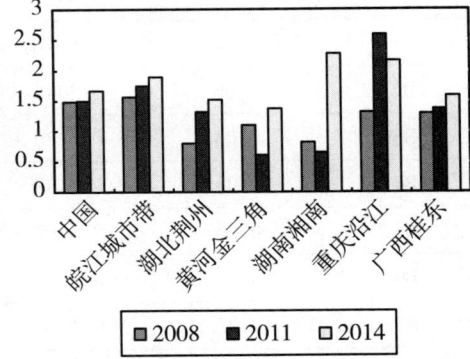

（6）环境污染治理投资总额占GDP比重

图9-5　六大产业转移示范区主要污染减排效应

345

　　计算结果表明：全国从 2008 年至 2014 年产业结构调整污染减排效应平均增长了 14.86%，六大产业转移示范区均超过了全国平均水平两倍左右或者以上，其中最低的广西桂东示范区为 26.11%，最高的重庆沿江示范区达 41.95%，说明产业转移示范区的设立有助于污染减排效应的整体提升（见图 9-6、表 9-14 ~ 表 9-19）。

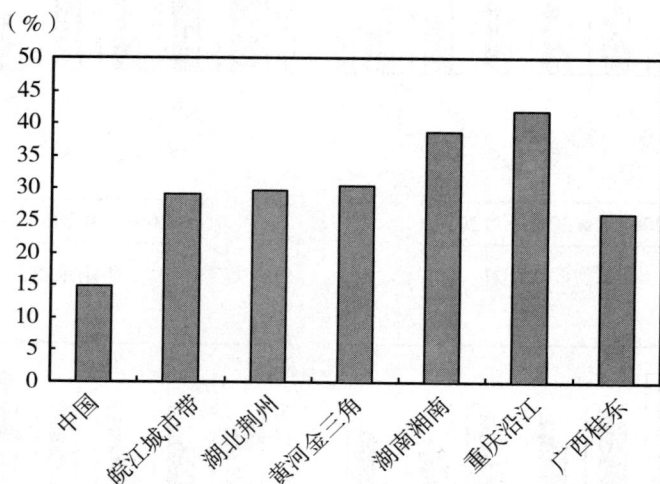

图 9-6　2008 ~ 2014 年产业转移示范区产业结构调整污染减排效应纵向比较（增长百分比）

表 9-14　　　　　　皖江城市带示范区产业结构调整污染减排效应纵向比较测评结果

指标编码	权重 W_j	2008 年		2014 年	
		R_{ij}	$W_j R_{ij}$	R_{ij}	$W_j R_{ij}$
B1	0.06	0.5978	0.0359	1.1385	0.0683
B2	0.06	0.3476	0.0209	1.0837	0.0650
B3	0.03	0.2226	0.0067	1.2417	0.0373
B4	0.03	0.3129	0.0094	1.3025	0.0391
B5	0.06	0.8688	0.0521	1.4535	0.0758
B6	0.03	0.3731	0.0112	1.2904	0.0387
B7	0.03	0.3124	0.0094	1.5123	0.0454
B8	0.06	1.3663	0.0820	0.6612	0.0397
B9	0.056	1.0000	0.0560	0.7299	0.0409
B10	0.042	1.0477	0.0440	1.0182	0.0428

指标编码	权重 W_j	2008 年		2014 年	
		R_{ij}	$W_j R_{ij}$	R_{ij}	$W_j R_{ij}$
B11	0.042	0.7562	0.0318	1.0472	0.0440
B12	0.06	1.0937	0.0656	1.1436	0.0686
B13	0.07	0.9081	0.0636	1.0840	0.0759
B14	0.07	0.9661	0.0676	1.0849	0.0759
B15	0.06	0.9558	0.0573	1.0588	0.0635
B16	0.045	0.9510	0.0428	1.0200	0.0459
B17	0.045	0.9608	0.0432	1.0808	0.0486
B18	0.045	0.8482	0.0382	1.0890	0.0490
B19	0.045	0.8949	0.0403	1.0133	0.0456
B20	0.06	0.8971	0.0538	1.0800	0.0648
评价得分 S_i		0.8317		1.0747	
产业结构调整污染减排效应增长百分比（%）				29.22	

表 9－15　　　湖北荆州示范区产业结构调整污染减排效应
纵向比较测评结果

指标编码	权重 W_j	2008 年		2014 年	
		R_{ij}	$W_j R_{ij}$	R_{ij}	$W_j R_{ij}$
B1	0.06	0.7620	0.0457	1.3661	0.0820
B2	0.06	0.8951	0.0537	1.6801	0.1008
B3	0.03	0.8382	0.0251	1.0720	0.0322
B4	0.03	0.7856	0.0236	1.2458	0.0374
B5	0.06	0.0947	0.0057	0.1113	0.0006
B6	0.03	0.7339	0.0220	1.5825	0.0475
B7	0.03	0.6213	0.0186	0.7718	0.0232
B8	0.06	0.9747	0.0585	0.7684	0.0461
B9	0.056	0.9769	0.0547	1.0092	0.0565
B10	0.042	1.6398	0.0689	1.0827	0.0455
B11	0.042	0.4519	0.0190	0.9475	0.0398

指标编码	权重 W_j	2008 年		2014 年	
		R_{ij}	$W_j R_{ij}$	R_{ij}	$W_j R_{ij}$
B12	0.06	0.8831	0.0530	1.0388	0.0623
B13	0.07	0.9607	0.0673	1.0083	0.0706
B14	0.07	0.9856	0.0690	1.0135	0.0709
B15	0.06	0.6368	0.0382	1.0278	0.0617
B16	0.045	0.3527	0.0159	1.3329	0.0600
B17	0.045	0.9767	0.0440	1.0362	0.0466
B18	0.045	0.9608	0.0432	1.0461	0.0471
B19	0.045	0.9779	0.0440	1.0306	0.0464
B20	0.06	0.6061	0.0364	1.1515	0.0691
评价得分 S_i		0.8064		1.0461	
产业结构调整污染减排效应增长百分比（%）				29.73	

表 9 – 16　黄河金三角示范区产业结构调整污染减排效应纵向比较测评结果

指标编码	权重 W_j	2008 年		2014 年	
		R_{ij}	$W_j R_{ij}$	R_{ij}	$W_j R_{ij}$
B1	0.06	0.9040	0.0542	1.0090	0.0605
B2	0.06	0.4877	0.0293	0.8182	0.0491
B3	0.03	0.9827	0.0295	1.2889	0.0387
B4	0.03	1.0094	0.0303	1.2084	0.0363
B5	0.06	1.0162	0.0610	0.8419	0.0513
B6	0.03	0.6288	0.0189	1.2991	0.0390
B7	0.03	0.0678	0.0020	1.4470	0.0434
B8	0.06	0.5952	0.0357	1.2219	0.0733
B9	0.056	0.9568	0.0536	0.8925	0.0500
B10	0.042	1.0154	0.0426	0.9678	0.0406
B11	0.042	0.3251	0.0137	0.8973	0.0377
B12	0.06	0.8883	0.0533	1.2092	0.0726

指标编码	权重 W_j	2008 年		2014 年	
		R_{ij}	$W_j R_{ij}$	R_{ij}	$W_j R_{ij}$
B13	0.07	0.9555	0.0669	1.0080	0.0706
B14	0.07	0.9924	0.0695	0.9977	0.0698
B15	0.06	0.5344	0.0321	1.4903	0.0894
B16	0.045	1.0062	0.0453	1.0153	0.0457
B17	0.045	0.9173	0.0413	1.0485	0.0472
B18	0.045	1.0236	0.0461	1.0405	0.0468
B19	0.045	0.9518	0.0428	1.0122	0.0455
B20	0.06	1.8033	0.1082	2.2623	0.1357
评价得分 S_i		0.8761		1.1432	
产业结构调整污染减排效应增长百分比（%）				30.49	

表 9 – 17 湖南湘南示范区产业结构调整污染减排效应纵向比较测评结果

指标编码	权重 W_j	2008 年		2014 年	
		R_{ij}	$W_j R_{ij}$	R_{ij}	$W_j R_{ij}$
B1	0.06	0.9969	0.0598	1.0833	0.0650
B2	0.06	0.8116	0.0487	1.4132	0.0848
B3	0.03	0.8042	0.0241	1.4091	0.0423
B4	0.03	0.8449	0.0253	1.6891	0.0507
B5	0.06	0.6613	0.0397	0.9720	0.0386
B6	0.03	0.7003	0.0210	1.3376	0.0401
B7	0.03	0.5637	0.0169	1.6469	0.0494
B8	0.06	0.9909	0.0595	1.0405	0.0624
B9	0.056	1.2920	0.0724	1.1707	0.0656
B10	0.042	0.9242	0.0388	0.4802	0.0202
B11	0.042	0.9250	0.0388	1.2944	0.0544
B12	0.06	0.9570	0.0574	1.0353	0.0621
B13	0.07	0.9937	0.0696	1.0337	0.0724
B14	0.07	0.9643	0.0675	1.0189	0.0713
B15	0.06	0.7097	0.0426	1.1268	0.0676
B16	0.045	0.4619	0.0208	1.4031	0.0631

指标编码	权重 W_j	2008 年		2014 年	
		R_{ij}	W_jR_{ij}	R_{ij}	W_jR_{ij}
B17	0.045	0.9070	0.0408	1.0229	0.0460
B18	0.045	0.9888	0.0445	1.0234	0.0461
B19	0.045	0.9753	0.0439	1.0307	0.0464
B20	0.06	1.2615	0.0757	3.5077	0.2105
评价得分 S_i		0.9078		1.2588	
产业结构调整污染减排效应增长百分比（%）				38.67	

表 9-18　重庆沿江示范区产业结构调整污染减排效应
纵向比较测评结果

指标编码	权重 W_j	2008 年		2014 年	
		R_{ij}	W_jR_{ij}	R_{ij}	W_jR_{ij}
B1	0.06	0.8379	0.0503	1.3186	0.0791
B2	0.06	0.2932	0.0176	1.2833	0.0770
B3	0.03	0.8791	0.0264	1.4066	0.0422
B4	0.03	0.7774	0.0233	1.6287	0.0489
B5	0.06	0.7181	0.0431	1.2097	0.0521
B6	0.03	0.4902	0.0147	1.3587	0.0408
B7	0.03	0.6245	0.0187	1.3492	0.0405
B8	0.06	0.1887	0.0113	0.7951	0.0477
B9	0.056	0.9914	0.0555	1.0048	0.0563
B10	0.042	0.8717	0.0366	0.9692	0.0407
B11	0.042	0.5193	0.0218	1.0819	0.0454
B12	0.06	0.9458	0.0567	1.0537	0.0632
B13	0.07	1.2781	0.0895	0.7925	0.0555
B14	0.07	0.9872	0.0691	1.0319	0.0722
B15	0.06	0.9549	0.0573	1.0754	0.0645
B16	0.045	0.1302	0.0059	1.2422	0.0559
B17	0.045	0.9706	0.0437	1.0573	0.0476
B18	0.045	0.9133	0.0411	1.0405	0.0468
B19	0.045	0.9371	0.0422	1.0121	0.0455
B20	0.06	0.5097	0.0306	0.8378	0.0503
评价得分 S_i		0.7553		1.0722	
产业结构调整污染减排效应增长百分比（%）				41.95	

表 9 – 19　　　　广西桂东示范区产业结构调整污染减排效应
纵向比较测评结果

指标编码	权重 W_j	2008 年		2014 年	
		R_{ij}	$W_j R_{ij}$	R_{ij}	$W_j R_{ij}$
B1	0.06	0.8225	0.0494	1.1887	0.0713
B2	0.06	0.3280	0.0197	0.9788	0.0587
B3	0.03	0.8379	0.0251	1.2987	0.0390
B4	0.03	0.5947	0.0178	1.1908	0.0357
B5	0.06	1.0246	0.0615	1.1199	0.0688
B6	0.03	0.1897	0.0057	1.6982	0.0509
B7	0.03	0.6198	0.0186	1.2548	0.0376
B8	0.06	1.2411	0.0745	0.7603	0.0456
B9	0.056	1.0028	0.0562	1.0200	0.0571
B10	0.042	0.9105	0.0382	1.1967	0.0503
B11	0.042	0.5268	0.0221	0.9059	0.0380
B12	0.06	0.8446	0.0507	0.8870	0.0532
B13	0.07	0.8706	0.0609	0.9062	0.0634
B14	0.07	0.9577	0.0670	1.0262	0.0718
B15	0.06	0.7099	0.0426	0.9863	0.0592
B16	0.045	0.8138	0.0366	1.0267	0.0462
B17	0.045	0.9739	0.0438	1.0399	0.0468
B18	0.045	0.9722	0.0437	0.9694	0.0436
B19	0.045	0.9734	0.0438	1.0179	0.0458
B20	0.06	0.9420	0.0565	1.1522	0.0691
评价得分 S_i		0.8345		1.0524	
产业结构调整污染减排效应增长百分比（%）				26.11	

2. 六大产业转移示范区产业结构调整污染减排效应横向比较分析

为了便于测评结果的横向比较，首先将数据以全国的平均水平为基准进行数据的标准化处理。

（1）数据的初始标准化采用下列公式计算：

$$R'_{ij} = A_{ij} / V_{ij}$$

其中 R'_{ij} 为第 i 个评价指标在第 j 个因子上的以全国平均水平为基准的标准值，

A_{ij} 为第 i 个评价指标在第 j 个因子上的某年数据，V_{ij} 为第 i 个评价指标在第 j 个指标上的全国同年份数据。

（2）数据的最终标准化采用下列公式计算：

$$正向指标：R_{ij} = A'_{ij}/U_{ij}$$
$$逆向指标：R_{ij} = U_{ij}/A'_{ij}$$

其中 R_{ij} 为第 i 个评价指标在第 j 个因子上的标准值，A'_{ij} 为第 i 个评价指标在第 j 个因子上以全国平均水平为基准的某年标准值，U_{ij} 为第 i 个评价指标在第 j 个因子上以全国平均水平为基准的 2011 年的标准值。

综合测评得分采用下列公式计算：

$$S_i = \sum_{j=1}^{n} W_j R_{ij} \quad (i = 1,2,\cdots,m) \tag{9.4}$$

其中 S_i 为综合测评得分，W_j 为第 j 个因子的权重值。$S_i < 1$，说明某年份产业结构调整污染减排效应低于 2011 年的全国平均水平；$S_i > 1$，说明某年份产业结构调整污染减排效应高于 2011 年的全国平均水平。

计算结果表明：六大产业转移示范区产业结构调整污染减排效应最高的是皖江城市带示范区，其次是重庆沿江示范区，最低的是湖北荆州示范区。产业结构调整污染减排效应由高到低依次排序为：皖江城市带示范区 > 重庆沿江示范区 > 黄河金三角示范区 > 湖南湘南示范区 > 广西桂东示范区 > 湖北荆州示范区。说明产业结构调整污染减排效应与产业转移示范区的设立时间有一定关联，设立时间愈早，产业结构调整污染减排效应愈强（见图 9－7 和表 9－20～表 9－27）。

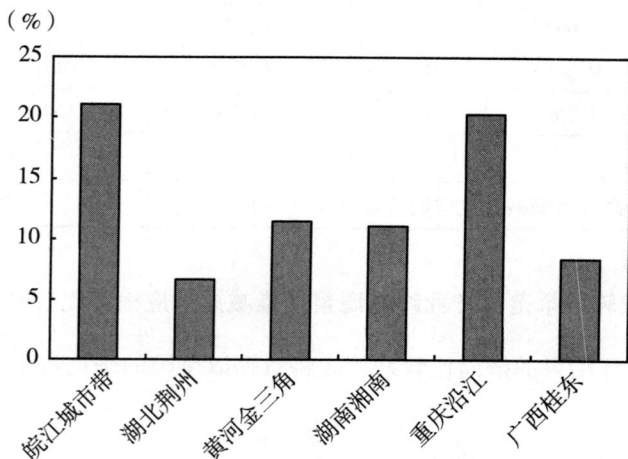

图 9－7　2008～2014 产业转移示范区产业结构调整污染
减排效应横向比较（增长百分比）

表 9 – 20   皖江城市带示范区产业结构调整污染减排效应横向比较测评结果

指标编码	权重 W_j	2008 年		2014 年	
		R_{ij}	$W_j R_{ij}$	R_{ij}	$W_j R_{ij}$
B1	0.06	0.5294	0.0318	0.9995	0.0600
B2	0.06	0.5486	0.0329	0.8336	0.0500
B3	0.03	0.4765	0.0143	1.0089	0.0303
B4	0.03	0.4983	0.0149	1.0602	0.0318
B5	0.06	0.7837	0.0470	1.3182	0.0620
B6	0.03	0.5549	0.0166	1.0172	0.0305
B7	0.03	0.5225	0.0157	1.2554	0.0377
B8	0.06	0.7984	0.0479	1.3984	0.0839
B9	0.056	1.2526	0.0701	0.7151	0.0400
B10	0.042	1.0213	0.0429	1.0072	0.0423
B11	0.042	1.2559	0.0527	0.9766	0.0410
B12	0.06	0.7242	0.0435	1.0396	0.0624
B13	0.07	1.1349	0.0794	1.1628	0.0814
B14	0.07	0.7865	0.0551	0.9625	0.0674
B15	0.06	1.0088	0.0605	1.0209	0.0613
B16	0.045	0.9913	0.0446	0.9795	0.0441
B17	0.045	0.9950	0.0448	0.9950	0.0448
B18	0.045	0.9712	0.0437	1.0713	0.0482
B19	0.045	0.8280	0.0373	1.1029	0.0496
B20	0.06	0.9082	0.0545	1.0149	0.0609
评价得分 S_i		0.8503		1.0295	
产业结构调整污染减排效应增长百分比（%）				21.08	

表 9 – 21　湖北荆州示范区产业结构调整污染减排效应
横向比较测评结果

指标编码	权重 W_j	2008 年		2014 年	
		R_{ij}	$W_j R_{ij}$	R_{ij}	$W_j R_{ij}$
B1	0.06	0.6749	0.0405	1.1993	0.0720
B2	0.06	1.4126	0.0848	1.2924	0.0775
B3	0.03	1.7946	0.0538	0.8710	0.0261
B4	0.03	1.2509	0.0375	1.0140	0.0304
B5	0.06	0.0854	0.0051	0.1009	0.0005
B6	0.03	1.0916	0.0327	1.2474	0.0374
B7	0.03	1.0391	0.0312	0.6407	0.0192
B8	0.06	0.8935	0.0536	0.7528	0.0452
B9	0.056	0.9977	0.0559	0.9983	0.0559
B10	0.042	1.9655	0.0826	1.0098	0.0424
B11	0.042	0.4328	0.0182	0.8613	0.0362
B12	0.06	0.9163	0.0550	1.1142	0.0669
B13	0.07	0.8321	0.0582	0.8944	0.0626
B14	0.07	0.9933	0.0695	1.0101	0.0707
B15	0.06	0.6722	0.0403	0.9909	0.0595
B16	0.045	0.3690	0.0166	1.3002	0.0585
B17	0.045	0.9873	0.0444	1.0271	0.0462
B18	0.045	0.9379	0.0422	1.0594	0.0477
B19	0.045	0.9924	0.0447	1.0323	0.0465
B20	0.06	0.6101	0.0366	1.0324	0.0619
评价得分 S_i		0.9035		0.9633	
产业结构调整污染减排效应增长百分比（%）				6.62	

表 9 - 22   黄河金三角示范区产业结构调整污染减排效应
横向比较测评结果

指标编码	权重 W_j	2008 年		2014 年	
		R_{ij}	W_jR_{ij}	R_{ij}	W_jR_{ij}
B1	0.06	0.8007	0.0480	0.8858	0.0531
B2	0.06	0.7697	0.0462	0.6294	0.0378
B3	0.03	2.1039	0.0631	1.0473	0.0314
B4	0.03	1.6073	0.0482	0.9835	0.0295
B5	0.06	0.9166	0.0550	0.7635	0.0420
B6	0.03	0.9352	0.0281	1.0240	0.0307
B7	0.03	0.1134	0.0034	1.2012	0.0360
B8	0.06	0.5456	0.0327	1.1971	0.0718
B9	0.056	0.9772	0.0547	0.8828	0.0494
B10	0.042	1.2172	0.0511	0.9026	0.0379
B11	0.042	0.3113	0.0131	0.8158	0.0343
B12	0.06	0.9217	0.0553	1.2971	0.0778
B13	0.07	0.8276	0.0579	0.8943	0.0626
B14	0.07	1.0001	0.0700	0.9944	0.0696
B15	0.06	0.5641	0.0338	1.4369	0.0862
B16	0.045	1.0527	0.0474	0.9904	0.0446
B17	0.045	0.9272	0.0417	1.0393	0.0468
B18	0.045	0.9992	0.0450	1.0537	0.0474
B19	0.045	0.9659	0.0435	1.0138	0.0456
B20	0.06	1.8154	0.1089	2.0284	0.1217
评价得分 S_i		0.9472		1.0563	
产业结构调整污染减排效应增长百分比（%）				11.52	

表 9 - 23　　　**湖南湘南示范区产业结构调整污染减排效应**
横向比较测评结果

指标编码	权重 W_j	2008 年		2014 年	
		R_{ij}	$W_j R_{ij}$	R_{ij}	$W_j R_{ij}$
B1	0.06	0.8829	0.0530	0.9510	0.0571
B2	0.06	1.2808	0.0769	1.0871	0.0652
B3	0.03	1.7218	0.0517	1.1449	0.0343
B4	0.03	1.3453	0.0404	1.3748	0.0412
B5	0.06	0.5965	0.0358	0.8816	0.0316
B6	0.03	1.0415	0.0312	1.0544	0.0316
B7	0.03	0.9428	0.0283	1.3671	0.0410
B8	0.06	0.9084	0.0545	1.0194	0.0612
B9	0.056	1.3196	0.0739	1.1581	0.0649
B10	0.042	1.1078	0.0465	0.4479	0.0188
B11	0.042	0.8859	0.0372	1.1767	0.0494
B12	0.06	0.9930	0.0596	1.1105	0.0666
B13	0.07	0.8606	0.0602	0.9170	0.0642
B14	0.07	0.9718	0.0680	1.0155	0.0711
B15	0.06	1.3349	0.0801	1.0865	0.0652
B16	0.045	0.4833	0.0217	1.3687	0.0616
B17	0.045	0.9168	0.0413	1.0140	0.0456
B18	0.045	0.9653	0.0434	1.0364	0.0466
B19	0.045	0.9898	0.0445	1.0323	0.0465
B20	0.06	1.2700	0.0762	3.1450	0.1887
评价得分 S_i		1.0244		1.1524	
产业结构调整污染减排效应增长百分比（%）				11.11	

表 9 – 24　　　重庆沿江示范区产业结构调整污染减排效应
横向比较测评结果

指标编码	权重 W_j	2008 年		2014 年	
		R_{ij}	$W_j R_{ij}$	R_{ij}	$W_j R_{ij}$
B1	0.06	0.8453	0.0507	1.3186	0.0791
B2	0.06	0.6015	0.0361	1.2833	0.0770
B3	0.03	2.3164	0.0695	1.4066	0.0422
B4	0.03	1.5208	0.0456	1.6287	0.0489
B5	0.06	0.7142	0.0429	1.2097	0.0518
B6	0.03	0.9250	0.0277	1.3587	0.0408
B7	0.03	1.2583	0.0377	1.3492	0.0405
B8	0.06	0.1766	0.0106	0.7951	0.0477
B9	0.056	1.0236	0.0573	1.0048	0.0563
B10	0.042	1.1203	0.0471	0.9692	0.0407
B11	0.042	0.5471	0.0230	1.0819	0.0454
B12	0.06	0.9149	0.0549	1.0537	0.0632
B13	0.07	1.2478	0.0873	0.7925	0.0555
B14	0.07	0.9982	0.0699	1.0319	0.0722
B15	0.06	1.0453	0.0627	1.0754	0.0645
B16	0.045	0.1396	0.0063	1.2422	0.0559
B17	0.045	0.9898	0.0445	1.0573	0.0476
B18	0.045	0.8803	0.0396	1.0405	0.0468
B19	0.045	0.9496	0.0427	1.0121	0.0455
B20	0.06	0.5722	0.0343	0.8378	0.0503
评价得分 S_i		0.8906		1.0719	
产业结构调整污染减排效应增长百分比（%）				20.37	

**表 9 – 25　　广西桂东示范区产业结构调整污染减排效应
横向比较测评结果**

指标编码	权重 W_j	2008 年		2014 年	
		R_{ij}	$W_j R_{ij}$	R_{ij}	$W_j R_{ij}$
B1	0.06	0.7285	0.0437	1.0436	0.0626
B2	0.06	0.5176	0.0311	0.7529	0.0452
B3	0.03	1.7939	0.0538	1.0553	0.0317
B4	0.03	0.9470	0.0284	0.9693	0.0291
B5	0.06	0.9242	0.0555	1.0157	0.0563
B6	0.03	0.2821	0.0085	1.3386	0.0402
B7	0.03	1.0366	0.0311	1.0416	0.0312
B8	0.06	1.1378	0.0683	0.7449	0.0447
B9	0.056	1.0242	0.0574	1.0090	0.0565
B10	0.042	1.0914	0.0458	1.1160	0.0469
B11	0.042	0.5046	0.0212	0.8236	0.0346
B12	0.06	0.8764	0.0526	0.9515	0.0571
B13	0.07	0.7540	0.0528	0.8039	0.0563
B14	0.07	0.9652	0.0676	1.0228	0.0716
B15	0.06	0.7493	0.0450	0.9510	0.0571
B16	0.045	0.8514	0.0383	1.0015	0.0451
B17	0.045	0.9843	0.0443	1.0308	0.0464
B18	0.045	0.9490	0.0427	0.9817	0.0442
B19	0.045	0.9878	0.0445	1.0195	0.0459
B20	0.06	0.9484	0.0569	1.0330	0.0620
评价得分 S_i		0.8892		0.9644	
产业结构调整污染减排效应增长百分比（%）				8.46	

第三节　结论与政策建议

1. 主要结论

通过构建产业结构调整污染减排效应测评指标体系，并实证研究了六大产业转移示范区 2008～2014 年的污染减排效应，研究的主要结论：六大示范区通过产业结构优化调整，产业规模不断聚集，通过技术进步和清洁生产减少污染物产生量和排放量，促进了经济发展水平的提高和整体环境质量的改善。从数据分析，六大产业转移示范区的污染减排效果明显，主要污染物的排放强度正在下降，污染物治理和利用能力得到提升，社会发展和环境质量得到提高。产业转移示范区的设立说明产业结构调整的污染减排效应在现阶段中国发展道路上作用明显。

资源紧缺已成为经济社会发展面临的重要挑战，因此，调整优化产业结构就成为经济发展的战略性重点，而我国也正在经历经济结构调整的关键时期，在追求经济与环境协同发展的背景下，迫切需要发展绿色经济，把环保的要求纳入生产、流通、分配、消费的全过程，建立有效的经济激励机制和保障机制，促进经济社会可持续发展。

2. 政策建议

基于上述研究结论，我们提出如下政策建议：

（1）坚持把科技进步和创新作为产业结构调整和优化升级的支撑，着力提高自主创新能力，大力发展循环经济，推广清洁生产理念，加快粗放型生产方式向集约型转变，从而提高资源利用效率、减少污染物排放量。

（2）着眼于构建现代产业体系，大力改造传统产业，重点提升制造业；培育发展战略性新兴产业，加快形成先导性、支柱性产业，切实提高产业核心竞争力和经济、社会效益；把推动服务业大发展作为产业结构优化升级的战略重点，大力发展生产性服务业和生活性服务业，同时也要注重对第三产业发展过程中所产生的废弃物的综合治理。

（3）严格调控高耗能行业，提高其能源利用效率。推动能源生产和利用方式变革，构建安全、稳定、经济、清洁的现代能源产业体系，大力发展低碳经济。

（4）兼顾行业间减排潜力差异，充分发挥产业结构升级所带来的减排贡献，支持资源消耗少、环境污染小的环保产业。

参考文献

1. 陈东景：《我国主要污染物排放强度的区域差异分析》，载《生态环境》2008 年第 1 期。

2. 陈一萍、郑朝洪、刘杏英：《福建省主要污染物排放强度的差异分析》，载《地球环境学报》2014 年第 4 期。

3. 成艾华：《技术进步、结构调整与中国工业减排——基于环境效应分解模型的分析》，载《中国人口·资源与环境》2011 年第 3 期。

4. 储莎、陈来：《基于变异系数法的安徽省节能减排评价研究》，载《中国人口·资源与环境》2011 年第 3 期。

5. 韩峰、李浩：《湖南省产业结构对生态环境的影响分析》，载《地域研究与开发》2010 年第 5 期。

6. 李超娜、于斐、崔兆杰：《生态工业园污染减排绩效回顾性评价指标体系的构建与应用》，载《山东大学学报》（理学版）2014 年第 5 期。

7. 李贺、李英武、聂英芝：《吉林省污染减排绩效评估指标体系研究》，载《环境与可持续发展》2015 年第 5 期。

8. 李元龙：《能源环境政策的增长、就业和减排效应：基于 CGE 模型的研究》，浙江大学，2011 年。

9. 李悦：《基于我国资源环境问题区域差异的生态文明评价指标体系研究》，中国地质大学博士学位论文，2015 年。

10. 刘立平：《中部六省承接东部地区加工贸易产业转移比较研究——基于引力模型的分析》，载《城市发展研究》2011 年第 2 期。

11. 刘小敏、付加锋：《基于 CGE 模型的 2020 年中国碳排放强度目标分析》，载《资源科学》2011 年第 4 期。

12. 刘亦文、文晓茜、胡宗义：《中国污染物排放的地区差异及收敛性研究》，载《数量经济技术经济研究》2016 年第 4 期。

13. 路学军、展卫红：《连云港市主要工业污染物排放强度的区域差异分析》，载《北方环境》2010 年第 3 期。

14. 倪合金：《对皖江城市带承接产业转移的若干思考》，载《江东论坛》2010 年第 2 期。

15. 欧建峰：《对建设广西桂东承接产业转移示范区的思考》，载《特区经济》2012 年第 4 期。

16. 潘旻阳：《江苏省太湖流域减排指标体系及考核方案研究》，南京农业大学硕士学位论文，2014 年。

17. 庞军、邹骥：《可计算一般均衡（CGE）模型与环境政策分析》，载《中国人口·资源与环境》2005 年第 1 期。

18. 苏军帅：《产业集群与皖江经济发展研究》，丁家云等编：《皖江经济发展研究报告》，经济科学出版社 2010 年版。

19. 谭倩：《污染减排影响产业结构调整的效应研究》，湖南科技大学硕士学位论文，

2015 年。

20. 谭威：《桂东地区承接广东制造业转移中的产业选择与布局研究》，广西大学，2012 年。

21. 田银华、向国成、彭文斌：《基于 CGE 模型的产业结构调整污染减排效应和政策研究论纲》，载《湖南科技大学学报》（社会科学版）2013 年第 3 期。

22. 王丽敏：《基于熵值法与 TOPSIS 法的河南省区域节能减排评价研究》，载《中原工学院学报》2013 年第 1 期。

23. 王三兴：《皖江城市带各城市承接产业比较研究》，载《郑州航空工业管理学院学报》2012 年第 2 期。

24. 王彦彭：《河南省节能减排综合评价研究》，载《郑州轻工业学院学报》（社会科学版）2011 年第 5 期。

25. 王彦彭：《我国节能减排指标体系研究》，载《煤炭经济研究》2009 年第 2 期。

26. 魏巍贤：《基于 CGE 模型的中国能源环境政策分析》，载《统计研究》2009 年第 7 期。

27. 吴兵：《吉林省污染减排指标体系与考评体系的研究》，吉林大学硕士学位论文，2011 年。

28. 吴传清：《湖北荆州承接产业转移示范区建设方略》，载《学习月刊》2012 年。

29. 吴舜泽等：《从节能和减排指标的关系看污染减排问题》，载《环境保护》2007 年第 3 期。

30. 谢荣辉、原毅军：《产业集聚动态演化的污染减排效应研究——基于中国地级市面板数据的实证检验》，载《经济评论》2016 年第 2 期。

31. 杨怀杰：《污染减排三大体系的建设及建议》，载《石油化工安全环保技术》2009 年第 4 期。

32. 叶青：《建立生态文明建设评价指标体系和考核机制的思考》，载《世纪行》2013 年第 5 期。

33. 张健：《区域产业结构变动对生态环境影响评价及调控研究》，载《江西农业学报》2008 年第 2 期。

34. 张雷、徐静珍：《水泥行业节能减排综合测评指标体系的构建》，载《河北理工大学学报》（自然科学版）2010 年第 2 期。

35. 张晓明：《晋陕豫黄河金三角综合试验区城镇化发展研究——基于中原经济区发展战略规划》，载《三门峡职业技术学院学报》2010 年第 4 期。

36. 赵彤、丁萍：《区域产业结构转变对生态环境影响的实证分析——以江苏省为例》，载《工业技术经济》2008 年第 12 期。

37. 朱翅飞：《湘南地区承接产业转移的策略研究——湖南行政边缘区域案例和实证分析》，浙江大学硕士学位论文，2011 年。

38. 朱传冲：《重庆承接东部地区产业转移问题的研究》，重庆工商大学硕士学位论文，2009 年。

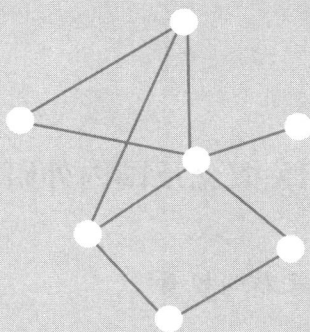

第十章

长株潭城市群产业结构调整的
污染减排效应研究

　　长株潭城市群作为国家级综合改革试验区，已率先开展"两型社会"建设试点，调整和优化长株潭城市群产业结构是转变经济发展方式、促进污染减排、建设"两型社会"的必经之路。长株潭城市群经过多年的产业结构调整，环境效果已初步凸显。本章主要讨论产业结构调整是如何影响长株潭地区的污染减排量的变化，以及产业结构调整对污染减排效应的影响程度。

第一节　相关概念及国内外研究现状

一、产业结构演变规律及影响因素

关于产业结构变化的研究，英国经济学家威廉·配第（1672）在其代表作《政治算术》中提到：在创造收入方面，商业优于制造业，制造业优于农业。不同产业在创造收入方面有着较大的差异，从而会促使劳动力和资本的有利转移。柯林·克拉克（1905）在分析研究《政治算术》的基础上，创造了"配第—克拉克定理"，即随着经济的发展和国民收入的增长，一个国家或地区的劳动力和资本流动的分布呈现出以下规律：劳动力和资本在第一产业中所占比重逐渐变小，在第二、三产业中逐渐变大。库兹涅茨（1974）则进一步分析并揭示了人均收入水平和产业重心转移的相互关系，以及产业结构比重的变化与就业构成的相互关系，即三大产业在国民经济中所占比重呈现出：从第一、二、三产业过渡到第二、三、一产业，再演化为第三、二、一产业。美国经济学家罗斯托（1958）提出了"主导产业扩散效应论"，该理论认为进行有效创新并充分利用现有资源，可以实现经济的快速增长，并带动其他产业部门高效协调发展。针对一国或地区的产业结构研究除了上述理论外，还有里昂惕夫的"投入产出分析法"、刘易斯的二元结构理论、钱纳里的标准产业结构论、赫希曼的不平衡增长论、斯特里顿的平衡增长论以及日本学者赤松要提出的"雁形形态论"，等等。

改革开放以来，我国经济迅猛发展，进一步激发了我国学者对产业变化的研究兴趣和热潮。夏大慰等（2001）重点研究了我国产业结构的变化及其主要因素，阐述了产业结构调整过程中遇到的问题并提出了对策建议。林毅夫等（2014）探讨了我国主要产业部门的发展规律，分析研究了产业发展过程中存在的问题，提出了一系列有利于产业协调发展的对策建议。陈丽蓉（2005）认为，东北老工业基地作为我国工业发展的典范，在促进工业化、优化产业结构调整和优化升级以及利用外资方面具有良好的示范作用。充分引进和利用外资不仅推动了产业发展方式向高附加值加工方向发展，而且还推动了其制造业的转型升级。但陈丽蓉也指出，一方面，充分利用外资在优化东北老工业基地产业结构方面发挥了积极作用；另一方面，利用外资也在一定程度上制约了其产业结构的全面协调发展。因此建议，东北老工业基地的产业发展要均衡考虑引进外资与产业优化升级的关系。苏东水

（2004）认为：产业结构变化与经济增长之间存在着相互关系，既相互影响又相互促进，他认为，加快产业结构调整可以促进经济的增长。王向超（2007）、刘小鹏（2006）、汤斌（2005）和王亚娟（2006）等在苏东水研究的基础上，运用实证分析的方法，研究部分省市的产业结构变化与经济增长之间的关系，并提出了产业协调发展和结构优化升级的对策建议。对比周昌林和魏建良的研究成果，王向超、刘小鹏、汤斌、王亚娟的研究结果与大多数学者存在着很大的差异。以沪深沿海发达城市为例，利用产业发展的测度模型分别分析其历史数据，得出一个国家或地区的产业结构调整并不必然导致经济增长的结论；具体而言，第一产业在产业结构调整中发挥的作用有限，第二产业则在一定程度上促进了经济水平发展，而第三产业的滞后则不仅会制约产业结构优化升级，也会制约经济的进一步发展。

本章所述的产业结构，具体是指工业内部行业之间的行业结构，主要原因是在三大产业中，污染物的排放和治理主要集中在第二产业，更确切地说，是集中在第二产业中的工业产业，对于第一产业和第三产业则没有污染排放量的数据统计，而且研究工业内部各行业之间比重及污染物排放量的变化在研究产业结构调整的污染减排效应方面具有很好的代表性。因此，本章所述产业结构调整主要是指工业内部行业之间的行业结构调整。

同时，针对工业内部各行业的经济性质和统计局对工业内部行业大类的划分依据，以及长株潭城市群整体的行业布局现状，为研究工业产业内部的行业结构调整的污染减排效应，本章将工业内部现有的行业分为四大类，依次为采掘业、轻工业、化工业和制造业，分类情况如表 10-1 所示。

表 10-1   **工业行业分类**

行业大类	包含的具体行业
采掘业	有色金属矿采选业，黑色金属矿采选业，非金属矿采选业，其他采矿业，石油和天然气开采业，煤炭开采和洗选业等 6 个行业
轻工业	农副食品加工业，纺织服装、鞋、帽制造业，食品制造业，烟草制品业，印刷业和记录媒介的复制，皮革、毛皮、羽毛及其制品业，木材加工及木、竹、藤、棕、草制品业，家具制造业，饮料制造业，纺织业，造纸及纸制品业等 11 个行业
化工业	化学原料及化学制品制造业，橡胶制品业，石油加工、炼焦及核燃料加工业，医药制造业，塑料制品业，化学纤维制造业等 6 个行业
制造业	计算机及其他电子设备制造业，工艺品及其他制造业，文教体育用品制造业，废弃资源和废旧材料回收加工业，非金属矿制品业，金属制品业，仪器仪表及文化、办公用机械制造业，专用设备制造业，通用设备制造业，电气机械及器材制造业，黑色金属冶炼及压延加工业，有色金属冶炼及压延加工业，交通运输设备制造业等 13 个行业

二、污染减排潜力及其驱动力

污染减排是指通过技术进步、完善管理和结构调整等方式，降低污染物排放总量并改善环境状况。实现污染减排目标主要依靠政府采取的有效措施，政府部门在权衡经济增长与环境污染相互关系的基础上，制订相适应的污染排放标准，从而驱使企业调整和改变生产方式，以达到有利于污染减排的效果。因此在研究中，污染减排指在政府采取控制环境污染的有效措施和相关企业的积极配合下，实现污染排放总量控制及改善环境。

在污染排放领域，国内外学者做了大量的分析和研究，分类来看主要有以下几类：一是关于污染排放的自身规律，包括污染排放的空间分布与区域差异以及对污染转移的相关研究；二是关于污染排放及其影响因素的相关研究；三是关于污染物总量控制包括总量控制分区和总量分配优化问题的相关研究；四是关于污染减排及其潜力的相关研究。其中对污染减排及其潜力的相关研究一直是研究的热点和重点领域，其研究的主要方向包括三点：第一，减排潜力：帕克等（Park，2010）、蔡等（Cai W J. et al.，2010）运用情景分析法分别对比研究韩国石油精炼行业的 CO_2 减排潜力以及中国电力行业的 CO_2 减排潜力；李名升（2011）等对我国工业废水和工业 SO_2 减排潜力进行了相关分析，认为我国的污染减排潜力在过去相当长的时间效果明显，但从长远来看，通过技术进步方式来促进减排潜力还有待进一步提高。第二，协同减排：蔡（Chae，2010）、山姆海因（Thamhiran，2011）等分析了不同地区的 CO_2 与 SO_2、NO_2、PM10 等空气污染物的协同减排效应；武志田（Takeshita，2012）、多尔（Doll，2013）等则分析了不同行业的协同减排效应。第三，减排驱动因素：西谷（Nishitani，2011）等认为，促进污染减排的主要驱动因素并非经济结构的调整，而是技术进步，经济结构调整的减排效应明显小于技术进步带来的减排效应。李斌、赵新华认为，技术进步是节能减排的核心驱动力，产业结构调整在污染减排过程中仅起到辅助作用。

关于污染物排放，由于工业废水、工业 SO_2 和工业烟粉尘等污染物是工业生产排放的主要污染物，选取这三类污染物排放指标能够有效说明工业污染的排放情况，对研究产业结构调整的污染减排效应具有很好的代表性。因此，本章主要选取工业废水、工业 SO_2 和工业烟粉尘等三类污染物排放指标，其中主要以工业 SO_2 为研究对象做详细说明，对工业废水和工业烟粉尘则做类比分析和简要说明。

三、经济发展与环境污染的研究假说

经济与环境的关系研究经历了"增长极限"假说，"环境库兹涅茨曲线（EKC）"

假说，以及对 EKC 的质疑三个阶段（谢荣辉，2013）。"增长极限"假说认为经济的增长受到有限自然资源的制约，提出降低甚至停止经济增长速度以节约资源和保护环境的观点（谢荣辉，2013），但因缺乏统计数据未能得到验证。随后，环境经济学家提出了"环境库兹涅茨曲线（EKC）"假说，并一度成为环境—经济研究领域最为经典的假说之一。

1. EKC 假说的验证

EKC 假说提出后，国内外学者对此模型做了大量实证研究，而且许多国外学者对"EKC 曲线"做了有效验证。约翰（John，1999）、弗斯坦（Fosten，2012）研究了英国环境质量与经济的关系，其结论有效印证了"EKC 曲线"假说；罗马·阿维拉（Rome-Avila，2008）运用 86 个国家的面板数据进行协整模型的估计，进一步证实了"环境库兹涅茨曲线"的存在；厄罗宾（Orubu，2011）研究了非洲国家的人均 GDP 和污染物指标，结果表明人均 GDP 与污染物指标之间存在着倒"U"型的 EKC 关系（谢荣辉，2013）。但也有部分学者表明，发展中国家经济发展特点不同，发展阶段的强烈异质性，导致发展中国家并不存在"EKC 曲线"（Nasir，2011）。

中国学者结合国内的具体情况也对"环境库兹涅曲线"做了大量实证研究。蔡昉等（2008）证实了 SO_2 与经济发展间 EKC 曲线的存在，并指出中国应该实施激励政策促进经济转型，减少 SO_2 在未来的排放量。朱平辉等（2010）则证明了 EKC 曲线在不同污染物与人均收入之间呈现出倒"U"型或倒"N"型关系。方行明（2011）认为 EKC 曲线不一定呈现倒"U"型关系，但 ECK 的存在有其合理性。刘牧鑫（2011）也认为 EKC 曲线可能存在着多种形态，比如单调递减型、"U"型、倒"U"型、"N"型或者倒"N"型等多种关系，曲线形态的差异取决于度量指标和模型的选取。刘金全（2009）也证实了中国 EKC 曲线的存在，并认为用非线性模型估计 EKC 曲线比线性模型更有精确性和拟合能力。杜婷婷等（2007）则进一步指出三次方程的拟合度更精确。高静（2011）对区域 EKC 曲线的存在性做了实证研究，结果表明，东西部地区均存在 EKC 曲线，而中部地区则不存在，并且东部呈倒"U"型，而西部则是"U"型关系。

2. EKC 形成内在机理的解释

国内外学者在对 EKC 曲线的存在性进行大量实证研究的同时，也进一步探讨了 EKC 曲线形成的内在原因。罗思曼（Rothman，1998）研究发现消费水平的提高有利于改善环境，收入水平的提高促使其向环境质量好的区域迁移。布吕沃尔和梅丁（Bruvoll and Medin，2003）通过多因素分解方法，解释了 EKC 形成的深层次原因，研究表明经济增长促进污染排放，而能源利用高效和减排技术进步则在一定程度上抑制了污染排放。丁道（Dinda，2004）认为环境的改善一是由于工业经济的转型，二是由于收入水平提高对环境的偏好；奥斯和贝凯蒂（Auci and Becchetti，2006）认为产业结构调整和能源供给波动是 EKC 曲线变动的主要因素。

中国学者对 EKC 曲线形成的内在机理也有相应的研究和独特见解。黄著（2011）指出环境的改善不仅要依靠物质资本积累，还要引入更多的清洁生产要素如人力资本等。金江（2010）运用最优增长模型对 EKC 曲线进行了研究，结果表明，技术进步是 EKC 曲线出现拐点的必要条件。牛海鹏等（2012）指出 EKC 曲线出现倒 "U" 型关系并非一般规律，并认为经济结构的调整在环境污染与经济发展之间具有承上启下的作用。杨林（2012）认为改善环境质量的根本途径是转变经济发展方式，优化产业结构。

3. 对 EKC 假说的质疑

在认可 EKC 曲线存在的同时，国内外许多学者也对 EKC 曲线提出了质疑，最具代表性的是"污染避难所"假说。该假说将国际贸易因素纳入影响环境质量的范围之中，为研究"环境—经济"问题提供了新的思路和视角。

"污染避难所"假说得到了许多国外学者的证实和认可。马修（Matthew，2004）在研究全球污染密集型企业贸易的基础上，证实了"污染避难所"假说。卡夫和布洛姆奎斯特（Cave and Blomquist，2008）的研究结果表明，在欧盟国家实行更为严格的环境标准时期，与贫穷国家进行污染密集型产品贸易的数量也不断增大，进一步佐证了该假说。瓦格纳和蒂明斯（Wagner and Timmins，2009）在研究德国工业的基础上，认为"污染避难所"效应在化学工业表现得非常明显。席尔瓦（Silva，2010）对美国国内外贸易数据做了相关研究，结果表明，在国内贸易中美国南部更有可能成为北部地区的"污染避难所"，原因在于南部地区经济欠发达，明显落后于北部地区。对国际贸易的相关研究也证实了该假说。雷扎（Rezza，2013）在企业层面对经济的微观数据与环境污染做了实证分析，也证实了该假说。

在全球化的今天，作为最大的发展中国家，中国是否成为了"污染避难所"，学术界并没有形成统一意见。陈刚（2009）认为环境规制政策一方面抑制了 FDI 的流入，但另一方面，地方政府为了提高政绩，又鼓励 FDI 的流入，从而出现了环境规制政策与 FDI 流入的矛盾。苏桔芳等（2011）研究表明，国际贸易的发展和 FDI 的流入污染了中国环境。王文治（2012）认为若是以全球贸易数据和环境数据为研究样本，则"污染避难所"假说明显不成立；但若是以中国的经济和环境相互关系为研究对象，则该假说是成立的，且制造业的 FDI 流入对加剧污染排放具有直接性的影响。彭可茂等（2012）认为，从长期来看，我国农产品交易行业存在着稳健而递增的"污染避难所"效应。

与此相反，许多国内学者认为该假说在中国并不成立。李小平等（2010）研究了环境规制与 FDI 的关系，以及环境污染与国际贸易发展和产业转移的相互关系，认为发达国家向中国的产业转移呈中性，污染产业和清洁产业各自参半，因此中国并不会因为国际产业转移而成为"污染避难所"（谢荣辉，2013）。许和连（2012）分区域地研究了 FDI 集聚度与污染集聚度的关系，结果表明"污染避难所"假说在中国并不成立。

四、污染减排与产业结构调整的实证检验

对于环境污染方面的研究，最具代表性的是美国学者格罗斯曼和克鲁格（Grossman and Lrueger，1991），他们将环境污染的影响因素分解为经济规模效应、结构效应和技术效应（谢荣辉，2013）。徐圆（2010）运用环境污染的三大效应研究了国际贸易发展对中国环境的影响，研究表明产业结构的调整对污染减排贡献有限，而技术进步才是污染减排的核心驱动力。许统生（2011）对影响制造业二氧化碳排放量的因素做了分析，认为不同年份的产业结构对二氧化碳排放量的影响呈现出正反方向的交替变动，排放量总体上有小幅度上升。李斌（2011）将上述 3 种效应进一步演化和发展至 8 种效应，指出在对污染减排有影响和贡献的 8 大效应中，技术效应排在首位，对污染减排贡献最大，而产业结构调整对减排效果并不明显，甚至加剧了环境污染。

在产业结构调整与减排的关系方面，国内外学者分别进行过专门研究，但研究结论存在较大差异。斯特恩（Stern，2002）对 64 个国家的 EKC 曲线形成的内在机理进行了分析，认为投入产出结构在各国污染减排中能够发挥有效作用，但在全球范围内对污染减排的作用很小（谢荣辉，2013）。逯元堂等（2011）认为产业结构的调整和优化在环境质量的改善过程中并未发挥出有效作用。成艾华（2011）运用环境效应分解模型分析并发现产业结构调整对环境的改善作用并不显著，减排效应主要依靠技术进步的推动。黄菁（2009）指出，我国工业行业以污染密集型产业为主，进一步加剧了环境污染，但工业结构调整对环境质量的改善效果逐年增强。张友国（2010）运用投入产出结构分解模型对污染减排进行了测算分析：产业结构、产业结构调整和工业行业结构调整分别导致碳排放强度提高了 2.5%、1.02% 和 3.85%。高辉（2009）的研究表明，我国产业结构调整对污染减排贡献不足，而经济结构的重型化趋势进一步加大了对环境的压力。谭飞燕等（2011）对产业结构调整的碳排放效应做了多种模型测算和检验，结果表明我国工业化发展进一步加剧了碳排放。

另一方面，也有许多专家学者认为产业结构的调整大大促进了污染减排。布鲁

奴和伯格（Bruvn and Bergh，1998）通过对若干典型发达国家的污染排放数据进行研究，结果表明产业结构的调整有利于污染减排。亚利尔和菲尔顿（Jalil and Feridum，2011）则表示，适当降低工业比重、提高服务业比重可以减少污染排放。哈文斯（Hewings，2010）认为产业结构化调整对污染减排的贡献率达到了20%。翟凡、李善同（1998）借助 CGE 模型的定量分析表明，我国产出结构表现出的类型为非污染密集型的。张友国（Zhang，2010）运用投入产出模型研究了中国供给侧改革的碳减排效应，结果表明改革开放以来至 2002 年，制造业的快速发展以及供给侧的改革首先是增加了碳排放；接下来的几年随着污染密集型企业所占比重逐渐降低，供给侧改革的污染减排朝着有利趋势发展。邓祥征等（2012）利用投入产出模型研究了产业结构调整对污染减排的作用，研究结果表明，产业结构的变化在一定程度上降低了环境进一步被污染和恶化的风险。李姝（2011）认为产业结构调整在一定程度上能够促进资源能源节约，提高资源利用效率。蔡圣华等（2011）研究了纯产业结构变动对碳排放强度的影响，结果表明，重化工业比重的降低以及第三产业比重的提高，将极大地促进碳排放强度的降低。

综上所述，在污染减排的影响因素方面，现有的相关研究主要集中在经济发展、产业结构和技术进步几个方面，并且提供了相应的理论基础和实证支持，但都是以省级或全国的面板数据为研究内容，而长株潭城市群作为国家级综合改革试验区，率先开展"两型社会"建设试点，产业结构调整尤为重要，本章以长株潭城市群为研究对象，通过对长株潭产业结构、区域结构、污染排放的面板数据进行分析研究，探讨产业结构调整对污染减排的影响。此研究成果将不仅有利于长株潭城市群建设"两型社会"，更有利于将长株潭城市群产业结构调整的成功经验扩展到其他地区，进一步推动中部地区甚至是全国的产业结构优化调整和污染减排。

第二节　产业结构调整对减排量及减排强度的测度

在研究长株潭城市群经济发展、产业结构等方面对污染减排的效果时，需要将长株潭整个经济系统划分为长沙、株洲、湘潭三个子系统，分别研究三个子系统在经济与产业层面对污染减排方面的作用。具体而言，在研究经济结构对污染减排的作用时，需要划分长沙、株洲、湘潭三个区域经济体进行单独研究，研究其分别对污染减排的影响；同样，在研究长株潭城市群产业结构调整对污染减排的作用时，也需要进一步研究各区域产业结构的调整对减排量及减排强度的贡献。排放强度低的子系统产业结构优化可抑制污染物排放，反之则会促进污染物排放。

一、环境污染的分解模型

在污染减排驱动力方面，主流思想均认为，经济规模、产业结构和技术进步是驱动污染排放呈现出积极变化并朝着有利方向发展的主要因素。下文就三大驱动因素对污染减排的影响效应进行相应的模型建立与测算，从数量关系来看，工业污染物实际排放总量（P）等于工业各部门的实际排放量（p_i）之和。

$$P = \sum_{i=1}^{n} p_i \tag{10.1}$$

式中，n 为工业部门数。根据莱文森和李斌等的环境污染分解模型，可将式（10.1）做进一步分解：污染实际排放总量（P）可表示为工业生产总值（V）、工业各部门生产总值（v_i）占工业生产总值的比重（$\theta_i = v_i/V$）与工业各部门污染排放强度（$z_i = p_i/v_i$）的乘积并对各部门进行求和。

$$P = \sum_i p_i = \sum_i v_i z_i = V \sum_i \theta_i z_i \tag{10.2}$$

将 z_i 进一步分解为：

$$z_i = p_i/v_i = \frac{w_i}{v_i} \times \frac{p_i}{w_i} \tag{10.3}$$

其中，w_i 表示第 i 个工业部门技术处理前的污染排放量；w_i/v_i 表示未经技术处理的单位产值污染排放量，其大小衡量了生产技术的高低，比值越小则表示生产技术水平越高，每实现一单位产值产生的污染则越少；p_i/w_i 表示第 i 个工业部门的实际污染排放量与生产过程中污染产生量的比率，用以衡量治污技术水平，其取值范围为 $[0, 1]$：当 $p_i/w_i = 0$ 时，表示治污技术水平最高，生产过程中产生的污染物全部得到治理，实现零排放；当 $p_i/w_i = 1$ 时，表示对生产过程中产生的污染物没有处理或者治污技术无效，排放量等于全部实际污染产生量。

将式（10.3）代入式（10.2）并对式（10.2）进行简化，可得：

$$P = V \sum_i \theta_i z_i = V \sum_i \theta_i \times \frac{w_i}{v_i} \times \frac{p_i}{w_i} = V \sum_i \theta_i \times S_i \times J_i \tag{10.4}$$

其中，$S_i = w_i/v_i$，$J_i = p_i/w_i$。

式（10.4）的矩阵（向量）形式为：

$$P = V\theta' S_n J \tag{10.5}$$

其中，P 为工业污染实际排放量，θ 和 J 均为 $n \times 1$ 阶向量，分别表示工业各部门生产总值 v_i 占工业总产值 V 的比重和污染排放量占污染产生量的比重。S_n 为 n

371

阶对角矩阵，其主对角线上的元素由 $n \times 1$ 阶矩阵 S 中的元素组成，S 表示生产过程中单位产值的污染产生量，即未经生产技术处理的污染量。

根据 Levinson 的分解模型，对式（10.5）进行微分处理：

$$dP = \theta' S_n J dV + V J' S_n d\theta + V\theta' dS_n J + V\theta' S_n dJ \tag{10.6}$$

式（10.6）将污染排放的增量分解为四个部分。第一部分代表规模效应，解释了在保持基期产业结构和技术水平不变的情况下，经济发展对污染减排的影响；第二部分代表结构效应，解释了工业结构调整对污染减排的影响；第三部分代表生产技术效应，解释了在保持基期经济规模和产业结构不变的情况下，生产技术进步对污染减排的影响；第四部分表示治污技术效应，说明污染治理的技术进步对污染减排的影响。因此，此环境污染的分解模型在一定程度上也能测算产业结构的调整对污染减排的影响。然而下面将要介绍的模型可以避免此类对模型的分解造成的计算上的复杂性和数据来源的广泛性，因而更有利于测算产业结构的调整对污染减排的影响。

二、产业结构调整对减排量的测度

以整个长株潭城市群作为研究对象，以工业内部四个行业大类的污染排放量为研究内容，通过对研究期内各行业大类占工业产值的比重变化以及各行业大类的污染排放强度变化等指标的研究，测算各行业大类比重的变化对污染减排量的影响。工业行业大类所占比重的变化形成的减排量可表示为：

$$\Delta P_{i,t} = GDP_t \times \sum \left[(r_{i,t} - r_{i,t-1}) \times (p_{t-1} - p_{i,t-1}) \right] \tag{10.7}$$

式（10.7）中，t 为计算目标年份，$\Delta P_{i,t}$ 为长株潭城市群第 i 个行业大类第 t 年污染减排量，GDP_t 为第 t 年长株潭城市群的工业产值，$r_{i,t}$ 为第 i 个行业第 t 年 GDP 占长株潭城市群工业产值的比重，p_{t-1} 为长株潭城市群第 $t-1$ 年单位工业产值的污染物排放量（即污染排放强度），$p_{i,t-1}$ 为第 i 个行业大类第 $t-1$ 年污染物排放强度。与国内外相关研究方法相比，该模型不必依赖于前文所述的"环境污染的分解模型"，可以完全独立地计算产业结构变化对污染减排的影响。当测算各区域产业结构调整对减排量的影响时，相应的指标换为各区域相对应的指标，在此不做过多解释。

三、产业结构调整对排放强度的测度

产业结构的调整不仅影响污染物排放总量，而且对污染物排放强度也产生影响：当污染排放强度较高的区域或产业发展受到限制时，整个经济系统的排放强度将下降；当污染排放强度较低的区域或产业发展速度低于整体发展速度时，整个经济系统排放强度将上升。产业结构变化对整个经济系统排放强度的影响可用下式定量计算：

$$A = \left\{ \sum \left[(r_{i,t} - r_{i,t_0}) \times (p_{t_0} - p_{i,t_0}) \right] \times (G_{t_0}/GDP_{t_0}) \right\}/p_{t_0} \times 100\% \qquad (10.8)$$

式（10.8）中，t_0 为研究期初年份，t 为研究末期年份，A 为排放强度，G_{t_0} 为研究对象相对于基期 GDP 的增加值，GDP_{t_0} 为研究初期的 GDP，$r_{i,t}$ 为第 i 个行业大类第 t 年 GDP 占长株潭城市群工业产值的比重，r_{i,t_0} 为第 i 个行业基期 GDP 占长株潭城市群工业产值的比重，p_{t_0} 为长株潭城市群基期单位工业产值的污染物排放量（即污染排放强度），p_{i,t_0} 为第 i 个行业大类的污染排放强度。

四、数据来源

本研究中长株潭城市群各城市污染物排放量数据来源于历年《中国环境统计年鉴》、《中国城市统计年鉴》、《长沙统计年鉴》、《株洲统计年鉴》和《湘潭统计年鉴》，以及湖南统计信息网，湖南省环境保护厅，长沙、株洲、湘潭各地区环保局和统计局，以及各地区的《经济社会发展统计公报》等；工业增加值数据来源于历年《湖南省统计年鉴》及湖南省统计局、长沙、株洲、湘潭各地区统计局。

第三节　长株潭城市群产业结构变化与污染排放量变化分析

一、长株潭城市群的发展历史

长株潭城市群位于湖南省中东部，包括省会城市长沙，以及株洲、湘潭三市，是湖南省经济发展的核心增长极。2007 年，长株潭城市群获得国务院批准成为全国资源节约型和环境友好型社会建设综合配套改革试验区。长株潭城市群一体化是中部六省全国型城市群建设的先行者，被《南方周末》评价为"中国第一个自觉进行区域经济一体化实验的案例"。在行政区划与经济区域不协调的情况下，通过项目推动经济一体化，长株潭为全国范围内其他城市组建城市群推进经济一体化做了榜样。长株潭城市群在发展过程中，不与中部六省争龙头，致力打造成为中部崛起的"引擎"。

在湖南省第九次党代会上，湖南省委借鉴国内外城市群建设的成功经验，根据湖南的发展实际，提出加快"3＋5"城市群建设，即经济发展以长株潭为中心，在一个半小时通勤半径范围内，加强与周边城市包括岳阳、常德、益阳、娄底、衡阳等5个城市的经济联系，实现经济的协同驱动发展，同时加强大湘西和湘南地区的进一步开放。以"3＋5"城市群为主体形态，带动湖南省区域经济的协调发展，加快形成以特大城市为依托、大中小城市和小城镇协调发展的新型城市体系。

2011年出台的"十二五"规划纲要（草案）提出了"环长株潭城市群"新概念，湖南省长株潭两型办副主任陈晓红表示：环长株潭城市群和长株潭"3＋5"城市群并没有实质性的区别，城市群囊括的范围并没有改变。同时，环长株潭城市群的功能定位在之前的"3＋5"城市群的基础上得到进一步延伸，其主要功能是致力于打造全国资源节约型和环境友好型社会建设的示范区，打造为全国重要的综合交通枢纽以及交通运输设备、工程机械、节能环保装备制造、文化旅游和商贸物流基地，打造为区域性的有色金属和生物医药、新材料、新能源、电子信息等战略性新兴产业基地。

2015年4月，《长江中游城市群发展规划》出台，这是贯彻落实长江经济带重大国家战略的重要举措，对于加快中部地区崛起、促进区域经济一体化发展具有重大意义。长江中游城市群是以武汉城市圈、环长株潭城市群、环鄱阳湖城市群为主体形成的特大型城市群，具有"承东启西、连南接北"的作用，是长江经济带三大跨区域城市群支撑之一，也是实施促进中部地区崛起战略、全方位深化改革开放和推进新型城镇化的重点区域，在我国区域发展格局中占有重要地位。环长株潭城市群作为中部城市群的一个重要发展极，将通过制度创新、技术创新与文化创新，结合产业特色和区域优势，进一步发挥作用引领中游城市群甚至全国，带领中游城市群走出国门。

二、长株潭城市群的基本情况

长株潭城市群是湖南经济发展的核心区域，经济发展迅速，资源浪费严重、环境污染令行不止，经济发展与资源节约和环境保护协调发展关系紧张，与构建资源节约型、环境友好型的理念背道而驰。

在能源资源方面：（1）能耗大，能源资源匮乏。长株潭属于湖南省高耗能地区，也是缺能源地区，大部分能源需要调入；全省天然气、石油资源极其短缺，电力远远不能满足生产需求。（2）水资源丰富但浪费严重，株洲和湘潭是工业城市，水污染严重，利用效率不高，全省水资源利用效率仅为22%。（3）土地后备资源严重不足。长株潭地区人口密度大，人均土地占有面积很少，随着经济发展对土地的需求日益增加，导致以牺牲耕地面积为代价换取用地规模；同时，局部地区土地生态环境恶化，土地数量和质量的同步下降成为制约经济社会发展的"瓶颈"。

在环境状况方面：（1）地表水体污染严重。湘江贯穿长株潭三市，纳污江段与饮用取水江段犬牙交错，严重污染生活用水来源。而且枯水季节污染物难以稀释净化，导致湘江水质进一步恶化。（2）大气污染严重。长株潭城市群可吸入颗粒物（PM10）和二氧化硫（SO_2）严重超过国家二级标准，烟粉尘排放量居省内首位，空气质量未达到国家标准，是全省空气质量最差的三个城市。同时，由于地理位置特殊，二氧化硫不易扩散，导致长株潭地区酸雨频率较高，是我国酸雨重灾区。（3）土地资源浪费和污染严重。经济发展占用大量耕地，工业污染和酸雨导致土地质量下降，农药的大量使用进一步使耕地质量下降。

三、中部城市群的对比分析

在中部崛起的经济发展长河中，通过多年发展，中部地区已形成了"六省六群"的格局：湖北武汉城市圈、河南中原城市群、湖南长株潭城市群、安徽皖江城市带、江西环鄱阳湖城市群和山西太原城市圈。

上述六个城市群在规模、成立时间以及所属级别方面均有较大差异。根据城市群等级的划分标准，中原城市群和武汉城市圈属于中型城市群；长株潭城市群、皖江城市带、环鄱阳湖城市群和太原城市圈则属于典型的小型城市群。另外，中原城市群、武汉城市圈、长株潭城市群和皖江城市带均已列入国家发展战略，属于国家级城市群；环鄱阳湖城市群和太原城市圈则属于区域级城市群。

中部六省六群发展差异较大，所处阶段各不相同，根据区域经济发展水平和城市化水平指标，可分为萌芽期、成长期和成熟期三个阶段。下文就中部城市群的基本情况做简要说明（见表10–2）。

表10–2　　　　　　　　中部六大城市群基本概况

名称	空间等级	发展阶段	中心城市	空间区域
武汉城市圈	国家级	成长期	武汉	以武汉市为中心，包括黄石、鄂州、孝感、黄冈、咸宁、仙桃、潜江、天门等8个周边城市组成的空间区域
中原城市群	国家级	成长期	郑州	以郑州市为中心，包括洛阳、开封、新乡、焦作、许昌、平顶山、漯河、济源等9个市在内的城市群落空间区域

续表

名称	空间等级	发展阶段	中心城市	空间区域
长株潭城市群	国家级	成长期	长沙	主要包括长沙市、株洲市、湘潭市为主要区域的空间区域集合
皖江城市带	国家级	萌芽期	—	包括安庆、池州、铜陵、巢湖、芜湖、宣城、马鞍山、滁州等城市组成的空间区域
环鄱阳湖城市群	区域级	萌芽期	南昌	以南昌为中心，包括九江市、景德镇市、上饶市、鹰潭市等5个省辖市及宜春市所辖的丰城市、樟树市、高安市
太原城市圈	区域级	萌芽期	太原	以郑州市为中心，包括洛阳、开封、新乡、焦作、许昌、平顶山、漯河、济源等9个市在内的城市群落空间区域

资料来源：根据中部六省相关资料综合整理。

由于长株潭城市群在空间等级上属于国家级、发展阶段属于成长期，因此，将选取有可比性的武汉城市圈、中原城市群为可比对象，比较分析2014年三大中部城市群的主要经济指标情况（见表10－3）。

表10－3　　　　　中部城市群主要经济指标

主要经济指标 \ 城市群	武汉城市圈	中原城市群	长株潭城市群
土地面积（万平方公里）	5.78	5.87	2.81
常住人口（万人）	3088.99	4244	1408.81
GDP（亿元）	17265.15	20461.76	11556.38
GDP占全省比重	63.06%	58.57%	42.74%
第二产业增加值（亿元）	8465.89	11007.93	6416.4
固定资产投资（亿元）	14149.22	17574.14	8776.2
实际利用外资（万美元）	625652	1018830	562136
人均GDP（元）	56047	48213	82425
社会消费品零售总额（亿元）	7456.62	8059.01	4361.22

资料来源：根据中部六省相关统计年鉴资料综合整理。

通过对长株潭城市群与武汉城市圈和中原城市群的对比，由图10－1可知，长株潭城市群在国民生产总值、第二产业增加值、全社会固定资产投资和社会消费品零售总额等四个主要总量经济指标上明显落后于武汉城市圈和中原城市群，主要原因是本章研究的长株潭城市群囊括的范围仅包括长沙市、株洲市和湘潭市，不包括"3＋5"城市群中的岳阳、常德、益阳、娄底和衡阳，因此，在总量经济指标上会落后于其他两个城市群，这也在可理解的范围内。

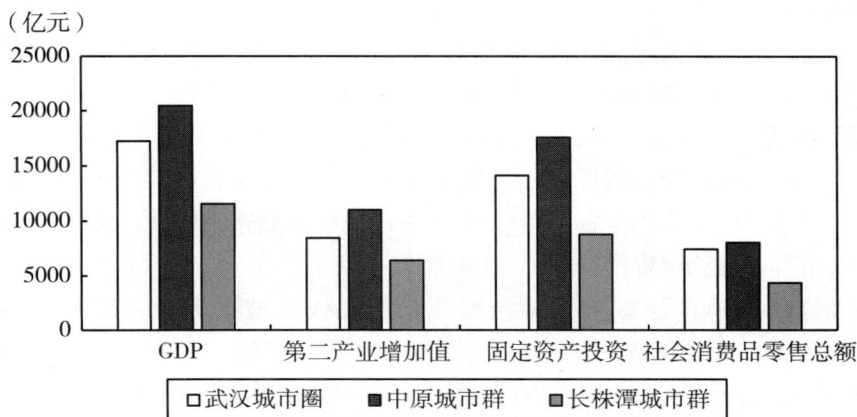

（亿元）

图 10 - 1　三大城市群主要总量经济指标对比

然而，在主要人均经济指标上，长株潭城市群则表现出明显的优势。如图 10 - 2 所示，长株潭城市群在人均地区生产总值、人均第二产业增加值、人均固定资产投资和人均社会消费品零售总额指标上明显高于武汉城市圈和中原城市群。

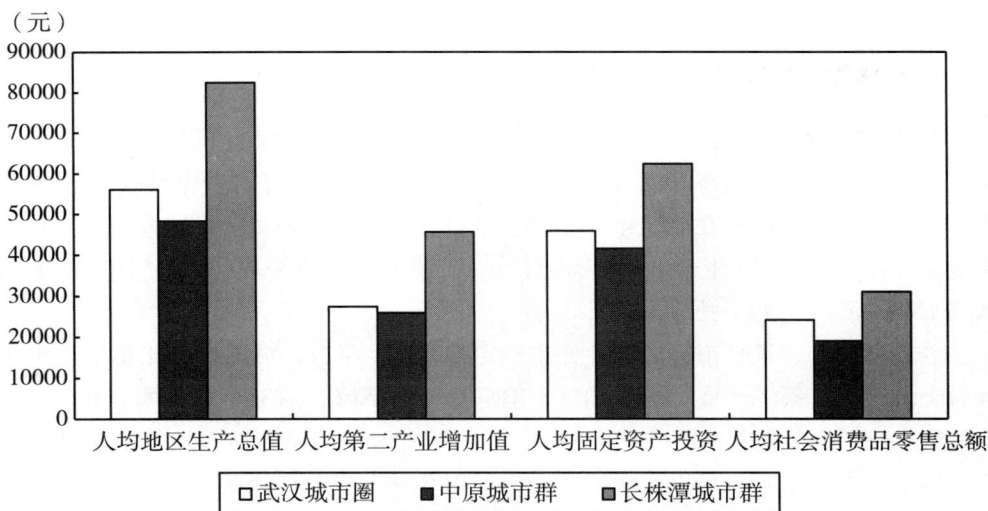

（元）

图 10 - 2　三大城市群主要人均经济指标对比

在人均地区生产总值指标方面，长株潭城市群比武汉城市圈高出 26378 元/人，占武汉城市圈人均地区生产总值的 47.06%；比中原城市群高出 34212 元/人，占中原城市群人均地区生产总值的 70.96%；说明了在整个长株潭辖区内经济发展比较强劲，能够有效改善人民生活，提高大众生活水平，并进一步提高大众建设美好长株潭城市群的积极性和创造性。

同样，在人均第二产业增加值指标方面，长株潭城市群比武汉城市圈高出 18138.16 元/人，占武汉城市圈人均第二产业增加值的 66.18%；比中原城市群高出 19607.19 元/人，占中原城市群人均第二产业增加值的 75.59%。

在人均固定资产投资指标方面，长株潭城市群比武汉城市圈高出 16489.8 元/人，占武汉城市圈人均固定资产投资的 36%；比中原城市群高出 20885.75 元/人，占中原城市群人均固定资产投资的 50.44%。

在人均社会消费品零售总额指标方面，长株潭城市群比武汉城市圈高出 6817.42 元/人，占武汉城市圈人均社会消费品零售总额的 28.24%；比中原城市群高出 11967.58 元/人，占中原城市群人均社会消费品零售总额的 63.02%。

通过上述简单对比分析，说明了在中部经济发展和崛起的过程中，长株潭城市群经济增长强劲，经济发展态势较为平稳，在促进整个湖南省经济社会发展以及城镇化进程中发挥着中流砥柱作用，在促进中部经济发展和城镇化进程中也发挥了重要作用。

四、长株潭城市群区域产业结构变化

1. 长株潭各地区产业结构变化

在 2009～2014 年间，长株潭城市群三大产业结构均有相应幅度变化，总体来说，第一产业所占比重持续六年小幅度稳定下降，平均而言比重保持在 5.86% 左右；第二产业所占比重在前三年有小幅度上升，但后三年有所下降；第三产业所占比重在 2011 年开始逐步上升，平均而言，三大产业所占比重平均约为 5.9∶55.5∶38.6，如图 10-3 所示（右下角）。

分地区而言，长沙市第一产业比重稳定在 4.3% 左右，第二产业比重呈现出先升后降的态势，第三产业比重则相反，前三年有所下降，后三年则持续上升，三大产业所占比重平均约为 4.3∶54.3∶41.4。第一产业和第二产业所占比重明显低于长株潭城市群平均水平，第三产业比重高出平均水平 2.8 个百分点。

株洲市和湘潭市总体而言，产业结构变化类似，三大产业的比重均有所变化。对于第一产业而言，株洲市和湘潭市持续六年均呈下降走势，但仍未低于 7.5%，第二产业比重均是先升后降，第三产业所占比重是先降后升；第一和第二

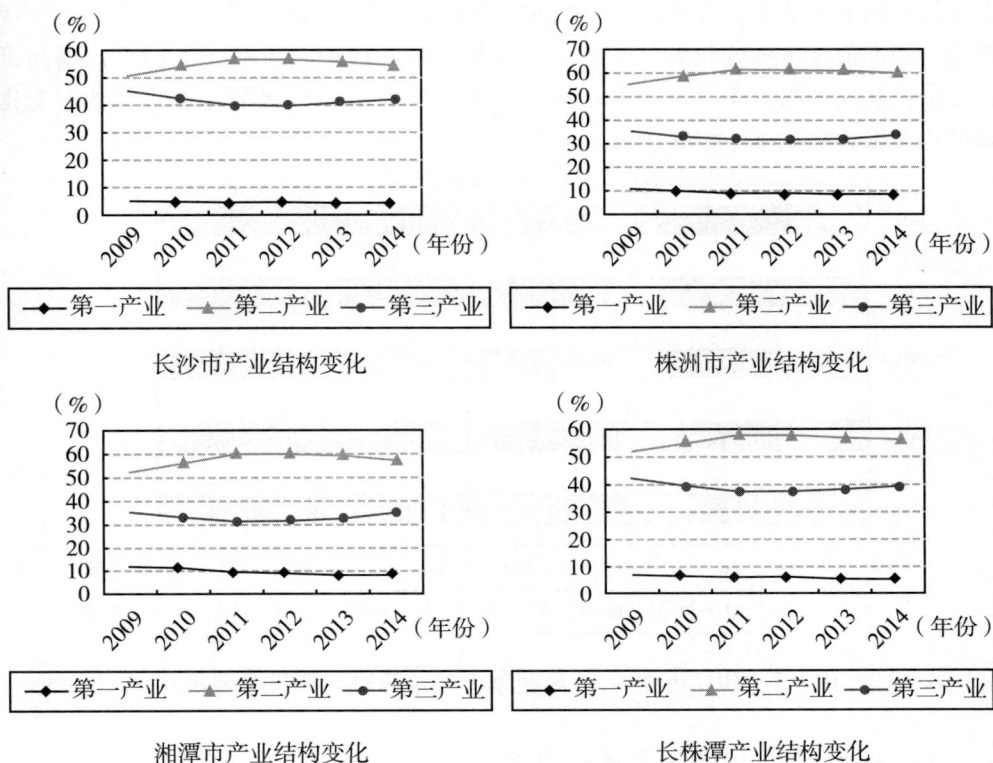

图 10 - 3　2009～2014 年长株潭各地区产业结构变化图及总图

产业比重明显高于长株潭城市群平均水平 5.86%、55.53%，而第三产业则明显偏低。其中，株洲市三大产业比重平均约为 8.8∶58.8∶32.4，第二产业和第三产业比重差距达到 26.4 个百分点，产业结构不合理。湘潭市三大产业比重平均约为 9.5∶57.3∶33.2，第二、第三产业比重分别为 57.25%、33.24%，比重差距达到 24 个百分点，产业结构也不合理。

综上所述以及通过图 10 - 3 可以看出，长株潭城市群和长沙、株洲、湘潭产业结构变化均有两个明显的特征：一是第一产业比重连续六年持续降低；二是第二、第三产业比重走势有一个共同的转折点，2012 年以前，第二产业比重均有所上升，第三产业则相反，2012 年以后，第二产业比重均有所下降，第三产业则相反。2012 年是一个节点，由此可以推断，可能与 2012 年的重大事件有关，如中共十八大的召开、经济政策调整等。

2. 长株潭工业行业结构变化

从 2011～2015 年长株潭城市群工业行业大类占工业比重来看，在四大行业中占比最高的是制造业，其次是轻工业和采掘业，最后是化工业。从 2011 ～ 2015 年四大行业产值比重的变化趋势来看，变化幅度最大的是轻工业，平均占比提高了 3.52%；其次是制造业，平均占比降低了 3.23%；最后是化工业和采掘业，变化幅度均在 1.5% 以内（见图 10 - 4）。

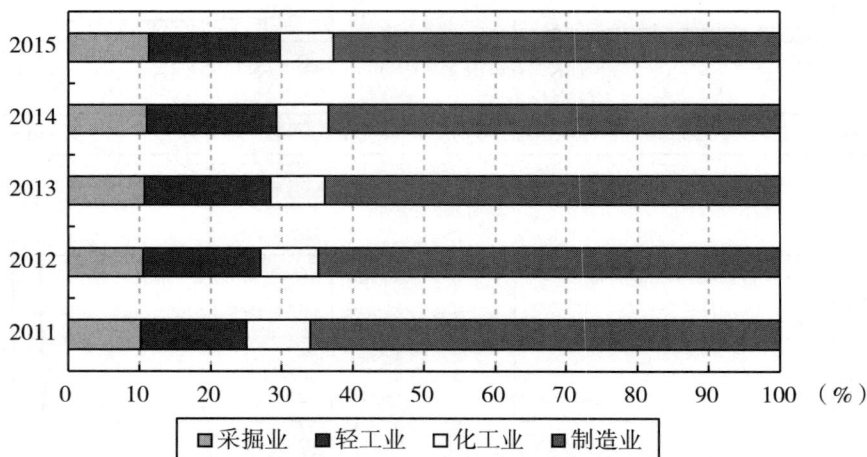

图 10 - 4　2011 ～ 2015 年长株潭工业四类行业的生产总值比重

五、长株潭城市群污染排放量变化

1. 长株潭总体排放量变化

2009 ～ 2014 年，长株潭城市群三大工业废物（工业废水、工业 SO_2、工业烟粉尘）排放量虽是有升有降，增速也是跌宕起伏，但整体而言，均呈现出下降的走势（见图 10 - 5、图 10 - 6、图 10 - 7），污染减排得到一定的控制。

2009 年，长株潭城市群工业废水排放总量为 22385 万吨，至 2014 年排放总量下降至 15586 万吨，总量降低了 6799 万吨，占 2009 年排放量的 30.37%，工业废水排放量年均降低 7.0%。但工业废水排放量增速却有大幅度起落，增速最高为 2013 年的 6.2%，最低为 2012 年的 - 24%，2012 年也是一个转折点（见表 10 - 4、图 10 - 5）。

表 10 - 4　　　　　长株潭城市群工业废水排放量及增速　　　　单位：万吨

年份	2009	2010	2011	2012	2013	2014
工业废水排放量	22385	19793	20802	15822	16802	15586
排放量增速（%）	- 1.45	- 11.58	5.10	- 23.94	6.19	- 7.24

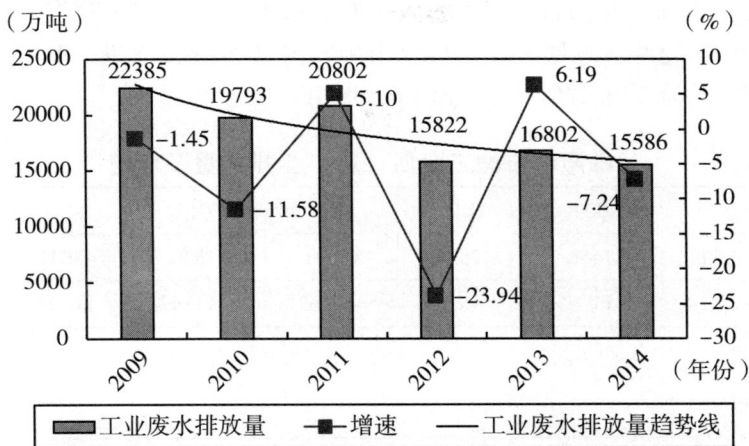

图 10 - 5　长株潭城市群工业废水排放量及增速

2009 年，长株潭城市群工业 SO$_2$ 排放总量为 184886 吨，至 2014 年排放总量下降至 98338 吨，总量降低了 86548 吨，占 2009 年排放量的 46.81%，工业 SO$_2$ 排放量年均降低 11.86%。除了 2013 年排放量增速为正以外，其余年份增速均为负，表明工业 SO$_2$ 污染减排有一定的成效（见表 10 - 5 和图 10 - 6）。

表 10 - 5　　　　　　长株潭城市群工业 SO$_2$ 排放量及增速　　　　　　　单位：吨

年份	2009	2010	2011	2012	2013	2014
工业 SO$_2$ 排放量	184886	179265	130870	99714	109086	98338
排放量增速（%）	-3.77	-3.04	-27.00	-23.81	9.40	-9.85

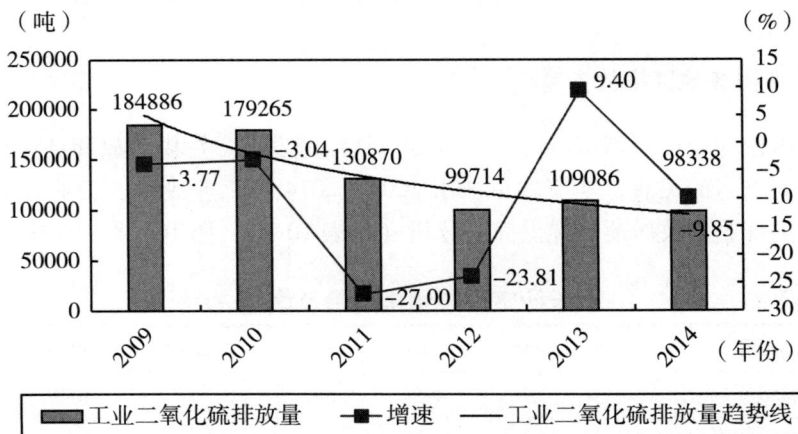

图 10 - 6　长株潭城市群工业 SO$_2$ 排放量及增速

2009 年，长株潭城市群工业烟粉尘排放总量为 87452 万吨，至 2014 年排放总量下降至 86293 万吨，总量降低了 1159 万吨，占 2009 年排放量的 1.33%，工业烟粉尘排放量年均降低 0.27%（见表 10-6、图 10-7）。

表 10-6　　　　长株潭城市群工业烟（粉）尘排放量及增速　　　单位：吨

年份	2009	2010	2011	2012	2013	2014
工业烟粉尘排放量	87452	47624	46901	41540	48641	86293
排放量增速（%）	-11.55	-45.54	-1.52	-11.43	17.09	77.41

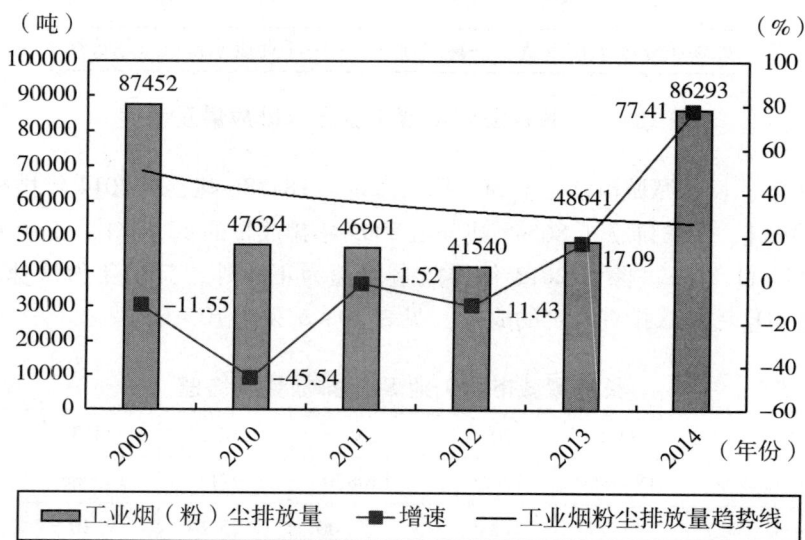

图 10-7　长株潭城市群工业烟（粉）尘排放量及增速

2. 长株潭各地区排放量变化

长沙市作为长株潭城市群的核心城市，其经济发展、污染排放和环境治理等情况自然受到更多的关注，本节就长沙市 2009~2014 年工业废水、工业二氧化硫和工业烟粉尘排放量及增速情况做简要分析（见表 10-7、图 10-8~图 10-10）。

表 10-7　　　　　　　长沙市污染物排放量及增速

年份	2009	2010	2011	2012	2013	2014
工业废水排放量（万吨）	3726	4336	4010	3777	4049	4397
排放量增速（%）	-10.48	16.37	-7.52	-5.81	7.20	8.59

续表

年份	2009	2010	2011	2012	2013	2014
工业 SO_2 排放量（吨）	52052	54678	26029	21209	21173	19576
排放量增速（%）	-14.03	5.04	-52.40	-18.52	-0.17	-7.54
工业烟粉尘排放量（吨）	34704	24746	10241	11976	19000	17323
排放量增速（%）	-9.26	-28.69	-58.62	16.94	58.65	-8.83

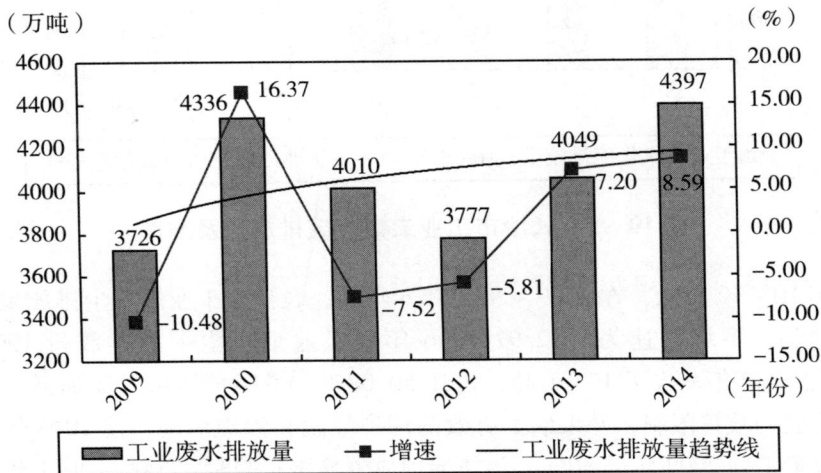

图 10 - 8　长沙市工业废水排放量及增速

　　2009～2014 年 6 年间，长沙市工业废水排放量整体呈现出上升趋势，平均增速为 3.37%；6 年间工业废水平均排放量 4049.17 万吨，2014 年比 2009 年增加了 671 万吨，占比 18.01%。2010 年增速最大，达到了 16.37%，2011 年虽然增速急剧下降并为负值，但总排放量依然超过了 4000 万吨/年（见图 10 - 8）。长沙市在工业废水方面的减排工作不容乐观，经济的发展和污染控制、治理技术的进步，却使工业废水减排量不降反升，相关环保部门需要进行深刻反思，要进一步保障环保政策的有效实施，加强污染控制和治理。

　　如图 10 - 9 所示，2009～2014 年 6 年间，长沙市工业二氧化硫排放量整体上呈现出下降趋势，平均增速为 -17.76%，除 2010 年增速为正值以外，其余年份均为负值；6 年间工业二氧化硫平均排放量 32452.83 吨，2014 年比 2009 年减少了 32476 吨，占比 62.39%，说明了长沙市加强了对工业二氧化硫排放的政策限制，并采取了有效的污染控制和治理措施，使得 2014 年工业二氧化硫排放量不到 2009 年的 40%，污染治理成效显著；同时，2011 年排放量增速为 -52.40%，是长沙市整个工业二氧化硫减排过程中出现的唯一拐点，以此也说明了 2011 年相关环保政策的出台对污染排放的限制起到了良好的作用。

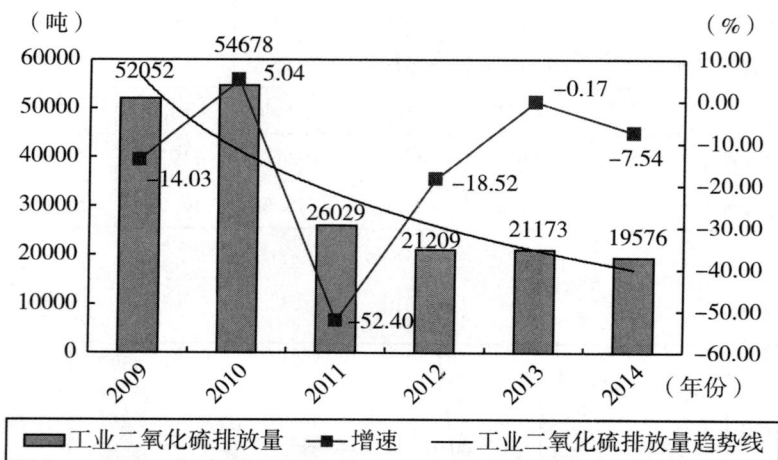

图 10 - 9　长沙市工业二氧化硫排放量及增速

如图 10 - 10 所示，在 2009 ～ 2014 年 6 年间，长沙市工业烟粉尘排放量整体上呈下降趋势，平均增速为 - 12.97%，6 年间工业烟粉尘平均排放量 19665 吨，2014 年比 2009 年减少了 17381 吨，占比 50.08%。说明长沙市总体加强了对工业烟粉尘排放的政策限制，并采取了有效的污染控制和治理措施，使 2014 年工业烟粉尘排放量不到 2009 年的 50%，污染治理成效显著；同时，2009 ～ 2011 年排放量增速逐年降低，一度下降到 - 58.62%。然而，随着 2011 年湖南省放宽了对工业烟粉尘排放量的限制，长沙市整个工业烟粉尘减排量增速出现了死灰复燃的现象，在

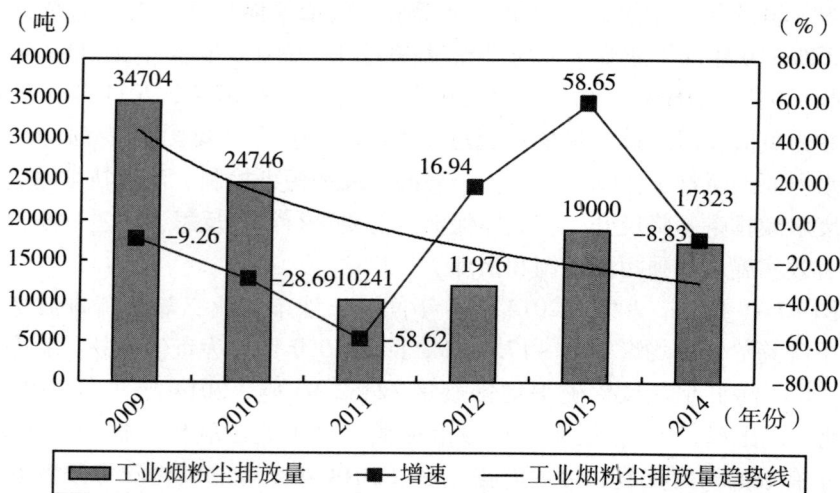

图 10 - 10　长沙市工业烟粉尘排放量及增速

2013 年增速达到了 58.65%，甚至超过了 2011 年的增速。

株洲市作为长株潭城市群的副中心城市，在长株潭城市群发展过程中扮演着举足轻重的角色，株洲是湖南核心工业城市，中国南部交通枢纽，区域物流中心，株洲市的污染减排对整个长株潭城市群的污染减排起着至关重要的作用，株洲市 2009～2014 年三大污染物排放量及增速情况如表 10-8 及图 10-11～图 10-13 所示。

表 10-8　　　　　　　　　株洲市污染物排放量及增速

年份	2009	2010	2011	2012	2013	2014
工业废水排放量（万吨）	8180	7900	7152	5992	7227	5929
排放量增速（%）	5.55	-3.42	-9.47	-16.22	20.61	-17.96
工业 SO_2 排放量（吨）	65197	57883	47387	35636	41671	39589
排放量增速（%）	-5.30	-11.22	-18.13	-24.80	16.94	-5.00
工业烟粉尘排放量（吨）	33090	5983	11387	5769	5758	5623
排放量增速（%）	-20.22	-81.92	90.32	-49.34	-0.19	-2.34

如图 10-11 所示，在 2009～2014 年 6 年间，株洲市工业废水排放量整体上呈现出下降趋势，平均增速为 -6.23%，下降较为平缓，污染控制和污染治理情况还有待进一步提高；六年间工业废水平均排放量 7063.33 万吨，2014 年比 2009 年减少了 2251 万吨，占比 27.52%；除了 2013 年前后增速有一个突增突减的现象外，总体上增速呈现出下降的走势，一定程度上说明了株洲市正在逐步推进污染减排工作，但从减排绝对量考虑，株洲市工业废水减排情况不容乐观，这与株洲市作为工业城市的定位有一定的联系，株洲市工业较为发达，污染排放量指标相对较高，对

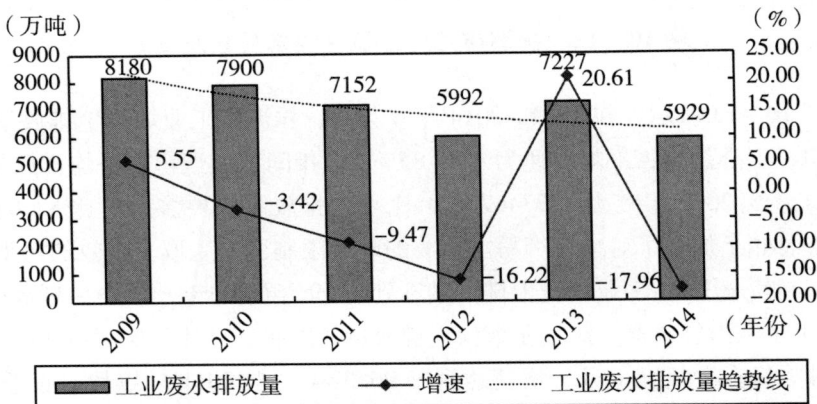

图 10-11　株洲市工业废水排放量及增速

工业城市的污染减排治理需要一个逐步稳定推进的过程，因此，株洲市工业废水的污染减排工作还有很大的提升空间和减排潜力。

如图 10-12 所示，株洲市工业二氧化硫排放情况与工业废水排放情况相似，在 2009~2014 年 6 年间，工业二氧化硫排放量整体上呈现出下降趋势，平均增速为 -9.5%，污染控制和污染治理情况有一定成效；6 年间工业二氧化硫平均排放量 47893.83 吨，2014 年比 2009 年减少了 25608 吨，占比 39.28%，排放量总体上呈现出浅 "V" 字形，除 2013 年增速为正值外，其余年份增速均为负值，一定程度上说明了株洲市正在逐步推进污染减排工作，但从减排绝对量考虑，株洲市工业二氧化硫减排情况不容乐观，这与株洲市作为工业城市的定位有一定的联系，株洲市工业较为发达，污染排放量指标相对较高，对工业城市的污染减排治理需要一个逐步稳定推进的过程，因此，株洲市工业二氧化硫的污染减排工作还有很大的提升空间和减排潜力。

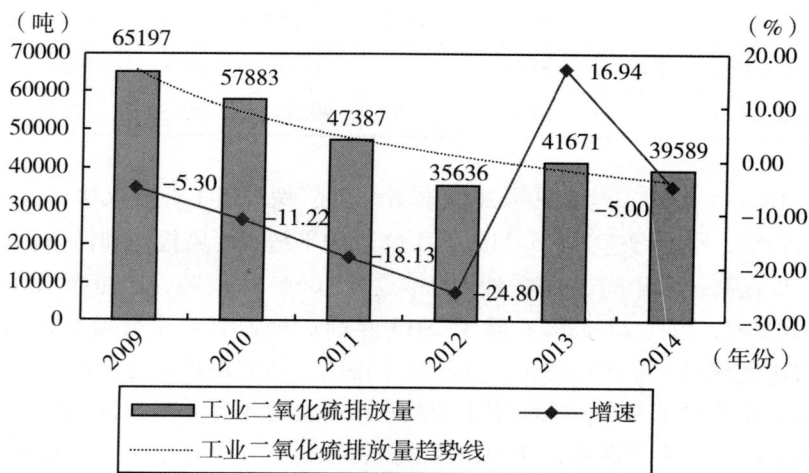

图 10-12　株洲市工业二氧化硫排放量及增速

如图 10-13 所示：在 2009~2014 年 6 年间，株洲市工业烟粉尘排放量整体上呈现出明显下降趋势，平均增速为 -29.85%，6 年间工业烟粉尘平均排放量 11268 吨，2014 年比 2009 年减少了 27467 吨，比平均排放量还要多，占比 83.01%，说明株洲市总体上加强了对工业烟粉尘排放的政策限制，并采取了有效的污染控制和治理措施，使 2014 年工业烟粉尘排放量不到 2009 年的 20%，污染治理成效显著；虽然 2011 年湖南省放宽了对工业烟粉尘排放量的限制，导致了株洲市 2011 年工业烟粉尘排放量有大幅度上升，增速达到了 90.32%，但 2011 年以后，工业烟粉尘减排量迅速下降，后续三年减排量趋于稳定，更进一步说明了株洲市在国家放宽工业烟粉尘排放量限制后，依然保持对污染有效治理的良好局面。

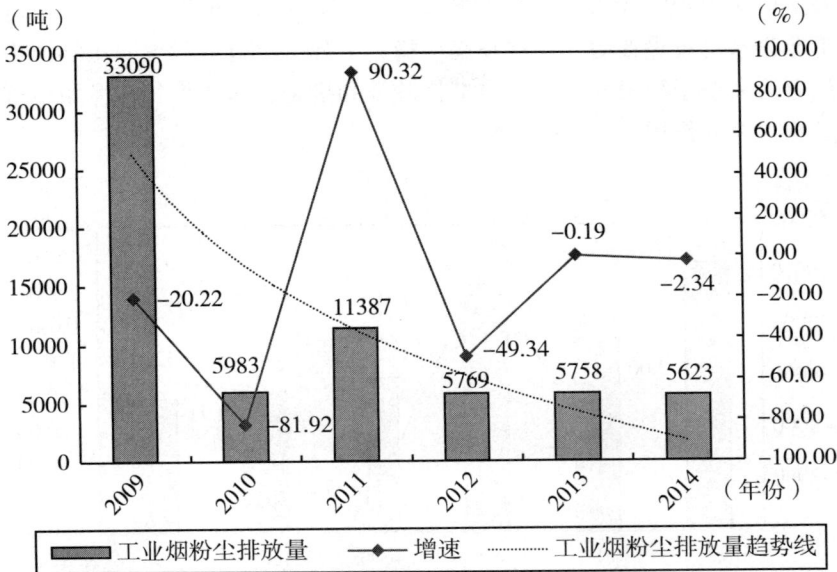

图 10 - 13　株洲市工业烟粉尘排放量及增速

　　湘潭市作为长株潭城市群的副中心城市，在长株潭城市群发展过程中同样扮演着举足轻重的角色，湘潭是湖南核心工业城市，红色旅游城市，湘潭市的污染减排对整个长株潭城市群的污染减排同样有着至关重要的作用，湘潭市 2009 ~ 2014 年三大污染物排放量及增速情况如表 10 - 9、图 10 - 14 ~ 图 10 - 16 所示：

表 10 - 9　　　　　　　　　湘潭市污染物排放量及增速

年份	2009	2010	2011	2012	2013	2014
工业废水排放量（万吨）	10479	7557	9640	6053	5526	5260
排放量增速（％）	- 3.00	- 27.88	27.56	- 37.21	- 8.71	- 4.81
工业 SO_2 排放量（吨）	67637	66704	57454	42869	46242	39173
排放量增速（％）	7.81	- 1.38	- 13.87	- 25.39	7.87	- 15.29
工业烟粉尘排放量（吨）	19658	16895	25273	23795	23883	63347
排放量增速（％）	2.67	- 14.06	49.59	- 5.85	0.37	165.24

　　如图 10 - 14 所示，在 2009 ~ 2014 年 6 年间，湘潭市工业废水排放量整体上呈现出下降趋势，平均增速为 - 12.88％；6 年间工业废水平均排放量 7419.17 万吨，2014 年比 2009 年减少了 5219 万吨，占比 49.80％，说明湘潭市总体上加强了对工业废水排放的政策限制，并采取了有效的污染控制和治理措施，使得 2014 年工业废水排放量下降到只有 2009 年的 50％左右，污染治理成效显著。除了 2011 年工业

废水排放量增速出现了较大幅度的上升，增速达到了 27.56%，但之后增速便迅速下降，工业废水排放量在后三年逐步趋于稳定下降，更进一步说明了湘潭市在工业废水排放方面采取了积极稳定的污染减排政策和措施，对整个长株潭城市群污染减排起到了相当大的作用。

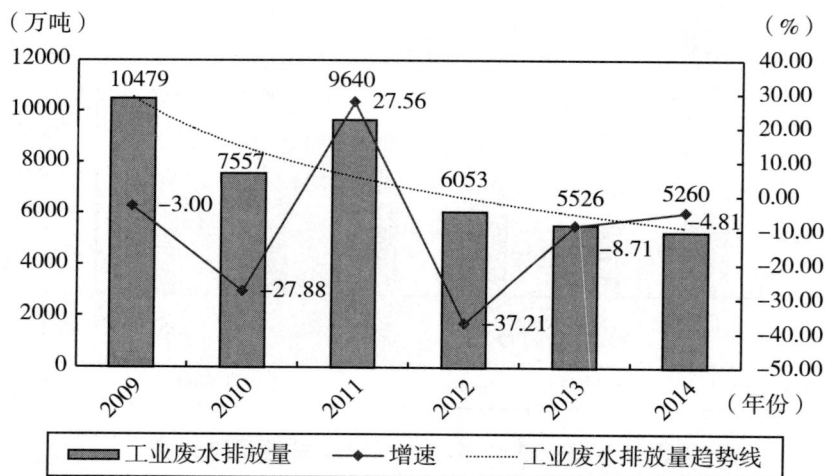

图 10 - 14　湘潭市工业废水排放量及增速

　　如图 10 - 15 所示，2009～2014 年的 6 年间，湘潭市工业二氧化硫排放量整体上呈现下降趋势，平均增速为 -10.35%，污染控制和污染治理情况有一定成效；6 年间工业二氧化硫平均排放量 53346.5 吨，2014 年比 2009 年减少了 28464 吨，占比 42.08%；2009～2012 年，工业二氧化硫排放量增速逐年降低，污染控制和治理

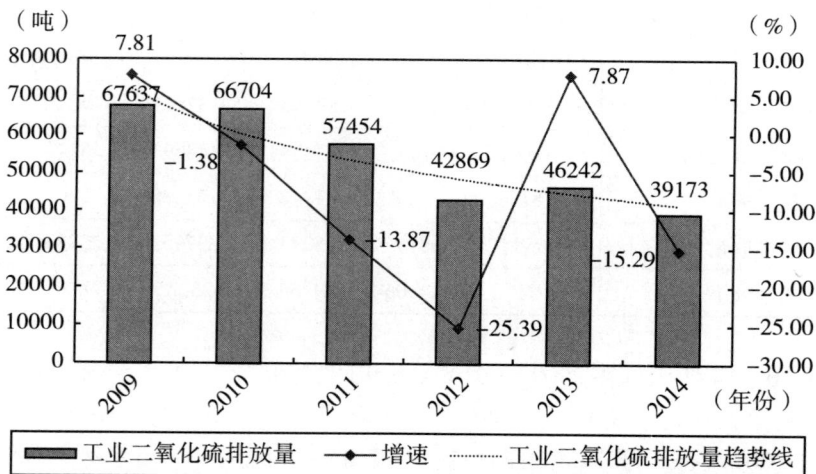

图 10 - 15　湘潭市工业二氧化硫排放量及增速

有一定成效。然而，2013 年又出现了较大幅度的上涨，2014 年增速有所下降；从减排增速看，除 2009 年和 2013 年增速为正值外，其余年份增速均为负值，一定程度上说明了湘潭市正在逐步推进污染减排工作，但从减排绝对量考虑，湘潭市工业二氧化硫的污染减排工作还有很大的提升空间和减排潜力，这与湘潭市作为工业城市的定位有一定的联系，湘潭市工业较为发达，污染排放量指标相对较高，对工业城市的污染减排治理需要一个逐步稳定推进的过程。

如图 10－16 所示，在 2009～2014 年 6 年间，湘潭市工业烟粉尘排放量整体上呈现出上升趋势，2009～2013 年，工业烟粉尘总体排放量趋于稳定，平均排放量约为 21901 吨，平均增速为 4.99%；然而 2014 年出现了一个突增的现象，2014 年的工业烟粉尘排放量达到了 63347 吨，相比 2013 年排放量增长了 165.24%，致使在 2009～2014 年 6 年间，平均增速达到了 26.37%，相比前 5 年平局增速累计拉升了 21 个百分点，平均排放量更是达到了 28809 吨，相比前 5 年的平均排放量拉升了 32 个百分点（见图 10－16）。湘潭市在工业烟粉尘方面的减排工作很不乐观，经济的发展和污染控制、治理技术的进步，却使得工业烟粉尘减排量不降反升，相关环保部门需要认真、深刻反思，要进一步保障环保政策的有效实施，进一步加强污染控制和治理。

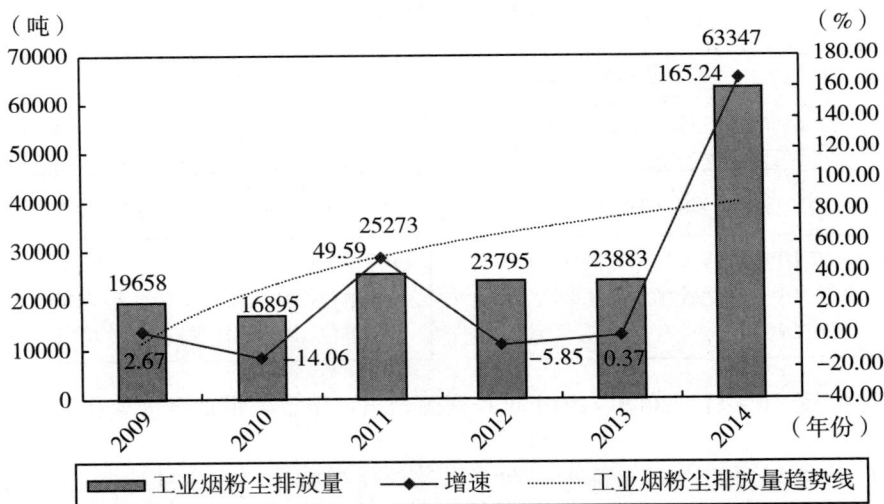

图 10－16　湘潭市工业烟粉尘排放量及增速

六、长株潭城市群污染排放强度变化

1. 长株潭各区域污染排放强度

污染排放强度主要用单位 GDP 污染物排放量指标来衡量，长株潭城市群各区域经济结构的调整对污染排放量有着不同的影响，各区域经济的发展和污染控制、处理技术的提高对污染排放强度也有着深刻影响（见图 10 - 17）。

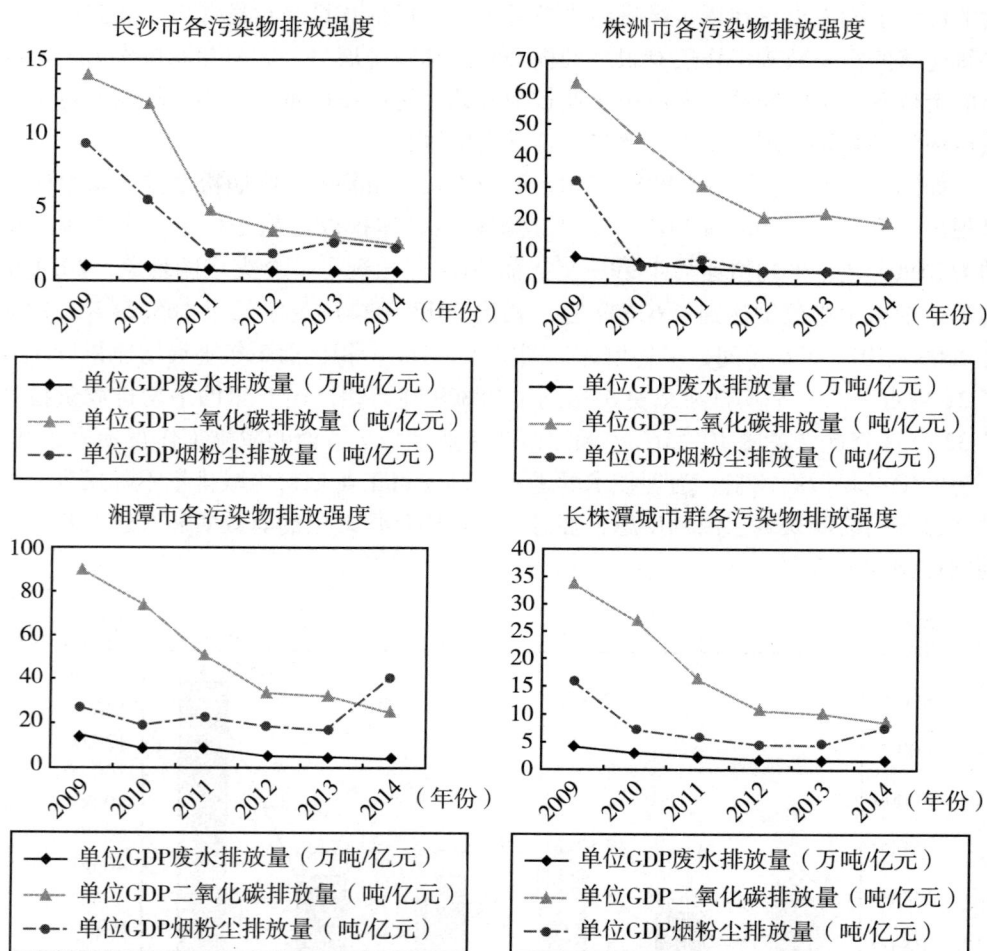

图 10 - 17　2009～2014 年长株潭城市群污染物排放强度变化

2009～2014 年，长沙、株洲、湘潭以及长株潭城市群在工业废水、工业二氧化硫、工业烟粉尘排放强度方面均表现出逐年下降的走势，整个长株潭城市群在工业废水排放强度上降低了 2.72 万吨/亿元，占 2009 年排放强度的 66.82%；在工业 SO_2 排放强度上降低了 25.02 吨/亿元，占 2009 年排放强度的 74.66%；在工业烟粉尘排放强度上降低了 8.41 吨/亿元，占 2009 年排放强度的 52.98%。2009～2014 年，长株潭城市群生产总值不断提高，随着污染控制、处理技术的提高，工业废水、工业 SO_2 及工业烟粉尘排放量逐年降低，由此，各类污染物的单位 GDP 排放量（即排放强度）呈现出放大式递减。

2. 长株潭工业各行业污染排放强度

以工业 SO_2 排放为例。2011～2015 年，长株潭城市群工业四个行业大类的污染排放强度呈现出逐年下降的趋势。如图 10 - 18 所示，在采掘业和轻工业中，下降趋势极为明显，采掘业平均下降 3.11 吨/亿元，轻工业平均下降 2.59 吨/亿元；然而在化工业和制造业方面，长株潭城市群工业 SO_2 排放强度变化幅度微弱，主要是由于湘潭在化工业和制造业方面的减排强度不降反升，导致中和了长沙和株洲排放强度的有利趋势。

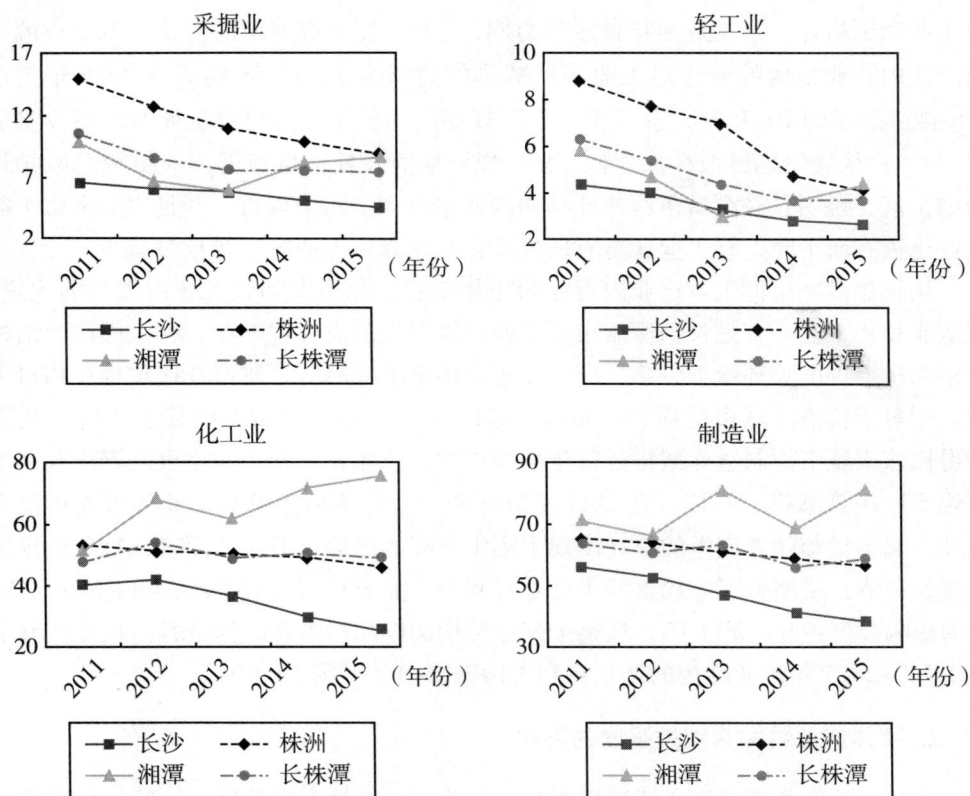

图 10 - 18　2011～2015 年长株潭工业各行业 SO_2 排放强度

分行业而言，在四大行业中，长株潭城市群工业 SO_2 排放强度最大的是制造业和化工业，其次是采掘业，最后是轻工业。制造业中，长株潭城市群 5 年的平均排放强度为 60 吨/亿元，化工业的平均排放强度为 50 吨/亿元，相比而言，采掘业和轻工业的平均排放强度分别只有 8.3 吨/亿元和 4.7 吨/亿元，单纯从排放强度方面考虑，增加采掘业和轻工业的比重，适当减少化工业和制造业的比重对污染减排是有利的。

第四节　产业结构调整对污染减排的影响效应分析

一、整体产业结构的影响

1. 整体产业结构对减排量的影响

依据长株潭城市群工业行业的具体情况，将工业内行业分为采掘业、轻工业、化工业和制造业。以工业 SO_2 排放量为例，"十二五"规划期间，长株潭城市群工业产业内行业结构的变化对工业 SO_2 减排的贡献为 10555.78 吨，占 2015 年工业 SO_2 排放总量的 10.73%，占"十二五"规划期间长株潭城市群工业 SO_2 减少量的 12.20%。从变化趋势来看，"十二五"规划期间长株潭城市群产业结构总减排量均为正值，说明长株潭城市群产业结构的调整有利于污染减排，并且主要是由于制造业比重有所下降，轻工业比重有所提高，从而导致工业 SO_2 排放量减少。

从长株潭城市群工业产业内行业的比重来看，制造业和轻工业占较大的比重，制造业和轻工业一直是长株潭城市群工业经济发展的支柱性产业，在全国产业结构调整稳步推进的大环境下，第二产业比重总体呈下降趋势，制造业比重也在相对下降。相对于长株潭城市群而言，2011~2015 年，制造业比重持续稳步下降，从而使得长株潭城市群制造业减排量每年均为正值，总体看，制造业比重的下降有利于工业 SO_2 污染减排。同样，在 2011~2015 年，长株潭城市群轻工业比重逐年稳步上升，减排量却随着比重的提高出现了逐年下降的趋势，但总体而言，每年减排量依然为正值，说明轻工业比重的提高是有利于工业 SO_2 污染减排的，只是对污染减排的影响强度逐年下降而已。从整个产业结构调整的污染总减排量看，长株潭城市群 2011~2015 年产业结构的调整有利于污染减排（见图 10-19）。

2. 整体产业结构对减排强度的影响

为分析长株潭城市群产业结构变化对工业 SO_2 排放强度的影响，针对长株潭城市群工业各行业的具体情况设置了十种不同的情景（见表 10-10）进行对比分析。其中，前四种情景表示在化工业比重降低 1% 的情形下，分别假设其余行业比重平均提高 0.33%、采掘业比重提高 1%、轻工业比重提高 1% 以及制造业比重提高 1% 四种情形；情景 5~8 表示在制造业比重降低 1% 的情形下，分别假设其余行业比重平均提高 0.33%、采掘业比重提高 1%、轻工业比重提高 1% 以及化工业比重提高 1% 四种情形；最后两种情景表示在轻工业比重提高 1% 的情形下，分别假设其余行业比重平均降低 0.33%、采掘业比重降低 1% 两种情形。结果表明：化工业

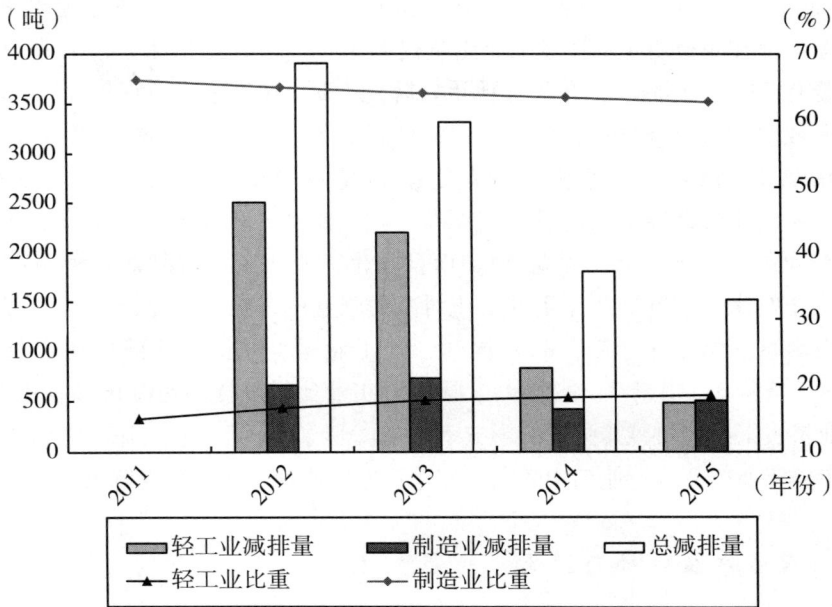

图 10－19　长株潭 2011～2015 年产业结构与产业减排量变化

表 10－10　　　　长株潭城市群产业结构变化对工业 SO_2 排放强度的影响

情景	产业结构变化	工业 SO_2 排放 强度变化（％）
1	化工业降低 1％，其余行业平均提高 0.33％	－0.30
2	化工业降低 1％，采掘业提高 1％，其余行业不变	－0.30
3	化工业降低 1％，轻工业提高 1％，其余行业不变	－0.33
4	化工业降低 1％，制造业提高 1％，其余行业不变	0.07
5	制造业降低 1％，其余行业平均提高 0.33％	－0.27
6	制造业降低 1％，采掘业提高 1％，其余行业不变	－0.36
7	制造业降低 1％，轻工业提高 1％，其余行业不变	－0.39
8	制造业降低 1％，化工业提高 1％，其余行业不变	－0.07
9	轻工业提高 1％，其余行业平均下降 0.33％	－0.25
10	轻工业提高 1％，采掘业降低 1％，其余行业不变	－0.03
实际	轻工业提高 3.52％，化工业降低 1.44％，采掘业提高 1.15％， 制造业降低 3.23％	－1.71

比重的降低、制造业比重的降低以及轻工业比重的提高均有利于减排强度的下降，其中，制造业比重降低1%和轻工业比重提高1%时，将会综合引起工业SO_2排放强度降低0.39%（情景7）；化工业比重每降低1%，在其余行业均提高0.33%，或是采掘业或是轻工业比重分别提高1%的情形下，均会引起减排强度至少下降0.3%（情景1、情景2、情景3）；制造业比重每降低1%，在其他行业均提高0.33%，采掘业或是轻工业比重分别提高1%的情形下，均会引起减排强度至少下降0.25%（情景5、情景6、情景7），而且在化工业比重挤占制造业和制造业比重挤占化工业对比下，制造业比重的变化对减排强度的影响相对于化工业而言具有更大的积极影响（情景4、情景8）；同时，轻工业比重的提高使减排强度至少降低了0.25%（情景3、情景7、情景9），因此轻工业比重的提高对减排具有积极意义，但轻工业挤占采掘业对减排强度的影响不明显（情景10）。"十二五"规划期间，长株潭城市群工业产业内行业结构的实际变化，使工业SO_2排放强度降低了1.71%。

二、区域产业结构的影响

1. 区域产业结构对减排量的影响

从上节分析中可知，长株潭产业结构的调整总体上有利于污染减排，然而长沙、株洲、湘潭各地区的产业结构变化如何影响区域减排量也是值得考虑和深思的问题，合理调整长株潭各区域的产业结构，将对整个长株潭城市群污染减排具有深远意义。

（1）长沙市。

长沙市在长株潭城市群中占据主导地位，是经济最为发达、污染控制和治理技术相对较为成熟的城市，长沙市产业结构的变化如何对整个长株潭城市群的污染减排产生影响以及产生多大的影响，将是本节要分析的主要内容。

依据长沙工业行业的具体情况，将工业内行业分为采掘业、轻工业、化工业和制造业。以工业SO_2排放量为例，"十二五"规划期间，长沙市工业产业内行业结构的变化对工业SO_2减排的贡献为5300.59吨，占2015年工业SO_2排放总量的27.08%，占"十二五"规划期间长沙市工业SO_2减少量的16.32%。从变化趋势来看，"十二五"规划期间长沙市产业结构总减排量均为正值，说明长沙市产业结构的调整有利于污染减排，并且主要因制造业比重有所下降，轻工业比重有所提高，从而导致工业SO_2排放量减少。

如图10-20所示，从长沙市工业产业内行业的比重来看，制造业和轻工业占据着较大的比重，制造业和轻工业一直是长沙市工业经济发展的支柱性产业，在全国产业结构调整稳步推进的大环境下，第二产业比重总体呈下降趋势，制造业比重也在相对下降。相对于长沙市而言，2011～2015年，制造业比重持续稳步下降，从而使长沙市制造业减排量每年均为正值，总体看，制造业比重的下降有利于工业SO_2污染减排。同样，2011～2015年，长沙市轻工业比重逐年稳步上升，减排量却随着比重的提高出现了逐年下降的趋势，但总体而言，每年减排量依然为正值，说明轻工业比重的提高是有利于工业SO_2污染减排的，只是对污染减排的影响强度逐年下降而已。从整个产业结构调整的污染总减排量看，长沙市2011～2015年产业结构的调整有利于污染减排。

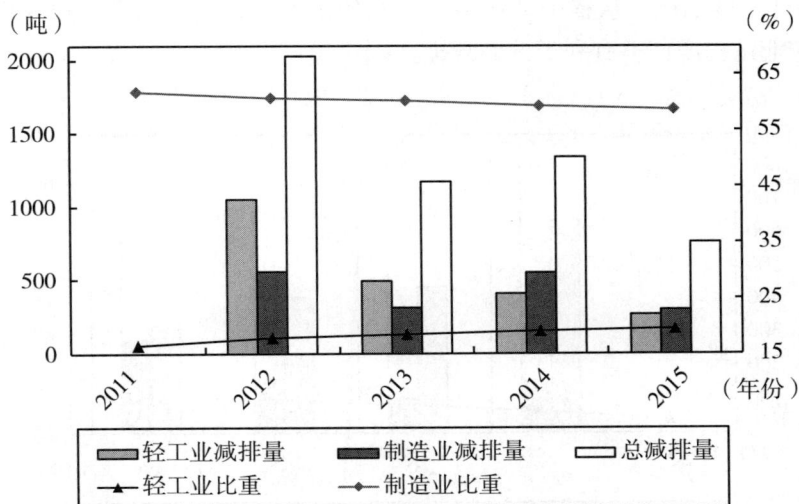

图 10-20　长沙市 2011～2015 年产业结构与产业减排量变化

（2）株洲市。

株洲市作为长株潭城市群的副中心城市，在长株潭城市群发展过程中扮演着举足轻重的角色，株洲是湖南核心工业城市，中国南部交通枢纽，区域物流中心，株洲市产业结构的调整不仅对株洲市污染减排有着重要影响，对整个长株潭城市群的污染减排也有至关重要的作用。

依据株洲市工业行业的具体情况，将工业内行业分为采掘业、轻工业、化工业和制造业。同样以工业SO_2排放量为例，"十二五"规划期间，株洲市工业产业内行业结构的变化对工业SO_2减排的贡献为2752.11吨，占2015年工业SO_2排放总量的6.95%，占"十二五"规划期间株洲市工业SO_2减少量的10.75%。从变化趋势看，"十二五"规划期间株洲市产业结构总减排量均为正值，说明株洲市产业结构的调整有利于污染减排，并且主要是因制造业比重有所下降，轻工业比重有所提高，从而导致工业SO_2排放量减少。

如图10-21所示，从株洲市工业产业内行业的比重来看，制造业和轻工业占据着较大的比重，制造业和轻工业一直是株洲市工业经济发展的支柱性产业，在全国产业结构调整稳步推进的大环境下，第二产业比重总体呈下降趋势，制造业比重也在相对下降。相对于株洲市而言，2011～2015 年，制造业比重持续稳步下降，从而使株洲市制造业减排量每年均为正值，总体来看，制造业比重的下降是有利于工业 SO_2 污染减排的。同样，在 2011～2015 年，株洲市轻工业比重逐年稳步上升，减排量却随着比重的提高出现了逐年下降的趋势，但总体而言，每年减排量依然为正值，说明轻工业比重的提高是有利于工业 SO_2 污染减排的，只是对污染减排的影响强度逐年下降而已。从整个产业结构调整的污染总减排量来看，株洲市 2011～2015 年产业结构的调整有利于污染减排。

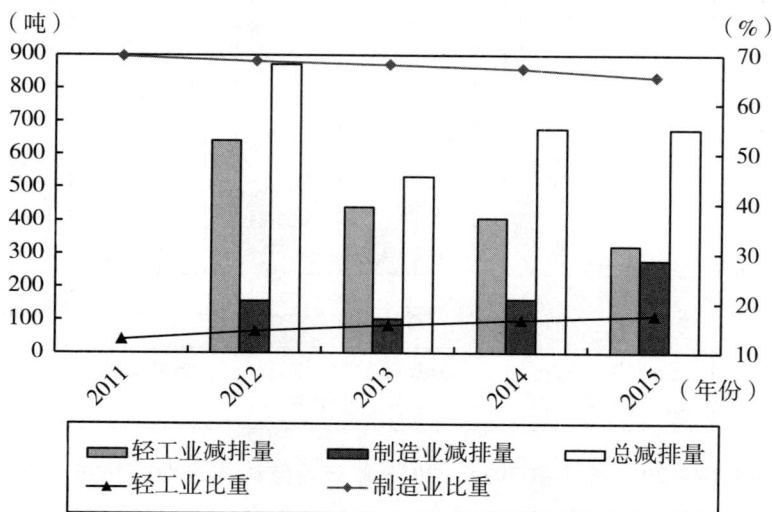

图 10－21　株洲市 2011～2015 年产业结构与产业减排量变化

（3）湘潭市。

湘潭市作为长株潭城市群的副中心城市，在长株潭城市群发展过程中同样扮演着举足轻重的角色，湘潭是湖南核心工业城市，红色旅游城市，湘潭市产业结构的调整不仅对湘潭市污染减排有着重要影响，而且对整个长株潭城市群的污染减排也起着至关重要的作用。

依据湘潭工业行业的具体情况，将工业内行业分为采掘业、轻工业、化工业和制造业。同样以工业 SO_2 排放量为例，"十二五"规划期间，湘潭市工业产业内行业结构的变化对工业 SO_2 减排的贡献为 2157.86 吨，占 2015 年工业 SO_2 排放总量的 12.96%，占"十二五"规划期间湘潭市工业 SO_2 减少量的 14.07%。从变化趋势看，"十二五"规划期间湘潭市产业结构总减排量虽然有负值，但以正值为主，说明湘潭市产业结构的调整有利于污染减排，并且主要是由于制造业比重有所下降，轻工业比重有所提高，从而导致工业 SO_2 排放量减少。

从湘潭市工业产业内行业的比重来看，制造业和轻工业占据特别大的比重，制造业和轻工业一直是湘潭市经济发展的支柱性产业，在全国产业结构调整稳步推进的大环境下，第二产业比重总体呈下降趋势，制造业比重也在相对下降。相对于湘潭市而言，2011～2015 年，制造业比重经历了先降后升的变化，但上升幅度明显小于下降幅度，从而使湘潭市制造业减排量和所占比重出现了同步的变化，即比重下降，减排量为正，有利于减排；比重小幅上升，减排量为负，不利于减排；总体看，制造业比重的下降是有利于工业 SO_2 污染减排的。同样，在 2011～2015 年，湘潭市轻工业比重则出现了相反的情况，经历了先升后降的变化，减排量也是随着比重同步变化的，即比重上升，减排量为正，有利于减排；比重小幅下降，减排量为负，不利于减排；总体看，轻工业比重的上升是有利于工业 SO_2 污染减排的。同时，轻工业比重的提高带来的正减排量明显多于制造业比重下降带来的正减排量，说明相对于制造业而言，轻工业比重的提高对污染减排具有更好的效果。从整个产业结构调整的污染总减排量看，湘潭市 2011～2015 年产业结构的调整有利于污染减排（见图 10 - 22）。

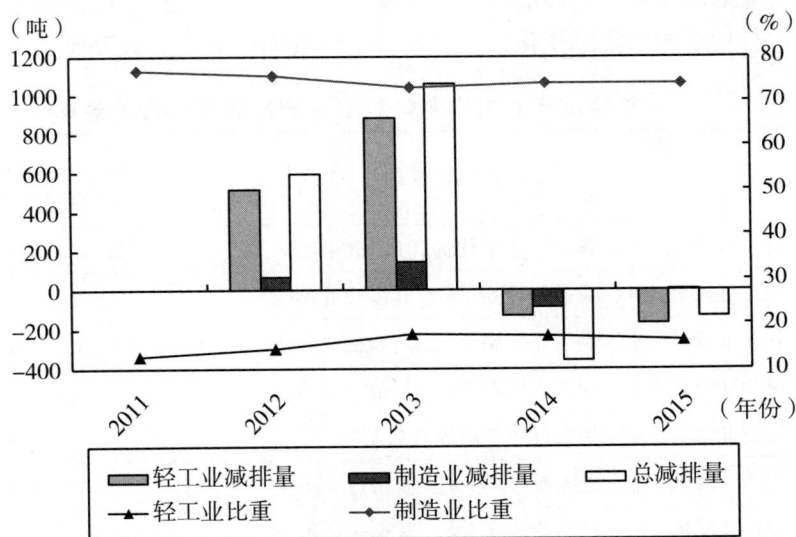

图 10 - 22 湘潭市 2011～2015 年产业结构与产业减排量变化

2. 区域产业结构对减排强度的影响

为分析长沙市产业结构变化对工业 SO_2 排放强度的影响，针对长沙市工业各行业的具体情况设置了 10 种不同的情景（见表 10 - 11）做对比分析。其中，前 4 种情景表示在化工业比重降低 1% 的情形下，分别假设其余行业比重平均提高 0.33%、采掘业比重提高 1%、轻工业比重提高 1% 以及制造业比重提高 1% 等四种情形；情景 5~8 表示在制造业比重降低 1% 的情形下，分别假设其余行业比重平均提高 0.33%、采掘业比重提高 1%、轻工业比重提高 1% 以及化工业比重提高 1% 等四种情形；最后两种情景表示在轻工业比重提高 1% 的情形下，分别假设其余行业比重平均降低 0.33%、采掘业比重降低 1% 两种情形。结果表明：化工业比重的降低、制造业比重的降低以及轻工业比重的提高均有利于减排强度的下降，其中，制造业比重降低 1% 和轻工业比重提高 1% 时，将会综合引起工业 SO_2 排放强度降低 0.69%（情景 7）；化工业比重每降低 1%，在其余行业均提高 0.33%，或是采掘业或是轻工业比重分别提高 1% 的情形下，均会引起减排强度至少下降 0.2%（情景 1、情景 2、情景 3）；制造业比重每降低 1%，在其余行业均提高 0.33%，或是采掘业或是轻工业比重分别提高 1% 的情形下，均会引起减排强度至少下降 0.5%（情景 5、情景 6、情景 7），而且在化工业比重挤占制造业和制造业比重挤占化工业对比下，制造业比重的变化对减排强度的影响相对于化工业而言具有更大的积极影响（情景 4、情景 8）；同时，轻工业比重的提高对减排强度至少降低了 0.4%（情景 3、情景 7、情景 9），因此轻工业比重的提高对减排具有积极意义，但轻工业挤占采掘业对减排强度的影响不明显（情景 10）。"十二五"规划期间，长沙市工业产业内行业结构的实际变化，使工业 SO_2 排放强度降低了 2.75%。

表 10 - 11   长沙市产业结构变化对工业 SO_2 排放强度的影响

情景	产业结构变化	工业 SO_2 排放强度变化（%）
1	化工业降低 1%，其余行业平均提高 0.33%	- 0.23
2	化工业降低 1%，采掘业提高 1%，其余行业不变	- 0.41
3	化工业降低 1%，轻工业提高 1%，其余行业不变	- 0.47
4	化工业降低 1%，制造业提高 1%，其余行业不变	0.21
5	制造业降低 1%，其余行业平均提高 0.33%	- 0.51
6	制造业降低 1%，采掘业提高 1%，其余行业不变	- 0.63
7	制造业降低 1%，轻工业提高 1%，其余行业不变	- 0.69
8	制造业降低 1%，化工业提高 1%，其余行业不变	- 0.21
9	轻工业提高 1%，其余行业平均下降 0.33%	- 0.40
10	轻工业提高 1%，采掘业降低 1%，其余行业不变	- 0.06
实际	轻工业提高 3.04%，化工业降低 1.71%，采掘业提高 1.64%，制造业降低 2.97%	- 2.75

为分析株洲市产业结构变化对工业 SO_2 排放强度的影响，针对株洲市工业各行业的具体情况同样设置了 10 种不同的情景（见表 10 – 12）进行对比分析。其中，前 4 种情景表示在化工业比重降低 1% 的情形下，分别假设其余行业比重平均提高 0.33%、采掘业比重提高 1%、轻工业比重提高 1% 以及制造业比重提高 1% 等 4 种情形；情景 5 ~ 情景 8 表示在制造业比重降低 1% 的情形下，分别假设其余行业比重平均提高 0.33%、采掘业比重提高 1%、轻工业比重提高 1% 以及化工业比重提高 1% 等 4 种情形；最后两种情景表示在轻工业比重提高 1% 的情形下，分别假设其余行业比重平均降低 0.33%、采掘业比重降低 1% 两种情形。结果表明：化工业比重的降低、制造业比重的降低以及轻工业比重的提高均有利于减排强度的下降，其中，制造业比重降低 1% 和轻工业比重提高 1% 时，将会综合引起工业 SO_2 排放强度降低 0.57%（情景 7）；化工业比重每降低 1%，在其余行业均提高 0.33%，或是采掘业或是轻工业比重分别提高 1% 的情形下，均会引起减排强度至少下降 0.2%（情景 1、情景 2、情景 3）；制造业比重每降低 1%，在其余行业均提高 0.33%，或是采掘业或是轻工业分别提高 1% 的情形下，均会引起减排强度至少下降 0.4%（情景 5、情景 6、情景 7），而且在化工业比重挤占制造业和制造业比重挤占化工业对比下，制造业比重的变化对减排强度的影响相对于化工业而言具有更大的积极影响（情景 4、情景 8）；同时，轻工业比重的提高对减排强度至少降低了 0.35%（情景 3、情景 7、情景 9），因此轻工业比重的提高对减排具有积极意义，但轻工业挤占采掘业对减排强度的影响不明显（情景 10）。"十二五"规划期间，株洲市工业产业内行业结构的实际变化，使工业 SO_2 排放强度降低了 2.84%。

表 10 – 12　　　　　　　**株洲市产业结构变化对工业 SO_2 排放强度的影响**

情景	产业结构变化	工业 SO_2 排放强度变化（%）
1	化工业降低 1%，其余行业平均提高 0.33%	− 0.21
2	化工业降低 1%，采掘业提高 1%，其余行业不变	− 0.36
3	化工业降低 1%，轻工业提高 1%，其余行业不变	− 0.42
4	化工业降低 1%，制造业提高 1%，其余行业不变	0.15
5	制造业降低 1%，其余行业平均提高 0.33%	− 0.41
6	制造业降低 1%，采掘业提高 1%，其余行业不变	− 0.50
7	制造业降低 1%，轻工业提高 1%，其余行业不变	− 0.57
8	制造业降低 1%，化工业提高 1%，其余行业不变	− 0.15
9	轻工业提高 1%，其余行业平均下降 0.33%	− 0.35
10	轻工业提高 1%，采掘业降低 1%，其余行业不变	− 0.06
实际	轻工业提高 4.74%，化工业降低 1.07%，采掘业提高 0.62%，制造业降低 4.29%	− 2.84

为分析湘潭市产业结构变化对工业 SO_2 排放强度的影响，针对湘潭市工业各行业的具体情况同样设置了 10 种不同的情景（见表 10-13）进行对比分析。其中，前 4 种情景表示在化工业比重降低 1% 的情形下，分别假设其余行业比重平均提高 0.33%、采掘业比重提高 1%、轻工业比重提高 1% 和制造业比重提高 1% 等四种情形；情景 5~情景 8 表示在制造业比重降低 1% 的情形下，分别假设其余行业比重平均提高 0.33%、采掘业比重提高 1%、轻工业比重提高 1% 以及化工业比重提高 1% 等四种情形；最后两种情景表示在轻工业比重提高 1% 的情形下，分别假设其余行业比重平均降低 0.33%、采掘业比重降低 1% 两种情形。结果表明：化工业比重的降低、制造业比重的降低以及轻工业比重的提高均有利于减排强度的下降，其中，制造业比重降低 1% 和轻工业比重提高 1% 时，将会综合引起工业 SO_2 排放强度降低 0.41%（情景 7）；化工业比重每降低 1%，在其余行业均提高 0.33%，或是采掘业或是轻工业比重分别提高 1% 的情形下，均会引起减排强度至少下降 0.1%（情景 1、情景 2、情景 3）；制造业比重每降低 1%，在其余行业均提高 0.33%，或是采掘业或是轻工业比重分别提高 1% 的情形下，均会引起减排强度至少下降 0.25%（情景 5、情景 6、情景 7），而且在化工业比重挤占制造业和制造业比重挤占化工业对比下，制造业比重的变化对减排强度的影响相对于化工业而言具有更大的积极影响（情景 4、情景 8）；同时，轻工业比重的提高对减排强度至少降低了 0.2%（情景 3、情景 7、情景 9），因此轻工业比重的提高对减排具有积极意义，但轻工业挤占采掘业对减排强度的影响不明显（情景 10）。在"十二五"规划期间，湘潭市工业产业内行业结构的实际变化，使工业 SO_2 排放强度降低了 1.43%。

表 10-13　　　　湘潭市产业结构变化对工业 SO_2 排放强度的影响

情景	产业结构变化	工业 SO_2 排放强度变化（%）
1	化工业降低 1%，其他行业平均提高 0.33%	-0.14%
2	化工业降低 1%，采掘业提高 1%，其他行业不变	-0.25%
3	化工业降低 1%，轻工业提高 1%，其他行业不变	-0.28%
4	化工业降低 1%，制造业提高 1%，其他行业不变	0.13%
5	制造业降低 1%，其余行业平均提高 0.33%	-0.25%
6	制造业降低 1%，采掘业提高 1%，其他行业不变	-0.38%
7	制造业降低 1%，轻工业提高 1%，其他行业不变	-0.41%
8	制造业降低 1%，化工业提高 1%，其他行业不变	-0.12%
9	轻工业提高 1%，其余行业平均下降 0.33%	-0.23%
10	轻工业提高 1%，采掘业降低 1%，其他行业不变	-0.02%
实际	轻工业提高 3.72%，化工业降低 0.95%，采掘业提高 0.06%，制造业降低 2.83%	-1.43%

第五节 结论及对策建议

一、主要结论

2009~2014 年，长株潭城市群三大污染物工业废水、工业 SO_2 和工业烟粉尘排放量总体上呈下降走势，年平均分别降低了 6.98%、11.86% 和 0.27%，工业烟粉尘排放量年平均降低较小，主要是湘潭市在 2013 年和 2014 年工业烟粉尘排放量不降反升，追根溯源，根本原因是在"十二五"期间，国家制定的"十二五"环境保护规划，取消了对烟粉尘的总量控制，废气总量控制指标是二氧化硫和氮氧化物，因此导致烟粉尘排放量在后期出现了"逆转"，接近于 2009 年工业烟粉尘排放量。

分区域来看，长沙地区工业废水、工业 SO_2 排放量在整个长株潭区域是最少的，而株洲地区的工业烟粉尘排放总量则最少，分别在 2010 年和 2012 年出现了骤减，之后三年维持在 5600 吨/年左右，即使"十二五"环境保护规划取消了对烟粉尘的总量控制，但株洲市依然在污染减排尤其是工业烟粉尘减排上有较大作为。而湘潭市在工业烟粉尘排放量后三年呈上升走势，对工业烟粉尘的污染减排控制有所松懈。

2011~2015 年，长株潭地区产业结构的调整有利于污染减排。长株潭工业内部行业结构的调整对工业废水、工业二氧化硫和工业烟粉尘污染减排贡献总量分别为 5587.49 万吨、10555.78 吨、4308.25 吨，分别占 2015 年各污染物排放总量的 7.2%、10.73%、5.8%，说明长株潭地区产业结构的调整对污染减排有积极影响。以工业 SO_2 为例，在四大行业结构的变化调整过程中，轻工业行业比重的提高对工业 SO_2 的减排量达到了 6038.54 吨，对减排强度的影响达到 0.99%；制造业比重的降低对工业 SO_2 的减排量达到了 2325.19 吨，对减排强度的影响达到 0.36%。然而，采掘业和化工业比重的变化对减排量的影响和减排强度的影响均不是很明显，说明在产业结构调整过程中，轻工业和制造业在污染减排过程中占据着主导地位；同样，在工业废水和工业烟粉尘减排过程中，产业结构调整均有利于减排，轻工业和制造业的结构减排量均较大。

分地区看，2011~2015 年，长沙、株洲、湘潭三个地区产业结构的调整均在不同程度上有利于污染减排。以工业 SO_2 减排为例，长沙地区产业结构的调整对污染减排量达到 5300.59 吨，其中，轻工业的减排量达到 2211.77 吨，其次是制造业的减排量达到了 1722.12 吨，而采掘业和化工业对减排量的影响较小；相比长沙，株洲和湘潭地区产业结构的调整对污染减排的影响要明显小于长沙地区，株洲和湘潭地区的减排量分别为 2752.11 吨和 1157.86 吨；在行业结构减排量方面，同样是轻工业和制造业的结构变化对污染减排具有较大的积极影响，而采掘业和化工业影响相对较小；在减排强度方面，株洲地区的减排强度最大，达到了 2.84%，其次是长沙地区，减排强度达到了 2.75%，最后是湘潭地区，减排强度为 1.43%；在行业减排强度方面，平均而言，轻工业行业的比重变化对减排强度的影响最大，其次分别是制造业和采掘业，最后是化工业。仅从减排强度方面考虑，扩大轻工业和降低制造业比重有利于污染的持续减排。

二、对策建议

长株潭城市群作为中部崛起的重要增长极，作为"两型社会"建设的综合试验区，要想得到长足和稳定的发展，必须调整经济结构，转变经济发展方式，优化产业结构。然而，在有效推进产业结构改革调整的过程中，难免会出现短暂的经济发展与环境保护失衡的现象，经济的发展不能以破坏和牺牲环境为代价。因此，在长株潭经济维持稳定性增长的环境下，为了实现污染减排目标的长效性，降低污染物排放强度，提出如下建议。

1. 完善领导协调机制和加强规划引导

在已经设立的试验区改革建设领导协调委员会之下，加设产业指导协调的工作机构。逐步取消三市之间垂直行政管理体系，实行按区域管理的新体制。按照政企、政资、政事、政府与中介组织分开的要求，以建设服务型政府、责任型政府和法制型政府为目标，深化长株潭政府机构改革，提高行政效率。建立健全产业结构调整协调机制，加强对产业结构调整工作的组织和领导，及时研究、协调和解决产业结构调整中存在的重大问题。进一步完善《长株潭城市群区域规划》，在总体框架下，以节约资源、保护环境、调整结构、提高效益为重点，制定实施产业结构调整和空间布局规划、环境保护和资源能源节约的循环经济规划、土地节约集约利用规划以及科技创新规划。积极推动主体功能区划分，进一步明确重点发展、优先发展、限制发展和禁止发展区域，以确保产业的合理布局和协调发展。

2. 推进环境治理保护和能源节约体制机制改革

开展试验区改革建设领导协调委员会对长株潭三市环保部门的垂直管理试点工作，建立环境执法监督、社会监督等机制，实现对三市环境协同管理体制机制，将环保政绩纳入干部考核范围。建立污染排放标准，实施企业污染物排放总量控制、排放许可和排污权交易制度，加大超标排放和超量排放企业的惩处措施和打击力度。实行清洁生产审核、环境标识和环境认证制度，严格执行淘汰落后产能和限期治理制度，进一步建立健全环境监管制度，提高监管能力，加大环保执法力度。通过污染控制过程、排污指标转让、绿色产品认证、消费引导，建立环保型生产和消费机制，实行有利于资源节约和环境保护的双向措施。进一步完善社会主义市场经济体制，建立健全能源资源节约和环境保护的相关法律法规。充分利用利率、财政、税收、金融等工具和方法引导生产和消费，促进能源资源节约和高效利用，同时加快建立健全科学规范的节能减排指标体系、考核体系、监测体系。要进一步完善和落实单位能耗目标责任和考核制度，完善重点行业能耗和水耗准入标准、主要用能产品和建筑物能效标准。严格执行设计、施工、生产环节的技术标准，实行强制淘汰高耗能高污染工艺、技术、设备和产业的制度。进一步加强电力采购管理、需求管理，在供给侧和需求侧两方面同时着手，实现各产业各行业自主进行有利于资源节约、资源高效利用的科技创新活动，加快构建节约能源资源的技术支撑体系。

3. 积极探索实施支持产业结构调整优化升级的相关政策

（1）公共财税政策。发挥财政资金的引导性作用，财政资金投向要明确，支持高新技术产业、现代服务业和新兴产业的优先发展，进一步加大对传统优势产业中能耗低、污染少、效益高的项目投产。同时优化融资环境，开放积极有效的融资工具，扩大对优先发展产业的融资渠道，优先推荐符合条件的企业上市。实行税费优惠政策，在企业所得税方面，采取包括免税、减税、加计扣除、加速折旧、减计收入和税额抵免方式在内的税收优惠方式，分产业、分行业、分产品实行差异税收优惠政策。例如，在法律法规允许的范围内，可通过适当方式按比例返还优先发展产业（企业、产品）所纳地方税的增量部分，用于企业产品研发、市场推广、扩大再生产以及对有突出贡献人员的奖励。再如，对企业以"三废"为主要原料进行清洁生产的，在五年内可减征或免征全额或部分企业所得税等。同时，灵活运用财政贴息、财政信用、投资抵免等公共政策引导社会资金流向，推动企业专业化协作，积极引进国外先进技术，实施产业创新驱动发展战略。

（2）完善市场准入及信贷政策。依据国家产业政策、行业发展规划以及技术、安全和质量标准，并根据长株潭城市群区域发展规划的要求，进一步完善企业市场准入原则和标准。在钢铁、水泥、石油化工以及有色金属等行业严格实行生产准入考核认定。对不符合准入条件的项目，投资管理部门不予审批、核准或备案，安全生产监管、质量技术监督、消防、海关、工商等部门也不予办理相关手续。

在施行产业政策的同时，需要同步推进信贷政策的制定和实施，加强两者之间的协调配合，对鼓励类投资项目，金融机构可适当放松信贷条件，推广多渠道融资方式。对限制类新项目不予提供信贷支持，对其现有生产能力，允许企业限期内转型升级，对成功转型升级的企业，金融机构可考虑继续提供信贷支持。对淘汰类项目，可停止信贷资金发放。

（3）完善价格政策。充分发挥价格杠杆作用，推动产业结构调整。在市场定价的基础上政府实行适当干预，逐步建立反映市场供求关系和资源稀缺程度的价格形成机制，积极推进资源价格改革。在用电、用水、用气等方面制定和实施差别定价政策，一方面要积极研究制定现代服务业与工业的价格差异政策，支持服务业加快发展；另一方面，要鼓励和支持高新技术产业、优势产业和清洁产业发展，抑制高能耗高污染产业的进一步扩张。对列入国家和省淘汰范围的产业、企业和产品，在关停期限内，价格主管部门可适当提高供电供水供气价格；到关停期限的，实行停止供电供水供气措施。

（4）优化利用外资。优化利用外资结构，积极引导外资投向，在外资进入符合国家和湖南省产业政策的领域，可适当享受优惠；避免盲目引进资源密集型和污染密集型企业和产品。更要严格限制引进高耗能、高污染、高排放行业产业，采取各种财政政策、税收政策等予以限制；同时，加大对资源节约型、环境友好型企业的支持，承接低耗能、低污染、低排放企业的国际转移，并在政策上予以一定的优惠和偏向。再者，要确实落实国家出口退税政策，鼓励高技术含量、高附加值产品和大宗农副产品等的出口，鼓励企业在境外建立原材料基地和加工制造基地，鼓励国内一些高耗能高污染制造业企业实现地域转移。

参考文献

1. 蔡昉、都阳、王美艳：《经济发展方式转变与节能减排内在动力》，载《经济研究》2008年第6期。

2. 蔡圣华、牟敦国、方梦祥：《二氧化碳强度减排目标下我国产业结构优化的驱动力研究》，载《中国管理科学》2011年第4期。

3. 陈刚：《FDI竞争、环境规制与污染避难所——对中国式分权的反思》，载《世界经济研究》2009年第6期。

4. 陈丽蔷：《外资对东北老工业基地产业结构演进的影响》，载《经济地理》2005年第9期。

5. 陈诗一：《节能减排、结构调整与工业发展方式转变研究》，北京大学出版社2011年版。

6. 陈诗一：《节能减排与中国工业的双赢发展：2009—2049》，载《经济研究》2010年第3期。

7. 成艾华：《技术进步、结构调整与中国工业减排——基于环境效应分解模型的分析》，载《中国人口·资源与环境》2011年第3期。

8. 邓祥征、刘纪远：《中国西部生态脆弱区产业结构调整的污染风险分析——以青海省为例》，载《中国人口·资源与环境》2012年第5期。

9. 杜婷婷、毛锋、罗锐：《中国经济增长与CO_2排放演化探析》，载《中国人口·资源与环境》2007 年第 2 期。

10. 方行明、刘天伦：《中国经济增长与环境污染关系新探》，载《经济学家》2011 年第 2 期。

11. 冯金鹏、吴洪寿、赵帆：《水环境污染总量控制回顾、现状及发展探讨》，载《南水北调与水利科技》2009 年第 1 期。

12. 高辉：《环境污染与经济增长方式转变——来自中国省际面板数据的证据》，载《财经科学》2009 年第 4 期。

13. 高静、黄繁华：《贸易视角下经济增长和环境质量的内在机理研究——基于中国 30 个省市环境库兹涅茨曲线的面板数据分析》，载《上海财经大学学报》2011 年第 5 期。

14. 何立华、金江：《自然资源、技术进步与环境库兹涅茨曲线》，载《中国人口·资源与环境》2010 年第 2 期。

15. 贺胜兵、谭倩、周华蓉：《污染减排倒逼产业结构调整的效应测算——基于投入产出的视角》，载《统计与信息论坛》2015 年第 2 期。

16. 黄菁：《环境污染与工业结构：基于 Divisia 指数分解法的研究》，载《统计研究》2009 年第 12 期。

17. 蒋伟、刘牧鑫：《外商直接投资与环境库兹涅茨曲线——基于中国城市数据的空间计量分析》，载《数理统计与管理》2011 年第 4 期。

18. 金全、郑挺国、宋涛：《中国环境污染与经济增长之间的相关性研究——基于线性和非线性计量模型的实证分析》，载《中国软科学》2009 年第 2 期。

19. 李斌、赵新华：《经济结构、技术进步与环境污染——基于中国工业行业数据的分析》，载《财经研究》2011 年第 4 期。

20. 李名升、任晓霞、周磊等：《中国大气 SO_2 污染与排放的空间分离分析》，载《环境科学学报》2013 年第 4 期。

21. 李名升、佟连军、仇方道：《工业废水排放变化的因素分解与减排效果》，载《环境科学》2014 年第 3 期。

22. 李名升、张建辉、罗海江等：《工业二氧化硫减排分析及减排潜力》，载《地理科学》2011 年第 9 期。

23. 李名升、周磊、陈远航、李茜、张建辉：《经济结构调整的污染减排效应：以 COD 减排为例》，载《环境科学》2014 年第 8 期。

24. 李姝：《城市化、产业结构调整与环境污染》，载《财经问题研究》2011 年第 6 期。

25. 李姝、姜春海：《战略性新兴产业主导的产业结构调整对能源消费影响分析》，载《宏观经济研究》2011 年第 1 期。

26. 李小平、卢现祥：《国际贸易、污染产业转移和中国工业 CO_2 排放》，载《经济研究》2010 年第 1 期。

27. 李新琪、徐涛、康宏：《新疆电力结构调整对 SO_2 污染物排放总量的影响》，载《中国环境监测》2016 年第 2 期。

28. 林毅夫、龙小宁、张晓波：《中国的产业多元化》，载《经济学报》2014 年第 2 期。

29. 刘小鹏、王亚娟等：《宁夏产业结构演进与经济增长系统研究》，载《干旱区地理》

2006 年第 6 期。

30. 逯元堂、吴舜泽、马欣：《我国产业结构调整的环境成效实证分析》，载《中国人口·资源与环境》2014 年第 2 期。

31. 罗斯托：《经济增长过程》，中国社会科学出版社 2001 年版。

32. 牛海鹏、朱松、尹训国、张平淡：《经济结构、经济发展与污染物排放之间关系的实证研究》，载《中国软科学》2012 年第 4 期。

33. 彭可茂、席利卿、彭开丽：《中国环境规制与污染避难所区域效应——以大宗农产品为例》，载《南开经济研究》2012 年第 4 期。

34. 沈可挺、龚健健：《环境污染、技术进步与中国高耗能产业——基于环境全要素生产率的实证分析》，载《中国工业经济》2011 年第 12 期。

35. 苏东水：《产业经济学》，高等教育出版社 2004 年版。

36. 苏梽芳、廖迎、李颖：《是什么导致了"污染天堂"：贸易还是 FDI？——来自中国省级面板数据的证据》，载《经济评论》2011 年第 3 期。

37. 孙红玲：《中国"两型社会"建设及"两型产业"发展研究——基于长株潭城市群的实证分析》，载《中国工业经济》2014 年第 11 期。

38. 谭飞燕、张雯：《中国产业结构变动的碳排放效应分析——基于省际数据的实证研究》，载《经济问题》2011 年第 9 期。

39. 汤斌：《产业结构演进的理论与实证分析——以安徽省为例》，载《西南财经大学》2005 年第 6 期。

40. 唐娅娇、谭丹：《长株潭城市群推进低碳城镇化的思考》，载《经济地理》2011 年第 5 期。

41. 田银华、邝嫦娥：《产业结构调整与污染减排的演化博弈分析》，载《河海大学学报》（哲学社会科学版）2015 年第 6 期。

42. 田银华、向国成、彭文斌：《基于 CGE 模型的产业结构调整污染减排效应和政策研究论纲》，载《湖南科技大学学报》（社会科学版）2013 年第 3 期。

43. 王文治、陆建明：《FDI 对中国制造业污染排放影响的经验分析》，载《经济经纬》2012 年第 1 期。

44. 王向超：《山东省产业结构演进与经济增长研究》，中国石油大学，2007 年。

45. 威廉·配第：《政治算术》，商务印书馆 1928 年版。

46. 夏大慰、罗云辉：《中国经济过度竞争的原因及治理》，载《中国工业经济》2001 年第 11 期。

47. 谢荣辉：《污染减排带动产业结构调整的门槛效应研究》，大连理工大学硕士论文，2013 年。

48. 谢荣辉、原毅军：《污染减排与产业结构调整的双向动态作用机制研究》，载《产业经济评论》（山东大学）2014 年第 2 期。

49. 谢自强：《长株潭"两型社会"建设中产业结构调整的方向与对策》，载《湖湘论坛》2009 年第 1 期。

50. 熊华文：《基于单位 GDP 能耗的节能潜力分析方法与实证研究》，载《中国能源》2011

年第 4 期。

51．许和连、邓玉萍：《经济增长、FDI 与环境污染——基于空间异质性模型研究》，载《财经科学》2012 年第 9 期。

52．许统生、薛智韵：《制造业出口碳排放：总量、结构、要素分解》，载《财贸研究》2011 年第 2 期。

53．薛福根：《产业结构调整的污染溢出效应研究——基于空间动态面板数据的实证分析》，载《湖北社会科学》2016 年第 5 期。

54．杨洁、刘运材：《低碳经济产业链发展模式研究——以长株潭城市群为例》，载《经济体制改革》2011 年第 5 期。

55．杨林、高宏霞：《环境污染与经济增长关系的内在机理研究——基于综合污染指数的实证分析》，载《软科学》2012 年第 11 期。

56．原毅军、谢荣辉：《工业结构调整、技术进步与污染减排》，载《中国人口·资源与环境》2012 年第 2 期。

57．原毅军、谢荣辉：《污染减排政策影响产业结构调整的门槛效应存在吗?》，载《经济评论》2014 年第 5 期。

58．张友国：《中国贸易含碳量及其影响因素——基于（进口）非竞争型投入产出表的分析》，载《经济学》（季刊）2010 年第 9 期。

59．赵伟、田银华、彭文斌：《基于 CGE 模型的产业结构调整路径选择与节能减排效应关系研究》，载《社会科学》2014 年第 4 期。

60．朱平辉、袁加军、曾五一：《中国工业环境库兹涅茨曲线分析——基于空间面板模型的经验研究》，中国工业经济 2010 年第 6 期。

61．Abdul Jalil, Mete Feridun, The impact of growth, energy and financial development on the environment in China: A cointegration analysis [J]. Energy Economics, Volume 33, Issue 2, 2011, Pages 284 – 291.

62．Cai W J, Wang C, Chen J N. Revisiting CO_2 mitigation potential and costs in China's electricity sector [J]. Energy Policy, 2010, 38 (8): 209 – 4213.

63．Chae Y. Co-benefit analysis of an air quality management plan and greenhouse gas reduction strategies in the Seoul metropolitan area [J]. Environmental Science &Policy, 2010, 13 (3): 205 – 216.

64．Christopher O. Orubu, Douglason G. Omotor, Environmental quality and economic growth: Searching for environmental Kuznets curves for air and water pollutants in Africa [J]. Energy Policy, Volume 39, Issue 7, 2011, Pages 4178 – 4188.

65．Clark, Colin. The conditions of economic progress, 1905 [M]. London: Macmillan; New York : St. Martin's Press, 1957.

66．Dale S Rothman, Environmental Kuznets curves—real progress or passing the buck?: A case for consumption-based approaches [J]. Ecological Economics, Volume 25, Issue 2, 1998, Pages 177 – 194.

67．David I. Stern, Explaining changes in global sulfur emissions: an econometric decomposition approach, In Ecological Economics, Volume 42, Issues 1-2, 2002, Pages 201 – 220.

68. Diego Romero-ávila, Questioning the empirical basis of the environmental Kuznets curve for CO_2: New evidence from a panel stationarity test robust to multiple breaks and cross-dependence [J]. Ecological Economics, Volume 64, Issue 3, 2008, Pages 559 – 574.

69. Doll C N H, Balaban O. A methodology for evaluating environmental co-benefits in the transport sector: application to the Delhi Metro [J]. Journal of Cleaner Production, 2013, 58 (1): 61 – 73.

70. Frank Boons, Marcus Wagner, Assessing the relationship between economic and ecological performance: Distinguishing system levels and the role of innovation [J]. Ecological Economics, Volume 68, Issue 7, 2009, Pages 1908 – 1914.

71. Grossman G M, Krueger A B. Economic Growth and The Environment [R]. NBER Working Paper 4634, 2014.

72. Jack Fosten, Bruce Morley, Tim Taylor, Dynamic misspecification in the environmental Kuznets curve: Evidence from CO_2 and SO_2 emissions in the United Kingdom [J]. Ecological Economics, Volume 76, 2012, Pages 25 – 33.

73. John A. List, Craig A. Gallet, The environmental Kuznets curve: does one size fit all?[J]. Ecological Economics, Volume 31, Issue 3, 1999, Pages 409 – 423.

74. Kearsley A, Riddel M. A further inquiry into the Pollution Haven Hypothesis and the Environmental Kuznets Curve [J]. Ecological Economics, 2010, 69 (4): 905 – 919.

75. Levinson A. Technology, International Trade, And Pollution From US Manufacturing [J]. American Economic Review, 2014, 99 (5): 2177 – 2192.

76. Lisa A. Cave, Glenn C. Blomquist, Environmental policy in the European Union: Fostering the development of pollution havens?[J]. Ecological Economics, Volume 65, Issue 2, 2008, Pages 253 – 261.

77. Muhammad Nasir, Faiz Ur Rehman, Environmental Kuznets Curve for carbon emissions in Pakistan: An empirical investigation [J]. Energy Policy, Volume 39, Issue 3, 2011, Pages 1857 – 1864.

78. Nishitani K, Kaneko S, Fujii H, et al. Effects of the reduction of pollution emissions on the economic performance of firms: an empirical analysis focusing on demand and productivity [J]. Journal of Cleaner Production, 2011, 19 (17 – 18): 1956 – 1964.

79. Park S, Lee S, Jeong S J, et al. Assessment of CO_2 emissions and its reduction potential in the Korean petroleum refining industry using energy-environment models [J]. Energy, 2010, 35 (6): 2419 – 2429.

80. Rod Falvey, David Greenaway, Joana Silva, Trade liberalisation and human capital adjustment [J]. Journal of International Economics, Volume 81, Issue 2, 2010, Pages 230 – 239.

81. Sabrina Auci, Leonardo Becchetti, The instability of the adjusted and unadjusted environmental Kuznets curves [J]. Ecological Economics, Volume 60, Issue 1, 2006, Pages 282 – 298.

82. Simon Kuznets. Income-Related Differences in Natural Increase: Bearing on Growth and Distribution of Income, In Nations and Households in Economic Growth, edited by PAUL A. DAVID and MELVIN W. REDER, Academic Press, 1974, Pages 127 – 146.

83. Sum J W. Changes in energy consumption and energy intensity: a complete decomposition

model [J]. Energy Economics, 2010, 20 (1): 85 – 100.

84. Takeshita T. Assessing the co-benefits of CO_2 mitigation on air pollutants emissions from road vehicles [J]. Applied Energy, 2012, 97 (1): 225 – 237.

85. Thambiran T, Diab R D. Air quality and climate change co-benefits for the industrial sector in Durban, South Africa [J]. Energy Policy, 2011, 39 (10): 6658 – 6666.

86. Zhang M, Mu H, Ning Y, et al. Decomposition of energy-related CO_2 emission over 1991 – 2006 in China [J]. Ecological Economics, 2014, 68 (7): 2122 – 2128.

87. Zhining Tao, Geoffrey Hewings, Kieran Donaghy, An economic analysis of Midwestern US criteria pollutant emissions trends from 1970 to 2000 [J]. Ecological Economics, Volume 69, Issue 8, 2010, Pages 1666 – 1674.

88. Zhu H, Huang G H, Guo P, et al. A fuzzy robust nonlinear programming model for stream water quality management [J]. Water Resources Management, 2013, 23 (14): 2913 – 2940.

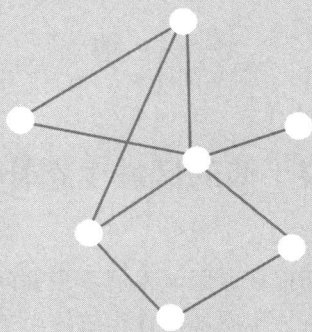

第十一章

生态补偿制度对区域节能减排的
调控研究

　　本章通过建立区域生态补偿中观尺度模型，对长株潭"绿心区"——昭山示范区进行生态补偿量化的实证研究，在此基础上提出相关对策建议。

第一节　基于碳平衡的区域生态补偿量化研究

随着我国城市化水平的不断提高，区域发展不平衡问题愈演愈烈，经济发展与资源环境之间的矛盾也日趋严重。生态补偿作为解决由于环境资源禀赋而产生的区域发展不平衡问题以及经济发展和资源环境之间的矛盾的一种手段，近年来成为政府和研究者共同关注的热点。生态补偿是利用行政手段来干预生态保护的过程，使环境效应的外部性内部化，以整个区域为一个生态系统，在平衡整个生态系统的过程中解决区域发展不平衡（相互制约）问题，协调经济与生态的"不公平性"（陈源泉、高旺盛，2007；陈仲如、张新实，2000）。这种经济与生态的"不公平"主要体现在区域中经济较发达地区在发展自身经济过程中过分地消费生态资源，自身生态贡献则相对区域内经济发展较落后的地区偏少，致使经济较落后的地区以牺牲自身经济发展利益为代价进行生态建设（郭金风，2000）。生态补偿机制提出之后，生态补偿的量化（货币化）又成为政府和研究者的难题。关于生态补偿量化目前已有的方法主要有：生态足迹法、模型法、生态价值当量法和问卷调查法等，其中模型法有基于生态足迹理论、生态价值理论及生态经济学理论等方法（郭新想，2010；郭志建等，2013）。

科学有效的生态补偿制度设计不仅能促进区域经济与环境协调友好发展，而且能促进区域节能减排。

当前，低碳经济已然成为继农业文明、工业文明之后的一种全新的经济发展模式，碳交易机制是实现低碳经济的必由之路，也代表了未来世界经济的发展方向，在引领节能减排和经济增长方式转变中，碳市场将发挥不可替代的作用。因此，如何利用市场本身建立一种碳交易机制就成为人们共同思考的问题。生态补偿作为一种干预环境污染与生态保护的有效经济手段，被美国、巴西、哥斯达黎加等国家成功用于解决生态环境保护与经济发展之间的矛盾。我国政府在"十一五"规划中正式提出生态补偿的概念；在"十二五"规划中，把生态补偿机制列入规划纲要。随着《京都议定书》的签订，碳交易成为全球最大的生态补偿项目，哥本哈根会议成为市场的催化剂。随着外部对中国减排的要求越来越强烈，"低碳经济"将成为中国建设"生态文明"的重要突破口。

但就我国当前的碳平衡与生态补偿研究成果来讲，在具体的实施过程中依然存在较多的问题，尤其在生态补偿的量化与管理方面有很大难度。本章以低碳经济为基础，从碳平衡与生态价值理论出发，建立区域生态补偿中观尺度模型，对长株潭"绿心区"——昭山示范区进行生态补偿量化的实证研究。研究结论丰富与拓宽了生态补偿确定的标准与依据；也为区域生态补偿提供了相关的理论依据。

一、模型建立

1. 理论基础

本章尝试根据如下理论建立模型。

（1）可持续发展理论。可持续发展是在维持地球生物圈以及生态系统服务功能可持续的基础上，实现地球对人类社会生产生活持续支持能力的一种理论。人们在开发和改造地球的过程中，必须认清生态系统的价值，合理规划使用能源、开发资源，保护环境。

（2）生态价值理论。生态价值是生态系统对于人类生存与发展的价值，包括：生态的资源价值、生态的环境价值、生态的认识价值、生态的经济价值、生态的景观价值和生态的维持生命价值（顾开运，2009）。生态价值是反映人类与生态系统之间关系的一种价值总称，当生态系统无法满足人的需求或人不需要生态系统提供的价值时，生态价值为零；当生态系统能够满足人的需求时，生态价值为正价值；当人对生态系统的需求远远超过生态系统能够提供的价值时，生态价值为负价值。

（3）低碳经济理论。低碳经济是在可持续发展理念指导下，尽可能地减少高碳能源的使用，利用技术创新、制度创新、产业转型，实现低能耗、低排放和低污染的经济环境双赢的经济发展模式。低碳经济强调碳排放量的最低、社会经济成本最低、生态环境代价最低，它的起点是碳源的统计和碳足迹的追踪。在统计碳源和追踪碳足迹的过程中，可以侧面反映区域发展中的生态盈余与赤字情况。

生态补偿涉及的尺度有宏观尺度、中观尺度和微观尺度，宏观尺度包括全球不同区域、不同国家、不同地区等，中观尺度包括国家内不同省份、不同市（县）域、不同乡镇等，微观尺度包括具体的企业（工厂）实体、家庭行为等。本章从中观尺度——长株潭三市及其"绿心区"昭山示范区的碳排放量及生态固碳能力出发，构建区域生态补偿量化模型。

2. 区域生态补偿的衡量准则

不同城市（地区）经济发展水平和生态资源占有量不同，也即城市（地区）

的产业结构、产业规模和城市生态保护、建设情况不同，通过碳源以及生态固碳能力分析，若该地区生态固碳能力大于碳排放量，则该区域生态盈余，说明其在生态固碳过程中不仅吸收本地区碳排放，而且吸收附近地区碳排放，在低碳社会建设过程中显示了自身的区域生态价值，所以该地区应获得一定的生态补偿；反之则为生态赤字，应支付生态补偿。具体的生态补偿获得与支付判断标准见式（11.1）。

$$L_i = S_{ci} - E_{ci} \tag{11.1}$$

式中，L_i 指 i 地区获得生态补偿或支付生态补偿的标准，也指 i 地区碳量情况；如果 $L_i > 0$，则该地区应获得生态补偿；$L_i = 0$，则该地区不需支付也不应获得生态补偿；$L_i < 0$，则该地区应支付生态补偿。S_{ci} 指 i 地区生态系统固碳能力，也即碳汇，碳汇主要表现为各类生态系统中的植被通过光合作用将空气中的 CO_2 转化为生物质而固定下来，部分埋藏在地下或以有机质的形式赋存在土壤中，能够固碳的植被主要分布于森林、耕地、园地、城市绿地等具有一定生态功能的土地利用类型中，本章研究区域内主要固碳植被为森林、耕地农田、绿地三种植被类型，所以本章中 S_{ci} 是由区域内 i 地区不同类型绿地碳汇值构成，见式（11.2）。

$$S_{ci} = \sum_{j=1}^{n} C_{ij} \ (\text{其中} \ C_{ij} = V_{ij}\lambda) \tag{11.2}$$

式中，C_{ij} 指 i 地区 j 类植被碳汇总量；V_{ij} 表示 i 地区 j 种植被面积（ha）；λ 表示 j 种植被固碳系数，即单位面积 j 植被固定的 CO_2 量与 CO_2 碳排放量转化系数 12/44（CO_2 中 C 的原子量 12 与 CO_2 的分子量 44 的比）的乘积。

$$E_{ci} = \sum_{j=1}^{n} C_j E_{ij} \tag{11.3}$$

式中，E_{ci} 指 i 地区碳源，即 i 地区排放的温室气体换算为碳的量，计算一个地区温室气体的排放量，目前有两种思路：一种是计算生态系统内部所有温室气体排放源排放的温室气体量，不仅包括人类活动过程中温室气体的排放量，也包括自然系统中的排放量；一种是计算人类活动中的温室气体排放量，如化石燃料燃烧、工业生产过程中温室气体排放量等，目前联合国政府间气候变化专门委员会（IPCC）就是采用此种方法。本章采用 IPCC 法。C_j 表示 j 种化石燃料的 CO_2 排放系数与 CO_2 含碳比 12/44 的乘积，E_{ij} 表示 i 地区 j 种化石燃料的消耗量。

3. 生态补偿量化值的确定

通过对不同地区的生态补偿标准分析，可以确定其中某一地区是否应该支付生态补偿或获得生态补偿，具体补偿货币量由以下公式确定：

$$M_i = |L_i|\gamma r = |S_{ci} - E_{ci}|\gamma r \tag{11.4}$$

式中，Mi 为 i 地区获得或支付的生态补偿额（单位：万元）；Sci 为 i 地区生态系统固碳量（单位：t/a）；Eci 为 i 地区碳排放量（单位：t/a）；γ 为单位碳的价格，目前国际上通用的碳税价格为 10～15 美元，折合人民币 66～99 元，张颖等（2007）采用森林蓄积量转换法，利用差分方程，计算得出我国单位碳汇的影子价格为 10.11～15.17 美元，折合人民币 66.7～100.2 元，我国水平略高于国际水平，本章采用后者的下限值为单位碳最优价格，即 66.7 元/吨。

r 为生态补偿系数。r 在生态价值核算中，最初表示生态价值发展阶段系数，指不同的经济发展水平和生活水平下，人们对生态价值的支付意愿的相对水平。不同区域经济发展水平和人们生活水平不同，导致对生态服务价值的补偿能力有所不同。陈仲新等（2000）研究表明，生态系统的服务价值巨大，远远超出经济系统生产的价值，所以完全用经济的形式来补偿生态价值很难实现，在生态补偿的实践过程中必须根据不同地区的经济发展水平和人们的生活水平来确定补偿额。在对生态价值进行研究的过程中，为准确表示生态价值与生态价值发展阶段特征，可用 R. Pearl 生长曲线模型（S 型生长曲线）来表示其变化（李磊，2007），所以 r 可由改进后的 R. Pearl 生长曲线来表示。

$$r = \frac{L}{1 + ae^{-bt}} \tag{11.5}$$

式中，L 表示补偿能力，等于 i 地区 GDP 与研究区域总 GDP 之比，a、b 为常数，e 表示自然对数的底，t 为恩格尔系数的倒数。由于区域间人口基数与经济发展的速度不同，地方 GDP 总量无法很好地反映不同地区经济发展水平，相对地方 GDP 总量而言，人均 GDP 能够比较充分地反映不同地区经济发展水平，它也是发展中国家常用的衡量经济发展水平的指标。同时，式（11.5）的研究对象一般为各个区域间在面积、人口与经济实力上没有太大差异的区域，而本研究与之有较大差异，本章所研究的区域——长株潭三市为地级市，"绿心区"昭山示范区只是三市交汇处的一个示范区，无论从土地面积、人口数量，还是从经济实力上，三市均远远超出其"绿心区"昭山示范区。所以本章探索采取人均 GDP 为标准来修正补偿系数，见式（11.6）。

$$l = \frac{AGDP_i}{AGDP} \tag{11.6}$$

式中，$AGDP_i$ 表示 i 地区一年内人均 GDP，$AGDP$ 表示研究区域一年内人均 GDP；将 a、b 定为常数 1，即可得式（11.7）。

$$r = \frac{e^t AGDP_i}{(e^t + 1)AGDP} \tag{11.7}$$

二、实证研究

1. 研究区域概况

昭山示范区是 2009 年成立的长株潭"两型"社会综合配套改革试验示范区，定位为长株潭城市群之"生态绿心金三角"。在区域发展中，昭山以自身独特的生态资源优势，着力打造生态"绿心区"，为长株潭城市群的发展提供必要的生态贡献的同时，牺牲自身一部分经济发展利益。所以在长株潭区域发展过程中有必要建立合理生态补偿机制，通过适当的经济补偿来解决三市同"绿心区"之间的经济发展和生态建设不平衡问题。

2. 生态固碳分析

根据匡耀求等（2010）对生态系统固碳能力的研究，确定其生态碳汇主要为森林、耕地农田、绿地，本章以湖南省森林平均树种比例下的固碳水平来衡量，其固定 CO_2 能力为 51.7 t/ha·a；耕地农田以水稻田为主，包括水浇地等，由于旱地在长株潭地区占耕地总面积比例很小，其年种植植物相对较少，本章忽略其生物固碳量，耕地农田固定 CO_2 水平为 53.02t/ha·a；绿地主要以公共绿地、公园绿地、道路绿化带等乔木、灌木和草相间地为主，其固碳水平采用国家绿地平均固定 CO_2 水平，为 3.46t/ha·a。

根据研究区域 2008 年各生态系统面积，通过式（11.2）计算其生态固碳能力，结果如表 11 - 1 所示。

表 11 - 1　2008 年长株潭及其"绿心区"昭山示范区生态固碳能力　单位：吨

区域	森林固碳	耕地农田固碳	绿地固碳	生态固碳量 Sci
长沙	29565536.0	13127.4	168.6	29578832.0
株洲	16269144.0	8837.0	74.0	16278055.0
湘潭	13059136.0	6653.0	104.0	13065893.0
昭山	217916.6	683.7	57.0	218657.3
合计	59111733.6	29301.1	404.6	59141437.3

3. 碳源分析

长株潭区域主要碳排放源为工业生产、居民生活中煤、石油、天然气的燃烧等。本章对碳源的分析采用联合国气候变化专门委员会（IPCC）碳源核算方法，对区域内各地区消耗的原煤、天然气、原油、液化石油气、电力等进行核算，具体计算利用区域内各地单位 GDP 化石燃料消耗量（折算为标准煤）、单位 GDP 耗电量与各地 GDP 相乘得出各地消耗标准煤量和电量，并将消耗的电量也转换为标准煤，从而折算为区域内各地以标准煤表示的能耗总量（见表 11 – 3），然后参照蒋金荷（2011）对中国碳排放量的研究确定单位标准煤燃烧碳排放系数 0.5101，利用式（11.3）推算出区域内各地区 2008 年碳排放量（见表 11 – 2）。

表 11 – 2　　　　　　　　长株潭地区 2008 年各种能源消耗量

区域	GDP_i（亿元）	万元 GDP 能耗（吨标准煤）	万元 GDP 电耗（万千瓦时）	区域能耗总量（吨标准煤）	碳排放量 E_{ci}（吨）
长沙市	3000.98	0.89	549.1	57941421	29555918.0
株洲市	909.57	1.39	1016.3	32480290	16568195.0
湘潭市	654.76	1.82	1369.4	31501158	16068740.0
昭山	10.20	1.45	945.4	338986	172916.0

资料来源：2009 年《湖南省统计年鉴》。

4. 生态补偿计算

计算长株潭三市与昭山示范区的生态补偿数据如表 11 – 3 所示。

表 11 – 3　　　　　　长株潭及其"绿心区"生态补偿量化各变量值

区域	S_{ci}（吨）	E_{ci}（吨）	L_i	r	γ（元/吨）	M_i（万元）
长沙	29578832.0	29555918.0	– 77086.0	0.791	66.7	406.7
株洲	16278055.0	16568195.0	– 290139.0	0.410	66.7	793.4
湘潭	13065893.0	16068740.0	– 3002847.0	0.371	66.7	743.0
昭山	218657.3	172916.0	45741.3	0.403	66.7	122.9

资料来源：2009 年《湖南省统计年鉴》。

从表 11 – 3 可见：

（1）长株潭地区 2008 年生态补偿判断标准值也即总体碳情况值（L_i）为 – 332.43 万吨，由此确定研究区域整体处于生态赤字状态，其中长沙、株洲、湘潭三地为生态赤字区，生态补偿判断标准值（L_i）分别为：– 77086 吨、– 290139 吨、– 3002847 吨，昭山为生态盈余区，生态补偿判断标准值（L_i）为 45741.3 吨。

（2）在长株潭两型社会建设过程中，昭山示范区作为区域绿心，在环境保护及生态建设方面做出了突出贡献，2008 年昭山应获得生态补偿资金 122.9 万元，长沙、株洲和湘潭三地作为区域内经济较发达的区域，生态环境保护建设却不能与经济发展同步，碳消费过量，在区域发展中应支付生态补偿额分别为406.7万元、793.4万元和743万元。

三、讨论

（1）生态补偿研究较早，但是具备实际操作性的太少。生态补偿始于20世纪50年代，最初的目的是为了用经济的手段解决经济发展中的资源消耗与生态保护之间的问题。近年来国外对生态补偿的研究兴趣在于生态补偿价值、支付愿望与补偿资金的时空配置等。如库珀（Cooper，1998）和普兰丁格等（Plantinga，2001）分别采用不同的数学模型分析计算了美国农民退耕意愿和相应补助要求水平的关系，并预测了退耕意愿下的补助标准；莫兰等（Moran，2007）利用调查问卷的方式，分析计算了英国苏格兰地区的居民对生态服务的支付意愿；约翰特等（Johst，2002）利用生态学和经济学的方法，构建生态经济模型，研究生物多样性的生态补偿时空配置。近年来国内有关生态补偿的研究成为热点，相关文献非常多，但是研究主要侧重于理论、政策、补偿方式和补偿必要性等，也有不少学者就某一因子补偿做了相关研究，如耕地、水域、矿产、林地等的生态补偿（郭新想，2010；郭志建等，2013；刘守龙等，2006；李晓光等，2009），而对于区域性的整体生态补偿判断的标准体系与量化研究相对较少。目前国内生态补偿主要存在的问题是：生态补偿标准的确定缺乏科学依据，仍未形成一套具有普适性的生态补偿理论依据和生态补偿标准；也缺乏适宜的指标体系进行客观评价；同时在生态补偿货币化的过程中缺乏相关的依据。

（2）碳平衡交易将推动全球生态补偿的实践。碳平衡交易是将碳排放空间作为一种稀缺资源，碳吸收能力作为一种收益手段，利用我国区域间碳排放和碳吸收量的差异，通过交换形式，形成合理的交易价格，使生态服务从无偿走向有偿（王晓云，2008）。这种思想起源于科斯（1960）定理的实践——排污权交易。国外与我国国内已有多个碳交易中心，国内外学者也从不同角度开展了较为丰富的碳交易研究。印度、日本、拉美、欧盟等许多国家和地区在碳交易、低碳经济模式上均已做出较多理论与实践探索。国内外就碳交易与低碳经济的研究较多，但是很少把碳平衡与生态补偿有机结合起来，缺乏两者的联动与共赢机制研究（徐冰等，2010），对于通过区域碳平衡交易来实施区域生态补偿，维持区域的平衡发展，缺乏相关的理论研究。2008年我国的《中国碳平衡交易框架研究》报告发布，这对推动我国区域碳交易的实践具有重要意义，但是该成果主要是基于国家层面的省与省之间的碳交易，省内区域暂未考虑。碳交易与补偿在我国还处在一个探索、不断进步的时期，对于整个碳市场来说，中国必将卷入世界碳交易的大市场，所以尽早开发碳市场、积极探索经验，有利于我国碳市场的建立，有利于我国在世界碳市场中处于主动地位。

（3）生态补偿量化是难点。生态补偿涉及自然环境、资源与经济、人口等各个方面，生态补偿的具体量化需要进一步完善补偿机制，建立适合区域特点的多元化机制。本项研究以生态固碳能力来衡量生态效益，确定生态补偿标准也有不够完善之处，补偿方式仅停留于货币化手段，补偿系数的影响因子过于单一，这些问题均需进一步研究。在核算具体量化指标时，可以涉及区域大气（如 SO_2、NO_x、PM_{10} 等的排放）、水质（跨境监测断面上水环境容量）、固废（工业固废、生活垃圾、危险废物等的过境转移与处理等）的生态补偿，也可以考虑区域生态改造提质、生态建设投入、环保设施投入等有利于区域生态环境保护的措施，建立科学合理的综合性区域生态补偿模式。

（4）生态补偿除了短期的经济补偿外，更需要长期的、完善的管理机制。在探索长株潭"绿心区"——昭山示范区生态补偿的过程中，建议借助社会舆论的力量，提高公众参与意识，让公众参与生态补偿的监管，力求补偿过程的公开性、公平性。研究区域内生态补偿问题涉及众多方面，而生态补偿也不应完全停留在资金补偿上，具体补偿形式应尽可能实现多元化，财政、政策、实物、人才等各个方面有机结合，这样生态补偿才能更加可持续，如实行碳排放交易制度、水权交易制度等。长株潭在一体化的进程中，若要实现对"绿心区"的生态补偿，可考虑在长株潭区域内建立"长株潭生态补偿管理办公室"，成立"长株潭生态补偿基金会"。由生态补偿办公室统一协调三市及其"绿心区"生态补偿问题，统一向生态赤字区收取生态补偿，发放给生态盈余区，并利用结余资金组织相关地区和人员进行生态建设与改造提质。

第二节　基于排污权交易的湘江流域生态补偿

流域问题涉及多个区域之间的利益关系，协调不好将影响各个区域的发展，而流域生态补偿机制在一定程度上不仅可以调控流域上下游间的利益关系，促进其和谐有序发展，对保护流域生态环境和防治污染也将起到重大作用。近年，流域生态补偿问题已经成为政府与研究者共同关注的热点问题。如艾米丽·奥斯丁（Emily Austen，2008）和克莱顿（Clayton，2009）等对加拿大的流域生态补偿提出了相应对策；赵春光等（2008）对流域生态补偿制度的理论基础进行了描述；俞海（2007）、李磊（2007）和赵光洲等（2010）对流域生态补偿实践中存在的问题、完善的建议以及补偿标准方面做了详细的分析；周大杰（2009）、乔旭宁（2012）、刘涛（2012）和郭志建等（2013）分别采用支付意愿法、市场价格法、经济制度设计和加权综合评价法等对不同流域做了补偿标准研究，确定了各流域的补偿标准；吕志贤等（2011）以湘江流域水质和水文数据为基础，结合生态补偿系数对湘江流域各市的生态补偿资金进行了测算；孔凡斌等（2013）利用排污权对鄱阳湖流域进行了生态补偿标准研究。过往研究对流域生态主客体、补偿制度及补偿模式的研究较多，且多限于定性分析，定量研究近年吸引了许多研究者的关注。由于流域补偿影响因素多以及影响范围大等原因，导致在具体的补偿中难以量化；同时一个区域的量化补偿标准不一定适合其他区域，这成为当前影响我国区域间实施生态补偿的一个关键因素。

以湘江流域为实例进行生态补偿的量化研究。综合考虑生态补偿系数和排污权，引入"污水处理率"研究湘江流域的生态补偿标准，使补偿标准趋于公平和合理。研究结论对湘江流域实施污染综合治理及区域平衡发展有一定的实践意义。

一、研究区域介绍

湘江流域地处长江经济带与华南经济圈的辐射地带，区域内城镇密布，人口集中，工业发达，是湖南省社会经济发展的核心地区。由于传统的粗放型发展模式及省内有色金属矿的开采，同时近年来随着城市化、经济水平和工业的发展，大量的工业、生活、农业废水排入湘江，致使湘江流域生态功能不断退化，环境污染问题越来越严重。湖南省为了更好地治理湘江，2012年颁布实施《湖南省湘江保护条例》，省政府设立湘江保护协调委员会，建立湘江流域生态补偿机制。2013年规划实施《湘江流域科学发展总体规划》。2014年颁布实施《湖南省实行最严格水资源管理制度考核办法》，从用水量、用水效率和水体功能保护等角度保护湘江。湘江是湖南省内最大的河流，全长856千米，省内河长670千米，省内流域面积85383平方千米，年径流量1059.62亿立方米。湘江流域跨永州、郴州、衡阳、娄底、株洲、湘潭、长沙和岳阳等8个地级市。湘江流域人口与GDP总量分别占全省的55%和70%强，大约2000万人口以湘江流域的水资源为饮用水源。

流域内8座城市发展定位不同，资源消耗与排污量也差异显著。如衡阳、郴州和永州为上游地段，重要的功能为大湘南承接产业转移示范基地；娄底为核心工业城市，湘潭为重要工业基地，长沙与株洲为新兴产业与高端制造业；岳阳为下游城市，主要发展第三产业与新兴工业。各个地区都有自身的发展要求，但是流域环境容量一定，各城市都依靠湘江水资源，也向流域内排放污染物，为了协调各市共同发展，通过生态补偿调控污染排放能体现对资源环境公平使用的主体公平。根据《湖南省环境状况公告》，近年来湘江的水质变化情况如表11-4所示。

表 11 − 4 湘江 2009 ~ 2012 年的各类水质断面变化情况

水质标准	2009 年	2010 年	2011 年	2012 年
Ⅰ类	3	3	3	3
Ⅱ类	10	10	10	10
Ⅲ类	20	23	22	24
Ⅳ类	4	2	5	2
Ⅴ类和劣Ⅴ类	3	2	0	3

注：2009 ~ 2011 年监测断面为 40 个，2012 年增至 42 个。

由表 11 − 4 可知，从 2009 年到 2012 年，湘江流域水系符合Ⅰ类、Ⅱ类水质标准要求的监测断面数量不变，符合Ⅲ类水质标准的监测断面总体上是在增多，Ⅳ类、Ⅴ类及劣Ⅴ类水质标准断面趋于减少，说明近年来湘江的污染治理取得一定成效，水质正在逐步改善，水质总体为良。流域内主要污染物有氨氮、大肠杆菌、镉、砷等多种有毒有害物质，其来源主要是两岸城市生活污水和工业污水。

二、湘江流域生态补偿

1. 生态补偿构建基本思想

流域生态补偿应包括对污染水资源的补偿和对水资源生态功能的补偿，通过对补偿主体以及补偿标准的确定，让补偿主体采取一定的措施来弥补其引发的外部不经济性。

由于湘江在湖南省内流经 8 个市区，每个市区的经济发展水平不同从而导致对环境污染的贡献率有一定差异，所以平均分配各市对湘江造成的污染不合理。为了体现流域生态补偿的公平性、合理性和整体性，本书引入生态补偿标准系数和排污权来实施生态补偿。生态补偿标准系数是基于各市的实际支付能力和污染贡献率，结合各市的污水处理率求得，经济发展水平高则需要在补偿标准上相应地多支付一定的补偿额，但若其污水处理率比较高，可以适当降低其应增加的补偿额度；实际支付能力和经济水平低于湘江流域平均水平则可获得一定的补偿资金，用于湘江污染治理，但若其污水处理率也低，为激励其发展治污技术，可在对其进行补偿时做适当减少。这样，既考虑了各区域的实际经济发展要求，也考虑了污染治理的奖罚机制。排污权是通过将每个市的年人均排污量与 8 个市的总体年平均排污量进行比较，从而得出各市排放量是超量或节余，进而确定需要补偿或赔偿的主体和金额。将补偿标准和补偿标准系数相结合得出各市确切的补偿和赔偿资金，能协调流经各区域的经济发展，也能更好地对流域环境进行有效治理，达到可持续利用和发展。

2. 生态补偿标准系数的确定

（1）生态补偿标准系数指标因子的选取。由于一般生态补偿标准对流域内各地市实行统一标准，忽略了各个地市对环境污染贡献率的差异以及各地区实际支付能力。为了实现公平和合理的补偿，将兼顾各个地区因经济发展程度、人口、环境保护能力和支付能力等因素的差异，以湘江流经八市的平均值做标准值，在补偿标准的基础上设置了标准系数。此系数的相关指标因子主要包括地区人均生产总值、地区人均工业总产值、地区总人口数以及万元 GDP 污水排放量。人均生产总值一定程度上代表了区域经济发展和实际支付能力，也是地区经济实力的体现；地区人均工业总产值代表工业对资源环境的利用强度，能体现对资源的公平使用权；地区人口总数能代表生活污水的排放强度，而万元 GDP 污水排放量能反映经济发展程度与排污情况是否合理，该指标的引进也是促进区域节能减排的关键因子。

（2）生态补偿标准系数的计算。2012 年湘江流域 8 市的相关数据如表 11 - 5 所示。

表 11 - 5　　　　　　　各市指标因子数值（2012 年）

地区	地区人均生产总值（元）	人口（万）	人均工业总产值（元）	污水年排放量（万吨）	万元 GDP 污水排放量（吨）	污水处理率（%）
长沙市	89551	714.66	90428	40375	6.31	99.43
株洲市	45086	390.66	59505	13479	7.65	89.10
湘潭市	46116	278.10	83911	10146	7.91	86.02
衡阳市	27197	719.83	38596	13500	6.89	62.24
岳阳市	39831	552.31	78602	13310	6.05	88.78
郴州市	32751	463.27	52693	5690	3.75	80.96
永州市	20151	525.82	13229	7059	6.66	70.67
娄底市	26302	381.21	38619	5848	5.83	80.42
平均值	40873	503.23	56947	13676	6.38	84.45

资料来源：《湖南省统计年鉴（2013）》。

由表 11 - 5 中各指标可以看出，研究区人均生产总值高的城市其人均工业总产值和污水年排放量也比较高，说明其发展和环境污染具备较好的相关性；万元 GDP 所产生的污水量是落实清洁生产的关键指标，也是预测经济发展对水环境影响的基础数据，各市差异较大，最好的是郴州。污水是否处理并达标排放，是保护湘江的关键手段，表中污水处理率最高的是长沙，最低的是衡阳。

吕志贤等（2011）是采取将各地市指标值与湖南省平均值做比较，定量分析湘江流域生态补偿标准系数，得出相应的指标比较系数，然后用区域 5 个指标比较系数总和平均值来衡量各区域之间社会经济发展水平和对环境污染的贡献率，即区域生态补偿系数。本章为了使补偿结果更准确，以湘江流经八个市的平均水平为参照值，考虑到湘江沿岸各地区农业水平基本一致，对湘江水质污染影响最大的污染源是工业，故将指标因子在其基础上减少了各地区的第三产业和第一产业总产值，为了揭示各地区经济发展水平对湘江水环境的影响，故增加了万元 GDP 污水排放量。

本章的生态补偿标准系数公式如下：

$$R_{si} = (GDP_i/GDP_{ave} + GIP_i/GIP_{ave} + TP_i/TP_{ave} + WQ_i/WQ_{ave})/4 \qquad (11.8)$$

式中，R_{si} 表示 i 市生态补偿标准系数，GDP_i 表示 i 市人均生产总值，GDP_{ave} 表示各市人均生产总值平均值，GIP_i 表示 i 市工业总产值，GIP_{ave} 表示各地工业总产值平均值，TP_i 表示 i 市人口总数，TP_{ave} 表示人口总数平均值，WQ_i 表示 i 市万元 GDP 污水排放量，WQ_{ave} 表示平均万元 GDP 污水排放量。

由式（11.1）结合表 11-5 计算得出 8 座城市的生态补偿标准系数（见表 11-6）。

表 11-6　　　　　　　　生态补偿标准系数

地区	长沙市	株洲市	湘潭市	衡阳市	岳阳市	郴州市	永州市	娄底市	平均值
补偿标准系数	1.547	1.031	1.098	0.963	1.100	0.808	0.703	0.748	1
最终补偿标准系数	1.315	0.983	1.081	1.177	1.052	0.836	0.800	0.778	1

注："平均值"是湘江流域八个市的平均值。

考虑各市的污水处理率不同，采取对污水处理率高的地市给予一定奖励，污水处理率低且没有达到平均处理水平的给予处罚的措施，以促进和激励各市积极进行污水治理。比如长沙由于经济水平、工业和人口等原因对湘江造成的污染比较大，要增加其对外补偿程度。但由于其污水处理率比较高，为激励其积极治污，可在增加对外补偿程度后，根据其高于平均治污率的层次减少一定的对外补偿，获得最终补偿系数。而衡阳虽然其发展程度和对湘江的污染程度均在平均水平上，但由于其治污率太低，为促使其积极治污，根据没达到的治污率计算其应加大的对外补偿得出最终补偿系数。最终补偿标准系数如式（11.9）所示。

$$R_{ei} = S_i [1 - (WT_i - WT_{ave})] \qquad (11.9)$$

式中，R_{ei} 表示 i 市最终补偿标准系数，WT_i 表示 i 市污水处理率，WT_{ave} 表示各市平均污水处理率。

根据式（11.2）计算各市最终补偿标准系数如表 11-6 所示。

因生态补偿标准系数代表的是各地市对环境污染贡献率的差异以及各地区实际支付能力，该系数不能完全体现各市的经济发展水平，但从表 11-6 的数据看，各市的生态补偿标准系数基本上和各市的经济发展程度是相符的。长沙、湘潭、衡阳、岳阳等四座城市的补偿标准系数比八个市的平均补偿标准系数要大,说明这四个市在经济发展的同时对湘江污染的贡献率比较大,实际支付能力也比较强,需对湘江污染的防治做出更多的补偿。

3. 生态补偿标准的确定

(1)排污量的确定。

根据 2012 年湘江流经的 8 个市的排污量数据统计,算出每个市的人均污水年排放量。把 8 个市的平均人均年污水排放量作为允许的理论排污标准,将每个市的人均年污水排放量与 8 个市的人均年污水排放量进行比较,以得出每个市实际排污量与理论排污量之差,大于 8 个市的人均排污量说明其在湘江总体污染水平上超量排放;反之则说明其节余排放。将每个市人均多排放或者少排放的量与该市人口数相乘,则得出每个城市最终的年超量排放量和节余排放量,如式(11.10)所示。

$$WQ_{ei} = (WQ_{fi} - WQ_{ave})TP_i \qquad (11.10)$$

式中,WQ_{ei} 表示 i 市最终超量或节余排放量,WQ_{fi} 表示 i 市人均实际排放量,WQ_{ave} 表示 8 市人均排放量,TP_i 表示 i 市人口数。各市的污水排放量及其计算结果如表 11 - 7 所示。

表 11 - 7 　　　　　　　　各市的污水排放量情况

地区	污水年排放量(万吨)	人均年排放量(吨)	人均年排放量与均值之差(吨)	实际排污量与理论排污量之差(吨)
长沙市	40375	56.50	-31.26	-22340
株洲市	13479	34.50	-9.26	-3617.5
湘潭市	10146	36.48	-11.24	-3125.8
衡阳市	13500	18.75	6.49	4671.7
岳阳市	13310	24.10	1.14	629.6
郴州市	5690	12.11	13.11	6082.7
永州市	7059	13.42	11.82	6215.2
娄底市	5848	15.34	-9.9	3774.0
平均值		25.24		

注:"-"代表比平均值大。

（2）排污价格的确定。

按照湖南省治污成本，以及湘江流域的主要污染因子排污价格和其排污比例来确定排入湘江的污水价格。主要因子排污价格中超量排放收费为：化学需氧量1400 元/吨，氨氮 1750/吨，石油类 1.4 万元/吨，镉 28 万元/吨，砷 7 万元/吨；节余排放补偿标准中化学需氧量为 700 元/吨，氨氮为 875 元/吨，石油类为 7000元/吨，镉为 14 万元/吨，砷为 3.5 万元/吨。根据主要因子在湘江中所占的大致排放比例是：化学需氧量∶氨氮∶石油类∶砷∶镉 = 50000∶5000∶50∶5∶1 来计算超量和节余排污价格。假设湘江中排放了 50000 吨化学需氧量、5000 吨氨氮、50 吨石油、5 吨砷和 1 吨镉，按照主要污染因子排污价格，则补偿金额为 8092 万元，若将其统一价格排放，则可算出含有这五种污染因子的废水每吨收费为 1454.519 元，故将生态补偿排污权价格确定为：超量补偿价格标准 1455 元/吨；节余补偿价格标准725.5 元/吨。

（3）补偿标准的确定。

补偿标准是由每个市排污量和统一排污价格确定，如式（11.11）所示。

$$ECF_{i=}WQ_{ei} \times P \qquad (11.11)$$

式中，ECF_i 表示 i 市的生态补偿标准，WQ_{ei} 表示 i 市超量（节余）排污量，P表示超量（节余）排污价格，结果如表 11 - 8 所示。

表 11 - 8　　　　　　　各市结合生态补偿标准的补偿金额　　　　　　　单位：万元

地区	长沙市	株洲市	湘潭市	衡阳市	岳阳市	郴州市	永州市	娄底市
补偿标准	- 3250.4	- 526.3	- 454.8	338.9	45.68	441.3	450.9	273.8
最终补偿标准	- 4274.4	- 517.4	- 491.6	278.9	43.3	513.7	541.1	334.5

注：负数为对外支付，正数为应接受的补偿。

由表 11 - 8 可知，长沙市、株洲市、湘潭市由于其超额排放，应该分别支付3250.47 万元、526.35 万元、454.8 万元，而衡阳市、岳阳市、郴州市、永州市和娄底市由于其污染物排放量低于平均水平，故分别给予 338.9 万元、45.6 万元、441.3 万元、450.9 万元、273.8 万元作为赔偿额。

（4）基于补偿标准系数上的最终补偿额的确定。

如前所述，由于环境污染与多方面因素有间接关系，为了体现其公平性和合理性，故在补偿标准的基础上设置了一个补偿标准系数，当补偿标准为负值时，两值直接相乘；当补偿标准为正值时，用 2 减去标准系数再乘以补偿标准。故根据上述计算得出最终的补偿标准如表 11 - 8 所示。

由表 11 - 8 可知：长沙市、株洲市和湘潭市应分别支付生态补偿资金 4274.4万元、527.4 万元和 491.6 万元；而衡阳市、岳阳市、郴州市、永州市和娄底市可获得的生态补偿资金分别为 398.8 万元、43.3 万元、513.7 万元、541.1 万元和334.5 万元。

由于八座城市都是排污到湘江,可通过排污权交易来处理其超量排污权和节余排污权,协调各市的发展和对环境的治理。其中,长沙、湘潭既超量排放污水,环境污染贡献率也相对较大,故在原补偿标准上加大了其应支付的补偿额;株洲属于超量排放,但对湘江的环境贡献率小于平均水平,故在原补偿标准上相应地降低了其应支出的补偿额;岳阳和衡阳属于排放节余,且环境贡献率比较大,故获得补偿金额有所减少;郴州、永州、娄底都是节余排放且污染贡献率和实际支付能力都比较弱,故对其加大了补偿额度。

本研究主要是根据部分重要因素来确定排污权、排污价格和生态补偿标准系数,并依次来计算各市生态补偿标准,由于流域生态补偿标准的确定涉及因素较复杂,研究中未能全面考察各项因素,使所得结果有所偏差。因此,由更全面的指标因子制订更加全面合理的补偿标准系数,以及更全面的数据分析制定补偿标准系数是以后各流域生态补偿标准研究的重点。在实际的补偿核算中,若能结合各市的实际污染物排放量,将使补偿更加精确。同时,我们没有考虑污水排放中的污染物超标排放,如果有污染物的超标排放,应考虑更严格的惩罚性对外支付。生态补偿是实施区域环境调控的现代手段,对推动区域节能减排有很大的促进意义。

第三节　本章小结

(1) 根据前文研究,我们得出如下结论和建议。长株潭地区 2008 年生态补偿研究表明区域整体处于生态赤字状态,其中长沙、株洲、湘潭等三地为生态赤字区,昭山为生态盈余区。2008 年昭山应获得生态补偿资金 122.9 万元,长沙、株洲、湘潭等三地作为区域内经济较发达的区域,生态环境保护建设不能与经济发展同步,碳消费过量,在区域发展中应支付生态补偿额分别为 406.7 万元、793.4 万元和 743 万元。

(2) 2012 年湘江流域使用的实际排污权大于理论排污权的城市有长沙市、株洲市和湘潭市;而衡阳市、岳阳市、娄底市、郴州市和永州市等 5 座城市排污权均有节余。长沙市、株洲市和湘潭市应分别支付一定的生态补偿资金;衡阳市、岳阳市、郴州市、永州市和娄底市可获得一定的生态补偿资金。地区支付金额小于地区获得金额,故当地政府应通过其他管理手段,建立统一的生态补偿金,促进和调节区域经济发展与环境治理,这样可建立市场主导、政府指导的健全的流域生态补偿机制。

参考文献

1. 陈源泉、高旺盛：《基于生态经济学理论与方法的生态补偿量化研究》，载《系统工程理论与实践》2007 年第 4 期。

2. 陈仲新、张新实：《中国生态系统效益的价值》，载《科学通报》2000 年第 1 期。

3. 顾开运：《湘江流域水污染物排污权交易制度的研究与设计》，中南大学，2009 年。

4. 郭金风：《中国生态价值发展阶段系数的理论探讨及对比研究》，北京工商大学，2000 年。

5. 郭新想：《居住区绿化植物固碳能力评价方法研究》，重庆大学，2010 年。

6. 郭志建、葛颜祥、范方玉：《基于水质和水量的流域逐级补偿制度研究——以大汉河流域为例》，载《中国农业资源与区划》2013 年第 1 期。

7. 湖南省环境保护厅：《湖南省环境状况公告》2009－2012。

8. 蒋金荷：《中国碳排放量测算及影响因素分析》，载《资源科学》2011 年第 4 期。

9. 孔凡斌、廖文梅：《基于排污权的鄱阳湖流域生态补偿标准研究》，载《江西财经大学学报》2013 年第 4 期。

10. 匡耀求、欧阳婷萍、邹毅等：《广东省碳源碳汇现状评估及增加碳汇潜力分析》，载《中国人口·资源与环境》2010 年第 12 期。

11. 李金昌：《生态价值论》，重庆大学出版社 1999 年版。

12. 李磊：《我国流域生态补偿机制探讨》，载《软科学》2007 年第 3 期。

13. 李顺龙：《森林碳汇问题研究》，东北林业大学出版社 2006 年版。

14. 李晓光、苗鸿、郑华：《生态补偿标准确定的主要方法及其应用》，载《生态学报》2009 年第 8 期。

15. 刘守龙、童成立、张文菊等：《湖南省稻田表层土壤固碳潜力模拟研究》，载《自然资源学报》2006 年第 1 期。

16. 刘涛、吴钢、付晓：《经济学视角下的流域生态补偿制度——基于一个污染赔偿的算例》，载《生态学报》2012 年第 10 期。

17. 吕殿青、欧阳峣：《湘江流域生态环境状况的分析评价》，载《湖南商学院学报》2011 年第 5 期。

18. 吕志贤、李佳喜：《构建湘江流域生态补偿机制的探讨》，载《中国人口·资源与环境》2011 年第 3 期。

19. 吕志贤、李元钊、李佳喜：《湘江流域生态补偿系数定量分析》，载《中国人口·资源与环境》2011 年第 3 期。

20. 马爱慧、蔡银莺、张安录：《耕地生态补偿实践与研究进展》，载《生态学报》2011 年第 8 期。

21. 毛显强、钟瑜、张胜：《生态补偿的理论探讨》，载《中国人口·资源与环境》2002 年第 4 期。

22. 钱水苗、范莉：《钱塘江流域生态补偿机制构想》，水资源可持续利用与水生态环境保护的法律问题研究——2008 年全国环境资源法学研讨会。

23. 乔旭宁、杨永菊、杨德刚等：《流域生态补偿标准的确定——以渭干河流域为例》，载《自然资源学报》2012 年第 10 期。

24. 王晓云：《生态补偿的国际实践模式及其比较研究》，载《生产力研究》2008 年第 22 期。

25 徐冰、郭兆迪、林世龙等：《2000—2050 年中国森林生物量碳库：基于生物量密度与林龄关系的预测》，载《中国科学：生命科学》2010 年第 7 期。

26. 许振成、叶玉香、彭晓春等：《流域水质资源有偿使用机制的思考——以东江为例》，载《长江流域资源与环境》2007 年第 5 期。

27. 余光辉、陈莉丽、田银华等：《基于排污权交易的湘江流域生态补偿研究》，载《水土保持通报》2015 年第 5 期。

28. 余光辉、耿军军、周佩纯等：《基于碳平衡的区域生态补偿量化研究——以长株潭绿心昭山示范区为例》，载《长江流域资源与环境》2012 年第 4 期。

29. 俞海、任勇：《流域生态补偿的关键问题分析——以南水北调中线水源涵养区为例》，载《资源科学》2007 年第 2 期。

30. 张颖、吴丽莉、苏帆等：《我国森林碳汇核算的计量模型研究》，载《北京林业大学学报》2010 年第 2 期。长江流域资源与环境，2007，16（5）：598 – 602. 28（3）：640 – 655。

31. 赵春光：《流域生态补偿制度的理论基础》，载《法学论坛》2008 年第 4 期。

32. 赵光洲、陈妍竹：《我国流域生态补偿机制探讨》，载《经济问题探索》2010 年第 1 期。

33. 赵智敏、朱跃钊、汪霄：《浅析构建中国碳交易市场的基本条件》，载《生态经济》2011 年第 4 期。

34. 周大杰、桑燕鸿、李慧民等：《流域水资源生态补偿标准初探——以官厅水库流域为例》，载《河北农业大学学报》2009 年第 1 期。

35. CDIAC. Global regional and national fossil fuel CO$_2$ emissions ［R］. Washington：CDIAC，2005.

36. Clayton. D. A. Rubec，Alan. R. Hanson. Wetland mitigation and compensation：Canadian experience ［J］. Wetlands Ecology and Management. 2009，17（1）：3 – 14.

37. Cooper J C，Osborn T. The effect of rental rates on the Extension of conservation reserve program contraets ［J］. American Journal of Agricaltural Economics，1998，1（80）：184 – 194.

38. Eggleston H S，Buendia L，Miwa K，et al. IPCC guidelines for national greenhouse gas inventories ［M］. Institute for Global Environment Stantegies，Japan，2006：60 – 71.

39. EIA. International energy annual ［R］. Washington：EIA，2007.

40. Emily Austen，Alan Hanson. Identifying wetland compensation principles and mechanisms for Atlantic Canada using a Delphi approach ［J］. Wetlands. 2008.

41. Ipcc. Climate change 2007 ［R］. Valencia：IPCC，2007.

42. Johst K，Drechsler M，Watzold F. An ecological economic modeling procedure to design compensation payments for the efficient spatio – temporal allocation of species protection measures ［J］. Eco-

logical Economics, 2002, (41): 37 - 49.

43. Moran D, Mevittie A, Alleroft D J, et al. Quantifying publie preferenees for agrienvironmental policy in Seotland: a comparison of methods [J]. Ecological Economics, 2007, 63 (1): 42 - 53.

44. Plantinga A J, Conservation A R, Cheng H. The supply of land for conservation uses: evidence from the reservation reserve programne [J]. Resource Conservation and Recycling. 2001, (31): 199 - 215.

45. Yan J, Huang J F, Peng D L. A new quantitative model of ecological compensation based on ecosystem capital in Zhejiang Province, China [J]. Journal of Zhejiang University-Science B, 2009, 10 (4): 301 - 305.

后 记

本书是在国家社科基金重大招标项目"基于 CGE 模型的产业结构调整污染减排效应和政策研究"（11&ZD043）的基础上，参考匿名评审专家的评审意见修改而成。

项目从立项到结题历时五年，课题组成员克服了行业数据收集的巨大困难，尤其是在 CGE 模型的基础理论研究方面，付出了许多心血。在湖南科技大学商学院原院长向国成教授的推动下，成立了专门的模型研究小组，对于课题研究的顺利推进发挥了重要作用。

课题研究期间，课题组成员每两周开展一次课题讨论，调研该领域最新的发展情况、学习最新的研究文献，讨论课题研究成果、布置进一步的研究任务。目前呈现给大家的各篇章基本上是在课题组成员在各自负责的子课题结题报告基础上，进一步相互修改而成。具体分工情况是：第一章绪论，主要由田银华、曾世宏、张松彪完成；第二章产业结构调整的污染减排潜力研究，主要由邓明君、罗文彬、叶俊杰完成；第三章基于 CGE 模型的要素结构调整污染减排效应研究，主要由李宾、曾世宏、李华金、张松彪、高亚林完成；第四章产品结构调整的污染减排效应研究，主要由贺胜兵、周华蓉、田银华完成；第五章基于 CGE 模型的行业结构调整污染减排效应研究，主要由赵伟、田银华、刘友金、向国成完成；第六章我国产业结构调整的污染减排政策体系研究，主要由彭文斌、邝嫦娥、田银华、李昊匡、路江林完成；第七章我国产业结构调整的污染减排支撑体系研究，主要由肖雁飞、周志强、杨琴完成；第八章产业结构调整与污染减排的技术创新激励效应，主要由王俊、曾世宏、王小艳、刘丹完成；第九章产业结构调整污染减排效应评价指标体系及应用研究，主要由袁开国、邓湘琳、郑旺晟、刘莲完成；第十章长株潭城市群产业结构调整的污染减排效应研究，主要由杨继平、张其明、田银华完成；第十一章生态补偿制度对区域节能减排的调控研究，主要由余光辉、田银华、耿军军、周佩纯完成。

感谢中国社会科学院数量经济与技术经济研究所娄峰研究员、中国科学院能源与环境政策研究中心蔡圣华副研究员的专门指导！感谢课题 CGE 项目攻关小组贺胜兵教授、李宾副教授、赵伟副教授、陈为民副教授等人的通力合作！

　　本课题研究的顺利推进和书稿顺利出版还离不开湖南科技大学各位领导的大力支持与帮助！湖南省社会科学院、湖南科技大学商学院、湖南科技大学社科处等单位的各位领导也对课题的研究和书稿的出版提供了很好的条件，在此一并致谢！

　　虽然书稿付梓，但由于课题组成员的能力有限，其中可能存在某些错误或者不足之处，敬请各位专家和同行不吝指出，以便进一步开展研究。

2017 年 9 月

于湖南科技大学湖南创新发展研究院